D1698970

Eric Bodden, Falko Dressler,
Roman Dumitrescu, Jürgen Gausemeier,
Friedhelm Meyer auf der Heide,
Christoph Scheytt, Ansgar Trächtler (Hrsg.)

Wissenschaftsforum Intelligente Technische Systeme (WInTeSys) 2017

11. und 12. Mai 2017
Heinz Nixdorf MuseumsForum, Paderborn

Bibliografische Information Der Deutschen Bibliothek
Die Deutsche Bibliothek verzeichnet diese Publikation in der Deutschen Nationalbibliografie; detaillierte bibliografische Daten sind im Internet über http://dnb.ddb.de abrufbar.

Band 369 der Verlagsschriftenreihe des Heinz Nixdorf Instituts

© Heinz Nixdorf Institut, Universität Paderborn – Paderborn – 2017

ISSN (Print): 2195-5239
ISSN (Online): 2365-4422
ISBN: 978-3-942-647-88-5

Das Werk einschließlich seiner Teile ist urheberrechtlich geschützt. Jede Verwertung außerhalb der engen Grenzen des Urheberrechtsgesetzes ist ohne Zustimmung der Herausgeber und des Verfassers unzulässig und strafbar. Das gilt insbesondere für Vervielfältigung, Übersetzungen, Mikroverfilmungen, sowie die Einspeicherung und Verarbeitung in elektronischen Systemen.

Als elektronische Version frei verfügbar über die Digitalen Sammlungen der Universitätsbibliothek Paderborn.

Satz und Gestaltung: Franziska Reichelt und Anna Steinig

Hersteller: Hans Gieselmann Druck und Medienhaus GmbH & Co. KG
Druck · Buch · Verlag
Bielefeld

Printed in Germany

Vorwort

Das Wissenschafts- und Industrieforum Intelligente Technische Systeme 2017 in Paderborn beleuchtet die verschiedenen Facetten der Digitalisierung der industriellen Wertschöpfung aus akademischer und praktischer Perspektive. Veranstaltet vom Heinz Nixdorf Institut, dem Fraunhofer IEM sowie dem Spitzencluster it's OWL bietet die Veranstaltung mit einer Mischung aus wissenschaftlichen Beiträgen und Praxisberichten einen Überblick über den Stand der Technik und der Umsetzung in der Industrie.

Mit den Beiträgen des Wissenschaftsforums – als eine Säule des Wissenschafts- und Industrieforums 2017 – richten wir uns an Fachleute aus Industrie und Forschungsinstituten, die sich maßgeblich mit der Entwicklung der technischen Systeme von morgen befassen. Der vorliegende Band enthält hochkarätige Beiträge zu den Themenfeldern Digitale Transformation, Digitalisierung der Arbeitswelt, Entwicklungsmethodik/Systems Engineering, Technologien für intelligente Produkte und Produktionssysteme, Virtualisierung der Produktentstehung sowie Industrial Data Science.

Für die Begutachtung und Auswahl der Beiträge danken wir den Mitgliedern des Programmkomitees herzlich. Ohne deren Expertise wäre diese Tagung in dieser Form nicht möglich.

Prof. Michael Abramovici,
Universität Bochum

Prof. Albert Albers,
KIT

Prof. Reiner Anderl,
TU Darmstadt

Prof. Thomas Bauernhansl,
Universität Stuttgart

Roland Bent,
Phoenix Contact

Prof. Torsten Bertram,
TU Dortmund

Prof. Bernd Bertsche,
Universität Stuttgart

Prof. Joachim Böcker,
Universität Paderborn

Dr. Frank Brode,
Harting

Prof. Beat Brüderlin,
TU Ilmenau

Prof. Gitta Domik,
Universität Paderborn

Prof. Reiner Dudziak,
FH Bochum

Dr. Markus Färber,
Softvise

Dr. Ursula Frank,
Beckhoff Automation

Prof. Jörg Franke,
Universität Erlangen-Nürnberg

Dr. Matthias Gebauer,
KIT

Prof. Christian Geiger,
Fachhochschule Düsseldorf

Prof. Otthein Herzog,
Universität Bremen

Prof. Jürgen Jasperneite,
Hochschule OWL

Prof. Roland Kasper,
Universität Magdeburg

Prof. Andres Kecskeméthy,
Universität Duisburg-Essen

Prof. Torsten Kuhlen,
RWTH Aachen

Prof. Bernd Kuhlenkötter,
Ruhr-Universität Bochum

Prof. Udo Lindemann,
TU München

Prof. Volker Lohweg,
Hochschule OWL

Dr. Jan Stefan Michels,
Weidmüller

Prof. Oliver Niggemann,
Hochschule OWL

Prof. Peter Nyhuis,
Universität Hannover

Prof. Jivka Ovtcharova,
TU Karlsruhe

Prof. Franz-Josef Rammig,
Universität Paderborn

Prof. Gunther Reinhart,
TU München

Prof. Jürgen Roßmann,
RWTH Aachen

Prof. Ulrich Rückert,
Universität Bielefeld

Dr. Eduard Sailer,
Miele

Prof. Michael Schenk,
Fraunhofer IFF

Prof. Günther Schuh,
RWTH Aachen

Prof. Walter Sextro,
Universität Paderborn

Prof. Rainer Stark,
TU Berlin

Dr. Daniel Steffen,
UNITY

Dr. Guido Stollt,
Smart Mechatronics

Prof. Michael Ten Hompel,
TU Dortmund

Prof. Fred J. A. M. van Houten,
University of Twente

Dr. Helene Waßmann-Kahl,
Volkswagen

Prof. Christian Weber,
TU Ilmenau

Prof. Michael-Friedrich Zäh,
TU München

Prof. Klaus Zeman,
Universität Linz

Paderborn, im April 2017

Prof. Dr. Eric Bodden, Prof. Dr.-Ing. Falko Dressler,
Prof. Dr.-Ing. Roman Dumitrescu (Vorsitz), Prof. Dr.-Ing. Jürgen Gausemeier (Vorsitz),
Prof. Dr. math. Friedhelm Meyer auf der Heide, Prof. Dr.-Ing. Christoph Scheytt und
Prof. Dr.-Ing. Ansgar Trächtler

Inhaltsverzeichnis

Digitale Transformation

Soziotechnische Leistungsbewertung von Unternehmen im Kontext Industrie 4.0... 11
D. Hobscheidt, T. Westermann, R. Dumitrescu, C. Dülme, J. Gausemeier,
H. Heppner, G. W. Maier

Reifegradmodell für die Planung von Cyber-Physical Systems 25
T. Westermann, H. Anacker, R. Dumitrescu

Auswirkung von Smart Services auf bestehende Wertschöpfungssysteme 41
T. Mittag, M. Schneider, J. Gausemeier, M. Rabe, A. Kühn, R. Dumitrescu

Erfolgsgarant digitale Plattform – Vorreiter Landwirtschaft 53
M. Drewel, J. Gausemeier, A. Kluge, C. Pierenkemper

Gestaltung von Produktstrategien im Zeitalter der Digitalisierung 67
J. Echterfeld, C. Dülme, J. Gausemeier

Einführung von Industrie 4.0 in die Miele Produktion – Ein Erfahrungsbericht 93
P. Gausemeier, M. Frank, C. Koldewey

Digitalisierung der Arbeitswelt

Industrie 4.0 als Herausforderung für Personal- und Organisationsentwicklung 111
R. Franken, S. Franken

Arbeit 4.0: Digitalisierung der Arbeit vor dem Hintergrund einer nachhaltigen
Entwicklung am Beispiel des deutschen Mittelstands... 125
F. Bensberg, K.-M. Griese, A. Schmidt

Digitalisierung der Arbeitswelt: Ergebnisse einer Unternehmensumfrage
zum Stand der Transformation 141
L. Mlekus, G. W. Maier

Entwicklungsmethodik / Systems Engineering

Universelle Entwicklungs- und Prüfumgebung für mechatronische
Fahrzeugachsen... 157
P. Traphöner, S. Olma, A. Kohlstedt, K.-P. Jäker, A. Trächtler

Ein Ansatz für eine integrierte, modellbasierte Anforderungs- und
Variantenmodellierung.. 169
T. Huth, D. Inkermann, T. Vietor

Lebenszyklusübergreifende Modellierung von Produktinformationen in der flexiblen Montage ... 183
L. Heuss, J. Michniewicz, G. Reinhart

Akzeptierte Assistenzsysteme in der Arbeitswelt 4.0 durch systematisches Human-Centered Software Engineering ... 197
H. Fischer, B. Senft, K. Stahl

Methodisches Vorgehen zur Entwicklung und Evaluierung von Anwendungsfällen für die PLM/ALM-Integration ... 211
A. Deuter, A. Otte, D. Höllisch

Experimentierbare Digitale Zwillinge für übergreifende simulationsgestützte Entwicklung und intelligente technische Systeme ... 223
M. Schluse, J. Roßmann

Technologien für intelligente Produkte und Produktionssysteme

Optische Vermessung bewegter Rotationskörper in industriellen Fertigungsanlagen ... 241
F. Wittenfeld, M. Hesse, T. Jungeblut

Urheberrechtsschutz in der Additiven Fertigung mittels Blockchain Technologie ... 255
M. Holland, C. Nigischer

Virtual Machining – Potentiale und Herausforderungen von Prozesssimulationen für Industrie 4.0 ... 269
P. Wiederkehr, T. Siebrecht, J. Baumann

Integrierte modellbasierte Systemspezifikation und -simulation: Eine Fallstudie zur Sensorauslegung in der Raumfahrt ... 281
J. Roßmann, M. Schluse, M. Rast, M. Hoppen, L. Atorf, R. Dumitrescu, C. Bremer, M. Hillebrand, O. Stern, P. Schmitter

Konzepte zur Parallelisierung von Steuerungsaufgaben und Vision-Anwendungen auf einer Many-Core Plattform ... 295
A. Pyka, M. Tscherepanow, M. Bettenworth, H. Zabel

Smarte Sensorik für moderne Sämaschinen ... 309
N. Brunnert, M. Liebich, P. Martella

Industrial Data Science

Schichtenmodell für die Entwicklung von Data Science Anwendungen im Maschinen- und Anlagenbau 321
F. Reinhart, A. Kühn, R. Dumitrescu

Intelligente Datenanalyse für die Entwicklung neuer Produktgenerationen 335
I. Mozgova

Entwicklung eines Condition Monitoring Systems für Gummi-Metall-Elemente 347
A. Bender, T. Kaul, W. Sextro

Automatisierte Fehlerinjektion zur Entwicklung sicherer Mikrocontrolleranwendungen auf der Basis virtueller Plattformen 359
P. Adelt, B. Kleinjohann, B. Koppelmann, W. Müller, C. Scheytt, D. Müller-Gritschneder

Verteilte statische Analyse zur Identifikation von kritischen Datenflüssen für vernetzte Automatisierungs- und Produktionssysteme 373
F. Ghassemi, M. Meyer, U. Pohlmann, C. Priesterjahn

Scientific Automation – Hochpräzise Analysen direkt in der Steuerung 385
J. Papenfort, F. Bause, U. Frank, S. Strughold, A. Trächtler, D. Bielawny, C. Henke

Virtualisierung der Produktentstehung

Akustische Simulation von Fahrzeuggeräuschen innerhalb virtueller Umgebungen basierend auf künstlichen neuronalen Netzen (KNN) 403
A. Siegel, C. Weber, A. Albers, D. Landes, M. Behrendt

Automatische Ableitung der Transportwege von Transportsystemen aus dem 3D-Polygonmodell 415
S. Brandt, M. Fischer

Integration natürlicher, menschlicher Bewegungen in die Simulation dynamisch geplanter Mensch-Roboter-Interaktionen 429
F. Heinze, F. Kleene, A. Hengstebeck, K. Weisner, J. Roßmann, B. Kuhlenkötter, J. Deuse

Digitale Transformation

Soziotechnische Leistungsbewertung von Unternehmen im Kontext Industrie 4.0

Daniela Hobscheidt, Thorsten Westermann, Prof. Dr.-Ing Roman Dumitrescu
Fraunhofer-Institut für Entwurfstechnik Mechatronik IEM
Zukunftsmeile 1, 33102 Paderborn
Tel. +49 (0) 52 51 / 54 65 265, Fax. +49 (0) 52 51 / 54 65 102
E-Mail: {Daniela.Hobscheidt/Thorsten.Westermann/Roman.Dumitrescu}@ iem.fraunhofer.de

Christian Dülme, Prof. Dr.-Ing. Jürgen Gausemeier
Fachgruppe Strategische Produktplanung und Systems Engineering,
Heinz Nixdorf Institut, Universität Paderborn
Fürstenallee 11, 33102 Paderborn
Tel. +49 (0) 52 51 / 60 64 89, Fax. +49 (0) 52 51 / 60 62 68
E-Mail: {Christian.Duelme/Juergen.Gausemeier}@hni.upb.de

Holger Heppner, Prof. Dr. Günter W. Maier
Fakultät für Psychologie und Sportwissenschaft, Abteilung für Psychologie
Universität Bielefeld
Postfach 10 01 31, 33501 Bielefeld
Tel. +49 (0) 521 / 10 66 875, Fax. +49 (0) 521 / 10 68 90 01
E-Mail: {Holger.Heppner/ao-psychologie}@uni-bielefeld.de

Zusammenfassung

Die im Zusammenhang mit Industrie 4.0 diskutierten Entwicklungen eröffnen für Unternehmen vielfältige Möglichkeiten zur Leistungssteigerung. Gerade für kleine und mittlere Unternehmen gilt jedoch, nicht das grundsätzlich Mögliche einzuführen, sondern das für die spezifische Situation Notwendige. Das Verbundprojekt INLUMIA unterstützt Unternehmen darin, ihre derzeitige Leistungsfähigkeit zu bestimmen, eine unternehmensspezifische, zukunftsrobuste Zielposition zu ermitteln und den Weg zur Erreichung ihrer Ziele festzulegen. Hierbei werden die Unternehmen als soziotechnische Systeme verstanden und somit technische, wirtschaftliche und soziale Aspekte gleichermaßen berücksichtigt. Ein wichtiger Bestandteil des Instrumentariums ist der Quick-Check, mit Hilfe dessen eine soziotechnische Leistungsbewertung von Unternehmen in den Dimensionen „Technik", „Business" und „Mensch" vorgenommen werden kann. Resultat ist der derzeitige Reifegrad von Unternehmen in Bezug auf die Umsetzung von Industrie 4.0. Auf Basis dessen können relevante Handlungsbereiche identifiziert werden.

Schlüsselworte

Soziotechnische Leistungsbewertung, Industrie 4.0, Reifegradmodell

Socio-technical performance evaluation of companies related to Industry 4.0

Abstract

The technical development regarding Industry 4.0 opens up a wide range of opportunities for companies to increase their performance. However, for small and medium-sized companies, it is not necessary to introduce what is generally possible, but rather what is required to address the specific situation. The project INLUMIA supports companies to determine their current performance, their individual, future-oriented target position and the way to achieve their goals regarding to Industry 4.0. For this purpose companies are considered as socio-technical systems, concerning technical, economical and social aspects. An important component of INLUMIA is a Quick-Check, which allows a socio-technical performance evaluation of companies. Therefore the dimensions "technology", "business" and "human" will be analysed. The result is the current level of maturity with regard to the implementation of Industry 4.0. On this basis, relevant fields of action can be identified and measures for a structured increase in performance can be derived.

Keywords

Socio-technical performance evaluation, Industry 4.0, Capability Maturity Model

1 Einleitung

Industrie 4.0 eröffnet für Unternehmen vielfältige Potentiale zur Leistungssteigerung. Dabei ist es insbesondere für kleine und mittlere Unternehmen (KMU) von elementarer Bedeutung, nicht das grundsätzlich Mögliche, sondern das für die spezifische Situation Notwendige einzuführen. Unternehmen sind darin zu unterstützen, ihre derzeitige Leistungsfähigkeit, ihre unternehmensspezifische zukunftsrobuste Zielposition sowie den Weg zur Erreichung ihrer Ziele zu bestimmen. Dabei sind die Technologien der Industrie 4.0 nicht isoliert zu betrachten. Unternehmen sollten als soziotechnisches System verstanden werden und bei der Etablierung von Industrie 4.0 sollten technische, wirtschaftliche und soziale Aspekte gleichermaßen berücksichtigt werden. Im Rahmen des Verbundprojekts „Instrumentarium zur Leistungssteigerung von Unternehmen durch Industrie 4.0 (INLUMIA)" wird u.a. die Erfassung der derzeitigen Leistungsfähigkeit von Unternehmen im Kontext Industrie 4.0 angestrebt. Ein elementarer Bestandteil ist der sogenannte Quick-Check, mit Hilfe dessen eine soziotechnische Leistungsbewertung von Unternehmen vorgenommen werden kann. Mit dem vorliegenden Beitrag werden die Struktur sowie der Ablauf des Quick-Checks vorgestellt und erste Ergebnisse der Validierung in der Praxis erläutert.

2 Ausgangssituation

Industrie 4.0 steht für die sogenannte vierte industrielle Revolution. Sie wird nach der Mechanisierung, Elektrifizierung und Informatisierung der Industrie durch den Einzug des Internets der Dinge und Dienste in die Fabriken eingeläutet. Wesentliche technische Grundlage für Industrie 4.0 sind Cyber-Physische Systeme (CPS). Bei diesen handelt es sich um vernetzte eingebettete Systeme, die Daten der physischen Welt mithilfe von Sensoren erfassen, sie für netzbasierte Dienste verfügbar machen und durch Aktuatoren unmittelbar auf Prozesse der physischen Welt einwirken [aca13].

Die Integration und Verbreitung von Industrie 4.0 wird Auswirkungen auf alle Bereiche der Industrie haben. Zum einen wird durch den Einsatz von CPS eine sich dezentral koordinierende und bei Bedarf flexibel und autonom konfigurierende Produktion ermöglicht. Zum anderen werden die neuen Möglichkeiten von Industrie 4.0 die Produkte selbst verändern [GK16]. Die Erfüllung individueller Kundenwünsche bzgl. des Designs, der Konfiguration, Bestellung, etc. sowie kurzfristige Änderungswünsche des Produktes werden u.a. durch neue Technologien und Formen des agilen Engineerings realisierbar [aca13]. Darüber hinaus sind durch den Einzug von Industrie 4.0 dynamische Veränderungen der Geschäftsprozesse in unterschiedlichen Dimensionen zu erwarten. Durch die Digitalisierung werden radikal neue, hoch dynamische, adhoc vernetze und echtzeitfähige Formen der Kollaboration innerhalb von und zwischen Unternehmen ermöglicht [aca13], [GK16]. Die Verschmelzung von digitaler und physischer Welt lassen weiterhin neue Kollaborationsformen zwischen Menschen, Maschinen und zwischen Menschen und Maschinen zu, die die Arbeitsgestaltung prägen werden [GK16].

Insgesamt werden aus den Veränderungen durch Industrie 4.0 neue Technologien, Arbeitsformen, Geschäftsmodelle sowie Lebensweisen entstehen. Industrie 4.0 eröffnet somit unzählige

Chancen für den Standort Deutschland, sowohl als Leitmarkt als auch als Leitanbieter [GK16], [KWH13].

Die vielfältigen Möglichkeiten zur Leistungssteigerung der Unternehmen im Rahmen von Industrie 4.0 führen neben den Potentialen ebenfalls zu großen Herausforderungen für die Unternehmen. Gerade KMU werden mit nahezu unüberschaubaren Handlungsmöglichkeiten konfrontiert. Beispiele dafür sind der Einsatz neuer selbstoptimierender Technologien in der Produktion oder die Generierung neuer Servicemodelle. Angesichts der Vielzahl an Möglichkeiten geht es nicht darum, das grundsätzlich Mögliche einzuführen, sondern das für die spezifische Situation Notwendige. Für KMU ist es für die Erhaltung ihrer Wettbewerbsfähigkeit essentiell, an der Industrie 4.0-Entwicklung schnell und rationell zu partizipieren. Grundlage für die erfolgreiche Einführung von Industrie 4.0 in die Unternehmen ist die *Bestimmung der derzeitigen Leistungsfähigkeit*. Dabei stehen Unternehmen insbesondere vor der Herausforderung, ihren Leistungsstand systematisch zu erfassen und objektiv messbar auszudrücken. Eine objektive Leistungsbewertung ist zwingend erforderlich, um daraus eine bedarfsgerechte Zielerreichung im Rahmen von Industrie 4.0 für die Unternehmen zu formulieren. Für diese Zielerreichung und die Einführung von Industrie 4.0 ist es wichtig, Unternehmen als soziotechnische Systeme zu verstehen und neben technischen auch wirtschaftliche und soziale Faktoren zu beachten, die sich wechselwirkend auf das System auswirken [WSS+08]. Es wird daher für die Unternehmen notwendig, verschiedene Dimensionen gleichermaßen einzubeziehen. In dem sog. MTO-Konzept nach ULICH (1997) handelt es sich im Kontext der soziotechnischen Systemtheorie traditionell um die Dimensionen „Mensch“, „Technik“ und „Organisation“ [Uli13]. In den letzten Jahren boten dabei vor allem die Bereiche Technik und Organisation Ansatzpunkte für Optimierungen und Effizienzsteigerungen. In der jüngeren Zeit setzt sich zunehmend die Erkenntnis durch, dass ein stärkerer Fokus auf den Menschen gelegt werden muss [Sch09]. Getrieben durch die neuen Technologien wie CPS (Dimension „Technik“) verändern sich heute bspw. Arbeitsabläufe und Tätigkeitsfelder und neue oder modifizierte Qualifikationen werden erforderlich (Dimension „Mensch“) [BH15]. Darüber hinaus sieht Industrie 4.0 eine stärkere Vernetzung und die Integration von internen und externen Stakeholdern entlang des gesamten Wertschöpfungsprozesses vor. Dies bietet Raum zur Entwicklung neuer Geschäftsmodelle und verändert die Möglichkeiten für Unternehmen, Geld zu verdienen [Rot16]. Dieser Wandel hat Auswirkungen auf die organisatorische und strategische Ausrichtung eines Unternehmens, d.h. der Dimension „Organisation“.

Um diesen Auswirkungen im Zuge von Industrie 4.0 gerecht werden zu können, bedarf es einer systematischen Unterstützung von Unternehmen ausgehend von der Bestimmung ihrer derzeitigen Leistungsfähigkeit. Ein vielversprechender Ansatz sind sog. Reifegradmodelle. Grundlage dieser ist die Definition adäquater Reifegrade zur Identifikation des Ausgangszustands eines Unternehmens im Rahmen einer Leistungsbewertung. Sie drücken objektiv messbar den Leistungsstand einer Organisation aus und basieren auf der Annahme, dass Handlungselemente in unterschiedlichen Leistungsstufen etabliert sein können. Um diese aufzudecken wird basierend auf dem Ist-Zustand der angestrebte Soll-Zustand in Form eines Ziel-Reifegrads festgelegt. Die Einordnung eines Unternehmens sowie die Festlegung des Ziel-Reifegrads kann dabei in verschiedenen Formen, bspw. mittels Interviews oder Workshops erfolgen [GWP09]. Ein Reifegradmodell für den Industrie 4.0-Leistungsstand von Unternehmen entsteht im Projekt

INLUMIA. Der Aufbau, die Ziele und Inhalte des Projekts, als Grundlage für den soziotechnischen Quick-Check (Kapitel 4), werden im Folgenden näher erläutert.

Projektvorstellung INLUMIA

Das Verbundprojekt INLUMIA wird aus Mitteln des Europäischen Fonds für regionale Entwicklung NRW unterstützt und durch die Leitmarkt Agentur.NRW betreut. Innerhalb von INLUMIA entsteht ein Reifegradmodell zur systematischen Leistungsbewertung von Unternehmen im Kontext Industrie 4.0. Damit bietet es die Grundlage, aus der Vielzahl an möglichen Maßnahmen individuell Passende auszuwählen. Das Modell gliedert sich in einen Quick-Check als elementarer Kern und eine Tiefenanalyse.

Übergeordnetes Ziel von INLUMIA ist die nachhaltige, vorteilhafte Positionierung von Unternehmen des Maschinenbaus und verwandter Branchen im globalen Wettbewerb durch Industrie 4.0. Hierzu wird ein Instrumentarium zur Leistungssteigerung erarbeitet. Es umfasst ein Vorgehensmodell, eine Wissensbasis, Verfahren der Partizipation und Qualifizierung sowie Werkzeuge und Methoden. Bild 1 verdeutlicht den Grundgedanken von INLUMIA: Die gemeinsame Entwicklung von bedarfsgerechten zukunftsorientierten Lösungen für die individuellen Unternehmen. Es wird geschaut in welchen Bereichen sie bereits gut aufgestellt sind, wo sich andere Unternehmen befinden und wo für die Unternehmen Chancen bestehen. Im Sinne des soziotechnischen Systemansatzes liegt der Fokus dabei nicht ausschließlich auf der Dimension „Technik", sondern auch die Dimensionen „Mensch" und „Business" werden miteinbezogen. Die Dimension „Business" erweitert hier den klassischen soziotechnischen Systemansatz der „Organisation" um die Aspekte Geschäfts- und Nutzenorientierung.

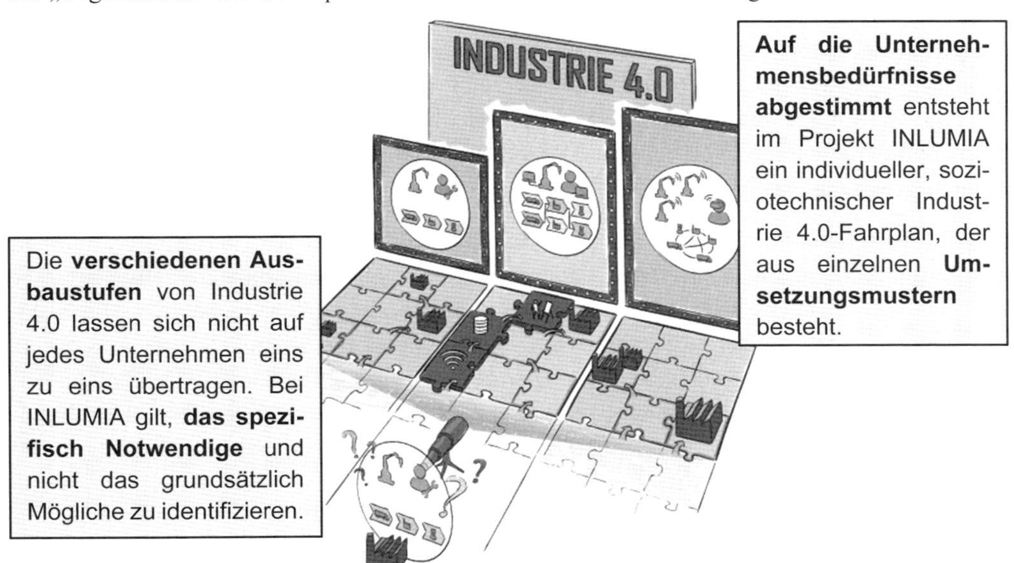

Bild 1: Der Grundgedanke des Projekts INLUMIA

Das Instrumentarium im Rahmen von INLUMIA gliedert sich in fünf Querschnittsprojekte: die Leistungsbewertung, Zieldefinition, Umsetzung, Partizipation und Qualifizierung sowie Werkzeugunterstützung. Weiterhin wird es in sechs Pilotprojekten mit Industriepartnern validiert bzw. angewendet, wodurch die Wettbewerbsposition der Pilotanwender nachhaltig gestärkt wird. Der Transfer der Ergebnisse wird durch die Anwendung von Teilen des Instrumentariums bei assoziierten KMUs, Veranstaltungen und Publikationen, einem Begleitkreis sowie der Online-Veröffentlichung des Quick-Checks und der Umsetzungsmuster vorangetrieben.

Im Rahmen dieses Beitrags liegt der Fokus auf der Leistungsbewertung der Unternehmen. Wesentlicher Bestandteil dieser ist die Entwicklung und Anwendung eines Quick-Checks unter soziotechnischen Gesichtspunkten. Um die Inhalte, den Optimierungsbedarf sowie die Anforderungen abzuleiten, wurden zunächst bestehende Reifegradmodelle analysiert. Diese sowie der sich ergebende Handlungsbedarf für den Quick-Check im Rahmen von INLUMIA werden im Folgenden beschrieben.

3 Stand der Technik und Handlungsbedarf

Die Anzahl unterschiedlicher Reifegradmodelle zur Bewertung und ggf. Steigerung der Leistungsfähigkeit von Unternehmen im Kontext Industrie 4.0 nimmt stetig zu. Beispiele sind der VDMA-Leitfaden für Industrie 4.0, das aus der Impuls-Stiftung initiierte Readiness-Modell, der acatech Industrie 4.0 Maturity-Index sowie die IG Metall Betriebslandkarte Industrie 4.0. Diese unterscheiden sich insbesondere in ihren Anwendungsbereichen, ihrem Detaillierungsgrad sowie ihrem Vorgehen.

Zielsetzung des vom VDMA entwickelten **Leitfaden Industrie 4.0** ist es, kleinen und mittleren Maschinen- und Anlagenbauern ein Werkzeug zur Entwicklung eigener Geschäftsmodelle zur Verfügung zu stellen und damit deren Umsetzungen zu unterstützen. Wesentlicher Bestandteil des Leitfadens und Instrument zur Leistungsbewertung ist der „Werkzeugkasten Industrie 4.0“. In diesem werden in den Bereichen Produktion und Produkt verschiedene Anwendungsebenen von Industrie 4.0 in einzelnen, realisierbaren Entwicklungsstufen abgefragt. Beispielhafte Kriterien sind die Integration von Sensoren/ Aktoren oder Monitoring im Bereich Produkt sowie Datenverarbeitung oder Mensch-Maschine-Schnittstellen im Bereich Produktion [VDM15].

Das aus der Impuls-Stiftung initiierte **Readiness-Modell** basiert auf Kriterien, die Unternehmen in die drei Unternehmenstypen „Neulinge“, „Einsteiger“ und „Pioniere“ einordnet. Die Einordnung in diese erfolgt mittels eines Online-Selbstchecks in Abhängigkeit der Dimensionen Strategie und Organisation, Smart Factory, Smart Operations, Smart Products, Data-driven Services und Mitarbeiter. In der Auswertung wird die Selbsteinschätzung (Ist-Profil) mit dem Profil führender Industrie 4.0-Unternehmen (Benchmark-Profil) sowie dem Profil der Zielvision (Soll-Profil) verglichen. Dadurch sollen den Unternehmen Ihre Stärken und Schwächen im Kontext Industrie 4.0 aufgezeigt werden [LSB+15].

Im Rahmen des acatech-Projekts **Industrie 4.0 Maturity-Index** wird ein multidimensionales Reifegradmodell entwickelt. Es stellt für Unternehmen eine umfassende Beurteilungsmethodik bereit. Ziel ist, den aktuellen Status von Industrie 4.0 in den Unternehmen zu erfassen, um darauf aufbauend individuelle Roadmaps für die erfolgreiche Einführung von Industrie 4.0-Lösungen zu entwickeln. Der Industrie 4.0 Maturity-Index fokussiert die Bereiche Entwicklung, Produktion, Logistik, Service, Marketing und Sales [aca16-ol].

Mit der **Betriebslandkarte Industrie 4.0** bietet die IG Metall-Bezirksleitung NRW sowie die Sustain Consult GmbH ein Instrument zur Beantwortung von Fragen zu den Auswirkungen von Industrie 4.0 auf die Beschäftigten. Für jeden Funktionsbereich eines Unternehmens lässt sich über farbliche Abstufungen auf einer Karte zeigen, welcher Grad an Vernetzung und Selbststeuerung derzeit besteht. Ziel ist es weiterhin, Chancen und Risiken hinsichtlich des Auf- und Abbaus von Arbeitsplätzen, Qualifikationen und Tätigkeiten visuell aufzuzeigen [IGM16].

Die genannten Ansätze tragen insgesamt zur Bewertung und Steigerung der Leistungsfähigkeit von Unternehmen im Kontext Industrie 4.0 in hohem Maße bei. Sie adressieren jedoch primär nur eine Dimension. Überwiegend handelt es sich dabei um die technische Perspektive, d.h. die Entwicklung von CPS und Produktionssystemen. Eine umfassende soziotechnische Betrachtung mit Berücksichtigung der Dimensionen Technik, Mensch und Business wird nicht ausreichend verfolgt. Weiterhin wird in den vorgestellten Reifegradmodellen mehrheitlich versucht, das grundsätzlich Mögliche von Industrie 4.0 und nicht das für die Unternehmen spezifisch Notwendige zu entwickeln. Um jedoch auf Grundlage des Ausgangszustands der Unternehmen die für sie relevanten Möglichkeiten von Industrie 4.0 zu erkennen und auszuschöpfen ergibt sich Handlungsbedarf für einen Quick-Check zur soziotechnischen Leistungsbewertung.

4 Quick-Check zur soziotechnischen Leistungsbewertung

Mit Hilfe des Quick-Checks kann eine soziotechnische Leistungsbewertung von Unternehmen im Kontext Industrie 4.0 vorgenommen werden. Er enthält 59 Kriterien mit jeweils vier Leistungsstufen in den Dimensionen „Technik“, „Business“ und „Mensch“. Im Folgenden werden die Struktur, der Ablauf sowie erste Ergebnisse der Anwendung des Quick-Checks vorgestellt.

4.1 Aufbau des Quick-Checks

Der in INLUMIA entstandene soziotechnische Quick-Check stellt die Grundlage für die Leistungsbewertung im Rahmen des Reifegradmodells dar. Ziel ist zum einen, die Unternehmen hinsichtlich ihres Leistungsstandes im Kontext Industrie 4.0 in den Dimensionen Technik, Business und Mensch einzuordnen. Zum anderen basierend auf einem Vergleichskollektiv und unter Berücksichtigung der weiteren Entwicklung ein unternehmensadäquaten Zielreifegrad zu ermitteln. Daraus lassen sich Handlungsbereiche für eine tiefere Analyse ableiten. Voraussetzung zur Anwendung des Quick-Checks ist die Definition von Betrachtungsbereichen. Ein Referenzbereich der Produktion sowie ein Referenzprodukt sind daher im Vorfeld festzulegen.

Insgesamt enthält der Quick-Check 59 Kriterien. Zur Strukturierung dieser Kriterien ist jede Dimension in weitere Unterkategorien gegliedert (Bild 2). Die Einordnung der Unternehmen bzgl. ihrer Leistungsfähigkeit erfolgt über Leistungsstufen. Je Kriterium sind vier Leistungsstufen definiert, wobei die vierte Leistungsstufe die idealtypische Vision von Industrie 4.0 widerspiegelt. Sie basieren auf dem Input etablierter Literatur, bestehender Reifegradmodelle sowie Erfahrungswerten. Zur Vermeidung von Fehlinterpretationen wir die Einordnung durch jeweils eine Fragestellung je Kriterium sowie einem Erläuterungstext je Leistungsstufe unterstützt. Die Beantwortung der Fragestellung unterscheidet sich zwischen der Einschätzung der heutigen Position des Unternehmens sowie der Zielposition im Jahr 2022. Abschließend sind

Relevanzen bei den einzelnen Kriterien zu hinterlegen, um einen ersten unternehmensadäquaten Handlungsbedarf abzuleiten.

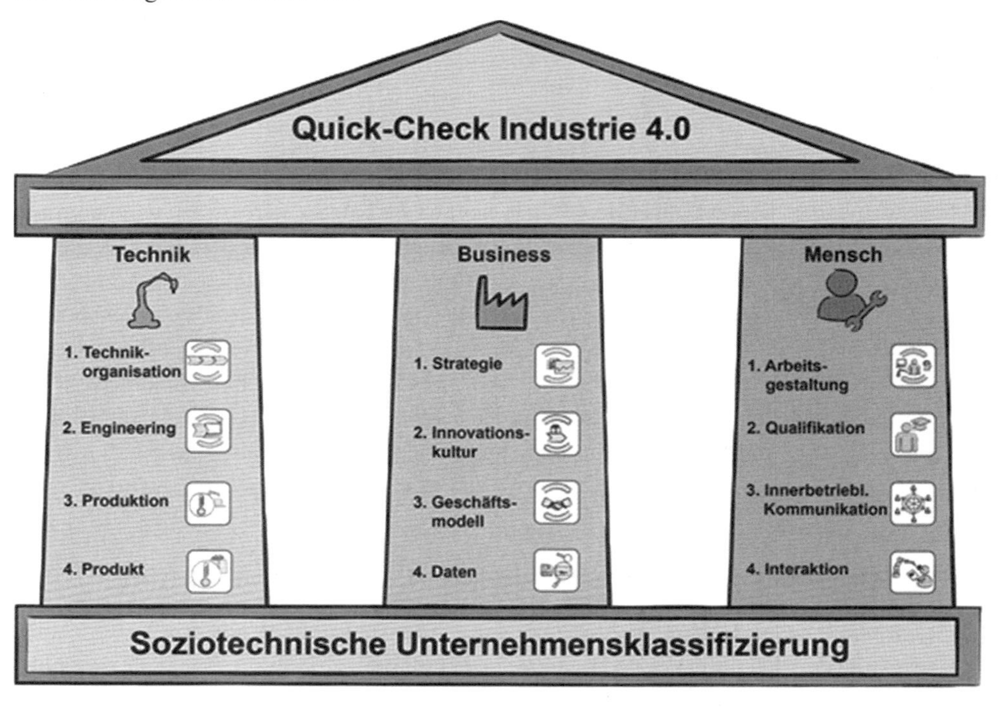

Bild 2: Der Aufbau des soziotechnischen Quick-Checks

Die **Dimension „Technik"** des soziotechnischen Quick-Checks umfasst 26 relevante Kriterien für die technologische Leistungsbewertung von Unternehmen im Kontext Industrie 4.0. Dabei wird zwischen den Kategorien Technikorganisation, Engineering, Produktion sowie Produkt unterschieden. Die *Technikorganisation* adressiert übergeordnete organisatorische Themenfelder im Bereich Technik wie z.B. die horizontale- und vertikale Integration. Den Entwicklungsprozess betreffende Kriterien, bspw. die entsprechende Nutzung von Tool-Landschaften, werden in die Kategorie *Engineering* eingeordnet. In der Kategorie *Produktion* sind Kriterien zu der im Unternehmen vorliegenden Fertigung enthalten. Hierzu gehört bspw. der Grad der Datenspeicherung des Produktionssystems. Die Einordnung eines Unternehmens in der Kategorie Produktion ist optional und setzt voraus, dass es sich um ein produzierendes Unternehmen handelt. Die Kategorie *Produkt* adressiert den technischen Ausgangszustand des Endprodukts, z.B. den Einsatz von Sensorik. Diese Kategorie ist ebenfalls optional und setzt voraus, dass das Unternehmen Endprodukte mit einer gewissen Komplexität produziert. Bild 3 zeigt exemplarisch zum einen das Kriterium „Systems Engineering" der Unterkategorie Engineering auf. Die Leistungsstufen reichen dabei von „Engineering in Fachdisziplinen" bis hin zu einer Industrie 4.0-Vision mit einem disziplinübergeifenden „Advanced/ Model Based Systems Engineering". Zum anderen das Kriterium „Art der Informationsverarbeitung" aus der Kategorie Produktion, in welchem diese in den Leistungsstufen „Keine Nutzung" bis hin zu „Optimieren", d.h. der Einsatz von Algorithmik zur situationsoptimalen Konfiguration, bewertet wird.

Engineering

T5 Systems Engineering (SE): Inwieweit wird im Rahmen des Engineerings der Ansatz des Systems Engineerings eingesetzt?

	1 Engineering in Fachdisziplinen	2 Fachdisziplin-übergreifende Ansätze	3 Systems Engineering	4 Advanced/ Model Based SE
Heutige Position:	☐	☐	☐	☐
Zielposition (im Jahr 2022):	☐	☐	☐	☐

Produktion

T6 Art der Informationsverarbeitung: Wie ist die Art der Informationsverarbeitung ausgestaltet, d.h. wozu werden die gesammelten Daten genutzt?

	1 Keine Nutzung	2 Grundlegende Steuerung der Aktorik	3 Identifizieren und Adaptieren	4 Optimieren
Heutige Position:	☐	☐	☐	☐
Zielposition (im Jahr 2022):	☐	☐	☐	☐

T7 Human Machine Interface (HMI): Wie ist die Schnittstelle zum Menschen gestaltet?

	1 Einfache HMI	2 Integrierte, lokale HMI	3 Lokale, drahtlose HMI	4 Ortsungebundene HMI
Heutige Position:	☐	☐	☐	☐
...n (im Jahr 2022):	☐	☐		☐

Bild 3: Auszug aus dem Quick-Check – Dimension Technik

In der **Dimension „Business"** werden 17 Kriterien zusammengefasst, die für die Organisations-, Geschäfts- und Nutzenbewertung von Unternehmen wichtig sind. Sie umfasst die Kategorien Strategie, Innovationskultur, Geschäftsmodell sowie Daten. Die Kategorie *Strategie* beinhaltet dabei Kriterien zu der strategischen Ausrichtung des Unternehmens in Bezug auf Industrie 4.0. Ein Beispiel ist die Wertschöpfungskooperation, also die Auswahl und Anzahl von Kooperationspartnern sowie die Flexibilität der Zusammenarbeit. Der Umgang mit Neuentwicklungen, bspw. die Herangehensweise oder die Kundeneinbindung, wird in der Kategorie *Innovationskultur* adressiert. Im Rahmen der Kategorie *Geschäftsmodell* werden Kriterien zu neuen Geschäftsmodellen im Kontext Industrie 4.0 sowie ihre Entwicklung berücksichtigt. In der Kategorie *Daten* werden Kriterien bezüglich der Datenerfassung bis hin zu ihrer Verwertung einbezogen. Bild 4 zeigt exemplarisch drei Kriterien der Kategorie *Strategie*. Zum Beispiel die Frage nach dem „IT-Sicherheitskonzept". Die Möglichkeiten zur Einordnung reichen dabei von der Leistungsstufe „Keine unternehmensindividuellen Maßnahmen" bis hin zu einem „Umfassenden Sicherheitskonzept". Dies bedeutet, dass neben bereichsspezifischen Sicherheitsrichtlinien individuelle Sicherheitsmaßnahmen für die vorliegende IT-Landschaft in ein Sicherheitskonzept integriert sind.

Strategie

B2 Überprüfung der Strategie: Wie werden die in der Strategieentwicklung getroffenen Annahmen sowie die Erreichung der strategischen Ziele kontrolliert?

	1 Keine Überprüfung	2 Unregelmäßiges Umsetzungscontrolling	3 Regelmäßiges Umsetzungscontrolling	4 Kontinuierliches Umsetzungs- und Prämissencontrolling
Heutige Position:	☐	☐	☐	☐
Zielposition (im Jahr 2022):	☐	☐	☐	☐

B3 IT-Sicherheitskonzept: Inwiefern wurden die unternehmensspezifischen IT-Sicherheitsrisiken analysiert und Maßnahmen zur Risikominimierung abgeleitet?

	1 Keine unternehmens-individuellen Maßnahmen	2 Vereinzelte Maßnahmen	3 Sicherheitsrichtlinie	4 Umfassendes Sicherheitskonzept
Heutige Position:	☐	☐	☐	☐
Zielposition (im Jahr 2022):	☐	☐	☐	☐

B4 Wertschöpfungskooperation: Wie erfolgen die Kooperationen mit Wertschöpfungspartnern?

	1 Starre „1 zu 1"-Beziehungen	2 Flexible „1 zu 1"-Beziehungen	3 Flexible Allianzen	4 Ad-hoc-Allianzen
Heutige Position:	☐	☐	☐	☐
... Jahr 2022):	☐			

Bild 4: Auszug aus dem Quick-Check – Dimension Business

Die **Dimension „Mensch“** beinhaltet 16 Kriterien, die sich mit den Mitarbeitern und der Arbeitsorganisation beschäftigen. Diese Kriterien ordnen sich in die Kategorien *Arbeitsgestaltung*, Qualifikation, Innerbetriebliche Kommunikation sowie Interaktion ein. Arbeitsgestaltung meint hierbei die Ausgestaltung der Arbeitsplätze und Tätigkeiten der Mitarbeiter, bspw. bezogen auf die Anforderungsvielfalt. In der Kategorie *Qualifikation* erfassen die Kriterien Möglichkeiten zur Schulung und Wissensweitergabe der Mitarbeiter. Die Transparenz zwischen Führungskräften und Mitarbeitern wird u.a. mittels des Kriteriums Mitarbeiterpartizipation in der Kategorie *Innerbetriebliche Kommunikation* adressiert. Interaktionen zwischen Mensch und Technik, wie der Einsatz von Assistenzsystemen, sind Bestandteil der Kategorie *Interaktion*. Bild 5 zeigt drei Kriterien der Kategorie *Arbeitsgestaltung*. Ein Beispiel ist der Tätigkeitsspielraum und die Autonomie. Die Frage nach diesen Aspekten bei arbeitsbezogenen Entscheidungen kann mittels der Leistungsstufen „Fast kein Spielraum“ bis hin zu „Sehr viel Spielraum“ erfolgen. Kein Spielraum bedeutet dabei, dass feststeht was die Mitarbeiter wann und wie tun müssen. „Sehr viel Spielraum“ geht mit fast keinen Einschränkungen beim freien Gestalten ihrer Tätigkeiten und der Planung des Arbeitsablaufs einher.

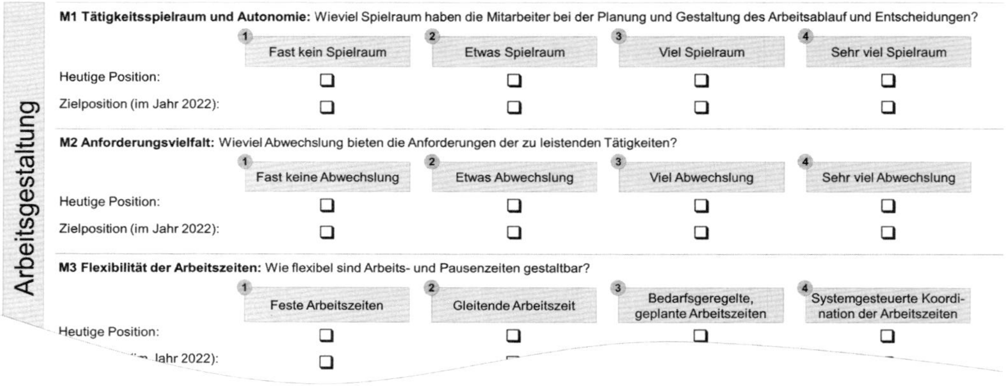

Arbeitsgestaltung

M1 Tätigkeitsspielraum und Autonomie: Wieviel Spielraum haben die Mitarbeiter bei der Planung und Gestaltung des Arbeitsablauf und Entscheidungen?

	1 Fast kein Spielraum	2 Etwas Spielraum	3 Viel Spielraum	4 Sehr viel Spielraum
Heutige Position:	❑	❑	❑	❑
Zielposition (im Jahr 2022):	❑	❑	❑	❑

M2 Anforderungsvielfalt: Wieviel Abwechslung bieten die Anforderungen der zu leistenden Tätigkeiten?

	1 Fast keine Abwechslung	2 Etwas Abwechslung	3 Viel Abwechslung	4 Sehr viel Abwechslung
Heutige Position:	❑	❑	❑	❑
Zielposition (im Jahr 2022):	❑	❑	❑	❑

M3 Flexibilität der Arbeitszeiten: Wie flexibel sind Arbeits- und Pausenzeiten gestaltbar?

	1 Feste Arbeitszeiten	2 Gleitende Arbeitszeit	3 Bedarfsgeregelte, geplante Arbeitszeiten	4 Systemgesteuerte Koordination der Arbeitszeiten
Heutige Position:	❑	❑	❑	❑
... Jahr 2022):	❑			

Bild 5: Auszug aus dem Quick-Check – Dimension Mensch

Zusammenfassend ist mit dem Quick-Check ein Instrument für eine erste soziotechnische Leistungsbewertung der Unternehmen im Kontext Industrie 4.0 entstanden. Um dabei die Praxistauglichkeit zu gewährleisten, sind die Ergebnisse mehrfach von den Pilotunternehmen des Verbundprojekts INLUMIA analysiert und bewertet worden.

4.2 Durchführung und Validierung des Quick-Checks

Um einen Vergleich mit ähnlich aufgestellten Unternehmen zu ermöglichen, ist dem Quick-Check zunächst eine Unternehmensklassifizierung mit 13 Kriterien vorgeschaltet. In dieser werden zum einen klassische Fragen zu der Unternehmensgröße oder dem Erzeugnisspektrum gestellt. Zum anderen soziotechnische Fragen, bspw. zu der Kompetenzbreite oder den Entscheidungstypen im Unternehmen. Für die Anwendung des Quick-Checks wurde ein Fragebogen mit insgesamt 59 Kriterien entwickelt und visuell aufgearbeitet. Er wird in Form eines Workshops mit dem einzuordnenen Unternehmen beantwortet. Einzubeziehen sind dabei Mitarbeiter aus den unterschiedlichen Bereichen des Unternehmens sowie wissenschaftliche Experten für die einzelnen Dimensionen. Eine erste Einschätzung des Unternehmens sollte bereits im Vorhinein eigenständig erfolgen. Anschließend wird im Workshop die Beantwortung des Quick-Checks gemeinsam erarbeitet. Dabei wird je Kriterium zunächst die heutige Position diskutiert. Anschließend wird die Zielposition im Jahr 2022 diskutiert und festgelegt. Dabei handelt es nicht, um den systematisch hergeleiteten Zielreifegrad, sondern das „Bauchgefühl" des Unternehmens. Abschließend werden die einzelnen Kriterien mit Hilfe von Relevanzpunkten gewichtet. Diese Gewichtung sowie die Auswertung des Abstands zwischen der heutigen und der Zielposition dienen der Ableitung von akuten Handlungsbedarfen der Unternehmen für eine weitere Tiefenanalyse.

Im Rahmen von INLUMIA ist der soziotechnische Quick-Check bislang bei sechs produzierenden Unternehmen verschiedener Größen und Branchen angewendet worden. Mit der Auswertung der individuellen Ergebnisse in Form eines Ziel-Ist-Vergleichs sowie der Relevanzanalyse der verschiedenen Unternehmen resultieren Auffälligkeiten bzgl. der Handlungsbedarfe im Kontext Industrie 4.0. So ist bspw. eine deutlich variierende Gewichtung von den Unternehmen zwischen den einzelnen Dimensionen Technik, Business und Mensch identifiziert worden. Diese lässt darauf schließen, dass die Dringlichkeit der Einführung von Industrie 4.0 Maßnahmen in den einzelnen Dimensionen von den Unternehmens- und Brancheneigenschaften abhängig ist. Die Maßnahmen sind daher in eine entsprechende Reihenfolge zu bringen. Im Sinne der soziotechnischen Betrachtung sollte jedoch keine Dimension unberücksichtigt bleiben. Innerhalb der drei Dimensionen zeigte sich, dass der akute Handlungsbedarf der Unternehmen trotz unterschiedlicher Größe, Anwendungsbereiche und Strategien primär in simultanen Themenbereichen liegt. Im Rahmen der *Dimension Technik* ist auf Grundlage des Ziel-Ist Vergleichs besonders großer Handlungsbedarf bei der Nutzung von Daten der Produktionssysteme, bspw. für Zustandsvorhersagen, sichtbar. Heute ordnen sich fünf der sechs Pilotunternehmen in die erste Leistungsstufe (einfache Visualisierung von Produktionsdaten) ein, streben aber die höchste Leistungsstufe (autonome Kontrolle und Lernfähigkeit) als Zielposition an. Die Auswertung der *Dimension Business* lässt erkennen, dass Verbesserungspotentiale im Kontext Industrie 4.0 insbesondere in der Umsetzung einer Industrie 4.0 Strategie, der Datenerfassung und -analyse im Rahmen der Unternehmensprozesse sowie der Geschäftsmodellentwicklung liegen. Bei der Datenerfassung und -analyse steht bei vier der sechs Unternehmen das Ziel der Industrie 4.0-Vision, d.h. ein gezieltes Datenmanagement wertvoller Inhalte im Sinne von „Smart Data", im Fokus. Der größte Bedarf zur Leistungssteigerung im Kontext der *Dimension Mensch* ist innerhalb des Wissenstransfers im Unternehmen erkennbar. Beispiele stellen die Dokumentation des Erfahrungswissens, die Transparenz zwischen Mitarbeitern und Managementebene sowie die Mitarbeiterpartizipation dar. Insbesondere bei drei der sechs Unternehmen würden die Führungstransparenz und Mitarbeiterpartizipation durch den Einsatz geeigneter Softwaresysteme verbessert werden können. Mittels der Relevanzangaben der Unternehmen konnten diese Handlungsbereiche der drei Dimensionen bestätigt werden. Sie gilt es somit in Abhängigkeit der Gewichtung der Dimensionen zu ordnen und anschließend mittels geeigneter Methoden den konkreten Handlungsbedarf individuell zu ermitteln. Hierbei sind eventuelle Abhängigkeiten zwischen den Handlungsbereichen zu berücksichtigen. So hat bspw. die Digitalisierung der Prozesse in der Produktion (z.B. Einsatz von Assistenzsystemen) im Rahmen der

Dimension Technik ebenfalls Auswirkungen auf die Arbeitsgestaltung (z.B. Wahrnehmung von Monotonie) und somit auf die Dimension Mensch.

Neben der Workshop-geeigneten Version des Quick-Checks wurde ergänzend eine verkürzte *Online-Version* erarbeitet. Mittels Einfluss- und Relevanzanalysen konnte die Zahl der Kriterien dafür in den drei Dimensionen Technik, Business und Mensch von insgesamt 59 auf die relevantesten 33 Kriterien reduziert werden. Damit wird eine maximale Bearbeitungszeit von 30 Minuten möglich. Primäres Ziel der Online-Version ist es, den Quick-Check in der Breite zugänglich zu machen, ergänzend zu den Daten aus den Workshops ein großes Vergleichskollektiv aufzubauen sowie die Methode zu validieren. Um dieses Vergleichskollektiv zu erreichen, startet der Fragebogen mit der Unternehmensklassifizierung. Sowohl die Fragestellungen als auch die Erläuterungen zu den einzelnen Leistungsstufen sind in die Online-Version des Quick-Checks integriert. Im weiteren Verlauf des Projekts INLUMIA wird angestrebt, die Ergebnisse des Quick-Check mit folgenden Ergebnissen zu Verzahnen und somit eine ganzheitliche Werkzeugunterstützung anzubieten.

5 Resümee und Ausblick

Im Rahmen des Verbundprojekts INLUMIA ist mit dem Quick-Check ein geeigneter Ansatz für eine soziotechnische Leistungsbewertung im Kontext Industrie 4.0 entstanden. Er ordnet sich in das Reifegradmodell von INLUMIA ein. Mit den drei Dimensionen Mensch, Technik und Business werden Unternehmen als soziotechnisches System betrachtet. Durch die vier definierten Leistungsstufen für jedes der 59 Kriterien werden die Unternehmen befähigt, eine klare Einordnung ihrer derzeitigen Fähigkeiten zu vollziehen. Diese Einordnung kann entweder eigenständig oder gemeinsam mit Experten in Form von Workshops erfolgen. Die in dem Quick-Check enthaltene Einschätzung der individuellen Zielposition in 2022 liefert durch einen Ziel-Ist-Vergleich die Möglichkeit zur Ableitung von Handlungsbedarfen in den drei Dimensionen. Der zusätzliche Vergleich mit Unternehmen gleicher Branchen und Größen auf Basis einer Unternehmensklassifizierung gewährleistet dabei, nicht das grundsätzlich Mögliche, sondern das unternehmensspezifisch Notwendige zu identifizieren. Diese Möglichkeiten können weiterhin mittels der Quick-Check Ergebnisse in das Unternehmen getragen werden. Die transparente Darstellung der drei Dimensionen kann daher zusätzlich als Instrument zur Entscheidungsunterstützung bei der Umsetzungsplanung erster definierter Maßnahmen im Kontext Industrie 4.0 dienen.

Auf Basis der Quick-Check-Ergebnisse, gilt es nachfolgend den Handlungsbedarf der Unternehmen abzuleiten und im Rahmen tieferer Analysen zu spezifizieren. Hierfür wird in dem Reifegradmodell des Verbundprojekts INLUMIA die „Tiefenanalyse Industrie 4.0“ vorgesehen. Geeignete Analysemethoden wie Interviews oder Modellierungsmethoden werden hierbei mit den Quick-Check-Kriterien der einzelnen Dimensionen verzahnt. Ziel ist eine tiefere Analyse der Ist-Situation sowie die Identifikation konkreter Potentiale für eine Leistungssteigerung und somit für adäquate Unternehmensziele im Kontext Industrie 4.0.

Literatur

[aca13] ACATECH – DEUTSCHE AKADEMIE DER TECHNIKWISSENSCHAFTEN E.V.: Umsetzungsempfehlungen für das Zukunftsprojekt Industrie 4.0 - Abschlussbericht des Arbeitskreises Industrie 4.0. Frankfurt am Main, 2013

[aca16-ol] ACATECH – DEUTSCHE AKADEMIE DER TECHNIKWISSENSCHAFTEN E.V.: Industrie 4.0 Maturity Index. Unter: http://www.acatech.de/de/projekte/projekte/industrie-40-maturity-index.html, Zugriff am 02.01.2017

[BH15] BOTTHOF, A.; HARTMANN, E. A. (HRSG.): Zukunft der Arbeit in Industrie 4.0. Springer Verlag, Berlin Heidelberg, 2015

[GK16] GAUSEMEIER, J.; KLOCKE, F.: Industrie 4.0 – Internationaler Benchmark, Zukunftsoptionen und Handlungsempfehlungen für die Produktionsforschung. Heinz Nixdorf Institut (Universität Paderborn), WZL (RWTH Aachen), acatech, Paderborn, Aachen, München, 2016

[GWP09] GAUSEMEIER, J.; WENZELMANN, C.; PLASS, C.: Zukunftsorientierte Unternehmensgestaltung – Strategien, Geschäftsprozesse und IT-Systeme für die Produktion von morgen. Carl Hanser Verlag, München, 2009

[IGM16] IG METALL NRW (HRSG.): Was ist eigentlich die Betriebslandkarte Industrie 4.0?. In: Direkt – der Infodienst der IG Metall, Ausgabe 1, S.4, 2016

[KWH13] KAGERMANN, H.; WAHLSTER, W.; HELBIG, J.: Deutschlands Zukunft als Produktionsstandort sichern, Umsetzungsempfehlungen für das Zukunftsprojekt Industrie 4.0. Abschlussbericht des Arbeitskreises Industrie 4.0. Berlin, 2013

[LSB+15] LICHTBLAU, K.; STICH, V.; BERTENRATH, R.; BLUM, M.; BLEIDER, M.; MILLACK, A.; SCHMITT, K.; SCHMITZ, E.; SCHRÖTER, M.: INDUSTRIE 4.0-READINESS, Ergebnisse des Forschungsvorhabens der IMPULS-Stiftung des VDMA für den Maschinenbau, den Anlagenbau und die Informationstechnik. Aachen, Köln, 2015

[Rot16] ROTH, A.: Einführung und Umsetzung von Industrie 4.0 – Grundlagen, Vorgehensmodell und Use Cases aus der Praxis. Springer Verlag, Berlin, Heidelberg, 2016

[Sch09] SCHLEIDT, B: Kompetenzen für Ingenieure in der unternehmensübergreifenden virtuellen Produktentwicklung. Dissertation, Fachbereich Maschinenbau und Verfahrenstechnik, Technische Universität Kaiserslautern, Schriftenreihe VPE, Band 7, Kaiserslautern, 2009

[Uli13] ULICH, E.: Arbeitssysteme als Soziotechnische Systeme – eine Erinnerung. In Journal Psychologie des Alltagshandelns, Vol. 6 / No. 1, Innsbruck university press, Innsbruck, 2013

[VDM15] VERBAND DEUTSCHER MASCHINEN- UND ANLAGENBAU (HRSG.): Leitfaden Industrie 4.0. Orientierungshilfe zur Einführung in den Mittelstand. VDMA Verlag GmbH, Frankfurt am Main, 2015

[WSS+08] WALKER, G.H.; STANTON, N.A.; SALMON, P.M.; JENKINS, D.P.: A Review of Sociotechnical Systems Theory - A Classic Concept for New Command and Control Paradimgs. In: Ergonomics Science, 9, 6, 2008

Autoren

Daniela Hobscheidt studierte Wirtschaftsingenieurwesen mit der Fachrichtung Maschinenbau an der Universität Paderborn. Seit 2016 ist sie wissenschaftliche Mitarbeiterin am Fraunhofer IEM in der Abteilung Produktentstehung. Ihre Arbeitsschwerpunkte liegen dort in der Anwendung von Systems Engineering in der Praxis, dem Technologietransfer im Kontext Intelligenter Technischer Systeme und der Entwicklung von Produkt-Service-Systemen.

Thorsten Westermann studierte Wirtschaftsingenieurwesen mit der Fachrichtung Maschinenbau an der Universität Paderborn. Er ist Mitarbeiter am Fraunhofer IEM in der Abteilung Produktentstehung. Hier leitet er eine Forschungsgruppe, die sich schwerpunktmäßig mit der Entwicklung von Produkt-Service-Systemen vor dem Hintergrund der Digitalisierung befasst.

Prof. Dr.-Ing. Roman Dumitrescu ist Direktor am Fraunhofer-Institut für Entwurfstechnik Mechatronik IEM und Leiter des Fachgebiets „Advanced Systems Engineering“ an der Universität Paderborn. Sein Forschungsschwerpunkt ist die Produktentstehung intelligenter technischer Systeme. In Personalunion ist Prof. Dumitrescu Geschäftsführer des Technologienetzwerks Intelligente Technische Systeme OstWestfalenLippe (it´s OWL). In diesem verantwortet er den Bereich Strategie, Forschung und Entwicklung. Er ist Mitglied des Forschungsbeirates der Forschungsvereinigung 3-D MID e.V. und Leiter des VDE/VDI Fachausschusses „Mechatronisch integrierte Baugruppen“. Seit 2016 ist er Mitglied im Executive-Development-Programm „Fraunhofer Vintage Class“ der Fraunhofer-Gesellschaft.

Christian Dülme studierte im Rahmen eines dualen Studiums Wirtschaftsingenieurwesen mit der Fachrichtung Maschinenbau an der Universität Paderborn. Seit 2013 ist er wissenschaftlicher Mitarbeiter am Heinz Nixdorf Institut bei Prof. Gausemeier im Team „Strategische Planung und Innovationsmanagement“. Seine Forschungsschwerpunkte sind Industrie 4.0, Produktstrategie und Potentialfindung.

Prof. Dr.-Ing. Jürgen Gausemeier ist Seniorprofessor am Heinz Nixdorf Institut der Universität Paderborn und Vorsitzender des Clusterboards des BMBF-Spitzenclusters „Intelligente Technische Systeme Ostwestfalen-Lippe (it´s OWL)“. Er war Sprecher des Sonderforschungsbereiches 614 „Selbstoptimierende Systeme des Maschinenbaus“ und von 2009 bis 2015 Mitglied des Wissenschaftsrats. Jürgen Gausemeier ist Initiator und Aufsichtsratsvorsitzender des Beratungsunternehmens UNITY AG. Seit 2003 ist er Mitglied von acatech – Deutsche Akademie der Technikwissenschaften und seit 2012 Vizepräsident.

Holger Heppner studierte Psychologie und Philosophie an der Technischen Universität Dortmund und einen interdisziplinären Studiengang mit dem inhaltlichen Schwerpunkt Neurowissenschaften und Motorik an der Universität Bielefeld. Von 2012 bis 2015 arbeitete er als wissenschaftlicher Mitarbeiter am Leibniz-Institut für Arbeitsforschung an der TU Dortmund in einem Projekt zum Thema alternsgerechte Arbeitsplatzgestaltung und forschte im Bereich „User-State Analysis“. Seit 2016 ist er wissenschaftlicher Mitarbeiter an der Universität Bielefeld in der Arbeitseinheit Arbeits- und Organisationspsychologie. Seine Arbeitsschwerpunkte sind die Auswirkungen von Digitalisierung auf Arbeitsgestaltung.

Prof. Dr. Günter W. Maier ist Professor für Arbeits- und Organisationspsychologie an der Universität Bielefeld. In seiner Forschung beschäftigt er sich mit Fragen der Personalauswahl, Persönlichkeit im Arbeitsleben, Führung, Organisationale Gerechtigkeit, Innovation und Kreativität, persönliche Arbeitsziele und Digitalisierung der Arbeit. Er ist stellvertretender Sprecher des Fortschrittskollegs „Gestaltung von flexiblen Arbeitswelten“ und des Forschungsschwerpunkts „Digitale Zukunft“. Er unterrichtet in BSc-, MSc- und Doktoranden-Programmen der Universität Bielefeld sowie an Instituten der beruflichen Bildung (z.B. Verwaltungs- und Wirtschaftsakademie OWL, Deutsche Versicherungsakademie).

Reifegradmodell für die Planung von Cyber-Physical Systems

Thorsten Westermann, Dr.-Ing. Harald Anacker,
Prof. Dr.-Ing. Roman Dumitrescu,
Fraunhofer-Institut für Entwurfstechnik Mechatronik IEM
Zukunftsmeile 1, 33102 Paderborn
Tel. +49 (0) 52 51 / 54 65 342, Fax. +49 (0) 52 51 / 54 65 102
E-Mail: {Thorsten.Westermann/Harald.Anacker/Roman.Dumitrescu}@
iem.fraunhofer.de

Zusammenfassung

Cyber-Physical Systems (CPS) sind vernetzte eingebettete Systeme, die Daten der physikalischen Welt mithilfe von Sensoren erfassen, sie für netzbasierte Dienste verfügbar machen und durch Aktuatoren unmittelbar auf Prozesse der physikalischen Welt einwirken. In der industriellen Produktion sind CPS z.B. vernetzte Maschinen, Lagersysteme oder Betriebsmittel, die eigenständig Informationen austauschen, Aktionen auslösen und sich selbstständig steuern. Für die sog. vierte industrielle Revolution (Industrie 4.0), die für eine neue Stufe der Organisation und Steuerung der gesamten Wertschöpfungskette steht, sind CPS eine wesentliche technische Grundlage. Der Wandel der industriellen Produktion betrifft sowohl produzierende Unternehmen (Leitmarkt) als auch die Ausrüsterindustrie (Leitanbieter), wie Unternehmen des Maschinen- und Anlagenbaus. Durch die zunehmende Durchdringung mit Informations- und Kommunikationstechnik (IKT) verändern sich klassische maschinenbauliche Erzeugnisse (z.B. Werkzeug- oder Verpackungsmaschinen) von mechatronischen Systemen weiter zu Cyber-Physical Systems. Unternehmen des Maschinen- und Anlagenbaus stehen nun vor der Herausforderung die schrittweise Transformation ihrer Erzeugnisse systematisch zu planen und dabei stets die Auswirkungen auf ihre Marktleistung zu berücksichtigen. Die erfolgreiche Weiterentwicklung eines Systems basiert auf einer objektiven Bewertung der Leistungsfähigkeit, anhand derer ein Konzept zur inkrementellen Verbesserung erarbeitet werden kann. Zur strukturierten Leistungssteigerung von technischen Systemen stellt der vorliegende Beitrag ein Reifegradmodell für CPS vor. Dieses zeigt mögliche Leistungsstufen von CPS auf, beschreibt die Eigenschaften eines Systems je Leistungsstufe und gibt ein konkretes Vorgehen zur Leistungsbewertung und -steigerung vor. Das Reifegradmodell dient als Hilfsmittel für Unternehmen, um die schrittweise Weiterentwicklung ihrer Erzeugnisse zu Cyber-Physical Systems systematisch entlang von Leistungsstufen zu planen. Die Erläuterung des Reifegradmodells erfolgt anhand eines Praxisbeispiels aus der Lebensmitteltechnik.

Schlüsselworte

Reifegradmodell, Cyber-Physical Systems, Leistungsbewertung, Leistungssteigerung

Maturity Model for Planning of Cyber-Physical Systems

Abstract

Cyber-Physical Systems (CPS) are connected embedded systems, which collect data from the physical world via sensors, make them available for networked-based services and affect physical processes via actuators. In industrial production CPS are e.g. connected machines, storage systems or equipment which exchange information, trigger actions and control themselves autonomously. For the so-called fourth industrial revolution (Industry 4.0), which stands for a new step of organizing and controlling the entire value chain, CPS are an important technological basis. The change of industrial production affects manufacturing companies (lead market) as well as providers of production technology (lead provider) like the mechanical engineering industry. Due to the increasing permeation with information and communication technology (ICT), classical mechanical engineering products (e.g. machine tools or food processing machines) develop from mechatronic systems to Cyber-Physical Systems. Thus companies of mechanical engineering industry face the challenge to plan a stepwise transformation of their systems while regarding the impact on their whole business. The successful development of objects rest on an objective performance evaluation and on a concept to improve the performance. To enable a structured performance improvement, the contribution at hand introduces a maturity model for Cyber-Physical Systems. This shows possible maturity levels for CPS, describes their characteristics per maturity level and provides a concrete approach for performance evaluation and improvement. The maturity model serves as a tool kit for companies to plan a stepwise improvement of their products along maturity levels. By means of a food processing machine, the maturity model will be explained.

Keywords

Maturity Model, Cyber-Physical Systems, Performance Evaluation, Performance Improvement

1 Einleitung

Die digitale Informationsverarbeitung hat unsere technische und gesellschaftliche Welt in den vergangenen Jahrzehnten fundamental verändert [Bro10]. Ob im Haushalt, im Straßenverkehr oder in der Kommunikation: sämtliche technische Systeme wie Hausgeräte, Fahrzeuge oder Mobilfunkgeräte sind über das Internet vernetzt und in der Lage weltweit mit anderen Objekten zu kommunizieren [KRH+15]. Ausgangspunkt vieler vernetzter technischer Systeme sind mechatronische Systeme, die auf dem synergetischen Zusammenwirken unterschiedlicher Fachdisziplinen wie Maschinenbau, Elektrotechnik, Software- und Regelungstechnik beruhen [VDI2206]. Durch die Entwicklung der Informations- und Kommunikationstechnik (IKT) vollziehen mechatronische Systeme den Wandel hin zu Intelligenten Technischen Systemen (ITS). ITS sind mechatronische Systeme mit inhärenter Teilintelligenz und somit in der Lage sich ihrer Umgebung und den Wünschen ihrer Anwender im Betrieb anzupassen. Zudem können sie mit anderen Systemen kommunizieren und kooperieren. Dadurch entstehen vernetzte Systeme, dessen Funktionalität sich erst durch das Zusammenspiel der Einzelsysteme ergibt [Dum11], [GAC+13]. Die Vernetzung technischer Systeme und die Verschmelzung der virtuellen mit der physikalischen Welt adressiert der Begriff Cyber-Physical Systems (CPS) [GB12].

Der Einsatz von CPS in der industriellen Produktion wird diese radikal verändern. Dieser Wandel wird heute oft als vierte industrielle Revolution oder Industrie 4.0 bezeichnet [aca11]. Der Wandel der industriellen Produktion betrifft den Wirtschaftsstandort Deutschland in zweierlei Hinsicht. Einerseits sind produzierende Unternehmen wie Automobilhersteller betroffen, deren Wertschöpfungskette sich durch den Einsatz neuer Produktionstechnik massiv verändern wird. Andererseits ist es die Ausrüsterindustrie, insbesondere Unternehmen des Maschinen- und Anlagenbaus, deren Produkte sich durch den Einsatz neuer Technologien zu Cyber-Physical Systems weiterentwickeln [KWH13]. Dies hat nicht nur Auswirkungen auf bestehende technische Systeme, sondern auf die gesamte Markleistung der Unternehmen.

Der vorliegende Beitrag stellt ein Reifegradmodell vor, das Unternehmen bei der Planung der sukzessiven Weiterentwicklung ihrer Erzeugnisse hin zu Cyber-Physical Systems unterstützt. Mit Hilfe des Reifegradmodells ist es möglich, die Leistungsfähigkeit derzeitiger Systeme objektiv zu bewerten und die inkrementelle Leistungssteigerung zur Erreichung eines unternehmensindividuellen Zielreifegrads systematisch zu planen.

2 Cyber-Physical Systems in der industriellen Produktion

Cyber-Physical Systems sind vernetzte eingebettete Systeme, die physikalische Daten erfassen, diese verarbeiten und interpretieren, weltweit verfügbare Dienste nutzen, unmittelbar auf physikalische Vorgänge einwirken und über multimodale Mensch-Maschine-Schnittstellen verfügen [Lee08], [Bro10]. Geprägt wurde der Begriff CPS von GILL im Jahr 2006, die damit die Integration von softwaretechnischen Komponenten („Cyber“) in physikalische, biologische oder technische Systeme („Physical“) [LS15] beschrieb. Die Referenzarchitektur für Cyber-Physical Systems in Bild 1 veranschaulicht den grundsätzlichen Aufbau sowie die prinzipielle Wirkungsweise von CPS. In der Regel bestehen CPS aus einem **physikalischen Grundsystem**, wie z.B. einer mechanischen Struktur. Mittels **Sensoren** sind sie in der Lage unmittelbar physikalische Daten zu erfassen und mit **Aktoren** auf physikalische Vorgänge einzuwirken. CPS verfügen über eine **Informationsverarbeitung**, um Daten auszuwerten, zu speichern und auf dieser Grundlage aktiv oder reaktiv mit der physikalischen und der digitalen Welt zu interagieren. Via **Kommunikationssystem** können sie mit weiteren Systemen kommunizieren und zwar sowohl drahtlos als auch drahtgebunden, sowohl lokal als auch global. Ferner nutzen CPS weltweit verfügbare **Daten** und **Dienste**, d.h. Leistungen zur Erfüllung eines definierten Bedarfs [KWH13]. Über eine Reihe multimodaler **Mensch-Maschine-Schnittstellen** (HMI) ist es ihnen möglich mit Benutzern zu kommunizieren [GB12].

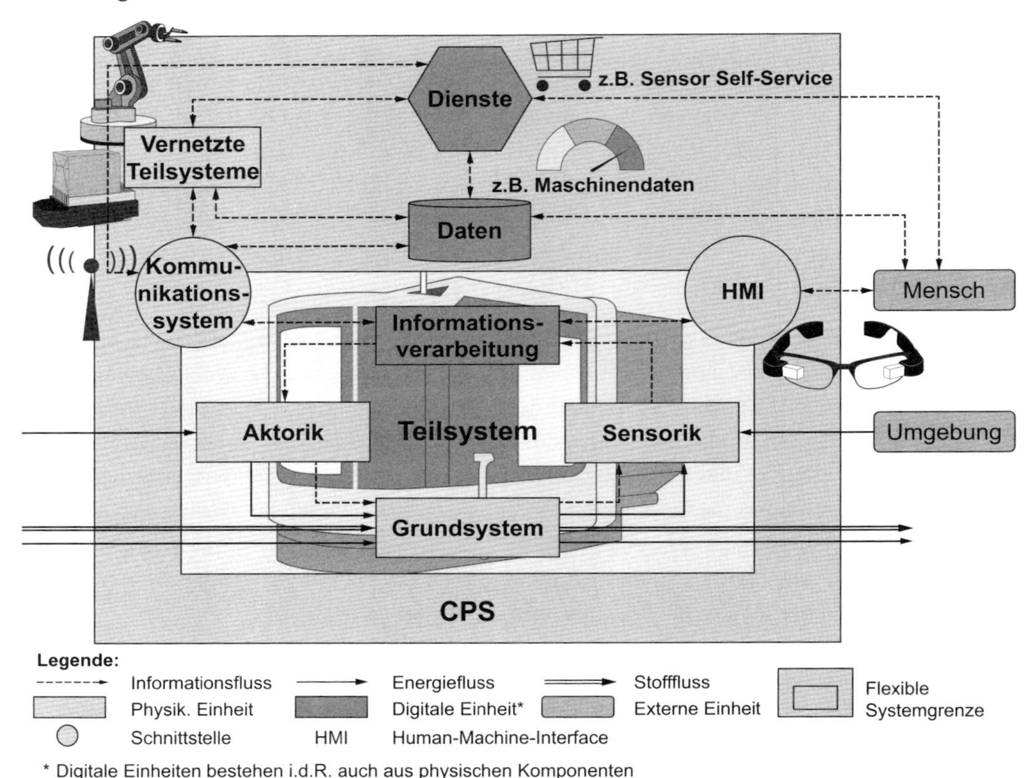

Bild 1: Referenzarchitektur für Cyber-Physical Systems nach [WAD+16]

Durch die Fähigkeiten zur Kommunikation und Kooperation mit anderen Systemen entstehen vernetzte Systeme, deren Funktionalität und Leistungsfähigkeit die der Summe der Einzelsysteme übersteigt. Dabei ist der Systemverbund in der Lage, die Rollen der Einzelsysteme und deren Vernetzung flexibel zu verändern und sich so veränderten Bedingungen anzupassen. Das vernetzte System, das zunehmend in globaler Dimension agiert, wird nicht mehr ausschließlich durch eine globale Steuerung beherrschbar sein, vielmehr muss auch durch lokale Strategien ein global gutes Verhalten erreicht werden [Dum11], [GAC+13].

Cyber-Physical Systems in der Produktion sind z.B. vernetzte Maschinen, Lagersysteme oder Betriebsmittel, die eigenständig Informationen austauschen, Aktionen auslösen und sich selbstständig steuern. Durch CPS entstehen sog. Smart Factories, in denen Menschen, Maschinen, Anlagen, Logistik und Produkte miteinander kommunizieren und kooperieren [Pla16-ol]. Über die Vernetzung sämtlicher Prozesse innerhalb eines Unternehmens hinaus, erfolgt auch eine unternehmensübergreifende Vernetzung. Alle an der Wertschöpfung beteiligten Unternehmen bilden ein Wertschöpfungsnetzwerk, das sich an Veränderungen im Markt oder in der Lieferkette flexibel anpassen kann [aca11]. Diese Veränderungen der industriellen Produktion beschreibt der Begriff Industrie 4.0, für dessen Realisierung CPS eine wesentliche technische Grundlage sind.

Industrie 4.0 betrifft sowohl produzierende Unternehmen als auch die Ausrüsterindustrie. Deutsche Maschinen- und Anlagenbauer gelten als führende Fabrikausrüster und weltweite Technologieführer in der Produktionstechnik [KWH13]. Damit die Unternehmen ihre Führungsposition erhalten oder sogar ausbauen können, müssen sie die rasche Entwicklung der IKT für sich nutzen und ihre Produkte zu Cyber-Physical Systems weiterentwickeln. Dabei werden sich jedoch nicht nur die technischen Systeme verändern, sondern die gesamte Marktleistung der Unternehmen. Während das Angebot im Maschinen- und Anlagenbau klassischerweise aus einer Kombination von Sach- und produktbegleitenden Dienstleistungen besteht, eröffnen CPS nun erhebliche Möglichkeiten, um die historisch gewachsenen Marktleistungen zu innovativen Produkt-Service-Systemen weiterzuentwickeln [EDB+15]. Diese Veränderungspotentiale beruhen u.a. auf der Speicherung und Analyse von Daten, zunehmender Intelligenz und Vernetzung oder einem digitalen Kundenzugang [BLO+15]. Für Anbieter von CPS können Dienstleistungen auf Basis von Daten (sog. digitale Services) in Zukunft ein wichtiges Differenzierungsmerkmal werden, da die eigentliche Maschine immer weniger zur Generierung der Gesamtlösung beitragen wird [EDB+15].

Der Wandel technischer Systeme erfolgt allerdings nicht ad-hoc und einheitlich für alle Systeme gleich. Vielmehr werden sich die Systeme im Zuge einer schrittweisen Transformation verändern, die sukzessive über verschiedene Leistungsstufen hinweg verläuft. Dabei erschließt sich der Nutzen, insb. für neue oder veränderte Marktleistungen, nicht erst mit dem höchsten Reifegrad, sondern bereits entlang sämtlicher Leistungsstufen. Für die erfolgreiche Weiterentwicklung ihrer Systeme ergeben sich für die Unternehmen des Maschinen- und Anlagenbaus folgende Handlungsfelder (siehe Bild 2): 1.) Objektive **Leistungsbewertung** ihrer Systeme; 2.) Unternehmensindividuelle **Zieldefinition**; 3.) Systematische **Leistungssteigerung**.

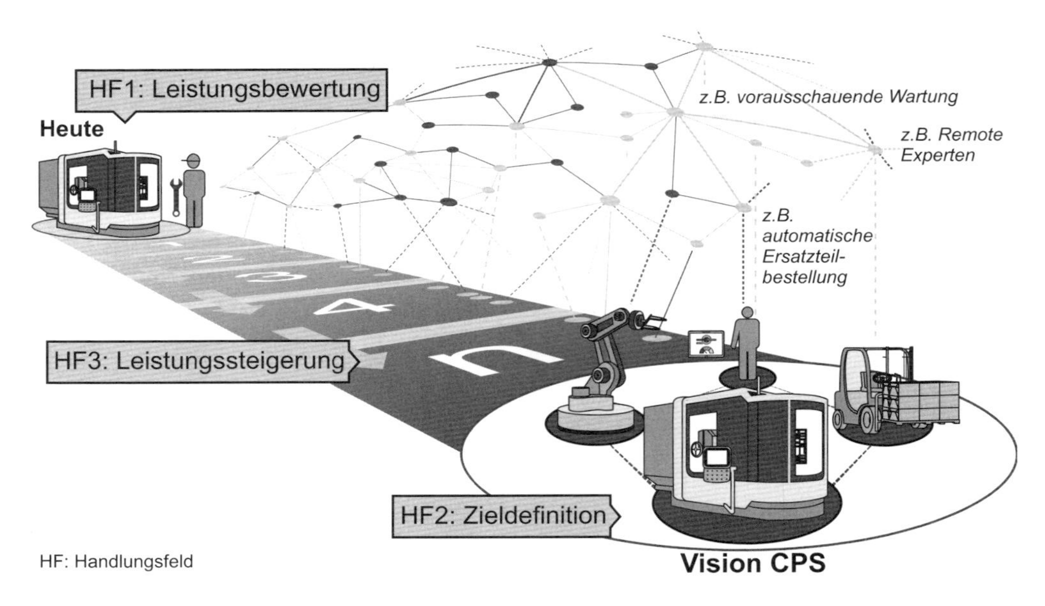

Bild 2: Handlungsfelder bei der Leistungsbewertung und -steigerung von Cyber-Physical Systems

Die Nutzung eines Reifegradmodells ist ein vielversprechender Ansatz für eine strukturierte Leistungssteigerung. Im folgenden Kapitel werden daher bestehende Reifegradmodelle hinsichtlich ihrer Eignung für die Leistungsbewertung und -steigerung von Cyber-Physical Systems untersucht.

3 Analyse bestehender Reifegradmodelle

Kernpunkte der Verbesserung von Objekten sind eine objektive Bewertung der Leistungsfähigkeit und davon ausgehend eine systematische Leistungssteigerung. Genau darauf zielen Reifegradmodelle ab. In den letzten Jahrzehnten entstand eine Vielzahl verschiedener Reifegradmodelle mit unterschiedlichen Betrachtungsgegenständen wie Prozessen oder Organisationen [Akk13]. Prominente Beispiele für Reifegradmodelle sind QMMG und das EFQM Excellence Modell für das Qualitätsmanagement, CMMI und SPICE für Produkt- und Softwareentwicklungsprozesse oder PEMM zur Verbesserung von Geschäftsprozessen. Je nach Zielsetzung des Reifegradmodells ist der Aspekt der Leistungsbewertung und -steigerung unterschiedlich ausgeprägt. Einige Reifegradmodelle verzichten auf Maßnahmen zur Leistungssteigerung und belassen es bei der Bewertung des Leistungsstands. Andere Modelle wiederum zielen auf einen Leistungsvergleich (Benchmark) mit unternehmensinternen oder -externen Objekten ab [BF05], [PR11]. Die genannten Reifegradmodelle fokussieren unterschiedliche Arten von Prozessen, keines jedoch legt den Fokus auf technische Systeme. In jüngerer Vergangenheit entstanden diverse Leistungsstufenmodelle für verschiedene Arten von technischen Systemen (z.B. Smart Products oder Embedded Devices). Beispiele für solche Leistungsstufenmodelle sind die „5C-Architektur für die Implementierung von CPS“ nach Lee et al., die „Fähigkeitsstufen intelligenter Objekte“ nach PÉREZ HERNÁNDEZ/REIFF-MARGANIEC, der „Werkzeugkasten Industrie 4.0 (Produkt)“ nach ANDERL et al., „beschreibende Merkmale und Merkmalsausprägungen intelligenter Objekte in Produktion und Logistik“ nach DEINDL, „Fähigkeiten intelligenter, vernetzter Systeme“ nach PORTER/HEPPELMANN, das „Industrie 4.0-Readiness-Modell“ nach LICHTBLAU et al., der Klassifizierungsrahmen für Embedded Devices nach DIEKMANN/HAGENHOFF oder das “Connected Product Maturity Model” von PTC. Keines der genannten Leistungsstufenmodelle adressiert jedoch alle genannten Merkmale von Cyber-Physical Systems (vgl. Kap. 2). Zudem fehlen Hilfestellungen zur Bestimmung des unternehmensindividuellen Zielreifegrads und zur Erarbeitung eines Konzepts zur Leistungssteigerung. Vor diesem Hintergrund besteht Handlungsbedarf für ein Reifegradmodell für Cyber-Physical Systems.

4 Reifegradmodell für Cyber-Physical Systems

Das Reifegradmodell für Cyber-Physical Systems dient zur objektiven Bewertung der Leistungsfähigkeit bestehender technischer Systeme, zur Bestimmung einer unternehmensindividuellen Zielposition und zur systematischen Planung einer inkrementellen Leistungssteigerung. Dazu definiert es die Eigenschaften eines CPS für verschiedene Leistungsstufen, beschreibt deren Zusammenhänge und die Entwicklung von geringer zu hoher Reife. Das CPS-Reifegradmodell orientiert sich an den intrinsischen Merkmalen von Reifegradmodellen zur Leistungsbewertung und -steigerung nach CHRISTIANSEN und besteht aus den Bereichen Leistungsbewertung, Zieldefinition und Leistungssteigerung [Chr09] (siehe Bild 3). Die einzelnen Bereiche enthalten verschiedene Phasen, zu deren Durchführung Hilfsmittel und Berechnungsvorschriften bereitgestellt werden. Diese stellen sicher, dass die Anwendung des Reifegradmodells zu eindeutigen, vergleichbaren und reproduzierbaren Ergebnissen führt.

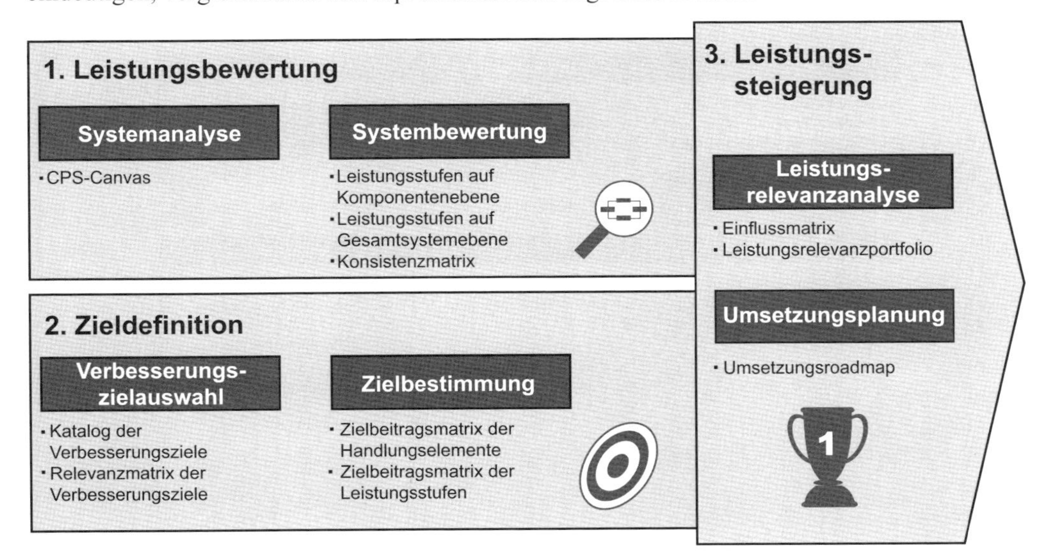

Bild 3: Aufbau des Reifegradmodells für Cyber-Physical Systems

Im Folgenden werden die einzelnen Bereiche des Reifegradmodells anhand eines Separators erläutert. Ein Separator ist eine Industriezentrifuge zur mechanischen Trennung verschiedener Phasen mit unterschiedlichen Dichten, z.B. Feststoffen aus Flüssigkeiten. Die Anwendungsgebiete reichen dabei von Trennprozessen in der chemischen und pharmazeutischen Industrie, der Öl- und Fettgewinnung, bis hin zur Herstellung von Molkereiprodukten, Bier, Wein, Frucht- und Gemüsesäften oder der Verarbeitung von Mineralöl und Mineralölprodukten.

4.1 Leistungsbewertung

Der Bereich der Leistungsbewertung dient zur objektiven Erfassung und Beurteilung der aktuellen Leistungsfähigkeit bestehender technischer Systeme. Dazu sind die beiden Phasen Systemanalyse und Systembewertung zu durchlaufen. Im Rahmen der **Systemanalyse** wird der Betrachtungsgegenstand festgelegt und untersucht. Wesentliches Hilfsmittel bei der Systemanalyse ist die sog. CPS-Canvas (siehe Bild 4). Sie stellt einen Rahmen dar, um die relevanten Merkmale von Cyber-Physical Systems einheitlich zu dokumentieren. Die einzelnen Felder orientieren sich dabei an den Komponenten der CPS-Referenzarchitektur in Bild 2. Durch die Beantwortung der Leifragen können die Unternehmen ihr System effizient analysieren und die Ergebnisse transparent darstellen. Beispielhafte Antworten für den Separator sind u.a. Schwingungs- und Trübungssensoren im Bereich *Sensorik*, Elektromotoren und Ventile im Bereich *Aktorik*, Industrie-PC (IPC) für die *Informationsverarbeitung* oder Touchscreen als *Human-Machine-Interface*.

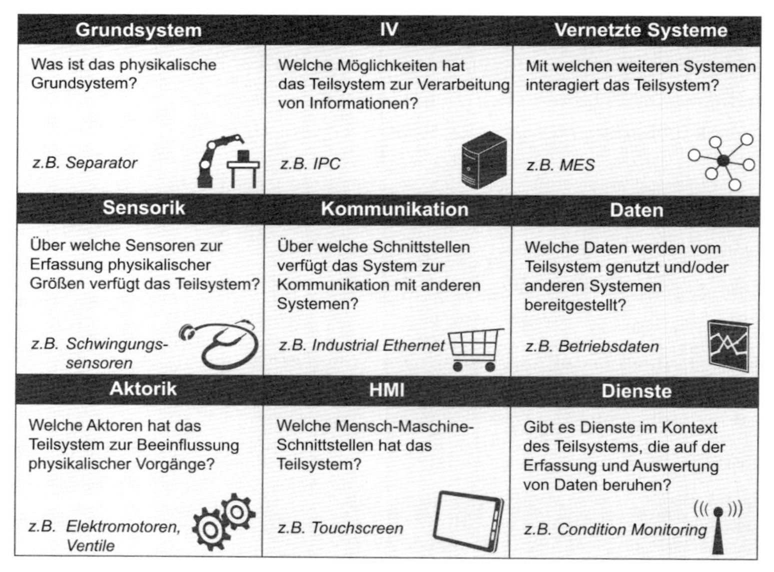

Bild 4: CPS-Canvas zur Systemanalyse

Im Anschluss an die Systemanalyse erfolgt die **Systembewertung**. Dazu dienen zwei Leistungsstufenmodelle, eines auf Komponentenebene und eines auf Gesamtsystemebene. Das Leistungsstufenmodell auf Komponentenebene definiert für jede CPS-Komponente mehrere

Handlungselemente mit jeweils fünf Leistungsstufen. Bild 5 zeigt beispielhaft die Handlungselemente für das Kommunikationssystem. Zu diesen gehören die *vertikale Integration, die horizontale Integration, Konnektivität, Netzwerkverbindung* und *Security*. Die Leistungsstufen zeigen nun, welche Eigenschaften jedes Handlungselement annehmen kann. Dabei gilt: je höher die Leistungsstufe, desto höher entwickelt ist das Handlungselement. Die Leistungsstufen der *Konnektivität* reichen beispielsweise von der Leistungsstufe 1 „Keine Schnittstellen" bis hin zur Leistungsstufe 5 „Drahtlose Kommunikation". Der Separator hat im Handlungselement der *Konnektivität* die Leistungsstufe 4 „Konnektivität über Industrial Ethernet-Schnittstellen". Über eine drahtlose Kommunikation verfügt der Separator derzeit nicht. Die Einordung in die Leistungsstufen erfolgt auf Basis der CPS-Canvas. Durch eine *Konsistenzmatrix* wird eine sinnhafte Einordnung überprüft, in dem zu einander inkonsistente Leistungsstufen ausgeschlossen werden. Beispielsweise kann das System nicht über einen Zugang zum Internet verfügen (*Netzwerkverbindung*), wenn es keine Schnittstellen hat (*Konnektivität*).

CPS-Komponenten	Handlungs-elemente	Leistungsstufen 1	2	3	4	5
Kommunika-tionssystem	Vertikale Integration	Keine vertikale Integration	Rudimentäre vertikale Integration	Partielle vertikale Integration	Umfangreiche vertikale Integration	Durchgängige vertikale Integration
	Horizontale Integration	Keine horizontale Integration	Rudimentäre horizontale Integration	Einbindung in lokale Netzwerke	Umfangreiche horizontale Integration	Durchgängige horizontale Integration
	Konnektivität	Keine Schnittstellen	Senden und Empfangen von I/O-Signalen	Konnektivität über Feldbus-Schnittsellen	Konnektivität über Industrial Ethernet-Schnittstellen	Drahtlose Kommunikation
	Netzwerk-verbindung	Keine Netzwerk-verbindung	Punkt-zu-Punkt-Verbindung	Einbindung in lokale Netzwerke	Einbindung in globale Netzwerke	Zugang zum Internet
	Security	Unverschlüsselte Kommunikation	Authentifizierte/ Autorisierte Verbindungen	Sichere Interfaces	Verschlüsselte Kommunikation	Modernste Kommunikations-standards

Bild 5: Leistungsstufen auf Komponentenebene am Beispiel des Kommunikationssystems

Neben den Leistungsstufen auf Komponentenebene stellt das CPS-Reifegradmodell ein Leistungsstufenmodell auf Gesamtsystemebene bereit (siehe Bild 6). Dieses definiert fünf Leistungsstufen für die Leistungsfähigkeit des gesamten CPS. Die Fähigkeiten reichen dabei von der Leistungsstufe „Überwachung" bis hin zur Leistungsstufe „Kooperation". Auf der ersten Leistungsstufe ist das CPS in der Lage umfassende physikalische Daten des Teilsystems, des Produkts und des Umfelds zu erfassen, zu verarbeiten und zur Nachverfolgung zu speichern. Mit zunehmenden Leistungsstufen nehmen die Fähigkeiten des CPS zu, bis es schließlich in der Lage ist, mit global vernetzten und kooperierenden Systemen das Verhalten unter Berücksichtigung der Ziele des Systemverbunds zu verhandeln. Die Leistungsstufen der Gesamtsystemebene sind mit den Leistungsstufen der CPS-Komponenten verknüpft, sodass eine Bewertung auf Komponentenebene automatisch eine Aussage über die Leistungsfähigkeit des Gesamtsystems zulässt. Im Fall des Separators trifft die Leistungsstufe 2 „Kommunikation und Analyse" zu. Derzeit ist dieser partiell mit weiteren Systemen vernetzt und in der Lage Echtzeitdaten und historische Daten zu analysieren und diese anderen Systemen zur Verfügung zu stellen. Eine eigenständige Interpretation der Daten (Leistungsstufe 3 „Interpretation und Dienste") ist noch nicht möglich.

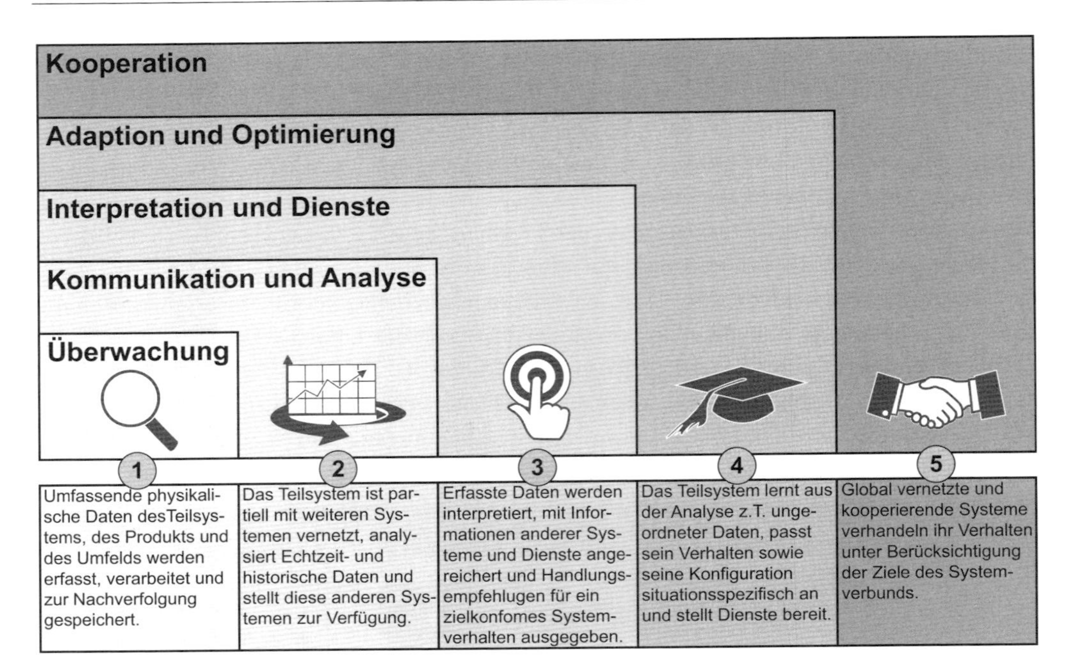

Bild 6: Leistungsstufen auf Gesamtsystemebene

4.2 Zieldefinition

Gegenstand der Zieldefinition ist die Bestimmung eines unternehmensadäquaten Zielzustands für Cyber-Physical Systems. Dabei wird das Prinzip verfolgt, nicht grundsätzlich die höchst mögliche Leistungsstufe anzustreben, sondern eine für das Unternehmen sinnvolle zu bestimmen. Dazu werden in der ersten Phase **Verbesserungszielauswahl** zunächst Verbesserungsziele ermittelt. Verbesserungsziele sind konkrete Absichten, die ein Unternehmen mit der technischen Weiterentwicklung ihrer Erzeugnisse verfolgt. Beispiele für solche Ziele im Hinblick auf den Separator sind z.B. „Ausschuss verringern", „Ausfallzeiten reduzieren", „Transparenz steigern" oder „Benutzungsfreundlichkeit erhöhen". Als Hilfsmittel stellt das CPS-Reifegradmodell einen Katalog mit Verbesserungszielen bereit, die in der Literatur häufig im Zusammenhang mit CPS verwendet werden. Unternehmen können jedoch auch eigene Verbesserungsziele hinzufügen. Nach der Auswahl der Verbesserungsziele erfolgt mittels Relevanzanalyse ein paarweiser Vergleich der Verbesserungsziele in einer Relevanzmatrix. Dabei steht die Frage im Vordergrund: „Ist das Verbesserungsziel i (Zeile) wichtiger als das Verbesserungsziel j (Spalte)?". Aus den Bewertungen der Relevanzmatrix ergibt sich die Relevanzsumme (Zeilensumme), aus der eine Reihenfolge nach Relevanz gebildet werden kann. Mit der ermittelten Reihenfolge wird zusätzlich ein sog. Rangindex berechnet. Der Wertebereich des Rangindex liegt zwischen 1 und 2. Damit werden die Verbesserungsziele mit einer hohen Relevanz stärker berücksichtigt, dabei aber nicht überbewertet. Andererseits werden die Verbesserungsziele mit niedriger Relevanz nicht unter- oder abgewertet [Bal04].

Nach der Auswahl und Bewertung der Verbesserungsziele erfolgt die **Zielbestimmung**, mit der eine unternehmensspezifische Leistungsstufe je Handlungselement festgelegt wird. Als Hilfsmittel dienen dazu eine *Zielbeitragsmatrix der Handlungselemente* und eine *Zielbeitragsmatrix der Leistungsstufen*. Der *Zielbeitragsmatrix der Handlungselemente* liegt die Frage zugrunde: „Wie stark trägt das Handlungselement i (Zeile) zum Verbesserungsziel j (Spalte) bei?“. Diese Frage kann mit den Zahlen 0 bis 3 beantwortet werden, wobei „0 = kein Beitrag“ und „3 = starker Beitrag“ bedeutet. Beispielsweise hat das Handlungselement *Mulitmodalität* keinen Zielbeitrag auf das Verbesserungsziel „Transparenz steigern“, jedoch einen starken Beitrag zum Ziel „Benutzungsfreundlichkeit erhöhen“. Aus der Matrix resultieren die Breitenwirkung, die Tiefenwirkung sowie der Zielbeitragsindex. Die Breitenwirkung eines Handlungselements zeigt an, wieviel Prozent der Gesamtheit aller Verbesserungsziele ein Handlungselement beeinflusst. Die Tiefenwirkung macht deutlich, wie stark ein Handlungselement auf die jeweiligen Verbesserungsziele wirkt. Die Breitenwirkung multipliziert mit der Tiefenwirkung ergibt den Zielbeitragsindex, der aussagt, wie groß der Beitrag des Handlungselements zu den Verbesserungszielen ist [Bal04].

Durch die *Zielbeitragsmatrix der Leistungsstufen* wird nun untersucht, wie stark die Leistungsstufe eines Handlungselements zu den Verbesserungszielen beiträgt. Auch hier kann die Frage je Leistungsstufe mit den Zahlen 0 bis 3 beantwortet werden. Nach der initialen Befüllung wird die Matrix bereinigt. Dazu wird je Verbesserungsziel geprüft, ab wann eine höhere Leistungsstufe eines Handlungselements keinen stärkeren Beitrag mehr zu einem Verbesserungsziel hat. Somit werden nur die höchsten Zielbeiträge mit der niedrigsten Leistungsstufe je Handlungselement berücksichtigt. Hier liegt die Überlegung zugrunde, dass eine höhere Leistungsstufe nur dann anzustreben ist, wenn dies mit einer Steigerung des Zielbeitrags verbunden ist. Aus der bereinigten *Zielbeitragsmatrix der Leistungsstufen* kann anschließend die Zielwirkung ermittelt werden. Diese zeigt an, wie stark eine Leistungsstufe auf ein Verbesserungsziel wirkt. Zur Berücksichtigung der Relevanz der Verbesserungsziele wird anschließend die gewichtete Zielwirkung gebildet, indem die Einträge in der Matrix mit den Rangindizes der Verbesserungsziele multipliziert werden. Aus den gewichteten Zielwirkungen kann nun eine Rangfolge gebildet werden. Die Leistungsstufe mit der höchsten gewichteten Zielwirkung stellt die Zielleistungsstufe für das Handlungselement dar. Bild 7 gibt eine Übersicht aller Berechnungsvorschriften und ordnet diese den einzelnen Bereichen des Reifegradmodells zu.

Bild 7: Übersicht der Berechnungsvorschriften

4.3 Leistungssteigerung

Ziel der Leistungssteigerung ist es, die Lücke zwischen der derzeitigen Leistungsfähigkeit und dem ermittelten Zielreifegrad zu schließen. Dazu ist festzulegen, welche Handlungselemente in welcher Reihenfolge angegangen werden. Es gilt dazu die Handlungselemente zu identifizieren, die einen hohen Beitrag zu den Verbesserungszielen haben und gleichzeitig stark mit anderen Handlungselementen vernetzt sind. Diese Handlungselemente haben eine hohe Relevanz für die Leistungsfähigkeit des betrachteten Systems. Im Zuge der **Leistungsrelevanzanalyse** werden die genannten Teilinformationen zu einer Aussage zusammengefasst. Der bereits ermittelte Zielbeitragsindex aus der *Zielbeitragsmatrix der Handlungselemente* sagt aus, wie stark ein Handlungselement zu den Verbesserungszielen beiträgt. Die fehlende Aussage über die Vernetzung der Handlungselemente untereinander wird durch eine *Einflussmatrix der Handlungselemente* herbeigeführt. Diese beantwortet die Frage „Wie stark beeinflusst das Handlungselement i (Zeile) das Handlungselement j (Spalte)?“. Dabei werden sowohl die direkten als auch die indirekten Einflüsse berücksichtigt. Wesentliches Ergebnis der Einflussmatrix ist der sog. Vernetzungsindex, der sich aus der Multiplikation von indirekter Aktiv- und Passivsumme ergibt. Dieser Kennwert sagt aus, wie stark ein Handlungselement mit anderen Handlungselementen vernetzt ist. Die Veränderung stark vernetzter Handlungselemente hat also mit großer Wahrscheinlichkeit einen starken Einfluss auf weitere Handlungselemente.

Die Ergebnisse der Leistungsrelevanzanalyse können nun in das in Bild 8 dargestellte Leistungsrelevanzportfolio abgebildet werden. Auf der Abszisse wird der Zielbeitragsindex (normiert) und auf der Ordinate der Vernetzungsindex (normiert) aufgetragen. So können bereits erste Aussagen über die Priorisierung der Handlungselemente getroffen werden. Handlungselemente mit hohem Zielbeitrag und geringem Vernetzungsindex sind sofort anzugehen, da sie einen hohen Beitrag zur Zielerreichung haben, gleichzeitig aber wenig Wechselwirkungen mit anderen Handlungselementen zu berücksichtigen sind. Handlungselemente mit hohem Zielbeitrag und Vernetzungsindex sind langfristig zu bearbeiten, da sie für die Leistungsfähigkeit des Systems von hoher Relevanz sind. Ausgewählte Handlungselemente des Anwendungsbeispiels Separator zeigt Bild 8. Wichtigstes Handlungselement ist dabei die *Art der Informationsverarbeitung*. Diese hat sowohl einen hohen Zielbeitrag, als auch einen hohen Vernetzungsindex. Eine geringere Priorität hat die *Multimodalität* als Handlungselement der CPS-Komponente HMI.

Im Anschluss an die Leistungsrelevanzanalyse erfolgt die **Umsetzungsplanung**. Hier werden die priorisierten Handlungselemente mit konkreten Lösungen hinterlegt. Hier gilt es beispielsweise festzulegen mit welchen technischen Lösungen die *Art der Informationsverarbeitung* verbessert werden kann. Die technischen Lösungen werden in eine Umsetzungsroadmap überführt, die je nach Priorisierung der Handlungselemente einen zeitlichen Ablauf zur Umsetzung der technischen Lösungen vorgibt.

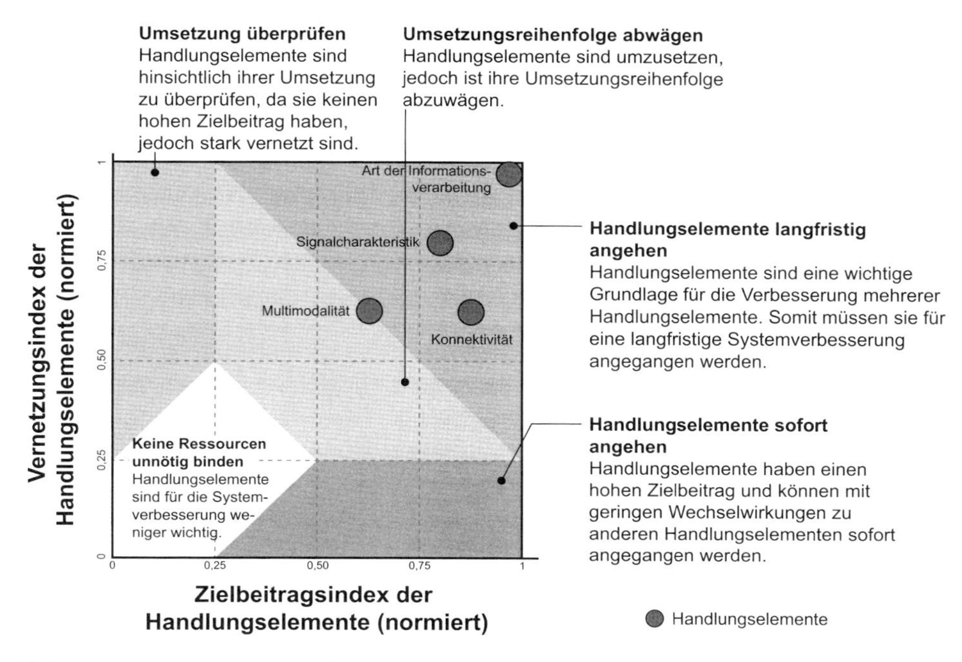

Bild 8: Leistungsrelevanzportfolio zur Priorisierung der Handlungselemente

5 Resümee und Ausblick

Durch die zunehmende Durchdringung mit IKT verändern sich klassische maschinenbauliche Erzeugnisse von mechatronischen Systemen weiter zu Cyber-Physical Systems. Damit deutsche Unternehmen des Maschinen- und Anlagenbaus ihre Position als führende Fabrikausrüster und weltweite Technologieführer in der Produktionstechnik halten oder sogar ausbauen können, müssen sie ihre Systeme schrittweise zu CPS weiterentwickeln. Eine erfolgreiche Verbesserung von Objekten basiert auf einer neutralen Bewertung der derzeitigen Leistungsfähigkeit, auf Basis dessen eine systematische Leistungssteigerung durchgeführt werden kann. Die Nutzung eines Reifegradmodells ist ein vielversprechender Ansatz für eine strukturierte Leistungssteigerung, jedoch zielen bestehende Reifegradmodelle zumeist auf Prozesse sowie Organisationen und weniger auf technische Systeme ab.

Vor diesem Hintergrund wurde ein Reifegradmodell für Cyber-Physical Systems entwickelt, das Unternehmen bei der Planung der sukzessiven Weiterentwicklung ihrer Erzeugnisse hin zu Cyber-Physical Systems unterstützt. Das Reifegradmodell umfasst die drei wesentlichen Bestandteile Leistungsbewertung, Zieldefinition und Leistungssteigerung. Im Rahmen der Leistungsbewertung wird eine objektive Bewertung der derzeitigen Leistungsfähigkeit des betrachteten Systems durchgeführt. Während der Zieldefinition erfolgt die Ermittlung eines unternehmensindividuellen Zielreifegrads, der sich an konkreten Verbesserungszielen orientiert. Im Zuge der Leistungssteigerung wird die schrittweise Verbesserung des Systems geplant. Die einzelnen Bereiche sind in verschiedene Phasen unterteilt, zu deren Durchführung Hilfsmittel und

Berechnungsvorschriften bereitgestellt werden. Dadurch wird sichergestellt, dass die Anwendung des Reifegradmodells zu eindeutigen, vergleichbaren und reproduzierbaren Ergebnissen führt. Erprobt wurde das Reifegradmodells am Praxisbeispiel eines Separators.

Derzeit wird das Reifegradmodell in weiteren Industrieprojekten eingesetzt. Zudem entstehen in fortführenden Forschungsarbeiten Hilfsmittel, die den einzelnen Leistungsstufen konkrete Umsetzungsmuster zuordnen. Dadurch können Unternehmen schnell auf erprobte Lösungen zurückgreifen und die Leistungssteigerung beschleunigen. Darüberhinaus entsteht ein Softwarewerkzeug, das das Reifegradmodell für CPS rechnerintern abbildet und so u.a. den Vergleich verschiedener Systeme vereinfacht.

Literatur

[aca11] ACATECH: Cyber-Physical Systems – Innovationsmotor für Mobilität, Gesundheit, Energie und Produktion. Springer-Verlag, Berlin, Heidelberg, 2011

[Akk13] AKKASOGLU, G.: Methodik zur Konzeption und Applikation anwendungsspezifischer Reifegradmodelle unter Berücksichtigung der Informationsunsicherheit. Dissertation, Technische Fakultät der Friedrich-Alexander-Universität Erlangen-Nürnberg, 2013

[Bal04] BALÁZOVÁ, M.: Systematik zur reifegradbasierten Leistungsbewertung und -steigerung von Geschäftsprozessen im Mittelstand. Dissertation, Fakultät für Maschinenbau, Universität Paderborn, HNI-Verlagsschriftenreihe, Band 174, Paderborn, 2004

[BF05] DE BRUIN, T.; FREEZE, R.: Understanding the Main Phases of Developing a Maturity Assessment Model, 2005

[BLO+15] BLOCHING, B.; LEUTIGER, P.; OLTMANNS, T.; ROSSBACH, C.; SCHLICK, T.; REMANE, G.; QUICK, P.; SHAFRANYUK, O.: Die digitale Transformation der Industrie – Was sie bedeutet. Wer gewinnt. Was jetzt zu tun ist. Roland Berger Strategy Consultans GmbH; BDI Bundesverband der deutschen Industrie e.V., 2015

[Bro10] BROY, M.: Cyber-Physical Systems – Innovation durch Software-Intensive Eingebettete Systeme. Springer-Verlag, Berlin, Heidelberg, 2010

[Chr09] CHRISTIANSEN, S.-K.: Methode zur Klassifikation und Entwicklung reifegradbasierter Leistungsbewertungs- und Leistungssteigerungsmodelle. Dissertation, Fakultät für Maschinenbau, Universität Paderborn, HNI-Verlagsschriftenreihe, Band 264, Paderborn, 2009

[Dum11] DUMITRESCU, R.: Entwicklungssystematik zur Integration kognitiver Funktionen in fortgeschrittene mechatronische Systeme. Dissertation, Fakultät für Maschinenbau, Universität Paderborn, HNI-Verlagsschriftenreihe, Band 286, Paderborn, 2011

[EDB+15] EMMRICH, V.; DÖBELE, M.; BAUERNHANSL, T.; PAULUS-ROHMER, D.; SCHATZ, A.; WESKAMP, M.: Geschäftsmodell-Innovationen durch Industrie 4.0 – Chancen und Risiken für den Maschinen- und Anlagenbau, 2015

[GAC+13] GAUSEMEIER, J.; ANACKER, H.; CZAJA, A.; WAßMANN, H.; DUMITRESCU, R.: Auf dem Weg zu Intelligenten Technischen Systemen. Entwurf mechatronischer Systeme – 9. Paderborner Workshop. HNI-Verlagsschriftenreihe, Band 310, Paderborn, 2013

[GB12] GEISBERGER, E.; BROY, M.: agendaCPS – Integrierte Forschungsagenda Cyber-Physical Systems. Springer-Verlag, Berlin, Heidelberg, 2012

[KRH+15] KAGERMANN, H.; RIEMENSPERGER, F.; HOKE, D.; SCHUH, G.; SCHEER, A.-W.; SPATH, D.; LEUKERT, B.; WAHLSTER, W.; ROHLEDER, B.; SCHWEER, D.: Smart Service Welt – Umsetzungsempfehlungen für das Zukunftsprojekt Internetbasierte Dienste für die Wirtschaft. acatech, 2015

[KWH13] KAGERMANN, H.; WAHLSTER, W.; HELBIG, J.: Deutschland als Produktionsstandort sichern – Umsetzungsempfehlungen für das Zukunftsprojekt Industrie 4.0, Abschlussbericht des Arbeitskreises Industrie 4.0, 2013

[Lee08] LEE, E. A.: Cyber Physical Systems: Design Challenges. 2008

[LS15] LEE, E. A.; SESHIA, S. A.: Introduction to embedded systems – A cyber-physical systems approach. 2nd edition, 2015

[Pla16-ol] PLATTORM INDUSTRIE 4.0: Was ist Industrie 4.0? Unter: http://www.plattform-i40.de/I40/Navigation/DE/Industrie40/WasIndustrie40/was-ist-industrie-40.html;jsesionid=EC02B12B25AB3B25 01183DFEC114FF9D, 10.03.2016

[PR11] PÖPPELBUß, J.; RÖGLINGER, M.: What makes a useful Maturity Model? A Framework of General Design Principles for Maturity Models and its Demonstration in Business Process Management, 2011

[VDI2206] VDI VEREIN DEUTSCHER INGENIEURE: VDI 2206 – Entwicklungsmethodik für mechatronische Systeme. Beuth Verlag GmbH, Berlin, 2004

[WAD+16] WESTERMANN, T.; ANACKER, H.; DUMITRESCU, R.; CZAJA, A.: Reference Architecture and Maturity Levels for Cyber-Physical Systems in the Mechanical Engineering Industry. 2016 International Symposium on Systems Engineering ISSE, October 3 – 5, Edinburgh, Scotland, 2016

Autoren

Thorsten Westermann studierte Wirtschaftsingenieurwesen mit der Fachrichtung Maschinenbau an der Universität Paderborn. Er ist Mitarbeiter am Fraunhofer IEM im Bereich Produktentstehung. Hier leitet er eine Forschungsgruppe, die sich schwerpunktmäßig mit der Entwicklung von Produkt-Service-Systemen vor dem Hintergrund der Digitalisierung befasst.

Dr.-Ing. Harald Anacker studierte Maschinenbau an der Universität Paderborn. Im Anschluss war er wissenschaftlicher Mitarbeiter im Bereich Produktentstehung des Fraunhofer IEM. Unter der Leitung von Prof. Dr.-Ing. Jürgen Gausemeier promovierte er 2015 im Bereich Systems Engineering für intelligente technische Systeme. Seit 2017 leitet er die Abteilung Produktentwicklung am Fraunhofer IEM.

Prof. Dr.-Ing. Roman Dumitrescu ist Direktor am Fraunhofer-Institut für Entwurfstechnik Mechatronik IEM und Leiter des Fachgebiets „Advanced Systems Engineering“ an der Universität Paderborn. Sein Forschungsschwerpunkt ist die Produktentstehung intelligenter technischer Systeme. In Personalunion ist Prof. Dumitrescu Geschäftsführer des Technologienetzwerks Intelligente Technische Systeme OstWestfalenLippe (it´s OWL). In diesem verantwortet er den Bereich Strategie, Forschung und Entwicklung. Er ist Mitglied des Forschungsbeirates der Forschungsvereinigung 3-D MID e.V. und Leiter des VDE/VDI Fachausschusses „Mechatronisch integrierte Baugruppen“. Seit 2016 ist er Mitglied im Executive-Development-Programm „Fraunhofer Vintage Class“ der Fraunhofer-Gesellschaft.

Auswirkung von Smart Services auf bestehende Wertschöpfungssysteme

Tobias Mittag, Marcel Schneider, Prof. Dr.-Ing. Jürgen Gausemeier,
Heinz Nixdorf Institut, Universität Paderborn
Fürstenallee 11, 33102 Paderborn
Tel. +49 (0) 52 51 / 60 62 67, Fax. +49 (0) 52 51 / 60 62 68
E-Mail: {Tobias.Mittag/Marcel.Schneider/Juergen.Gausemeier}@hni.upb.de

Martin Rabe, Dr.-Ing. Arno Kühn, Prof. Dr.-Ing. Roman Dumitrescu
Fraunhofer-Institut für Entwurfstechnik Mechatronik IEM
Zukunftsmeile 1, 33102 Paderborn
Tel. +49 (0) 52 51 / 54 65 112, Fax. +49 (0) 52 51 / 54 65 102
E-Mail: {Martin.Rabe/Arno.Kuehn/Roman.Dumitrescu}@iem.fraunhofer.de

Zusammenfassung

Erfolg versprechende Marktleistungen beruhen zunehmend auf dem engen Zusammenwirken physischer Produkte und begleitenden Dienstleistungen – der Begriff Produkt-Service-System bringt dies zum Ausdruck. Ein neuer Trend ist die Erweiterung der Produkte um Daten-basierte, intelligente Dienstleistungen (Smart Services). Beispiele sind vorausschauende Wartung oder automatisierte Nachbestellung von Verbrauchsmitteln. Derartige Erweiterungen können wesentlich dazu beitragen, die Kundenschnittstelle nachhaltig zu sichern und mit neuen Erlösmodellen, wie Pay-per-use statt Verkauf der Sachleistung Maschine, ein zusätzliches profitables Geschäft zu generieren.

Um diese Chance zu nutzen, müssen Unternehmen Smart Services entwickeln und diese in ihrem Wertschöpfungssystem abbilden. Der vorliegende Beitrag zeigt hierfür die notwendigen Bereiche. Der erste Bereich zeigt, welche Methoden zur Konzipierung von Smart Servics notwendig sind. Anschließend erfolgt in einem zweiten Schritt die Analyse des bestehenden Wertschöpfungssystems. Ein Abgleich der neuen Funktionen sowie der Anforderungen der Smart Services mit der aktuellen Wertschöpfung führt zu Auswirkungen und notwendigen Änderungen. Diese werden im letzten Schritt in eine Roadmap zur Umsetzung überführt.

Schlüsselworte

Digitale Transformation, Produkt-Service-Systeme, Smart Services, Wertschöpfungssysteme

Impact of Smart Services to current value networks

Abstract

Promising market services are increasingly based on the close interaction of physical products and accompanying services – this is expresses by the term product service systems. A new trend is the expansion of the product service systems by data-driven, intelligent services (called Smart Service). Examples include predictive maintenance or automated re-ordering of consumables and materials. The expansion offers companies great potential to secure their customer interface permanently and profitably. Such enhancements can significantly help to secure the customer interface and generate additional profitable business with new revenue models, such as pay-per-use rather than selling a machine.

To take advantage of this opportunity, companies must develop promising Smart Services and implement them in their value creation system. The present paper shows the necessary steps for a company. The first step shows the necessary methods for the conception of smart servics. The second step is the analysis of the current value networks. A comparison of the new functions and requirements of the Smart Services with the value network leads to effects and necessary changes. In the last step, changes are translated into a roadmap for implementation.

Keywords

Digital Transformation, Product Service Systems, Smart Services, Value Networks

1 Die Digitalisierung des industriellen Servicegeschäfts

Vor über 100 Jahren führte Henry Ford die Massenproduktion am Fließband ein, wodurch das Automobil für einen Großteil der Bevölkerung bezahlbar wurde. Diese Kostenreduzierung lag jedoch nicht allein am perfektionierten Fließband, sondern zusätzlich an einer durchrationalisierten Wertschöpfungskette – vom Rohstoffeinkauf bis zur Fahrzeugauslieferung [Nic13-ol]. Mit der Einführung der industriellen Massenproduktion und Arbeitsteilung verschwand die Individualisierung der Sachprodukte durch den fehlenden, unmittelbaren Kundenkontakt. Die Unternehmen begegnetem dem mit einer Diversifikation ihres Produktportfolios [WDH+16] und konzentrierten sich vor allem auf die Entwicklung, Produktion und den Vertrieb ihrer Sachprodukte [AC10]. Die Marktleistung der Unternehmen bestand aus dem Verkauf der Sachleistung mit vielen Varianten und ergänzenden Dienstleistungen (z.B. Wartung, Instandhaltung oder Schulungen).

Dienstleistungen gewinnen zunehmend an Bedeutung: Der Anteil des tertiären Bereichs an der Gesamtwirtschaftsleistung beträgt inzwischen mehr als 70% [Lei12], [HUB16]. Sachprodukte werden oftmals als Plattform betrachtet, um Kunden von Sachprodukten zusätzliche komplementäre, produktbegleitende Dienstleistungen anzubieten. Seit einiger Zeit schreitet die digitale Transformation rasant und ununterbrochen voran [Sch16]. Informations- und Kommunikationstechnik durchdringt alle Lebensbereiche und ermöglicht ungeahnte Nutzenpotentiale für innovative Produkt-Service-Systeme: Die Kombination intelligenter, vernetzter Produkte mit über den Lebenszyklus ergänzenden, häufig Daten-basierten Dienstleistungen (Smart Services) [PH14]. Treten beispielsweise neue Technologien auf den Plan oder ändern sich Kundenanforderungen, besteht für die Unternehmen die Gefahr eines veränderten Wettbewerbs. Der Einzug von intelligenten, vernetzten Produkten und Smart Services wird den Wettbewerb gravierend verändern. Mithilfe der „Five Forces" nach PORTER illustrieren wir diese Veränderungen auf das Unternehmen und den Wettbewerb: Verhandlungsmacht der Käufer, Branchenwettbewerb, Eintritt neuer Marktteilnehmer, Bedrohung durch Ersatzprodukte oder -dienstleistungen und Verhandlungsmacht der Lieferanten [Por79], [PH14].

Die Verhandlungsmacht der Käufer verringert sich: Smart Services bieten erheblich mehr Potential zur Differenzierung und Individualisierung, wodurch der Preis als Wettbewerbsfaktor an Bedeutung verliert. Wissen Unternehmen wie die Kunden ihre Produkte einsetzen, können sie ihre Marktleistungen und Preispolitik besser darauf abstimmen und ihre Wertangebote gezielt ausweiten. Durch kundenspezifische Nutzungsdaten können Unternehmen ihre Kunden stärker an sich binden, da für Kunden die Wechselhürden zunehmen.

Die Art und Intensität des Branchenwettbewerbs verändert sich: Unternehmen können ihre Nutzenversprechen über das eigentliche Sachprodukt hinaus durch wertvolle Daten und Mehrwertdienstleistungen erweitern. Hierdurch entstehen neue Differenzierungsmöglichkeiten, das Wertschöpfungssystem ändert sich und Unternehmen unterschiedlicher Branchen konkurrieren schlagartig miteinander.

Neue Marktteilnehmer treten auf den Plan: Verpassen etablierte Unternehmen den digitalen Wandel aktiv zu gestalten, schirmen sich stattdessen ab, können neue Wettbewerber in diese

Lücke vorstoßen. Eine besondere Bedrohung stellen dabei neue Marktteilnehmer ohne eigenständiges Sachprodukt dar, welche um ein bestehendes Produkt Dritter ein profitables Servicegeschäft entwickeln. Plattformanbieter sind besonders bedrohlich, da sie versuchen die Kundenschnittstelle vollständig zu besetzen und damit erhebliche Gewinne abschöpfen. Wenn der Produzent von den Nutzern seines Produkts getrennt wird, läuft er Gefahr ein Zulieferer zu werden. Wenngleich sich Lücken für neue Marktteilnehmer ergeben, besitzen etablierte Unternehmen die Chance auf Basis der Nutzungsdaten, ihre Produkte und Dienstleistungen zu verbessern sowie ihr Dienstleistungsgeschäft mit Smart Services neu zu definieren. Dies macht jedoch oftmals eine grundlegende Änderung der Wertschöpfung notwendig.

Bedrohung durch Ersatzprodukte und -dienstleistungen: In vielen Branchen bedrohen Produkt-Service-Systeme durch ihren gesteigerten Funktionsumfang etablierte Produkte. Umgekehrt sind Produkt-Service-Systeme häufig leistungsstärker, individuell konfigurierbar und besitzen einen höheren Kundennutzen, wodurch sie robuster gegenüber Ersatzprodukten und -dienstleistungen sind.

Die Verhandlungsmacht der Lieferanten verschiebt sich: Smart Services steigern den Kundennutzen, wobei maßgeblich immaterielle, softwaregestützte Funktionen ausschlaggebend sind. Der Anteil traditioneller Zulieferer nimmt ab oder wird mit der Zeit vollständig durch Software ersetzt. Allerdings entstehen mit Smart Services neue Abhängigkeiten mit neuen Zulieferern (z.B. Sensoren, Data Analytics). Das Kräftegleichgewicht der Lieferantenbeziehungen verschiebt sich.

Viele Unternehmen des produzierenden Gewerbes sehen sich nun damit konfrontiert, ihren digitalen Wandel zu gestalten. Die größte Herausforderung ist die Neudefinition des etablierten Geschäfts in Richtung Produkt-Service-Systeme. Dieser Schritt ist entscheidend, um die Kundenschnittstelle zu besetzen und Plattformanbieter als neue Wettbewerber abzuwehren. Es ergeben sich zwei wesentliche Handlungsfelder:

1) Strategische Planung und Konzipierung von Produkt-Service-Systemen für bestehende Produkte und Entwicklung von Smart Services für ebendiese Systeme
2) Proaktive Veränderung des Wertschöpfungssystems, um neben der Fertigung physischer Produkte, Smart Services anbieten zu können.

2 Auswirkungen von Smart Services auf Wertschöpfungssysteme

Im Folgenden zeigen wir das Zusammenspiel der beiden oben genannten Handlungsfelder. Dies untergliedert sich in die vier Bereiche: Planung und Konzipierung von Smart Services, bestehende Wertschöpfung, Auswirkungen auf die Wertschöpfung und die dazugehörige Umsetzungsplanung. Das Resultat ist die Basis für das weitere Vorgehen eines Unternehmens, ob und wie (Make-or-Buy) das neue Produkt-Service-Konzept umgesetzt werden soll. Zur Veranschaulichung dient das Beispiel einer gewerblichen Spülmaschine, welche um Smart Services erweitert werden soll.

Planung und Konzipierung von Smart Services

In einem ersten Schritt müssen Erfolg versprechende Services für ein Produkt identifiziert werden (Planung), um im zweiten Schritt ausgewählte Ideen zu konkreter Konzepten auszuarbeiten (Konzipierung). In dem vorliegenden Beitrag wird lediglich die Konzipierung betrachtet. Es wird die Annahme getroffen, dass das Resultat der Planung ein ausgewählter neuer Service ist. Dies ist im genutzten Beispiel der gewerblichen Spülmaschine die automatische Nachbestellung von Verbrauchsmitteln (Spülmittel, Klarspüler und Salz).

Basis für einen Smart Service ist ein intelligentes, mechatronisches System, welches Services vollständig oder teilweise automatisiert ausführt und damit ein Produkt-Service-System (PSS) bildet. Zur Spezifizierung und modell-basierten Darstellung der Konzepte nutzen wir die Modellierungssprachen CONSENS [Kai14], Service Blueprint [GP11] und eine Modellierungssprache für Wertschöpfungssysteme [SMG16]. Bild 1 zeigt die genutzten Sprachelemente zur integrativen und modellbasierten Darstellung in der Übersicht. Im Folgenden werden die Konstrukte beginnend mit dem Produktkonzept erläutert.

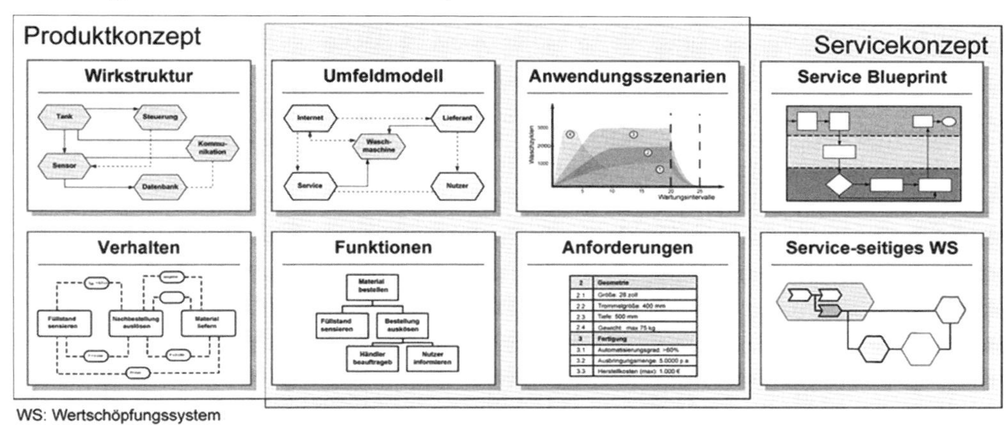

Bild 1: Konstrukte zur modell-basierten Darstellung von Produkt-Service-Systemen, welche Smart Services enthalten

Das Produktkonzept wird durch die Architektur sowie Schnittstellen spezifiziert. Dazu gehören Wirkstruktur, Umfeldmodell, Funktionen, Verhalten, Anwendungsszenarien und Anforderungslisten. Die Überschneidung von Produkt- und Servicekonzept liegen beim Umfeldmodell, Funktionen, Anwendungsszenarien und Anforderungen. Das Umfeldmodell beschreibt Schnittstellen zum Nutzer des Systems (Serviceempfänger) sowie dessen Umfeld. Smart Services sind Datenbasierte Dienstleistungen, wodurch der Datenaustausch mit System im Umfeld wichtiger Teil der Funktionalität ist. Anwendungsszenarien beschreiben das grundsätzliche Verhalten von Produkt und Service. Im Beispiel „Automatisierte Nachbestellung von Verbrauchsmitteln" wird hier die Interaktion des Produkts (z.B. Sensierung von Füllständen) mit dem Service (Lieferung der Chemie und Abrechnung) beschrieben. Eine Funktionshierarchie beschreibt Funktionen von Produkt und Service gleichermaßen. Erst auf unterster Hierarchieebene kann eine Zuordnung erfolgen. Gleiches gilt für die Anforderungsliste.

Das Servicekonzept ist im Kern ein Prozess mit ausführenden Ressourcen und kann mit entsprechenden Methoden dargestellt werden. Hierzu eigenen sich Methoden zur Geschäftsprozessmodellierung, welche die Darstellung von Leistungserstellungsprozessen ermöglichen [GP14]. Semiformale Modellierungsmethoden sind grundsätzlich geeignet Serviceprozesse darzustellen. Beispiele sind ARIS, BPMN und OMEGA. Eine sehr wichtige Komponente bei Smart Services ist die Kundenschnittstelle sowie Kundenaktivitäten im Prozess, welche mit diesen Methoden nicht ausreichend betrachtet werden. Eine geeignetere Methode zur Darstellung der Kundenschnittstelle ist das Service Blueprint, welches ursprünglich jedoch nur wenige Konstrukte bietet [Sho84]. Es bietet sich an Konstrukte zur Darstellung von Geschäftsprozessen und die Struktur von Service Blueprints miteinander zu verbinden [SHA09].

Eine Dienstleistung unterliegt dem Uno-actu-Prinzip, d.h. Erbringung und Verbrauch der Dienstleistungen erfolgen gleichzeitig [BS03]. Dies führt dazu, dass wir das Wertschöpfungssystem, welches die Dienstleistung in Zusammenspiel mit dem Produktsystem erbringt, auch als Teil des Servicekonzepts sehen. Zur Darstellung des Wertschöpfungssystems nutzen wir eine eigene, modell-basierte Methode, welche bei der Beschreibung der bestehenden Wertschöpfung genutzt wird und eine zentrale Rolle bei der weiteren Anforderungsanalyse und Umsetzungsplanung spielt [SMG16], [EGK+16]. Für das Servicekonzept werden nur die für den betrachteten Service relevante Wertschöpfungseinheiten, Prozesse, Ressourcen und Beziehungen abgebildet.

Bestehende Wertschöpfung

Wertschöpfungssysteme bilden den Ausgangspunkt für Produkt-Service-Systeme. Die Wertschöpfung erfolgt nicht mehr nur primär durch die Entwicklung und die Fertigung von Produkten und endet mit dessen Verkauf, sondern Produkte müssen zusätzlich mit einer Technologie- und Serviceinfrastruktur begleitet werden [PH15], [KRH+14]. Daraus ergeben sich zwei wesentliche Herausforderungen für die Gestaltung tragfähiger Wertschöpfungssysteme für Produkt-Service-Systeme, die sich am Lebenszyklus des Systems orientieren: (1) Das produktseitige Wertschöpfungssystem zur Realisierung des Produkts am Anfang des Produktlebenszyklus. Es umfasst in der Regel die erforderlichen Fertigungsprozesse, Ressourcen, Lieferbeziehungen unternehmensinterner und -externer Einheiten [HUB16], [GP14]. (2) Das serviceseitige Wertschöpfungssystem während der Nutzungsphase des Produkt-Service-Systems beim Kunden. Von Besonderer Bedeutung sind dabei z.B. die Informations- und Kommunikationsflüsse zwischen dem Anwender, des Produkt-Service-Systems sowie den entsprechenden Prozessen und Systemen des Anbieters [HUB16].

Für die Spezifikation der aktuellen Wertschöpfung nutzen wir eine im Projekt GEMINI – Geschäftsmodelle für Industrie 4.0 (www.geschaeftsmodelle-i40.de) entwickelte Modellierungssprache [SMG16]. Mithilfe der Sprache werden sowohl das derzeitige produktseitige als auch das serviceseitige Wertschöpfungssystem modelliert. Das derzeitige Wertschöpfungssystem umfasst das Partnernetzwerk, das Produktionssystem sowie die derzeitige Organisationsstruktur des Unternehmens [MSG16].

Wie eng Informations- und Kommunikationstechnik, Produktbezogene und Servicebezogene Wertschöpfungssysteme vor dem Hintergrund neuartiger Produkt-Service-Systeme miteinander verbunden sind, verdeutlicht das gewählte Beispiel einer automatischen Nachbestellung von

Verbrauchsmitteln. Damit Unternehmen des produzierenden Gewerbes zukünftig erfolgreich agieren können, ist es notwendig die enormen Auswirkungen und komplexen Zusammenhänge abzubilden. Daher bedarf es einer Prinziplösung für Wertschöpfungssysteme, welche den grundsätzlichen Aufbau und die Wirkungsweise für Wertschöpfungssysteme von Produkt-Service-Systemen beschreibt und die Grundlage für die Strukturierung, Entwicklung und Analyse von Wertschöpfungssystemen bildet sowie die Operationalisierung von Produkt-Service-Systemen unterstützt [Bun16].

Auswirkungen auf die Wertschöpfung

Zu Beginn müssen die Anforderungen an das zukünftige Wertschöpfungssystem abgeleitet werden. Die Anforderungen unterstützen die spätere Spezifizierung der einzelnen Wertschöpfungselemente und dienen als wichtiger Ausgangspunkt bei der Umsetzungsplanung. Grundsätzlich resultieren die Anforderungen aus den in Bild 2 dargestellten Bereichen: der Produktkonzipierung, der Servicekonzipierung, dem bestehenden Wertschöpfungssystem und den unternehmensspezifischen Rahmenbedingungen der Geschäftsplanung.

Bild 2: Bereiche aus denen Anforderungen an die Gestaltung der zukünftigen Wertschöpfung resultieren

Die Anforderungen aus dem System- sowie dem Servicekonzept ergeben sich aus der Planung und Konzipierung der Smart-Services. Dies sind unter anderem Vorgaben an die Kommunikation zwischen den einzelnen Komponenten des Servicekonzeptes und entsprechenden Organisationseinheiten des Wertschöpfungssystems. Anforderungen aus dem Bereich der Produktkonzipierung beschreiben bestimmte Baugruppen oder Komponenten, die für die Umsetzung der Marktleistung notwendig sind. Dies könnte die Notwendigkeit einer WLAN-Schnittstelle in dem eigentlichen System sein. Anforderungen aus dem bestehenden Wertschöpfungssystem umfassen Vorgaben zu bestimmen Lieferanten oder Partnern, mit denen weiterhin kooperiert werden soll. So können bestehende Lieferverträge ausgebaut werden, um anfallende Transaktionskosten zu senken.

Anforderungen aus dem Bereich der Geschäftsplanung oder den unternehmensspezifischen Rahmenbedingungen lassen sich oft aus dem Unternehmensleitbild oder der Strategie ableiten.

Dies kann die Bevorzugung lokaler Lieferanten oder die ausschließliche Nutzung von Cloudservern sein, die sich im deutschen Rechtsraum befinden. Jede Anforderung wird durch Attribute und deren Ausprägung konkretisiert und in einer Anforderungsliste gesammelt.

Im Rahmen der Analyse der Auswirkungen müssen die Implikationen der zukünftigen Smart-Services auf das bestehende Wertschöpfungssystem untersucht werden. Im Fokus steht die Identifikation von Wertschöpfungsprozessen, die sich durch den Wandel hin zu Produkt-Service-Systemen ergeben. Die Grundlage der Gestaltung des zukünftigen Wertschöpfungssystems bilden bereits bestehende Wertschöpfungsprozesse und -aktivitäten. Diese sind historisch gewachsen und ermöglichen die gegenwärtige Leistungserbringung eines Unternehmens [MSG16]. Um zukünftig individuell konfigurierbare Produkt-Service-Systeme anbieten zu können, müssen diese Prozesse verändert und angepasst werden. Im Allgemeinen spricht man hier von der digitalen Transformation [RBS15-ol]. Dabei müssen zwei Dimensionen berücksichtigt werden: (1) die Veränderung des Nutzens für den Kunden und (2) die daraus resultierende Gestaltung der zukünftigen Wertschöpfung [IBM11-ol], [SRA+17].

Bei dem genannten Beispiel der automatischen Nachbestellung von Verbrauchsmaterial wird der Nutzen schnell deutlich: Der Kunde muss sich zukünftig nicht mehr um die Beschaffung kümmern, sondern erhält automatisch das von ihm benötigte Verbrauchsmaterial. Die daraus resultierenden Änderungen in der Wertschöpfung sind hingegen nicht in ihrer Gänze ersichtlich. Neben logistischen Änderungen die den Versand oder die Lagerhaltung betreffen, ergeben sich Veränderungen im Bezahlmodell oder in der Beziehung zu Zwischenhändlern. Neben der direkten Auswirkung auf bestehende Wertschöpfungsprozesse werden weitere Prozesse oft indirekt beeinflusst, die auf den ersten Blick nicht mit dem konzipierten Smart-Service korrelieren. So führt eine automatisierte Nachbestellung des Verbrauchsmaterials zu Veränderungen im Service. Während bisher lediglich das traditionelle, hauptsächlich mechanische Produkt gewartet werden musste, müssen nun u.a. Servicekompetenzen im Bereich der internetbasierten Kommunikation aufgebaut werden. Durch einen Ausfall der Kommunikationskomponenten würde das smarte Produkt direkt seinen neuen Nutzen verlieren.

Es ergeben sich unterschiedliche Kausalketten, die zu tiefgreifenden Veränderungen in der bestehenden Wertschöpfung führen. Diese teils komplexen Zusammenhänge müssen systematisch identifiziert und analysiert werden, um anschließend die zukünftige Wertschöpfung effektiv gestalten zu können. In einem ersten Ansatz müssen die neuen Produkt- und Servicefunktionen den einzelnen Aktivitäten der aktuellen Wertschöpfung gegenüber gestellt werden. Die Funktionen können durch Informationen aus der Anforderungsliste ergänzt werden. Dies betrifft insbesondere Anforderungen, die nicht durch das Service bzw. Produktkonzept determiniert werden. Dazu gehören primär Anforderungen aus der Geschäftsplanung, wie die bereits genannte Bevorzugung lokaler Lieferanten. Die einzelnen Funktionen, Anforderungen und Wertschöpfungsaktivitäten müssen gegeneinander bewertet werden (Bild 3), um solche Wertschöpfungsaktivitäten zu identifizieren, die besonders von Veränderungen betroffen sind. Je Paar sollte bestimmt werden, ob und wie stark der Einfluss der „neuen" Funktion auf die bestehende Wertschöpfungsaktivität ist. Die primär betroffenen Wertschöpfungsaktivitäten müssen anschließend detaillierter betrachtet werden, da sie bei der späteren Ausgestaltung der Wertschöpfung eine große Bedeutung innehaben. In weiteren Schritten werden solche Wertschöpfungsaktivitäten und Bereiche identifiziert, die von den veränderten Aktivitäten beeinflusst werden. Eine geeignete Methode zur Identifizierung bietet beispielweise die direkte und indirekte Einflussanalyse [GP14]. Hierbei wird der jeweilige Einfluss einer Wertschöpfungsaktivität auf die anderen Aktivitäten bewertet. Es wird zwischen keinen, schwachen, mittleren und starken Einfluss unterschieden. Als Ergebnis können Wertschöpfungsaktivitäten identifiziert werden, die stark von den betroffenen Aktivitäten beeinflusst sind. Die Kombination der Bereiche lässt auf die bereits genannten Kausalketten schließen. Zur detaillierten Analyse und Spezifizierung dieser Bereiche kann die Modellierungssprache auf dem Projekt GEMINI benutzt werden [SMG16].

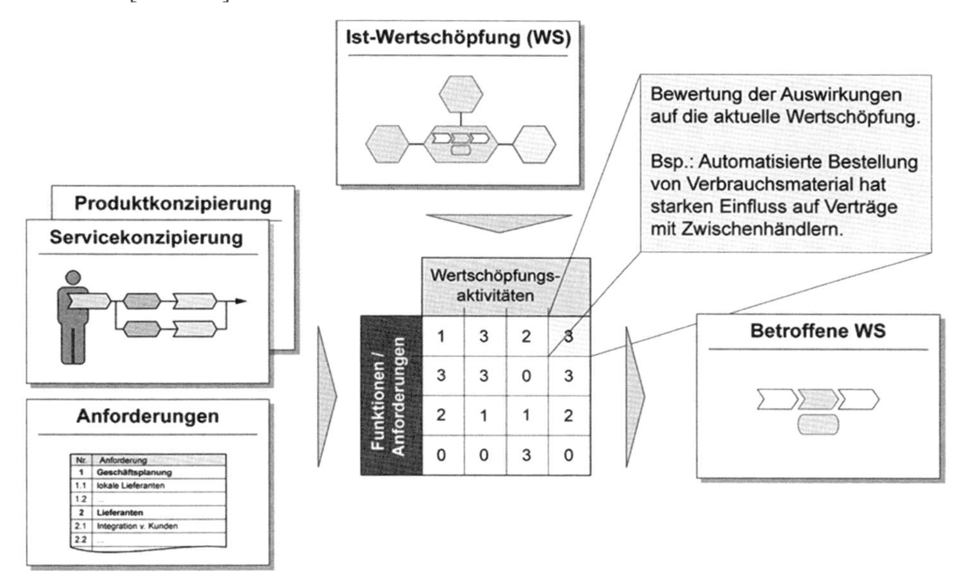

Bild 3: Bewertung der Auswirkung des Produkt-Service-Konzeptes auf die bestehende Wertschöpfung

Umsetzungsplanung

Insbesondere für kleine Unternehmen sind die Anpassungen sehr aufwendig und schwer zu realisieren. Dies beruht zum Teil auf fehlenden Kompetenzen auf neuen Gebieten (z.B. Data Analytics) und der aufwendigen Umsetzung der notwendigen Änderungen. Daher bieten sich sogenannte Standardausprägungen für die Umsetzung an. Diese erfüllen wiederkehrende Funktionen (z.B. Ware liefern) und umfassen sämtliche notwendigen Prozesse, Organisationseinheiten und deren Beziehungen [EGK+16]. Standardausprägungen basieren auf bereits vorhandenen Wertschöpfungslösungen. Dafür werden eine Vielzahl bekannter Beispiele analysiert und deren Ausprägungen in den Standardausprägungen definiert. Sie dienen dabei als eine Art Best Practice. Die Gestaltung der Wertschöpfung orientiert sich dabei an dem Lebenszyklus des konzipierten Produkt-Service-Systems. Verschiedene Ausprägungen der Wertschöpfung sind einzelnen Lebensphasen zugeordnet. So gestaltet sich das Wertschöpfungssystem in der Entwicklungsphase deutlich anders als in der Nutzungsphase, da unterschiedliche Kompetenzen benötigt werden. In diesem Zusammenhang bietet sich die Erstellung einer gemeinsamen Entwicklungsroadmap an. Mithilfe der Roadmap lassen sich die verschiedenen Schritte visualisieren und planen.

3 Resümee und Ausblick

Smart Services haben das Potential die Kundenschnittstellen dauerhaft und profitabler zu sichern. Dies ist insbesondere notwendig, wenn neue Wettbewerber, wie Plattformanbieter in die eigene Branche eindringen, um genau diese Schnittstelle zu besetzten. Die Entwicklung und Umsetzung von Produkt-Service-Systemen, welche Smart Service enthalten, bedarf neuer Vorgehen in vier vorgestellten Bereichen. Bei der Konzipierung von Smart Services müssen aufgrund der Uno-Acto-Prinzips bereits frühzeitig die notwendigen Wertschöpfungssysteme betrachtet werden oder sind integraler Bestandteil des eigentlich Services. Des Weiteren sind Smart Services zum Teil Funktionen eines technischen Systems, welche eine Dienstleistung ausführt. Dies verändert die Herangehensweise bei der Konzipierung von Produkt-Service-Systemen und erfordert eine integrative Betrachtung von Produkt, Dienstleistung und Wertschöpfung. Es wird deutlich, dass die Einflüsse auf die Wertschöpfung oft tiefgreifend sind und nicht immer sofort zu identifizieren sind. Weiterhin müssen insbesondere kleine und mittlere Unternehmen bei der Umsetzung durch wirksame Methoden und Werkzeuge als Kommunikationsmittel und Kooperationskern unterstützt werden.

Literatur

[AC10] AURICH, J. C.; CLEMENT. M. H.: Produkt-Service-Systeme – Gestaltung und Realisierung. Springer, Heidelberg, New York, 2010

[RBS15-ol] ROLAND BERGER STRATEGY CONSULTANS GMBH: Die digitale Transformation der Industrie. Unter:https://www.rolandberger.com/de/Publications/pub_digital_transformation_industry.html, Letzter Aufruf: 20. Dezember 2016

[BS03] BULLINGER, H.-J; SCHEER, A.-W.; SCHNEIDER, K.: Service Engineering. Entwicklung und Gestaltung innovativer Dienstleistungen. 2. Auflage, Springer, Berlin, 2003

[Bun16] BUNDESMINISTERIUM FÜR WIRTSCHAFT UND ENERGIE (BMWI) (HRSG.): Forschungsagenda Industrie 4.0 – Aktualisierung des Forschungsbedarf. Berlin, 2016

[EGK+16] ECHTERHOFF, B.; GAUSEMEIER, J.; KOLDEWEY, C.; MITTAG, T.; SCHNEIDER, M.; SEIF, H.: Geschäftsmodelle für Industrie 4.0 – Digitalisierung als große Chance für zukünftigen Unternehmenserfolg. In: Jung, H. H.; Kraft, P. (Hrsg): Digital vernetzt. Transformation der Wertschöpfung – Szenarien, Optionen und Erfolgsmodelle für smarte Geschäftsmodelle, Produkte und Services, Carl Hanser Verlag, München, 2016

[GP11] GEUM, Y.; PARK, Y.: Designing the sustainable product-service integration: a product-service blueprint approach. In: Journal of Cleaner Production, Volume 19, Issue 14, September 2011, Elsevier, Amsterdam

[GP14] GAUSEMEIER, J.; PLASS, C.: Zukunftsorientierte Unternehmensgestaltung – Strategien, Geschäftsprozesse und IT-Systeme für die Produktion von morgen. 2. Auflage, Carl Hanser Verlag, München. 2014

[GS16] GASSMANN, O.; SUTTER, P.: Digitale Transformation im Unternehmen gestalten – Geschäftsmodelle, Erfolgsfaktoren, Handlungsanweisungen, Fallstudien. Carl Hanser Verlag, München, 2016

[HUB16] HERTERICH, M. M.; UEBERNICKEL, F.; BRENNER, W.: Industrielle Dienstleistungen 4.0 – HMD Best Paper Award 2015. Springer Vieweg, 2016

[IBM11-ol] IBM INSTITUTE FOR BUSINESS VALUE: Digital transformation Creating new business models where digital meets physical (2011). Unter: https://public.dhe.ibm.com/common/ssi/ecm/gb/en/gbe03399usen/GBE03399USEN.PDF, Letzter Aufruf: 10. Januar 2017.

[Kai14] KAISER, L.: Rahmenwerk zur Modellierung einer plausiblen Systemstruktur mechatronischer Systeme. Dissertation, Fakultät für Maschinenbau, Universität Paderborn, HNI-Verlagsschriftenreihe, Band 327, Paderborn, 2014

[KRH+14] KAGERMANN, H.; RIEMENSPERGER, F.; HOKE, D.; HELBIG, J.; STOCKMEIER, D.; WAHLSTER, W.; SCHEER, A.-W.; SCHWEER, D.: Smart Service Welt – Umsetzungsempfehlungen für das Zukunftsprojekt Internetbasierte Dienste für die Wirtschaft, 2014

[KWH13] KAGERMANN, H.; WAHLSTER, W.; HELBIG, J. (HRSG.): Deutschland als Produktionsstandort sichern, Umsetzungsempfehlungen für das Zukunftsprojekt Industrie 4.0. Abschlussbericht des Arbeitskreises Industrie 4.0, April 2013

[Lei12] LEIMEISTER, J. M: Dienstleistungsengineering und -management. Springer, Berlin, 2012

[MSG16] MITTAG, T.; SCHNEIDER, M.; GAUSEMEIER, J.: Business Model Based Configuration of Value Creation Networks. 25th International Association for Management of Technology Conference (IAMOT), Band 25, Orlando FL, 15. – 19. Mai 2016

[Nic13-ol] NICKEL, W.: Autos am laufenden Band – 100 Jahre Fließbandfertigung. Unter: http://www.zeit.de/auto/2013-04/ford-fliessband-massenproduktion, Letzter Aufruf: 5. Dezember 2016

[PH14] PORTER, M.E.; HEPPELMANN, J.E.: Wie smarte Produkte den Wettbewerb verändern. Harvard Business Manager, 12/2014

[PH15] PORTER, M. E.; HEPPELMANN, J. E.: Wie smarte Produkte Unternehmen verändern. Harvard Business Manager, 12/2015

[Por79] PORTER, M. E.: How Competitive Forces Shape Strategy. Harvard Business Review, März 1979. Unter: https://hbr.org/1979/03/how-competitive-forces-shape-strategy, 4. Januar 2017

[Sch16] SCHEER, A.-W.: „Die Welt wird flach" – 20 Thesen zur Digitalisierung. IM+io Fachzeitschrift für Innovation, Organisation und Management. Heft 1/2016, S. 28 – 31

[SHA09] SHIMOMURA,Y.; HARA, T.; ARAI, T.: A unified representation scheme for effective PSS development. In: CIRP Annals - Manufacturing Technology 58 (2009), Elsevier, Amsterdam

[Sho84] SHOSTACK, G. L.: Designing Services That Deliver. In: Harvard Business Review, Januar 1984, Boston

[SMG16] SCHNEIDER, M.; MITTAG, T.; GAUSEMEIER, J.: Modeling Language for Value Networks. 25th International Association for Management of Technology Conference (IAMOT), Band 25, S. 94 – 110, Orlando FL, 15. – 19. Mai 2016

[SRA+17] SCHALLMO, D.; RUSNJAK, A.; ANZENGRUBER, J.; WERANI, T.; JÜNGER, M. (HRSG.): Digiale Transforamtion von Geschäftsmodellen – Grundlagen, Instrumente und Best Practices. Springer Gabler, Wiesbaden, 2017

[WDH+16] WEHNER, D.; DANGELMAIER, M.; HAMPEL, M; PAULUS-ROHMER, D.; HÖRCHER, G.; KRIEG, S.; RÜGER, M; DEMONT, A.; HELD, M.; ILG, R.: Mass Personalization – Mit personalisierten Produkten zum Business to User (B2U). Studie. In: Bauer, W.; Leistner, P.; Schenke-Layland, K.; Oehr, C.; Bauernhansl, T.; Morszeck, T. H.: B2U Personalisierte Produkte. Studie, Fraunhofer, 2016

Autoren

Tobias Mittag studierte Wirtschaftsingenieurwesen mit der Fachrichtung Maschinenbau an der Universität Paderborn. Er ist wissenschaftlicher Mitarbeiter am Heinz Nixdorf Institut bei Prof. Gausemeier sowie am Fraunhofer-Institut für Entwurfstechnik Mechatronik IEM in der Abteilung Produkt- und Produktionsmanagement. Seine Tätigkeitsschwerpunkte liegen in der Planung von Wertschöpfungsstrukturen, der Operationalisierung von Geschäftsmodellen sowie dem Systems Engineering.

Marcel Schneider studierte Wirtschaftsingenieurwesen mit der Fachrichtung Maschinenbau an der Universität Paderborn. Er ist wissenschaftlicher Mitarbeiter am Heinz Nixdorf Institut bei Prof. Gausemeier sowie am Fraunhofer-Institut für Entwurfstechnik Mechatronik IEM in der Abteilung Produkt- und Produktionsmanagement. Seine Aufgabenschwerpunkte liegen in der Planung und Gestaltung von Wertschöpfungssystemen, der Operationalisierung von Geschäftsmodellen sowie der Digitalen Fabrik.

Prof. Dr.-Ing. Jürgen Gausemeier ist Seniorprofessor am Heinz Nixdorf Institut der Universität Paderborn und Vorsitzender des Clusterboards des BMBF-Spitzenclusters „Intelligente Technische Systeme Ostwestfalen-Lippe (it´s OWL)“. Er war Sprecher des Sonderforschungsbereiches 614 „Selbstoptimierende Systeme des Maschinenbaus“ und von 2009 bis 2015 Mitglied des Wissenschaftsrats. Jürgen Gausemeier ist Initiator und Aufsichtsratsvorsitzender des Beratungsunternehmens UNITY AG. Seit 2003 ist er Mitglied von acatech – Deutsche Akademie der Technikwissenschaften und seit 2012 Vizepräsident.

Martin Rabe studierte Wirtschaftsingenieurwesen mit der Fachrichtung Maschinenbau an der Universität Paderborn und der San Diego State University (USA). Er ist wissenschaftlicher Mitarbeiter am Fraunhofer-Institut für Entwurfstechnik Mechatronik IEM in der Abteilung Produkt- und Produktionsmanagement. Seine Tätigkeitsschwerpunkte liegen in der Planung und Konzipierung von Smart Services und der Umsetzung service-orientierter Geschäftsmodelle. Ferner ist Herr Rabe im Technologienetzwerk „Intelligente Technische Systeme OstWestfalen-Lippe (it's OWL)“ im Bereich Strategie und F&E tätig.

Dr.-Ing. Arno Kühn studierte Wirtschaftsingenieurwesen mit der Fachrichtung Maschinenbau an der Universität Paderborn. Er leitet die Abteilung Produkt- und Produktionsmanagement des Fraunhofer-Instituts für Entwurfstechnik Mechatronik IEM. Im Rahmen seiner Dissertation setzte er sich mit der Release-Planung intelligenter technischer Systeme auseinander. Zudem koordiniert er im Technologienetzwerk „Intelligente Technische Systeme OstWestfalenLippe (it's OWL)“ die Aktivitäten im Kontext Industrie 4.0.

Prof. Dr.-Ing. Roman Dumitrescu studierte Mechatronik an der Friedrich-Alexander-Universität Erlangen-Nürnberg. Unter der Leitung von Prof. Jürgen Gausemeier promovierte er 2010 im Bereich Systems Engineering für intelligente mechatronische Systeme. Seitdem leitet er am Fraunhofer IEM den Bereich Produktentstehung und ist einer von drei Direktoren. Arbeitsschwerpunkte sind insbesondere die Entwicklung von intelligenten technischen Systemen, das disziplinübergreifende Entwicklungs- und Organisationsmanagement sowie die modellbasierte Systementwicklung. In Personalunion ist er Geschäftsführer des Technologienetzwerks „Intelligente Technische Systeme Ostwestfalen-Lippe (it's OWL)“. Seit 2017 ist er Professor für Advanced Systems Engineering an der Universität Paderborn.

Erfolgsgarant digitale Plattform – Vorreiter Landwirtschaft

Marvin Drewel, Prof. Dr.-Ing. Jürgen Gausemeier
Heinz Nixdorf Institut, Universität Paderborn
Fürstenallee 11, 33102 Paderborn
Tel. +49 (0) 52 51 / 60 62 61, Fax. +49 (0) 52 51 / 60 62 68
E-Mail: {Marvin.Drewel/Juergen.Gausemeier}@hni.upb.de

André Kluge
CLAAS E-Systems KGaA mbH & Co KG
Bäckerkamp 19, 33330 Gütersloh
Tel. +49 (0) 52 41 / 30 06 48 75, Fax. +49 (0) 52 41 / 30 06 48 01
E-Mail: Andre.Kluge@claas.com

Christoph Pierenkemper
Fraunhofer-Institut für Entwurfstechnik Mechatronik IEM
Zukunftsmeile 1, 33102 Paderborn
Tel. +49 (0) 52 51 / 60 62 36, Fax. +49 (0) 52 51 / 60 62 68
E-Mail: Christoph.Pierenkemper@iem.fraunhofer.de

Zusammenfassung

Digitale Plattformen sind bislang vor allem im B2C-Bereich zu finden und nehmen in zahlreichen Fällen marktbeherrschende Stellungen ein. Grundlage der rasanten „Plattformisierung“ ist der Netzwerkeffekt. Retrospektiv betrachtet fällt bei den aufgezählten Unternehmen auf, dass sie die dominante Wettbewerbslogik ihrer jeweiligen Märkte radikal verändert haben. Bislang galt das Credo: Je näher am Konsumenten und je weniger hardwaredominiert ein Markt ist, desto vehementer der Plattformisierungsprozess. Gegenwärtig entstehen derartige Plattformen jedoch auch in hardwaredominierten Märkten wie dem Maschinen- und Anlagenbau. Die Plattformisierung im B2C-Bereich hat bereits gezeigt, dass Plattformen Wertschöpfung verschieben. Eine vergleichbare Entwicklung kann auch für den Maschinen- und Anlagenbau erwartet werden. Damit eröffnet sich für die betroffenen Unternehmen die Chance, völlig neue Wettbewerbspositionen einzunehmen. Der Landmaschinenhersteller CLAAS stellt sich diesem Wandel und gestaltet ihn aktiv mit. Das Unternehmen 365FarmNet hat eine digitale Plattform für die Landwirtschaft entwickelt, auf der die Unternehmenstochter CLAAS E-Systems als Datenlieferant agiert. Im vorliegenden Beitrag werden die Chancen und Risiken digitaler Plattformen in der Landwirtschaft betrachtet. Dafür wird die digitale Plattform 365FarmNet untersucht und die Rolle des Landmaschinenhersteller CLAAS innerhalb dieser Plattform beleuchtet.

Schlüsselworte

Digitale Plattform, Telematik, Telemetrie, Industrie 4.0, Landwirtschaft, Farming 4.0

Success Factor Digital Platform – Pioneer Agriculture

Abstract

Nowadays, digital platforms occur particularly within the B2C market. These platforms tend to occupy market-dominating positions in numerous cases. The foundation for the rapid „platformisation“ is the network effect. Observing the above mentioned enterprises retrospectively, it strikes the thoughtful observer, that these enterprises changed the dominating rules of their businesses. The persuasion so far is: The closer to the consumer and the lesser hardware-dominated the market, the stronger the „platformisation-process“. However, at the present time arise such platforms within hardware-dominated markets, e.g. mechanical engineering industry. The „platformisation“ of the B2C market revealed, that platforms shift added value. A comparable progress can be expected for the mechanical engineering industry. Thus, opening whole new chances for the affected enterprises. The agricultural machinery manufacturer CLAAS faces the chances of digital platforms. The enterprise 365FarmNet provides a digital platform for farmers as well as agricultural machinery manufacturers, such as CLAAS. The subsidiary company CLAAS E-Systems delivers data into the platform. The paper at hand reveals chances and risks of digital platforms within the agricultural industry by using the digital platform 365FarmNet and the role CLAAS plays within the platform as an example.

Keywords

Digital Platform, Telematics, Telemetry, Industrie 4.0, Agriculture, Farming 4.0

1 Digitale Plattformen – Chancen und Risiken

Digitale Plattformen wie Amazon, Uber, Airbnb und viele weitere haben aus unterschiedlichen Gründen ihre jeweiligen Branchen – teils radikal – verändert. Bislang haben diese Veränderungen überwiegend im B2C-Bereich stattgefunden [LBW16]. Wenngleich der Begriff digitale Plattform für viele Top-Manager noch unbekannt ist [Bit16-ol], zeigen jüngste Beispiele jedoch, dass sich *derzeit in zahlreichen B2B-Märkten, zum Beispiel im Maschinenbau oder in der Landwirtschaft, digitale Plattformen formieren* [Bit16-ol]. Prominente Beispiele dafür sind die Plattform 365FarmNet (siehe Abschnitt 3.2) oder die Plattform AXOOM. Letztere ist eine Ausgründung des Werkzeugmaschinenbauers TRUMPF und bindet Komponenten verschiedenster Hersteller entlang der gesamten Wertschöpfungskette ein [Tru16-ol]. Grundlage für den Erfolg digitaler Plattformen ist der Netzwerkeffekt[1] [APC16], [BSS15]. Der Netzwerkeffekt beschreibt, wie sich der Nutzen aus einem Produkt für einen Konsumenten ändert, wenn sich die Anzahl anderer Konsumenten desselben Produktes bzw. komplementärer Produkte ändert. Digitale Plattformen basieren auf positiven Netzwerkeffekten, d.h. je mehr Nutzer eine Plattform hat, desto attraktiver wird sie [BSS15].

Mit digitalen Plattformen werden Chancen zur nachhaltigen Verbesserung der Wettbewerbsposition eines Unternehmens verbunden, wie die Reduktion von Transaktionskosten, aber auch Risiken, wie der Verlust des direkten Kundenzugangs [BSS15], [Sim11]. Um zu verstehen, welche konkreten Chancen und Risiken sich Unternehmen bieten, ist es zunächst notwendig, sich der möglichen Rollen für Akteure auf einer digitalen Plattform bewusst zu sein. In Bild 1 sind vier mögliche Rollen [2] und deren Zuordnung zum Kern bzw. zur Peripherie der Plattform dargestellt. Im Kern befinden sich der Eigentümer und die Anbieter. Anbieter stellen die Schnittstelle zur Peripherie dar und bieten den Produzenten und Konsumenten Zugang zur Plattform. Die Produzenten stellen die Angebote bereit, während die Konsumenten sowohl das Angebot der Produzenten als auch das der Anbieter nutzen. Vereinzelt lässt sich beobachten, dass ein einzelnes Unternehmen gleichzeitig verschiedene Rollen innerhalb einer Plattform ausfüllt. Beispielsweise ist Apple der Eigentümer der iOS-Plattform, bietet über den Verkauf der iPhones auch den Zugang und stellt zudem eigene Apps zur Verfügung. Damit Apple ist auch Produzent innerhalb der eigenen Plattform [APC16]. Die überwiegende Anzahl der Akteure auf einer digitalen Plattform belegen jedoch nur eine einzelne Rolle und sind ständigen Machtkämpfen ausgesetzt. Beispielweise hat Samsung als Anbieter der Android-Plattform bereits versucht, mit Tizen eine eigene Plattform aufzubauen und damit direkt Google als Eigentümer von Android attackiert. Auch Produzenten deren Angebot einen Großteil zur Attraktivität einer

---

1 In diesem Zusammenhang wird auch häufig vom „Metcalfe'schen Gesetz" oder vom „dritten Reedschen Gesetz" gesprochen. Das Metcalfe'sche Gesetz beschreibt, dass der Nutzen eines Kommunikationssystems proportional zur Anzahl der möglichen Verbindungen ansteigt, während die Kosten nur proportional zur Teilnehmeranzahl wachsen [Gil93]. Das Reedsche Gesetz beschreibt die Annahme, dass die Nützlichkeit großer Netzwerke exponentiell mit ihrer Größe steigt, was insbesondere für soziale Netzwerke gilt [Ree03].

2 Die Rollen sind an VAN ALSTYNE et al. angelehnt [APC16]. Andere Autoren betrachten auch die Partner einer Plattform als mögliche Rollen [Wal16a-ol]. Da diese sich aber außerhalb der digitalen Plattform befinden, werden sie im vorliegenden Beitrag nicht als mögliche Rolle betrachtet.

Plattform beiträgt, haben in der Vergangenheit bereits die Bestrebung gezeigt, eigene Plattformen zu etablieren. So hat z.B. der Spielentwickler Zynga Facebook verlassen, nachdem er zuvor dort seine Spiele vertrieben hat [APC16].

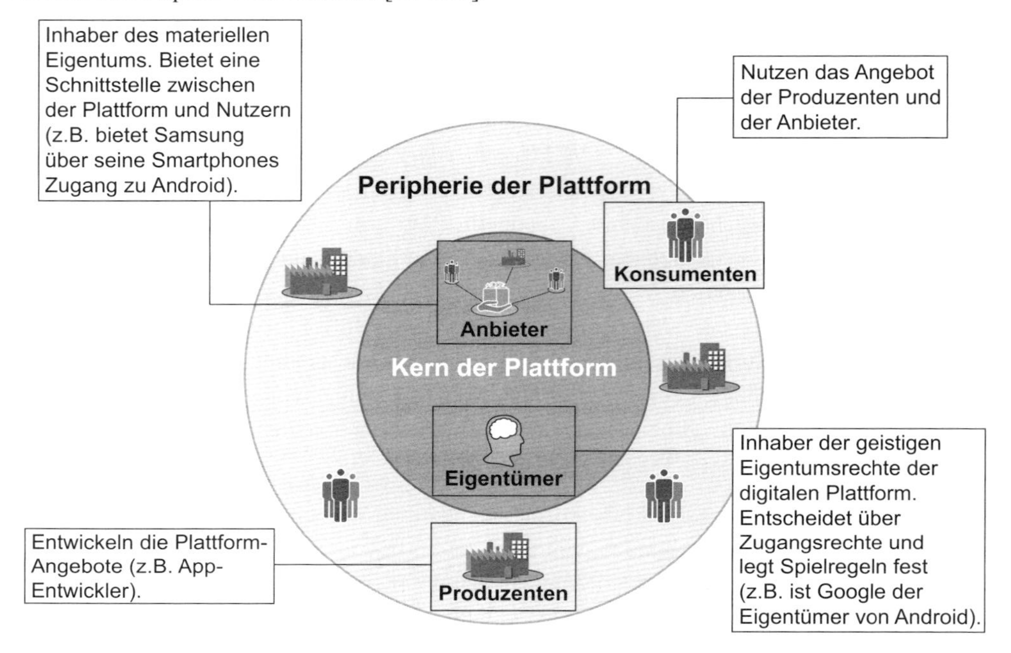

Bild 1: Anordnung der Rollen innerhalb einer digitalen Plattform in Anlehnung an [APC16] und [BSS15]

Die genannten Beispiele stehen nur stellvertretend für eine Vielzahl möglicher Machtkämpfe auf digitalen Plattformen. Der Eigentümer muss also eine Fülle neuer Konfliktmöglichkeiten im Auge behalten und dabei stets berücksichtigen, dass die Rollen ausreichend attraktiv gestaltet sind, um Akteure für das Ausüben einer Rolle zu gewinnen [APC16]. Andernfalls läuft die Plattform Gefahr, die kritische Masse nicht zu erreichen. Wird diese jedoch erreicht, können Netzwerkeffekte ausgenutzt werden und zu einer Etablierung der Plattform führen. Welche weiteren Chancen und Risiken aber sind mit dem Einzug digitaler Plattformen in den B2B-Bereich verbunden? Zur Beantwortung dieser Frage sind in Tabelle 1 charakteristische Chancen und Risiken digitaler Plattformen am Beispiel der Landwirtschaft dargestellt.

Tabelle 1: Chancen und Risiken digitaler Plattformen (Auszug)

Chance	Risiko
Ausnutzen von Netzwerkeffekten: Netzwerkeffekte lassen sich insbesondere durch digitale Plattformen ausnutzen und bieten die Möglichkeit zu einem rasanten Wachstum. Wird einmal die kritische Masse erreicht, kann eine Plattform innerhalb kürzester Zeit als ein de-facto Standard etabliert werden [BSS15].	**Erreichen der kritischen Masse:** Steigt die Nachfrage durch mehr Konsumenten, wird die Plattform auch für weitere Produzenten interessant, welche das Angebot erweitern/verbessern, was wiederrum weitere Konsumenten auf die Plattform zieht, usw. Ist diese Wachstumsspirale angelaufen, führt sie häufig zu einem rasanten Wachstum. Dafür muss jedoch zunächst die kritische Masse an Akteuren erreicht werden [Hof16], [Wal16b-ol].

Chance	Risiko
Reduktion von Transaktionskosten: Digitale Plattformen stellen einen einfach zugänglichen Austauschort dar. So lassen sich z.B. Services für Landmaschinen besonders effektiv darüber vertreiben [BSS15].	**Verlust des direkten Kundenzugangs:** Für den Hersteller eines physischen Guts (wie z.B. einer Landmaschine) besteht das Risiko, dass der Endkunde zukünftig über eine digitale Plattform auf seine verschiedenen Maschinen und Anlagen zugreift und so der direkte Kundenzugang verloren geht [BSS15].
Erhöhung der Innovationsfähigkeit: Durch die Trennung zwischen Kern und Peripherie begünstigen digitale Plattformen eine hohen Wiederverwendung von Kernkomponenten (z.B. Landmaschinen) bei gleichzeitig hoher Varietät durch Elemente der Peripherie (z.B. neue Hardwaremodule/ Services). So können unter anderem die relativ langen Innovationszyklen im Maschinen- und Anlagenbau mit den relativ kurzen Innovationszyklen der Softwareentwicklung in Einklang gebracht werden [BSS15].	**Interne Widerstände:** Digitale Plattformen verändern die Art, wie Unternehmen Werte schaffen. Für klassische Pipeline-Aktivitäten steht die Maximierung des Kundenwerts im Fokus; für Plattform-Aktivitäten die Maximierung des Ökosystemwerts. Hierzu kann es erforderlich sein, bestimmte Kundengruppen zu subventionieren, um andere zu gewinnen. Diesen Veränderungen stehen häufig zahlreiche Gegner im eigenen Unternehmen gegenüber [APC16], [BSS15], [EG16].
Verringerung von Unsicherheiten: Digitale Plattformen bieten die Möglichkeit, sämtliche Akteure transparent zu bewerten. Beispielsweise können Landwirte die Anbieter von Services für Landtechnik bewerten und Unsicherheiten für zukünftige Transaktionen verringern [APC16].	**Verlust der Datenhoheit:** Befindet sich eine digitale Plattform zwischen dem Landwirt und dem Landtechnikhersteller, besteht das Risiko, dass die Datenhoheit beim Plattformeigentümer und nicht beim Hardwarehersteller liegt [BSS15].
Flexibilisierung der Produktion: Individualisierte Produkte in Losgröße 1 sind nur dann wirtschaftlich herstellbar, wenn die Individualisierung mit einer hohen Skalierbarkeit verbunden ist. Digitale Plattformen können dafür einen großen Beitrag liefern, indem sie modularisierte Produkte fördern und so auch für hochpreisige Produkte in geringen Stückzahlen einen Markt schaffen [BSS16].	**Gewährleistung der Datensicherheit:** Können die Eigentümer einer digitalen Plattform die Sicherheit der dort gesammelten Daten nicht gewähren, entsteht ein Vertrauensverlust, welcher mögliche Akteure von einem Beitritt abhält [Sar15].
Zugang zu neuen Marktsegmenten: Bereits etablierte Plattformen können einen einfach zu erschließenden Zugang zu neuen Marktsegmenten bieten, da ein Produzent mithilfe der Plattform häufig eine Vielzahl neuer Kundensegmente bedienen kann. So könnte etwa ein Smart Service für eine Landmaschine an Kunden in Zielmärkten vertrieben werden, in denen der Serviceentwickler noch gar nicht vertreten ist [EG16].	**Austauschbarkeit der Hardware:** Wird der Zugang zu einer bestimmten digitalen Plattform das entscheidende Kriterium beim Neukauf einer Landmaschine, besteht das Risiko, dass nicht mehr die Hardware ausschlaggebend für den Kauf ist, sondern der damit verbundene Plattformzugang. Ähnliches lässt sich im Smartphone-Markt bereits beobachten [APC16].
Überwindung veralteter Regularien: Digitale Plattformen haben bereits gezeigt, dass sie sich über Regularien hinwegsetzen können. EDELMAN und GERADIN bezeichnen das als „spontane private Deregulierung". Ein solches Verhalten ist sicherlich nicht unproblematisch, bietet aber im Falle unnötiger bzw. veralteter Regularien die Chance, Marktanteile von etablierte Unternehmen zu übernehmen [ED16].	**Uneinheitliche Schnittstellen:** Die Vereinheitlichung von Schnittstellen ist zwingend erforderlich, wenn Produktionssysteme z.B. mit Endkunden und/oder untereinander kommunizieren sollen. Bei uneinheitlichen Schnittstellen besteht das Risiko, dass Daten nicht oder nur fehlerhaft ausgetauscht werden können [Sar15].

Die beschriebenen Netzwerkeffekte haben zwar einen positiven Einfluss auf die einzelne Plattform, im Wettbewerb führen sie jedoch dazu, dass für jeden Markt nur eine stark limitierte Anzahl an Plattformen wirtschaftlich nebeneinander existieren kann [BSS15], [Gal15]. Dies führt unweigerlich zu erbitterten Wettkämpfen um die Etablierung einer dominierenden Plattform in einer Branche [APC16]. Der Landmaschinenhersteller CLAAS hat sich diesem Wettkampf bereits frühzeitig gestellt und seine Position als Hersteller von Landtechnik genutzt, um gemeinsam mit dem Unternehmen 365FarmNet eine digitale Plattform für landwirtschaftliche Betriebe aufzubauen.

2 Ausgangssituation des Landmaschinenherstellers CLAAS

Das Unternehmen CLAAS mit Hauptsitz im ostwestfälischen Harsewinkel zählt zu den weltweit führenden Herstellern von Landmaschinen. CLAAS beschäftigt weltweit etwa 11.500 Mitarbeiter und erwirtschaftete im Jahr 2015 einen Umsatz von ca. 3,8 Milliarden Euro. Zur Produktpalette zählen beispielsweise Mähdrescher, Feldhäcksler, Traktoren und Futtererntemaschinen [Cla16-ol]. Im Rahmen der fortschreitenden Digitalisierung erhalten außerdem seit einigen Jahren vermehrt landwirtschaftliche Informationstechnologien Einzug in das Produktportfolio. Seine Software- und Elektronikkompetenzen bündelt die CLAAS-Gruppe in ihrem Tochterunternehmen CLAAS E-Systems. Das Unternehmen entwickelt digitale Systeme und Anwendungen, die einzelne Prozessschritte bis hin zu vollständigen Prozessen entlang der Wertschöpfungskette eines landwirtschaftlichen Betriebs mithilfe informationstechnologischer Komponenten optimieren. Durch den stetigen Anstieg dieser Komponenten und deren Vernetzung untereinander hat sich die Landmaschine in den vergangenen Jahren von einem klassischen Produkt zu einem sogenannten System of Systems entwickelt. Bild 2 verdeutlicht die Entwicklungsstadien.

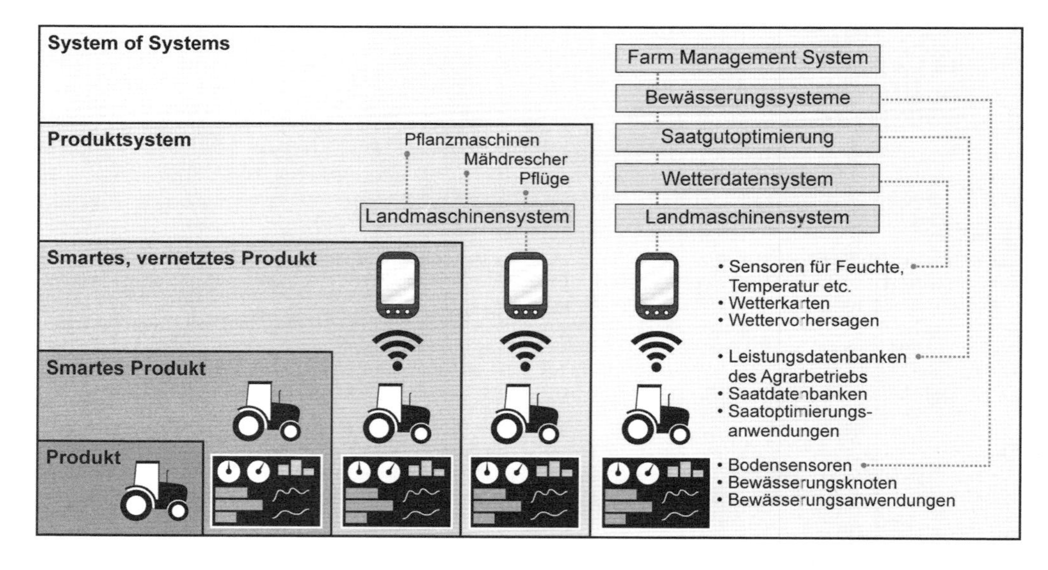

Bild 2: Entwicklung von klassischen Landmaschinen zu einem System of Systems [PH14]

CLAAS fasst seine Elektronik- und Softwaresysteme sowie deren Zusammenspiel unter dem Ausdruck *EASY* (Efficient Agriculture Systems) zusammen. *EASY* besteht aus den vier Bereichen *On Board, On Field, On Track, On Farm.*

Unter den Bereich **On Board** fallen elektronische Maschinenoptimierungssysteme. Mithilfe von Bedienterminals in der Fahrerkabine der Landmaschine lassen sich die optimalen Maschineneinstellungen vollautomatisch oder manuell durch den Fahrer einstellen. Dadurch wird sichergestellt, dass immer mit der optimalen Maschineneinstellung gearbeitet wird [Cla17-ol].

Der Bereich **On Field** beinhaltet Lenksysteme, die mithilfe eines Satellitensignals eine optimale Fahrroute in parallelen Fahrlinien ohne Überlappungen und unter Ausnutzung der vollen

Arbeitsbreite der Landmaschine gewährleisten. Durch das automatische Wenden der Maschine wird dies auch an den Rändern der Ackerschläge sichergestellt [Cla17-ol].

On Track beinhaltet die Flottenüberwachung mithilfe des Telemetriesystems *CLAAS TELEMATICS*. Das System unterstützt den Landwirt bei der Nutzung von Landmaschinen durch Analyse und Optimierung der betrieblichen Arbeitsprozesse [Cla15-ol]. Nähere Informationen stellt Abschnitt 3.1 bereit.

Der Bereich **On Farm** beinhaltet verschiedene Farm-Management-Softwarekomponenten. Dazu gehört beispielsweise spezialisierte Software für das Pflanzenmanagement, Applikationen zur Verwaltung und Dokumentation von Flurstücken oder Dokumentationssoftware für die Viehzucht [Cla17-ol]. Weitere Informationen dazu liefert Abschnitt 3.2.

Anhand der aufgeführten Bereiche wird deutlich, dass die Landwirtschaft bereits stark von digitalen Anwendungen durchdrungen wird. Die Anforderungen, die heutzutage an das Management landwirtschaftlicher Betriebe gestellt werden, lassen sich nur durch den effizienten Einsatz und das Zusammenwirken verschiedener miteinander vernetzter Systeme realisieren. Ein wesentlicher Erfolgsfaktor ist dabei die Individualisierbarkeit dieser Systeme. Ein Ackerbaubetrieb benötigt beispielsweise andere Systeme als ein Futterbaubetrieb. Die Herausforderung besteht darin, trotz aller Individualität die Übersichtlichkeit zu gewährleisten und alle generierten Systeminformationen in nur möglichst einer Softwareanwendung zu aggregieren. Einen Lösungsansatz liefern Farm-Management-Systeme, die sich durch individuelle Software-Bausteine ergänzen und auf den speziellen Verwendungszweck des landwirtschaftlichen Betriebs anpassen lassen [LBW16]. Diese Softwareapplikationen werden beispielsweise über spezielle Online-Marktplätze vertrieben – sogenannte digitale Plattformen.

3 Digitale Plattformen in der Landwirtschaft

Die beschriebene Entwicklung vom klassischen Produkt zu sogenannten System of Systems macht digitale Plattformen auch für Unternehmen in der Landwirtschaft notwendig. Grundlage dafür sind digitalisierte Prozess- und Stammdaten [PH14]. Im Folgenden wird zunächst ein beispielhafter Datenlieferant für eine digitale Plattform in der Landwirtschaft vorgestellt (Kapitel 3.1), anschließend wird die herstellerunabhängige Plattform 365FarmNet beleuchtet (Kapitel 3.2). Dabei wird insbesondere auf die Akteure und das Geschäftsmodell eingegangen.

3.1 CLAAS TELEMATICS als Datenlieferant für digitale Plattformen

Bei *CLAAS TELEMATICS* handelt es sich um eine technische Vorrichtung zur Erfassung und Übermittlung von Betriebs- und Leistungsdaten der im Einsatz befindlichen Landmaschinen. Die durch Sensoren erfassten Daten werden aufbereitet und über das Mobilfunknetz an den *TELEMATICS Webserver* übermittelt. Die Informationen lassen sich von verschiedenen Akteuren zu unterschiedlichen Zwecken über eine digitale Plattform oder via App abrufen [Cla15-ol]. Das Funktionsprinzip ist in Bild 3 dargestellt.

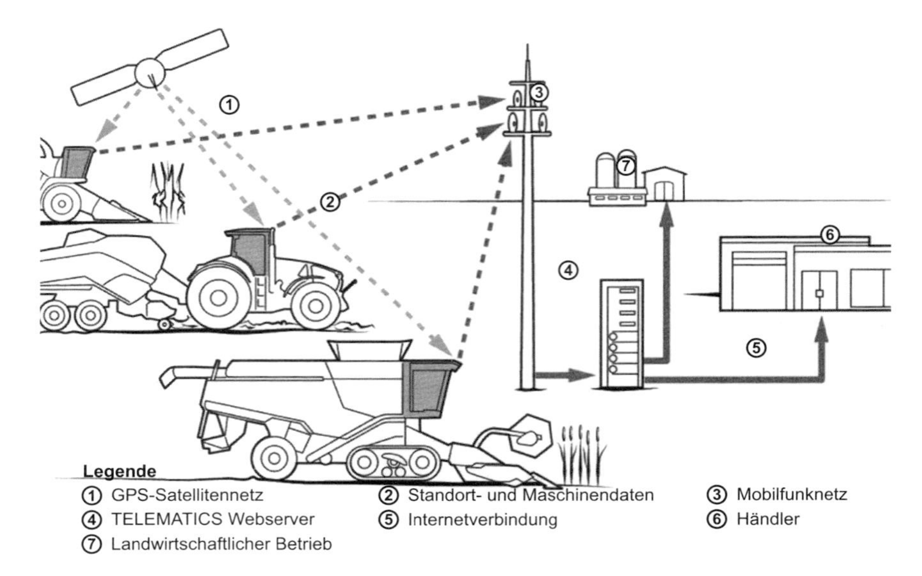

Bild 3: Kommunikationsstruktur des CLAAS TELEMATICS nach [Cla15-ol]

Das Telemetriesystem erfüllt insbesondere die folgenden Funktionen [Cla15-ol]:

Überwachung von Arbeitsprozessen durch den Landwirt: Durch das Telemetriesystem sind Landwirte oder Betriebsleiter von Lohnunternehmen in der Lage, sämtliche Arbeitsprozesse der Maschinenflotte aus der Ferne zu überwachen. Neben einer Übersicht über die Standorte der Maschinen lassen sich umfassende Leistungs- und Betriebsdaten abrufen (z.B. Prozess- und Stillstandzeiten, Durchsatz, Kraftstoffverbrauch etc.).

Ferndiagnose durch den Händler: Neben der Überwachung der Maschinenflotte besteht zusätzlich die Möglichkeit einer Ferndiagnose durch den Maschinenhändler. Das erleichtert die Serviceunterstützung oder Fehleranalyse im Falle eines Maschinenfehlers. Durch die Analyse von Fehlermeldungen aus der Ferne können Maschinenstillstände reduziert, Rückschlüsse auf eventuelle Fehlbedienungen geschlossen oder anstehende Reparaturen frühzeitig geplant werden. Die Folge sind geringere Ausfallzeiten und erhöhte Einsatzsicherheiten der Landmaschinen.

Kommunikation zu digitalen Plattformen: Eine weitere Funktion des Telemetriesystems besteht darin, die auf dem Webserver befindlichen Daten zur Weiterverarbeitung an Farm-Management-Systeme zu exportieren (z.B. automatischen Dokumentation). Ein Beispiel für ein solches Farm-Management-System stellt die digitale Plattform 365FarmNet dar. Sie verfügt über eine Schnittstelle zum *CLAAS TELEMATICS*, welche Daten zur Maschinenkommunikation in die Plattform einspeist [Far17-ol]. Weitere Bausteine anderer Hersteller und Partner ergänzen das Plattform-Angebot und unterstützen den Landwirt in unterschiedlichen Bereichen der Hof- und Betriebsverwaltung.

3.2 Die digitale Plattform 365FarmNet

Das Berliner Unternehmen 365FarmNet ist eine Ausgründung des Landmaschinenherstellers CLAAS. Die gleichnamige herstellerneutrale digitale Plattform unterstützt den Landwirt bei der Verwaltung seines landwirtschaftlichen Betriebs und der Erfüllung seiner gesetzlichen Dokumentationspflichten entlang seiner Wertschöpfungskette. Das Konzept sieht vor, dass als Basis-Software eine Ackerschlagkartei zur Verfügung gestellt wird, die verschiedene Grundfunktionen beinhaltet, z.B. Stammdatenverwaltung, Wetterinformationen, Dokumentationsfunktion etc. Darüber hinaus kann die Basis-Software um individuelle und kostenpflichtige Software-Bausteine ergänzt werden. Ein Beispiel für einen solchen Software-Baustein ist das zuvor vorgestellte *CLAAS TELEMATICS*. Derzeit stehen 13 Bausteine zur Verfügung, die von acht Partnerunternehmen bereitgestellt werden. Der Eigentümer 365FarmNet agiert dabei auch als Produzent in seiner eigenen Plattform und bietet ebenfalls Software-Bausteine an. Der monatliche Preis je Baustein richtet sich nach der Betriebsgröße [Far17-ol]. Im Folgenden werden die Rollen und das Geschäftsmodell der Plattform betrachtet und eine abschließende Bewertung vorgenommen.

Die Rollen: Wie in Kapitel 1 ausführlich beschrieben, besteht eine digitale Plattform aus einem Kern und einer Peripherie. Im Kern befinden sich der Eigentümer und Anbieter, in der Peripherie die Produzenten und Konsumenten [APC16]. Im Fall von 365FarmNet befinden sich in der Peripherie vier Arten von Produzenten und zwei Arten von Konsumenten. Die Produzenten im Bereich *Pflanze* bieten Software-Bausteine für Nutzpflanzen, beispielsweise einen Dünge-Service zur Vermeidung von Streufehlern. Dafür werden die optimalen Einstellungen für Düngestreuer in Abhängigkeit vom verwendeten Düngemittel, der Ausbringmenge, der Arbeitsbreite und der Fahrgeschwindigkeit übermittelt. Für die Kommunikation von Landmaschinen stehen Bausteine aus dem Bereich *Maschinenkommunikation* zur Verfügung. Diese unterstützen beispielsweise beim Flottenmanagement. Die Herdenhaltung von Rindern wird durch Produzenten im Bereich *Rind* unterstützt. So kann etwa die Dokumentation von tierärztlichen Behandlungen automatisiert erfolgen. Der vierte Baustein dient der Organisation des landwirtschaftlichen *Betriebs* und ermöglicht unter anderem die Einbindung weiterer Mitarbeiter in die Plattform. Die Konsumenten sind *Landwirte* und *Lohnunternehmer* im Bereich der industriellen Landwirtschaft. Im Kern befindet sich *365FarmNet* als Eigentümer. Anbieter sind die *Hersteller von IT-Infrastruktur* für die Landtechnik. Hierbei ist zu erwähnen, dass 365FarmNet durch den Verkauf seiner *365ActiveBox*[3] ebenfalls als Anbieter auftritt. Weiterhin hat das Unternehmen eigene Software-Bausteine entwickelt und agiert damit auch als Produzent, z.B. wird der Baustein *Betrieb* von 365FarmNet zur Verfügung gestellt. Das Ausfüllen verschiedener Rollen innerhalb einer Plattform ist kein ungewöhnliches Verhalten (vgl. Kapitel 1). 365FarmNet partizipiert so am Erfolg der Plattform, der eigenen Software-Bausteine und baut sich gleichzeitig ein Hardwaregeschäft auf. Zudem wird so die Attraktivität der weiteren Rollen erhöht, da z.B. die

[3] Die 365ActiveBox wird für die Vernetzung von landwirtschaftlich genutzten Maschinen und Anlagen genutzt [Far17-ol].

365ActiveBox die Einbindung von Maschinen und Anlagen vereinfacht und damit für Konsumenten und Produzenten gleichermaßen ein Zugewinn ist. Bild 4 liefert einen Überblick über die heutigen Rollen innerhalb der Plattform.

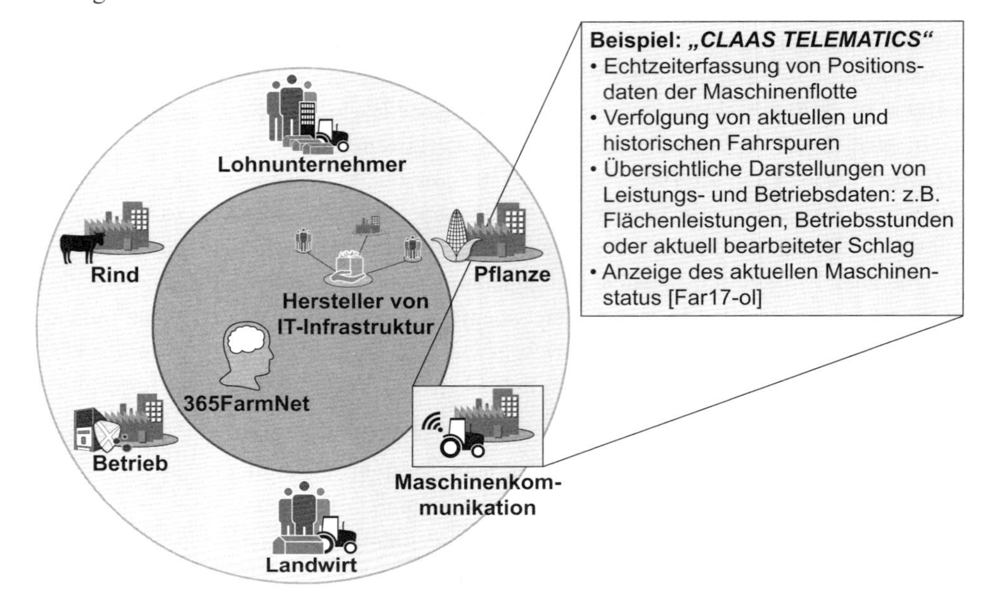

Bild 4: Zuordnung der Rollen zur digitalen Plattform 365FarmNet nach [Far17-ol], Darstellung in Anlehnung an [APC16] und [BSS15]

Das Geschäftsmodell: Eine klassische und weit verbreitete Business Model Canvas, wie etwa von OSTERWALDER/PIGNEUR[4] bereitgestellt [OP10], ist das richtige Werkzeug für die Darstellung eines Pipeline-Geschäftsmodells, stößt bei der Visualisierung von Plattform-Geschäftsmodellen jedoch schnell an ihre Grenzen [LBW16]. In einem Pipeline-Geschäftsmodell werden Güter entlang der Wertschöpfungskette weiterverarbeitet und an einen oder mehrere Kunden vertrieben. Eine digitale Plattform tritt jedoch häufig als Vermittelter zwischen mehreren Produzenten und Konsumenten auf, zudem kann der Eigentümer verschiedene Rollen ausüben, wie es im Betrachtungsbeispiel der Fall ist [APC16], [BSS15]. Sollen diese Zusammenhänge in einer Business Model Canvas dargestellt werden, wird diese häufig unübersichtlich bzw. sehr oberflächlich. Um dies zu vermeiden, erfolgt die Visualisierung des Geschäftsmodells von 365FarmNet in Anlehnung an WALTER [Wal16a-ol]. Das Plattform-Geschäftsmodell, wie in Bild 5 dargestellt, enthält vier Schalen. Diese sind entsprechend der vier Rollen auf einer digitalen Plattform in vier Bereiche unterteilt. Die äußerste Ebene enthält die jeweiligen **Akteure** innerhalb der Rollen. Das **Nutzenversprechen** der Plattform an die Akteure ist auf der dritten Schale aufgetragen. Es verdeutlicht, dass alle Akteure von der Plattform profitieren und ist essentiell für die Bereitschaft, der Plattform beizutreten. Der wiederkehrende **Werteaustausch** zwischen der Plattform und den Akteuren ist auf der zweiten Schale zu finden. Diese unterscheidet zwischen Werten, die von der Plattform zu den Akteuren fließen und zwischen Werten,

[4] Eine umfassende Erläuterung des Ansatzes von OSTERWALDER/PIGNEUR findet sich in [OP10].

die von den Akteuren zur Plattform fließen. Die innere Schale enthält die **Kernkomponenten** der Plattform.

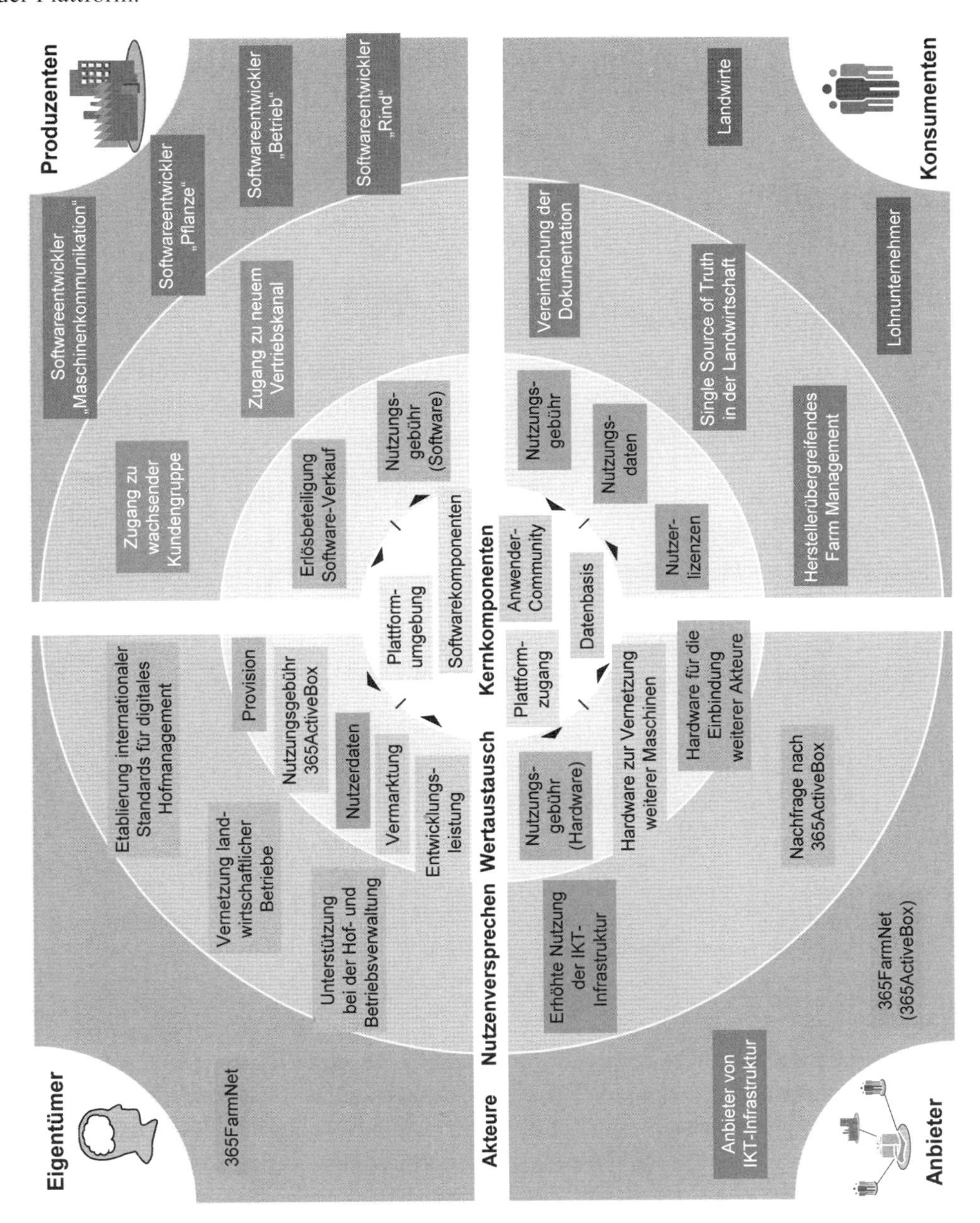

Bild 5: Vereinfachtes Geschäftsmodell der Plattform 365FarmNet, Darstellung in Anlehnung an WALTER [Wal16a-ol]

Bewertung der Plattform: Die Betrachtung der Rollen zeigt, dass auf der digitalen Plattform 365FarmNet bereits verschiedene Produzentengruppen aktiv sind. Diese sorgen für ein attraktives Angebot, wodurch bereits zahlreiche Landwirte und Lohnunternehmer für einen Plattformzutritt begeistert werden konnten. Das Geschäftsmodell ist wohl durchdacht. Attraktive Nutzenversprechen verhindern Abwanderungsbestrebungen und die ausgetauschten Werte lassen alle Akteure am Erfolg der Plattform partizipieren. Fraglich bleibt, ob die Anreize für die Anbieter von IKT[5]-Infrastruktur ausreichen, um diese zu motivieren, auch entlegenen landwirtschaftlichen Betrieben den Plattformzugang zu ermöglichen. Die 365ActiveBox ist ein erstes Anzeichen dafür, dass 365FarmNet bestrebt ist, den Zugang so einfach wie möglich zu gestalten. Dieser ist für die effiziente Nutzung der Plattform in einem landwirtschaftlichen Betrieb unverzichtbar, da er die Zugangsberechtigungen der Mitarbeiter verwaltet.

4 Resümee und Ausblick

Die durch die Digitalisierung geprägte Entwicklung von Landmaschinen eröffnet neue Perspektiven. Um die damit einhergehenden Nutzenpotentiale zu erschließen, müssen sich auch Unternehmen der Landwirtschaft mit digitalen Plattformen befassen. 365FarmNet hat durch die Entwicklung der gleichnamigen digitalen Plattform einen vielversprechenden Schritt in diese Richtung unternommen. Es konnten bereits namenhafte Akteure wie CLAAS, AMAZONE oder die AGRAVIS Raiffeisen AG gewonnen werden, ebenso nutzen bereits Konsumenten unterschiedlicher Größe aus verschiedenen europäischen Ländern 365FarmNet. Durch die Offenheit der Plattform für weitere Hersteller kann das Angebot stetig ausgebaut werden. Von besonderer Bedeutung ist die Tatsache, dass 365FarmNet mehrere Rollen innerhalb der Plattform ausfüllt. Das Unternehmen ist nicht nur Eigentümer, sondern auch Anbieter für die Einbindung von Maschinen und Anlagen in landwirtschaftlichen Betrieben sowie Produzent einzelner Software-Bausteine. Das Geschäftsmodells verdeutlicht die dadurch entstehenden Vorteile: Das Unternehmen 365FarmNet partizipiert an den verkauften Softwarekomponenten und baut sich durch den Verkauf der 365ActiveBox gleichzeitig ein Hardwaregeschäft auf, welches mehr Maschinen in die Plattform bringt. So soll die kritische Masse an Konsumenten möglichst schnell erreicht werden, um 365FarmNet fest im Markt zu etablieren und weitere Produzenten zu gewinnen. Die Plattform bietet den Produzenten Zugang zu einer wachsenden Kundengruppe und stellt einen weiteren Vertriebskanal bereit. Ebenso profitieren die Konsumenten, welche durch die 365ActiveBox ihre Maschinen und Anlagen ohne großen Aufwand mit der Plattform vernetzen und so die angebotenen Software-Bausteine nutzen können.

Für die Zukunft wird es entscheidend sein, ob die kritische Masse erreicht wird, welche für eine langfristige Etablierung der Plattform nötig ist. Das Unternehmen hat durch die eigene Entwicklung von Software-Bausteinen, wie z.B. dem Baustein „Zugangsberechtigung" und insbesondere durch den Verkauf der 365ActiveBox bereits erste Maßnahmen eingeleitet, um den Zugang zur Plattform möglichst einfach zu gestalten und geht diese Herausforderung proaktiv an. Gelingt es, eine ausreichend große Zahl an Konsumenten und Produzenten für eine Beteiligung zu gewinnen, hat das Unternehmen die Chance, die Plattform als einen de-facto Standard in der Landwirtschaft zu etablieren.

[5] IKT: Informations- und Kommunikationstechnologien

Literatur

[APC16] VAN ALSTYNE, M. W.; PARKER, G. G.; CHOUDARY, S. P.: Plattform statt Pipeline: Uber, Airbnb und Facebook fordern etablierte Unternehmen heraus. Nur wer das Prinzip versteht und sein Geschäftsmodell transformiert, wird überleben. In: Harvard Business manager, Ausgabe Juli 2016, manager magazin Verlagsgesellschaft, Hamburg, S. 23-31

[Bit16-ol] BITKOM (HRSG.): Digitale Plattformen sind vielen Top-Managern kein Begriff. Unter: https://www.bitkom.org/Presse/Presseinformation/Digitale-Plattformen-sind-vielen-Top-Managern-kein-Begriff.html, 29. Dezember 2016

[BSS15] BAUMS, A.; SCHLÖSSER, M.; SCOTT, B. (HRSG.): Industrie 4.0: Wie digitale Plattformen unsere Wirtschaft verändern – und wie die Politik gestalten kann. In: Baums, A.; Schlössler, M.; Scott, B. (Hrsg.): Kompendium Digitale Standortpolitik, Band 2, APCO Worldwide, Berlin, 2015

[Cla15-ol] CLAAS VERTRIEBSGESELLSCHAFT MBH: Telematics. Unter: http://www.claas.de/blueprint/servlet/blob/574414/9cbc5e9f15b9b8 ef6229069c67b2fc96/237522-dataRaw.pdf, 3. Januar 2017

[Cla16-ol] CLAAS KGAA MBH: CLAAS mit stabilem Umsatz und Ertrag. Unter: http://www.claas.de/faszination-claas/aktuell/meldungen/claas-mit-stabilem-umsatz-und-ertrag/775508, 3. Januar 2017

[Cla17-ol] CLAAS VERTRIEBSGESELLSCHAFT MBH: EASY – Efficient Agriculture Systems. Unter: http://www.claas.de/blueprint/servlet/blob/896790/8325c172a9ce4a75a7d9dc3815caefa8/274858-dataRaw.pdf, 3. Januar 2017

[ED16] EDELMANN, B.; GERADIN, D.: Newcomer ignorieren häufig Regeln und Vorschriften – und kommen damit durch; Klassische Unternehmen haben vier Möglichkeiten sich gegen diese wilde Deregulierung zu wehren. In: Harvard Business manager, , Ausgabe Juli 2016, manager magazin Verlagsgesellschaft, Hamburg, S. 23-31

[EG16] EVANS, P. C.; GAWNER, A.: The Rise of the Platform Enterprise: A Global Survey. In: The Emerging Platform Series, No. 1, Own Production, New York, 2016

[Far17-ol] 365FARMNET: Unter: https://www.365farmnet.com, 3. Januar 2017

[Gal15] GALLAUGHER, J.: Information Systems: A Manager´s Guide to Harnessing Technology. Version 4.0, Flat World Knowledge Inc., Washington DC, 2015

[Gil93] GILDER, G.: Metcalf's Law and Legacy. In: Forbes ASAP, Sept. (1), Forbes, New York, 1993

[Hof16] HOFFMANN, R.: Blitzscaling. In: Harvard Business manager, Ausgabe Juli 2016, manager magazin Verlagsgesellschaft, Hamburg, S. 32-41

[LBW16] LIBERT, B.; BECK, M.; WIND, J.: The Network Imperative. Harvard Business Review Press, Boston, 2016

[OP10] OSTERWALDER, A.; PIGNEUR, Y.: Business Model Generation – A handbook for visionaries, game changers and challengers. John Wiley & Sons Inc., Hoboken, 2010

[PH14] PORTER, M.E.; HEPPELMANN, J.E.: How Smart, Connected Products Are Transforming Competion. In: Harvard Business Review, November 2014, Harvard Business Publishing, Boston, S. 1-23

[Ree03] REED, D. P.: Weapon of Mass Destruction: A simple formula explains why the Internet is wreaking havoc on business models. In: Context Magazine, Winter 2002/2003, Diamond Management and Technology Consultants Inc., Chicago

[Sar15] SARKAR, P.: Data as a Service: A Framework for Providing Reusable Enterprise Data Services. John Wiley & Sons Inc., Hoboken, 2015

[Sim11] SIMON, P.: The Age of the Platform. Motion Publishing, Henderson, 2011

[Tru16-ol] TRUMPF (HRSG.): AXOOM entwickelt sich zu begehrter Geschäftsplattform für die fertigende Industrie. Unter: http://www.trumpf.com/fileadmin/DAM/Applikationen/PresseDB/Pressemitteilungen/2015/Messen/Intech_2016/AXOOM/20160419_Pressemitteilung__INTECH_AXOOM_Partner_DE.pdf, 29. Dezember 2016

[Wal16a-ol] WALTER, M.: Plattform Business Model Canvas. Unter: http://digital-ahead.de/portfolio-4-columns-2/, 30. Dezember 2016

[Wal16b-ol] WALTER, M.: So knackt man das Henne-Ei-Problem bei Plattform-Business. Unter: https://www.deutsche-startups.de/2016/04/12/plattform-business-henne-ei-problem/, 2. Januar 2016

Autoren

Marvin Drewel studierte Wirtschaftsingenieurwesen mit der Fachrichtung Maschinenbau und Schwerpunkt Innovations- und Entwicklungsmanagement an der Universität Paderborn. Seit März 2016 ist er wissenschaftlicher Mitarbeiter am Heinz Nixdorf Institut bei Prof. Gausemeier in der Fachgruppe Strategische Produktplanung und Systems Engineering. Seine Forschungsschwerpunkte liegen in den Themenfeldern Industrie 4.0 und strategische Planung digitaler Plattformen. Er arbeitet in diesen Bereich in zahlreichen Forschungs- und Industrieprojekten und in der Politik- und Gesellschaftsberatung.

Prof. Dr.-Ing. Jürgen Gausemeier ist Seniorprofessor am Heinz Nixdorf Institut der Universität Paderborn und Vorsitzender des Clusterboards des BMBF-Spitzenclusters „Intelligente Technische Systeme Ostwestfalen-Lippe (it´s OWL)“. Er war Sprecher des Sonderforschungsbereiches 614 „Selbstoptimierende Systeme des Maschinenbaus“ und von 2009 bis 2015 Mitglied des Wissenschaftsrats. Jürgen Gausemeier ist Initiator und Aufsichtsratsvorsitzender des Beratungsunternehmens UNITY AG. Seit 2003 ist er Mitglied von acatech – Deutsche Akademie der Technikwissenschaften und seit 2012 Vizepräsident.

André Kluge ist seit 2014 Customer Function Manager Data Management in der CLAAS E-Systems und damit verantwortlich für die gruppenweiten Datenmanagement- und Konnektivitätslösungen von CLAAS. 2002 begann er seine Karriere in der CLAAS Gruppe in der Gesellschaft AGROCOM als webbasierter Softwareentwickler und entwickelte das Telemetriesystem CLAAS TELEMATICS für das er in 2004 ganzheitlich die Architektur verantwortete. In 2007 übernahm Hr. Kluge die Leitung der webbasierten Softwareentwicklung der CLAAS Agrosystems und damit einher die Produktverantwortung aller webbasierten Lösungen der CLAAS Agrosystems. In 2008 schloss er sein nebenberufliches Studium zum Diplom Wirtschaftsinformatiker (FH) an der FHDW – Fachhochschule der Wirtschaft – in Paderborn erfolgreich ab. In 2011 übernahm Hr. Kluge die Leitung der Softwareentwicklung der Softwaresysteme von CLAAS Agrosystems. Dazu gehörten neben den webbasierten auch mobile Systemen, sowie Farm-Management-Lösungen.

Christoph Pierenkemper studierte Wirtschaftsingenieurwesen mit der Fachrichtung Maschinenbau und Schwerpunkt Innovations- und Entwicklungsmanagement an der Universität Paderborn. Seit 2016 ist er wissenschaftlicher Mitarbeiter in der Abteilung Produktentstehung am Fraunhofer-Institut für Entwurfstechnik Mechatronik IEM in Paderborn. Seine Tätigkeitsschwerpunkte liegen in den Themenfeldern Strategische Produktplanung und Innovationsmanagement.

Gestaltung von Produktstrategien im Zeitalter der Digitalisierung

Julian Echterfeld, Christian Dülme,
Prof. Dr.-Ing. Jürgen Gausemeier
Heinz Nixdorf Institut, Universität Paderborn
Fürstenallee 11, 33102 Paderborn
Tel. +49 (0) 52 51 / 60 62 60, Fax. +49 (0) 52 51 / 60 62 68
E-Mail: {Julian.Echterfeld/Christian.Duelme/Juergen.Gausemeier}@hni.upb.de

Zusammenfassung

Für produzierende Unternehmen des Maschinenbaus sowie verwandter Branchen eröffnet der digitale Wandel faszinierende Chancen für Wachstum und unternehmerischen Erfolg. Viele Unternehmen nutzen diese Chancen bereits, indem sie ihre Produkte und die damit einhergehende Produktstrategie konsequent auf die Digitalisierung ausrichten. Die Produktstrategie ist Teil der Strategischen Produktplanung und wesentlicher Bestandteil der Geschäftsplanung. Sie trifft Aussagen zur Gestaltung des Produktprogramms, zur wirtschaftlichen Bewältigung der vom Markt geforderten Variantenvielfalt, zu eingesetzten Technologien, zur Programmpflege über den Produktlebenszyklus, etc. Einer Untersuchung der Unternehmensberatung ARTHUR D. LITTLE zu Folge, wird das Themenfeld Produktstrategie in der unternehmerischen Praxis allenfalls unzureichend behandelt. In Unternehmen seien entweder überhaupt keine oder nur die Basisansätze einer Produktstrategie anzutreffen.

Vor diesem Hintergrund liefert der Beitrag zunächst ein übergeordnetes Rahmenwerk, mit dessen Hilfe eine Produktstrategie umfassend beschrieben werden kann. Das Rahmenwerk basiert auf drei konstituierenden Säulen: Differenzierung im Wettbewerb, Bewältigung der Variantenvielfalt sowie Erhaltung des Wettbewerbsvorsprungs. Jede Säule ist durch eine Reihe von Fragestellungen beschrieben, die es im Rahmen der Produktstrategie zu beantworten gilt. Im zweiten Teil des Beitrages wird aufgezeigt, welchen Einfluss die Digitalisierung auf die Gestaltung der Produktstrategie hat. Dazu werden vielfach propagierte Ansätze wie Digitale Funktionen, Digitale Services, Losgröße 1 und Big Data in das Rahmenwerk eingeordnet und deren Auswirkungen auf die Gestaltung der Produktstrategie beschrieben. Der Beitrag stellt für die genannten Ansätze eine Reihe von Beispielen aus der Industrie vor und gibt auf diese Weise einen prägnanten Überblick über den durch die Digitalisierung induzierten Wandel des Themenfelds Produktstrategie.

Schlüsselworte

Produktstrategie, Digitalisierung, Produktpositionierung, Produktarchitekturgestaltung, Produktevolution, Digitale Funktionen, Digitale Services, Digitale Updates, Losgröße 1, Big Data

Designing Product Strategies in the Age of Digitalization

Abstract

For manufacturing companies, digital transformation opens up fascinating opportunities for growth and entrepreneurial success. By now, many companies already take advantage of these opportunities by consistently aligning their products and the corresponding product strategy with digitalization. Designing product strategies is part of strategic product planning and thus a significant element of business planning. It delivers information about the product program design, about the economic management of product variant diversity, about used technologies, about the product evolution over the entire product life cycle, etc. According to consulting firm Arthur D. Little, product strategies are treated insufficiently at best. Companies usually just have basic approaches of a product strategy or do not posses a product strategy at all.

In this context, the paper at hand initially presents a framework for describing and designing product strategies. The framework is based on three constituent pillars: Competitive differentiation, management of product variant diversity and maintenance of competitive advantage. Each pillar is described by a series of questions, which have to be answered within the product strategy design process. In the second part of the paper, the influence of digitalization on the design of product strategies is being discussed. In doing so, often propagated approaches like digital functions, digital services, lot size 1 and big data are classified in line with the framework and their impact on product strategy is being described. For each of the aforementioned approaches, the paper at hand introduces a series of examples from industrial practice and provides a brief and concise overview of the ramifications in the topic product strategy caused by digitalization.

Keywords

product strategy, digitalization, product positioning, product architecture design, product evolution, digital functions, digital services, digital updates, lot size 1, big data

1 Die Digitalisierung als Innovationstreiber

Die Digitalisierung gilt als der Innovationstreiber des 21. Jahrhunderts. Schätzungen zufolge machte sie im Zeitraum von 1998 bis 2012 0,6 Prozentpunkte der jahresdurchschnittlichen Wachstumsrate der Bruttowertschöpfung in Deutschland aus. Damit war die Digitalisierung in den vergangenen Jahren annähernd für die Hälfte des gesamten Wirtschaftswachstums verantwortlich [Pro15].

Die Digitalisierung umfasst alle Lebensbereiche und führt zu tiefgreifenden Veränderungen in nahezu allen Branchen. Ihre Disruptionskraft zeigt sich heute bereits sehr eindrucksvoll im Handel, in der Musikindustrie oder dem Verlagswesen. Aber auch in den deutschen Leitbranchen wie dem Maschinen- und Anlagenbau und der Automobilindustrie zeichnet sich gegenwärtig ein fundamentaler Wandel ab, was durch die populären Begriffe Industrie 4.0, Internet der Dinge und Internet der Daten und Dienste zum Ausdruck kommt [Kag14], [GEA16].

Um in der digitalen Welt bestehen zu können, müssen produzierende Unternehmen ihr Produktportfolio entsprechend innovieren. Dabei gilt: Wer zukünftig erfolgreich sein will, muss digital sein. Das zeigt auch eine Studie des Branchenverbandes BITKOM. Demnach sind diejenigen Unternehmen, die ihr Geschäftsmodell konsequent auf die Digitalisierung ausrichten, erfolgreicher als ihre Mitbewerber [Bit15].

Viele Unternehmen haben diese Notwendigkeit bereits erkannt und beginnen ihre Produkte zu digitalisieren, in dem sie diese mit Informations- und Kommunikationstechnik (IKT) ausstatten und über das Internet vernetzen. Durch IKT werden Systeme mit einer inhärenten Teilintelligenz ermöglicht, die über grundlegend neue Funktionalitäten verfügen. Häufig werden diese Systeme mit einem zusätzlichen Dienstleistungsangebot versehen, das auf der Auswertung großer Datenmengen durch Technologien wie Big Data und Cloud Computing beruht. Schlagworte wie Intelligente Technische Systeme (ITS), Cyber physische Systeme (CPS), Smart Products und Smart Services kennzeichnen diese Entwicklung.

Der Wandel der Produktwelt im Zuge der Digitalisierung lässt sich auch empirisch belegen: 88% der deutschen Unternehmen sehen die Digitalisierung als große Chance. 40% der Unternehmen haben als Folge der Digitalisierung bereits neue Produkte und Dienstleistungen angeboten. 57% der Unternehmen haben ihre bereits bestehenden Produkte und Dienstleistungen angepasst [Bit15].

An dieser Stelle setzt der vorliegende Beitrag an. Er zeigt auf, wie Unternehmen ihre Produkte im Zuge der Digitalisierung verändern. Dabei liegt der Fokus insbesondere auf der Produktstrategie, da hier die wesentlichen Weichenstellungen für ein nachhaltig, erfolgreiches Geschäft festgelegt werden.

2 Die Produktstrategie als Bestandteil der Produktentstehung

Die Produktstrategie umfasst nach SPECHT und MÖHRLE „alle Elemente des Produktmanagements zur Erzielung nachhaltiger Erfolgspotenziale. [...] Die zentralen Elemente sind [...] die

Gestaltung der Produkteigenschaften, die Produktprogrammplanung und die Zielgruppenplanung“ [SM02]. Gemäß JACOB ist im Rahmen der Produktstrategie festzulegen „welche technischen, ästhetischen und sonstigen Eigenschaften ein Produkt haben soll. Dabei ist die Frage zu beantworten, wie stark sich das eigene Erzeugnis von den Erzeugnissen der Konkurrenten unterscheiden soll und [...] ob es so gestaltet werden soll, dass es vornehmlich eine bestimmte Käuferschicht anspricht, oder so, dass es möglichst vielen Käufern angeboten werden kann“ [Jac81].

Nach unserem Verständnis enthält die Produktstrategie Aussagen zur Gestaltung des Produktprogramms, zur wirtschaftlichen Bewältigung der vom Markt geforderten Variantenvielfalt, zu eingesetzten Technologien, zur Programmpflege über den Produktlebenszyklus etc. Wir betrachten die Entwicklung von Produktstrategien als integralen Bestandteil der **Strategischen Planung und Entwicklung von Marktleistungen**, was Produkte und Dienstleistungen umfasst. Der Prozess erstreckt sich von der Produkt- bzw. Geschäftsidee bis zum Serienanlauf (Start of Production – SOP) und weist die Aufgabenbereiche Strategische Produktplanung, Produktentwicklung, Dienstleistungsentwicklung und Produktionssystementwicklung auf. Unserer Erfahrung nach kann der Produktentstehungsprozess nicht als stringente Folge von Phasen und Meilensteinen verstanden werden. Vielmehr handelt es sich um ein Wechselspiel von Aufgaben, die sich in vier Zyklen gliedern lassen – Bild 1 soll dies verdeutlichen.

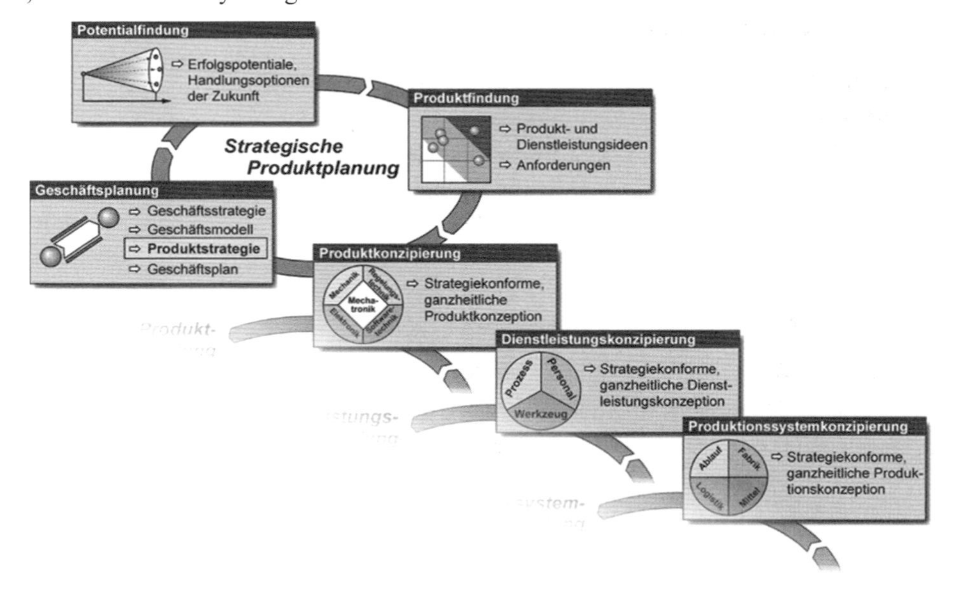

Bild 1: 4-Zyklen-Modell der Kreation von Marktleistungen [GEA16]

Die **Entwicklung von Produktstrategien** ist demnach Teil der Geschäftsplanung. Allerdings wird das Themenfeld Produktstrategie in der unternehmerischen Praxis nach wie vor unzureichend behandelt. Die Unternehmensberatung ARTHUR D. LITTLE stellte beispielsweise bereits 1994 fest: „Fragt man Unternehmensführer in Deutschland, welches ihre Produktstrategie ist, so erhält man als Antwort typischerweise einige Allgemeinheiten über das Produktgebiet und eine Aufzählung von Produkteigenschaften, die dem Unternehmen wichtig erscheinen. [...]

Immer wieder ist festzustellen, dass in Unternehmen entweder überhaupt keine oder nur die Basisansätze einer Produktstrategie anzutreffen sind“ [Lit94].

Unserer Erfahrung nach hat diese Aussage bis heute nicht an Gültigkeit verloren. Trotz ihrer zweifelsohne hohen Bedeutung, herrscht in vielen Unternehmen immer noch kein genaues Verständnis darüber vor, was eine Produktstrategie denn nun eigentlich ist. Aus diesem Grund haben wir ein umfassendes Rahmenwerk entwickelt, mit dessen Hilfe sich Produktstrategien systematisch beschreiben und entwickeln lassen. Wir stellen das Rahmenwerk im Folgenden in verkürzter Form vor.

3 Produktstrategien systematisch entwickeln

In unseren vielfältigen Forschungs- und Industrieprojekten sind wir zu der Erkenntnis gelangt, dass sich die produktstrategischen Fragestellungen produzierender Unternehmen des Maschinen- und Anlagenbaus sowie verwandter Branchen wie die Elektronik- und Automobilindustrie in drei übergeordnete Handlungsfelder gliedern lassen:

- **Differenzierung im Wettbewerb:** Hier geht es um die initiale Positionierung des Produktes am Markt. Fragestellungen, die es zu beantworten gilt, sind: „Welche Möglichkeiten zur Differenzierung im Wettbewerb gibt es?“, „Wie ist mein Produkt im Wettbewerb positioniert?“, „Welche Produktvarianten sollten angeboten werden, um am Markt erfolgreich zu sein?“
- **Bewältigung der Variantenvielfalt:** Hier geht es im Wesentlichen um die Gestaltung der Produktarchitektur, die so vorzunehmen ist, dass die definierten Produktvarianten wirtschaftlich angeboten werden können. Folgende Fragestellungen sind zu beantworten: „Wie kann die vom Markt geforderte Variantenvielfalt bewältigt werden?“, „Wie erfolgt der Umgang mit bestehenden Produktvarianten?“
- **Erhaltung des Wettbewerbsvorsprungs:** Hier geht es um die Produktevolution, d.h. die vorausschauende Planung der Weiterentwicklung des Produktes über den Lebenszyklus mit dem Ziel, den initialen Wettbewerbsvorsprung langfristig zu erhalten. Die zu beantwortenden Fragestellungen lauten: „Welche Möglichkeiten zur Kundenwertsteigerung gibt es?“, „Wann und wie sollte die Kundenwertsteigerung erfolgen?“, „Wie könnten die Wettbewerber auf eine Kundenwertsteigerungen reagieren und welche Gegenmaßnahmen sollte ich ergreifen?“

Die Handlungsfelder sind jeweils vor dem Hintergrund des betrachteten Produktes bzw. des Produktportfolios auszugestalten. Dieses Verständnis der Produktstrategie lässt sich bildlich durch ein Gebäude mit drei Säulen veranschaulichen (Bild 2). Die Säulen entsprechen den Handlungsfeldern. Das Fundament des Gebäudes wird durch das Produktportfolio des Unternehmens gebildet. Wir sprechen daher auch vom sog. **3-Säulen-Modell der Produktstrategie**. Im Folgenden beschreiben wir die 3 Säulen sowie die zugehörigen Fragestellungen näher und stellen Methoden und Hilfsmittel vor, die bei der Beantwortung der Fragen unterstützen können. Dies erfolgt jeweils anhand eines konkreten Beispiels aus der Industrie.

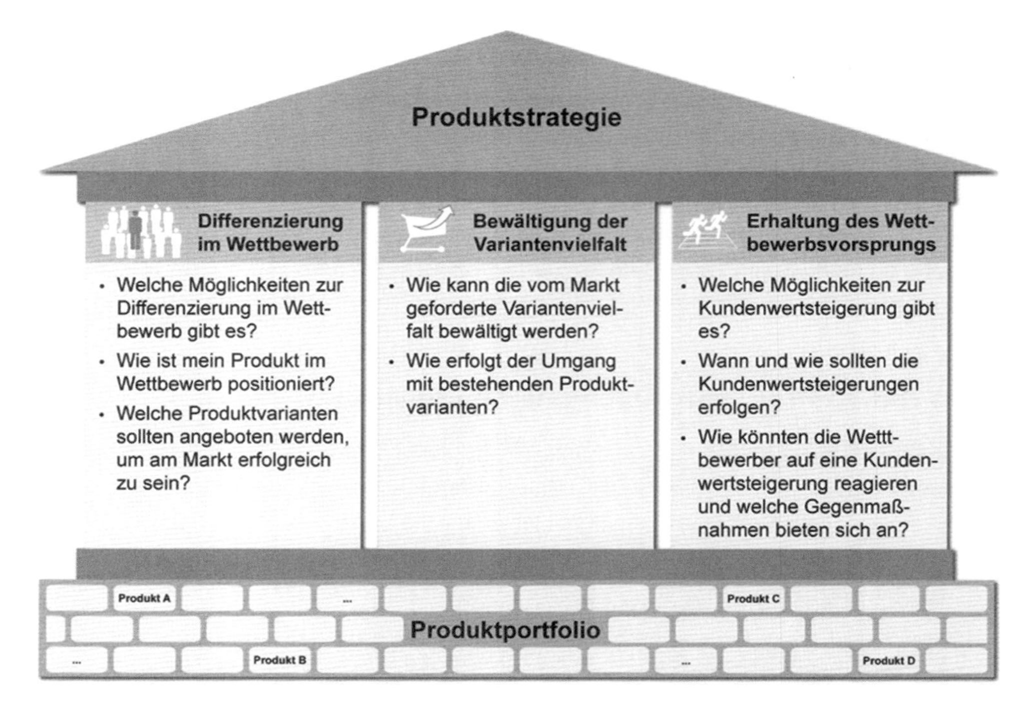

Bild 2: 3-Säulen-Modell der Produktstrategie

3.1 Differenzierung im Wettbewerb

Im Rahmen der Säule „Differenzierung im Wettbewerb" wird festgelegt, wie das Produkt am Markt positioniert werden soll und welche Alleinstellungsmerkmale es gegenüber dem Wettbewerb aufweist. Unternehmen können sich grundsätzlich über das Produkt oder das zugehörige Geschäftsmodell differenzieren. Häufig sind insbesondere diejenigen Unternehmen erfolgreich, die Sach- und Dienstleistungen geschickt miteinander kombinieren und mit einem einzigartigen Geschäftsmodell versehen.

Bild 3 zeigt ein Ordnungsschema, in dem die generellen **Möglichkeiten zur Differenzierung im Wettbewerb** abgebildet sind. Das Ordnungsschema enthält sieben Bereiche: Die Bereiche Produktkern, Produktäußeres und produktbegleitende Dienstleistungen beziehen sich auf die Marktleistung und enthalten Differenzierungsmerkmale im engeren Sinne. Der Produktkern umfasst beispielsweise die Leistungsmerkmale, technische Funktionen etc.; das Produktäußere die „Verpackung" des Produktkerns (z.B. Design, Farbe, Ergonomie, etc.) und die produktbegleitenden Dienstleistungen alle immateriellen Produktbestandteile und das materielle Vermarktungsobjekt (wie z.B. Montage, Reparatur oder Beratung). Die Bereiche Produktpreis, Produktkommunikation, Produktvertrieb und Produktimage beziehen sich auf das Geschäftsmodell und enthalten Differenzierungsmerkmale im weiteren Sinne. Der Produktpreis beinhaltet beispielsweise die Preishöhe und den Preismechanismus, die Produktkommunikation die Werbung und die genutzten Marketingkanäle, der Produktvertrieb die Vertriebskanäle und -partner und das Produktimage die Marke und Reputation des Unternehmens.

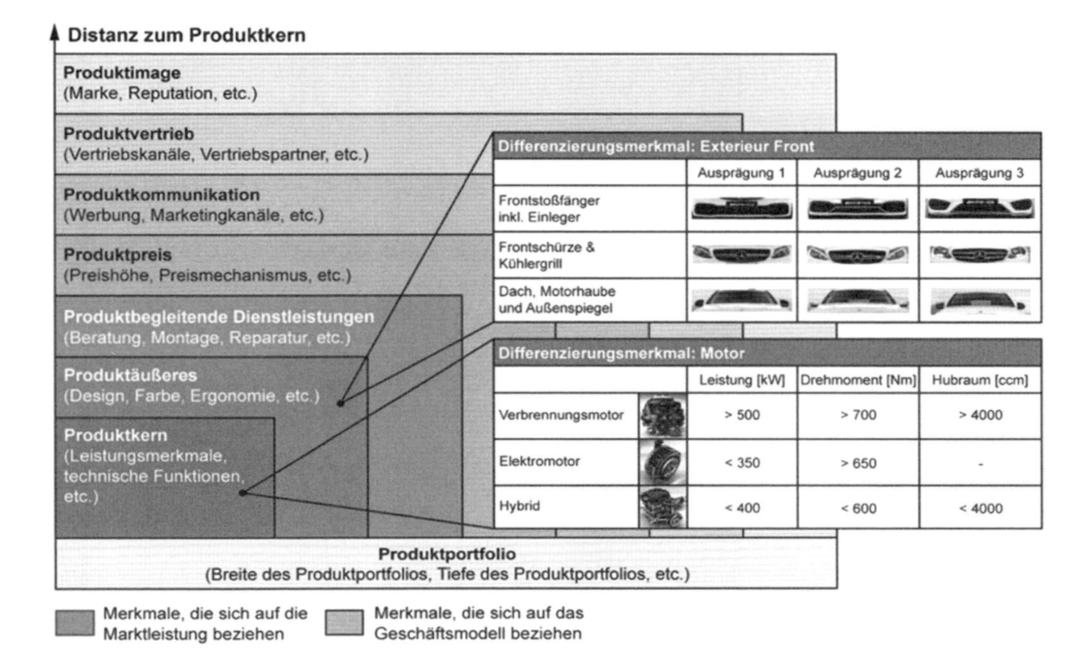

Bild 3: Ordnungsschema zur Ableitung von Differenzierungsmerkmalen in Anlehnung an [For89], [HSB14], [Söl16]

Die angegebenen Bereiche sind im Prinzip für jedes Produkt auszugestalten, wodurch das Produktportfolio eines Unternehmens aufgespannt wird. Durch die Breite des Produktportfolios (Anzahl unterschiedlicher Produkte) bzw. Tiefe des Produktportfolios (Anzahl unterschiedlicher Varianten je Produkt) ergeben sich ebenfalls Ansatzpunkte zur Differenzierung.

Mit Hilfe des Ordnungsschemas lassen sich Differenzierungsmerkmale systematisch ableiten. Ein Differenzierungsmerkmal aus dem Bereich Produktkern ist im Falle eines Sportwagens beispielsweise der Motor. Hier lassen sich zum einen verschiedene Motorarten wie Verbrennungsmotor, Elektromotor oder Hybridantriebe unterscheiden. Zum anderen kann eine Differenzierung der Motorarten hinsichtlich Charakteristika wie Leistung, Drehmoment und Hubraum erfolgen. Ein Beispiel aus dem Bereich Produktäußeres ist die Exterieur Front. Hierbei sind verschiedene Designausprägungen für Frontstoßfänger, Frontschürze und Kühlergrill sowie Dach, Motorhaube und Außenspiegel möglich.

Unternehmen sind gut beraten, ihre Differenzierungsmerkmale so zu wählen, dass sie eine möglichst einzigartige Position im Wettbewerb einnehmen. Ein Werkzeug zur **Bestimmung der Position im Wettbewerb** ist die in Bild 4 dargestellte Produktlandkarte [Söl16]. Grundlage der Landkarte sind die zuvor beschriebenen Merkmale und Ausprägungen. Im ersten Schritt werden mit Hilfe einer Konsistenzanalyse in sich konsistente Produktkonzepte entwickelt. Ein Produktkonzept ist ein Bündel von Merkmalsausprägungen, die gut zueinander passen. Im Prinzip definieren die Konzepte ideale Produkte; nichts spricht dafür, Produkte zu entwickeln, die andere Kombinationen von Merkmalsausprägungen aufweisen. Diese wären zumindest partiell inkonsistent. Im vorliegenden Beispiel wurden drei in sich konsistente Produktkonzepte ermittelt: Sportwagen mit Hybridantrieb, Sportwagen mit Elektroantrieb und Supersportwagen.

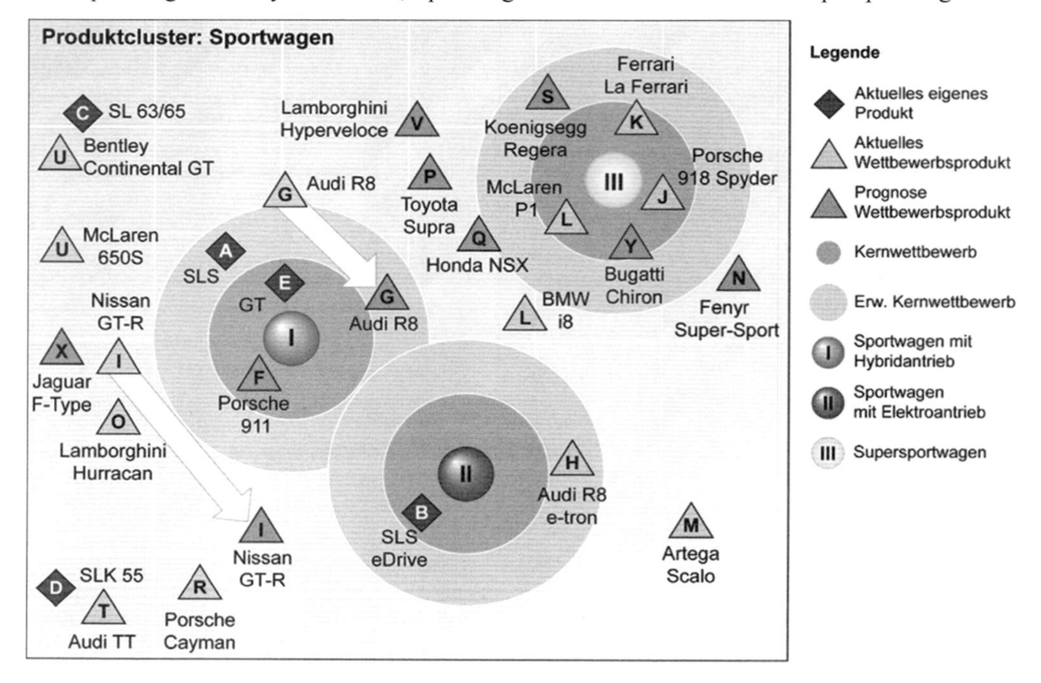

Bild 4: Bestimmung der Produktposition im Wettbewerb mit Hilfe einer Produktlandkarte am Beispiel von Sportwagen [Söl16]

Im zweiten Schritt werden die Merkmale und Ausprägungen für das eigene Produkt und für die Wettbewerbsprodukte ermittelt. Neben den heute bestehenden Wettbewerbsprodukten wurden dabei auch zukünftige Wettbewerbsprodukte abgeschätzt. Auf Basis ihrer Merkmale und Ausprägungen werden die Produkte schließlich in der Landkarte positioniert.[1] Dabei werden sie so in der Karte angeordnet, dass ähnliche Produkte – sie haben weitestgehend die gleichen Merkmalsausprägungen – nah beieinander liegen. Die Produktlandkarte ist somit ein gut geeignetes Instrument, um einen Eindruck über die Positionierung der eigenen Produkte im Vergleich zu den Wettbewerbsprodukten zu bekommen.

Im Zuge der Produktpositionierung ist auch festzulegen, welche Varianten eines Produkts am Markt angeboten werden sollen. Ein etabliertes Instrument zur **Ermittlung von Produktvarianten** ist der Merkmalbaum nach SCHUH ET AL. Im Merkmalbaum wird jede angebotene Produktvariante als eigener Zweig dargestellt. Bild 5 zeigt den Merkmalbaum für die Motorvarianten eines Sportwagens anhand von vier Merkmalen und den zugehörigen Ausprägungen. Grundlage des Merkmalbaums ist eine Kombinationsmatrix, in der die Kombinationslogik der

[1] Grundlage für die Erstellung der Produktlandkarte ist eine sog. multidimensionale Skalierung. Für tiefergehende Ausführungen siehe bspw. [GP14] und [Söl16].

einzelnen Merkmalsausprägungen hinterlegt ist. Auf Basis der Matrix wird der Merkmalbaum softwareunterstützt erstellt [SAS12].

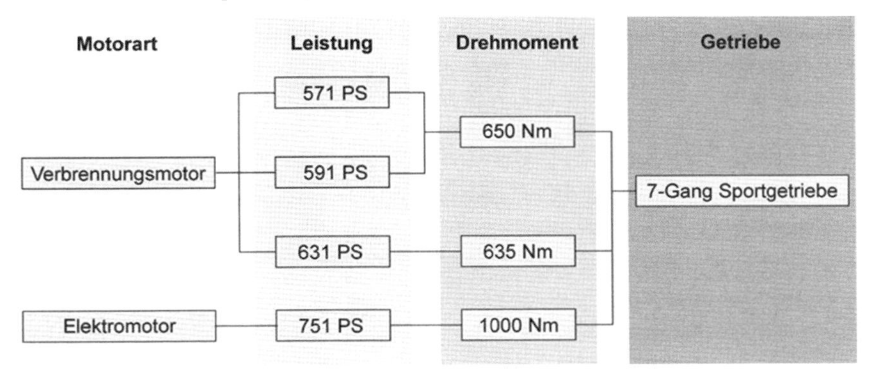

Bild 5: Merkmalbaum für die Motorvarianten eines Sportwagens in Anlehnung an [SAS12]

3.2 Bewältigung der Variantenvielfalt

Im Rahmen der Säule „Bewältigung der Variantenvielfalt“ ist die Produktarchitektur zu definieren. Sie ist so zu gestalten, dass die zuvor ermittelte Variantenvielfalt wirtschaftlich angeboten werden kann. Grundsätzlich bieten sich die folgenden Produktstrukturen zur **Bewältigung der Variantenvielfalt** an [SLN+12]:

- **Baukästen:** Baukästen verfügen über einen oder wenige Grundkörper, an die in verschiedenen Montagestufen unterschiedlich variantenreiche Anbauteile montiert werden. Mit Hilfe von Baukästen können mit einer begrenzten Anzahl an Bausteinen eine sehr große Anzahl an Produktvarianten erzeugt werden.
- **Module:** Module sind funktional und physisch relativ unabhängige Bauteile oder Baugruppen, die über fest definierte Schnittstellen verfügen. Sie können weitestgehend unabhängig vom Gesamtsystem gefertigt und geprüft werden. Durch die Kombination von Modulen können Varianten effizient erzeugt werden.
- **Baureihen:** Baureihen zeichnen sich dadurch aus, dass sie dieselbe Funktion mit der gleichen Lösung in mehreren Größenstufen und bei weitestgehend gleicher Fertigung erfüllen. Baureihen werden insbesondere bei konstruktiv und planerisch aufwändigen Produkten eingesetzt.
- **Pakete:** Pakete werden gebildet, um die Kombinationsmöglichkeiten eines Produktes beim Kauf einzuschränken. Sie werden eingesetzt, um die Variantenvielfalt und den damit einhergehenden Aufwand in Entwicklung und Disposition zu reduzieren (z.B. Ausstattungspakete in der Automobilindustrie).
- **Plattformen:** Plattformen sind einheitliche Trägerstrukturen für eine Produktfamilie, die grundlegende Funktionen erfüllen. Plattformen sind variantenneutral und haben keinen Einfluss auf das Produktäußere. Zur Bildung von Varianten werden Plattformen zusätzlich mit variantenspezifischen Komponenten ausgestattet. Für den Kunden sind nur diese Komponenten sichtbar.

Einer der Vorreiter in der variantenoptimalen Produktgestaltung ist der Volkswagen Konzern. VW setzt bereits seit vielen Jahren Plattform-, Modul- und Baukastenstrategien ein, um die immense Produktvarianz in der Automobilindustrie wirtschaftlich zu bewältigen (Bild 6).

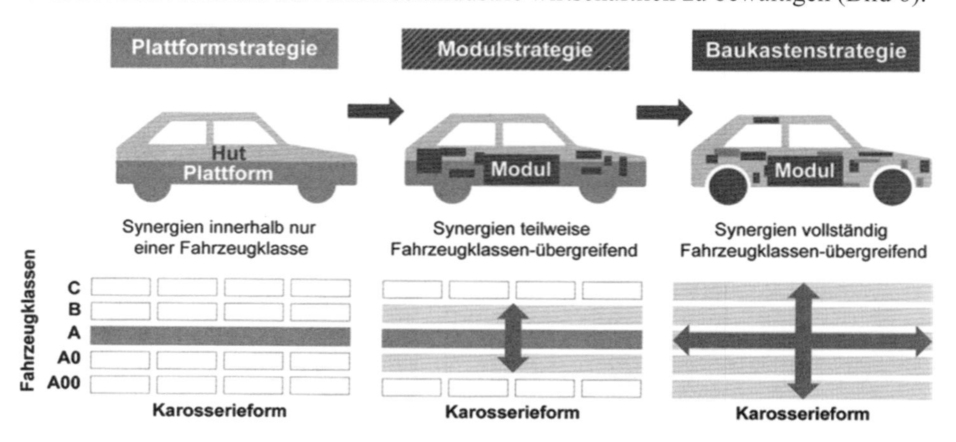

Bild 6: Produktstrukturstrategien von Volkswagen [VW12]

In den 70er Jahren begann VW mit dem Einsatz von Plattformen für den Golf und den Polo und weitete diese Strategie in der Folge auch auf andere Modelle aus. Die Plattform beinhaltet Baugruppen wie die Bodengruppe, den Antriebsstrang und die Achsen – also Teile, die für den Kunden nicht direkt ersichtlich sind und über eine Vielzahl an Varianten standardisiert werden können. Die vom Kunden wahrgenommenen Teile – die sog. Hutteile – werden hingegen für die jeweilige Variante individualisiert. Auf diese Weise lassen sich Synergien in einer Fahrzeugklasse nutzen. Im Laufe der Zeit hat Volkswagen die Plattformstrategie über eine Modulstrategie hin zu einer modularen Baukastenstrategie weiterentwickelt. Im Rahmen der Modulstrategie werden neben den Plattformen der einzelnen Fahrzeugklassen auch bestimmte Module (Motor, Getriebe, Klimageräte, etc.) Fahrzeugklassen-übergreifend verwendet. Mit der Einführung des konzernweiten Modularen Querbaukastens (MQB) wurde die Produktarchitektur weiter flexibilisiert. Beim MQB handelt es sich nicht um eine starre Plattform, sondern um einen variablen Baukasten, bei dem bestimmte konzeptbestimmende Abmessungen (Radstand, Spurbreite, Sitzposition, etc.) in einem definierten Bereich verändert werden können. Auf diese Weise lassen sich 40 Modelle mit quer eingebautem Motor über unterschiedliche Fahrzeugklassen und Marken hinweg aus dem Baukasten ableiten (z.B. VW Golf, Seat Leon, Audi A3, Skoda Oktavia) [GKK16].

Bild 7 fasst die unterschiedlichen Plattformen und Baukästen des Volkswagen-Konzerns zusammen. Die höhere Flexibilität der Baukästen gegenüber den Plattformen ist an der Anzahl der aus ihnen abgeleiteten Modelle gut zu erkennen. In der jüngeren Vergangenheit hat der Volkswagen-Konzern die Baukastenstrategie systematisch ausgeweitet. Beispiele hierfür sind der Modulare Produktionsbaukasten oder der Modulare Infotainment-Baukasten.

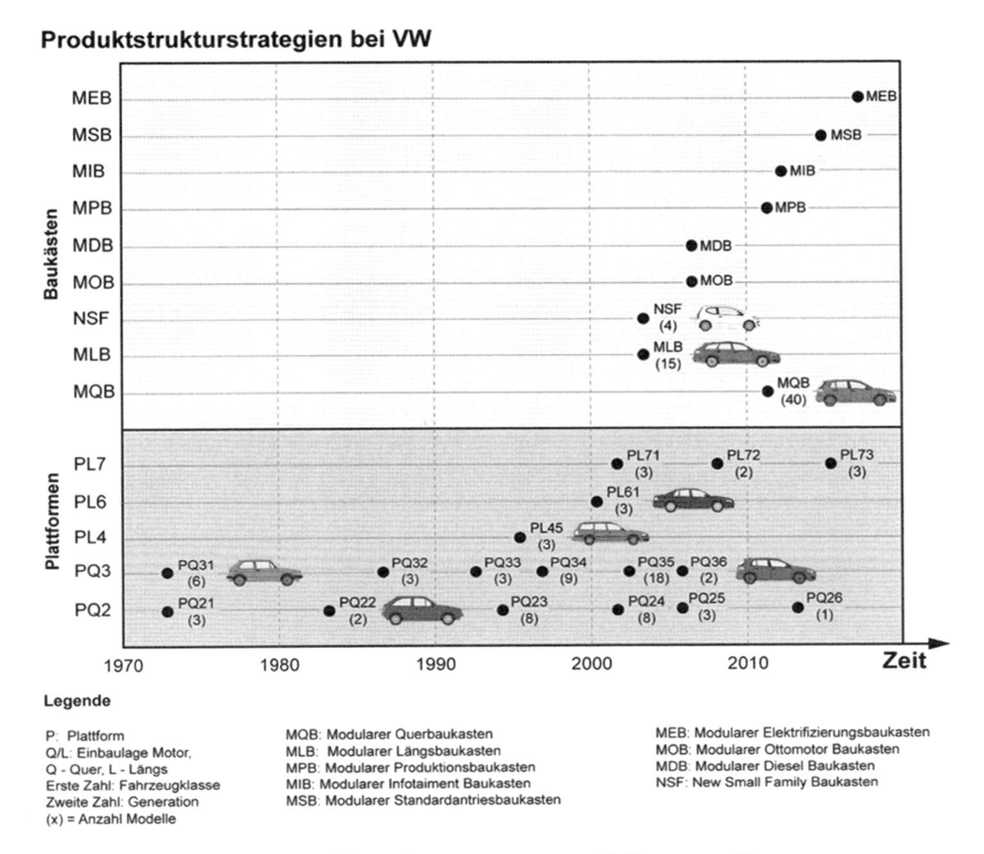

Bild 7: Entwicklung der Produktstrukturstrategien im Volkswagen-Konzern

Wenn es um die Entwicklung neuer Produkte geht, beginnt ein Unternehmen jedoch in den meisten Fällen nicht auf der „grünen Wiese“. In der Regel existiert bereits ein Produktportfolio, sodass in regelmäßigen Abständen entschieden werden muss, wie der **Umgang mit bestehenden Produktvarianten** erfolgen soll. Bei Neuentwicklungen oder Modellüberarbeitungen werden vorhandene Lösungen vielfach nur ungenügend berücksichtigt. Darüber hinaus erfolgt oftmals keine konsequente, kontinuierliche Reduzierung des Teilestamms [PL11]. Über den Zeitverlauf führt dies zu einem wuchernden Produktportfolio und einem überproportionalen Anstieg der Komplexitätskosten. Gleichzeitig können sich Unternehmen aufgrund der gebundenen Ressourcen nicht mit wichtigen Zukunftsthemen beschäftigten. Nach KERSTEN sind mehr als ein Viertel aller Produktvarianten und mehr als ein Drittel aller Komponentenvarianten überflüssig – eine Bereinigung der Produktportfolios ist daher unausweichlich [Ker02].

Unsere Erfahrung zeigt, dass Eliminierungsentscheidungen vielfach emotional auf Basis diffuser Ängste geführt werden. Aussagen wie „Der Kunde verlangt den gesamten Bauchladen“ seitens des Vertriebs fungieren als K.O.-Kriterien und verhindern eine Straffung des Portfolios. Neben dem Entfall von Kaufverbünden wird vielfach auch der Verlust technischer Synergieeffekte durch die Verringerung von Gleichteilen als negative Folge angeführt. Folglich gilt: Eine isolierte Betrachtung einzelner Produkte ist nicht zielführend. Gerade in „historisch gewachsenen" Produktportfolien sind diese Wechselwirkungen aber nicht offensichtlich. Daher empfehlen wir eine technische und marktseitige Vernetzungsanalyse als Grundlage für Konsolidierungsentscheidungen.

Die technische Vernetzung kann z.B. auf Basis von Fertigungssynergien oder der Verwendung von Gleichteilen hergeleitet werden. Im Falle der Verwendung von Gleichteileilen wird paarweise anhand der Stücklisten zweier Produkte der Anteil identischer Bauteile und Komponenten ermittelt. Insbesondere bei umfangreichen Produktportfolien empfiehlt sich der Rückgriff auf IT-Systeme zur Auswertung der Stücklisten. Die marktseitige Vernetzung resultiert aus einer softwaregestützten Warenkorbanalyse. Hierbei wird die Frage beantwortet, wie häufig zwei Produkte gemeinsam bestellt wurden. Für eine tiefergehende Analyse kann die Auswertung auch einzeln je Branche erfolgen. Hierdurch können Unterschiede im branchenspezifischen Kaufverhalten ermittelt werden. Die Ergebnisse der technischen und marktseitigen Vernetzungsanalyse können im Anschluss in ein Portfolio eingetragen werden – Bild 8 zeigt dies am Beispiel eines Herstellers von elektrischen Antrieben.

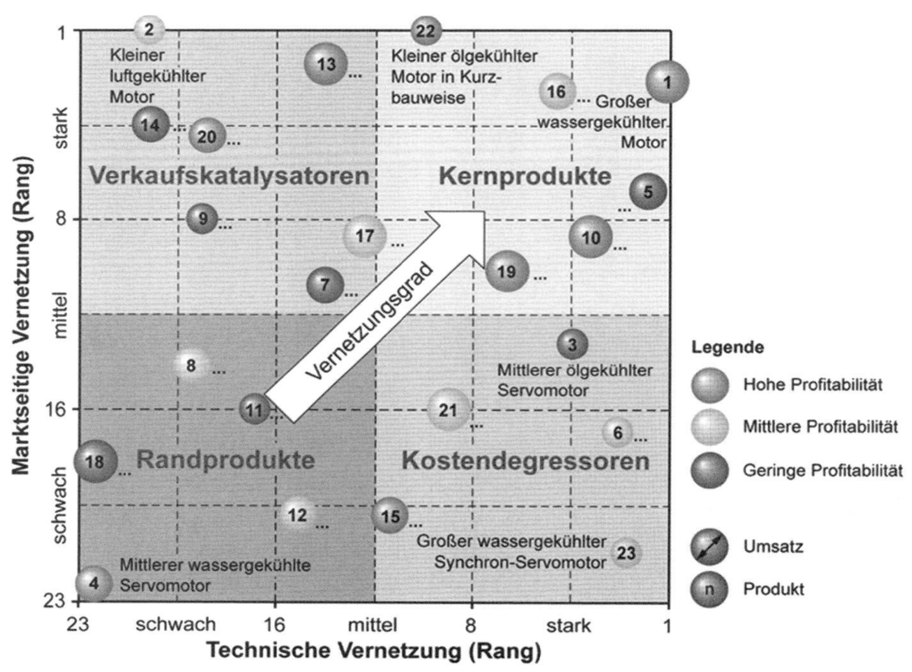

Bild 8: Vernetzungsportfolio – Charakterisierung der Produktgruppen

Innerhalb des Portfolios ergeben sich vier charakteristische Bereiche:

- **Kernprodukte** haben eine starke technische und marktseitige Vernetzung – sie dürfen nicht isoliert betrachtet werden. Für unprofitable Produkte muss berücksichtigt werden, dass diese ggf. stark vernetzt mit anderen profitablen Produkten sind.
- Produkte mit schwacher technischer und starker marktseitiger Vernetzung fungieren als **Verkaufskatalysatoren**. Kunden erwarten dieses Produkt im Portfolio; oft liegt hier eine Fremdfertigung nahe.

- Eine starke technische und schwache marktseitige Vernetzung charakterisieren **Kostendegressoren**. Durch technische Synergieffekte (z.B. Verwendung von Gleichteilen; Auslastung von Maschinen, etc.) trägt dieses Produkt sowohl im Einkauf als auch der Produktion zur Senkung der Kosten von anderen Produkten bei.
- **Randprodukte** kennzeichnet eine schwache technische und marktseitige Vernetzung – sie können isoliert betrachtet werden. Unprofitable Produkte können eliminiert werden; profitable Produkte können ohne Berücksichtigung weiterer Produkte gehalten werden.

Die Vernetzungsanalyse erlaubt auch die Quantifizierung der Hebelwirkung einzelner Produkte. Hierzu werden Produktketten gebildet. Eine Produktkette gibt ausgehend von einem Produkt an, welche anderen Produkte besonders stark mit diesem vernetzt sind. Wir empfehlen zwecks Übersichtlichkeit lediglich die fünf Produkte mit der höchsten Vernetzung zu berücksichtigen. Im vorliegenden Beispiel wird der adressierte Umsatz zur Quantifizierung der Hebelwirkung verwendet (Bild 9). Als Maß für die Vernetzung fungiert daher ausschließlich die marktseitige Vernetzung. Bezogen auf den Startpunkt „Großer wassergekühlter Motor“ werden alle vernetzten Produkte nach absteigendem Vernetzungsgrad aufgelistet. Anschließend wird der adressierte Umsatz durch Addition der Umsätze der einzelnen Produkte multipliziert mit dem Vernetzungsgrad berechnet. So beträgt der direkte Umsatz für den „Großen wassergekühlten Motor“ lediglich 6,2 Mio. €, der adressierte Umsatz ist mit fast 24 Mio. € aber ungleich höher.

Produktkette		Bezeichnung	Direkter Umsatz (B)	Marktseitige Vernetzung zum Startpunkt (G)	Adressierter Umsatz (BxG)
	Startpunkt	Großer wasser-gekühlter Motor	6,2 Mio. €		6,2 Mio. €
	Zweites Element	...	5,3 Mio. €	0,74	3,9 Mio. €
	Drittes Element	Mittlerer wasser-gekühlter Servomotor	3,3 Mio. €	0,69	2,3 Mio. €
	...				
	Sechstes Element	Kleiner ölgekühlter Motor in Kurzbauweise	5,3 Mio. €	0,57	3,0 Mio. €
				Addressierter Umsatz (∑)	23,8 Mio. €

Bild 9: Produktketten – Quantifizierung der Hebelwirkung einzelner Produkte

Es ist offensichtlich: Die technische und marktseitige Vernetzungsanalyse kann einen zentralen Beitrag zur Objektivierung der Entscheidungsfindung im Zuge der Konsolidierung von Produktportfolios leisten. Die erforderlichen Daten liegen vielfach vor, werden aber nur selten genutzt. Selbstredend sind für eine ganzheitliche Portfoliobereinigung neben der Vernetzung und Profitabilität auch weitere Aspekte, wie die Zukunftsrelevanz oder die Einzigartigkeit der Produkte im Wettbewerb, zu berücksichtigen.

3.3 Erhaltung des Wettbewerbsvorsprungs

Im Rahmen der Säule „Erhaltung des Wettbewerbsvorsprungs“ ist zu festzulegen, wie das Produkt über den Lebenszyklus weiterentwickelt werden soll, um den initialen Wettbewerbsvorsprung auch in der Zukunft zu erhalten. In der Regel dauert es nicht lange, bis die Wettbewerber ein gleichwertiges oder verbessertes Konkurrenzprodukt auf den Markt bringen. Es reicht daher nicht aus, nur den jeweils nächsten Schachzug zu planen. Wer langfristig erfolgreich sein möchte, sollte vielmehr auch den übernächsten und überübernächsten Schachzug im Kopf haben.

Die **Möglichkeiten zur Generierung von Kundenwertsteigerungen** über den Produktlebenszyklus ergeben sich zum einen aus den zukünftigen Wünschen der Kunden (Market Pull), zum anderen aus den technologischen Entwicklungen (Technology Push). Die zukünftigen Kundenwünsche lassen sich beispielsweise durch Methoden der Vorausschau wie die Szenario-Technik oder Trendanalyse ermitteln [GP14]. Zur Antizipation der technologischen Entwicklungen können Methoden der strategischen Frühaufklärung wie Technologie-Monitoring oder Technology-Scanning eingesetzt werden [WSH+11], [Bul12].

Durch die Synchronisation von zukünftigen Kundenwünschen und technologischen Entwicklungen lassen sich Potentiale für Weiterentwicklungen ableiten [Bri11]. Bild 10 zeigt eine Roadmap, mit deren Hilfe die Synchronisation erfolgen kann. Das gewählte Beispiel entstammt der elektrischen Aufbau- und Verbindungstechnik. Im Kern geht es um die Planung der Weiterentwicklung von Markierungssystemen für elektrische Komponenten und Leitungen.

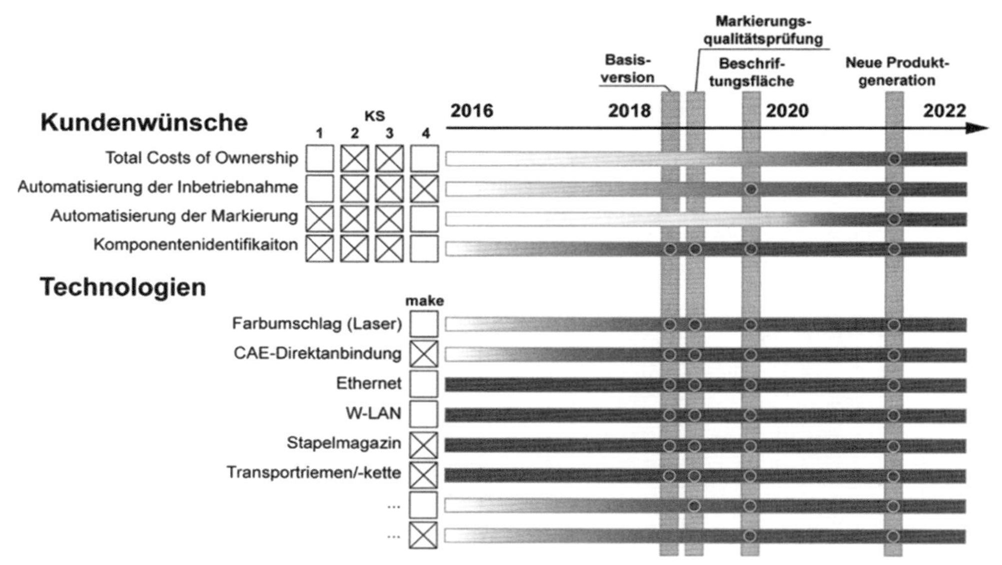

Bild 10: Identifikation von Möglichkeiten zur Kundenwertsteigerung durch die Synchronisation von Market-Pull und Technology-Push [Bri11]

Im oberen Teil der Roadmap sind die ermittelten Kundenwünsche aufgetragen. Die Kundenwünsche sind den jeweiligen Kundensegmenten zugeordnet. Aus der Roadmap geht beispielsweise hervor, dass die Komponentenidentifikation etwa 2017 für die Kundensegmente zwei, drei und vier relevant ist. Die Automatisierung der Markierung ist hingegen erst 2022 von Bedeutung. Im unteren Teil der Roadmap sind die zur Realisierung der Produkte erforderlichen Technologien verortet. Während Technologien wie W-LAN und Ethernet bereits heute serientauglich einsetzbar sind, wird mit einem serientauglichen Einsatz einer Laserbeschriftung mittels Farbumschlag im industriellen Umfeld beispielsweise erst im Jahr 2018 gerechnet.

Durch die Verknüpfung von Kundenwünschen und Technologien lassen sich potentielle Kundenwertsteigerungen systematisch ableiten. Im vorliegenden Beispiel ist die Einführung eines Markierungssystems für Mitte 2018 geplant. Das Basisprodukt wird nach einem halben Jahr um eine neue Variante ergänzt, die automatisch die Qualität der getätigten Markierungen überprüfen kann. Ende 2019 erfolgt eine weitere Nutzensteigerung, indem eine Variante mit erweiterter Beschriftungsfläche angeboten wird. Mitte 2021 wird eine komplett neue Produktgeneration auf den Markt gebracht, die Komponenten automatisch identifizieren und markieren kann.

Das beschriebene Vorgehen ermöglicht eine Grobplanung der Produktevolution und zeigt die grundsätzlichen Möglichkeiten zur Kundenwertsteigerung auf. In der Folge ist zu spezifizieren, **wann und wie die Kundenwertsteigerungen genau erfolgen** sollen. Zu diesem Zweck eignet sich das Instrument der Release-Planung [Sch05]. Es dient der lebenszyklusorientierten Umsetzungsplanung von neuen Produkt-Features und technischen Änderungen. Zur Vereinfachung des Release-Planungsprozesses bietet sich eine Hierarchisierung in drei aufeinander aufbauende Planungsebenen an: Die strategische, die taktische und die operative Release-Planung. Im Folgenden stellen wir die Planungsebenen am Beispiel eines elektrischen Regelventils vor [KDG16].

Im Rahmen der *strategischen Release-Planung* wird festgelegt, zu welchem Zeitpunkt welches Release erfolgen soll. Grundsätzlich lassen sich vier Release-Typen unterscheiden:

- **Produktgeneration:** Neue Produktgenerationen gehen mit einer vollständigen Überarbeitung des bestehenden Produktes einher. Sie unterscheiden sich in Hinblick auf Technologien, Funktionen und Erscheinungsbild deutlich von der alten Generation und sind dementsprechend mit sehr hohen Änderungsaufwänden verbunden.
- **Major-Releases:** Major-Releases führen kundenrelevante Änderungen ein, die sich entweder durch signifikante Produktverbesserungen, neue Produkt-Features oder aufwändigere Änderungen am System auszeichnen. Sie sind als Meilensteine im Rahmen der Vermarktung des Produkts zu betrachten. Jedes Major-Release führt zu einer Erhöhung des vom Kunden wahrgenommenen Produktwerts.
- **Minor-Releases:** Minor-Releases dienen der Einführung weniger aufwändiger Änderungen, die z.B. der Fehlerbehebung, der Berücksichtigung von Produktionsanforderungen oder der Kosteneinsparung dienen. Diese Änderungen sind nicht Teil der Vermarktungsstrategie des Unternehmens und können somit in regelmäßigen Abständen in die Produktionsumgebung überführt werden.
- **Sofortmaßnahmen:** Über Sofortmaßnahmen können dringliche Änderungen (z.B. die Behebung sicherheitskritischer Fehler) jederzeit umgesetzt werden. Sofortmaßnahmen haben kurzfristigen Charakter und können daher in der Regel nicht geplant werden.

Als zentrales Instrument der strategischen Release-Planung fungiert der sog. Release-Plan (Bild 11). Der Release-Plan gibt die Leitplanken für die taktische und operative Release-Planung vor und stellt die Weichen für den Erfolg. Er wird in drei Schritten erarbeitet: Im ersten Schritt wird der Planungshorizont definiert – also der Zeitraum, für den die Planung der Weiterentwicklung des Produktes erfolgen soll. Im zweiten Schritt sind die Markteinführungszeitpunkte für die Major-Releases zu planen. Die planungsrelevanten Informationen können u.a. aus Produkt- und Technologie-Roadmaps (Bild 10), Wettbewerbs-Roadmaps und branchen- und marktspezifischen Terminen (z.B. Messen) abgeleitet werden. Im Anwendungsbeispiel sind die Major-Releases entsprechend branchenrelevanter Messen terminiert. Insbesondere die Einführung der neuen Produktgeneration in 2018 entfällt auf die Leitmesse der Branche, so dass die Produkteinführung in das unternehmensweite Marketingkonzept eingebettet werden kann. Im dritten Schritt werden zeitversetzt zur Planung der Major-Releases die Minor-Releases geplant. Die Häufigkeit, mit der Minor-Releases eingeführt werden, basiert in der Regel auf unternehmensinternen Erfahrungswerten. Bei einem noch jungen Produkt ist zu erwarten, dass erhebliches Potential für inkrementelle Verbesserungen in Form neuer Produktversionen besteht. In diesem Fall sollten Minor-Releases quartalsweise bis halbjährlich erfolgen. Handelt es sich hingegen um ein älteres Produkt, sind im weiteren Lebenszyklus nur noch wenige interne Verbesserungspotentiale zu erwarten. Die Frequenz der Minor-Releases kann dann z.B. auf einen jährlichen Turnus reduziert werden. Durch einen erst kürzlich eingeführten elektrischen Antrieb basiert das Anwendungsbeispiel Regelventil auf einer noch jungen Kerntechnologie. Somit wird davon ausgegangen, dass Verbesserungspotentiale weiterhin zur kontinuierlichen Weiterentwicklung beitragen. Minor-Releases sind daher alle sechs Monate eingeplant.

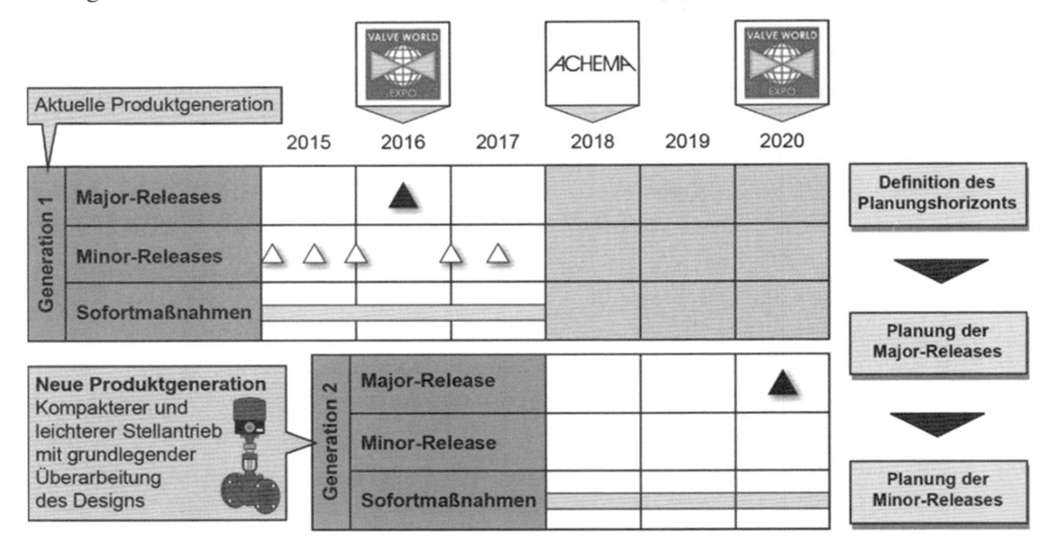

Bild 11: Release-Plan für einen Stellantrieb [KDG16]

Im Zuge der *taktischen Release-Planung* wird definiert, welche Änderungen und Features ein Release konkret umfassen soll. Die Zuordnung von technischen Änderungen zu den zuvor festgelegten Release-Typen erfolgt erneut in drei Schritten: Zunächst werden die geplanten Änderungen hinsichtlich ihrer Änderungsrelevanz, ihrer Änderungskomplexität und ihrer Produktwertsteigerung bewertet. [2] Im Anschluss werden die Änderungen auf Basis der Bewertungen klassifiziert und einem der vier Release-Typen zugeordnet. Dazu dient das in Bild 2 dargestellte Portfolio. Im Anwendungsbeispiel wird ausgehend von der hohen Komplexität der Änderung *Nr. 4: Spielfreie Antriebsspindel* die Umsetzung auf die nächste Produktgeneration verschoben. Mit dem nächsten Major-Release werden hingegen z.B. die Änderungen *Nr. 1: Sichtbare Zustandsanzeige* und *Nr. 2: Bluetooth-Schnittstelle* eingeführt. Die Änderung *Nr. 5: Dichtung für Gehäuse* wird aufgrund ihrer hohen Relevanz auf eine sofortige Umsetzung hin überprüft, letztlich aber doch dem nächsten Minor-Release zugeordnet. Im letzten Schritt wird die mit einem Release verbundene Produktwertsteigerung auf Basis der zuvor getroffenen Abschätzung ermittelt. Summiert über alle Änderungen ergibt dies die mit einem Major-Release verbundene Produktwertsteigerung, die die verschiedenen Releases untereinander vergleichbar macht. Durch die Festlegung eines Zielwerts für jedes Release kann die Zuordnung kundenrelevanter Änderungen gesteuert werden. Enthält das Release bereits eine Vielzahl kundenrelevanter Änderungen, kann unter strategischen Gesichtspunkten eine Verschiebung von Änderungen auf ein späteres Release überprüft werden. Eine deutliche Unterschreitung des Zielwerts signalisiert hingegen Handlungsbedarf. Es ist zu überprüfen, in welcher Form die geforderte Produktwertsteigerung erreicht werden kann.

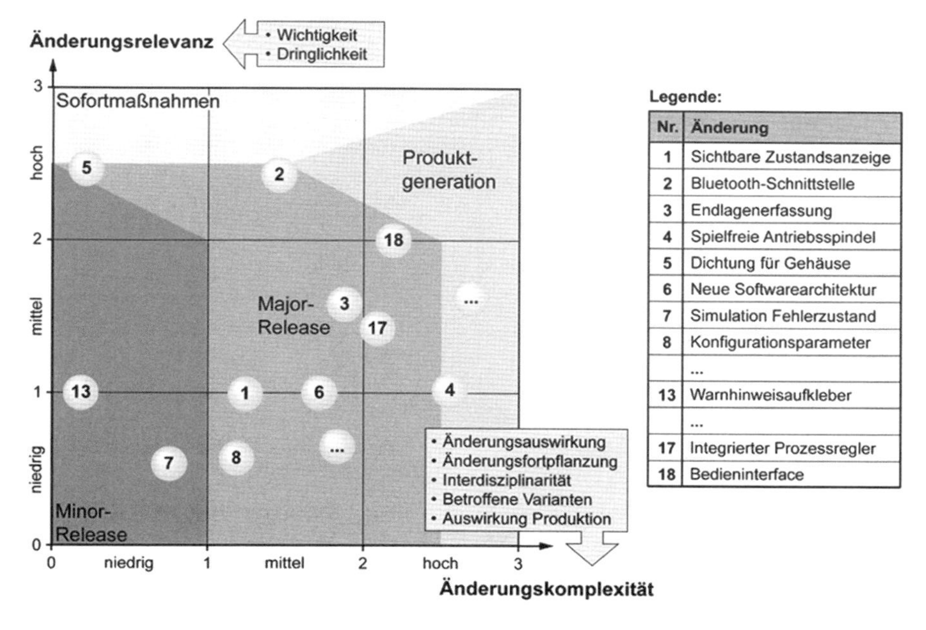

Nr.	Änderung
1	Sichtbare Zustandsanzeige
2	Bluetooth-Schnittstelle
3	Endlagenerfassung
4	Spielfreie Antriebsspindel
5	Dichtung für Gehäuse
6	Neue Softwarearchitektur
7	Simulation Fehlerzustand
8	Konfigurationsparameter
	...
13	Warnhinweisaufkleber
	...
17	Integrierter Prozessregler
18	Bedieninterface

Bild 12: Portfolio zur Ermittlung des Release-Typs [KDG16]

Im Rahmen der *operativen Release-Planung* wird schließlich die Umsetzung des nächsten Releases‘ unter Berücksichtigung der verfügbaren Ressourcen geplant. Im Falle unzureichender Ressourcen können Änderungen von geringer Priorität zurück in den Änderungs-Pool gespielt

[2] Für das genaue Vorgehen sei an dieser Stelle auf [KDG16] verwiesen.

und in einem der nächsten Releases auf Umsetzbarkeit geprüft werden. Aufgrund der hohen Planungsgenauigkeit insbesondere hinsichtlich der verfügbaren Ressourcen legt die operative Release-Planung zugleich den finalen Markteinführungszeitpunkt fest.

Ein entscheidender Faktor für den Erfolg oder Misserfolg eines Produktrelease‘ ist die Reaktion der Wettbewerber. Die **Antizipation des Wettbewerberverhaltens auf eine geplante Kundenwertsteigerung** ist daher von entscheidender Bedeutung und sollte wie bereits angesprochen im Rahmen der Release-Planung Berücksichtigung finden. Bild 13 zeigt ein dreistufiges Vorgehen, wie die Antizipation systematisch erfolgen kann. Das zugrunde liegende Beispiel entstammt der Haushaltsgeräteindustrie. Konkret geht es um die Einführung einer neuen Generation von Dunstabzugshauben [Pet16].

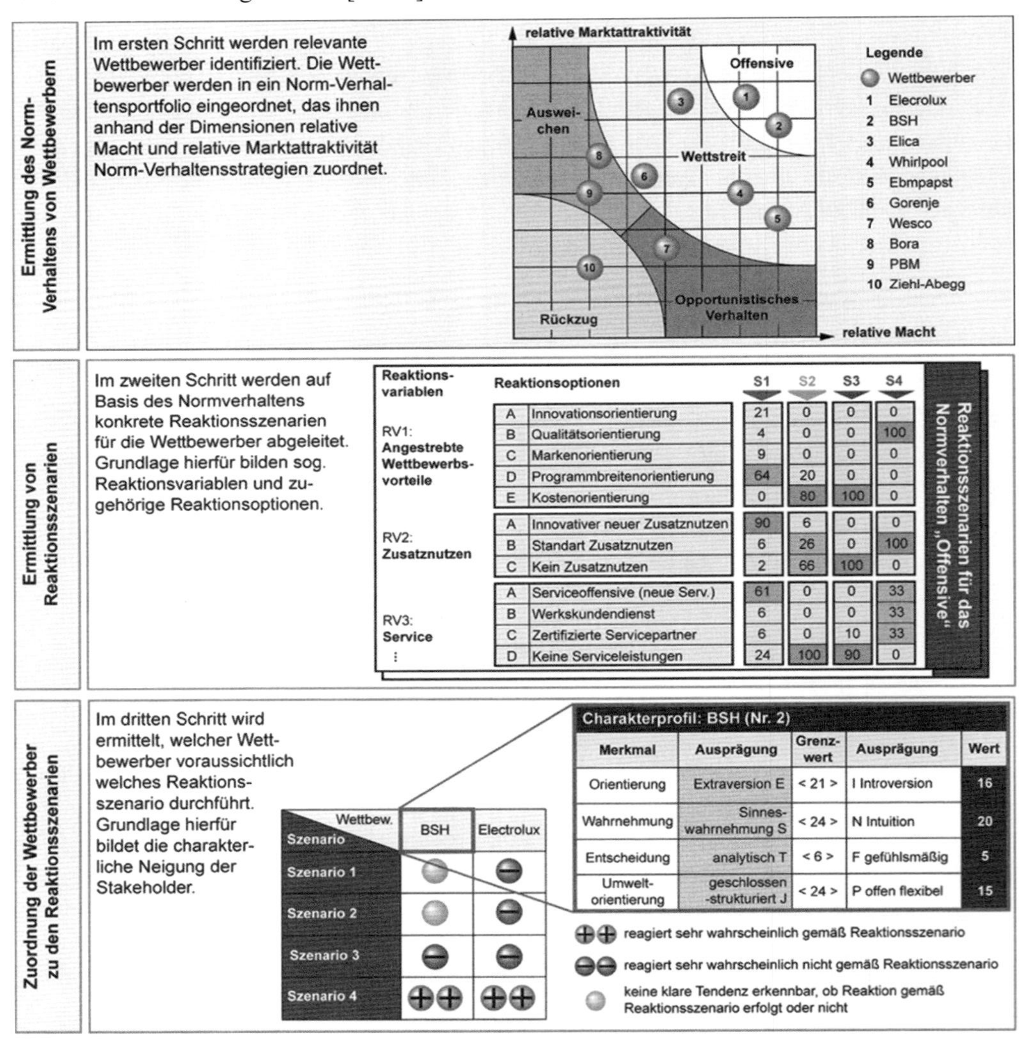

Bild 13: Vorgehen zur Antizipation des Wettbewerberverhaltens [Pet16]

Im ersten Schritt werden die relevanten Wettbewerber identifiziert. Sie werden in ein Norm-Verhaltensportfolio eingeordnet, das ihnen anhand der Dimensionen relative Macht und relative Marktattraktivität fünf Norm-Verhaltensstrategien zuordnet: Offensive, Wettstreit, Ausweichen, Opportunistische Verhalten und Rückzug. Im vorliegenden Beispiel ist damit zu rechnen, dass BSH und Electrolux mit einer Produktoffensive reagieren würden und ein Produkt mit ähnlichen oder besseren Leistungsmerkmalen auf den Markt bringen. Im zweiten Schritt werden auf Basis des Normverhaltens konkrete Reaktionsszenarien abgeleitet. Reaktionsszenarien beschreiben denkbare Verhaltensweisen, die die Wettbewerber an den Tag legen können, um auf die Produkteinführung zu reagieren. Grundlage hierfür bilden sog. Reaktionsvariablen und Ausprägungen. Im dritten Schritt wird ermittelt, welcher Wettbewerber voraussichtlich welches Reaktionsszenario durchführt. Grundlage hierfür bildet die charakterliche Neigung der Wettbewerber, die mit dem Charakterindex für Organisationen (CIO) bestimmt wird [Bri98]. Es wird die These zu Grunde gelegt, dass die Wettbewerber zu dem Verhalten tendieren, das ihrem Charakter am besten entspricht. Im vorliegenden Beispiel ist es sehr wahrscheinlich, dass die Wettbewerber BSH und Electrolux gemäß Reaktionsszenario 4 reagieren. Auf diese Weise lassen sich Handlungsempfehlungen für Gegenmaßnahmen auf die Wettbewerberreaktion ableiten. Diese Informationen können dann wiederum im Rahmen der Release-Planung genutzt werden.

4 Der Einfluss der Digitalisierung auf die Produktstrategie

Viele Unternehmen haben die Erfolgspotentiale der Digitalisierung erkannt und ihre Produkte und die damit einhergehende Produktstrategie darauf ausgerichtet. Anhand des 3-Säulen Modells lassen sich die mannigfaltigen Einflüsse der Digitalisierung auf die Produktstrategie beschreiben. Im Folgenden stellen wir exemplarisch sechs vielfach propagierte Facetten der Digitalisierung vor: Digitale Funktionen, Digitale Services, Losgröße 1, Big Data, Digitale Updates und Synchronisation von Innovationszyklen. Wir zeigen anhand von ausgewählten Praxisbeispielen exemplarisch auf, welche Säulen der Produktstrategie sie betreffen und zu welchen konkreten Änderungen sie führen (Bild 14).

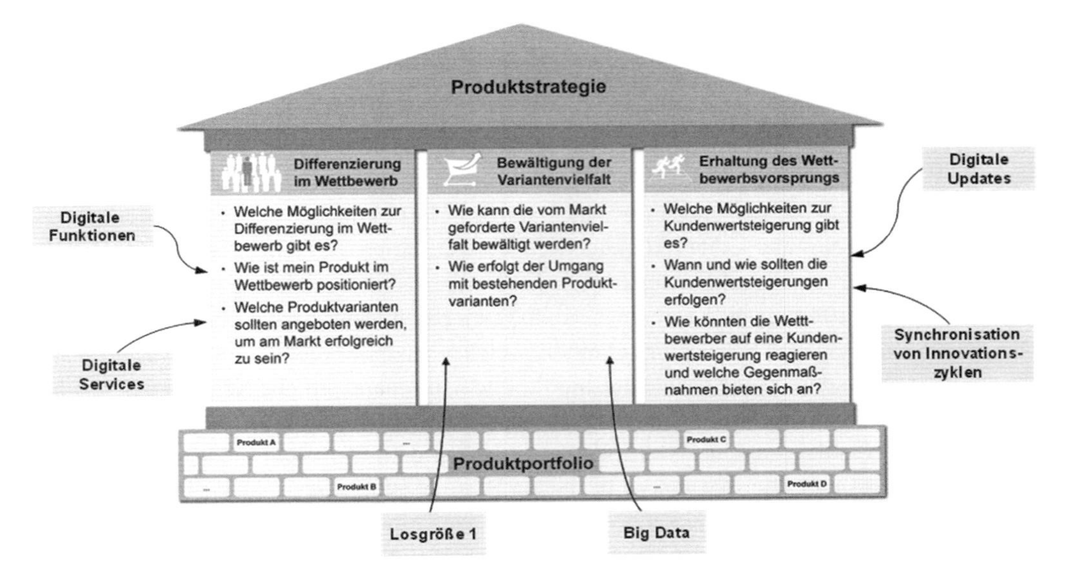

Bild 14: Einflüsse der Digitalisierung auf die Produktstrategie

Digitale Funktionen: Unter einer Funktion ist im Sinne der Konstruktionslehre eine (Teil-)Aufgabe zu verstehen, die von einem Produkt zu erfüllen ist [FG13]. Eine Funktion beschreibt demzufolge den gewollten und geplanten Zweck eines Produktes [Ehr10]. Gegenwärtig lässt sich beobachten, dass sich die Bedeutung der Produktfunktionen von den klassischen physischen Funktionen hin zu digitalen Funktionen verschiebt. MICHAEL PORTER liefert in seinem viel beachteten Artikel „Wie smarte Produkte den Wettbewerb verändern" eine Reihe von Beispielen hierfür, von denen wir an dieser Stelle exemplarisch zwei herausgreifen [PH14]: So hat der Tennisausrüster Babolat den Griff seiner Tennisschläger mit Sensoren und Netzwerkkomponenten ausgestattet, mit deren Hilfe die Spieler Ballgeschwindigkeit, Spin und Schlägertreffpunkte aufzeichnen und auswerten können. Auf diese Weise können sie ihr Spiel systematisch verbessern. Gleichermaßen hat der Bekleidungshersteller Ralph Lauren ein Sport T-Shirt auf den Markt gebracht, das über integrierte Sensorik die zurückgelegte Entfernung, die verbrannten Kalorien, die Bewegungsintensität und den Puls eines Sportlers erfassen kann. Babolat und Ralph Lauren versuchen sich folglich nicht mehr über die klassischen pysischen Funktionen zu differenzieren – die Besaitung des Schlägers zum Schlagen des Balles oder der Schnitt des Shirts zur Verbesserung der Passform rücken in den Hintergrund. Häufig gehen digitale Funktionen mit digitalen Services einher, worauf wir im Folgenden eingehen.

Digitale Services: Digitale Services sind Dienstleistungen, die mit Hilfe von Informations- und Kommunikationstechnologie (IKT) häufig mobil über das Internet erbracht werden. In der Regel sind sie eng auf eine Sachleistung abgestimmt [RM02]. Viele Unternehmen versuchen sich heutzutage über derartige Services im Wettbewerb zu differenzieren. Die eigentliche Sachleistung rückt als Differenzierungsobjekt in den Hintergrund. Ein Beispiel für diese Entwicklung ist das Start-up trive.me. trive.me hat eine App entwickelt, mit deren Hilfe Autofahrer vorab Parkplätze in einem Parkhaus reservieren können und dann automatisch dorthin navigiert werden [EDA17-ol]. Das Differenzierungsobjekt ist hier folglich nicht das Auto, sondern der App-Dienst – das Auto wird zum austauschbaren Gut. Für die Automobilhersteller resultiert daraus eine ernst zu nehmende Gefahr, da sich der Wettbewerb von ihrem Kerngeschäft wegbewegt.

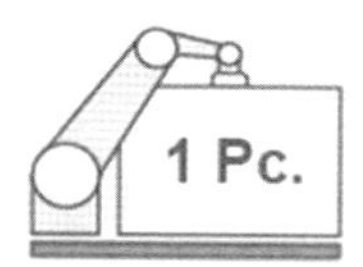

Losgröße 1: Losgröße 1 beschreibt eines der zentralen Nutzenversprechen von Industrie 4.0. Ziel ist es, Massenprodukte kundenspezifisch zu individualisieren und wirtschaftlich in Stückzahl 1 herzustellen, was im Prinzip einer maximalen Variantenvielfalt entspricht. Im Kern geht es somit darum, die explodierende Variantenvielfalt mit Hilfe von flexibel automatisierten, cyberphysischen Produktionssystemen zu bewältigen [KWH13]. Der Sportartikelhersteller Adidas hat Ende 2015 mit der Speedfactory eine automatisierte Turnschuhfabrik errichtet, die dieses Ziel langfristig verfolgt. In der Fabrik können Schuhe bedarfsgerecht und kundenindividuell (z.B. Stoff, Farbe, Passform, Fotos, etc.) mit Hilfe von flexibel automatisierten Produktionsanlagen hergestellt werden [adi17-ol].

Big Data: Der Begriff Big Data bezeichnet große Datenmengen, die mit Hilfe neuartiger Technologien in Echtzeit gespeichert, verarbeitet und ausgewertet werden. Die Nutzenpotentiale von Big Data Analytics sind vielfältig [Bit14]. Insbesondere beim Management der Variantenvielfalt kann Big Data großen Nutzen stiften. Ein Beispiel hierfür ist die Auswertung von Online-Konfiguratoren. Mit Hilfe von Online-Konfiguratoren können Informationen über die vom Kunden präferierten Produktvarianten bzw. Produktzusammenstellungen gewonnen werden (z.B. über das Klickverhalten, die gewählten Produktspezifikationen, etc.). Auf diese Weise lassen sich Produktvarianten frühzeitig hinsichtlich ihres Erfolges bzw. Misserfolges bewerten und entsprechende Optimierungen des Produktprogramms anstoßen.

Digitale Updates: Unter einem Update ist im Kontext des vorliegenden Beitrages ein Produkt-Release zu verstehen, das darauf abzielt, den Nutzen eines Produktes für den Kunden zu steigern. In der jüngeren Vergangenheit lässt sich beobachten, dass Updates zunehmend digital auf Basis von Software erfolgen – die Hardware bleibt dabei identisch. Ein Beispiel für ein Unternehmen aus der Automobilindustrie, das konsequent auf digitale Updates setzt, ist Tesla. Beim Tesla Model S können Fahrer über ein Softwareupdate das neueste Release herunterladen und so z.B. ein neues Design der Anzeigeinstrumente im Cockpit erhalten. Darüber hinaus ist es möglich, über digitale Updates zusätzliche Produktfunktionalitäten wie autonomes Fahren freizuschalten [Tes17-ol]. In letzteren Fall müssen die neuen Produktfunktionalitäten bereits bei der Markteinführung des Produktes technisch vorbereitet sein. Digitale Updates sind zukünftig ein unerlässliches Mittel, um der zunehmenden Innovationsdynamik Rechnung zu tragen und den Wettbewerbsvorsprung mit einem Produkt über einen längeren Zeitraum zu erhalten.

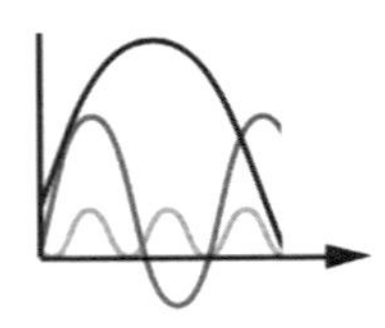

Synchronisation von Innovationszyklen: Der Begriff Innovationszyklus kennzeichnet den zeitlichen Abstand, der zwischen zwei Produktneuerungen liegt. In der jüngeren Vergangenheit haben sich die Innovationszyklen in vielen Branchen drastisch verkürzt. Während VW den Golf I beispielsweise von 1974 bis 1983 zehn Jahre lang produzierte, wurde der Golf VI bereits nach fünf Jahren durch den Golf VII abgelöst. Im Kontext digitaler Produkte kommt eine entscheidende Herausforderung hinzu: Derartige Produkte beruhen in der Regel auf einem engen Zusammenwirken von Mechanik-, Elektronik- und Softwarekomponenten, die typischerweise unterschiedliche Innovationszyklen haben. Motoren haben als klassische Mechanikkomponente beispielsweise einen Innovationszyklus von 5-6 Jahren. Der Innovationszyklus von Smartphones als Elektronikkomponenten beträgt hingegen 1-2 Jahre und der Zyklus neuer Softwarereleases liegt mitunter bei wenigen Monaten. Wenn es um die Planung von Kundenwertsteigerungen geht, sind Unternehmen daher gefordert, die unterschiedlichen Innovationszyklen zu synchronisieren. Die Automobilhersteller versuchen diesen Spagat u.a. durch die Gründung agiler Einheiten zu bewältigen. So hat BMW beispielsweise eine unabhängige Einheit für digitale Dienste an neuen Standorten in Shanghai, Chicago und Silicon Valley gegründet.

5 Resümee und Ausblick

Der sich abzeichnende Wandel der industriellen Produktion durch die Digitalisierung eröffnet faszinierende Chancen für ein zukünftiges Geschäft. Die Unternehmen stehen vor der Herausforderung, diese Erfolgspotentiale durch Innovationen in Produkten und Dienstleistungen zu erschließen – sie müssen ihre Produkte und die damit einhergehende Produktstrategie konsequent auf die Digitalisierung ausrichten. Im vorliegenden Beitrag wurde ein Modell vorgestellt, mit dessen Hilfe sich eine Produktstrategie beschreiben und systematisch entwickeln lässt. Es beruht auf drei konstituierenden Säulen: (1) Differenzierung im Wettbewerb (2) Bewältigung der Variantenvielfalt und (3) Erhaltung des Wettbewerbsvorsprungs.

Mit Hilfe des Modells lässt sich auch beschreiben, welchen Einfluss die Digitalisierung auf die Gestaltung von Produktstrategien hat. Dazu wurden sechs vielfach propagierte Facetten der Digitalisierung in das Modell eingeordnet und ihre Auswirkungen auf die Produktstrategie beschrieben: Digitale Funktionen, Digitale Services, Losgröße 1, Big Data, Digitale Updates und Synchronisation von Innovationszyklen. Die genannten Beispiele geben zum einen prägnanten Überblick über den durch die Digitalisierung induzierten Wandel des Themenfelds Produktstrategie. Zum anderen bieten sie Unternehmen eine Hilfestellung, Ansatzpunkte zur Gestaltung ihrer eigenen Produktstrategie zu finden.

Zukünftig ist davon auszugehen, dass die Relevanz digitaler Produkte und digitaler Produktstrategien weiter zunimmt. Vor diesem Hintergrund ist auch die Erarbeitung methodischer Werkzeuge und Hilfsmittel, wie sie der vorliegende Beitrag liefert, von hoher Bedeutung.

Literatur

[Adi17-ol] ADIDAS AG: adidas errichtet erste SPEEDFACTORY in Deutschland. Unter: http://www.adidas-group.com/de/medien/newsarchiv/pressemitteilungen/2015/adidas-errichtet-erste-speedfactory-deutschland/, abgerufen am 13. Januar 2017

[Bit14] BITKOM: Big-Data-Technologien – Wissen für Entscheider. Bitkom, Berlin, 2014

[Bit15] BITKOM RESEARCH: Digitale Transformation der Wirtschaft. Bitkom Research Marktbericht, Berlin, 2016

[Bri11] BRINK, V.: Verfahren zur Entwicklung konsistenter Produkt- und Technologiestrategien. Dissertation, Fakultät für Maschinenbau, Universität Paderborn, HNI-Verlagsschriftenreihe, Band 280, Paderborn, 2011

[Bri98] BRIDGES, W.: Der Charakter von Organisationen. Organisationsentwicklung aus typologischer Sicht. Hogrefe, Verlag für Psychologie, Göttingen, Bern, Toronto, Seattle, 1998

[Bul12] BULLINGER, H.J. (HRSG.): Fokus Technologiemarkt: Technologiepotenziale identifizieren - Marktchancen realisieren. Hanser Verlag, München, 2012

[EDA17-ol] EDAG ENGINEERING GMBH: trive.park. Unter: https://www.trive.me/trive-park/, abgerufen am 13. Januar 2017

[Ehr10] EHRLENSPIEL: Integrierte Produktentwicklung: Denkabläufe, Methodeneinsatz, Zusammenarbeit. Hanser Verlag, München, 2010

[FG13] FELDHUSEN, J.; GROTE, K.-H.: Pahl / Beitz Konstruktionslehre – Methoden und Anwendung erfolgereicher Produktentwicklung. Springer Vieweg, 8. Auflage, Berlin, 2013

[For89] FORSCHNER, G.: Investitionsgüter-Marketing mit funktionellen Dienstleistungen – Die Gestaltung immaterieller Produktbestandteile im Leistungsangebot industrieller Unternehmen. Duncker & Humboldt, Berlin, 1989

[GEA16] GAUSEMEIER, J.; ECHTERFELD, J.; AMSHOFF, B.: Strategische Produkt- und Prozessplanung. In: Lindemann, U. (Hrsg.): Handbuch Produktentwicklung, Carl Hanser Verlag , München 2016

[GKK16] GEBHART, N. KRUSE, M.; KRAUSE, D.: Gleichteile- Modul und Plattformstrategie. In: Lindemann, U. (Hrsg.): Handbuch Produktentwicklung, Carl Hanser Verlag , München 2016

[GP14] GAUSEMEIER, J. PLASS, C.: Zukunftsorientierte Unternehmensgestaltung: Strategien, Geschäftsprozesse und IT-Systeme für die Produktion von morgen. Carl Hanser Verlag, 2. Auflage, München 2014

[HSB14] HOMBURG, C.; STARITZ, M.; BIGEMENER, S.: Commodity-Differenzierung – Ein branchenübergreifender Ansatz. In: Enke, M.; Geigenmüller, A.; Leischnig, A. (Hrsg.): Commodity Marketing – Grundlagen – Besonderheiten – Erfahrungen. Springer Gabler, 3. Auflage, Wiesbaden, 2014

[Jac81] JACOB, H.: Der Absatz. In: Jacob, H. (Hrsg.): Allgemeine Betriebswirtschaftslehre – Handbuch für Studium und Prüfung. Gabler Verlag, Wiesbaden, 1981

[Kag14] KAGERMANN, H.: Industrie 4.0 und die Smart Service Welt – Dienstleistungen für die digitalisierte Gesellschaft. In: Boes, A. (Hrsg.): Dienstleistung in der digitalen Gesellschaft – Beiträge zur Dienstleistungstagung des BMBF im Wissenschaftsjahr 2014. Campus Verlag, Frankfurt, New York, 2014

[Ker02] KERSTEN, W.: Vielfaltsmanagement. Integrative Lösungsansätze zur Optimierung und Beherrschung der Produkt- und Teilevielfalt. TCW Transfer-Centrum, München, 2002

[KDG16] KÜHN, A.; DUMITRESCU, R.; GAUSEMEIER, J.: Strategische Release-Planung als Ansatz zur systematischen Produktwertsteigerung. In: Gausemeier, J. (Hrsg).: Vorausschau und Technologieplanung – 12. Symposium für Vorausschau und Technologieplanung. HNI-Verlagsschriftenreihe, Band 360, Paderborn, 2016

[KWH13] KAGERMANN, H.; WAHLSTER, W.; HELBIG, J. (HRSG.): Deutschland als Produktionsstandort sichern – Umsetzungsempfehlungen für das Zukunftsprojekt Industrie 4.0 –Abschlussbericht des Arbeitskreises Industrie 4.0 (acatech). 2013

[Lit94] LITTLE, A. D. (HRSG.): Management erfolgreicher Produkte. Gabler Verlag, Wiesbaden, 1994

[Pet16] PETER, S.: Systematik zur Antizipation von Stakeholder-Reaktionen. Dissertation, Fakultät für Maschinenbau, Universität Paderborn, HNI-Verlagsschriftenreihe, Band 361, Paderborn, 2016

[PL11] PONN, J.; LINDEMANN, U.: Konzeptentwicklung und Gestaltung technischer Produkte: Systematisch von Anforderungen zu Konzepten und Gestaltlösungen. 2. Aufl., Springer, Heidelberg, 2011

[PH14] PORTER, M.E.; HEPPELMANN, J.E.: Wie smarte Produkte den Wettbewerb verändern. In: Harvarad Businessmanager, Dezember 2014

[Pro15] PROGNOS AG: Wie digitalisiert ist Deutschland? Prognos trendletter November 2015

[RM02] REICHWALD, R.; MEIER, R.: Generierung von Kundenwert mit mobilen Diensten. In: Reichwald, R.: Mobile Kommunikation – Wertschöpfung, Technologien, neue Dienste, Gabler Verlag, Wiesbaden, 2002

[SAS12] SCHUH, G.; ARNOSCHT, J.; SCHIFFER, M.: Innovationscontrolling. In: Schuh G. (Hrsg.): Handbuch Produktion und Management 3. Springer Vieweg, 3. Auflage, Berlin, Heidelberg, 2012

[Sch05] SCHUH, G.: Produktkomplexität managen: Strategien – Methoden -Tools. Carl Hanser Verlag, 3. Auflage, München, Wien, 2005

[SLN+12] SCHUH, G.; LENDERS, M.; NUßBAUM, C.; RUDOLF, S.: Produktarchitekturgestaltung. In: Schuh G. (Hrsg.): Handbuch Produktion und Management 3. Springer Vieweg, 3. Auflage, Berlin, Heidelberg, 2012

[SM02] SPECHT, D.; MÖHRLE, M. (HRSG.): Gabler Lexikon Technologie Management: Management von Innovationen und neuen Technologien im Unternehmen. Gabler Verlag, Wiesbaden, 2002

[Söl16] SÖLLNER, C.: Methode zur Planung eines zukunftsfähigen Produktportfolios. Dissertation, Fakultät für Maschinenbau, Universität Paderborn, HNI-Verlagsschriftenreihe, Band 356, Paderborn, 2016

[Tes17-ol] TESLA MOTORS INC.: Software-Updates. Unter: https://www.tesla.com/de_DE/support/software-updates, abgerufen am 13. Januar 2017

[VW12] VOLKSWAGEN AG: Der Baukasten für die Zukunft. In: autogramm – Die Zeitung für die Mitarbeiterinnen und Mitarbeiter der Marke Volkswagen, Ausgabe 1-2, 2012

[WSH+11] WELLENSIEK, M.; SCHUH, G.; HACKER, P.A., SAXLER, J.: Technologiefrüherkennung. In: Schuh, G.; Klappert, S. (Hrsg.): Technologiemanagement – Handbuch Produktion und Management 2. Springer-Verlag, Berlin, Heidelberg, 2. Auflage, 2011

Autoren

Julian Echterfeld studierte Wirtschaftsingenieurwesen mit der Fachrichtung Innovations- und Entwicklungsmanagement an der Universität Paderborn. Seit 2014 ist er wissenschaftlicher Mitarbeiter am Heinz Nixdorf Institut bei Prof. Gausemeier. Dort leitet er das Team „Strategische Planung und Innovationsmanagement“ in der Fachgruppe „Strategische Produktplanung und Systems Engineering“. Seine Forschungs- und Tätigkeitsschwerpunkte liegen in der Strategischen Produktplanung, im Innovationsmanagement und der Produktstrategieentwicklung.

Christian Dülme studierte im Rahmen eines dualen Studiums Wirtschaftsingenieurwesen mit der Fachrichtung Maschinenbau an der Universität Paderborn. Seit 2013 ist er wissenschaftlicher Mitarbeiter am Heinz Nixdorf Institut bei Prof. Gausemeier im Team „Strategische Planung und Innovationsmanagement". Seine Forschungsschwerpunkte sind Industrie 4.0, Produktstrategie und Potentialfindung.

Prof. Dr.-Ing. Jürgen Gausemeier ist Seniorprofessor am Heinz Nixdorf Institut der Universität Paderborn und Vorsitzender des Clusterboards des BMBF-Spitzenclusters „Intelligente Technische Systeme Ostwestfalen-Lippe (it´s OWL)". Er war Sprecher des Sonderforschungsbereiches 614 „Selbstoptimierende Systeme des Maschinenbaus" und von 2009 bis 2015 Mitglied des Wissenschaftsrats. Jürgen Gausemeier ist Initiator und Aufsichtsratsvorsitzender des Beratungsunternehmens UNITY AG. Seit 2003 ist er Mitglied von acatech – Deutsche Akademie der Technikwissenschaften und seit 2012 Vizepräsident.

Einführung von Industrie 4.0 in die Miele Produktion – Ein Erfahrungsbericht

Dr.-Ing. Pia Gausemeier
Miele & Cie. KG
Mielestraße 2, 33611 Bielefeld
Tel. +49 (0) 521 / 80 77 32 11, Fax. +49 (0) 521 / 80 77 87 32 11
E-Mail: Pia.Gausemeier@miele.de

Maximilian Frank, Christian Koldewey
Heinz Nixdorf Institut, Universität Paderborn
Fürstenallee 11, 33102 Paderborn
Tel. +49 (0) 52 51 / 60 {6273/6243}, Fax. +49 (0) 52 51 / 60 62 68
E-Mail: {Maximilian.Frank/Christian.Koldewey}@hni.upb.de

Zusammenfassung

Orientierung in der komplexen Industrie 4.0-Landschaft zu finden, ist für viele Unternehmen eine Herausforderung. Die Fragestellungen sind vielfältig: Was ist Industrie 4.0 eigentlich? Handelt es sich um eine Revolution oder um eine evolutionäre Entwicklung von Technologien? Welchen Mehrwert bietet Industrie 4.0 produzierenden Unternehmen? Was ist tatsächlich neu? Welche Bestandteile von Industrie 4.0 sind relevant für die eigene Produktion? Wie setzt man Industrie 4.0 um?

Oftmals sind in Unternehmen bereits erste Pilotprojekte und Anwendungen dezentral durchgeführt und implementiert worden. Es ist somit notwendig den eigenen Status in Hinblick auf Industrie 4.0 zu kennen, um einen strukturierten Einstieg in das Themenfeld zu finden. Anschließend kann eine konsistente Umsetzungsstrategie festlegt werden. Eine Ist-Zustands-Analyse der Aktivitäten zu Industrie 4.0 ist somit unerlässlich. Basis hierfür ist dezidiertes Wissen über die eigenen Produktionssysteme sowie ein Einordnungsschema zur Aufnahme der bestehenden und geplanten Aktivitäten. Dieser Beitrag stellt ferner das ausgewählte Einordnungsschema und das Ergebnis der Ist-Zustands-Analyse der Miele Produktionssysteme bezüglich der Industrie 4.0-Aktivitäten dar und erläutert diese anhand von Beispielen aus unterschiedlichen Handlungsfeldern.

Neben der intelligenten Automatisierung auf Shopfloor-Ebene werden auch dezentrale Produktionskonzepte sowie der Bereich der Mensch-Mensch-Kollaboration beispielhaft erläutert.

Schlüsselworte

Einführungsstrategie, Industrie 4.0, Produktionstechnologie, Sozio-technische Systeme

Introduction of Industrie 4.0 into Miele Production – an Experience Report

Abstract

Many companies are faced with the challenge of navigating the complex field of Industrie 4.0. The questions are manifold – What is Industrie 4.0? Is it a revolution or an evolutionary development of technologies? What advantages does Industrie 4.0 present to manufacturing enterprises? What is actually new? Which elements of Industrie 4.0 are relevant to one's own production? How can Industrie 4.0 be implemented?

In many cases, initial pilot projects and applications have been implemented decentrally within the organization. Therefore, the current degree of adherence to Industrie 4.0 guidelines and principles within the enterprise must be known in order to derive a strategy for implementation. An analysis of the current state of activities in respect to Industrie 4.0 is therefore unavoidable. The foundation for the analysis is an understanding of the observed production as well as a schema for collecting and sorting existing and planned activities. This paper presents the results of the current state analysis of Industrie 4.0 activities for the Miele Production System. Singular aspects of the approach are explained and applied to various fields within the production.

In addition to intelligent automation on the shop floor level, decentral production concepts and the field human-human collaboration are illustrated through several exemplary activities.

Keywords

Implementation strategy, Industrie 4.0, production technology, socio-technological systems

1 Herausforderungen auf dem Weg zu Industrie 4.0 bei Miele

Im Kontext der voranschreitenden Digitalisierung und steigender Kundenanforderungen, insbesondere bezüglich der Individualisierung, stellt sich für produzierende Unternehmen die Frage, wie sie die daraus resultierenden Anforderungen an die Produktion erfüllen können [BSS15, S. 7ff.], [KWH13, S. 19]. Unter dem Schlagwort Industrie 4.0 werden viele Technologien subsummiert, die die Erfüllung dieser Anforderungen zu unterstützen scheinen. Jedoch ist bereits die Frage, was Industrie 4.0 exakt bedeutet, wo der Unterschied zu herkömmlichen Automatisierungslösungen liegt und welche Unternehmensbereiche tangiert werden, nicht eindeutig und allgemeingültig geklärt. Weiterhin erschweren die große Anzahl der möglichen Lösungen sowie die Tatsache, dass viele der Technologien sich noch in frühen Entwicklungsstadien befinden, die unmittelbare Implementierung.

Die Firma Miele ist ein Hersteller von Hausgeräten für die Küche, Wäsche- und Bodenpflege, sowie von Geräten für den Einsatz in Gewerbebetrieben oder medizinischen Einrichtungen. Das Selbstverständnis des Unternehmens ist geprägt durch eine hohe Produktlebensdauer und durch qualitativ hochwertige, innovative Produkte. Um diesen Anspruch an die Produkte effizient abbilden zu können und gleichzeitig die Herausforderung immer individualisierterer Produkte zu meistern, ist es unerlässlich, die sich aus Industrie 4.0 ergebenden Potentiale zu nutzen.

Zur Erschließung von Industrie 4.0 für die Produktion hat Miele eine Vorgehensweise entwickelt. Ausgehend von einer auf das Unternehmen angepassten Definition von Industrie 4.0 bildet die Analyse des Ist-Zustandes einen der Kernaspekte dieses Vorgehens. Bei Miele umfasst der Begriff Industrie 4.0 fünf konstituierende Aspekte: Industrie 4.0…

- Bezeichnet (teil-)autonome, cyber-physische Systeme.
- Ermöglicht individualisierte Produkte.
- Erschafft Produkt-Service-Systeme.
- Bedingt die Integration hochqualifizierter Arbeitskräfte.
- Erfordert die Interaktion aller Beteiligten in die Geschäfts- und Wertschöpfungsprozesse.

Die Analyse des Ist-Zustandes erfordert die Identifikation und Strukturierung der bereits heute im Unternehmen vorhandenen Aktivitäten und Technologien im Kontext Industrie 4.0. Dazu wurde zunächst ein Einordnungsschema ausgewählt (Kapitel 2). Durch Interviews und strukturierte Analysen werden heutige Aktivitäten und Technologien in oder für die Produktion, die der Definition von Industrie 4.0 entsprechen, identifiziert und in das Schema eingeordnet (Kapitel 3). Die Einordnung folgt dem Verständnis, dass Technologien nicht zwangsläufig neu sein müssen, um dem Kerngedanken von Industrie 4.0 Rechnung zu tragen. Auch bereits vorhandene Elemente können Kriterien von Industrie 4.0 erfüllen oder durch Vernetzung/Verknüpfung Industrie 4.0-fähige Lösungen darstellen. Die resultierende Übersicht dient neben der konzernweiten Dokumentation der vorhandenen Aktivitäten und Technologien auch der Identifikation von Themenfeldern, in denen Entwicklungsbedarfe bestehen. Ziel ist es, darauf basierend gezielt neue Aktivitäten/Projekte zu initialisieren sowie Technologien in der Produktion umzusetzen und zu validieren.

2 Schema zur Strukturierung der Ausgangssituation

Im Kontext Industrie 4.0 existiert eine Vielzahl an Einordnungsschemata und Reifegradmodellen, die Unternehmen bei der Analyse des Ist-Zustandes in Hinblick auf Industrie 4.0 unterstützen sollen. Zunächst ist es daher unerlässlich auf Basis der unternehmensinternen Anforderungen ein auf die Bedürfnisse des Unternehmens ausgerichtetes Schema auszuwählen. Nachfolgend werden einige der gängigen Modelle vorgestellt.

In den Umsetzungsempfehlungen des Arbeitskreises Industrie 4.0[1] wird ein Schema zur Einordnung nach Aspekten von Industrie 4.0 vorgestellt. Hierbei wird zwischen der horizontalen Integration, dem digital durchgängigen Engineering und der vertikalen Integration unterschieden [KWH13, S. 34ff.]. Zudem kann als viertes Element der Mensch als Dirigent im Wertschöpfungsnetzwerk betrachtet werden [ABD+15, S. 12].

Das Maturitätsstufen-Modell nach PriceWaterhouseCoopers dient insbesondere der Analyse des Ist-Zustands in einem Unternehmen [GSK+14, S. 41]. Es unterscheidet zwischen den Unternehmensdimensionen Prozesse/Wertschöpfungsketten, Produkt-/Serviceportfolio und Kunde/Marktzugang und bildet den Fortschritt in Richtung der Umsetzung von Industrie 4.0 ab. Der Zielzustand und der Weg dorthin sind hierbei für jedes Unternehmen individuell anzupassen. Es werden fünf Maturitätsstufen unterschieden: digitaler Novize, vertikaler Integrator, horizontaler Kollaborateur und digitaler Champion [GSK+14, S. 41ff.].

Das Connected-Product-Maturity-Model nach Axeda ordnet Produkte nach der Integration des Internets der Dinge ein [Axe14-ol, S. 3]. Es lässt sich in modifizierter Form auch zur Anwendung auf das gesamte Unternehmen heranziehen [Kau15, S. 32]. Das modifizierte Modell unterscheidet zwischen sechs Stufen der Umsetzung von Industrie 4.0 bezogen auf das ganze Unternehmen: Offline, Rudimentär, Angebunden, Fortgeschritten, Aktionsbasiert, Geschäftsmodell. Bei der Reifegradermittlung werden vier Kategorien an Aktivitäten unterschieden [Kau15, S. 33f.]:

- Die Maschinenanbindung an das Unternehmensnetzwerk
- Daten (deren Erfassung bzw. das implementierte Datenmodell)
- Analyse (Überwachung der Prozesse bzw. Verarbeitung der Daten)
- Die Integration der Systeme innerhalb des Unternehmens

Nach LEE setzt die Migration der Produktion in Richtung Industrie 4.0 am Lean Manufacturing-Ansatz an. Von dort ausgehend, existieren zwei Entwicklungsrichtungen. Zum einen sollen bekannte Fehler durch den Einsatz neuer Technologien, wie z.B. smarter Sensoren, beseitigt werden. Zum anderen sollen noch unbekannte Fehler durch den Einsatz neuer Methoden und Techniken verhindert werden. Die Entwicklung der Produktion in beide Richtungen zeichnet eine erfolgreiche Migration von Lean Manufacturing zu Industrie 4.0 aus. Zentrale Aspekte

[1] Der von der Forschungsunion Wirtschaft – Wissenschaft des BMBF eingesetzte Arbeitskreis Industrie 4.0 erarbeitete bis Ende 2012 eine Reihe von Umsetzungsempfehlungen für die Bundesregierung, mit welchen die rasante Entwicklung in Richtung Industrie 4.0 bewältigt werden sollte. In Folge des großen Erfolgs des Arbeitskreises entstand im Frühjahr 2013 die Verbandsgrenzen-übergreifende Plattform Industrie 4.0.

sind hierbei die Existenz einer Wertschöpfungskette auf Basis cyber-physischer Systeme und die Implementierung intelligenter Informationsverarbeitung [LLB+13, S. 38f.].

Im Fokus der Aachener Perspektive auf Industrie 4.0 steht die Kollaborationsproduktivität. Kollaborationsproduktivität ist das Ergebnis einer gemeinsamen Wertschöpfung von Menschen mit Menschen, Menschen mit Maschinen und Maschinen mit Maschinen [SG14, S. 369f.]. Ihre Steigerung ist das Ziel jeder Produktionsaktivität im Sinne von Industrie 4.0 [SG14, S. 369]. Eine gesteigerte Kollaborationsproduktivität ermöglicht die Senkung der Entwicklungs- und Produktionskosten sowie eine lebenszyklusgerechte Qualitätssicherung und -erhöhung über den gesamten Produktlebenszyklus [BBB+14, S. 41].

In einem internen Workshop werden unternehmens- und anwendungsspezifische Anforderungen an das Einordnungsschema für Industrie 4.0-Aktivitäten abgeleitet. Anschließend erfolgt die Bewertung der fünf vorgestellten Schemata (Bild 1). Während das Einordnungsschema nach Maturitätsstufe und das Einordnungsschema nach Reifegrad über die Hälfte der Anforderungen nicht erfüllen, scheiden die anderen beiden Schemata aus, weil sie die Bedingung *Fokus auf die Produktion* (Einordnung nach Aspekten von Industrie 4.0) bzw. die Anforderung *übersichtliche und aussagekräftige Darstellung* (Einordnung nach Produktionsentwicklung) nicht erfüllen.

Bewertung der Ansätze (Zeilen) aufgrund ihrer Erfüllung der gestellten Anforderungen (Spalten)?

Bewertungsskala:
○ = nicht erfüllt
◐ = teilweise erfüllt
● = voll erfüllt

Einordnungsschemata	Anforderungen						
	Übersichtliche und aussagekräftige Darstellung	Einordnung einzelner Aktivitäten	Einordnung heterogener Aktivitäten	Verhältnis von Aufwand und Nutzen	Fokus auf Produktion	Eindeutige Zugehörigkeit zu Industrie 4.0	Eindeutigkeit der Kategorien
	AE1	AE2	AE3	AE4	AE5	AE6	AE7
Einordnung nach Aspekten von Industrie 4.0	●	●	●	◐	◐	◐	◐
Einordnung nach Maturitätsstufe	◐	○	○	○	○	●	◐
Einordnung nach Reifegrad	○	○	○	○	○	●	◐
Einordnung nach Produktionsentwicklung	○	●	●	◐	●	◐	●
Einordnung nach Einflussfeldern der Kollaborationsproduktivität	●	●	●	◐	●	●	◐

Bild 1: Bewertung der Einordnungsschemata anhand von Anforderungen

Aufgrund dieser Bewertung wurde das Einordnungsschema nach Einflussfeldern der Kollaborationsproduktivität gewählt. Das Schema sieht vier Einflussfelder vor: Shopfloor/Automation, IT-Globalization, Single Source of Truth und Cooperation [BBB+14, S. 40]. Die Position auf der Abszisse trennt die Aktivitäten nach Software und Hardware während die Ordinate die Dimensionen cyber und physical unterscheidet. Bild 2 zeigt das ausgewählte Schema. Das nachfolgende Kapitel beschreibt die Einordnung Industrie 4.0-relevanter Aktivitäten in das ausgewählte Schema.

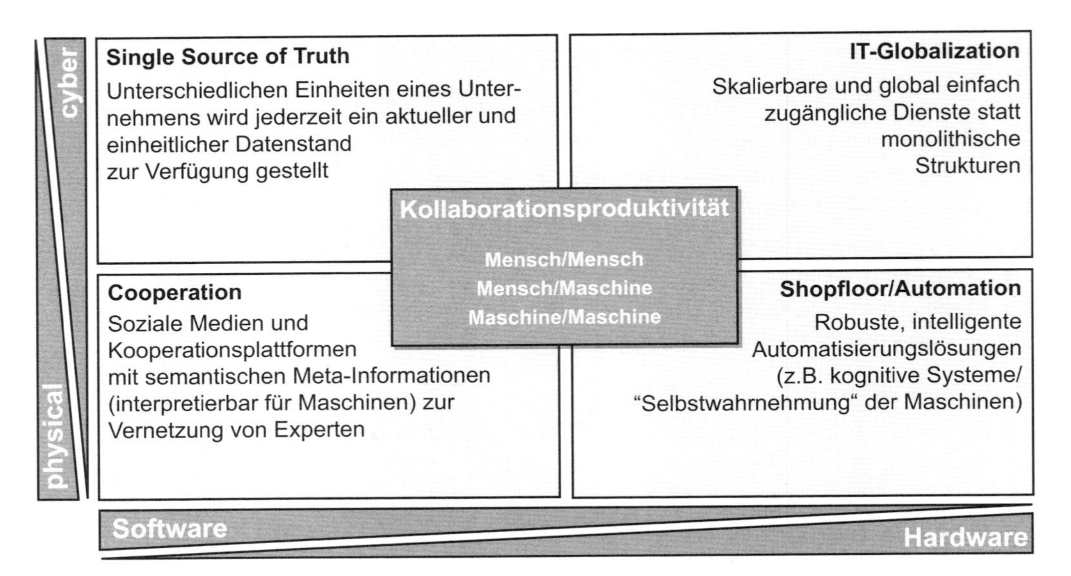

Bild 2: Einordnungsschema nach Einflussfeldern der Kollaborationsproduktivität [BBB+14, S. 40]

3 Einordnung relevanter Aktivitäten

Für die Auswahl der einzuordnenden Aktivitäten/Technologien in das ausgewählte Einordnungsschema sind mehrere Kriterien festzustellen. Das erste Kriterium, nach welchem entschieden wird, ob eine Aktivität/Technologie in das Schema aufgenommen wird, ist ihr Beitrag zur Steigerung der Kollaborationsproduktivität. Das zweite Kriterium ist die Zugehörigkeit zu einem der fünf Bestandteile von Industrie 4.0 gemäß der unternehmensinternen Definition (Kapitel 1). Sofern eines dieser beiden Kriterien erfüllt ist, werden die nachfolgenden Kriterien überprüft, um zu entscheiden, in welches Feld eine Aktivität oder Technologie eingeordnet wird [Klo14, S. 247ff.].

Kriterien zur Einordnung in das Feld Shopfloor/Automation

- Intelligente Maschinen
- Smarte Werkzeuge
- Produktion von smarten Produkten
- Intelligente Nutzung von Betriebsstoffen und Ressourcen

Kriterien zur Einordnung in das Feld IT-Globalization

- Strukturen, die exakte und anpassbare Modelle enthalten
- Speicherung und globale Vorhaltung großer Datenmengen
- Implementieren von modularer, leistungsfähiger Hardware zur Bereitstellung von Daten
- Digitale Sicherheitsvorkehrungen
- Vernetzung von Hardware (z.B. zu dezentralen Produktionsnetzwerken)

Kriterien zur Einordnung in das Feld Single Source of Truth

- Aufbereiten und Bereitstellen eines jederzeit verfügbaren, aktuellen und konsistenten Datenbestands
- Softwaretechnische Verbindung der realen Produktion mit dessen virtuellen Modell
- Optimierung der realen Fabrik durch Datenverarbeitung

Kriterien zur Einordnung in das Feld Cooperation

- Unterstützung der Zusammenarbeit von Menschen mit Menschen
- Softwaretechnische Vernetzung von Menschen über geografische Distanzen und Unternehmensgrenzen hinweg
- Schaffung einer Schnittstelle, die menschliches Wissen auch für Maschinen nutzbar macht

Die Zuordnungen zu den Feldern sind nicht immer trennscharf. Im Zweifel ist daher im Einzelfall abzuschätzen, welches Kriterium der betrachteten Aktivität höheres Gewicht hat. Aus zahlreichen Experteninterviews, Veranstaltungen und Produktionsbesichtigungen resultiert eine Übersicht über den Ist-Zustand an Industrie 4.0-relevanten Aktivitäten, die in Bild 3 dargestellt ist. Hervorgehoben sind diejenigen Beispiele, die nachfolgend in den Kapiteln 3.1 (Automatischer Griff in die Kiste), 3.2 (3D-Drucken) und 3.3 (Wissensmanagment) erläutert werden. Aufgenommen werden nicht nur bereits umgesetzte Aktivitäten, sondern ebenfalls solche, die sich noch in der Planung befinden.

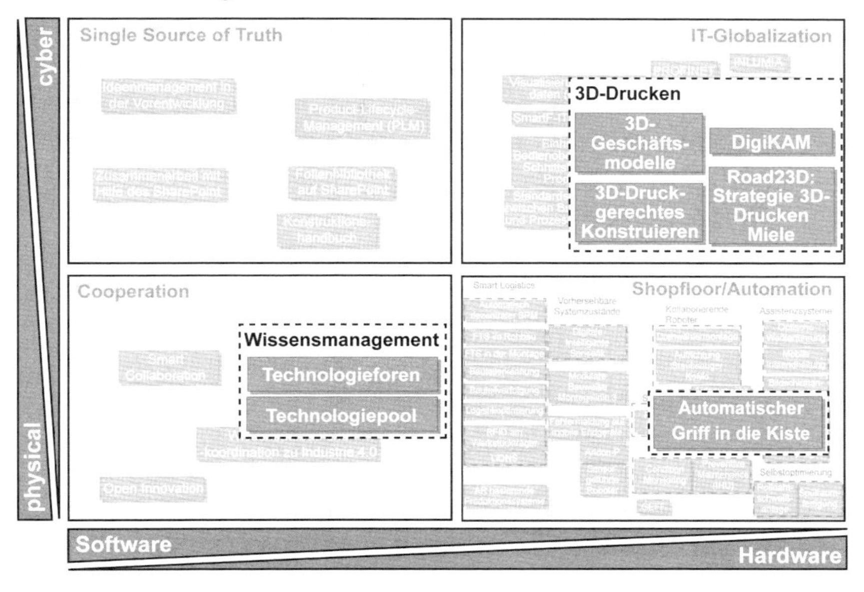

Bild 3: Ist-Zustand der Industrie 4.0-relevanten Aktivitäten im Einordnungsschema

3.1 Automatischer Griff in die Kiste

Die Schüttgutvereinzelung stellt in den Produktionsprozessen der Firma Miele eine Herausforderung dar und kann oft nur von Menschen gelöst werden. In vielen Fällen wird eine größere Menge des gleichen Bauteils ungeordnet in einem Behälter vorgehalten. Somit fehlt ein absolut definierbarer Punkt, der von einem Roboter angesteuert werden kann, um ein Teil aus der Menge zu greifen. Die starre Automatisierung eines Greifers ist somit nicht zielführend. Mit Hilfe einer sogenannten Bin Picking Anlage kann dieses Automatisierungsproblem jedoch gelöst werden. Bei einer Bin Picking Anlage handelt es sich um ein kooperatives Roboter-Kamera-System, welches aufgrund der hinterlegten Bauteilbeschreibung die Lage der einzelnen Teile im Schüttgutbehälter erkennt. Dies ermöglicht es dem System, den Roboter automatisch zum Greifpunkt eines einzelnen Bauteils zu steuern, es zu greifen und in einer nach Lage und Orientierung definierten Stelle wieder abzulegen. Nach jedem Griff in die Kiste wird die neue Anordnung des Schüttguts fotografiert und das nächste zu greifende Bauteil automatisch ausgewählt. Dieses Verfahren wurde in einer Robotertestzelle erfolgreich getestet (Bild 4) und befindet sich momentan im Aufbau für den Einsatz in der Geschirrspülermontage. Bezüglich der vier Felder des Einordnungsschemas erfüllt der intelligente, teilautonome Roboter die Anforderungen zur Einordnung in das Feld **Shopfloor/Automation**.

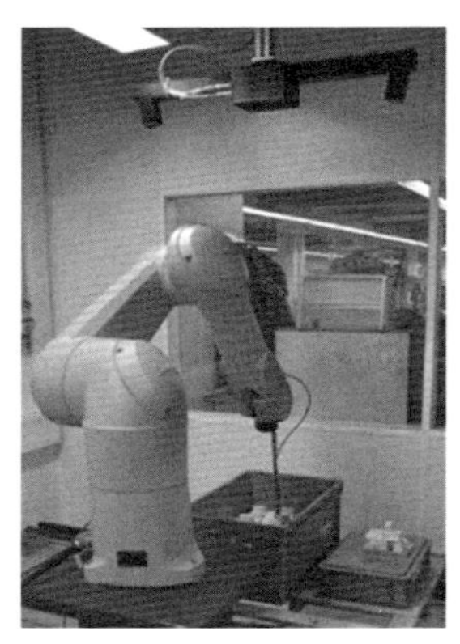
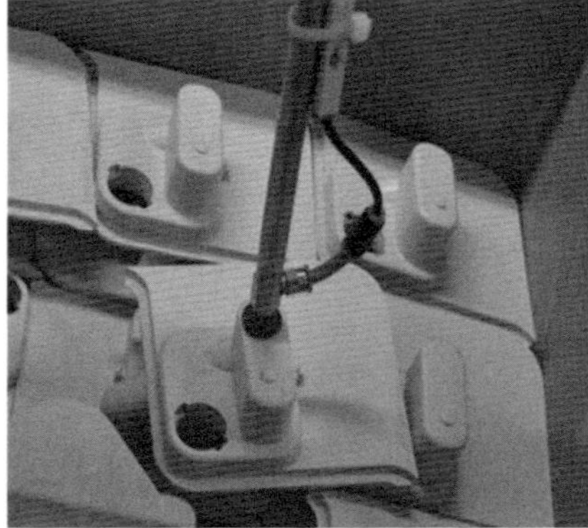
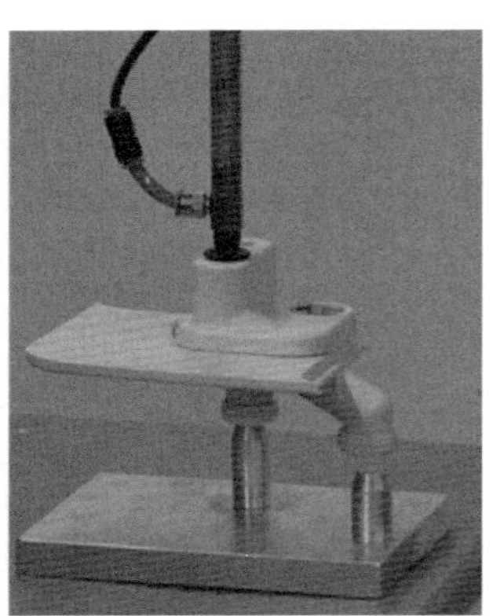

Bild 4: Ansichten der Bin Picking Anlage im Test

Vor dem Hintergrund der zunehmenden Kundenindividualisierung sind Bin Picking Anlagen ein erster Schritt auf dem Weg zu einer flexiblen Automatisierung. Durch eine konsequente Steigerung der Flexibilität können sie in Zukunft einen Beitrag zur Realisierung der individuellen Massenfertigung leisten. Dies ist insbesondere für Hochlohnstandorte wie Deutschland ein entscheidender Erfolgsfaktor zur Sicherung des Produktionsstandorts.

3.2 3D-Drucken

Die rasante technologische Entwicklung des 3D-Druckens[2] und die gesteigerte Wahrnehmung der Technologie in der Öffentlichkeit bergen neue Potentiale für Industrieunternehmen und können innerhalb weniger Jahre erhebliche Veränderungen entlang der Wertschöpfungskette auslösen. Schon heute sind Verbraucher in der Lage, in das Ersatzteilgeschäft einzugreifen, indem sie mit Hilfe von Scannern und 3D-Druckern in Repair-Cafés ihre Ersatzteile additiv

[2] In diesem Beitrag wird der Begriff 3D-Drucken als Synonym für Additive Manufacturing oder generative Fertigung verwendet. Dies beinhaltet sowohl unterschiedlichste Verfahren, wie z.B. Strangablageverfahren, pulverbasierte Verfahren oder Laserauftragsschweißen, als auch die verschiedensten Werkstoffe.

fertigen lassen. Zudem ist der Trend erkennbar, dass der Kunde größere Anteile der Wertschöpfung übernimmt. Zum Beispiel werden Kunden beim Design der Produkte mit einbezogen oder in die Lage versetzt mit Hilfe von 3D-Druckern selbst Bau- oder Ersatzteile zu produzieren – Kunden werden von Consumern zu sogenannten Prosumern [BHB16, S.228].

Derartige, durch 3D-Drucken ermöglichte, dezentrale Produktionskonzepte erfordern eine umfassende Vernetzung von Hardware und die Speicherung und Vorhaltung großer Datenmengen (z.B. CAD Dateien). Aus diesen Gründen werden die Aktivitäten zu 3D-Drucken dem Feld **IT-Globalization** zugeordnet. Welche Chancen und Risiken sich durch den 3D-Druck für Unternehmen ergeben, wie Potentiale erschlossen werden können und welche Veränderungen sich in der Wertschöpfungskette und für die Geschäftsmodelle ergeben, ist bislang nur teilweise bekannt. Wesentliche Vorteile des 3D-Druckens gegenüber konventionellen Herstellverfahren liegen insbesondere in der wirtschaftlichen Fertigung kleiner Losgrößen sowie leichter und komplexer Bauteile (Bild 5) [SM15-ol, S. 1], [ATK15-ol, S. 11], [ALU16, S. 37].

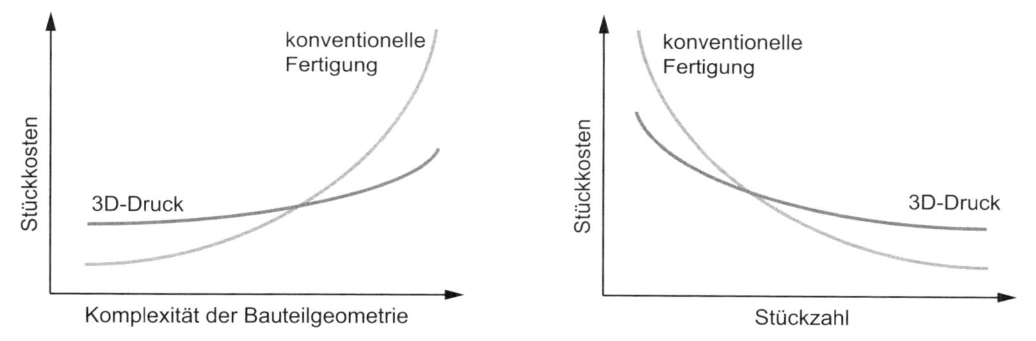

Bild 5: Einfluss der Bauteilkomplexität und der Stückzahl auf die Stückkosten beim 3D-Druck im Vergleich zur konventionellen Fertigung [SM15-ol, S. 1], [ATK15-ol, S. 11]

Für Miele als Premiumhersteller ist der Bereich der Kundenindividualisierung von Produkten ein mögliches attraktives Feld, in dem der Vorteil der Wirtschaftlichkeit von geringen Stückzahlen zum Tragen kommen könnte. Weiterhin ist der Bereich der Ersatzteilfertigung ein potentielles Handlungsfeld für das 3D-Drucken. Potentiale liegen hier insbesondere in der Reduktion von Logistikkosten (Lager- und/oder Transportkosten) durch Fertigung on demand oder dezentralen Produktionskonzepten [ALU16, S. 56]. Auch interne Anwendungsfälle, beispielsweise in der Betriebsmittelfertigung, sind denkbar. Hier könnten Vorteile in der Wirtschaftlichkeit bei kleinen Stückzahlen und hoher Komplexität ausgespielt werden. Daher befasst sich Miele mit der Entwicklung von Ideen für **Geschäftsmodelle** im Kontext des 3D-Druckens.

Die erwartete Veränderung der Wertschöpfungsstrukturen, z.B. durch dezentrale Fertigung und Fertigung on demand, erfordert die vertikale und horizontale Integration von Akteuren zur Bildung von Wertschöpfungsnetzen, um mögliche neue Geschäftsmodelle abbilden zu können. Hiermit beschäftigt sich Miele in dem vom BMWi geförderten Verbundprojekt **DigiKAM** (Digitales Kollaborationsnetzwerk zur Erschließung von Additive Manufacturing). Ziel ist eine skalierbare Plattformlösung zur Vernetzung von Anwendern und Dienstleistern über den gesamten Entstehungsprozess von Marktleistungen im Kontext 3D-Druck.

Für viele denkbare Geschäftsmodelle sind insbesondere die technischen und rechtlichen Rahmenbedingungen für eine wirtschaftliche Umsetzung noch nicht gegeben. Beispielsweise sind Fragen der Produkthaftung noch nicht vollständig geklärt. Weiterhin ist der Automatisierungsgrad vieler Verfahren noch zu gering, um mit konventionellen Verfahren konkurrieren zu können. Gerade hier wird jedoch eine positive Entwicklung über die nächsten Jahre erwartet. Deshalb ist es wichtig, Geschäftsmodelle, die heute noch nicht wirtschaftlich abbildbar sind, nicht grundsätzlich zu verwerfen, sondern diese vorausschauend zu planen. Das itsowl-Transferprojekt **Road23D** soll eine langfristige Planung des Einsatzes des 3D-Druckens bei Miele ermöglichen. Ziel ist eine Geschäftsmodellroadmap, auf der denkbare, durch 3D-Drucken ermöglichte, Geschäftsmodelle zeitlich verortet werden. Dazu werden die Anwendungsfälle und Geschäftsmodelle erfasst und Anforderungen zu deren Umsetzung abgeleitet. Die Vorausschau mit Hilfe der Szenario-Technik ermöglicht es ausgehend von einem Zukunftsentwurf Geschäftsmodelle zu bewerten und auszuwählen. Für diese Geschäftsmodelle werden die von Miele zu erbringenden Aktivitäten ermittelt und Partner für die weiteren Aktivitäten identifiziert. Zudem ist es möglich durch Retropolation die möglichen Umsetzungszeitpunkte der Geschäftsmodelle abzuschätzen und diese auf einer Roadmap zu verorten.

Eine der zur technischen und wirtschaftlichen Erschließung der Potentiale des 3D-Druckens erforderlichen Kompetenzen ist das **3D-Druck gerechte Konstruieren**. Erste Versuche zeigen, dass das 3D-Drucken von Bauteilen, die für konventionelle Verfahren (wie z.B. Spritzguss) konstruiert wurden, weder wirtschaftliche noch technische Vorteile bietet. Sollen die Vorteile der wirtschaftlichen Fertigung kleiner Losgrößen sowie leichter und komplexer Bauteile, z.B. durch Funktionsintegration, ausgeschöpft werden, gilt es entsprechende neue Konstruktionsprinzipien zu berücksichtigen. Hierfür wurde bei Miele ein Pilotprojekt mit der Firma Krause DiMaTec GmbH durchgeführt, in dem ein Robotergreifer für eine Staubsaugeroberschale redesigned und gefertigt wurde. Durch einen Materialwechsel sowie durch eine topologieoptimierte Bauweise konnten sowohl das Gewicht als auch die Kosten für den Greifer erheblich reduziert werden. Bild 6 zeigt das Vorgehen sowie das bestehende und das redesignte Bauteil.

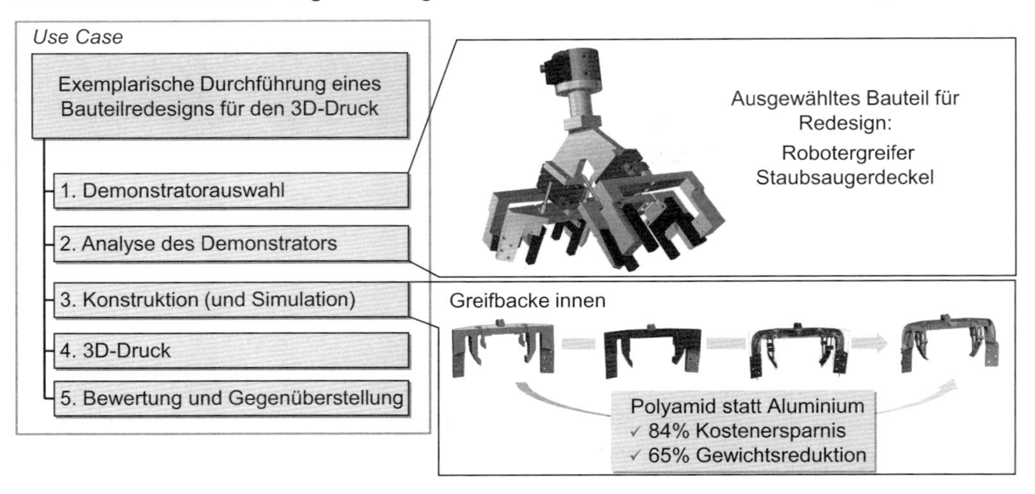

Bild 6: Redesign eines Robotergreifers für die Herstellung mittels 3D-Druck

3.3 Wissensmanagement von Produktionstechnologien

Im Handlungsfeld **Cooperation** werden die Kooperationsinstrumente für die Produktion von morgen zusammengefasst. Einen wesentlichen Bestandteil bilden Applikationen, die intuitiv bedienbar und auf mobilen Endgeräten verfügbar sind. Solche Tech-Apps können sowohl technische Funktionen im Kontext von cyber-physischen Produktionssystemen erfüllen, als auch zum Austausch über Technologiewissen genutzt werden. Zweiteres dient insbesondere auch dazu, firmenintern Technologieanwender und -experten zu vernetzen und den Wissens- und Erfahrungsaustausch anzuregen [Klo14, S. 264]. Vor diesem Hintergrund wird bei Miele ein Konzept zum Produktionstechnologie-Wissensmanagement realisiert. In Anlehnung an BULLINGER ET AL. werden dabei die drei Dimensionen des Wissensmanagements Technik, Organisation und Mensch betrachtet (Bild 7) [BWP97, S. 10].

Die Ausgestaltung der Dimension Mensch ist die Grundlage für die Ausgestaltung der beiden anderen Dimensionen Technik und Organisation. Es gilt eine Wissensmanagementstrategie zu definieren, die die Mitarbeiter dazu motiviert, ihr Wissen zu teilen und eine geeignete Kultur schafft, die zum Wissensaustausch anregt. Auf Grund der Heterogenität des Technologiewissens – beispielsweise unterscheiden sich die Technologien Rotationszugbiegen und Fused Deposition Modeling signifikant – und da bei der Applikation von Technologien umfassendes implizites Wissen erforderlich ist, wird die dominante Personalisierungsstrategie als Wissensmanagementstrategie ausgewählt. Die Personalisierungsstrategie basiert auf der Ökonomie der individuellen Expertise zur Lösung individueller Probleme. Basis ist der interpersonelle Wissensaustausch [HNT99, S. 87]. Da das Wissen bei den Mitarbeitern verbleibt, kann es ständig aktualisiert und weiterentwickelt werden. Zudem kann im persönlichen Austausch besser auf die Bedürfnisse des Wissenssuchers eingegangen werden. Jedoch bleibt das Wissen volatil. Ist der Mitarbeiter nicht verfügbar, fehlt auch das Wissen [WS02, S. 687]. Von Vorteil ist es dagegen, dass die Mitarbeiter durch den persönlichen Austausch ein tieferes Verständnis von der Materie gewinnen als beim Zugriff auf Dokumente [HNT99, S. 86]. Technische Systeme dienen bei dieser Strategie insbesondere dazu, den Wissenstransfer anzuregen [WOB09, S. 705], [HNT99, S. 85].

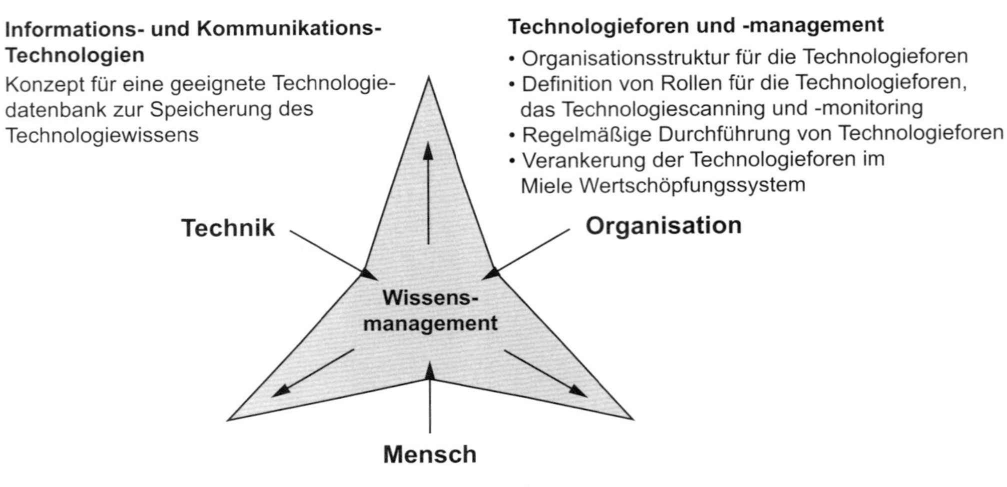

Bild 7: Gestaltungsdimensionen eines ganzheitlichen Wissensmanagements [BWP97, S. 10] und Werkzeuge zu dessen Realisierung bei Miele

In der Dimension Technik (Informations- und Kommunikationstechnologien) wurde eine Technologiedatenbank (Technologiepool) konzipiert und prototypisch implementiert. Diese ist sowohl mit stationären Computern als auch über mobile Endgeräte aufrufbar. Sie basiert auf der Systemtheorie nach HUBKA nach der ein System in mehrere Systemelemente zerlegt und somit auf verschiedenen Untersuchungsebenen studiert werden kann [Hub84, S. 10f.]. Die Technologien werden in der Datenbank in Form von Steckbriefen (Bild 8) hinterlegt und können unternehmensweit abgerufen werden. Die Steckbriefe enthalten einen Titel, eine kurze Beschreibung, ein Bild oder eine Skizze, Vor- und Nachteile, den Technologietyp (Produkt- oder Produktionstechnologie), die übergeordneten Systeme bzw. den Einsatzort bei Miele (sofern vorhanden), die Funktionen, die In- und Outputs, die Ansprechpartner, die letzte Aktualisierung sowie Informationen zur Verfügung bei Miele und am Markt. Um mögliche Technologien für einen Anwendungsfall effizient identifizieren zu können, wird bei den Funktionen auf einen angepassten Katalog an Standardfunktionen zurückgegriffen, der die unterschiedlichen Ansätze aus der Literatur[3] zusammenführt. Die Technologiedatenbank wird in Zukunft um Funktionen zur Technologiefrühaufklärung und zum Technologieroadmapping ergänzt.

[3] BIRKHOFER [Bir80], DIN8580 [DIN8580], LANGLOTZ [Lan00], ROTH [Rot00], VDI2860 [VDI2860]

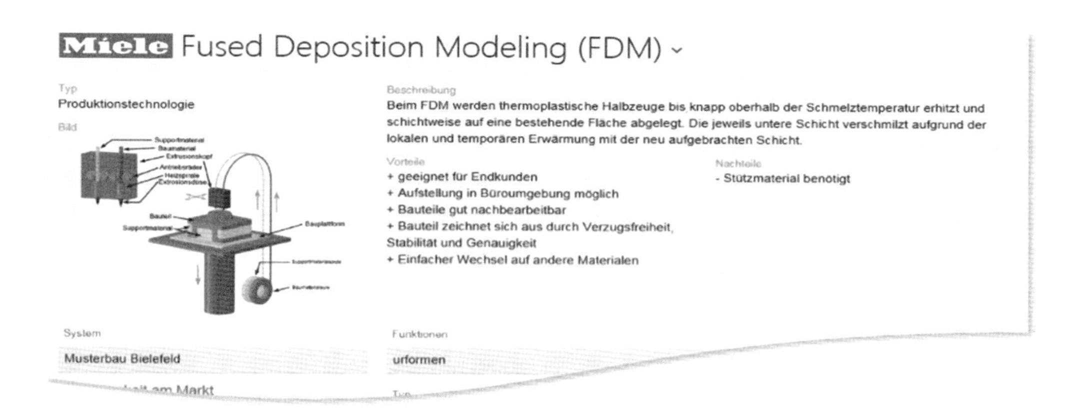

Bild 8: Steckbrief in der Technologiedatenbank (Ausschnitt)

Die Dimension Organisation umfasst die Integration des Wissensmanagements in die Strukturen und Prozesse des Unternehmens [BWP97, S. 9f.]. Dazu wurden bestehende Austauschformate für Technologiewissen, die sogenannten Technologieforen, überarbeitet und im Miele Wertschöpfungssystem organisatorisch verankert. Ein Technologieforum ist eine Veranstaltung, der eine Gruppe von Technologieexperten und -anwendern beiwohnt und auf der diese ihr Wissen austauschen kann. Jedes Technologieforum adressiert eine bestimmte Technologie und wird in regelmäßigen Abständen durchgeführt. Die Foren werden an wechselnden Miele Standorten durchgeführt und mit Einblicken in die praktische Umsetzung angereichert. Die Teilnehmer der Foren stammen aus allen Werken für die die jeweilige Technologie relevant ist. Die Durchführung wird durch einen standardisierten Organisationsprozess und eine klare Rollenstruktur erleichtert. Eine zentrale Stelle übernimmt die Koordination der Veranstaltungen.

4 Resümee und Ausblick

Mit der Einordnung der Industrie 4.0 relevanten Aktivitäten bei Miele in das Einordnungsschema ist ein werksübergreifender Überblick bezüglich des Ist-Zustandes gelungen. Dieser Überblick verhindert redundante Aktivitäten und ermöglicht die Nutzung von Synergien. Eine zentral verfügbare Folienbibliothek, in der zu jeder Aktivität grundlegende Informationen in standardisierter Form bereitgestellt werden, fördert darüber hinaus die Allokation des Wissens über die Aktivitäten.

Das befüllte Einordnungsschema offenbart anschaulich in welchen Feldern viele Aktivitäten durchgeführt werden und weist somit auf Stärken hin. Im Fall Miele ist insbesondere das Feld Shopfloor/Automation zu nennen. Im Umkehrschluss bedeutet dies jedoch, dass diejenigen Felder, in denen weniger Aktivitäten vorhanden sind, noch Entwicklungspotentiale aufweisen, da zur Steigerung der Kollaborationsproduktivität alle vier Quadranten berücksichtigt werden müssen [BBB+14, S. 39]. Auf Basis der identifizierten Lücken können gezielt neue Aktivitäten initialisiert werden.

In Forschungsprojekten und Pilotanwendungen, aber auch in konkreten Implementierungen an Produktionslinien werden über die Werke hinweg Erfahrungen mit neuen Technologien gesammelt. Der vorliegende Ansatz ermöglicht ein abgestimmtes Vorgehen, sowohl bei der Auswahl dieser Aktivitäten als auch bei der Entscheidung darüber, an welchem Standort welche Technologien verprobt werden sollen. Dies soll zukünftig die Grundlage für Entscheidungen über den Einsatz von Technologien in der Serie und die damit verbundene konzernweite Übertragung von Best Practices bilden.

Literatur

[ABD+15] ADOLPHS, P.; BEDENBENDER, H.; DIRZUS, D.; EHLICH, M.; EPPLE, U.; HANKEL, M.: Referenzarchitekturmodell Industrie 4.0 (RAMI4.0). VDI Verein Deutscher Ingenieure e.V., ZVEI Zentralverband Elektrotechnik- und Elektronikindustrie e.V. Düsseldorf, Frankfurt am Main, 2015

[ALU16] ACATECH – DEUTSCHE AKADEMIE DER TECHNIKWISSENSCHAFTEN, NATIONALE AKADEMIE DER WISSENSCHAFTEN LEOPOLDINA, UNION DER DEUTSCHEN AKADEMIEN DER WISSENSCHAFTEN: Additive Fertigung. München, 2016

[Axe14-ol] AXEDA: Connected Product Maturity Model – Achieve innovation with connected capabilities. Unter: http://blog.axeda.com/hs-fs/hub/514/file-13177019-pdf/docs/axeda_wp_connectedproductmaturitymodel.pdf , 6.1.2017

[ATK15-ol] A.T. KEARNEY: 3D Printing: A Manufacturing Revolution. Unter: https://www.atkearney.com/documents/10192/5992684/3D+Printing+A+Manufacturing+Revolution.pdf/bf8f5c00-69c4-4909-858a-423e3b94bba3, 6.1.2017

[BBB+14] BRECHER, C.; BEHNEN, D.; BRUMM, M.; CARL, C.; ECKER, C.; HERFS, W.: Virtualisierung und Vernetzung in Produktionssystemen. In Brecher, C. et al. (Hrsg.): Integrative Produktion. Industrie 4.0 – Aachener Perspektiven. AWK, Aachener Werkzeugmaschinen-Kolloquium, 22. – 23. Mai 2014, Aachen, Shaker, Aachen, 2014, S. 35–68

[BHB16] BOGERS, M; HADAR, R.; BILBBERG, B.: Additive manufacturing for consumer-centric businessmodels: Implications for a supply chain in consumer goods manufacturing. Technological Forecast and Social Change, Volume 102, Elsevier, 2016, S. 225–239

[Bir80] BIRKHOFER, H.: Analyse und Synthese der Funktionen technischer Produkte. VDI-Verlag, Fortschritt-Berichte der VDI-Zeitschriften, Reihe 1, Konstruktionstechnik, Maschinenelemente, Nr. 70, Düsseldorf [Germany-West], 1980

[BSS15] BAUMS, A.; SCHÖSSLER, M.; SCOTT, B. (HRSG.): Industrie 4.0: Wie digitale Plattformen unsere Wirtschaft verändern – und wie die Politik gestalten kann. Kompendium Digitale Standortpolitik, Band 2, Berlin, 2015

[BWP97] BULLINGER, H.-J.; WÖRNER, K.; PRIETO, J.: Wissensmanagement heute – Daten, Fakten, Trends, Stuttgart, 1997

[DIN8580] Deutsches Institut für Normung (Hrsg.): Fertigungsverfahren: Begriffe, Einteilung, 2003

[GSK+14] GEISSBAUER, R.; SCHRAUF, S.; KOCH, V.; KUGE, S.: Industrie 4.0 – Chancen und Herausforderungen der vierten industriellen Revolution. PricewaterhouseCoopers AG, 2014

[HNT99] HANSEN, M.; NOHIRA, N.; TIERNEY, T.: Wie managen Sie das Wissen in Ihrem Unternehmen. In Harvard Business Manager, 5, 1999, S. 85–96

[Hub84] HUBKA, V.: Theorie technischer Systeme – Grundlagen einer wissenschaftlichen Konstruktionslehre. Springer. Berlin, New York. 2., völlig neu bearbeitete und erw. Aufl., 1984

[Kau15] KAUFMANN, T.: Geschäftsmodelle in Industrie 4.0 und dem Internet der Dinge – Der Weg vom Anspruch in die Wirklichkeit. Springer Vieweg, Wiesbaden, 2015

[Klo14] KLOCKE, F.: Technologiewissen für die digitale Produktion. In Brecher, C. et al. (Hrsg.): Integrative Produktion. Industrie 4.0 – Aachener Perspektiven. AWK, Aachener Werkzeugmaschinen-Kolloquium, 22. – 23. Mai 2014, Aachen, Shaker, Aachen, 2014, S. 247–269

[KWH13] KAGERMANN, H.; WAHLSTER, W.; HELBIG, J. (HRSG.): Umsetzungsempfehlungen für das Zukunftsprojekt Industrie 4.0. Abschlussbericht des Arbeitskreises Industrie 4.0. Promotorengruppe Kommunikation der Forschungsunion Wirtschaft – Wissenschaft, 2013

[Lan00] LANGLOTZ, G.: Ein Beitrag zur Funktionsstrukturentwicklung innovativer Produkte. Shaker, Forschungsberichte aus dem Institut für Rechneranwendung in Planung und Konstruktion der Universität Karlsruhe, Band 2000 (2), Aachen, 2000

[LLB+13] LEE, J.; LAPIRA, E.; BAGHERI, B.; KAO, H.: Recent advances and trends in predictive manufacturing systems in big data environment. In: Manufacturing Letters (Nr. 1), 2013, S. 38–41

[Rot00] ROTH, K.: Konstruieren mit Konstruktionskatalogen – Konstruktionslehre. 3. Auflage, erw. und neu gestaltet, Springer, Band 1, Berlin, 2000

[SG14] SCHMITT, R.; GROßE BÖCKMANN, M.: Kollaborative cyber-physische Produktionssysteme: Ausbruch aus der Produktivitätsfalle. In Brecher, C. et al. (Hrsg.): Integrative Produktion. Industrie 4.0 – Aachener Perspektiven. AWK, Aachener Werkzeugmaschinen-Kolloquium, 22. – 23. Mai 2014, Aachen, Shaker, Aachen, 2014, S. 365–374

[SM15-ol] SERLENGA, P.; MONTAVILLE, F.: Five questions to shape a winning 3-D printing strategy. Unter: http://www.bain.com/Images/BAIN_BRIEF_Five_questions_to_shape_winning_in_3-D.pdf, 6.1.2017

[VDI2860] Verein Deutscher Ingenieure (Hrsg.): Handhabungsfunktionen, Handhabungseinrichtungen; Begriffe, Definitionen, Symbole

[WOB09] WESOLY, M.; OHLHAUSE, P.; BUCHER, M.: Wissensmanagement. In Bullinger, H.-J. et al. (Hrsg.): Handbuch Unternehmensorganisation. Strategien, Planung, Umsetzung. Springer-Verlag, Berlin-Heidelberg, 3. Aufl., 2009, S. 700–717

[WS02] WESOLY, M.; STOLK, A.: Instrumente des Wissensmanagements. In Bullinger, H.-J.; Warnecke, H.-J.; Westkämper, E. (Hrsg.): Neue Organisationsformen im Unternehmen – Ein Handbuch für das moderne Management. 2., neu bearb. u. erw. Auflage, Springer, Berlin, 2002, S. 685–704

Autoren

Dr.-Ing. Pia Gausemeier studierte an der Universität Paderborn Wirtschaftsingenieurwesen mit der Fachrichtung Maschinenbau. Von 2009 bis 2014 war sie wissenschaftliche Mitarbeiterin am Institut für Werkzeugmaschinen und Fabrikbetrieb der Technischen Universität Berlin bei Prof. Seliger, wo sie 2013 promovierte. Ab 2012 war sie Geschäftsführerin des Sonderforschungsbereichs Sustainable Manufacturing und ab 2014 Oberingenieurin des Fachgebiets Montagetechnik und Fabrikbetrieb. Seit 2015 ist sie bei der Miele & Cie. KG tätig. Zunächst war sie Technische Assistentin der Werkleitung in Bielefeld. Seit Juli 2016 leitet sie den Bereich strategische Produktionstechnologie innerhalb der Fertigungstechnologie in Bielefeld.

Maximilian Frank studierte Wirtschaftsingenieurwesen mit der Fachrichtung Maschinenbau an der Universität Kassel und an der Technischen Universität Berlin. Seit August 2016 ist er wissenschaftlicher Mitarbeiter am Heinz Nixdorf Institut bei Prof. Gausemeier in der Fachgruppe Strategische Produktplanung und Systems Engineering. Seine Tätigkeitsschwerpunkte liegen in der strategischen Markteintrittsplanung, der Geschäftsmodellentwicklung sowie der Vorausschau.

Christian Koldewey studierte im Rahmen des Master@Miele-Programms und eines dualen Studiums Maschinenbau mit der Vertiefungsrichtung Fertigungstechnik an der Universität Paderborn und an der Fachhochschule Bielefeld. Seit Ende 2015 ist er wissenschaftlicher Mitarbeiter am Heinz Nixdorf Institut bei Prof. Gausemeier. Seine Tätigkeitsschwerpunkte liegen in der Entwicklung von Geschäftsideen und Geschäftsmodellen sowie der strategischen Planung.

Digitalisierung der Arbeitswelt

Industrie 4.0 als Herausforderung für Personal- und Organisationsentwicklung

Prof. Dr. Rolf Franken
Technische Hochschule Köln
Claudiusstraße 1, 50678 Köln
Tel. +49 (0) 221 / 82 75 3 43, Fax. +49 (0) 221 / 82 75 31 31
E-Mail: Rolf.Franken@th-koeln.de

Prof. Dr. Swetlana Franken
Fachhochschule Bielefeld
Interaktion 1, 33619 Bielefeld
Tel. +49 (0) 521 / 10 63 755, Fax. +49 (0) 521 / 10 65 086
E-Mail: Swetlana.Franken@fh-bielefeld.de

Zusammenfassung

Industrie 4.0 wird Mehrwerte durch effizientere Prozesse und bessere Absatzchancen für höherwertige Produkte, Dienstleistungen und deren Kombinationen ermöglichen. Die Rolle des Menschen in vernetzten Unternehmen wird sich verändern: Körperliche und standardisierbare geistige Tätigkeiten werden zunehmend von intelligenten Maschinen ausgeführt. Menschen werden überwiegend strategische, kreative und soziale Aufgaben übernehmen. Dafür brauchen Beschäftigte neue Kompetenzen wie digitale Kompetenz, Verständnis von Zusammengängen, Kreativität und Innovationsfähigkeit, kritisches und logisches Denken, Selbstorganisation und permanente Lernfähigkeit. Personalentwicklung wird neue Wege und Instrumente brauchen: Das Lernen wird lebenslang, individualisiert, praxisorientiert, in den Arbeitsprozess integriert und computergestützt stattfinden. Industrie 4.0 benötigt auch neue Strukturen: Die Organisation der Unternehmen muss flexibel sein und von den Kompetenzen der Mitarbeiter und des Unternehmens ausgehen. Im Zentrum steht die Kompetenz, Kundenwünsche in Produktionsprozessmodelle umzusetzen und diese auch zu realisieren. Die Organisationsentwicklung für die Industrie 4.0 ist nur im Rahmen eines kollaborativen Prozesses möglich. Basierend auf einer Vision für die digitale Zukunft des Unternehmens sollten die Beschäftigten in die digitale Transformation einbezogen werden. Einzelne Lösungen sollten in „Laborsituationen" ausprobiert werden, indem man zusammen mit allen beteiligten Akteuren die Auswirkungen auf die Arbeitsorganisation und Kompetenzanforderungen analysiert und erst im Erfolgsfall eine Übertragung auf das Gesamtunternehmen durchführt.

Schlüsselworte

Industrie 4.0, Arbeitswelt, Kompetenzanforderungen, Personalentwicklung, Organisationsentwicklung

Industry 4.0 as a challenge for human resources development and organisational development

Abstract

Industry 4.0 will allow the generation of added values by more efficient processes and the achievement of better sales prospects for higher valued products, services and their combinations. The role of the person in networked enterprises will change: Physical and standardized or by rules recordable intellectual activities are executed increasingly by intelligent machines. People will take over predominantly strategic, creative and social duties. Therefore, employees need new competences like digital competence, understanding of coherence, creativity and innovative ability, critical and logical thinking, self-organization and permanent learning. aptitude. Human resources development will need new ways and instruments: Learning will be lifelong, individualised, practiceoriented, integrated in the working process and computer-aided. Industry 4.0 also needs new structures: The organisation of enterprises must be adaptable and emanate from the competence of the employees and the enterprise. In the centre the competence is to transfer customer wishes in production process models and to realise them. The organisational development for industry 4.0 is only possible within the framework of a collaborative process. Based on a vision for the digital future of the enterprise employees should be included in the digital transformation. Single solutions should be tried in "lab situations" by analysing the effects on the labour organisation and competence requirements together with all involved actors and carrying out in the successful case only a transference to the whole enterprise.

Keywords

Industry 4.0, working environment, competence requirements, human resources development, organisational development

1 Industrie 4.0 als Herausforderung für die Unternehmensführung

Die intelligente Vernetzung der industriellen Wertschöpfung (Industrie 4.0) bietet unzählige Möglichkeiten für Wirtschaftswachstum und Wettbewerbsfähigkeit durch verbesserte Produkte, Produkt-Service-Kombinationen und neue Geschäftsmodelle. Autonome Objekte, mobile Kommunikation und Echtzeit-Sensorik erlauben dezentrale Steuerung und Ad-hoc-Gestaltung von Prozessen, sodass ein Unternehmen flexibel auf Kundenanforderungen reagieren und hohe Variantenzahlen ohne Mehrkosten produzieren kann. Jedes zweite Produktionsunternehmen in Deutschland nutzt bereits Industrie-4.0-Anwendungen [Bit16].

Digitalisierung verändert die Arbeitswelt, die Rolle des Menschen und die Strukturen in Unternehmen. Der Einsatz von Algorithmen und Roboter für standardisierbare Fertigungs- und Wissensaufgaben wird die Arbeit erleichtern und aufwerten. Menschen werden jedoch nicht überflüssig, sondern übernehmen schwer digitalisierbare strategische, kreative und soziale Tätigkeiten. Die Unternehmensstrukturen müssen die notwendige Flexibilität der Produktion und der Zusammenarbeit in Wertschöpfungsnetzen ermöglichen.

Deswegen bedarf die Implementierung der Industrie 4.0 tiefgreifender Veränderungen in Organisationsstrukturen, Prozessen, Arbeitsgestaltung, Qualifizierung und Führung. Sämtliche Funktionen und Instrumente der Unternehmensführung sollen kritisch hinterfragt und an die neuen Anforderungen angepasst werden. Eine wichtige Rolle obliegt dabei der Personal- und Organisationsentwicklung, die Unternehmen und ihre Beschäftigte fit für die Industrie 4.0 machen sollen.

2 Nachholbedarf bei der Digitalisierung im Mittelstand

Die Kompetenzentwicklungsstudie Industrie 4.0 von acatech stellt wesentliche Unterschiede zwischen großen Unternehmen und KMU fest: „Kleine und mittlere Betriebe weisen im Vergleich zu großen Firmen einen deutlich niedrigeren Digitalisierungsgrad und damit einen erheblich höheren Nachholbedarf bei der Umsetzung von Industrie 4.0 auf. Zudem sind im Vergleich zu Großunternehmen andere Bedarfe und Schwerpunktsetzungen von KMU bei der Entwicklung von Kompetenzen und der Qualifizierung von Mitarbeiterinnen und Mitarbeitern feststellbar“ [Aca16, S. 5].

Best-Practice-Beispiele aus Industriekonzernen (s. Beispiele Daimler und Siemens in Kapiteln 3 und 4) zeigen, dass digitale Transformation einer ganzheitlichen Vorgehensweise bedarf. Interne Digitalisierung und Vernetzung, die auf die Verbesserung von bestehenden Abläufen und Produkten abzielen, werden auf die ganze Wertschöpfungskette und externe Kooperationspartner ausgeweitet. Parallel wird an intelligenten Produkt-Dienstleistung-Kombinationen und neuen Geschäftsmodellen gearbeitet, oft in speziell dafür geschaffenen kreativen Organisationseinheiten. Es wird eine Digitalisierungsstrategie formuliert, ein Chief Digital Officer ernannt und Digitalisierungsbudget zur Verfügung gestellt. Parallel dazu wird ein Kulturwandel angestoßen, um Kreativität und Unternehmergeist zu stärken. Diese Organisationsentwicklung wird von speziellen Maßnahmen der Personalentwicklung begleitet, insbesondere zur Vermittlung der IT-Kompetenz und Schulungen von Führungskräften.

Anders als die Digital Champions beschäftigen sich die meisten Industrieunternehmen, insbesondere mittelständische, überwiegend mit der internen Digitalisierung und weniger mit Wertschöpfungsketten und Geschäftsmodellinnovationen. Der Schwerpunkt liegt auf der Automatisierung und Digitalisierung von Produktionsprozessen im Sinne von sich weitgehend selbststeuernden Anlagen bis hin zu Cyber-Physischen Systemen und Smart Factories. Auffallend sind große Differenzen bei den Digitalisierungsgraden und -ansätzen zwischen einzelnen Unternehmen.

„Während modernste Technologien bereits in der Hälfte der Betriebe in Deutschland Einzug gehalten haben, hat sich ein Drittel mit der Nutzung dieser Technologien noch nicht einmal beschäftigt. Bei genauerer Betrachtung zeigt sich, dass dies vor allem kleinere Produktionsbetriebe, aber auch kleine Dienstleistungsbetriebe betrifft. Im Vergleich zwischen Produzenten und Dienstleistern ist jedoch klar: Das Schlusslicht bilden die kleineren Produzenten mit weniger als 50 Beschäftigten.“ [IAB16, S. 7].

Auch die Studie von ZEW 2016 bestätigt einen Nachholbedarf bei der Digitalisierung im Mittelstand: Lediglich ein Fünftel der KMU hat digitale Vernetzung von Produkten und Dienstleistungen begonnen. Unternehmen mit weniger als 50 Mitarbeitern haben oft Defizite in der grundlegenden digitalen Infrastruktur, wie eigener Webseite oder Enterprise Resource Planning (ERP) Software. Nur jedes fünfte mittelständische Unternehmen hat eine Digitalisierungsstrategie, die Digitalisierungsbudgets sind in der Regel gering [ZEW16].

Nach Schätzung des acatech fokussieren große Unternehmen stärker technologie- und datenorientierte Kompetenzen, wie etwa das Thema künstliche Intelligenz, wogegen KMU insbesondere prozess- und kundenorientierte und infrastruktur- und organisationsbezogene Kompetenzen betonen. Für den Erfolg der Industrie 4.0 sind jedoch die Themen Datenauswertung und -analyse, bereichsübergreifendes Prozess-Knowhow und -management sowie interdisziplinäres Denken und Handeln von zentraler Bedeutung. Vor diesem Hintergrund gilt es, „insbesondere kleine und mittlere Unternehmen für Kompetenzbedarfe zu sensibilisieren und bedarfsspezifische Angebote in der Aus- und Weiterbildung zu etablieren“ [Aca16, S. 5].

Kleine und mittlere Unternehmen in Deutschland zeichnen sich bis jetzt durch ein eher sporadisches Engagement bei der Weiterbildung für digitale Arbeitswelt aus. Sie werden dann aktiv, wenn der Mangel an Fachkräften sie dazu zwingt, bieten Weiterbildungsmaßnahmen vor allem den Beschäftigten mit einem hohen Bildungsniveau und weniger den geringqualifizierten Mitarbeitern an. Wegen mangelnder Ressourcen sind KMU häufig kaum in der Lage, entsprechende Angebote für ihre Mitarbeiter wahrzunehmen [Bül16]. Die passende Lösung ist zielgruppengerechte Sensibilisierung und Weiterbildung im Rahmen von Verbänden, Cluster und Kompetenzzentren.

Die überwiegend mittelständischen Industrieunternehmen in OstWestfalenLippe (OWL) zeichnen sich durch spezifische Besonderheiten aus, die auf den Stärken der traditionellen regionalen Vernetzung und der Zugehörigkeit zu dem Spitzencluster it´s OWL (Intelligente Technische Systeme OstWestfalenLippe) basieren.

In Form von it's OWL ist 2012 eine einzigartige Technologieplattform entstanden, die von der Vernetzung regionaler Forschungseinrichtungen, Hochschulen und Unternehmen profitiert. Mit einer stark durch die Elektroindustrie sowie den Maschinen- und Anlagenbau geprägten Struktur verkörpert it's OWL eine enge Verzahnung von Fabrikausrüstern und produzierenden Unternehmen („duale Strategie“). Die Clusterunternehmen Beckhoff, Harting, Phoenix Contact, Wago und Weidmüller halten einen Weltmarktanteil von 75 Prozent in der elektronischen Verbindungstechnik und setzen Standards im Bereich der industriellen Automatisierung. Davon profitieren die Maschinen- und Anlagenbauer, für die der Einsatz von intelligenten technischen Systemen erhebliche Innovationspotentiale verspricht. Mit der Umsetzung von zahlreichen Forschungsprojekten liefert it's OWL konkrete Produkte, Technologien und Lösungen für den Einsatz intelligenter technischer Systeme und entwickelt entscheidende Bausteine zur Verwirklichung des Leitbildes der Industrie 4.0 [it´s OWL16a].

Analysen in einigen Industrieunternehmen des Spitzenclusters it´s OWL im Rahmen des Forschungsprojektes der FH Bielefeld „Fit für Industrie 4.0“ (gefördert vom MIWF NRW) belegen, dass diese Unternehmen in Bezug auf Digitalisierung wesentlich besser aufgestellt sind, als die Masse der Unternehmen in Deutschland. Viele Unternehmen des it´s OWL zeichnen sich durch einen Fokus auf intelligente Produkte und Geschäftsmodelle aus [GDJ+16]. Unternehmen wie Phoenix Contact und Weidmüller flankieren ihre Industrie 4.0-Projekte bereits seit 2014 durch personalpolitische und Weiterbildungsmaßnahmen.

Jedoch gibt es auch in it´s OWL-Betrieben einen weiteren Handlungsbedarf bei der Entwicklung von intelligenten Produkt-Dienstleistungs-Lösungen und digitalen Geschäftsmodellen, von Methoden und Instrumenten der Weiterbildung sowie von Maßnahmen zur Steigerung der Flexibilität von Strukturen. Eine Online-Bestandsaufnahme Arbeit 4.0 in OWL deutet darauf hin, dass die Unternehmen in OWL zwar große Veränderungen in Bezug auf ihre Digitalisierung erwarten, dabei aber die Auswirkungen auf die Beschäftigten zum Teil nicht ausreichend abschätzen können und einen erheblichen Unterstützungsbedarf haben [MM16].

Der Nachholbedarf bei der Digitalisierung in KMU lässt sich vor allem durch die Komplexität und Individualität der Industrie 4.0-Anwendungen in einzelnen Unternehmen erklären: Jedes Unternehmen braucht eigene maßgeschneiderte Strategien und Instrumente. Um diese zu entwickeln, eignen sich – insbesondere für ressourcenarme KMUs – Transferkooperationen mit Wissenschafts- und Forschungseinrichtungen, wie sie im Spitzencluster it´s OWL oder auch in Forschungsprojekten der Hochschulen durchgeführt werden. Im Rahmen dieser transdisziplinären, transformativen Forschung können im Tandem aus Wissenschaft und Praxis individuelle Lösungen für die Industrie 4.0 erarbeitet werden.

Erfahrungen aus den Transferkooperationen und Forschungsprojekten der FH Bielefeld und TH Köln in Bezug auf die Personal- und Organisationsentwicklung im Kontext der Industrie 4.0 zeigen, wie die Ansätze und Methoden aus der Wissenschaft in Kollaboration mit Unternehmen erfolgreich angepasst, konkretisiert und implementiert werden können.

3 Personalentwicklung für die Industrie 4.0

Personalentwicklung in Unternehmen verfolgt das Ziel, die für die Erreichung der Unternehmensziele heute und in Zukunft notwendigen Kompetenzen zu definieren und zu vermitteln. Allerdings geht strategische Personalentwicklung über die Beseitigung von Qualifikationsdefiziten der Beschäftigten hinaus. Sie versetzt ein Unternehmen und seine Mitarbeiter in die Lage, die Herausforderungen der Zukunft effektiver und effizienter zu bewältigen und ist für den Erfolg des Unternehmens essentiell.

3.1 Künftige Aufgaben für Beschäftigte

In der digitalisierten Arbeitswelt werden intelligente Maschinen und Algorithmen immer mehr Aufgaben übernehmen. Roboter und sich selbst steuernde und optimierende Anlagen werden Fertigungsarbeiter von schweren, monotonen und gesundheitsgefährdenden Tätigkeiten befreien. Algorithmen und intelligente Software werden Wissensarbeitern Assistenz leisten und Entscheidungsfindung unterstützen. Die Aufgaben für Menschen in der intelligenten Fabrik der Zukunft werden die spezifischen menschlichen Kompetenzen nutzen, die nicht oder schwer automatisierbar sind: Flexibilität, Kreativität, soziale und emotionale Kompetenz.

Darauf basierend können drei typische Arten von Aufgaben für Menschen definiert werden [ZEW15]:

- Nicht automatisierbare Wahrnehmungs- und Manipulationstätigkeiten, die auf der Fähigkeit beruhen, sich in komplexen und unstrukturierten Umgebungen zurechtzufinden. Hier hat der Mensch komparative Vorteile gegenüber Maschinen, z.B. bei der Identifizierung von Fehlern und anschließenden Ausbesserungen.
- Kreativ-intelligente Tätigkeiten, basierend auf der Kreativität als Fähigkeit, neue wertvolle Ideen oder Artefakte zu entwickeln, z.B. im Marketing, in der Produktentwicklung, Prozessoptimierung, Beratung.
- Sozial-intelligente Tätigkeiten, die soziale und emotionale Intelligenz voraussetzen, wie beim Verhandeln, Überzeugen, im Kundendienst, in der Personalführung.

Ja nach Digitalisierungsansatz, Unternehmensgröße und -branche werden diese Arbeitsfelder variieren, insofern ist es für jedes Unternehmen erforderlich, die künftigen Aufgaben der Menschen – oder besser: ihre erforderlichen Kompetenzen – individuell zu definieren. Diese Analyse wurde 2014 bei Weidmüller in Kooperation mit der FH Bielefeld durchgeführt und hat folgende vier Rollen für die Beschäftigten ergeben [Sch15]:

- Der Mensch als Planer: die komplexen Produktionsanlagen müssen geplant und in Betrieb genommen werden.
- Der Mensch als Sensor: in der Produktion bestehen trotz Sensorik Lücken, komplexe Situationen kann nur der Mensch erfassen.
- Der Mensch als Akteur: Arbeitsinhalte werden geprägt von hoher Komplexität und Individualität, die nicht komplett automatisiert werden können.
- Der Mensch als Entscheider: es wird Konflikte aus den unterschiedlichen Anforderungen geben, über die nur der Mensch entscheiden kann.

Die Definition von künftigen Aufgaben für die Beschäftigten dient als Grundlage für die Ableitung von Kompetenzanforderungen und Weiterbildungsmaßnahmen.

3.2 Neue Kompetenzanforderungen

Für die neuen Rollen und Aufgabenbereiche sind neben vielfältigem Detailwissen neue Fähigkeiten und Kompetenzen erforderlich. Es ist davon auszugehen, dass ausführende und Wissensarbeiten vermehrt zusammenwachsen, interdisziplinäre Zusammenarbeit zunimmt und digitale Kompetenz für alle Aufgaben und Tätigkeiten unentbehrlich sein wird.

Als Kompetenzanforderungen für die Industrie 4.0 werden in verschiedenen Studien Verständnis für Zusammenhänge und komplexe Prozesse, digitale und Medienkompetenz, Kreativität und Innovationsfähigkeit, kritisches und logisches Denken, Fähigkeiten zur interdisziplinären Kommunikation und Netzwerkarbeit, Selbstmanagement und Selbstorganisation sowie permanente Lernfähigkeit genannt [Aca16], [Hau16], [SGG+13]. Neben den technischen und IT-Kompetenzen gewinnen in der digitalisierten Arbeitswelt die sozialen und Schlüsselkompetenzen an Bedeutung [Bül16].

Die allgemein formulierten Kompetenzanforderungen liefern wichtige Impulse für die Personalentwicklung, sollten jedoch differenziert, je nach Branche, Berufsgruppe und Digitalisierungsstrategie betrachtet werden. Jedes Unternehmen sollte maßgeschneiderte Anforderungen formulieren und eine Roadmap für die Vermittlung und Förderung von gefragten Kompetenzen erstellen.

Das Beispiel von SIEMENS zeigt, wie individuelle Kompetenzbedarfe identifiziert und notwendige Personalentwicklungsmaßnahmen umgesetzt werden können. SIEMENS hat 2014 ein Strategieprojekt zu den Auswirkungen der Digitalisierung auf die Ausbildung gestartet. Experten aus verschiedenen Bereichen haben analysiert, an welchen Arbeitsplätzen die Beschäftigten von der Digitalisierung betroffen sind, und Kompetenzprofile für 15 Berufsrollen bei Siemens erstellt. So wurden 25 Bildungs-Gaps für die Digitalisierung identifiziert, darunter Cloud Computing, Machine-to-Machine-Communication, Netzwerktechnik, Identifikationssysteme, Sensorik, Robotik, Embedded Systems und generell mehr Business-Qualifikationen. Die Wissenssequenzen sind modular aufgebaut und werden unmittelbar in Praxisprojekten erlernt [Hei16].

Da kleine und mittelständische Unternehmen meistens evolutionäre Ansätze der Digitalisierung verfolgen und weniger auf neue Geschäftsmodelle setzen [ZEW16, S. 4], weichen ihre Kompetenzanforderungen an die Beschäftigten von denen der Großunternehmen ab. Stellen Industriekonzerne die technologie- und datenorientierte Kompetenzen in den Vordergrund, so favorisieren KMU insbesondere prozess- und kundenorientierte Kompetenzen wie etwa die Fähigkeit zur Koordination von Arbeitsabläufen sowie infrastruktur- und organisationsbezogene Kompetenzen wie die Dienstleistungsorientierung [Aca16].

Dadurch werden die Vorteile des Mittelstands gegenüber Großunternehmen ausgebaut – seine schlanken Prozesse und starke Kundenorientierung. Andererseits kann der Verzicht auf radikale Neuorientierung und neue Geschäftsmodellen die Zukunft der mittelständischen Unternehmen langfristig gefährden. Die optimale Strategie für den Mittelstand wäre, die vorhandenen Stärken zu fördern und zugleich die Chancen der Neuausrichtung von Geschäftsmodellen zu sondieren.

Diese Strategie erfordert die Ausweitung der Kompetenzanforderungen auf die Big Data-Analyse, Systemverständnis, Innovationskompetenz und unternehmerische Fähigkeiten der Mitarbeiter.

So wurden bei Weidmüller als zentrale Kompetenzen für die digitalisierte Arbeitswelt Sinnstiftung, soziale Intelligenz, Interdisziplinarität, interkulturelle Kompetenz, logisches, flexibles und lösungsorientiertes Denken, Medienkompetenz, virtuelle Zusammenarbeit und Entwicklermentalität identifiziert, die im Rahmen der entwickelten Roadmap vermittelt werden [SchH15].

3.3 Instrumente der Personalentwicklung

Für die Vermittlung von erforderlichen Kompetenzen sind ebenfalls neue Wege und Instrumente gefragt. Die Weiterbildung sollte nicht auf Vorrat, sondern problem- und bedarfsorientiert stattfinden, der Lernende muss in Bezug auf Inhalte, Zeitpunkt und Anbieter der Weiterbildung eine aktivere Rolle übernehmen, die Qualifizierung wird mehr im Prozess der Arbeit stattfinden, digitale Methoden wie mobile, e- und blended learning sowie neue Methoden und Technologien wie Gamification, Lernvideos, Einsatz von Datenbrillen werden an Bedeutung gewinnen. Und schließlich soll Weiterbildung keine einmalige Angelegenheit, sondern ein kontinuierlicher Lernprozess sein.

In der Unternehmenspraxis wird Personalentwicklung unterschiedlich gestaltet. Viele Betriebe organisieren einen Besuch (ein Praktikum) in Silicon Valley für ihre Top-Manager (z.B. Miele). Weiterbildung findet zunehmend praxisorientiert, on the job und computergestützt statt; mobile und e-learning mit Smartphone und Tablet sowie die ersten Tests mit Datenbrillen werden durchgeführt (z.B. Phoenix Contact, Weidmüller). Auch klassische Vorträge und Workshops zum Thema Digitalisierung und Industrie 4.0 sind in vielen Betrieben gängig.

Ein neues, vielversprechendes Instrument der Aus- und Weiterbildung für die Industrie 4.0 ist die Lernfabrik, in der praxisnah industrielle Automatisierungslösungen und Prozesse erlernt werden können. Die SmartFactoryOWL auf dem Innovation Campus Lemgo ist eine offene Industrie 4.0 Forschungs- und Demonstrationsplattform des Spitzenclusters it´s OWL. Hier können Unternehmen neue Technologien erproben, testen und mit Unterstützung eines interdisziplinären Expertenteams in ihre Produktions-, Arbeits- und Geschäftsprozesse integrieren und ihr Personal qualifizieren [Sma17].

Einige Unternehmen (z.B. Bosch, Lufthansa) bilden altersgemischte Teams (Tandems), in denen Jüngere fachliche Erfahrungen und Ältere den Umgang mit der Technik voneinander lernen (Reverse Mentoring). Viele Industriekonzerne setzen auf Wissensnetzwerke (Knowledge Communities) und Unternehmens-Wikis als Hauptinstrumente für Wissens- und Erfahrungsaustausch. Diese Instrumente können auch in kleinen und mittleren Unternehmen genutzt werden.

Der Mittelstand verfügt über einige Vorteile für die moderne Weiterbildung, die er ausschöpfen sollte: Durchlässige Strukturen, flache Hierarchien, kurze Entscheidungswege und familiäre Unternehmenskultur erlauben eine schnelle und informelle Gestaltung der Weiterbildung. Empfehlenswert ist ein Instrumenten-Mix, um optimalen Zugang für alle Beschäftigtengruppen (ältere und jüngere, hoch- und geringqualifizierte Mitarbeiter) zu gewährleisten. Digitale und analoge Angebote für individuelles und kollektives Lernen sollten zeit- und ortsunabhängig zur Auswahl stehen [BN16].

Digitale Champions im Mittelstand zeichnen sich dadurch aus, dass sie häufiger in die Weiterbildung, insbesondere in Bezug auf IT-Kompetenz, und in Vernetzung investieren. Eine verbesserte Kompetenzbasis der Beschäftigten trägt dazu bei, dass die Digitalisierung zu einem Innovationsmotor und Erfolgsfaktor für Unternehmen avanciert.

Allerdings kann eine strategische, zukunftsorientierte Personalentwicklung nur dann funktionieren, wenn gleichzeitig eine umfassende Organisationsentwicklung umgesetzt wird.

4 Organisationsentwicklung für die Industrie 4.0

Organisation ist die Strukturierung der Arbeitsteilung in Unternehmen. Sie führt die individuellen Kompetenzen von Mitarbeitern und Technik zu einer kollektiven Intelligenz zusammen. Industrie 4.0 erfordert fundamentale Änderungen in den klassischen Organisationsstrukturen. Erster Schritt aller Digitalisierungsprojekte ist zumeist die Einführung neuer Verantwortungsbereiche (z.B. eines Chief Digital Officers), da ihre Auswirkungen weitgehend sind und in die bestehenden Strukturen eingreifen. Jedoch nur 18 Prozent aller Unternehmen schaffen dafür explizit eine neue organisatorische Einheit [Bit16]. Häufig wird vorgeschlagen, für die Durchführung von Digitalisierungsprojekten eine agile Parallelorganisation, d.h. eine temporäre (projektorientierte) Struktur mit offenen Grenzen, einzuführen [Wei16]. Die Unternehmen arbeiten dann parallel mit einer relativ stabilen Basisstruktur für Standardaufgaben und einer agilen Struktur für Innovationsaufgaben. Wichtig ist dabei, die beiden parallelen Strukturen z.B. durch eine Wissensbasis-Schicht im Sinne von Nonaka und Takeuchi [NT97] gut zu vernetzen. Große Unternehmen führen zum Teil fundamentale Änderungen in ihren Strukturen ein.

Daimler organisiert seine Produktion (Basisstruktur) in architekturbasierten Netzwerken, die intelligent kommunizieren und durch eine spezielle Software gesteuert werden [Nag16]. Neben dieser Struktur werden laut Aussage des Vorstandsvorsitzenden Dieter Zetsche im Laufe des Jahres ca. 20 Prozent der Mitarbeiter auf eine Schwarm-Organisation umgestellt [FAZ16]

BMW hat 2015 einen neuen Geschäftsbereich Digital Services und Geschäftsmodelle geschaffen, in dem 150 Mitarbeiter neue digitale Services entwickeln. Die Digitalisierung bei BMW umfasst drei Themenkomplexe: digitale Kundenerlebnisse und Services, vernetztes und autonomes Fahren sowie Interieur der Zukunft. Das persönliche digitale Erlebnis des Kunden spielt dabei eine Schlüsselrolle. Der Konzern strebt damit einen Wechsel von der Produktzentrierung zu der Kundenzentrierung an. Als Voraussetzung für die schnelle Entwicklung neuer Systeme und Services sind innovative Geschäftsprozesse erforderlich: Anstelle von traditioneller Wasserfall-Methode werden bei BMW agile Entwicklungsmethoden eingeführt, um schnell auf dynamische Anforderungen des Marktes reagieren zu können [Her16]. Ähnliche Änderungen wurden auch bei anderen Großunternehmen durchgeführt.

Mehrere der befragten Unternehmen des Mittelstands mussten ihren Vertrieb umstrukturieren, da mehr direkter Kontakt und Zusammenarbeit mit den Kunden erforderlich ist, insbesondere

Datenbankinstallationen beim Kunden, Fernwartung, Beratung und Schulung für den Kunden [ZEW16].

4.1 Anforderungen an die Organisation 4.0

Industrie 4.0 benötigt neue Strukturen. Produktion zur Erfüllung individueller Kundenwünsche, horizontale und vertikale Integration der Produktionssysteme, Flexibilisierung – alle diese Ziele der Industrie 4.0 lassen sich mit allen Konsequenzen nicht in den klassischen Organisationsstrukturen umsetzen. Die Organisation der Unternehmen muss flexibel sein und wird teilweise durch Outsourcing an kleine variabel einsetzbare Einheiten abgebaut.

Basis der klassischen Organisation ist die zeitliche Stabilität von Aufgaben, damit diese sich strukturieren und zu Stellen zusammenfassen lassen, für die dann Mitarbeiter als Stelleninhaber gesucht werden können. Die einzelnen Vorgänge in den immer wiederkehrenden Prozessen des Unternehmens sind Teil einer Stelle. Dies ist die Denkweise klassischer Organisationstheorien, wie sie in Deutschland von FRITZ NORDSIECK [Nor34] begründet wurden.

Produktion zur Erfüllung individueller Kundenwünsche zerstört die Stabilität der Unternehmensaufgabe und erfordert ein umgekehrtes, vom Kundenwunsch ausgehendes Denken. Die zentrale Kompetenz des Unternehmens besteht zunächst einmal in der Übersetzung des Kundenwunsches in ein Produktionsprozessmodell für die Realisierung des Wunsches. Im Extremfall kann dies sogar ein Prozess sein, der parallel zu seiner Entstehung kooperativ mit dem Kunden konkretisiert und mit den Möglichkeiten der Realisierung abgeglichen wird, sich also selbst generiert. Die Bedeutung des Prozessdenkens zeigt sich z.B. in den vielfältigen Transferprojekten von it's OWL zum Thema Systemsengineering [it´s OWL16b].

Den Vorgängen in den Prozessen müssen dann gemäß ihrer Kompetenzanforderungen Personen oder Gruppen und technische Hilfsmittel für die Realisierung zugeordnet werden. Dabei sind neben dem Kompetenzabgleich auch die Kapazitätsbedingungen der Realisationseinheiten (Menschen und Maschinen) zu berücksichtigen. Organisation – als Tätigkeit – geht also über in einen permanenten Planungsprozess zum Abgleich von Kompetenzanforderungen und vorhandenen Kapazitäten bezüglich dieser Kompetenzen. Das Unternehmen und seine Teile werden primär als variabel einsetzbare Kompetenzträger gesehen. Als organisatorische Grundstruktur dieser Vorgehensweise ergibt sich eine Projektorganisation mit variablen Teams, die sich aus allen Bereichen des Unternehmens, notfalls auch aus externen Einheiten zusammensetzen. Es ist eine agile Organisation erforderlich.

Ein Teil der Flexibilisierung des Unternehmens kann durch offene Unternehmensgrenzen und gute Partnerschaften erreicht werden. Fehlende Kompetenzen oder Kapazitäten werden projektbezogen von außerhalb des Unternehmens integriert und bleiben nach Projektabschluss Teil ihrer alten Strukturen. Vertikal erfolgt die Flexibilisierung durch Integration der Kunden oder durch Entwicklungszusammenarbeit mit Lieferanten (Open Innovation), horizontal durch Outsourcing von Aufgabenpaketen an Partnerunternehmen oder neue Formen der Arbeitsorganisation wie Cloud Working. Diese partnerschaftlichen Organisationsformen erhöhen das Handlungspotenzial von Unternehmen.

Beispielsweise für Daimler bedeutet die Digitalisierung eine Chance, Produkte individueller und die Produktion effizienter und flexibler zu gestalten. Die Herausforderung ist, gleichzeitig langfristig zu planen und andererseits kurzfristig auf Kundenwünsche und Marktschwankungen reagieren zu können [Dai16].

Hybride Wertschöpfungsnetze aus Unternehmen mit unterschiedlichen, aber kombinierbaren Produktangeboten können als Quelle für innovative Produktkreationen eingesetzt werden. Diese erfordern i.a. neue Kundenschnittstellen bzw. die Integration der Einzelleistungen in ein Gesamtkonzept bei einem dominierenden Unternehmen (z.B. Wartungsservice für technische Anlagen). Die Koordination der Einzelleistungen erfordert neue Kommunikationsstrukturen und eine schnelle und flexible interne Produktionsplanung bei den Netzwerkpartnern, die meistens nur durch Digitalisierung erreichbar ist.

4.2 Methoden der Organisationsentwicklung

Eine erfolgreiche Implementierung der Industrie 4.0 in der Praxis ist nur im Rahmen eines kollaborativen Prozesses möglich. Top down Entscheidungen können Widerstände hervorrufen, Ängste verstärken, Kreativität und Initiative der Beschäftigten hemmen. Es ist wichtig, die gesamte Belegschaft anzusprechen und für die digitale Transformation zu begeistern.

Als Modell für die Umsetzung von Digitalisierungsmaßnahmen kann der Ansatz der transdisziplinären, transformativen Wissenschaft gewählt werden [Sch14], [MIWF13], wenn man ihn für betriebswirtschaftliche Anwendungen methodisch konkretisiert. Wichtige Ansätze für eine methodische Konkretisierung liefert z.B. [Wei16]. Die Organisationsentwicklung im Rahmen der Digitalen Transformation kann in folgenden Schritten umgesetzt werden:

1) Alle Maßnahmen sollten auf einer konkreten **Problemanalyse** basieren. Die Unternehmen sollten sich in ihren Digitalisierungsprozessen über ihren konkreten Status Quo im Klaren sein. Sie sollten sich ihres aktuellen Geschäftsmodells bewusst sein. Dazu ist es notwendig, die Sichtweise auf das Problem (welche Bereiche werden untersucht?) abzustimmen.
2) Basierend auf der Problemanalyse erfolgt die Entwicklung einer Digitalisierungs**vision** die zunächst einmal im Sinne eines Brainstormings alle Ansätze zur Digitalisierung der vereinbarten Sicht des Geschäftsmodells aufzeigt und als Grundlage für eine Diskussion aller Betroffenen zur Strategieentwicklung dient. Dabei ist eine umfangreiche Recherche zur Entwicklung der Technik erforderlich, um möglichst viele Potenziale zu erfassen. Ergebnis sollte eine Digitalisierungsstrategie des Unternehmens mit klaren Prioritäten sein.
3) Die Umsetzung der Digitalisierungsstrategie beginnt damit, dass für einzelne Maßnahmen **„Experimente in Reallaboren“**, d.h. definierten Teilbereichen des Unternehmens, durchgeführt werden, um die Umsetzbarkeit der Maßnahmen und ihre Konsequenzen zu ermitteln oder neue Ideen für eine Formulierung des Problems zu entwickeln. Dafür sollte es konkrete Testszenarien und Bewertungskriterien geben.
4) Alle Experimente sollten im Unternehmen kommuniziert und in einen **kollektiven Lernprozess** eigebracht werden, der die Umsetzung oder Ablehnung der Maßnahmen in das Unternehmenswissen implementiert.

Bei der Durchführung des Prozesses können verschiedene interne und externe Stakeholder des Unternehmens in unterschiedlichen Rollen integriert werden (Kunden, Lieferanten, Wissenschaft). Ein Beispiel sind die vielfältigen, sehr erfolgreichen Projekte von it's OWL [it's OWL16c]. Die Zusammenarbeit kann dabei nicht nur kooperativ, arbeitsteilig sondern auch kollaborativ, gemeinsam an einer Aufgabe erfolgen.

Diese Vorgehensweise wurde von den Hochschulen Bielefeld und Köln in begrenzten Projekten getestet und soll demnächst den Rahmen für eine größere Anzahl von Digitalisierungsprojekten bilden.

5 Resümee und Ausblick

Digitalisierung von Unternehmen führt zu fundamental neuen Anforderungen an die Kompetenzen der Beschäftigten, die Methoden und Instrumente ihrer Entwicklung und an die Unternehmensstrukturen zur Schaffung einer neuen kollektiven Intelligenz.

Sowohl in Großunternehmen, als auch im Mittelstand hat sich mittlerweile das Verständnis für die Notwendigkeit und Vorteile der Digitalisierung durchgesetzt. Allerdings wird die digitale Transformation eher im Rahmen von traditionellen Produktportfolios und Produktionsprozessen durchgeführt, mit dem Ziel kleinerer Verbesserungen und Optimierungen. Disruptive, radikale Innovationen, wie intelligente Produkt-Dienstleistung-Kombinationen und neue Geschäftsmodelle, werden nur selten gewagt. Auch vor den grundlegenden Umgestaltungen bei der Organisation, Führung und Personalentwicklung schrecken viele Unternehmen zurück. Gründe dafür sind mangelnde finanzielle und personelle Ressourcen, vor allem bei KMUs, aber auch ein Festhalten an Traditionen und bisherigen Erfolgen.

Um die notwendigen tiefgreifenden Veränderungen durchzuführen, können mittelständische Unternehmen von den Best-Practice-Beispielen der Digitalen Champions lernen und im Rahmen der Cluster/Technologieplattformen, Unternehmensnetzwerke und Forschungskooperationen mit der Wissenschaft geeignete individuelle Digitalisierungslösungen erarbeiten und umsetzen. Für KMUs bieten sich dazu Transferkooperationen und Forschungsprojekte mit regionalen Hochschulen an, die mit ihrem fachlichen und methodischen Knowhow mögliche Optionen für die konkrete Umsetzung von Digitalisierungsinhalten, moderne Aus- und Weiterbildungsinstrumente und geeignete Konzepte und Methoden der Organisationsentwicklung aufzeigen und notwendige Unterstützung bei ihrer Implementierung leisten können.

Literatur

[Aca16] ACATECH (HRSG.): Kompetenzentwicklungsstudie Industrie 4.0 – Erste Ergebnisse und Schlussfolgerungen, München, 2016

[Bit16] BITKOM (BUNDESVERBAND INFORMATIONSWIRTSCHAFT, TELEKOMMUNIKATION UND NEUE MEDIEN): Digitalisierung verändert die gesamte Wirtschaft, https://www.bitkom.org/Presse/Presseinformation/Digitalisierung-veraendert-die-gesamte-Wirtschaft.html, 30. Dezember 2016

[BN16] BECK, M.; NAGEL, L.: Eine Frage der Kultur – Wie die Industrie 4.0-Qualifizierung im Mittelstand gelingen kann. Mittelstand-digital, Wissenschaft trifft Praxis, Ausgabe 5 Digitale Bildung, 2016, S.12-17.

[Bül16] BÜLLINGER, F.: Arbeitswelt 4.0 – Herausforderungen der digitalen Transformation für Ausbildung, Qualifikation und betriebliches Lernen. WIK-Newsletter Nr. 104, 09/2016, S. 8-9, http://www.mittelstand-digital.de/DE/Begleitforschung/veroeffentlichungen,did=782008.html, 27. Februar 2017

[Dai16] DAIMLER: Die Smart Factory. Komplett vernetzte Wertschöpfungskette. https://www.daimler.com/innovation/digitalisierung/industrie4.0/smart-factory.html, 30. Dezember 2016

[FAZ16] FAZ vom 7.9.2016: Daimler baut Konzern für die Digitalisierung um. http://www.faz.net/aktuell/wirtschaft/daimler-baut-konzern-fuer-die-digitalisierung-um-14424858.html, 18. Februar 2017

[GDJ+16] GAUSEMEIER, J.; DUMITRESCU, R.; JASPERNEITE, J.; KÜHN, A.; TRSEK, H.: Auf dem Weg zu Industrie 4.0: Lösungen aus dem Spitzencluster it´s OWL, Paderborn, 2016

[Hau16] HAUFE AKADEMIE: Digitalisierung stellt HR vor neue Herausforderungen. https://www.haufe-akademie.de/blog/themen/personalmanagement/digitalisierung-stellt-hr-vor-neue-herausforderungen/, 01.Dezember 2016

[Hei16] HEIMANN, K.: Siemens wichtigstes Projekt in der Ausbildung. "Wir lernen hier Industrie 4.0". https://wap.igmetall.de/15859.htm, 01. Januar 2017

[Her16] HERRMANN, W.: Wie VW, Daimler und BMW zu digitalen Champions werden wollen, http://www.computerwoche.de/a/wie-vw-daimler-und-bmw-zu-digitalen-champions-werden-wollen,3324250,2 2016, 30. Dezember 2016

[IAB16] IAB (INSTITUT FÜR ARBEITSMARKT- UND BERUFSFORSCHUNG): Arbeitswelt 4.0 - Stand der Digitalisierung in Deutschland. Dienstleister haben die Nase vorn, http://www.iab.de/de/informationsservice/presse/presseinformationen/kb2216.aspx, 30. Dezember 2016

[it´s OWL16a] IT´S OWL (INTELLIGENTE TECHNISCHE SYSTEME OSTWESTFALENLIPPE): Zukunftssicherung durch Innovationen. http://www.its-owl.de/technologie-netzwerk/strategie/, 31. Dezember 2016

[it´s OWL16b] IT´S OWL (INTELLIGENTE TECHNISCHE SYSTEME OSTWESTFALENLIPPE): Auf dem Weg zur Industrie 4.0. Lösungen aus dem Spitzencluster it's OWL. http://www.its-owl.de/fileadmin/PDF/Informationsmaterialien/2016-Auf_dem_Weg_zu_Industrie_4.0_Loesungen_aus_dem_Spitzencluster.pdf, 31. Dezember 2016

[it´s OWL16c] IT´S OWL (INTELLIGENTE TECHNISCHE SYSTEME OSTWESTFALENLIPPE): Auf dem Weg zur Industrie 4.0. Technologietransfer in den Mittelstand. http://www.its-owl.de/fileadmin/PDF/Informationsmaterialien/2016-Auf_dem_Weg_zu_Industrie_4.0_Technologietransfer_in_den_Mittelstand.pdf, 27. Februar 2017

[MIWF13] MIWF (MINISTERIUM FÜR INNOVATION, WISSENSCHAFT UND FORSCHUNG) DES LANDES NORDRHEIN-WESTFALEN: Forschungsstrategie Fortschritt NRW. Forschung und Innovation für nachhaltige Entwicklung 2013 – 2020. http://www.wissenschaft.nrw.de/fileadmin/Medien/Dokumente/Forschung/Fortschritt/Broschuere_Fortschritt_NRW.pdf, 17. Oktober 2016

[MM16] MLEKUS, L.; MAIER, G. W.: Arbeit 4.0 – Lösungen für die Arbeitswelt der Zukunft: Ergebnisse einer Online-Bestandsaufnahme in Ostwestfalen-Lippe, Bielefeld, 2016

[Nag16] NAGEL, P.: Netzwerk. In: Industrie 4.0 automotive. Eine Sonderedition von automotiveIT 01/2016, S. 18-21

[NT97] NONAKA, I.; TAKEUCHI, H.: Die Organisation des Wissens. Wie japanische Unternehmen eine brachliegende Ressource nutzbar machen. Campus Verlag, Frankfurt New York, 1997

[Nor34] NORDSIECK, F.: Grundlagen der Organisationstheorie. C.E. Poeschel Verlag, Stuttgart, 1934 [Reprint Osaka Japan 1974]

[SS14] SCHNEIDEWIND, U.; SINGER-BRODOWSKI, M.: Transformative Wissenschaft. Klimawandel im deutschen Wissenschafts- und Hochschulsystem. Metropolis Verlag, Marburg, 2014

[Sch15] SCHÄFERS-HANSCH, C.: Ein Blick in die Zukunft der Weiterbildung – Industrie 4.0 aus Sicht der Personalentwicklung. In: Franken, S. (Hrsg.): Industrie 4.0 und ihre Auswirkungen auf die Arbeitswelt, Shaker Verlag, Aachen, 2015, S. 154-172

[Sie16] SIEMENS: next47: Siemens gründet eigenständige Einheit für Start-ups. http://www.siemens.com/press/de/feature/2016/corporate/2016-06-next47.php?content[]=Corp, 24. November 2016

[Sma17] SMARTFACTORY OWL: Die SmartFactoryOWL: Industrie4.0@Work Forschung. Demonstration. Transfer. Qualifikation. http://www.smartfactory-owl.de/index.php/de/smartfactory, 01. Januar 2017

[SGG+13] SPATH, D.; GANSCHER, O.; GERLACH, S.; HÄMMERLE, M.: Studie Produktionsarbeit der Zukunft – Industrie 4.0, 2013. http://www.produktionsarbeit.de/content/dam/produktionsarbeit/de/documents/Fraunhofer-IAO-Studie_Produktionsarbeit_der_Zukunft_Industrie_4.0.pdf, 01. Dezember 2016

[Wei16] WEINREICH, U.: Lean Digitization. Digitale Transformation durch agiles Management. Springer Gabler, Berlin Heidelberg, 2016

[ZEW15] ZEW (ZENTRUM FÜR EUROPÄISCHE WIRTSCHAFTSFORSCHUNG): Endbericht der Expertise „Übertragung der Studie von Frey/Osborne (2013) auf Deutschland", http://www.arbeitenviernull.de/fileadmin/Downloads/ Kurz-expertise_BMAS_zu_Frey-Osborne.pdf, 21. Juni 2016

[ZEW16] ZEW (ZENTRUM FÜR EUROPÄISCHE WIRTSCHAFTSFORSCHUNG): Digitalisierung im Mittelstand: Status Quo, aktuelle Entwicklungen und Herausforderungen. Forschungsprojekt im Auftrag der KfW Bankengruppe. https://www.kfw.de/PDF/Download-Center/Konzernthemen/Research/PDF-Dokumente-Studien-und-Materialien/Digitalisierung-im-Mittelstand.pdf, 31. Dezember 2016

Autoren

Prof. Dr. Rolf Franken ist seit 1992 als Professor an der TH Köln tätig und leitet den Forschungsschwerpunkt Wissensmanagement. Er lehrt Management und war Leiter mehrerer Forschungsprojekte auf den Gebieten Internet der Dinge, Factory of the Future, Unternehmensnetzwerke.

Prof. Dr. Swetlana Franken ist seit 2008 als Professorin für BWL, insb. Personalmanagement an der FH Bielefeld tätig und leitet Forschungs- und Praxisprojekte auf den Gebieten Innovation, Diversity Management, Industrie 4.0 und ihre Auswirkungen auf die Arbeitswelt und Führung.

Arbeit 4.0: Digitalisierung der Arbeit vor dem Hintergrund einer nachhaltigen Entwicklung am Beispiel des deutschen Mittelstands

Prof. Dr. Frank Bensberg, Prof. Dr. Kai-Michael Griese,
Prof. Dr.-Ing. Andreas Schmidt
Hochschule Osnabrück
Caprivistr. 30a, 49076 Osnabrück
Tel. +49 (0) 541 / 96 93 820, Fax. +49 (0) 541 / 96 93 820
E-Mail: {F.Bensberg/K-M.Griese/A.Schmidt}@hs-osnabrueck.de

Zusammenfassung

Der Begriff Arbeiten 4.0 umschreibt die fortschreitende Digitalisierung der Wirtschaft, aus dem vielfältige Impulse und Veränderungen für den Arbeitsmarkt hervorgehen. IT-Zukunftsthemen wie z.B. Industrie 4.0, Internet der Dinge, Big Data und Cloud Computing erfordern dabei neue Kompetenzen von Mitarbeitern.

In der Literatur und der unternehmerischen Praxis wurde bislang nur unzureichend berücksichtigt, inwiefern die zur Digitalisierung benötigten Kompetenzen auch dem Leitbild einer nachhaltigen Entwicklung entsprechen. So verspricht die Digitalisierung von Unternehmensprozessen und Wertschöpfungsketten zukünftig ein potenziell maßgebliches Instrumentarium zur Erreichung von Nachhaltigkeitszielen zu werden.

Daher geht die vorliegende Untersuchung der Fragestellung nach, inwieweit die Digitalisierung von mittelständischen Unternehmen als ein relevanter Treiber für eine nachhaltige Entwicklung wahrgenommen und reflektiert wird. Zu diesem Zweck werden die Ergebnisse einer explorativen Stellenanzeigenanalyse vorgelegt, mit der 23.696 Stellenanzeigen aus Jobportalen für Stellenausschreibungen aus dem deutschen Mittelstand untersucht worden sind. Im Zuge der Analyse ist ermittelt worden, welche Bedeutung die beiden forschungsleitenden Konzepte der nachhaltigen Entwicklung und Digitalisierung derzeit am Arbeitsmarkt besitzen und welche Berufsbilder in diesem Umfeld nachgefragt werden. Die Ergebnisse zeigen, dass das Leitbild einer nachhaltigen Entwicklung bei Personalbeschaffungsmaßnahmen nur von geringer Bedeutung ist, aber in diesem Zusammenhang insbesondere technisch-entwicklungsorientierte sowie betriebswirtschaftlich-managementorientierte Berufsbilder gesucht werden.

Die Arbeit ist das Teilergebnis einer Forschungsgruppe, die sich im Rahmen eines von der „Deutschen Bundesstiftung für Umwelt (DBU)“ geförderten Projekts mit der Digitalisierung der mittelständischen Wirtschaft beschäftigt.

Schlüsselworte

Digitalisierung, nachhaltige Entwicklung, Digitale Transformation, Arbeit 4.0, Job Mining, Nachhaltigkeit, Stellenanzeigenanalyse

Work 4.0: Digitalization of work in the context of sustainable development – an empirical study for German SMEs

Abstract

The conceptional term work 4.0 focuses on the progressive digitalization of the economy, which leads to new modes of work (e.g. crowdworking) and impacts the labor market. The evolution of new information technologies like Industry 4.0, the Internet of Things (IoT), Big Data and Cloud Computing results in new competence requirements and demands qualified personnel resources.

With regard to literature and entrepreneurial practice, it still remains unclear if the job profiles and competencies required for digitalization also correspond to the model of sustainable development. Thus, the digitalization of business processes and value chains promises to be a potentially decisive instrument for achieving corporate sustainability goals.

Therefore, the present study investigates the extent to which the digitalization of SMEs is perceived and reflected as a relevant driver for sustainable development. For this purpose, the results of an exploratory job advertisement analysis are presented, which covers 23.696 job advertisements from job portals for German SMEs. In the course of the analysis, the relevance of sustainable development and digitalization in the German labor market is determined and relevant job profiles are derived. The results show that the concept of sustainable development is of little importance for personnel recruitment measures, but in particular technical and management-oriented job profiles are being sought in this domain.

The work is the partial result of a research group, which is involved in the digitalization of SMEs as part of a project sponsored by the German Federal Environmental Foundation (Deutsche Bundesstiftung für Umwelt, DBU).

Keywords

Digitalization, Sustainable Development, Digital Business Transformation, Work 4.0, Job Mining, Sustainability, Job Advertisement Analysis

1 Problemstellung

Unter dem Begriff *Arbeiten 4.0* werden derzeit Entwicklungslinien des zukünftigen Arbeitsmarkts diskutiert, der durch die fortschreitende Digitalisierung der Wirtschaft, neue Arbeitsformen und veränderte Altersstrukturen geprägt sein wird [BA15]. Die stärksten Triebkräfte für die Transformation der Arbeitswelt gehen von Informationstechnologien aus, deren Innovationen sich nicht nur zur Erzielung von Rationalisierungseffekten durch Automatisierung eignen, sondern vielmehr auch die Erschließung neuer Geschäftsmodelle ermöglichen [Ven05]. Dabei forcieren IT-Zukunftsthemen wie Industrie 4.0, Internet der Dinge, Big Data und Cloud Computing in zunehmenden Maße die Digitalisierung von Unternehmensprozessen, Wertschöpfungsketten und Märkten.

Aus arbeitsmarktorientierter Perspektive trägt diese Digitalisierung der Wirtschaft zum Entstehen neuer Berufsbilder und neuer Qualifikationsanforderungen bei, die in einzelnen Technologiefeldern empirisch belegt sind (vgl. z.B. [BB16a], [BB16c], [BB14-ol]). In der Literatur und der unternehmerischen Praxis wurde bislang allerdings nur unzureichend thematisiert, inwiefern die zur Digitalisierung benötigten Berufsbilder und Kompetenzanforderungen auch dem Leitbild einer *nachhaltigen Entwicklung* entsprechen. Nachhaltig handeln Unternehmen dann, wenn sie durch ihre wirtschaftliche Tätigkeit zur Befriedigung gegenwärtiger Bedürfnisse beitragen, ohne zukünftigen Generationen die Grundlage zur Befriedigung ihrer Bedürfnisse zu entziehen [WC87]. Neben diesem Streben nach *intergenerativer Gerechtigkeit* bildet das Konzept der *intragenerativen Gerechtigkeit* eine weitere Komponente der Nachhaltigkeit [CR12]. Diese betrifft den fairen Ausgleich innerhalb einer Generation, beispielsweise durch die Vermeidung von Diskriminierung bei der Entlohnung von Mitarbeitern oder durch den Abbau von Differenzen in der Lebensqualität zwischen Industrie- und Entwicklungsländern [DG15].

Die Digitalisierung von Unternehmensprozessen und Wertschöpfungsketten verspricht, sich zukünftig als ein potenziell maßgebliches Instrumentarium zur Erreichung von Nachhaltigkeitszielen zu etablieren [HB17] [Ahr16], beispielsweise durch die systematische Erzielung von Umweltentlastungen. Von einer nachhaltigen Entwicklung auf institutioneller oder gesellschaftlicher Ebene ist insbesondere dann auszugehen, wenn gleichermaßen soziokulturelle, ökologische und ökonomische Anforderungskriterien in den strategischen und operativen Prozessen der Willensbildung und -durchsetzung berücksichtigt werden [Col16].

Die vorliegende Untersuchung geht daher der Fragestellung nach, inwieweit die Digitalisierung von mittelständischen Unternehmen als ein relevanter Treiber für eine nachhaltige Entwicklung wahrgenommen und im Rahmen der Unternehmenskommunikation reflektiert wird. Eine relevante empirische Basis zur Beantwortung dieser Forschungsfrage bilden dabei Stellenanzeigen von Unternehmen, in denen Vakanzen für Fach- und Führungskräfte ausgeschrieben werden. Durch Analyse dieser Stellenanzeigen mithilfe textanalytischer Verfahren kann festgestellt werden, welche grundsätzliche Bedeutung die beiden Konzepte *Digitalisierung* und *nachhaltige Entwicklung* derzeit am Arbeitsmarkt besitzen. Darauf aufbauend können Einblicke gewonnen werden, inwieweit ein Zusammenhang zwischen den beiden forschungsleitenden Konzepten besteht und welche Berufsbilder bzw. Kompetenzen mit ihnen bei der Personalbeschaffung verknüpft sind.

Zur Beantwortung der Forschungsfrage wird daher eine explorative *Stellenanzeigenanalyse* [Har12] [Sail09] für Vakanzen aus Jobportalen für mittelständische Unternehmen durchgeführt. Zu diesem Zweck wird der analytische Bezugsrahmen des *Job Mining* [BB16b] zugrunde gelegt, das im folgenden Abschnitt detailliert wird. Darauf aufbauend werden die empirische Basis und die Analysemethodik vorgestellt, an die sich die detaillierte Ergebnisdarstellung anschließt. Abschließend werden die Ergebnisse kritisch reflektiert und weiterführender Forschungsbedarf identifiziert. Die Resultate wurden von einer Forschungsgruppe erarbeitet, die sich im Rahmen eines von der Deutsche Bundesstiftung für Umwelt (DBU) geförderten Projekts mit der Digitalisierung der mittelständischen Wirtschaft beschäftigt [DBU17-ol].

2 Job Mining als analytischer Bezugsrahmen zur Stellenanzeigenanalyse

Zur analytischen Erschließung von Stellenanzeigen wird der Prozess des Job Mining zugrunde gelegt, der in Bild 1 im Überblick dargestellt wird.

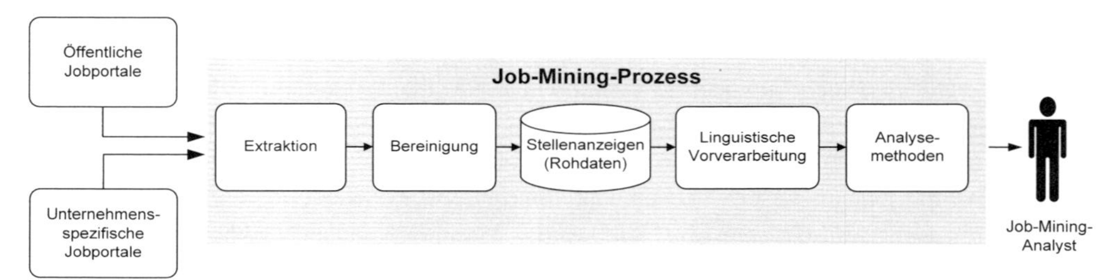

Bild 1: Job-Mining-Prozess im Überblick [BB16b]

Ausgangspunkt des Job-Mining-Prozesses bilden öffentliche oder unternehmensspezifische Jobportale als Datenquellen. Im Umfeld der öffentlichen Jobportale haben sich neben generellen Portalen (z.B. *Arbeitsagentur, Monster*) auch spezialisierte Portale für den Mittelstand etablieren können (z.B. *Mittelstandskarriere.de, YourFirm*). Unternehmensspezifische Jobportale werden von Unternehmen zur Ausschreibung des eigenen Personalbedarfs eingesetzt. In der Phase der *Extraktion* werden die Stellenanzeigen aus analyserelevanten Jobportale ausgelesen und in einem anschließenden Schritt bereinigt. Dabei ist z.B. dafür zu sorgen, dass sämtliche Attribute einheitlich codiert sind und keine fehlenden Werte (Missing Values) auftreten. Tabelle 1 zeigt aufbauend auf [Sch16-ol] die zentralen Attribute von Stellenanzeigen anhand eines Beispiels.

In dem Beispiel wird eine Vakanz für einen *Softwareentwickler (JobTitle)* bei der *VIEGA GmbH & Co. KG (HiringOrganziation)* in *Attendorn (JobLocation)* ausgeschrieben. Diese Stellenanzeige verfügt über eine detaillierte Beschreibung *(Description)* und wurde aus dem Jobportal *YourFirm (Spider)* ausgelesen.

Tabelle 1: Attribute einer Stellenanzeige

Attributname	Beschreibung	Exemplarischer Inhalt
JobTitle	Stellenbezeichnung	Softwareentwickler (m/w) mit Schwerpunkt JAVA
Hiring Organization	Einstellende Institution	VIEGA GmbH & Co. KG
JobLocation	Beschäftigungsort	Attendorn
Spider	Ausgelesenes Jobportal	YourFirm
Description	Stellenbeschreibung im Langtext mit Aufgaben und Anforderungen	Seit über 110 Jahren verbindet Viega die Sicherheit und Solidität eines Familienunternehmens mit der Innovationskraft eines Technologieführers. Durch ausgeprägte Technikbegeisterung, leidenschaftliches Qualitätsbewusstsein und nachhaltiges Denken sind wir gemeinsam mit unseren rund 3.800 Mitarbeitern zu einer weltweit bedeutenden Marke in der Sanitär- und Heizungstechnik geworden. Am Standort Deutschland fest verwurzelt bieten wir mit über 17.000 Produkten eine branchenweit einzigartige Vielfalt für Installationen im Haus-, Industrie- und Anlagenbau. Um den Anforderungen als Technologieführer gerecht zu werden, investieren wir auch weiter in die Zukunft unseres global agierenden Familienunternehmens. Im Rahmen der strategischen Initiativen und Programme wollen wir dabei auch verstärkt die Chancen nutzen, die sich durch die Digitalisierung ergeben. Hierbei verfolgen wir auch das Ziel, unsere informationstechnologischen Führungs- und Steuerungsprozesse durch den Einsatz innovativer Technologien weiter auszubauen, um unsere unternehmensweiten Kernprozesse professionell zu unterstützen. Vor diesem Hintergrund suchen wir an unserem Stammsitz in **Attendorn** für unseren **Zentralbereich IT** JAVA-Entwickler (m/w), die die weitere Internationalisierung und digitale Transformation von Viega mitgestalten möchten. Wenn es Sie reizt, in einer zentralen Funktion Verantwortung und Projekte zu übernehmen, dann freuen wir uns auf Ihre Bewerbung! Ihre Aufgaben: * Konzeption und Entwicklung von Webservices, Portalanwendungen und Integrationslösungen in einer agilen Umgebung (Scrum) * Realisierung der Frontend-Komponenten mit HTML/CSS, XML- und SQL-Schnittstellen * Entwurf und Entwicklung benutzerfreundlicher GUIs sowie Analyse und Optimierung bestehender Systeme im Hinblick auf Usability und Performance * Anwendung von Unit Tests und System Tests im Rahmen der Qualitätssicherung Ihr Profil: * Abgeschlossenes Studium der Informatik/Wirtschaftsinformatik oder vergleichbare Ausbildung * Mehrjährige Erfahrung in der Softwareentwicklung * Sehr gute Kenntnisse in JAVA * Gute Kenntnisse in REST, http, HTML5 und JAVA Script * Wünschenswert: Kenntnisse in der Entwicklung mobiler Applikationen * Hohe Kommunikations -, Innovations- und Teamfähigkeit * Gute Deutsch- und Englischkenntnisse [...]

Das Beispiel verdeutlicht, dass Stellenanzeigen überwiegend aus Textdaten bestehen. Infolgedessen kommt der *Vorverarbeitung* mithilfe von Techniken der Computerlinguistik zentrale Bedeutung zu. Gängige Verfahren zur Vorbereitung von Textdaten sind etwa die Zerlegung in grundlegende Einheiten (Tokenizing), die Bestimmung der einzelnen Wortarten (Part-of-Speech-Tagging), sowie die Zerlegung zusammengesetzter Wörter in ihre elementaren Bestandteile [HQW12].

Die so vorbereitete Datenbasis kann anschließend mit Verfahren der *Textanalyse* untersucht werden [AAB+16]. Forschungsmethodisch stehen dabei zwei unterschiedliche Herangehensweisen zur Verfügung. Traditionell werden Stellenanzeigen mithilfe der quantitativen Inhaltsanalyse erschlossen [Ber52]. In quantitativen Inhaltsanalysen wird mit a priori definierten Kategoriensystemen und Wörterbüchern gearbeitet, um die Texteinheiten theoriegeleitet klassifizieren zu können. Daraus entsteht allerdings die Problematik, dass strukturelle Entwicklungen in der Datenbasis – wie etwa das Auftreten neuer, bislang unbekannter Zusammenhänge – nicht erkannt werden können. Demgegenüber gestattet ein lexikometrischer, korpusgetriebener Forschungsansatz, bislang unbekannte sprachliche Strukturen und Zusammenhänge in Texten aufzudecken. Zu diesem Zweck können folgende Analysemethoden eingesetzt werden [DGM+09]:

- Mithilfe von *Frequenzanalysen* kann die absolute oder relative Häufigkeit des Auftretens von Wörtern oder Wortfolgen in Texten ermittelt werden.
- Die Untersuchung von *Kookkurrenzen* zeigt auf, welche Wörter oder Wortfolgen in dem zugrundeliegenden Textkorpus häufig gemeinsam auftreten.
- Mithilfe der *Teilkorpusanalyse* können Aussagen darüber abgeleitet werden, welche Wörter oder Wortfolgen in einer Teilmenge von Texten (Subgruppe) im Vergleich zum Gesamtkorpus über- bzw. unterrepräsentiert sind.

Aufgrund der explorativen Zielsetzung sind im Rahmen der hier vorgestellten Arbeitsmarktstudie überwiegend korpusgetriebene Analysemethoden zur Anwendung gelangt. Deren empirische Basis wird im Folgenden erörtert.

3 Empirische Basis und Analysemethodik

Zur Generierung einer Datenbasis sind vom 23.10.2016 bis zum 07.12.2016 Stellenanzeigen aus drei Jobportalen ausgelesen worden, die primär Vakanzen für mittelständische Unternehmen veröffentlichen. Dabei handelt es sich um die Jobportale *Yourfirm*, *Mittelstandskarriere.de* sowie *StellenMarkt.de*. Auf diese Weise wurden 27.340 Stellenanzeigen gesammelt, die um 3.317 Duplikate bereinigt worden sind. Aus den resultierenden 24.023 Stellenanzeigen wurden schließlich 327 englischsprachige Elemente entfernt, sodass insgesamt ein Set von 23.696 deutschsprachigen Stellenanzeigen zur Analyse zur Verfügung stand.

Der Datenbestand wurde anschließend im Zuge einer Vorstudie auf relevante Stellenanzeigen für die beiden forschungsleitenden Konzepte der *Digitalisierung* und der *nachhaltigen Entwicklung* untersucht. Zu diesem Zweck wurden drei Suchanfragen formuliert, die das Auftreten relevanter Begriffe in der Stellenbezeichnung (Attribut *JobTitle*) oder der Stellenbeschreibung (Attribut *Description*) prüfen. Diese Suchanfragen sind so artikuliert worden, dass sowohl die adjektivische als auch substantivische Begriffsverwendung (z.B. *Nachhaltigkeit, nachhaltig*) abgedeckt werden. Aufgrund des explorativen Charakters des Projekts sind die forschungsleitenden Konzepte anhand ihrer unmittelbaren Wortstämme operationalisiert worden, sodass synonyme Begriffe nicht berücksichtigt werden.

Die resultierenden Stellenanzeigensets werden in Tabelle 2 dokumentiert. Wie diese Tabelle verdeutlicht, treten Begriffe zur Bestimmung der Konzepte Digitalisierung und nachhaltiger Entwicklung nur in 131 Stellenanzeigen gemeinsam auf, woraus ein Support von 0,55% in Bezug auf die gesamte Datenbasis (n=23.696) resultiert. Darüber hinaus zeigt das Mengengerüst, dass 7,74% der Stellenanzeigen zur Digitalisierung (n=1.692) auch das Konzept der nachhaltigen Entwicklung referenzieren und somit eine höhere Neigung vorliegt als in der gesamten Datenbasis (6,43%).

Tabelle 2: Relevante Stellenanzeigensets

Set	Konzept	Suchanfrage	Anzahl Stellen-anzeigen	Anteil Stellen-anzeigen
DI	Digitalisierung	jobtitle:*digita* OR description:*digita*	1.692	7,14 %
NA	nachhaltige Entwicklung	jobtitle:*nachhal* OR description:*nachhal*	1.524	6,43 %
DINA	Digitalisierung und nachhaltige Entwicklung	(jobtitle:*digita* OR description:*digita*) AND (jobtitle:*nachhal* OR description:*nachhal*)	131	0,55 %

Zur Beantwortung der eingangs formulierten Forschungsfrage ist das DINA-Stellenanzeigenset analysiert worden. Zur Auswertung der Datenbasis sind folgende Analysen umgesetzt worden:

- Analyse der *räumlichen Verteilung* der Stellenanzeigen anhand des Attributs *JobLocation* sowie der ausschreibenden Institutionen (Attribut *HiringOrganization*).
- Analyse der in den Stellenanzeigen genannten *Soft Skills* anhand eines Wörterbuchs mit einschlägigen, überfachlichen Kompetenzen [Sai09].
- Identifikation zentraler *Berufsbilder* (Job Cluster) durch Analyse der Stellenbezeichnungen per Clustering und Generierung von N-Grammen auf Wortebene [HQW12].
- *Sprachanalyse* der Stellenanzeigen in Bezug auf die Verwendung des Nachhaltigkeits- und Digitalisierungsbegriffs im Rahmen von Nominalphrasen [HQW12].

Die hierfür erforderlichen text- und inhaltsanalytischen Methoden wurden mithilfe des Text Mining-Systems *IBM Watson Explorer Content Analytics* [ZFG+14] und des Korpusanalyseprogramms *AntConc* [Ant13] ausgeführt. Die resultierenden Ergebnisse werden im Folgenden vorgestellt.

4 Arbeitsmarktnachfrage des Mittelstands im Kontext von Digitalisierung und nachhaltiger Entwicklung – Ergebnisdarstellung der Stellenanzeigenanalyse

4.1 Räumliche Verteilung und ausschreibende Institutionen

Bild 2 zeigt die geografische Verteilung der Stellenanzeigen, die anhand des Beschäftigungsorts (Attribut *JobLocation*) ermittelt worden ist. Im Vergleich zur gesamten Datenbasis ist festzustellen, dass eine deutliche, regionale Fokussierung des DINA-Sets vorliegt. So konzentrieren sich die Vakanzen auf wenige Oberzentren bzw. Metropolregionen, wie z.B. Berlin und München.

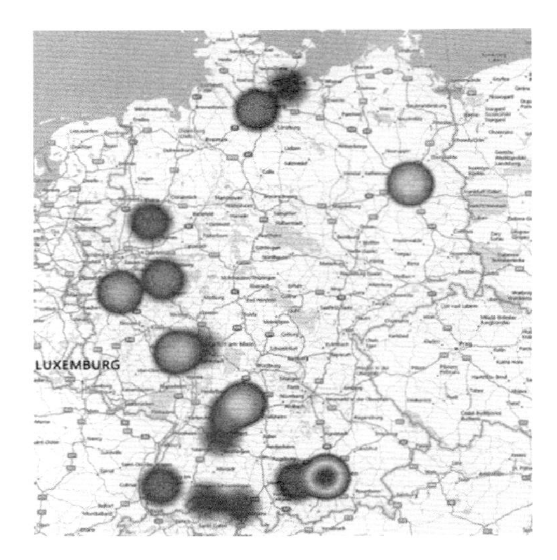

Bild 2: Geografische Verteilung der Stellenanzeigen

Die geografische Konzentration kann auf die entsprechenden Institutionen zurückgeführt werden, die bei den Stellenausschreibungen eine führende Rolle einnehmen. Bild 3 zeigt die Top 10 der ausschreibenden Unternehmen für die Stellenanzeigen im DINA-Set.

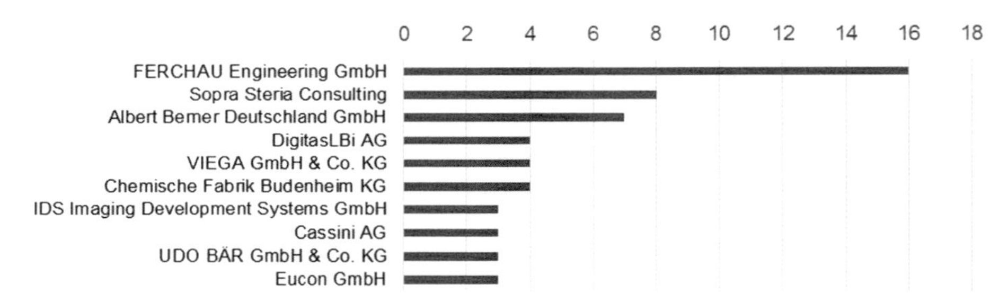

Bild 3: Ausschreibende Institutionen (Top 10, Anzahl Stellenanzeigen)

Aus institutioneller Perspektive ist einerseits festzustellen, dass Unternehmen führend sind, die aufgrund ihrer Mitarbeiterzahl nach gängiger Definition nicht zum Mittelstand zu zählen sind [Eur05]. Dieser Sachverhalt trifft etwa auf den Outsourcing-Dienstleister *Ferchau Engineering* und das IT-Beratungsunternehmen *Sopra Steria Consulting* zu. Hier liegt die Vermutung nahe, dass diese Unternehmen die Intention verfolgen, gezielt Fachkräfte zum projektbezogenen Einsatz bei mittelständischen Kunden zu akquirieren. Andererseits zeichnen sich die führenden Institutionen durch einen hohen Anteil von Dienstleistungsunternehmen (*Ferchau, Sopra Steria, DigitasLBi, Cassini, Eucon*) sowie Handelsunternehmen (*Albert Berner, Udo Bär*) aus.

4.2 Überfachliche Kompetenzen (Soft Skills)

Zur Analyse der überfachlichen Kompetenzen ist ein Wörterbuch eingesetzt worden, das 41 einschlägige Begriffe zur Identifikation von Soft Skills zur Verfügung stellt. Bild 4 zeigt die Top 10 der ermittelten Soft Skills im DINA-Set.

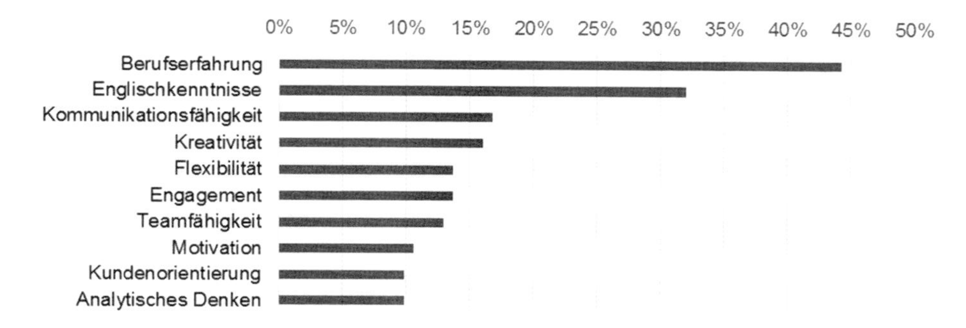

Bild 4: Soft Skills (Top 10, Anteil Stellenanzeigen)

Hervorzuheben ist, dass die mit Abstand führenden Soft Skills die individuelle Berufserfahrung und Englischkenntnisse bilden. Dieser Sachverhalt ist zwar tendenziell auch in anderen Stellenanzeigenanalysen zu Berufen im IT-Umfeld nachweisbar [BB14-ol] [BB16b], allerdings ist die Berufserfahrung im betrachteten Set stark dominierend. Einen Beitrag zur Erklärung dieses Phänomens liefern die ausgeschriebenen Berufsbilder im DINA-Set, die im Folgenden detailliert werden.

4.3 Berufsbilder

Die Ermittlung relevanter Berufsbilder ist durch Extraktion der Stellenbezeichnungen (Attribut *JobTitle*) vorgenommen worden. Durch Analyse der Stellenbezeichnungen konnten 84 der 131 DINA-Stellenanzeigen (ca. 64%) mindestens einem von vier Jobclustern zugeordnet werden, die in Bild 5 expliziert werden.

Die identifizierten DINA-Jobcluster verdeutlichen, dass im Umfeld der Begriffe Digitalisierung und Nachhaltigkeit primär nach technisch-entwicklungsorientierten und betriebswirtschaftlich-managementorientierten Berufsbildern gesucht wird, wobei in erheblichem Umfang auch Beratungs- und Leitungstätigkeiten artikuliert werden. Insgesamt belegt dieses Ergebnis, dass Fach- und Führungskräfte mit einem hohen Maß an Berufserfahrung im Mittelpunkt der Arbeitsmarktnachfrage stehen.

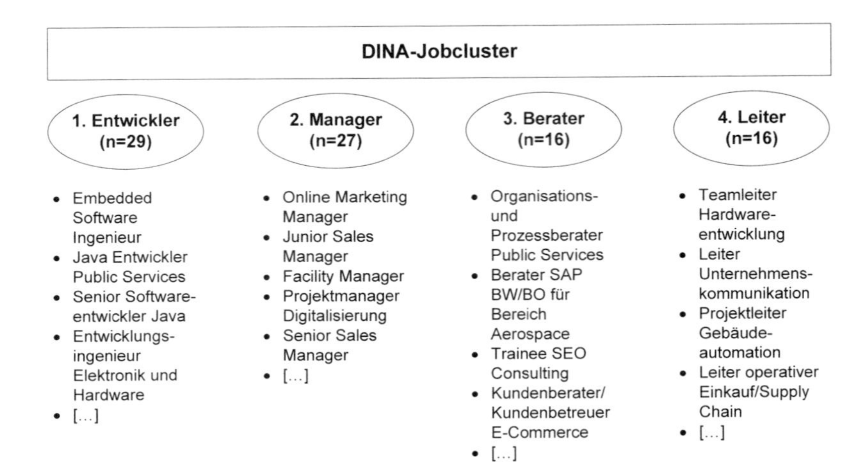

Bild 5: DINA-Jobcluster mit exemplarischen Stellenbezeichnungen

4.4 Sprachliche Analyse der Begriffsverwendung

Im Rahmen der Sprachanalyse ist der Fragestellung nachgegangen worden, wie die Begriffe der Digitalisierung und Nachhaltigkeit im betrachteten Stellenanzeigenset verwendet werden. Zu diesem Zweck sind die Stellenanzeigen in Bezug auf solche *Nominalphrasen* untersucht worden, in denen die forschungsleitenden Begriffe enthalten sind. Die Fokussierung auf Nominalphrasen wie etwa Substantivfolgen oder Substantiv-Adjektiv-Kombinationen ist als sinnvoll anzusehen, da diese regelmäßig zur Bildung domänenspezifischer Fachbegriffe herangezogen werden [HQW12].

Die Ergebnisse der Sprachanalyse für den Begriff der *Nachhaltigkeit* werden in Tabelle 3 dargestellt.

Tabelle 3: Nominalphrasen für den Nachhaltigkeitsbegriff (Top 20 nach Anzahl)

Nr.	Nominalphrase	Anzahl	Korrelation
1	nachhaltig ... Wachstum	5	3,24
2	nachhaltig ... Wettbewerbsvorteil	4	39,62
3	nachhaltig ... Ausbau	3	15,71
4	nachhaltig ... Zufriedenheit	3	9,58
5	nachhaltig ... Verbesserung	3	15,71
6	nachhaltig ... Wert	2	9,09
7	nachhaltig ... Wertschöpfung	2	14,14
8	nachhaltig ... Zukunft	2	0,72
9	nachhaltig ... Produktpolitik	2	5,33
10	nachhaltig ... Sichtbarkeit	2	14,14
11	nachhaltig ... Denken	2	1,54
12	nachhaltig ... Energieversorgung	2	5,33

13	nachhaltig ... Pflege	2	9,09
14	nachhaltig ... Business Intelligence	2	14,14
15	nachhaltig ... BI	2	14,14
16	nachhaltig ... Unternehmen	2	1,09
17	nachhaltig ... Ressource	2	14,14
18	nachhaltig ... IT	1	0,40
19	nachhaltig ... Arbeitsweise	1	0,25
20	nachhaltig ... Weiterentwicklung	1	0,51

Neben den Nominalphrasen liefert Tabelle 3 auch die Anzahl der stützenden Stellenanzeigen sowie ein Korrelationsmaß. Dieses Maß zeigt an, in welchem Ausmaß die jeweilige Phrase typisch bzw. eigenschaftsprägend für den betrachteten Datensatz ist [ZFG+14]. In Anbetracht der Ergebnisse ist auffällig, dass im Rahmen der Nominalphrasen die adjektivische Verwendung des Nachhaltigkeitsbegriffs dominiert. Außerdem deuten die Häufigkeiten und Korrelationswerte darauf hin, dass der Nachhaltigkeitsbegriff aus ökonomischer Perspektive artikuliert wird (z.B. *nachhaltiges Wachstum, Wettbewerbsvorteil, Wert, Wertschöpfung, Produktpolitik*) und diese Begriffsverwendung in hohem Maße typisch für das betrachtete Stellenanzeigenset ist. Ferner ist auch eine informationstechnologische Verwendung des Nachhaltigkeitsbegriffs hervorzuheben, der in den Phrasen *nachhaltiges Business Intelligence (BI)* bzw. *nachhaltige IT* zum Ausdruck gelangt.

Die Ergebnisse der Sprachanalyse für den Begriff der *Digitalisierung* werden in Tabelle 4 dargestellt.

Tabelle 4: Nominalphrasen für den Digitalisierungsbegriff (Top 20 nach Anzahl)

Nr.	Nominalphrase	Anzahl	Korrelation
1	digital ... Transformation	12	3,74
2	digital ... Welt	6	4,82
3	digital ... DNA	5	3,95
4	digital ... Zeitalter	5	18,79
5	digital ... Technologie	5	3,81
6	digital ... Tool	5	5,48
7	digital ... Zukunft	5	3,81
8	digital ... Touchpoints	4	39,62
9	digital ... Experte	4	18,29
10	digital ... Bewerbung	4	6,75
11	digital ... Agentur	4	6,44
12	digital ... Media	4	1,44
13	digital ... Schaltung	4	3,91
14	digital ... Ausstattung	4	39,62
15	für ... Digitalisierung	4	9,52
16	Thema Digitale Exzellenz	3	27,82

17	durch ... Digitalisierung	3	5,82
18	digital ... Signal	3	5,03
19	digital ... Produkt	3	2,49
20	digital ... Industrie	3	27,82

Führende Nominalphrasen sind hier z.B. die *digitale Transformation* und die *digitale Welt [von morgen]*, die insbesondere in den Stellenanzeigen von *Ferchau* (n=5) und Sopra Steria (n=8) verwendet werden. Außerdem wird auf die *digitale DNA* angespielt, die potenzielle Bewerber für die jeweilige Stelle mitbringen sollen. *Digitale Technologien* und *digitale Tools* sind insbesondere für Softwareentwickler (*Ferchau*) relevant, während *digitale Touchpoints* und *digitale Medien* Kompetenzfelder für Stellen aus dem Umfeld des Online-Marketing und der Mediengestaltung sind. Hervorzuheben ist, dass der Digitalisierungsbegriff neben der adjektivischen Verwendung auch als Substantiv auftritt (Tabelle 4, Nr. 15, 17). Gegenüber dem Nachhaltigkeitsbegriff spricht dies für einen ausgeprägteren sprachlichen Reifegrad, der in der Unternehmenskommunikation einen höheren Abstraktions- bzw. Objektivitätsgrad impliziert [Bak06].

5 Resümee und Ausblick

Motivation für diese Untersuchung bildete die eingangs artikulierte Forschungsfrage, inwieweit die Digitalisierung von mittelständischen Unternehmen als ein relevanter Treiber für eine nachhaltige Entwicklung wahrgenommen und reflektiert wird. Insgesamt deuten die erzielten Resultate darauf hin, dass das Leitbild einer *nachhaltigen Entwicklung* im Zuge der Personalbeschaffungsmaßnahmen mittelständischer Unternehmen im Kontext der Digitalisierung derzeit nur von geringer Bedeutung ist. So konnte durch Exploration der empirischen Basis gezeigt werden, dass nur 7,74% der Stellenanzeigen zur Digitalisierung (n=1.692) auch das Konzept der nachhaltigen Entwicklung referenzieren (s. Tabelle 2).

Im Zuge der sprachlichen Analyse dieser Stellenanzeigen konnte außerdem belegt werden, dass der Nachhaltigkeitsbegriff vorzugsweise im ökonomischen Beziehungszusammenhang artikuliert wird. Infolgedessen liegt insgesamt die Interpretation nahe, dass die *digitale Transformation* als Verstärker für *nachhaltiges Wachstum* gesehen wird (vgl. Tabelle 3, Nr. 1 i.V.m. Tabelle 4, Nr. 1). Da hiermit eine primär ökonomische Wachstumsperspektive fokussiert wird, werden ökologische bzw. soziokulturelle Potenziale der *nachhaltigen Entwicklung* in der arbeitsmarktgerichteten Kommunikation vernachlässigt.

Aus diesen Ergebnissen lassen sich unterschiedliche Überlegungen für Unternehmen ableiten. Das betrifft zum einen die strategische Herangehensweise des Unternehmens, mit der eine digitale Transformation eines Geschäftsmodells verläuft. Vor dem Hintergrund der ökologischen Tragfähigkeit unseres Planeten, die ohnehin in einigen planetarischen Grenzen (z.B. CO2-Anreicherung in der Atmosphäre) bereits überbelastet ist [Roc09], ist es sinnvoll, dass bei einer Implementierung von innovativen Informationstechnologien auch eine angemessene Berücksichtigung ökologischer Themen stattfindet. Das erscheint insbesondere dann relevant, wenn – wie bei der digitalen Transformation – vielfältige Handlungsoptionen bestehen, um ökologische Potenziale zu nutzen.

Zum anderen können im strategischen Personalmanagement bei der Kommunikation mit potenziellen Bewerbern bzw. künftigen Mitarbeitern ökologische und soziokulturelle Aspekte explizit berücksichtigt werden. Daraus können positive Effekte für das Image eines Unternehmens auf dem unternehmensexternen Arbeitsmarkt hervorgehen, das auch als *Employer Reputation* bezeichnet wird [Fer16]. Auf dieser Basis entsteht zudem das Potenzial, im Rahmen der Personalakquisition besonders motivierte und gesellschaftlich engagierte Talente zu attrahieren, die einen Schlüssel zur Erreichung der Nachhaltigkeitsziele der Unternehmung bilden.

Grenzen der hier abgeleiteten Aussagen gehen sowohl aus dem Forschungsdesign als auch der empirischen Basis hervor. Zwar konnte eine große Anzahl von Stellenanzeigen für den Forschungsprozess erschlossen werden, allerdings beziehen sich diese auf einen relativ kurzen Zeithorizont. Im Zuge weiterer Forschungsarbeiten ist die Datensammlung fortzusetzen, um die zeitliche Reichweite der generierten Aussagen zu steigern und Trends frühzeitig identifizieren zu können. Dabei bietet sich insbesondere auch ein Vergleich mit den Stellenanzeigen größerer Unternehmen an (z.B. DAX30), die in Bezug auf die (personal-)strategische Verankerung des Nachhaltigkeitskonzepts einen vermutlicherweise höheren Reifegrad aufweisen. Zur Auswahl relevanter Stellenanzeigen ist dabei auch die Nutzung weiterer Suchbegriffe vorzusehen, die synonym zu den in Tabelle 2 artikulierten Suchbegriffen sind (z.B. *Ressourceneffizienz, Energieeffizienz*).

Schließlich ist auch auf die Grenzen der Stellenanzeigenanalyse hinzuweisen, die lediglich eine singuläre Datenquelle exploriert und auf der Anwendung text- bzw. inhaltsanalytischer Verfahren basiert. Um die Validität der abgeleiteten Aussagen zu überprüfen, können weitere Datenquellen und Methoden herangezogen werden. Zur Daten- und Methodentriangulation werden beispielsweise im Umfeld der Bildungsbedarfsanalyse auch kommunikationsorientierte Verfahren diskutiert, wie z.B. Experteninterviews, Workshops, Gruppendiskussionen und Delphi-Studien [Hör07].

Mit der vorgelegten Stellenanzeigenanalyse wird ein aktueller Einblick in die Arbeitsmarktnachfrage mittelständischer Unternehmen geliefert. Im Zuge weiterführender Forschungsarbeiten wird der Fragestellung nachgegangen, welche fachlichen Kompetenzen für diejenigen Berufsbilder von Bedeutung sind, die an der Schnittstelle von Digitalisierung und nachhaltiger Entwicklung im Vordergrund stehen (DINA-Jobcluster, s. Bild 5). Dieses Wissen wird – insbesondere vor dem Hintergrund des demografischen Wandels – als relevant erachtet, um das Personalmanagement bei der Weiterentwicklung unternehmensspezifischer Kompetenzmodelle [GE12] zu unterstützen und Weiterbildungsangebote im Kontext von Digitalisierung und Nachhaltigkeit arbeitsmarktorientiert zu gestalten.

Danksagung

Die Autoren danken der Deutsche Bundesstiftung für Umwelt (DBU) für die finanzielle Förderung des Projekts.

Literatur

[AAB+16] ALPAR P.; ALT R.; BENSBERG F.; GROB H. L.: WEIMANN P., WINTER R.: Anwendungsorientierte Wirtschaftsinformatik – Strategische Planung, Entwicklung und Nutzung von Informationssystemen. Springer Fachmedien, Wiesbaden, 2016

[Ahr16] AHREND, K.-M.: Geschäftsmodell Nachhaltigkeit – Ökologische und soziale Innovationen als unternehmerische Chance. Springer, Berlin Heidelberg, 2016

[Ant13] ANTHONY, L.: Developing AntConc for a new generation of corpus linguists. Corpus Linguistics Conference (CL 2013), 22.-26. Juli 2013, Lancaster University, Lancaster, 2013

[BA15] BUNDESMINISTERIUM FÜR ARBEIT UND SOZIALES: Grünbuch Arbeiten 4.0. Berlin, Bundesministerium für Arbeit und Soziales, 2015

[Bak06] BAKER, P.: Using Corpora in Discourse Analysis. Continuum, London, 2006

[BB14-ol] BENSBERG F.; BUSCHER G.: BI-Stellenanzeigenanalyse 2014 – Was der Arbeitsmarkt von BI-Fachkräften erwartet. Unter: http://www.tdwi.eu/fileadmin/user_upload/zeitschriften//2014/Online_Karriere_Special/bensberg_buscher_OKS_2014.pdf, 1. Dezember 2016

[BB16a] BENSBERG F.; BUSCHER G.: Digitale Transformation und IT-Zukunftsthemen im Spiegel des Arbeitsmarkts für IT-Berater – Ergebnisse einer explorativen Stellenanzeigenanalyse. Multikonferenz Wirtschaftsinformatik (MKWI) 2016, 9.-11. März 2016, Technische Universität Ilmenau, Universitätsverlag Illmenau, Band 2, Illmenau, 2016

[BB16b] BENSBERG F.; BUSCHER, G.: Job Mining als Analyseinstrument für das Human-Resource-Management. HMD Praxis der Wirtschaftsinformatik, Ausgabe 6-2016, Springer Vieweg, Wiesbaden, 2016, S. 815-827

[BB16c] BENSBERG, F.; BUSCHER, G.: Auswirkungen von Big Data auf den Arbeitsmarkt für IT-Fachkräfte – Ergebnisse einer explorativen Stellenanzeigenanalyse. 29. AKWI-Jahrestagung, 11.09.-14.09.2016, Brandenburg, mana-Buch, Heide, 2016

[Ber52] BERELSON, B.: Content Analysis in Communication Research. Free Press, Glencoe, 1952

[Col16] COLSMANN, B.: Nachhaltigkeitscontrolling – Strategien, Ziele, Umsetzung. Springer Fachmedien, Wiesbaden, 2016

[CR12] CORSTEN, H.; ROTH, S.: Nachhaltigkeit als integriertes Konzept. In: Corsten, H.; Roth, S. (Hrsg.): Nachhaltigkeit – Unternehmerisches Handeln in globaler Verantwortung. Gabler Verlag, Wiesbaden, 2012

[DBU17-ol] DEUTSCHE BUNDESSTIFTUNG UMWELT: Digitalisierung der mittelständischen Wirtschaft vor dem Hintergrund einer nachhaltigen Entwicklung. Unter: https://www.dbu.de/projekt_33797/01_db_2409.html, 1. Januar 2017

[DG15] DRENGNER, J.; GRIESE, K.-M.: Nachhaltige Veranstaltungen statt „Green Meetings": Eine empirische Studie zur Bedeutung der ökologischen, sozialen und ökonomischen Dimension der Nachhaltigkeit aus Sicht von Veranstaltungsstätten. In: Große-Ophoff, M. (Hrsg.): Nachhaltiges Veranstaltungsmanagement, Green Meetings als Zukunftsprojekt für die Veranstaltungsbranche. oekom Verlag, München, 2015

[DGM+09] DZUDZEK I.; GLASZE, G.; MATTISSEK, A.; SCHIRMEL, H.: Verfahren der lexikometrischen Analyse von Textkorpora. In: Glasze, G.; Mattissek, A. (Hrsg.): Handbuch Diskurs und Raum: Theorien und Methoden für die Humangeographie sowie die sozial- und kulturwissenschaftliche Raumforschung. Transcript Verlag, Bielefeld, 2009

[Eur05] EUROPEAN COMMISION: The new SME definition. User guide and model declaration. European Commision, Brüssel, 2005

[Fer17] FERBER, I.: Employer Branding in Zeiten von Nachhaltigkeit und Digitalisierung. In: Spieß, B.; Fabisch, N. (Hrsg.): CSR und neue Arbeitswelten – Perspektivwechsel in Zeiten von Nachhaltigkeit, Digitalisierung und Industrie 4.0. Springer Verlag, Berlin Heidelberg, 2017

[GE12] GRANADOS, A.; ERHARDT, G.: Corporate Agility Organization – Personalarbeit der Zukunft: Wertschöpfende Personalmanagementprozesse im Unternehmen verankern. Gabler Verlag, Wiesbaden, 2012

[Har12] HARPER, R.: The Collection and Analysis of Job Advertisements: a Review of Research Methodology. Library and Information Research, Ausgabe 112-2012, Library and Information Research Group (LIRG), S. 29-54.

[HB17] HOLTBRÜGGE, D.; BECKMANN, M.: Nachhaltigkeitsinnovationen durch länder- und sektorübergreifende Partnerschaften. In: Burr, W.; Stephan, M. (Hrsg.): Technologie, Strategie und Organisation. Springer Fachmedien, Wiesbaden, 2017

[Hör07] HÖRMANN, C.: Die Delphi-Methode in der Studiengangsentwicklung. Dissertation, Fakultät II der Pädagogischen Hochschule Weingarten, Pädagogische Hochschule Weingarten, Weingarten, 2007

[HQW12] HEYER, G.; QUASTHOFF, U.; WITTIG, T.: Text Mining: Wissensrohstoff Text. W3L Verlag, Herdecke, 2012

[Roc09] ROCKSTRÖM, J.; STEFFEN, W.; NOONE, K.; PERSSON, A.; CHAPIN, F. S.; LAMBIN, E.; FOLEY, J.: Planetary boundaries: Exploring the safe operating space for humanity. Ecology and Society, Ausgabe 2-2009

[Sai09] SAILER, M.: Anforderungsprofile und akademischer Arbeitsmarkt – Die Stellenanzeigenanalyse als Methode der empirischen Bildungs- und Qualifikationsforschung. Waxmann, Münster, 2009

[Sch16-ol] SCHEMA.ORG: JobPosting. Unter: http://schema.org/JobPosting. 1. Dezember 2016

[Ven05] VENKATRAMAN, N.: IT-Enabled Business Transformation: From Automation to Business Scope Redefinition. In: Bettley, A.; Mayle, D.; Tantoush, T. (Hrsg.): Operations management – A Strategic Approach. Sage, London, 2005

[WC87] WORLD COMMISSION ON ENVIRONMENT AND DEVELOPMENT: Brundtland Report – Our Common Future. Oxford University Press, New York, 1987

[ZFG+14] ZHU, W.; FOYLE, B.; GAGNÉ, D.; GUPTA, V.; MAGDALEN, J.; MUNDI, A.; NASUKAWA, T.; PAULIS, M.; SINGER, J.; TRISKA, M.: IBM Watson Content Analytics: Discovering Actionable Insight from Your Content, 3. Auflage, IBM, 2014

Autoren

Prof. Dr. Frank Bensberg ist seit 2015 Hochschullehrer für Wirtschaftsinformatik an der Fakultät Wirtschafts- und Sozialwissenschaften der Hochschule Osnabrück. Vorher leitete er das Department Wirtschaft der Hochschule für Telekommunikation in Leipzig und war als Senior Expert Personalentwicklung bei der Deutsche Telekom AG tätig. Frank Bensberg promovierte und habilitierte an der Westfälischen Wilhelms-Universität Münster. Forschungs- und Arbeitsgebiete sind Big Data, Data Mining und Text Analytics zur Unterstützung sowie Automatisierung betrieblicher Entscheidungsprozesse. Aktuelle Forschungsarbeiten fokussieren Informationssysteme für das Arbeitsmarktmonitoring mithilfe von Big Data.

Prof. Dr. Kai-Michael Griese ist seit 2009 Professor für Betriebswirtschaftslehre, insb. Marketing an der Hochschule Osnabrück und vertritt in der Lehre das Thema Marketingmanagement mit dem Schwerpunkt Nachhaltigkeitsmanagement. Vor seiner Tätigkeit als Hochschullehrer war er über 10 Jahre in verschiedenen führenden Positionen in der Industrie tätig. Sein Forschungsinteresse liegt vor allem im Bereich des Nachhaltigkeitsmarketing mit Schwerpunkt Markenführung und –positionierung sowie der Konsumentenverhaltensforschung.

Prof. Dr.-Ing. Andreas Schmidt arbeitet im Lehrgebiet Wirtschaftsinformatik an der Fakultät Wirtschafts- und Sozialwissenschaften der Hochschule Osnabrück. Schwerpunkt seiner Forschungs- und Beratungstätigkeit ist die ganzheitliche und unternehmensübergreifende Organisations-, Prozess- und IT-Systemoptimierung. Eine konsequente und stark umsetzungsorientierte Optimierung aller Wertschöpfungsaktivitäten steht dabei im Vordergrund. Aktuelle Arbeiten liegen im wissenszentrierten Beziehungsmanagement von Kundennetzwerken (Knowledge-Centric Customer Relationship Management und Social CRM) und in der wertschöpfenden Verbindung von Big Data, Business Analytics und dem semantischen Internet of Things (IoT) für innovative Geschäftsmodelle in der vernetzten Gesellschaft. So war er verantwortlich für das eKompetenzzentrum „eBusiness Lotse Osnabrück" im Rahmen der BMWI Initiative „Mittelstand digital" mit dem Schwerpunkt Wissensmanagement und Customer Relationship Management. Des Weiteren war Professor Schmidt Associated Member des Network of Excellence „HighTechEurope", in dem u.a. ein „Intelligent Technology Portal" auf der Basis von Semantic und Intelligent Web Technologien erforscht und umgesetzt wurde. Vor seinem Ruf an die Hochschule Osnabrück war Professor Schmidt lange Zeit als Unternehmensberater in den Branchen des Maschinen- und Anlagenbaus, der Automotive-Industrie und im Dienstleistungssektor tätig. Er war Geschäftsführer des Sonderforschungsbereiches „Selbstoptimierende Systeme des Maschinenbaus" (SFB614) am Heinz Nixdorf Institut der Universität Paderborn und assoziierter Forscher des Deutschen Forschungszentrum für Künstliche Intelligenz (DFKI) in Kaiserslautern.

Digitalisierung der Arbeitswelt: Ergebnisse einer Unternehmensumfrage zum Stand der Transformation

Lisa Mlekus[1], Prof. Dr. Günter W. Maier
Fakultät für Psychologie und Sportwissenschaft, Abteilung für Psychologie
Universität Bielefeld
Postfach 10 01 31, 33501 Bielefeld
Tel. +49 (0) 521 / 10 63 149, Fax. +49 (0) 521 / 10 68 90 01
E-Mail: {Lisa.Mlekus/ao-psychologie}@uni-bielefeld.de

Zusammenfassung

Die vorliegende Studie[2] zielte darauf ab, den Status Quo der Digitalisierung und Arbeitsgestaltung in KMU in einer der zentralen Maschinenbau-Regionen Deutschlands zu erheben und Ansatzpunkte für Unterstützungsmaßnahmen zu identifizieren. Bei 94 Unternehmensvertretern wurden die erwarteten Auswirkungen, Ziele und Herausforderungen im Hinblick auf die Entwicklungen in der digitalisierten Arbeitswelt untersucht.

Befragte aus KMU und aus großen Unternehmen schätzten den Digitalisierungsstand in ihrem Unternehmen ähnlich ein und erwarteten auch jeweils einen gleich starken Anstieg an Digitalisierung in den nächsten fünf Jahren. Die Mehrheit der befragten Personen verband mit einer zunehmenden Digitalisierung eine gleichbleibende Menge an Belastungen sowie Arbeitsplätzen und einen Anstieg an Anforderungen an die Beschäftigten. Dabei verfolgen die Befragten vornehmlich technische, strategische und organisatorische Ziele. Personalbezogene Ziele wurden mit einer eher geringen Wichtigkeit bewertet. Herausforderungen bei der Umsetzung waren für die Mehrheit der Befragten die Auswahl geeigneter Technologien und das Erkennen von Entwicklungsbedarfen der Beschäftigten.

Die Ergebnisse deuten darauf hin, dass die befragten Unternehmensvertreter zwar große Veränderungen in Bezug auf die Digitalisierung erwarten, dabei aber die Auswirkungen auf die Beschäftigten zum Teil nicht ausreichend berücksichtigen. Entsprechende Implikationen für die Forschung und die Praxis werden diskutiert.

Schlüsselworte

Arbeit 4.0, menschengerechte Arbeitsgestaltung, digitale Transformation, Bestandsaufnahme, KMU

---

[1] Mitglied des Research Institute for Cognition and Robotics (CoR-Lab)

[2] Die Studie wurde im Rahmen des Projekts „Arbeit 4.0 – Lösungen für die Arbeitswelt der Zukunft" durchgeführt, das vom Europäischen Fonds für regionale Entwicklung NRW gefördert wird.

Digitization of the working world: results of a company survey on the state of the transformation

Abstract

The aim of this study was to assess the status quo of digitization and work design in SMEs in one of the pivotal mechanical engineering regions in Germany and to identify the starting points for supporting measures. We examined the expected consequences, goals and challenges with regard to developments in the digitized working world of 94 company representatives.

Participants from SMEs and those from large companies assessed their company's digitization status in a similar way and expected an equal increase in digitization over the next five years. The majority of the respondents associated with the advancement of digitization a constant amount of demands, a steady number of jobs and an increase in requirements for the employees. The most important goals for the participants were technical, strategic and organizational objectives. Personnel-related objectives were considered less important. The majority of the respondents saw their greatest need for support in the selection of appropriate technologies and the identification of the employees' development requirements.

The results indicate that although the participants expect major changes in the area of digitization, they do not take into account the impact on the employees in a sufficient way. Corresponding implications for research and practice are discussed.

Keywords

Work 4.0, human-oriented work design, digital transformation, status quo, SMEs

1 Einleitung

Die digitale Transformation in der Arbeitswelt beschäftigt derzeit viele Unternehmen weltweit. Die technologischen Entwicklungen erlauben zunehmend eine weitgehende Vernetzung intelligenter technischer Systeme, die reale Prozesse virtuell abbilden und dadurch in Echtzeit auf Probleme sowie individuelle Kundenwünsche reagieren können [HPO15]. Durch eine Arbeitsgruppe von HENNING KAGERMANN, Präsident der Akademie der Technikwissenschaften (acatech), entstand der Begriff „Industrie 4.0", mit dem die aktuell anstehenden Veränderungen im Zusammenhang mit der Digitalisierung im produzierenden Gewerbe bezeichnet werden sollen [Hac14-ol]. Mittlerweile findet der Begriff in Politik, Wirtschaft und Forschung große Verbreitung.

Viele bisherige Überlegungen haben sich insbesondere mit der Gestaltung intelligenter und vernetzter Technologien befasst. Doch auch im Bereich der Arbeitsgestaltung ist mit Veränderungen durch die zunehmende Digitalisierung zu rechnen. Diese Veränderungen werden unter dem Begriff „Arbeit 4.0" zusammengefasst. Bisher gibt es keine einheitliche Definition von Arbeit 4.0. Im Allgemeinen beschreibt der Begriff den zunehmenden Einfluss der Digitalisierung auf sämtliche Prozesse der Arbeitsgestaltung und -organisation, Aus- und Weiterbildung sowie weiterer, der Arbeitswelt insgesamt zugehöriger Prozesse. Arbeit 4.0 basiert auf dem Begriff Industrie 4.0, wird aber branchenübergreifend eingesetzt.

Der zunehmende Fokus auf Arbeit 4.0, z.B. durch die Bundesregierung (Weißbuch Arbeiten 4.0 [Bun16]) verdeutlicht, dass Beschäftigte auch in Zukunft einen wesentlichen Anteil zur Leistung eines Unternehmens beitragen werden. Es konnte außerdem gezeigt werden, dass eine mangelhafte Berücksichtigung mitarbeiterbezogener Faktoren (z.B. Motivation, Arbeitszufriedenheit, Ergonomie, soziale Unterstützung) der häufigste Grund für den Misserfolg einer neuen Technologie ist [RR07].

Die vorliegende Studie hat sich daher mit dem Digitalisierungsstand von KMU und großen Unternehmen, den erwarteten Auswirkungen sowie den dabei verfolgten Zielen befasst. Eine besondere Berücksichtigung von KMU war sinnvoll, da sich laut dem IHK-Unternehmensbarometer zur Digitalisierung [Deu14] nur 26% der KMU in Deutschland mit dem digitalen Wandel auseinandersetzen. 2014 waren laut einer Erhebung des statistischen Bundesamts 99.3% der deutschen Unternehmen klein oder mittelgroß (bis 249 Beschäftigte und bis 50 Mio. EUR Umsatz) und KMU beschäftigten rund 61% der in Unternehmen tätigen Personen [Sta16-ol].

2 Theorie

Tabelle 1 stellt beispielhaft dar, welche Auswirkungen auf die Beschäftigten in Abhängigkeit von sechs Designprinzipien der Digitalisierung möglicherweise zu erwarten sind. Die Designprinzipien sind aus einem Überblicksartikel von HERMANN, PENTEK und OTTO [HPO15] übernommen und werden hier kurz definiert:

Vernetzung: Die intelligenten technischen Systeme können Arbeitsschritte in Abhängigkeit voneinander durchführen und selbstständig miteinander kommunizieren.

Virtualisierung: Intelligente technische Systeme erstellen eine virtuelle Kopie der realen Welt, in der alle Prozesse überwacht werden sowie der Zustand aller technischen Systeme abgebildet wird. Die oder der Arbeitsausführende kann bei Fehlermeldungen informiert werden. Zusätzlich werden alle wichtigen Informationen bereitgestellt, z.B. zu nächsten Arbeitsschritten oder zu Sicherheitsvorkehrungen.

Dezentralisierung: Die intelligenten technischen Systeme werden nicht mehr zentral gesteuert, sondern sind jeweils mit einem Computer ausgestattet und handeln dadurch autonom. In der Produktion können beispielsweise Einzelteile den Maschinen durch RFID-Tags oder Strichcodes „mitteilen", welche Arbeitsschritte folgen. Die Beschäftigten müssen nur bei Störungen der Systeme Entscheidungen treffen.

Echtzeit-Fähigkeit: Der Status des Arbeitsprozesses wird jederzeit durch die technischen Systeme verfolgt und analysiert. Auf Störungen kann sofort reagiert werden, z.B. indem Produkte zu einer anderen Maschine umgeleitet werden.

Individualisierung: Dieses Designprinzip bezieht sich auf die Anpassung der Produkte oder Dienstleistungen nach Kundenwünschen über das Internet.

Modularität: Technische Systeme können flexibel an veränderte Bedarfe angepasst werden, indem individuelle Module ersetzt oder erweitert werden. Auslöser können z.B. saisonale Fluktuationen oder veränderte Produktcharakteristika sein.

Tabelle 1: Mögliche Belastungen und Ressourcen durch Veränderungen der Technologie

Designprinzipien	Mögliche Belastungen	Mögliche Ressourcen
Vernetzung	Höhere Abhängigkeit von technischen Einrichtungen	Weniger Störungen und Wartezeiten
Virtualisierung	Höhere Fremdkontrolle	Weniger Unsicherheit über Arbeitsablauf Weniger arbeitsorganisatorische Probleme Weniger Bürokratisierung
Dezentralisierung	Weniger Klarheit über die eigenen Verantwortlichkeitsbereiche Weniger Handlungsspielraum Weniger Zeitspielraum Weniger Bedeutsamkeit der Arbeit Höhere Unsicherheit des Arbeitsplatzes	Weniger Abhängigkeit von Kolleginnen und Kollegen
Echtzeit-Fähigkeit	Höherer Zeitdruck Höhere Konzentrationsanforderungen	Bessere und schnellere Rückmeldung durch die Tätigkeit
Individualisierung	Kognitive Überforderung wegen zunehmender kundenspezifischer Produktvielfalt	Höhere Aufgabenvielfalt
Modularität	Weniger Ganzheitlichkeit der Tätigkeit Höhere Komplexität der Tätigkeit	Höheres Qualifikationspotential der Tätigkeit Höhere Vielfalt der Anforderungen an die Beschäftigten

Anmerkungen: Entnommen aus MLEKUS, ÖTTING und MAIER [MÖM].

Die aufgezeigten Belastungen und Ressourcen können sich auf das Verhalten, die Einstellungen sowie das Wohlbefinden der Beschäftigten auswirken. In einer Metaanalyse zeigten sich beispielsweise Zusammenhänge mit subjektiver Leistung, Arbeitsmotivation, Arbeitszufriedenheit, organisationaler Bindung und Erschöpfung [HNM07]. Für Unternehmen ist es daher sinnvoll, im Sinne des soziotechnischen Systemansatzes, Technikgestaltung mit (psychologischer)

Arbeitsgestaltung zu kombinieren [Che87]. Dieser Ansatz geht davon aus, dass Veränderungen von technischen Systemen in ein bestehendes soziales Gebilde aus Organisation und Beschäftigten eingebracht werden, dieses beeinflussen und von diesem beeinflusst werden. Die vorliegende Studie untersuchte daher u.a. die erwarteten Auswirkungen von Digitalisierung auf die Beschäftigten in KMU und in großen Unternehmen.

KMU unterscheiden sich von großen Unternehmen nicht allein in der Unternehmensgröße. Andere Merkmale können beispielsweise eine flachere Hierarchie, eine dominantere Rolle des Inhabers oder größere Flexibilität sein [RBB05]. Wenn das Ziel ist, spezifische Aussagen über KMU zu treffen, sollten wissenschaftliche Untersuchungen sich daher bei der Erhebung explizit auf diese Gruppe fokussieren. BRUQUE und MOYANO haben z.B. Erfolgsfaktoren für den Einführungsprozess von IT in KMU untersucht. Bedeutsame Faktoren waren u.a. ein systematisches Gewöhnen der Beschäftigten an das neue System, Rotieren der Beschäftigten, so dass jeder den Umgang mit dem System erlernt und die gleichzeitige Einführung von IT und Qualitätssicherungssystemen. Hinderliche Faktoren waren eine Veränderung der Hierarchie und Machtstrukturen sowie Mangel an Fachkräften [BM07]. Es ist deutlich, dass hier insbesondere personalbezogene Faktoren für die erfolgreiche Einführung von IT in KMU ausschlaggebend waren. In der vorliegenden Studie wurde daher u.a. untersucht, welche Ziele Unternehmen mit der Einführung digitaler Systeme verfolgen. Eine Studie aus dem Jahr 1989 [HKB+89] hat sich mit einer vergleichbaren Fragestellung befasst (in dem Fall hauptsächlich im Hinblick auf CAD-Systeme) und kam zu dem Ergebnis, dass hauptsächlich Technikziele (z.B. Verbesserung der Qualität) verfolgt wurden. Personalbezogene Ziele (z.B. Abbau körperlicher Belastungen) hatten eine geringere Wichtigkeit. Gleichzeitig zeigte die Untersuchung aber auch, dass in den Augen der Befragten eine optimale Nutzung der bereits eingeführten Technologien durch eine mangelnde Berücksichtigung organisatorisch-personalbezogener Aspekte erschwert wurde.

Eine weitere Überlegung ist, dass die Einführung von digitalen Systemen von der Innovationskraft der Unternehmen abhängt. Eine Studie konnte bereits zeigen, dass die Innovationskraft von Unternehmern in KMU direkt mit der Absicht, Innovationen umzusetzen zusammenhing [MGP08]. Wir haben daher untersucht, inwieweit sich dieser Befund auf den Innovationsbereich Digitalisierung übertragen lässt.

Folgende Fragestellungen wurden in der vorliegenden Bestandsaufnahme untersucht: Wie digitalisiert sind die Unternehmen und welche Veränderung wird in den kommenden fünf Jahren erwartet? Inwiefern steht dies im Zusammenhang mit der Innovationskraft der Unternehmen? Mit welchen Auswirkungen auf die Beschäftigten rechnen die Befragten? Welche Ziele werden mit dem digitalen Wandel verfolgt? In welchen Bereichen gibt es Unterstützungsbedarf?

3 Methoden

Die Studie wurde in Ostwestfalen-Lippe (OWL), einer der innovativsten und effizientesten Wirtschaftsregionen Deutschlands [Bun14-ol], durchgeführt. Die hier untersuchten Erwartungen, Ziele und Herausforderungen im Hinblick auf die digitalisierte Arbeitswelt können einen Hinweis auf zukünftige Entwicklungen in anderen Regionen Deutschlands geben. An der Befragung nahmen insgesamt 120 Personen teil, von denen 26 in den Auswertungen nicht berücksichtigt wurden, da ihre Unternehmen nicht in der Region lagen, auf die sich die Studie konzentrieren sollte (*n* = 14). Voraussetzung war außerdem, dass die Person über Prozesse, Strategien und zukünftige Entwicklungen ihres Unternehmens informiert ist. 14 Personen erfüllten dieses Kriterium nicht und wurden ausgeschlossen. Die Auswertungen beziehen sich daher auf die Angaben von 94 Unternehmensvertretern, wobei mehrere Personen aus einem Unternehmen teilnehmen konnten. Die teilnehmenden Personen wurden über regionale Wirtschaftsvereine (z.B. Branchennetzwerk OWL Maschinenbau e.V.), Industrie- und Handelskammern und einschlägige Veranstaltungen (z.B. Hannover Messe 2016) gewonnen. Die Durchführung erfolgte primär online, 17 Personen füllten den Fragebogen in Papierform aus. Die Mehrheit der Personen gab an, im verarbeitenden Gewerbe bzw. in der Industrie (51,1%) tätig zu sein (siehe Tabelle 2). Die Hälfte der Personen gab an, in einem kleinen oder mittelständischen Unternehmen (d.h. mit weniger als 250 Beschäftigten) zu arbeiten.

Tabelle 2: Branchen der Befragten

Branche	**Prozent**	**Branche**	**Prozent**
Verarbeitendes Gewerbe, Industrie	51.1	Land- und Forstwirtschaft	2.1
Dienstleistung	18.1	Baugewerbe	2.1
Informationstechnologie	7.4	Gastgewerbe	1.1
Andere Branche	6.4	Medien	1.1
Öffentliche Verwaltung	4.3	Verkehr und Nachrichten	1.1
Handel	4.3	Kredit- und Versicherungsgewerbe	1.1

Digitalisierungsstand

Zur Erhebung des Digitalisierungsstands im Unternehmen der befragten Personen wurde ein Item entwickelt, das sich an den oben genannten Kriterien von Industrie 4.0 [HPO15] orientiert: „Digitalisierung zeichnet sich durch den Einsatz vernetzter, intelligenter Systeme aus. Das heißt, die Systeme können eigenständige Entscheidungen treffen, sie bilden reale Prozesse virtuell ab und können so in Echtzeit auf Probleme sowie individuelle Kundenwünsche reagieren. Zusätzlich bieten sie die Möglichkeit, dass einzelne Module hinzugefügt oder entfernt werden können." Mit Hilfe dieser Definition sollten die Befragten auf einer Skala von 0% bis 100% den derzeitigen sowie den erwarteten Stand der Digitalisierung in fünf Jahren in ihrem Unternehmen einschätzen.

Organisationale Innovationskraft

Die wahrgenommene organisationale Innovationskraft wurde mit fünf selbst übersetzten Items der Perceived Organizational Innovativeness Scale [HT77] erhoben. Diese Skala wird z.B. eingesetzt, um einzuschätzen, wie wahrscheinlich in einem Unternehmen Veränderungen akzeptiert werden. Ein Beispielitem ist „Mein Unternehmen ist aufgeschlossen gegenüber neuen Ideen.". Die Angabe der Zustimmung erfolgte auf einer Skala von 1 (*stimme überhaupt nicht zu*) bis 5 (*stimme stark zu*).

Erwartete Auswirkungen von Digitalisierung

Zur Erhebung der erwarteten Auswirkungen von Digitalisierung wurden Items entwickelt, die sich an den Themenfeldern der Betriebslandkarte der IG Metall orientieren – einem in der Praxis eingesetzten Instrument zur Aufdeckung von problematischen Veränderungen [IGM15-ol]. Die Themenfelder der Betriebslandkarte heißen „Beschäftigungsentwicklung", „Anforderungen an die Arbeit" und „Arbeitsbedingungen". Die entsprechenden Items und Antwortmöglichkeiten waren „Arbeitsplätze werden..." (1 = *wegfallen*/2 = *gleich bleiben*/3 = *hinzukommen*), „Anforderungen an die Beschäftigten werden..." (1 = *sinken*/2 = *gleich bleiben*/3 = *steigen*) und „Belastungen am Arbeitsplatz werden..." (1 = *abnehmen*/2 = *gleich bleiben*/3 = *zunehmen*). Die Befragten konnten jeweils auch „unentschlossen" angeben.

Ziele bei der Digitalisierung

Die Erhebung der Ziele, die mit Digitalisierung verfolgt werden, erfolgte mit zehn Items, die in Anlehnung an die oben beschriebene Studie aus der dritten industriellen Revolution [KHB+89] formuliert wurden. Diese Studie enthielt fünf Kategorien von Zielen und wir erstellten für jede Kategorie zwei Items. Kategorien und Beispielitems sind Technikziele („Qualität verbessern"), Kostenziele („Material- oder Energieverbrauch verringern"), strategische Ziele („Innovativere Produkte entwickeln"), organisatorische Ziele („Informationsflüsse verbessern") und personalbezogene Ziele („Handlungsspielräume der Beschäftigten erhöhen"). Die Einschätzung der Bedeutsamkeit der einzelnen Ziele erfolgte, wie bei KANNHEISER und Kollegen, auf einer Skala von 1 (*geringe Bedeutung*) bis 3 (*hohe Bedeutung*).

Unterstützungsbedarfe bei der Digitalisierung

Die Erfassung der Unterstützungsbedarfe erfolgte anhand einer vorgegebenen Liste mit vier Themen sowie einem Freitextfeld für sonstige Bedarfe. Die Befragten wurden gebeten, für jedes der folgenden Themen anzugeben, ob sie sich hinsichtlich der zunehmenden Digitalisierung Unterstützung in diesem Bereich wünschen: „Auswahl geeigneter Technologien", „Vereinbarkeit mit einer mitarbeiterfreundlichen Arbeitsgestaltung", „Erkennen von Entwicklungsbedarfen der Beschäftigten" und „Erkennen von belastenden und unterstützenden Arbeitsbedingungen". Die Teilnehmer konnten mehrere Antworten auswählen.

4 Ergebnisse

Digitalisierungsstand

Befragte aus KMU und aus großen Unternehmen unterschieden sich nicht signifikant in ihrer Einschätzung des derzeitigen Digitalisierungsstands, $t(92) = 0.79$, $p = .43$ (entspricht einem kleinen Effekt, $d = .16$)[1] oder des erwarteten Digitalisierungsstands in fünf Jahren, $t(81.66) = -.45$, $p = .65$ (entspricht einem kleinen Effekt, $d = .09$).

Im Mittel gaben die Befragten aus KMU einen Digitalisierungsstand von 51% an (*SD* = 27.36, *Min* = 0, *Max* = 95)[2]. In den nächsten fünf Jahren erwarteten sie einen Anstieg der Digitalisierung auf 70.21% (*SD* = 26.47, *Min* = 0, *Max* = 100). Dieser Unterschied ist signifikant $t(46) = 10.22$, $p < .001$ und stellt einen mittleren bis großen Effekt dar, $d = 0.71$.

Vertreter von großen Unternehmen schätzten die eigene Digitalisierung zum derzeitigen Zeitpunkt mit 46.94% (*SD* = 22.25, *Min* = 0, *Max* = 100) etwas geringer ein, erwarteten jedoch in den nächsten fünf Jahren einen vergleichbar hohen Anstieg, nämlich auf 72.33% (*SD* = 18.19, *Min* = 30, *Max* = 100). Dieser Unterschied ist ebenfalls signifikant $t(45) = 10.75$, $p < .001$ und entspricht einem großen Effekt, $d = 1.23$.

Organisationale Innovationskraft

Im Mittel gaben die Befragten eine wahrgenommene organisationale Innovationskraft von $M = 3.41$ (*SD* = .69) an. Es wurden Korrelationen gerechnet, um den Zusammenhang zwischen dieser Variable und dem Digitalisierungsstand zu bestimmen. Bei den Befragten aus KMU zeigte sich ein signifikanter positiver Zusammenhang zwischen wahrgenommener organisationaler Innovationskraft und derzeitiger ($r = .57$, $p < .001$)[3] sowie erwarteter Digitalisierung in fünf Jahren ($r = .50$, $p < .001$). Bei den Befragten aus großen Unternehmen wurden diese Zusammenhänge nicht signifikant ($r = .01$, $p = .95$ für derzeitige Digitalisierung; $r = .22$, $p = .16$ für erwartete Digitalisierung).

Auswirkungen der Digitalisierung

Befragte aus KMU und aus großen Unternehmen unterschieden sich nicht bedeutsam in ihrer Einschätzung bzgl. der erwarteten Belastungen und Anforderungen am Arbeitsplatz. Insgesamt gaben 51.1% der Befragten an, gleichbleibende Belastungen, 27.7% einen Anstieg und 16% eine Abnahme zu erwarten. Bei den Anforderungen gaben 24.5% an, dass sie keine Veränderung erwarten, 68.1% gaben an, einen Anstieg und 3.2% eine Abnahme zu erwarten. Der Zusammenhang zwischen erwarteten Belastungen und Anforderungen war positiv, $r = .40$, $p <$

---

[1] *t* = Kennwert des t-Tests, einer Statistik die zum Vergleich von zwei Mittelwerten eingesetzt wird
p = zeigt den Signifikanzwert einer Teststatistik an; in der Psychologie ist normalerweise ein Wert < .05 ein signifikantes Ergebnis
d = Cohen's *d* ist ein Maß für die Effektstärke; laut Konvention entspricht .2 einem kleinen, ab .5 einem mittleren und ab .8 einem großen Effekt

[2] *SD* = Standardabweichung; gibt an, wie weit die einzelnen Werte durchschnittlich um den Mittelwert streuen
Min/Max = niedrigster/höchster genannter Wert

[3] *r* = Pearson-Korrelation; zeigt den linearen Zusammenhang zwischen zwei Variablen an

.001. Das heißt, Personen, die einen Anstieg der Anforderungen an die Beschäftigten erwarteten, rechneten auch mit einer Zunahme der Belastungen am Arbeitsplatz.

Hinsichtlich der erwarteten Beschäftigungsentwicklung unterschieden sich Vertreter aus KMU und aus großen Unternehmen bedeutsam, $t(88) = 4.14$, $p < .001$. Dies entspricht einem großen Effekt, $d = .84$. Die Mehrheit der Befragten (57.4% aus KMU und 55.3% aus großen Unternehmen) gab an, eine gleich bleibende Menge an Arbeitsplätzen zu erwarten. Von den Befragten aus KMU gaben 36.2% an, einen Zuwachs zu erwarten und 2.1% einen Wegfall. Bei Befragten aus großen Unternehmen gaben nur 12.8% an, einen Zuwachs zu erwarten, aber 27.7% einen Wegfall.

Ziele bei der Digitalisierung

In Tabelle 3 sind die Mittelwerte und Standardabweichungen der Bedeutsamkeit von Technik-, Kosten-, strategischen, organisatorischen und personalbezogenen Zielen dargestellt. Die mittlere Bedeutsamkeit der Ziele lag sowohl bei Befragten aus KMU als auch aus großen Unternehmen im mittleren bis hohen Bereich. Die Ergebnisse einer multivariaten Varianzanalyse zeigten, dass die Unternehmensgröße der Befragten einen signifikanten Effekt auf die Wichtigkeit der Ziele hatte, Pillai-Spur $V = .20$, $F(5,80) = 3.93$, $p < .01$[4].

Im Anschluss wurde eine Diskriminanzanalyse durchgeführt, um festzustellen, bei welchen Zielen es Unterschiede gab. Die Korrelationen zeigten, dass Kostenziele ($r = .66$), organisatorische Ziele ($r = .38$) und Technikziele ($r = -.34$) auf den Faktor Unternehmensgröße luden. Das heißt, dass Befragte aus KMU und großen Unternehmen sich in der Einschätzung der Wichtigkeit dieser Ziele unterschieden.

Innerhalb der Befragtengruppe aus KMU gab es jeweils signifikante Unterschiede zwischen den am wenigsten bedeutsamen Zielen (Kosten- und personalbezogene Ziele) und den bedeutsamsten Zielen (Technik- und strategische Ziele), mittlerer Signifikanzwert der paarweisen Vergleiche $p < .001$, was mittleren bis großen Effekten entsprach, $d_{Min} = .56$, $d_{Max} = 1.21$. Befragte aus großen Unternehmen schrieben personalbezogenen Zielen eine signifikant niedrigere Bedeutsamkeit zu als allen anderen Zielen, mittlerer Signifikanzwert der paarweisen Vergleiche $p < .001$, was mittleren bis großen Effekten entsprach, $d_{Min} = .72$, $d_{Max} = 1.17$. Die anderen Ziele unterschieden sich jeweils nicht signifikant voneinander.

Tabelle 3: Mittelwerte und Standardabweichungen der Ziele bei der Digitalisierung

	M (SD)	
Zielart	**KMU**	**Große Unternehmen**
Technikziele	2.78 (.33)	2.65 (.43)
Strategische Ziele	2.53 (.55)	2.59 (.47)
Organisatorische Ziele	2.49 (.52)	2.68 (.53)
Personalbezogene Ziele	2.20 (.63)	2.08 (.54)
Kostenziele	2.18 (.62)	2.47 (.54)

[4] V = Kennwert des Pillai-Spur-Tests, einer Statistik, die zum Vergleich von zwei Gruppen in Bezug auf mehrere abhängige Variablen verwendet wird
F = ist in diesem Fall eine Transformation der Pillai-Spur-Statistik

Unterstützungsbedarfe bei der Digitalisierung

Im Mittel wählten die Befragten $M = 2.02$ Bereiche aus, bei denen sie Unterstützungsbedarf haben ($SD = 1.07$, $Min = 0$, $Max = 5$). Die Mehrheit der Befragten gab an, sich Unterstützung bei der Auswahl geeigneter Technologien (56%) und dem Erkennen von Entwicklungsbedarfen der Beschäftigten (52.7%) zu wünschen. Etwas weniger Unterstützungsbedarf gab es bzgl. der Vereinbarkeit mit einer mitarbeiterfreundlichen Arbeitsgestaltung (45.1%) und dem Erkennen von belastenden und unterstützenden Arbeitsbedingungen (39.6%, siehe Bild 1). Sonstige Unterstützungsbedarfe nannten 8.8% der Befragten. Beispiele für diese waren: „Standards bei Datenaustausch, Schnittstellen", „Gamification und menschlichere Interaktion", „Zugang zu Breitband/Glasfasertechnologie im Bestandsgewerbegebiet". Es zeigte sich kein Zusammenhang zwischen der Unternehmensgröße der Befragten und den jeweiligen Unterstützungsbedarfen, der Wert der χ^2-Statistik[5] lag zwischen .01 und 2.01, der Signifikanzwert zwischen $p = .15$ und $p = .93$.

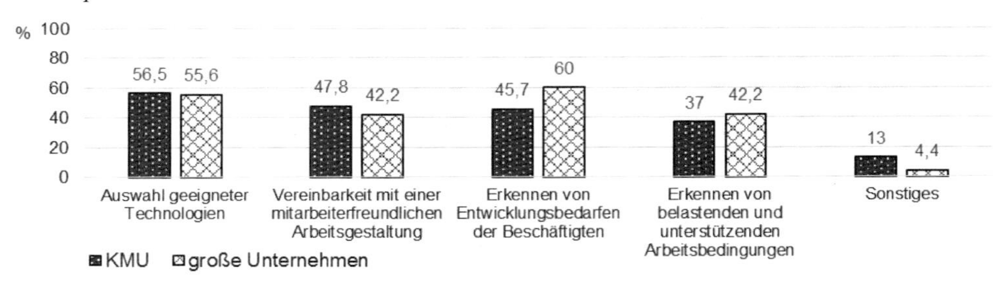

Bild 1: Angaben zum Unterstützungsbedarf

5 Resümee und Ausblick

Die Bestandsaufnahme von Arbeit 4.0 in einer der innovativsten Maschinenbau-Regionen Deutschlands hat ergeben, dass sowohl Vertreter aus KMU als auch aus großen Unternehmen innerhalb der nächsten fünf Jahre einen starken Anstieg in der Digitalisierung ihrer Unternehmen erwarten. Laut Einschätzung der Mehrheit geht diese Veränderung mit einer gleichen Menge an Belastungen, einer gleichbleibenden Anzahl an Arbeitsplätzen und einem Anstieg an Anforderungen einher. Vertreter aus KMU verfolgen mit dem digitalen Wandel eher technische und strategische Ziele, Vertreter aus großen Unternehmen verfolgen eher organisatorische und technische Ziele. Personalbezogenen Zielen wird von allen eine eher geringe Bedeutung zugeschrieben. Bei der Umsetzung wünschen sich die meisten Befragten Unterstützung bei der Auswahl geeigneter Technologien und dem Erkennen von Entwicklungsbedarfen der Beschäftigten. Im Folgenden werden die Ergebnisse genauer diskutiert und Implikationen für die Forschung und die Praxis abgeleitet.

---

[5] Der χ^2-Test wird verwendet, um den Zusammenhang zwischen zwei kategorialen Variablen zu berechnen.

5.1 Implikationen für die Forschung

Aufgrund des erwarteten starken Anstiegs der Digitalisierung innerhalb der nächsten fünf Jahre ist es wichtig, bereits im Vorfeld genauer zu untersuchen, welche Belastungen (und Ressourcen) entstehen können und welche Anforderungen die Beschäftigten in Zukunft erfüllen müssen. Dies kann dabei helfen, die Technik oder die Arbeitsabläufe an die Bedarfe der Beschäftigten anzupassen bzw. fehlende Kompetenzen frühzeitig zu entwickeln, noch bevor ein bestimmtes technisches System angeschafft wird [MÖM]. Eine Möglichkeit für eine solche Untersuchung ist die Durchführung und der Vergleich von Arbeits- und Anforderungsanalysen in Unternehmen mit hohem Digitalisierungsstand und jenen mit geringerem Digitalisierungsstand. Bei diesen Analysen sollten neben Geschäftsführern und Führungskräften auch insbesondere die ausführenden Beschäftigten betrachtet werden. Diese sind direkt von möglichen Veränderungen betroffen und können am besten Auskunft über ihren Arbeitsplatz geben. Darüber hinaus sollte die Analyse mehrere Methoden kombinieren, z.B. Interviews, Beobachtungen und Fragebögen. Dies ermöglicht bei der Auswertung eine Aggregation von subjektiven und objektiven Maßen und hat daher den größten Informationsgehalt [Dun99, S. 16ff].

In diesem Zusammenhang ist es außerdem hilfreich, eine zuverlässige Methode zu entwickeln, mit der die Auswirkungen einer neuen Technologie auf arbeitsrelevante Einstellungen oder arbeitsrelevantes Verhalten eingeschätzt werden können. Man könnte den betroffenen Beschäftigten beispielsweise eine Beschreibung oder ein Video des zukünftigen Arbeitsplatzes zeigen und sie bitten, diesen nach interessierenden Kriterien – z.B. Arbeitsmotivation, Kündigungsabsicht, subjektive Leistung – zu beurteilen. Es sollte untersucht werden, ob diese Vorgehensweise zu vergleichbaren Beurteilungen wie die tatsächliche Tätigkeit an dem Arbeitsplatz führt.

In Bezug auf die Beschäftigungsentwicklung zeigte sich eine Diskrepanz in der Einschätzung von KMU-Vertretern und Befragten aus großen Unternehmen. Erstere rechneten eher mit einem Zuwachs an Arbeitsplätzen und letztere eher mit einem Wegfall. Hier ist es interessant, die Gründe für diese unterschiedlichen Auffassungen systematisch zu untersuchen. Eine Überlegung ist, dass sich Beschäftigte aus großen Unternehmen möglicherweise eher mit der Rationalisierung von Routinetätigkeiten befassen, weil sie mehr finanzielle Ressourcen für die technischen Systeme haben, während Beschäftigte in KMU sich darauf fokussieren, dass sie neue Kompetenzen (z.B. im IT-Bereich) einkaufen müssen, um im digitalen Wandel wettbewerbsfähig zu bleiben.

Der hohe Unterstützungsbedarf unabhängig von der Unternehmensgröße ist ein Hinweis, dass für den digitalen Wandel noch Instrumente und Anleitungen zur Umsetzung fehlen. Die zukünftig gewonnenen wissenschaftlichen Erkenntnisse sollten daher praxisgerecht aufbereitet und einer breiten Masse von Anwendern zur Verfügung gestellt werden.

5.2 Implikationen für die Praxis

Unternehmen sollten im digitalen Wandel nicht vergessen, dass es neben neuen Technologien auch noch Menschen geben wird, die mit diesen arbeiten. Die Teilnehmer der Studie schrieben personalbezogenen Zielen jedoch die geringste Bedeutsamkeit bei der Umsetzung von Digitalisierung zu. Eine unzureichende Berücksichtigung dieser Faktoren (z.B. Arbeitszufriedenheit, soziale Unterstützung) kann zum Misserfolg der Technologie führen [RR07]. Die folgenden Hinweise können dabei helfen, die Beschäftigten im digitalen Wandel stärker zu berücksichtigen.

Aufgrund der teilweise erwarteten steigenden Belastungen am Arbeitsplatz, sollte bei der Einführung digitaler technischer Systeme am besten ein interdisziplinäres Planungsteam eingesetzt werden, bestehend aus ausführenden Beschäftigten bzw. deren Interessenvertretung, Technikern, Informatikern, Personalverantwortlichen und dem strategischen Management [BS11]. Das Planungsteam kann gemeinsam alle Auswirkungen der geplanten Technologie einschätzen und antizipierte Belastungen reduzieren. Darüber hinaus begünstigt eine Berücksichtigung der Bedürfnisse der Beschäftigten die Akzeptanz der geplanten Technologie [SPS+].

Die erwarteten steigenden Anforderungen sollten insbesondere von Institutionen oder Beschäftigten in der Aus- und Weiterbildung berücksichtigt werden. Diese sollten frühzeitig ihre Bildungskonzepte an die zukünftigen Anforderungen anpassen. In einer Befragung der acatech [aca16] waren unter den meistgenannten Bedarfen an künftige Fähigkeiten interdisziplinäres Denken und Handeln (von 61.1% genannt), zunehmendes Prozess-Knowhow (56.2%) und Problemlösungs- und Optimierungskompetenz (53.7%).

Literatur

[aca16] ACATECH: Kompetenzentwicklungsstudie Industrie 4.0 – Erste Ergebnisse und Schlussfolgerungen. München, 2016

[BM07] BRUQUE, S.; MOYANO, J.: Organisational determinants of information technology adoption and implementation in SMEs – The case of family and cooperative firms. Technovation, Jahrgang 27, Ausgabe 5, Elsevier, Amsterdam, S. 241-253, 2007

[BS11] BAXTER, G.; SOMMERVILLE, I.: Socio-technical systems – From design methods to systems engineering. Interacting with Computers, Jahrgang 23, Ausgabe 1, Amsterdam, Elsevier, S. 4-17, 2011

[Bun14-ol] BUNDESMINISTERIUM FÜR WIRTSCHAFT UND ENERGIE: Top 5 der effizienten und innovativen Regionen Deutschlands ausgezeichnet. Unter: http://www.bmwi.de/DE/Presse/pressemitteilungen,did=616522.html, 20. Januar 2014.

[Bun16] BUNDESMINISTERIUM FÜR ARBEIT UND SOZIALES: Weißbuch Arbeiten 4.0, Berlin, 2016

[Che87] CHERNS, A.: Principles of sociotechnical design revisted. Human Relations, Jahrgang 40, Ausgabe 3, Sage, London, S. 153-162, 1987

[Dun99] DUNCKEL, H.: Handbuch psychologischer Arbeitsanalyseverfahren. vdf Hochschulverlag an der ETH, Zürich, 1999

[Hac14-ol] HACKMANN, J.: Industrie 4.0 schafft ein unvorhersehbares Umfeld. Unter: http://www.computerwoche.de/a/industrie-4-0-schafft-ein-unvorhersehbares-umfeld,3062768, 18. Juni 2014

[HKB+89] HORMEL, R.; KANNHEISER, W.; BIDMON, R. K.; HUGENTOBLER, S.: Ergebnisse einer Umfrage zur Einführung neuer Techniken in Betrieben der metallverarbeitenden Industrie. Zeitschrift für Arbeits- und Organisationspsychologie, Jahrgang 33, Ausgabe 4, Hogrefe, Göttingen, S. 201-206, 1989

[HNM07] HUMPHREY, S. E.; NAHRGANG, J. D.; MORGESON, F. P.: Integrating motivational, social, and contextual work design features – A meta-analytic summary and theoretical extension of the work design literature. Journal of Applied Psychology, Jahrgang 92, Ausgabe 5, American Psychological Association, Washington, DC, S. 1332-1356, 2007

[HPO15] HERMANN, M.; PENTEK, T.; OTTO, B.: Design principles for Industrie 4.0 scenarios – A literature review. Arbeitsbericht, Audi Stiftungslehrstuhl Supply Net Order Management, Technische Universität Dortmund, 2015

[HT77] HURT, H. T.; TEIGEN, C. W.: The development of a measure of perceived organizational innovativeness. In Ruben, B. R. (Hrsg.): Communication Yearbook I. Transaction Books, New Brunswick, NJ, 1977

[IGM15-ol] IG METALL: Betriebslandkarte zu „Arbeit 2020“. Unter: http://www.igmetall-nrw.de/presse/aktuelles/archiv-detailseite/news/betriebslandkarte-zu-arbeit-2020/, 15. Oktober 2015

[Deu14] DEUTSCHER INDUSTRIE- UND HANDELSKAMMERTAG: Wirtschaft 4.0: Große Chancen, viel zu tun – Das IHK-Unternehmensbarometer zur Digitalisierung. Berlin, Brüssel, 2014

[MGP08] MARCATI, A.; GUIDO, G.; PELUSO, A. M.: The role of SME entrepreneurs‘ innovativeness and personality in the adoption of innovations. Research Policy, Jahrgang 37, Ausgabe 9, Elsevier, Amsterdam, S. 1579-1590, 2008

[MÖM] MLEKUS, L.; ÖTTING, S. K.; MAIER, G. W.: Psychologische Arbeitsgestaltung digitaler Arbeitswelten. In Maier, G. W.; Engels, G. Steffen, E. (Hrsg.): Handbuch Gestaltung digitaler Arbeitswelten. Springer, Berlin, unveröffentlicht

[RBB05] RAYMOND, L.; BERGERON, F.; BLILI, S.: The assimilation of e-business in manufacturing SMEs – Determinants and effects on growth and internationalization. Electronic Markets, Jahrgang 15, Ausgabe 2, Springer, Berlin, S. 106-118, 2005

[RR07] RIZZUTO, T. E.; REEVES, J.: A multidisciplinary meta-analysis of human barriers to technology implementation. Consulting Psychology Journal: Practice and Research, Jahrgang 59, Ausgabe 3, American Psychological Association, Division of Consulting Psychology, Washington, DC, S. 226-240, 2007

[SPS+] SCHLICHER, K. D.; PARUZEL, A.; STEINMANN, B.; MAIER, G. W.: Change Management für die Einführung digitalisierter Arbeitswelten. In Maier, G. W.; Engels, G. Steffen, E. (Hrsg.): Handbuch Gestaltung digitaler Arbeitswelten. Springer, Berlin, unveröffentlicht

[Sta16-ol] STATISTISCHES BUNDESAMT: Rund 61% der tätigen Personen arbeiten in kleinen und mittleren Unternehmen. Unter https://www.destatis.de/DE/ZahlenFakten/GesamtwirtschaftUmwelt/UnternehmenHandwerk/KleineMittlereUnternehmenMittelstand/Aktuell_.html, 2016

Autoren

Lisa Mlekus ist seit 2016 wissenschaftliche Mitarbeiterin im Projekt „Arbeit 4.0 – Lösungen für die Arbeitswelt der Zukunft“, das von der EU gefördert wird. Darüber hinaus ist sie Doktorandin des NRW Fortschrittskollegs „Gestaltung von flexiblen Arbeitswelten“. Sie promoviert in der Arbeits- und Organisationspsychologie an der Universität Bielefeld bei Prof. Maier und beschäftigt sich im Rahmen ihrer Promotion mit psychologischer Arbeitsgestaltung im digitalen Wandel. Davor hat Frau Mlekus an der Universität Münster und an der Universität Bielefeld Psychologie studiert.

Prof. Dr. Günter W. Maier ist Professor für Arbeits- und Organisationspsychologie an der Universität Bielefeld. In seiner Forschung beschäftigt er sich mit Fragen der Personalauswahl, Persönlichkeit im Arbeitsleben, Führung, Organisationale Gerechtigkeit, Innovation und Kreativität, persönliche Arbeitsziele und Digitalisierung der Arbeit. Er ist stellvertretender Sprecher des Fortschrittskollegs „Gestaltung von flexiblen Arbeitswelten“ und des Forschungsschwerpunkts „Digitale Zukunft“. Er unterrichtet in BSc-, MSc- und Doktoranden-Programmen der Universität Bielefeld sowie an Instituten der beruflichen Bildung (z.B. Verwaltungs- und Wirtschaftsakademie OWL, Deutsche Versicherungsakademie).

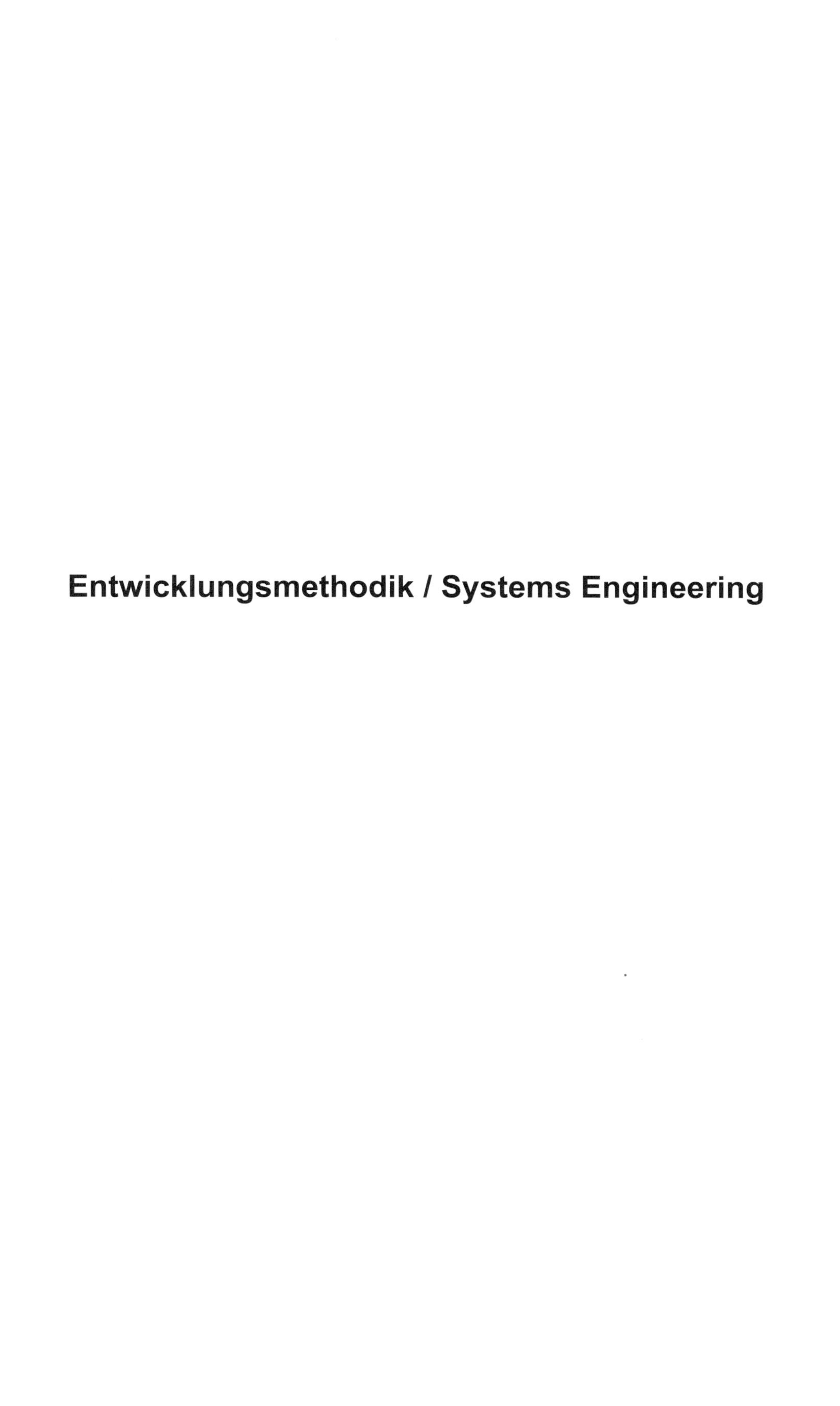

Entwicklungsmethodik / Systems Engineering

Universelle Entwicklungs- und Prüfumgebung für mechatronische Fahrzeugachsen

Phillip Traphöner, Simon Olma, Andreas Kohlstedt,
Dr.-Ing. Karl-Peter Jäker, Prof. Dr.-Ing. Ansgar Trächtler
Heinz Nixdorf Institut, Universität Paderborn
Fürstenallee 11, 33102 Paderborn
Tel. +49 (0) 52 51 / 60 63 33, Fax. +49 (0) 52 51 / 60 62 97
E-Mail: Phillip.Traphoener@hni.upb.de

Zusammenfassung

Aufgrund der hohen Anforderungen an Zeit und Kosten beim Entwurf mechatronischer Systeme werden flexible Prüfsysteme benötigt. Ein Beispiel dafür ist die Entwicklung und Prüfung von Fahrzeugachsen. In heutigen Achsprüfständen werden zur Nachbildung von Referenzanregungen häufig Iterationsverfahren eingesetzt. Aufgrund dieser Iterationen ist das Einlernen neuer Prüfszenarien sehr zeit- und kostenintensiv. Der Entwicklungs- und Prüfprozess ist somit unflexibel und kann nicht mit aktiven Fahrwerkskomponenten eingesetzt werden. Der Integrationsprozess von Fahrwerkregelsystemen basiert heutzutage auf modellbasierten Methoden, Hardware-in-the-Loop Komponententests und Fahrversuchen. Die Hardware-in-the-Loop-gestützten Verfahren können eingesetzt werden, um den Entwicklungsprozess reproduzierbar und effizient zu gestalten. Am Heinz Nixdorf Institut wurde ein Prüfstand aufgebaut, der mithilfe eines hydraulischen Hexapoden die mehrdimensionale, hochdynamische Anregung von gesamten Fahrzeugachsen ermöglicht. Einer der wesentlichen Vorteile des Prüfstands ist, dass die langwierige Einlernphase neuer Prüfszenarien nicht notwendig ist. Der Beitrag beleuchtet die vielfältigen Einsatzmöglichkeiten dieses Prüfstands, die von Dauerfestigkeitsversuchen über sog. K&C-Tests zur Identifikation der Kinematik und Nachgiebigkeit bis zur Echtzeitprüfung passiver und aktiver Achsen in HiL-Simulationen reichen.

Schlüsselworte

Hardware-in-the-Loop-Simulation, Mechatronische Fahrzeugachsen, Parallelkinematik, Fahrzeugachsprüfstand, Hexapod

Universal design and testing environment for mechatronic vehicle axles

Abstract

Due to the expensive design process of mechatronic systems there exists a demand for flexible testing systems. An example is the development and testing of vehicle axles. Today's state of the art test rigs depend on specific time and cost consuming learning processes. Due to this fact they are not flexible and it is not possible to integrate active chassis management components as well as its electronic control units. The integration process of these systems uses model based methods, Hardware-in-the-Loop component tests and road trials. The application of Hardware-in-the-Loop-based techniques, involving a whole vehicle axle as the physical subsystem, can be used to make the test and development of control algorithms reproducible and efficient. Therefore a test rig was built up at the Heinz Nixdorf Institute which enables the multidimensional and high dynamic excitation of vehicle axles at its wheel carrier. The excitation is performed by a hydraulic hexapod. One of the crucial advantages of the test rigs actuation concept is its high feedback control bandwidth of approx. 60 Hz, which makes the tedious iteration processes of today's test rigs dispensable. This article discusses the test rigs various application potentials. These range from fatigue limit tests over so called K&C-tests for the identification of the kinematic and compliant behavior to real time test of passive and active vehicle axles in a HiL-environment.

Keywords

Hardware-in-the-Loop-simulation, mechatronic vehicle axles, parallel kinematic machine, vehicle axle test rig, hexapod

1 Einleitung

Sinkende Produktlebenszyklen und die steigende Komplexität moderner mechatronischer Produkte führen zu einem steigenden Bedarf an effektiven Testmöglichkeiten. Diese Tatsache trifft auch für die Entwicklung von PKW-Achsen zu, bei denen durch den Einsatz von aktiv geregelten Komponenten eine Verbesserung der Fahrsicherheit und des Fahrkomforts erzielt werden soll. Für einen effizienten Produktentwicklungsprozess wird ein Prüfkonzept benötigt, das den Test aller beteiligten Komponenten als Gesamtsystem erlaubt. Nur so können die aktiv geregelten Aktoren und ihre Interaktion mit den übrigen Achskomponenten realitätsnah getestet werden. Im mechatronischen Entwurfsprozess hat sich der Einsatz von Hardware-in-the-Loop-Simulationen (HiL-Simulationen) etabliert. Dies ist auch für den Test von mechatronischen Fahrzeugachsen erstrebenswert, da so das dynamische Verhalten ohne die Notwendigkeit aufwändiger Versuchsfahrten beurteilt werden kann. Dieser Beitrag diskutiert die Anwendungsmöglichkeiten im Bereich der Achsprüfung und Fahrwerksauslegung. In Kapitel 2 wird der Stand der Technik zum Thema Achsprüfstände in Industrie und Forschung zusammengefasst. Anschließend werden der Prüfstandsaufbau und dessen Einsatzmöglichkeiten und Potentiale in Kapitel 3 erläutert. Abschließend folgt in Kapitel 4 eine kurze Zusammenfassung.

2 Stand der Technik

Achsprüfstände lassen sich hinsichtlich ihrer Funktion grob in zwei Kategorien einordnen. Zum einen existieren konventionelle, *open-loop* Achsprüfstände, die in der Industrie eingesetzt werden, um sicherheitsrelevante Kenngrößen der gesamten Achse zu identifizieren und deren Funktion statistisch abzusichern. Zum anderen werden *closed-loop* HiL-Komponentenprüfstände zur Entwicklung und Auslegung von aktiven oder semiaktiven Fahrwerkregelsystemen eingesetzt.

2.1 Klassische (open-loop) Achsprüfstände

Die konventionellen Achsprüfstände lassen sich beispielsweise hinsichtlich der Prüfebene einteilen. Es gibt jeweils Prüfstände, die auf Fahrzeug-, System-, oder Komponentenebene arbeiten. Die Komplexität und der Aufwand dieser Prüfkonzepte variieren stark. Für die statistische Funktionsabsicherung werden die Tests meist auf Komponentenebene, also mit geringem Integrationsgrad durchgeführt. Die Aussagekraft für das Gesamtsystemverhalten ist jedoch mit steigendem Integrationsgrad des Prüfstandskonzepts größer [HEG13]. Gemeinsam ist ihnen jedoch, dass der Prüfling von einzelnen oder mehreren Aktoren einer Referenzbelastung ausgesetzt wird. Die vom Prüfstand einzuprägenden Belastungen können dabei vermessene Referenzkräfte oder -verschiebungen sein. Für die Validität der Versuchsergebnisse ist besonders die Nachbildungsgenauigkeit der genannten Referenzen entscheidend. Die Referenzprofile werden zuvor im Fahrversuch mithilfe von speziellen Messnaben direkt am Radträger aufgezeichnet und können hohe Schwingungen mit hohen Frequenzanteilen enthalten. Um die Genauigkeitsanforderungen einzuhalten muss die am Prüfstand eingesetzte Aktorik während des

Versuchs auch die hochfrequenten Schwingungen hinreichend genau abbilden. Da die Regelbandbreite der einzelnen Aktoren nicht ausreicht, um die Referenzbelastung direkt einzuregeln, kommen spezielle Iterationsverfahren zum Einsatz, die die Steuersignale der Aktoren iterativ anpassen, bis die am Prüfling eingeprägte Belastung der Referenz entspricht. In diesem Bereich existieren aktuelle Veröffentlichungen, die sich mit der Verbesserung der Iterationsalgorithmen beschäftigen [Cuy06], [MVE16]. Die Iteration muss für jedes Referenzmanöver wiederholt werden und ist sehr zeit- und kostenintensiv. Des Weiteren sind konventionelle Achsprüfstände, die auf solchen Iterationsprozessen basieren nicht echtzeitfähig und eignen sich nicht für den Entwurf von Fahrwerksregelungen und die Funktionsabsicherung von mechatronischen Achsen, da die Stelleingriffe die aktuell vorliegenden Systemzustände des virtuellen Teilsystems fortlaufend beeinflussen. Es wird zum einen die Konvergenz der iterierten Stellsignale des Prüfstandes gefährdet und zum anderen sind die iterierten Stellsignale nicht mehr konsistent mit den geänderten Stelleingriffen der Fahrwerksregelungen.

2.2 HiL-Prüfstände zur (*closed-loop*) Fahrwerksentwicklung

Während die mechanische Struktur moderner Fahrzeugachsen nahezu festgelegt ist, besteht das größte Wertschöpfungspotential in der Entwicklung von mechatronischen Regelsystemen. Grundsätzlich haben deren semiaktive oder aktive Komponenten jeweils Hauptfunktionen, die die Vertikal-, Quer- oder Längsdynamik des Gesamtfahrzeugs beeinflussen [HEG13]. Außerdem unterscheiden sich die Systeme in Aktorkonzepten, z.B. Wankstabilisator oder aktiver Stoßdämpfer. Grundlegend sind die Komponenten mechatronischer Fahrzeugachsen jedoch dazu konzipiert, den Zielkonflikt zwischen Fahrkomfort und -sicherheit je nach Fahrsituation optimal zu gestalten. Eine aktive Wankstabilisierung ermöglicht zum Beispiel die Kurvenhorizontierung und optimale Radlastverteilung durch aktives Verdrehen der Stabilisatorhälften zueinander. Andere Beispiele für aktive Fahrwerkregelsysteme sind aktive Lenkungssysteme, semiaktive oder aktive Dämpfungs- und Federungssysteme.

Im Entwicklungsprozess solcher mechatronischer Systeme kommen häufig Hardware-in-the-Loop Prüfstände zum Einsatz. Das Prinzip „Hardware-in-the-Loop" zeichnet sich dadurch aus, dass das zu untersuchende System physikalisch aufgebaut wird und in ein virtuelles Abbild seiner üblichen Umgebung eingefügt wird, welches auf einem Echtzeitrechner simuliert wird. Häufig wird lediglich das Steuergerät als physikalisches Teilsystem realisiert. In diesem Fall handelt es sich um eine signalbasierte HiL-Simulation, da keine Leistungsflüsse zwischen Steuergerät und Informationsverarbeitung übertragen werden müssen. Im Gegensatz dazu wurden Begriffe wie „Mechanical-HiL" oder „Power-HiL" geprägt um HiL-Simulationen zu beschreiben, bei denen elektromechanische Leistungsflüsse von Aktoren auf das physikalische Teilsystem übertragen werden und dessen Reaktion durch Rückkopplung von Messgrößen dem Echtzeitrechner zur Verfügung gestellt wird.

Die Wahl der Systemgrenzen zwischen physikalischem und virtuellem Teilsystem bestimmt die Genauigkeit der Realitätsnachbildung [HSS+13]. In der Literatur findet man Prüfstände, die den Test einzelner Komponenten einer mechatronischen Achse in einer HiL-Umgebung ermöglichen [JTM+12]. Die nicht physikalisch realisierten Komponenten der Fahrzeugachse sowie das Restfahrzeug werden zu diesem Zweck in einem vereinfachten Modell abgebildet und simuliert. Dabei handelt es sich meist um Modellierungen als Zwei-Massenschwinger (Viertelfahrzeugmodell), die jedoch keineswegs die komplexe Kinematik einer realen Fahrzeugachse abbilden können [LSS05]. Vereinzelt kommen Halb- oder Vollfahrzeugmodelle als virtuelle Teilsysteme zum Einsatz, um die sinnvolle Integration von aktiven Lenkungen oder Wankstabilisatoren im HiL-System zu erlauben [Kim11]. Bei diesen HiL-Prüfständen erfolgt eine uniaxiale Anregung der Prüflinge zur Auslegung der entwickelten Regelungs- oder Beobachtungsalgorithmen. Die bei Dauerfestigkeitsprüfständen erforderliche und limitierende genaue Nachbildung der Straßenanregung in mehreren stark verkoppelten Freiheitsgraden entfällt bei Komponentenprüfständen. Am realen Fahrzeug werden die aktiven Komponenten allerdings in die komplexe Baugruppe „Fahrzeugachse" integriert und es erfolgt eine mehrdimensionale Anregung über den Radträger. Das Verhalten der am reduzierten System entworfenen Regelsysteme kann somit nicht gänzlich abgesichert werden. Zu diesem Zweck werden Testfahrten eingesetzt, die schlecht reproduzierbar sind. Die häufige Wiederholung der Testfahrten ist mit Inkaufnahme von hohem Kosten- und Zeitaufwand sowie Gefahren für Fahrer und Umgebung durchzuführen.

3 Prüfstand zur realitätsnahen Straßensimulation

Basierend auf dem Stand der Technik lässt sich ein Bedarf nach einer universellen Prüf- und Entwicklungsumgebung für (mechatronische) Achsen ableiten. Diese soll langwierige Einlernvorgänge durch eine hochdynamische, mehrdimensionale Regelung entbehrlich machen. Die Realisierung einer HiL-Simulation auf Systemebene wird angestrebt um eine realitätsnahe Umgebung für aussagekräftige Achstests zu schaffen. Die Funktionsfähigkeit aktiver Achskomponenten kann so abgesichert und optimiert werden und der Entwurfsprozess mechatronischer Achsen um eine weitere Stufe erweitert werden.

3.1 Aufbau des Prüfstands

Motiviert durch den beschriebenen Handlungsbedarf wurde am Heinz Nixdorf Institut ein Achsprüfstand konzipiert, entworfen und realisiert. Das Herzstück des Prüfstands stellt ein hydraulischer Hexapod dar, der aus sechs parallel angeordneten Hydraulikzylindern besteht, deren Kolben mit Kugelgelenken über eine Endeffektorplattform miteinander gekoppelt sind. Der untere Teil der Hydraulikzylinder ist mithilfe von Kardangelenken auf einer Entkopplungsplatte gelagert. Bei dem Hexapoden handelt es sich um eine parallel-kinematische Maschine (PKM), die im Vergleich zu seriellkinematischen Maschinen (SKM) ein höheres Dynamikpotential bietet. Während bei SKM die inverse Kinematik (Umrechnung der Tool-Center-Point (TCP)-Koordinaten in Zylinderkoordinaten) nicht analytisch lösbar ist, gilt gleiches bei PKM für die direkte Kinematik. Durch geeignete Anregung der einzelnen Hydraulikzylinder lässt sich durch die Kinematik eine, im Rahmen des begrenzten Arbeitsraumes, beliebige Pose (Verschiebungen und Verdrehungen) des Endeffektors einstellen. Dies kann dazu genutzt werden um Kräfte (bzw. Momente) und Verschiebungen (bzw. Verdrehungen) am Radträger einer beliebigen, passiven oder aktiven Fahrzeugachse aufzuprägen. Die am Radträger wirkenden Kräfte können mithilfe einer zwischen Radträger und Endeffektor montierten Messnabe in allen sechs Freiheitsgraden gemessen werden. Die Fahrzeugachse wird nicht wie üblich von der Karosserie des Gesamtfahrzeugs, sondern einem der Karosserieform nachempfundenen Achshaltesystem getragen. Ein Hexapod reicht aus, die Realisierbarkeit einer breitbandigen Weg- und Kraftregelung zu demonstrieren, so dass auf der anderen Achsseite nur ein Hydraulikzylinder für die Vertikalanregung ausreicht. Der gesamte Prüfstandsaufbau ist in Bild 1 dargestellt.

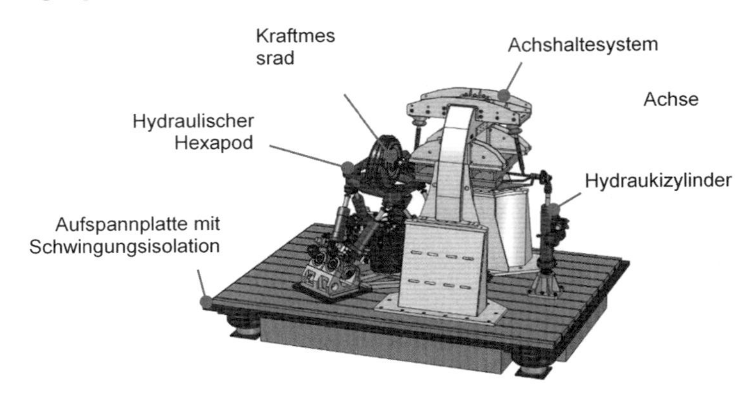

Bild 1: CAD-Schrägansicht des Achsprüfstands

Während bei Dauerfestigkeitsprüfständen mehrere Identifikations- und Replikationsiterarationen durchgeführt werden müssen um das nichtlineare Systemverhalten der hydraulischen Teilsysteme zu überwinden, ist es durch den Einsatz High-Response-Servoventilen und Hydraulikzylindern mit hoher Steifigkeit und geringer Masse sowie einer partiellen Zustandslinearisierung möglich, die Nichtlinearitäten des hydraulischen Teilsystems zu kompensieren [FT13], [FKT15]. Es ergibt sich ein lineares Teilsystem als unterlagerte Druckregelung und somit nahezu ideale Kraftsteller.

Da bei Testfahrten meist Messnaben am Radträger des Testfahrzeugs angebracht werden um die auftretenden Kräfte und Momente aufzuzeichnen, ist es naheliegend auch am Achsprüfstand die am Radträger auftretenden Kräfte und Momente bzw. Verschiebungen und Verdrehungen im kartesischen Koordinatensystem als Regelgrößen zu definieren. Da die Position des Radträgers jedoch nicht direkt gemessen werden kann und es für das direkte kinematische Problem bei PKM keine analytische Lösung gibt, wurde ein Zustandsbeobachter für diese Größen entworfen und umgesetzt [FOT14]. Darauf aufbauend ist es mit einer hybriden Kraft-/Positionsregelung möglich, für jeden Freiheitsgrad unabhängig, vermessene Kraft- oder Verschiebungsprofile am Radträger einzuregeln [KOF+16]. Bild 2 zeigt die Performanz der eingesetzten Regelungsalgorithmen anhand des Regelungsergebnisses bei Anregung des Radträgers mit einem Schlechtwegprofil in vertikaler Richtung z. Die höchsten Spektralanteile des Referenzsignals betrugen in diesem Versuch 40 Hz.

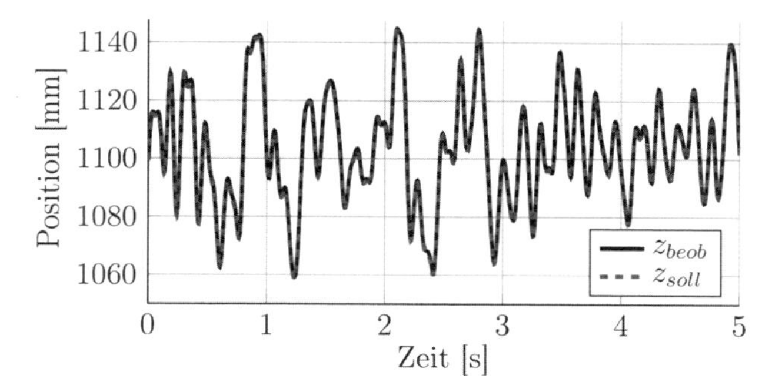

Bild 2: Beispielhafte Messergebnisse bei Schlechtweganregung der linken Achsseite mit den Hexapoden

3.2 Einsatzmöglichkeiten und Potentiale

Durch die Möglichkeit den Prüfling hochdynamisch anzuregen und das flexible Achshaltesystem bietet sich der Prüfstand für diverse Anwendungen an.

K&C-Test

Fahrzeugachsen unterscheiden sich in ihrer Kinematik und ihren Nachgiebigkeitseigenschaften. Beim Entwurf und der Auslegung neuer Achssysteme werden spezielle Prüfstände und Simulationstools dazu genutzt, um K&C-Tests durchzuführen, um die Kinematik- und Nachgiebigkeitseigenschaften der Fahrzeugsachse zu analysieren und optimieren zu können. Mit dem vorgestellten Prüfstandskonzept können solche K&C-Tests durchgeführt werden. Die Kinematik eines Mehrkörpersystems wird durch den möglichen Bahnverlauf der Koordinaten des Systems bei idealer Einhaltung der Zwangsbedingungen beschrieben. Die Anregung der Hochachse des Radträgers geschieht positionsgeregelt während die übrigen Freiheitsgrade kraftgeregelt betrieben werden. Die Sollvorgabe für die Positionsregelung der Hochachse des Radträgers erfolgt quasistationär, um die Einflüsse geschwindigkeitsabhängiger Dämpfungskräfte zu minimieren. Die so resultierenden Verschiebungen des TCP des Hexapoden, welche exemplarisch in Bild 3 dargestellt sind, geben Aufschluss über die Kinematik der Fahrzeugachse und können verwendet werden, um charakteristische Parameter der montierten Fahrzeugachse zu identifizieren.

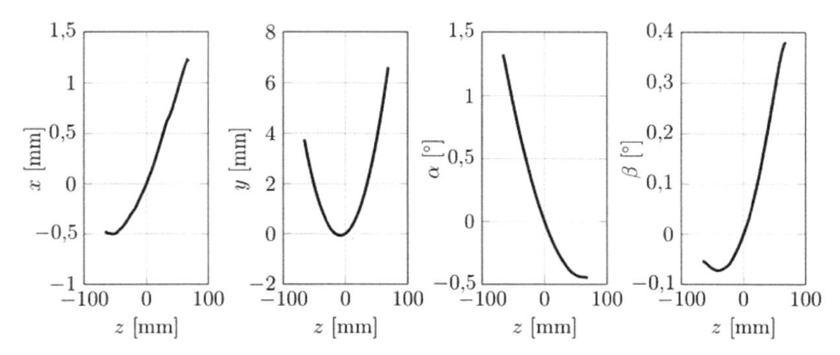

Bild 3: Kinematische Bahnverläufe der Radträgerkoordinaten x (Längsrichtung), y (Querrichtung), α (Drehung um x), β (Drehung um y) bei quasistationärer Anregung in vertikaler Richtung z

Die Nachgiebigkeitseigenschaften, also der Zusammenhang zwischen Verschiebung bzw. Verdrehungen und Kräften bzw. Momenten, einer Fahrzeugachse können ebenso in einem kartesischen Radträgerkoordinatensystem vermessen werden. Dazu müssen diskrete Arbeitspunkte auf der zuvor vermessenen Kinematikbahnkurve angefahren werden und quasistationär angeregt werden

Dauerfestigkeitsversuche

Die statistische Absicherung von Material- und Struktureigenschaften bei Fahrzeugachsen wird üblicherweise mithilfe der Kombination aus wenig dynamischen Prüfstandsregelungen und der Iteration der Sollwertvorsteuerung durchgeführt [HEG13], [Cuy06]. Die Iterationsprozesse sind notwendig, da die eingesetzten Aktoren zum einen eine zu geringe Regelungsbandbreite aufweisen, um die hochfrequenten Signalanteilen in den für aussagekräftige Tests aufzuprägenden Referenzprofilen aufzuprägen. Zum anderen werden lediglich einzelne Freiheitsgrade (Channels) lokal geregelt und es besteht kein mehrdimensionales, entkoppelndes Regelungs- bzw. Aktorkonzept. Der beschriebene Hexapod weist, wie in Bild 2 exemplarisch dargestellt, eine hohe Nachbildungsgenauigkeit und -bandbreite auf. Dies ist aufgrund des überlegenen Regelungs- und Vorsteuerungskonzepts, trotz der Einwirkung des achseigenen Feder-Dämpfer-Elements mit nichtlinearer Kraftkennline, möglich, da die wirkenden Kontaktkräfte gemessen und aufgeschaltet werden. Die Regelungsergebnisse der übrigen Freiheitsgrade weisen ein ähnlich gutes Verhalten auf. Aufgrund der hohen Nachbildungsgenauigkeit des geregelten Hexapodens kann sichergestellt werden, dass die im Fahrversuch aufgenommenen Referenzsignale genau auf das Fahrwerk übertragen werden. Eine Absicherung gegen Ermüdungsversagen kann durch genügend häufige Wiederholung und Variation der Anregung erfolgen.

Hardware-in-the-Loop-Simulation einer gesamten Fahrzeugachse

Bei einer Hardware-in-the-Loop-Simulation (HiL-Simulation) wird die reale Struktur eines Gesamtsystems in virtuelle und physikalische Teilsysteme aufgeteilt. Während die physikalischen Teilsysteme im Labor real vorhanden sind, müssen die virtuellen Teilsysteme durch Simulationsmodelle abgebildet werden und auf einem Echtzeitrechner zur Laufzeit berechnet werden. Die Kopplung zwischen virtuellen und physikalischen Teilsystemen erfolgt durch geeignete Aktorik bzw. Sensorik. Die Sensorgrößen werden dem virtuellen Teilsystem zur Verfügung gestellt. Die daraus berechneten Größen, z.B. wirkende Kräfte oder Geschwindigkeiten müssen von der Prüfstandsaktorik auf das physikalische Teilsystem eingeprägt werden. Detaillierte Erläuterung zur Strukturierung und Konzipierung von HiL-Systemen sind in [OKT+16a] zu finden.

Beim aufgebauten Achsprüfstand ist das physikalische Teilsystem durch die mechatronische Fahrzeugachse gegeben. Die grundlegende Struktur des HiL-Systems ist in Bild 4 dargestellt. Dem Echtzeitrechner stehen Messgrößen für die Einzelaktorlängen und -differenzdrücke, TCP-Kräfte und Ventilschieberpositionen zur Verfügung. Diese werden dazu genutzt, um die Achsumgebung in Form von mathematischen Modellen zu simulieren. Dazu gehören Modelle des Reifens und dessen Straßenanregung, der Aufbaumasse und des Fahrerverhaltens. Aus diesen Modellen werden die Sollvorgaben für die hybride Hexapodregelung (Kraft-/ Positionsregelung) generiert. Als möglicher HiL-Regelungsansatz sind indirekte Kraftregelungen in [OKT+16b] beschrieben.

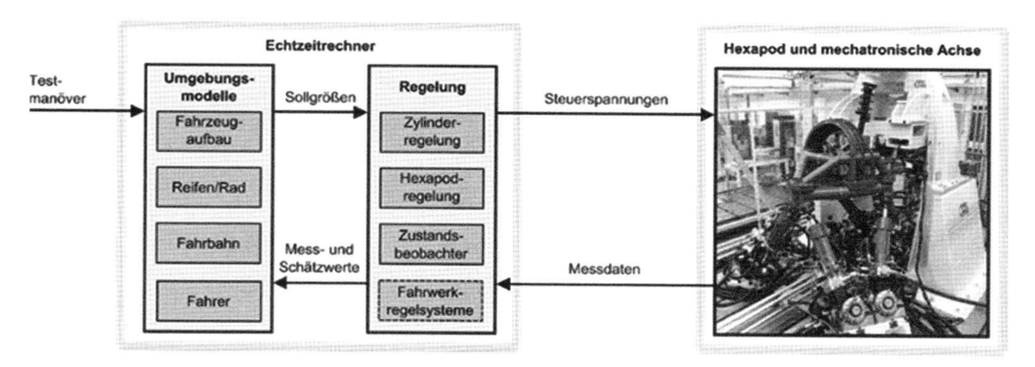

Bild 4: Struktur sowie Signal- bzw. Leistungsflüsse des Hardware-in-the-Loop Fahrzeugachsprüfstands

Die sich ergebenden Möglichkeiten sind vielfältig und werden im Folgenden diskutiert. Zum einen ist es möglich, bestehende Fahrzeugachssysteme in einem realitätsähnlichen Umfeld zu betreiben ohne zeit- und kostenaufwändige Testfahrten durchführen zu müssen. Es sind somit auch Testmanöver denkbar, die die Sicherheit des Testfahrers gefährden würden. Die mehrdimensionale Anregung in drei translatorischen und drei rotarischen Freiheitsgraden der physikalisch realisierten Fahrzeugachse am Radträger ermöglicht es beliebige Fahrmanöver (z.B. Schlechtwegmanöver, Lenkmanöver, Kurvenfahren usw.) einzeln oder in überlagerter Form zu simulieren. Das virtuelle Teilsystem muss dabei die Reaktion des Gesamtfahrzeugs auf diese Manöver basierend auf den zur Verfügung stehenden Messgrößen genügend genau abbilden. Die Eingriffe der aktiven Achssysteme, wie z.B. eines elektromechanischen Wankstabilisators, können im HiL-Betrieb auf Funktionsfähigkeit überprüft und optimiert werden. Die Informationen über das aktuelle Fahrverhalten können aus dem virtuellen Teilsystem (z.B. Wankwinkel) extrahiert und den jeweiligen Steuergeräten der Fahrwerkregelsysteme zur Verfügung gestellt werden.

Es ist somit im Gegensatz zum open-loop Betrieb bei Prüfständen mit Iteration der Steuerung möglich, die Funktionserfüllung der Fahrwerkregelsysteme zu analysieren und gegebenenfalls zu optimieren. Dies ist zwar mit HiL-Komponentenprüfständen, bei denen auf jeden einzelnen Aktor der Fahrzeugachse ein spezieller Prüfstand kommt, auch möglich, jedoch ist die Prüftiefe des vorgestellten Prüfstands durch den Aufbau der gesamten Baugruppe „mechatronische Fahrzeugachse" höher, da weniger physikalische Effekte, wie z.B. Reibung oder Spiel, vernachlässigt werden. Je größer der Anteil der physikalischen Teilsysteme am Gesamtsystem ist, desto ähnlicher wird die HiL-Simulation der Realität sein [WS01]. Detaillierte Ausführungen zur modellbasierten Genauigkeitsbeurteilung von HiL-Systemen sind in [OTK+16] zu finden. Die HiL-Simulation ist allerdings auch an einen höheren Realisierungsaufwand geknüpft, da die eingesetzte Prüfstandsaktorik höheren Anforderungen genügen muss, um die sechsdimensionale Anregung am Radträger der Fahrzeugachse erzeugen zu können. Dieser Zusammenhang ist ebenfalls in Bild 5 veranschaulicht.

Die notwendige, aufwändige Messtechnik bei der Hil-Simulation von Fahrzeugachsen kann durch auftretendes Messrauschen im Vergleich zu Computersimulationen oder einfacheren Prüfstandskonzepten für Komponententests zu einer etwas geringeren Reproduzierbarkeit der

Achsprüfungen führen. Im Vergleich zu Testfahrten bei denen Umwelteinflüsse und Fahrerverhalten einen großen Einfluss auf das Resultat der Achsprüfungen nehmen, ist jedoch eine deutlich höhere Prüfreproduzierbarkeit zu erreichen. Daher bietet sich auch die Entwicklung neuer Fahrwerkregelalgorithmen mit dem Achsprüfstand an. Die Regelungsalgorithmen können zunächst auf dem Echtzeitsystem statt auf einem externen Steuergerät ausgelegt werden, wodurch die Restbussimulation, also die Simulation der gesamten für das Steuergerät relevanten Signale, entfällt. Die Messergebnisse können anschließend direkt zur Einschätzung der Regelgüte herangezogen werden.

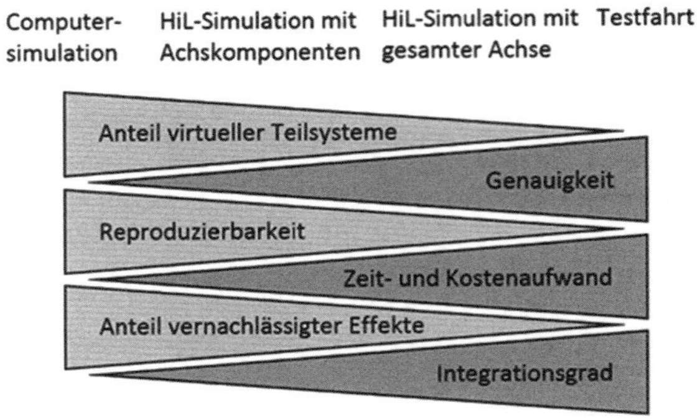

Bild 5: Einordnung von HiL-Simulation mit unterschiedlichem Integrationsgrad im Vergleich zur Computersimulation und zur Testfahrt

Des Weiteren ist es möglich, mehrere Fahrwerkregelsysteme in Kombination zu testen und deren Regelalgorithmen aufeinander abzustimmen. Statt für jede aktive Komponente eines Fahrwerks einzelne lokale Regelstrategien zu konzipieren, kann ein globaler Regelungsansatz durch Nutzung synergetischer Effekte von Vorteil sein. Die Funktionsabsicherung und der Entwurf solcher überlagerter Regelstrategien für Kombinationen aus z.B. aktivem Wankstabilisator und aktiver Lenkung sind mithilfe des vorgestellten mehrdimensionalen HiL-Konzepts bei hoher Systemintegration möglich. Der HiL-gestützte Integrationsprozess für gemeinsam genutzte Steuergeräte mit einhergehendem Platz- und Energieersparnis wird vereinfacht.

4 Resümee und Ausblick

In diesem Beitrag wurde ein neues Prüfstandskonzept für mechatronische Fahrzeugachsen vorgestellt. Es kommt dabei ein hochdynamisch geregelter, hydraulischer Hexapod zum Einsatz, der den Radträger der Fahrzeugachse mehrdimensional anregen kann. Daraus ergeben sich verschiedene Einsatzmöglichkeiten, wie Dauerfestigkeitsnachweise, K&C-Tests und HiL-Simulationen von mechatronischen Fahrzeugachsen. Insbesondere die HiL-Simulation aufgrund des guten Kompromisses aus Reproduzierbarkeit, Realisierungsaufwand und Genauigkeit kann effizient in den Entwicklungsprozess aktiver (vernetzter) Fahrwerkkomponenten eingefügt werden.

Literatur

[Cuy06] CUYPER, J. DE: Linear feedback control for durability test rigs in the automotive industry. Dissertation, Katholieke Universiteit Leuven, 2006.

[FKT15] FLOTTMEIER, S.; KOHLSTEDT, A.; TRÄCHTLER, A.: Regelung eines hydraulischen Hexapoden zur Echtzeitsimulation von Straßenanregungen: VDI-Berichte 2233. VDI Verlag Düsseldorf, 2015; S. 267–277.

[FOT14] FLOTTMEIER, S.; OLMA, S.; TRÄCHTLER, A.: Sliding Mode and Continuous Estimation Techniques for the Realization of Advanced Control Strategies for Parallel Kinematics: IFAC World Congress, Cape Town, 2014.

[FT13] FLOTTMEIER, S.; TRÄCHTLER, A.: 2-DOF State Control Scheme for the Motion Control of a Parallel Kinematic Machine: Proceedings of the 2nd International Conference on Control and Fault-Tolerant Systems. IEEE, Nice, 2013; S. 744–749.

[HEG13] HEIßING, B.; ERSOY, M.; GIES, S.: Fahrwerkhandbuch. Grundlagen • Fahrdynamik • Komponenten • Systeme • Mechatronik • Perspektiven. Springer Fachmedien Wiesbaden, Wiesbaden, 2013.

[HSS+13] HEIDRICH, L.; SHYROKAU, B.; SAVITSKI, D.; IVANOV, V.; AUGSBURG, K.; WANG, D.: Hardware-in-the-loop test rig for integrated vehicle control systems. In IFAC Proceedings Volumes, 2013, 46; S. 683–688.

[JTM+12] JESUS LOZOYA-SANTOS, J. DE; TUDON-MARTINEZ, J. C.; MORALES-MENENDEZ, R.; RAMIREZ-MENDOZA, R. A.: Comparison of On-Off Control Strategies for a Semi-Active Automotive Suspension using HiL. In IEEE Latin America Transactions, 2012, 10; S. 2045–2052.

[Kim11] KIM, H.-J.: Robust roll motion control of a vehicle using integrated control strategy. In Control Engineering Practice, 2011, 19; S. 820–827.

[KOF+16] KOHLSTEDT, A.; OLMA, S.; FLOTTMEIER, S.; TRAPHÖNER, P.; JÄKER, K.-P.; TRÄCHTLER, A.: Control of a hydraulic hexapod for a Hardware-in-the-Loop axle test rig. In at-Automatisierungstechnik, 2016, 64; S. 365–374.

[LSS05] LAUWERYS, C.; SWEVERS, J.; SAS, P.: Robust linear control of an active suspension on a quarter car test-rig. In Control Engineering Practice, 2005, 13; S. 577–586.

[MVE16] MULLER, T.; VOGELE, U.; ENDISCH, C.: Disturbance compensation for iterative control of suspension durability test rigs: 2016 IEEE International Conference on Advanced Intelligent Mechatronics (AIM). 12-15 July 2016. IEEE, Banff, AB, Canada, 2016; S. 1675–1681.

[OKT+16a] OLMA, S.; KOHLSTEDT, A.; TRAPHÖNER, P.; JÄKER, K.-P.; TRÄCHTLER, A.: Substructuring and Control Strategies for Hardware-in-the-Loop Simulations of Multiaxial Suspension Test Rigs: 7th IFAC Symposium on Mechatronic Systems, Leicestershire, UK, 2016; S. 141–148.

[OKT+16b] OLMA, S.; KOHLSTEDT, A.; TRAPHOENER, P.; JÄKER, K.-P.; TRÄCHTLER, A.: Indirect Force Control in Hardware-in-the-Loop Simulations for a Vehicle Axle Test Rig: 14th International Conference on Control, Automation Robotics & Vision (ICARCV). IEEE, Phuket, Thailand, 2016.

[OTK+16] OLMA, S.; TRAPHÖNER, P.; KOHLSTEDT, A.; JÄKER, K.-P.; TRÄCHTLER, A.: Model-based method for the accuracy analysis of Hardware-in-the-Loop test rigs for mechatronic vehicle axles. In 3rd International Conference on System-Integrated Intelligence: Challenges for Product and Production Engineering, 2016.

[WS01] WAGG, D. J.; STOTEN, D. P.: Substructuring of dynamical systems via the adaptive minimal control synthesis algorithm. In Earthquake Engineering & Structural Dynamics, 2001, 30; S. 865–877.

Autoren

Phillip Traphöner studierte von 2010 bis 2015 Maschinenbau an der Universität Paderborn. Seit 2015 ist er wissenschaftlicher Mitarbeiter am Lehrstuhl für Regelungstechnik und Mechatronik im Heinz Nixdorf Institut der Universität Paderborn.

Simon Olma studierte von 2007 bis 2013 Maschinenbau an der Universität Paderborn. Seit 2013 ist er wissenschaftlicher Mitarbeiter am Lehrstuhl für Regelungstechnik und Mechatronik im Heinz Nixdorf Institut der Universität Paderborn.

Andreas Kohlstedt studierte von 2007 bis 2013 Wirtschaftsingenieurwesen an der Universität Paderborn. Seit 2013 ist er wissenschaftlicher Mitarbeiter am Lehrstuhl für Regelungstechnik und Mechatronik im Heinz Nixdorf Institut der Universität Paderborn.

Dr.-Ing. Karl-Peter Jäker ist Oberingenieur am Lehrstuhl für Regelungstechnik und Mechatronik am Heinz Nixdorf Institut der Universität Paderborn. Seine Forschungsschwerpunkte sind Fahrwerkregelsysteme, Entwurfstechniken für mechatronische Systeme und Hardware-in-the-Loop Simulation.

Prof. Dr.-Ing. Ansgar Trächtler leitet den Lehrstuhl für Regelungstechnik und Mechatronik im Heinz Nixdorf Institut der Universität Paderborn. Seine Forschungsschwerpunkte liegen in den Bereichen Modellbasierter Entwurf mechatronischer Systeme, Fahrwerksysteme und Fahrdynamikregelung, Selbstoptimierende Regelungen sowie Hardware-in-the-Loop und Echtzeitsimulation.

Ein Ansatz für eine integrierte, modellbasierte Anforderungs- und Variantenmodellierung

Tobias Huth, Dr.-Ing. David Inkermann,
Prof. Dr.-Ing. Thomas Vietor
Institut für Konstruktionstechnik, Technische Universität Braunschweig
Langer Kamp 8, 38106 Braunschweig
Tel. +49 (0) 531 / 39 13 351, Fax. +49 (0) 531 / 39 14 572
E-Mail: Tobias.Huth@tu-braunschweig.de

Zusammenfassung

Der vorliegende Beitrag stellt einen integrierten Ansatz zur modellbasierten Modellierung von Anforderungen und Produktvarianten vor. Die im modellbasierten Systems Engineering (MBSE) verbreitete Modellierungssprache SysML unterstützt die Modellierung von Produktvarianten nicht explizit. Jedoch gibt es Ansätze, um Produktvarianten und Produktlinien mithilfe der SysML zu modellieren. In diesem Beitrag werden zunächst Ursachen und Herausforderungen der steigenden Zahl von Produktvarianten dargestellt und ausgehend davon bestehende Ansätze zur Modellierung von Anforderungen und Produktvarianten analysiert. Auf Grundlage des von STECHERT am Institut für Konstruktionstechnik (IK) erarbeiteten Ansatzes zur Anforderungsmodellierung werden erforderliche Erweiterungen für die featurebasierte Modellierung von Produktvarianten eingeführt. Es werden sowohl die theoretischen Grundlagen der Modellierung erläutert als auch deren Anwendung des vorgeschlagenen Ansatzes anhand einer bespielhaften Modellierung eines technischen Systems verdeutlicht.

Schlüsselworte

Model-based Systems Engineering, SysML, Anforderungsmodellierung, Variantenmodellierung

An Approach for integrated model-based requirements and variant modeling

Abstract

The present paper introduces an integrated approach to model-based requirements and product variants modeling. The modeling language SysML, which is widely used in model-based systems engineering (MBSE), does not explicitly support the modeling of product variants. However, there are approaches to model product variants and product lines using SysML. Within the scope of this contribution, the causes and challenges of the increasing number of product variants are first presented and existing approaches for the modeling of requirements and product variants are analysed. On the basis of the approach developed by STECHERT at the Institute for Engineering Design (IK), necessary extensions are introduced for the feature-based modeling of product variants. Both the theoretical foundations of the modeling, and their application of the proposed approach are illustrated by the elaborate modeling of a technical system.

Keywords

Model-based Systems Engineering, SysML, requirements modeling, variant modeling

1 Einleitung

Steigende Kundenansprüche hinsichtlich Funktionsumfang und Individualisierungspotential bei gleichzeitig immer kürzeren Modellpflegezyklen sind aktuelle Herausforderungen zahlreicher Industriebranchen [FS05]. In der Automobilindustrie wird dieser Herausforderung vermehrt durch mechatronische Lösungen und eine verstärkte Segmentierung der Märkte durch Steigerung der Variantenvielfalt begegnet. Letztere resultiert zum einen in zunehmender Kombinierbarkeit von Produkteigenschaften (bspw. Funktionalitäten) aus Kundensicht, zum anderen in einer erhöhten Baugruppen-/Teilevielfalt, die während der gesamten Produktentstehung gehandhabt werden muss [Ehr09]. Die interdisziplinäre Entwicklung mechatronischer Systeme sowie die Kombination verschiedenartiger Teillösungen führt dazu, dass die Systeme zunehmend komplexer[1] und komplizierter[2] werden. Dieser Herausforderung kann durch Methoden des Systems Engineering und des modellbasierten System Engineering begegnet werden.

Am Institut für Konstruktionstechnik (IK) wurde ein modellbasierter Systems Engineering Ansatz (MBSE-Ansatz) zur Anforderungsmodellierung entwickelt [Ste10] und in verschiedenen Projekten angewendet und evaluiert. Unter Berücksichtigung der oben genannten Herausforderungen wurde hieraus die Notwendigkeit abgeleitet, die Modellierung von Produktlinien und -varianten zu unterstützen. Dies führt zu folgenden Fragestellungen für diesen Beitrag:

1) Wie kann eine Variantenmodellierung in den MBSE-Ansatz integriert werden und welche ggf. neuen Partialmodelle sind erforderlich?
2) Welche Stereotypen müssen für eine Variantenmodellierung neu definiert werden, um die Variantenbildung sowohl anforderungs- als auch produktseitig abbilden zu können?

Zur Beantwortung dieser Fragen stellt der Beitrag zunächst den Stand der Forschung in den Bereichen modellbasiertes Systems Engineering sowie Anforderungs- und Variantenmodellierung dar. Hieran schließt die Vorstellung eines theoretisch abgesicherten Ansatzes zur integrierten Anforderungs- und Variantenmodellierung an. Die Modellierung wird anhand eines theoretischen Beispiels zur Modellierung von Fahrzeugfunktionalitäten verdeutlicht. Abschließend folgen ein Resümee sowie ein Ausblick auf weitere Arbeiten.

2 Stand der Forschung

Im Folgenden werden, für das weitere Verständnis des Beitrages, relevante Themenbereiche des aktuellen Forschungsstandes vorgestellt. Hierbei werden Ansätze fokussiert, die sich auf Systemmodelle konzentrieren und deren Erstellung unterstützen.

---

[1] Durch die steigende Anzahl und Art von Interdependenzen und Relationen zwischen Elementen eines Systems steigt die Komplexität des Systems, vgl. [Wei14].

[2] Durch die steigende Anzahl unterschiedlicher Elemente eines Systems steigt die Kompliziertheit, vgl. [Wei14].

2.1 Modellbasiertes Systems Engineering (MBSE)

Systems Engineering (SE) Ansätze wurden in den 1950er Jahren, getrieben durch große interdisziplinäre Projekte (Apollo-Programm, etc.), entwickelt und eingesetzt [Wei14]. SE versteht sich dabei als eine Meta-Disziplin, die den Informationsfluss zwischen den einzelnen Disziplinen (bspw. Software-, Elektronik- und Mechanik-Entwicklung) durch die Bereitstellung geeigneter Schnittstellen unterstützt und die Entwicklung der unter den gesetzten Randbedingungen bestmöglichen Lösung ermöglicht [Wei14, FMS15]. Hierzu werden im SE sowohl die reine technische Entwicklung als auch Aspekte des Projektmanagements im Zusammenspiel eingesetzt [HDF+15].

Um den Unzulänglichkeiten früherer dokumentenbasierter SE-Ansätze zu begegnen, wurden und werden Ansätze zum modellbasierten Systems Engineering (engl. Model-Based Systems Engineering, MBSE) entwickelt [Alt12]. Beim MBSE wird ein zentrales gemeinsames Systemmodell als Informationsspeicher genutzt. Die beteiligten Disziplinen nutzen das Modell dabei als Informationsquelle und Informationssenke, um ihre Arbeitsergebnisse zu dokumentieren und mit anderen Modellartefakten[3] in Beziehung zu setzen [Alt12, Bur16]. Systemmodelle werden mittels Modellierungssprachen, wie bspw. der Systems Modeling Language (SysML)[4] [Obj15-ol] oder der Lifecycle Modeling Language (LML) [LML15-ol], aufgebaut.

Die SysML verfügt in ihrer aktuellen Spezifikation nicht über Sprachelemente, die explizit zur Modellierung von Produktvarianten vorgesehen sind [Wei16]. Es gibt allerdings bereits Erweiterungen der SysML um eine Modellierung von Varianten bzw. Produktlinien zu ermöglichen. In Abschnitt 2.3 dieses Beitrags wird ein bestehender Ansatz näher betrachtet.

2.2 Anforderungsmodellierung

Die Erhebung und Dokumentation von Anforderungen ist elementarer Bestandteil der MBSE-Ansätze. Im Folgenden werden zwei ausgewählte Ansätze dargestellt.

Anforderungsmodellierung nach STECHERT

Im Sonderforschungsbereich 562 [Wah10-ol] wurde von STECHERT [Ste10] ein Ansatz zur Anforderungsmodellierung erarbeitet, dessen Ziel die Unterstützung der interdisziplinären Produktentwicklung mit besonderer Berücksichtigung der Baukastenentwicklung ist. Das Konzept umfasst acht Partialmodelle (u.a. Systemidee-, Anforderungs- und Zielmodell, siehe Bild 1), die in ihrer Gesamtheit das Produktmodell ergeben [Ste10]. Die Partialmodelle werden mittels SysML und des von STECHERT definierten Profils "SFB562" aufgebaut [Ste10]. Nachfolgend werden die von Stechert ergänzend definierten Stereotypen und ihr Verwendungszweck vorgestellt.

---

[3] Als Artefakt wird in diesem Zusammenhang ein beliebiges Modellelement bezeichnet. Es bildet ein Arbeitsergebnis einer vorherigen Tätigkeit ab.

[4] Im folgenden Teil des Beitrages wird vermehrt auf Elemente der SysML verwiesen. Diese sowie selbst definierte Elemente werden als Erweiterung der SysML unter folgender Notation im Text aufgeführt: <<Name des Elementtyps>>.

Systemidee - <<goal>>: Die übergeordnete Systemidee stellt auf abstrakter Ebene den Sinn und Zweck des zu entwickelnden Systems dar und ist weitestgehend unabhängig von der späteren Realisierung.

Ziel - <<target>>: Ziele dienen dazu, die Entwicklungsrichtung ausgehend von der/den Systemidee/n zu spezifizieren. Sie sind mit bestimmten Strategien zur Entwicklung, wie beispielsweise Modularisierung verbunden. Ziele sind ebenfalls weitestgehend unabhängig von einer späteren Realisierung.

Anforderung - <<ReqAttributes>>: Die Anforderungen bilden das zentrale Element des Ansatzes. Das Partialmodell der Anforderungen weist daher zu allen anderen Partialmodellen eine Vielzahl von Beziehungen auf. Als Anforderungselemente werden „alle ermittelten Anforderungen, Randbedingungen und Restriktionen erfasst und [...] die jeweiligen Anforderungseigenschaften dokumentiert" [Ste10].

Testkriterium - <<testCriterion>>: Testkriterien werden aus Anforderungen abgeleitet und stellen durch Testfälle überprüfbare Eigenschaften dar.

Testfall - <<testCase>>: Um die aus den Anforderungen entwickelten Testkriterien überprüfen zu können, werden Testfälle definiert.

Darüber hinaus übernimmt STECHERT Elemente der SysML zur Modellierung der einzelnen Partialmodelle. Für die Modellierung des Lebenslaufmodells werden die SysML-Elemente <<package>> und <<use case>> genutzt. Mit Erstgenanntem modelliert er die Lebenslaufphasen, in denen anschließend Anwendungsfälle (use cases) modelliert werden. Zur Modellierung der relevanten Stakeholder (Partialmodell Stakeholder) wird auf das in der SysML enthaltenen Stakeholder-Element (<<stakeholder>>) zurückgegriffen. Die Produktumgebung wird mithilfe von Blöcken (<<block>>) abgebildet. Im Systemkontextmodell modelliert STECHERT mittels Blöcken (<<block>>) die Systemstruktur (Hard- und Software-Komponenten). Die Modellierung beschränkt sich hierbei auf die abstrakte Betrachtung übergeordneter Systemelemente wie bspw. die Hauptbaugruppen *Antrieb* oder *kinematische Struktur* eines Roboters [Ste10]. Im Testmodell werden neben den bereits genannten Elementen (Testkriterium und Testfall) Testwerkzeuge durch Blöcke (<<block>>) modelliert. Testwerkzeuge sind hierbei die Artefakte des Entwicklungsprozesses, gegen die getestet werden kann/muss, wie beispielweise CAD-Modelle oder MKS-Simulationen. Zur Modellierung der Beziehungen zwischen den einzelnen Elementen nutzt STECHERT die in der SysML definierten Beziehungstypen, wie <<refine>>, <<satisfy>> oder <<allocate>>. Für eine detaillierte Beschreibung der in der SysML definierten Element- und Beziehungstypen wird auf die einschlägige Fachliteratur, bspw. [Obj15-ol, Wei14, FMS15], verwiesen.

Pragmatisches Vorgehen SYSMOD nach WEILKIENS

WEILKIENS stellt in [Wei14] SYSMOD als umfassenden MBSE-Ansatz vor. Dieser besteht aus einem Vorgehensmodell und einem SysML-Profil. Er verfolgt das Ziel, die Erfassung und Modellierung von Anforderungen an ein System zu unterstützen sowie die Ableitung eines diesen Anforderungen genügenden Systems zu ermöglichen. WEILKIENS spricht nicht von Partialmodellen, die in Summe das Systemmodell ergeben, sondern geht anhand des Vorgehensmodells vor, das sich in eine Analyse- und eine Realisierungsphase untergliedert. Hierbei werden in den einzelnen Schritten (siehe Bild 1) entsprechende Modellartefakte, die miteinander in Beziehung gesetzt werden, erzeugt und verarbeitet. Die Ergebnisse der Arbeitsschritte ergeben in Summe das Produktmodell. Zum Aufbau des Modells definiert WEILKIENS diverse neue Stereotype, die er im SYSMOD-Profil zusammenfasst [Wei14].

Aus einem Vergleich beider Ansätze lässt sich ableiten, dass bis auf das Testfallmodell von STECHERT zu jedem Partialmodell eine Entsprechung im Ansatz von WEILKIENS vorliegt. Bild 1 verdeutlicht dies durch die Verbindung der Partialmodelle mit ihren korrespondierenden Arbeitsschritten. Aus diesem Grund wird auf eine weitere Vorstellung der von WEILKIENS [Wei14] eingeführten SysML-Elemente verzichtet, da auch hier große Schnittmengen beider Ansätze vorhanden sind.

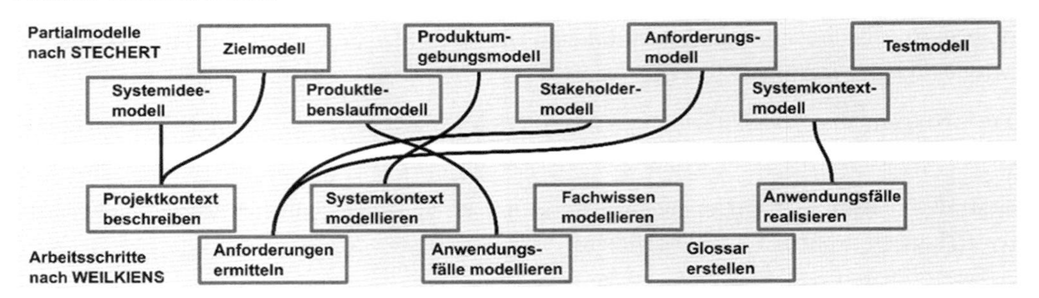

Bild 1: Gegenüberstellung der Modellierungsansätze von STECHERT und WEILKIENS, inkl. Verbindung korrespondierender Partialmodelle bzw. Arbeitsschritte der Ansätze

2.3 Variantenmodellierung

In der Literatur werden unterschiedliche Ansätze zur Modellierung von Produktvarianten bzw. Produktlinien beschrieben, vgl. bspw. [Bur16, Wei16, MJ10, TGL+10, Haa16]. Unter einer Produktlinie wird dabei eine Gruppe von Produkten verstanden, die auf einem gemeinsamen Baukasten an Artefakten zur Realisierung der gewünschten Funktionalitäten (engl. Feature) beruhen [Sch10]. Der Begriff Produktlinie ist vorwiegend durch die Softwareentwicklung geprägt, weist aber starke Ähnlichkeiten mit in der Konstruktionsmethodik etablierten Baukastenprinzipien auf, vgl. bspw. [VS13]. In beiden Fällen werden Produktvarianten durch Kombination der Bausteine eines Baukastens (z.B. Bauteile, Baugruppen, Software-Komponenten) konfiguriert. Als Produktvariante wird ein Produkt verstanden, dass sich mindestens in einem Bestandteil unterscheidet, aber den gleichen Zweck erfüllt [Fir03]. In der Regel bauen Produkte einer Produktlinie auf einer gemeinsamen Basis auf und weisen sog. Variationspunkte auf. Für jeden dieser Variationspunkte enthält der Baukasten eine Menge funktional verschiedener Bausteine, aus der ein passender ausgewählt werden kann.

Im Folgenden werden Ansätze zur Modellierung der Variabilität von Produkten/ Produktlinien und der Konfiguration von Produktvarianten eingeführt.

Entscheidungstabelle/ Entscheidungsbäume: Entscheidungstabellen bieten die Möglichkeit die Variabilität innerhalb von Baukästen abzubilden, in dem sie zeilenweise die Variationspunkte des zu konfigurierenden Produktes mit den im Baukasten verfügbaren Konfigurationsobjekten aufführen [MJ10, Kae09]. Durch zeilenweise Auswahl der Bausteine wird die Produktvariante vollständig definiert. Tabelle 1 zeigt ein Beispiel für eine Entscheidungstabelle zur Konfiguration von Personenaufzügen aus [MJ10]. Die Spalten enthalten dabei den Variationspunkt (ID), eine Beschreibung des Variationspunktes (Description), eine Kategorisierung des Variationspunktes (Subject), Vor- oder Randbedingungen (Constraints), die möglichen Konfigurationsobjekte (Resolution), sowie Konsequenzen (Effect) die sich aus der Entscheidung ergeben.

Tabelle 1: Beispielhafte Entscheidungstabelle für Personenaufzüge aus [MJ10]

ID	Description	Subject	Constraints	Resolution	Effect
Material cabin	Which material is used for the elevator's cabin?	Cabin	Panorama elevator recommends glass	Metal	Test cases 10 and 15 have tob e accomplished
				Glass	Test cases 13, 24, and 14 have tob e accomplished
Firefighters functionality	Does the elevator provide a firefighters functionality?	Firefighters	Material cabin == metal	Yes	Requirements 113-150 have tob e realized
				No	Skip requirements 113-150

Die in Entscheidungstabellen enthaltenen Informationen können in Entscheidungsbäume überführt werden. Hierbei handelt es sich um geordnete, gerichtete Bäume. Die Variationspunkte werden durch Knoten und die Konfigurationsobjekte durch Kanten zwischen Knoten repräsentiert [MJ10]. Die Blätter des Entscheidungsbaumes stellen alle möglichen konfigurierbaren Produktvarianten dar.

Feature-Modellierung: Ein Feature ist nach Kang [KCH+90] ein markanter, für den Kunden sichtbarer, funktionaler oder nicht-funktionaler Aspekt (z.B. Eigenschaft, Merkmal oder Qualität) eines Produktes und kann mit dem deutschen Begriff Funktionalität übersetzt werden [GIN+14]. Die Feature-Modellierung geht zurück auf KANG et al., die die *Feature Oriented Domain Analysis (FODA)* entwickelten [KCH+90]. Diese hat sich für die Entwicklung von Software-Produktlinien etabliert und wurde vielfach weiterentwickelt [KL13]. Feature-Modelle unterstützen die Abbildung möglicher Funktionalitäten einer Produktlinie sowie deren Beziehungen untereinander. Das Feature-Modell ist ebenfalls ein gerichteter Baum, bei dem die Funktionalitäten von abstrakt zu detailliert entwickelt werden. Die Blätter des Feature-Baums repräsentieren nicht die Produktvarianten sondern stehen für spezifische Konfigurationsobjekte. Bild 2 zeigt ein Feature-Modell in FODA-Notation. Hierbei wird eine spezielle Notation angewandt, die es erlaubt, zwischen verbindlichen und optionalen Funktionalitäten zu unterscheiden und alternative Auswahlmöglichkeiten sowie Kompositions- und Spezialisierungsbeziehungen darzustellen.

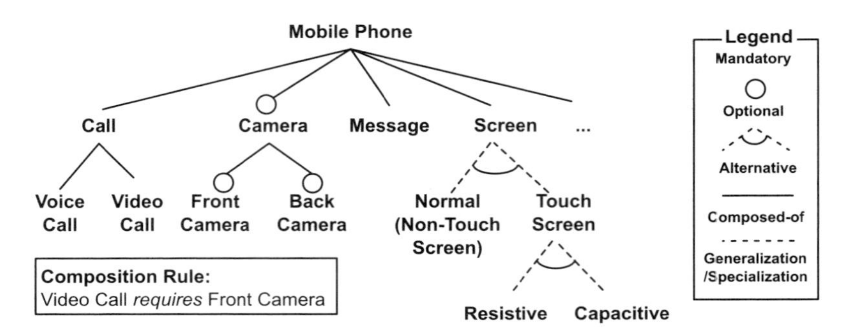

Bild 2: Beispiel eines FODA Feature-Modells für ein Mobiltelefon [KL13]

Im Zuge weiterführender Arbeiten wurden aufbauend auf der FODA Notation neue bzw. differenzierte Sprachelemente wie beispielsweise „UND/ODER" sowie „XOR" definiert und zur Feature-Modellierung eingesetzt [GIN+14].

Die zuvor eingeführten Ansätze lassen sich allgemein in Entscheidungs- und Feature-Modellierung unterteilen. Entscheidungsbasierte Ansätze verfolgen das Ziel, Entscheidungen, die im Rahmen einer Konfiguration getroffen werden müssen, abzubilden. Die Feature-Modellierung hingegen bildet den möglichen Konfigurationsraum, inkl. Gemeinsamkeiten, Variabilität und Beziehungen zwischen Funktionalitäten, ab [KL13]. Abschließend wird ein modellbasierter Ansatz zur Modellierung von Produktvarianten vorgestellt.

WEILKIENS hat als Erweiterung zu SYSMOD (siehe Abschnitt 2.2) den Ansatz VAMOS (VAriant MOdeling with SysML) zur SysML-basierten Variantenmodellierung entwickelt [Wei16]. Hierin schlägt er zur Modellierung von Varianten ein dreigeteiltes Modell vor. Dieses setzt sich aus den drei Paketen (<<package>>) *Core, Variations* und *Configurations* zusammen. Das *Core*-Paket, also der Kern, beinhaltet alle Modellelemente, die Bestandteil sämtlicher Konfigurationen/Produktvarianten sind inkl. der Variationspunkte, an denen die Variationen erfolgen, siehe Bild 3. Ein Variationspunkt definiert ein Systemelement, für das im Baukasten unterschiedliche Varianten verfügbar sind. Das Core-Paket wird als Systemmodell nach SYSMOD aufgebaut, wobei die Produktarchitektur um Variationspunkte ergänzt wird [Wei16]. Das *Variations*-Paket enthält alle Variationen (bspw. Motorisierung) mit zugehörigen Varianten (z.B. Benziner, Diesel, Elektro). Eine Variation ist nach Weilkiens die Menge aller Varianten eines Variationspunktes [Wei16]. Im *Configurations*-Paket werden die konkret konfigurierten Produktvarianten, die sich aus Elementen des *Core*- und des *Variations*-Paketes zusammensetzen, abgelegt.

Bild 3 zeigt einen Ausschnitt der Variantenmodellierung nach VAMOS anhand des von Weilkiens in [Wei16] genutzten Beispiels eines Obstsalates. Ausgehend von der *Fruit Salad Product Architecture*, die Bestandteil des Systems *Fruit Salad* ist, werden Subsysteme (<<block>>) für Früchte, Gemüse, Dressing und benötigte Werkzeuge modelliert. Das Dressing ist zusätzlich mit dem Stereotyp <<variationPoint>> als Variationspunkt gekennzeichnet. Für den Variationspunkt Dressing ist im Paket *Variations* des Systemmodells die Variante *Sweet Mayo Dressing* als Variante (<<variant>>) modelliert. Für jede Variante ist wiederum ihre eigene Produktarchitektur definiert. Hierin ist das *Sweet Mayo Dressing* (<<block>>) als Spezialisierung des Variationspunktes mit den entsprechenden Zutaten modelliert.

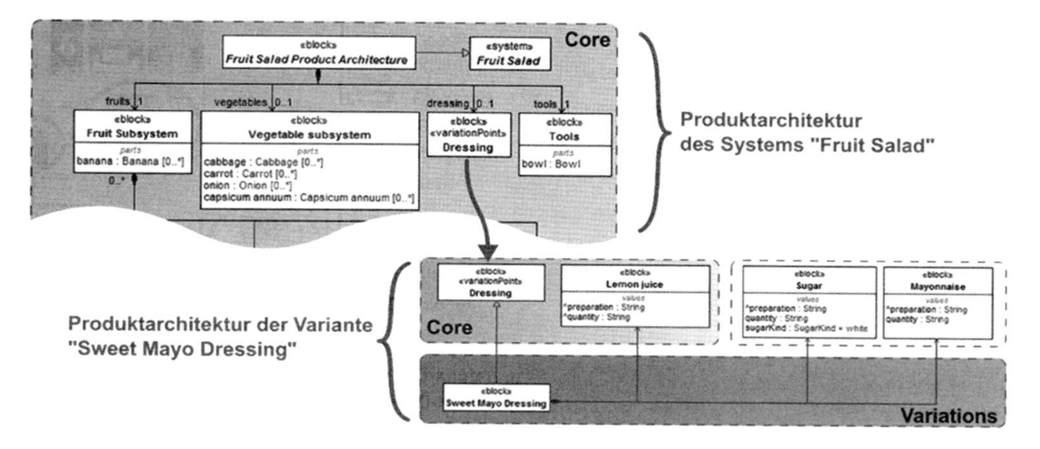

Bild 3: Produktarchitektur eines Obstsalates aus [Wei16]

Die Konfiguration der Produktvarianten erfolgt über das Paket *Configurations*. In diesem wird für jede Produktvariante ein Paket mit dem Stereotyp <<variantConfiguration>> angelegt. Dieses weist denselben in SYSMOD definierten Aufbau wie das *Core* Paket bzw. die Varianten auf. Die Festlegung, welche Varianten aus den *Variations* für die Variationspunkte innerhalb der im *Core* festgelegten Produktstruktur ausgewählt werden, erfolgt über <<import>>-Beziehungen der SysML. Somit werden sämtliche für die Produktvariante benötigten Modellelemente in das <<variantConfiguration>>-Paket importiert. Sie gehören damit zu dessen Namensraum und werden bei Modellabfragen als Bestandteil der Produktvariante ausgegeben [Wei16].

In den vorhergehenden Abschnitten wurde der Stand der Forschung zur modellbasierten Anforderungsmodellierung und zur (modellbasierten) Variantenmodellierung kurz vorgestellt. Aufbauend auf diesem wird im folgenden Abschnitt des Beitrags ein Ansatz zur integrierten modellbasierten Anforderungs- und Variantenmodellierung eingeführt.

3 Ansatz für ein integriertes modellbasiertes Anforderungs- und Variantenmanagement

Aufbauend auf den Arbeiten von STECHERT [Ste10] wird am IK ein MBSE-Ansatz zur Anforderungs- und Systemmodellierung erarbeitet. Dieser ermöglicht sowohl die Modellierung einzelner Produkte als auch von Produktlinien bzw. Baukästen. Im Rahmen dieses Beitrages wird der Fokus auf die Modellierung einer externen Sicht auf Produktlinien und -varianten gelegt. Es werden also die für einen potentiellen Kunden verfügbaren Varianten abgebildet. Im Folgenden wird zunächst das SysML-Profil *IK MBSE* dargestellt, die Feature-Modellierung eingeführt und anhand eines Beispiels verdeutlicht.

Die Modellierung von Anforderungen, insbesondere der dafür eingesetzten Partialmodelle, wird weitestgehend von STECHERT übernommen. Im Zuge der Implementierung der Variantenmodellierung wurden die Attribute einiger Stereotypen angepasst und ergänzt. Bild 4 zeigt die

Elemente des SysML-Profils *IK MBSE* und den Zusammenhang mit den von Stechert definierten bzw. verwendeten Stereotypen.

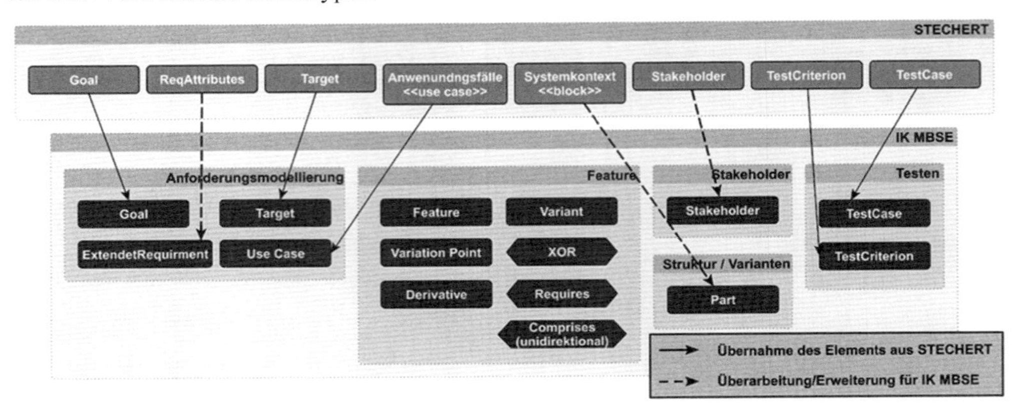

Bild 4: Elemente des SysML-Profils "IK MBSE" und Übernahmen aus der Anforderungsmodellierung nach STECHERT

Im Hinblick auf die Modellierung von Produktvarianten wird zunächst eine Erweiterung im Sinne der Feature-Modellierung umgesetzt, da es durch diese ermöglicht wird, die externe Variantenvielfalt abzubilden. Die Feature-Modellierung kann darüber hinaus im Rahmen der Konzeption neuer Produktvarianten genutzt werden, um bspw. markt- oder kundengruppenspezifische Derivate zu definieren. Über Beziehungen wie *XOR* oder *Requires* zwischen Features (siehe auch Bild 5) können Abhängigkeiten und Randbedingungen im Modell hinterlegt werden. Diese ermöglichen es, die Gültigkeit von definierten Varianten (automatisiert) zu überprüfen. Das Feature-Modell bildet somit den möglichen Konfigurationsraum innerhalb der Produktlinie bzw. des Baukastens ab.

Für die Modellierung von Features wird ein neues Partialmodell, das sog. *Feature-Modell*, angelegt. Es ergänzt die bereits definierten Partialmodelle, siehe auch Bild 4. Bild 5 stellt einen Ausschnitt eines beispielhaften Feature-Modells dar und visualisiert die im Folgenden beschriebenen neu definierten SysML-Stereotype zur Feature-Modellierung.

Das Feature-Modell wird entsprechend der FODA-Modellierung als gerichteter Baum (vom Abstrakten zum Konkreten) mittels Containment-Beziehungen modelliert. Hierfür wurde der Stereotype *<<Feature>>* definiert, der über ein Attribut zwischen verbindlichen und optionalen Features unterscheidet. Handelt es sich bei einem Feature um einen Variationspunkt, gibt es also mehrere Varianten dieses Features, wird es zusätzlich mit dem Stereotype *<<Variation Point>>*, ähnlich wie von WEILKIENS vorgeschlagen, versehen. Die dem Variationspunkt untergeordneten Feature werden entsprechend zusätzlich mit dem Stereotype *<<Variant>>* als Variante eines Features gekennzeichnet. Hieraus folgt, dass Feature, für die keine Varianten im Baukasten vorhanden sind, keine zusätzlichen Stereotypen zugewiesen werden.

Auf der untersten Ebene des Baumes spannen die *Blätter* den theoretisch möglichen Konfigurationsraum auf. Die Blätter sind dabei einerseits nicht weiter detaillierte Features und andererseits die definierten Feature-Varianten. Der Konfigurationsraum unterliegt dabei gewissen Bedingungen/Regeln, beispielsweise können die Feature-Varianten A1 und A2 nicht gleichzeitig in einer Konfiguration enthalten sein oder ein Feature B benötigt zwingend das Feature C1. Um diese Bedingungen bzw. Regeln im Modell abzubilden, wurden zunächst drei neue Beziehungstypen implementiert. Der Stereotype *<<XOR>>* bildet die „entweder oder"-Beziehungen ab, die in der Regel zwischen Feature-Varianten existiert. *<<Requires>>* wird zur Modellierung von Abhängigkeiten im Sinne von Feature A benötigt zwingend Feature B eingesetzt. Die *<<Comprises>>*-Beziehung stellt eine „einschließende"-Beziehung dar. Sie wird immer dann modelliert, wenn eine Feature-Variante eine andere beinhaltet.

Zur Abbildung von definierten Produktvarianten bzw. Derivaten wurde weiter der Stereotype *<<Derivative>>* definiert. Jedes Objekt dieses Typs stellt eine definierte Produktvariante dar. Die Zugehörigkeit von Features bzw. Feature-Varianten wird mittels Assoziationsbeziehungen modelliert.

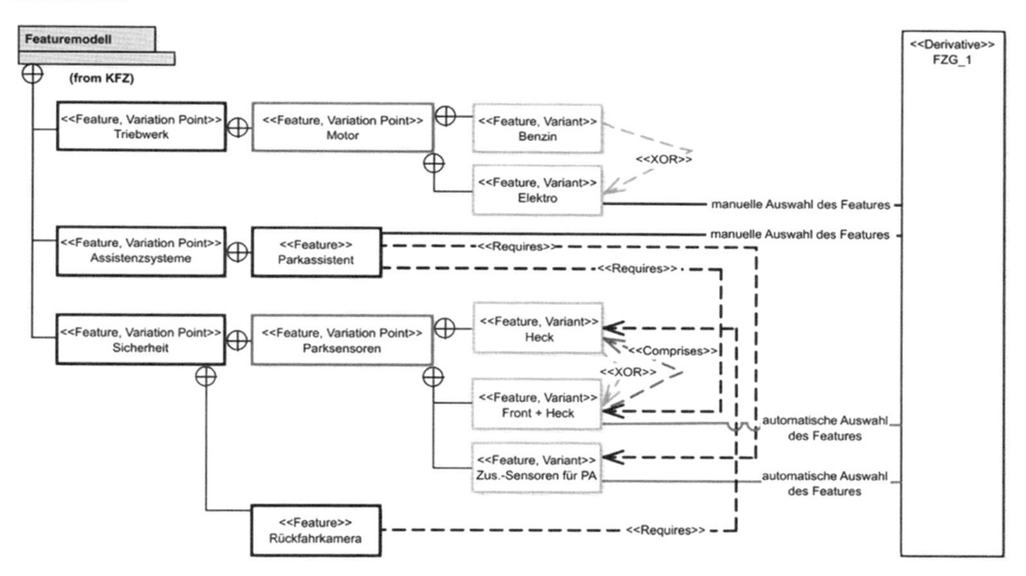

Bild 5: Beispielhafte Feature Modellierung für Kraftfahrzeuge

Anhand des Features *Parkassistent (PA),* der dem Feature *Assistenzsysteme* untergeordnet ist, sollen die Verwendung der zuvor eingeführten Modellierungselemente im Folgenden erläutert werden. Dem Diagramm (Bild 5) kann anhand der Modellierung des PAs als <<Feature>> entnommen werden, dass er keine weiteren Varianten besitzt. Der PA verfügt über zwei Beziehungen zu weiteren *Blättern* des Feature-Baums (gestrichelte Linien). Diese <<Requires>>-Beziehungen dokumentieren, dass der PA weitere Features zwingend benötigt, um seine Funktion zu erfüllen. In diesem Fall sind es die Features *Front + Heck* und *Zus. Sensoren für PA* aus dem Bereich der Parksensoren, der wiederum zu den Sicherheits-Features gehört. Im Bereich der Parksensoren kann dem Diagramm zusätzlich entnommen werden, dass zwischen den Features *Front + Heck* und *Heck* eine Beziehung vom Typ <<Comprises>> besteht. Diese gibt an, dass der Umfang des Features *Heck* im Feature *Front + Heck* enthalten ist und für eine Produktvariante folglich nicht beide Feature ausgewählt werden müssen. Letzteres ist im Modell explizit über eine <<XOR>>-Beziehung modelliert.

Eine Produktvariante (hier *FZG_1*) wird innerhalb des Feature-Modells mittels des Stereotyps <<Derivative>> modelliert. Die für die Produktvariante ausgewählten Features sind mit dieser über Assoziationsbeziehungen verbunden. Wird bspw. der PA für die Variante, wie in Bild 5 dargestellt, ausgewählt, können über Analysen des Modells die benötigten Sensoren (*Front + Heck* und *Zus. Sensoren für PA*) dem Derivat automatisch zugeordnet werden. Über entsprechende Analysen lässt sich auch die Gültigkeit von konfigurierten Produktvarianten ermitteln. Hierzu wird die Menge der Features, die der Produktvariante zugeordnet sind, bezüglich eventueller <<XOR>>- oder <<Comprises>>-Beziehungen zwischen ihren Elementen untersucht. Sind zwei Feature mit der Variante verbunden, zwischen denen bspw. eine <<XOR>>-Beziehung besteht, ist die Produktvariante nicht gültig und kann so nicht hergestellt werden.

Neben der Modellierung von Produktvarianten und Features, bietet das vorgestellte Feature-Partialmodell in Kombination mit den acht bestehenden Partialmodellen neue Anwendungsmöglichkeiten innerhalb der Produktentwicklung. Exemplarisch sollen hier nur die Nachverfolgbarkeit und das Release Management aufgezeigt werden. Die Nachverfolgbarkeit von Entscheidungen innerhalb des Entwicklungsprozesses lässt sich durch die Verknüpfung von Produktvarianten mit Anforderungen, Use Cases sowie Testfällen steigern, da ein Soll-/Ist-Abgleich in einer frühen konzeptionellen Phase erfolgen kann. Darüber hinaus kann der Ansatz für ein Release Management des Baukastens genutzt werden, da ausgehend von Anforderungen über die Verknüpfung mit einer Produktvariante die Entwicklung neuer Feature ausgelöst werden kann, sofern die Anforderungen mit den bestehenden Featuren nicht bedient werden können. Die genannten Anwendungsmöglichkeiten sollen in weiteren Veröffentlichungen genauer betrachtet werden.

4 Resümee und Ausblick

Im Rahmen dieses Beitrags wurde die Erweiterung eines integrierten modellbasierten Ansatzes zum Anforderungsmanagement um Möglichkeiten zur Variantenmodellierung vorgestellt. Der Modellierungsansatz wird in Zukunft weiter ausgebaut. Es ist geplant, weitere am IK erarbeitete Modellierungsansätze, bspw. zur Modellierung regionsspezifischer Anforderungen [Neh14], zu integrieren und eine Variantenmodellierung auf Ebene der Produktarchitektur (Systemkontext-Modell) zu implementieren. Hierzu wird auf den vorgestellten Ansatz zur Feature-Modellierung aufgebaut werden. Darüber hinaus wird an einer Erweiterung zur Modellierung von Produktgenerationen innerhalb der Produktlinie gearbeitet, um die Portierung von Funktionalitäten aus einer aktuellen in eine vorhergehende Produktgeneration zu untersuchen. Neben der Weiterentwicklung des Modellierungsansatzes selbst werden spezifische Werkzeuge erarbeitet, um Analysen, wie bspw. Schnittmengen zwischen Varianten oder Anforderungsspreizungen zwischen Varianten, an dem Modell durchzuführen. Eine Übertragung des Modellierungsansatzes in eine leistungsfähige PLM/PDM-Lösung ist aktueller Forschungsgegenstand innerhalb eines Industrieprojektes.

Literatur

[Alt12] ALT, O.: Modellbasierte Systementwicklung mit SysML. Carl Hanser Fachbuchverlag, München, 2012.

[Bur16] BURSAC, N.: Model Based Systems Engineering zur Unterstützung der Baukastenentwicklung im Kontext der Frühen Phase der Produktgenerationsentwicklung. Karlsruhe, 2016.

[Ehr09] EHRLENSPIEL, K.: Integrierte Produktentwicklung. Denkabläufe, Methodeneinsatz, Zusammenarbeit. Hanser, München, 2009.

[Fir03] FIRCHAU, N. L.: Variantenoptimierende Produktgestaltung. Cuvillier, Göttingen, 2003.

[FMS15] FRIEDENTHAL, S.; MOORE, A.; STEINER, R.: A practical guide to SysML. The systems modeling language, 2015.

[FS05] FRICKE, E.; SCHULZ, A. P.: Design for changeability (DfC). Principles to enable changes in systems throughout their entire lifecycle. In Systems Engineering, 2005, 8.

[GIN+14] GREWE, A. ET AL.: Development of a Modeling Language to Connect Features, Functions and Components. In Procedia Computer Science, 2014, 28; S. 195–203.

[Haa16] HAAG, A.: Managing variants of a personalized product. In Journal of Intelligent Information Systems, 2016.

[HDF+15] HABERFELLNER, R. ET AL. HRSG.: Systems Engineering. Grundlagen und Anwendung. Orell Füssli, Zürich, 2015.

[Kae09] KAEDING, G.: Produktlinien im Automobilbereich, 2009.

[KCH+90] KANG, K. C. ET AL.: Feature-Oriented Domain Analysis (FODA) Feasibility Study. Technical Report, Pittsburg, Pennsylvania, USA, 1990.

[KL13] KANG, K. C.; LEE, H.: Variability Modeling. In (Capilla, R.; Bosch, J.; Kang, K.-C. Hrsg.): Systems and Software Variability Management. Springer Berlin Heidelberg, Berlin, Heidelberg, 2013; S. 25–42.

[LML15-ol] LML STEERING COMMITTEE: Lifecycle Modeling Language (LML) Specification. http://www.lifecyclemodeling.org/spec/LML_Specification_1_1.pdf, 01.01.2017.

[MJ10] MAGA, C. R.; JAZDI, N.: An approach for modeling variants of industrial automation systems. In (Miclea, L. Hrsg.): IEEE International Conference on Automation, Quality and Testing Robotics (AQTR), 2010. Cluj-Napoca, Romania, 28 - 30 May 2010. IEEE, Piscataway, NJ, 2010; S. 1–6.

[Neh14] NEHUIS, F.: Methodische Unterstützung bei der Ermittlung von Anforderungen in der Produktentwicklung. Verl. Dr. Hut, München, 2014.

[Obj15-ol] OBJECT MANAGEMENT GROUP: OMG Systems Modeling Language (OMG SysML™). http://www.omg.org/spec/SysML/1.4/, 27.09.2016.

[Sch10] SCHMID, K.: Produktlinienentwicklung. In Informatik-Spektrum, 2010, 33; S. 621–625.

[Ste10] STECHERT, C.: Modellierung komplexer Anforderungen. Zugl.: Braunschweig, Techn. Univ., Diss., 2010. Univ.-Bibl, Braunschweig, 2010.

[TGL+10] TRUJILLO, S. ET AL.: Coping with Variability in Model-Based Systems Engineering: An Experience in Green Energy. In (Kühne, T. et al. Hrsg.): Modelling foundations and applications. 6th European conference, ECMFA 2010, Paris, France, June 15 - 18, 2010 ; proceedings. Springer, Berlin, 2010; S. 293–304.

[VS13] VIETOR, T.; STECHERT, C.: Produktarten zur Rationalisierung des Entwicklungs- und Konstruktionsprozesses. In (Feldhusen, J. et al. Hrsg.): Konstruktionslehre. Methoden und Anwendung erfolgreicher Produktentwicklung. Springer Vieweg, Berlin, Heidelberg, 2013; S. 817–871.

[Wah10-ol] WAHL, F. M.: Homepage Sonderforschungsbereich 562. Robotersysteme für Handhabung und Montage - Hochdynamische Parallelstrukturen mit adaptronischen Komponenten. https://www.tu-braunschweig.de/sfb562.

[Wei14] WEILKIENS, T.: Systems Engineering mit SysML/UML. Anforderungen, Analyse, Architektur. dpunkt.verl., Heidelberg, 2014.

[Wei16] WEILKIENS, T.: Variant Modeling with SysML. MBSE4U - Tim Weilkiens, Fredesdorf, 2016.

Autoren

Tobias Huth ist seit 2013 wissenschaftlicher Mitarbeiter am Institut für Konstruktionstechnik in der Arbeitsgruppe Integrierte Produktentwicklung. Er beschäftigt sich im Rahmen seiner Forschung mit modellbasierter Anforderungs- und Systemmodellierung. Schwerpunkt ist hierbei die Modellierung von Anforderungsspreizungen und resultierende Varianten.

Dr.-Ing. David Inkermann ist Akademischer Rat am Institut für Konstruktionstechnik und Leiter der Arbeitsgruppe Integrierte Produktentwicklung. Er promovierte 2016 am gleichen Institut zum Thema Anwendung adaptronischer Lösungsprinzipien für die Entwicklung adaptiver Systeme. Seine Hauptforschungsinteressen sind Systems Engineering, kooperative Produktentwicklung und adaptive Maschinenelemente.

Prof. Dr.-Ing. Thomas Vietor ist seit 2009 Professor für Konstruktionstechnik an der Technischen Universität Braunschweig und Leiter des gleichnamigen Instituts. Prof. Vietor ist Mitglied im Vorstand des Niedersächsischen Forschungszentrums Fahrzeugtechnik (NFF) und leitet hier das Forschungsfeld „Flexible Fahrzeugkonzepte". In der Open Hybrid LabFactory (OHLF), einem vom BMBF geförderten Forschungscampus zum Thema „Hybrider Leichtbau", verantwortet er das Gebiet Konstruktion und Simulation. Prof. Vietor promovierte 1994 und arbeitete nach seiner Promotion für 15 Jahre in verschiedenen Positionen in der Entwicklung bei einem Automobilunternehmen. Er ist Mitglied der wissenschaftlichen Gesellschaft für Produktentwicklung (WiGeP) und forscht auf den Gebieten computergestützte Entwicklung, Entwicklungsmethodik und Fahrzeugkonzepte.

Lebenszyklusübergreifende Modellierung von Produktinformationen in der flexiblen Montage

Lisa Heuss, Joachim Michniewicz, Prof. Dr.-Ing. Gunther Reinhart
Institut für Werkzeugmaschinen und Betriebswissenschaften, TU München
Boltzmannstraße 15, 85748 Garching
Tel. +49 (0) 89 / 28 91 54 76, Fax. +49 (0) 89 / 28 91 55 55
E-Mail: {Lisa.Heuss/Joachim.Michniewicz}@iwb.mw.tum.de

Zusammenfassung

Als Ort der Variantenbildung sind die Montage sowie deren Planung besonders stark aktuellen Trends wie der steigenden Kundenindividualisierung von Produkten, verkürzten Produktlebenszyklen und einer zunehmenden Anzahl von Produktvarianten ausgesetzt. Zur Bewältigung dieser Herausforderungen im Kontext von Industrie 4.0 soll die Montageplanung durch den Abgleich lösungsneutraler digitaler Produktanforderungen mit Anlagenfähigkeiten inklusive einer simulativen Validierung automatisiert erfolgen, ausgehend von den CAD-Daten des Produktes. Voraussetzung für eine industriell anwendbare Planung ist eine effiziente Modellierung von Produkt und Montagelinie unter Berücksichtigung vorhandener Flexibilitäten. Dieser Beitrag stellt eine graphen- und skillbasierte Modellierung des Produkts und seiner Prozessanforderungen in der Montage vor. Dieses Produktmodell findet durchgehend Anwendung in den unterschiedlichen Planungsphasen ausgehend von der Konstruktion über die Arbeitsplanung bis hin zur produktindividuellen Speicherung der Prozessdaten aus dem Betrieb.

Schlüsselworte

Montageplanung, Ablaufplanung, digitaler Zwilling, flexible Produktionssysteme

Lifecycle oriented modeling of product information in flexible assembly

Abstract

Increasing customer individualization of products, shortened product life-cycles and an increasing number of product variants have a great influence on assembly and its planning, which are considered responsible for variant formation. To meet these challenges in the context of industry 4.0, the assembly planning is to be automated by means of the simulatively validated comparison and matching of solution-neutral digital product requirements with assembly line capabilities, based on the CAD data of the product. The prerequisite for an industrially applicable planning is the efficient modeling of the product and the assembly line, taking into account all available flexibilities. This paper presents a graph- and skill-based modeling of the product and its process requirements during assembly. This product model can be applied throughout the various planning phases from the design through the assembly planning to the product-specific storage of the process data from operation.

Keywords

Assembly planning, assembly sequence planning, digital twin, flexible manufacturing systems

1 Motivation

Aktuelle Trends wie steigende Variantenvielfalt bei sinkenden Stückzahlen und verkürzten Produktlebenszyklen stellen Produktionsunternehmen vor große Herausforderungen. Die Montage gilt als Ort der Variantenbildung [AR11], [LW06]. Flexible und modulare Produktionssysteme versprechen große Potentiale zur schnellen und effizienten Anpassung an neue Produkte [DAS07]. Das aktuelle Vorgehen in der Montageplanung ist jedoch durch eine Vielzahl manueller und redundanter Operationen geprägt. Dies gilt insbesondere für die Erstellung der Montagepläne auf Basis der Konstruktionsdaten und im weiteren Verlauf für die Zuordnung von Montageprozessen zu Ressourcen sowie deren simulative Validierung [EVE02]. Zur Begegnung der aufgezeigten Problemstellung existieren Systemansätze für Planungswerkzeuge für die automatisierte Montageplanung [RGG+95], [MW01], [TSR15], [KWJ+96]. Diese bieten jedoch keine Lösung für ein lebenszyklusübergreifendes Produktmodell von der Konstruktion über die Montageplanung bis zur realen Fertigung unter Berücksichtigung der gesamten produkt- als auch anlagenseitigen Flexibilitätspotentiale in der heutigen variantenreichen Produktlandschaft.

Zur Begegnung der dargestellten neuen Herausforderungen wurde in vorhergehenden Veröffentlichungen [MRB16], [MR15], [MR16] ein System zur automatisierten Planung der Produktmontage für aus mehreren Stationen bestehenden, modularen Montageanlagen vorgestellt. Dieser Artikel fokussiert die für ein solches System benötigte durchgängige schlanke Modellierung des Produkts in Verbindung mit dem Produktionssystem. Ziel dabei ist es die gesamte verfügbare Flexibilität digital abzubilden und so die Effizienz in der Montageplanung zu steigern. Hierfür wird ein Produktmodell benötigt, das auf Basis der digitalen Konstruktionsdaten generiert wird und durchgängige Verwendung im gesamten Planungsprozess findet. Für das Produktmodell lassen sich die folgenden Anforderungen formulieren:

- Beschreibung der Produktanforderungen durch lösungsneutrale Tasks analog der Fähigkeitenbeschreibung der Betriebsmittel
- Abbildung paralleler und sequentieller Taskabfolgen in einem Graphen
- Strukturierung des Produkts mit Hilfe von Vormontagen
- Möglichkeit zur Zuordnung geeigneter Stationen bzw. Betriebsmittel zu den Tasks
- Erweiterbarkeit um Sekundärprozesse (z.B. Handhabung, Transport zwischen Stationen)
- Eignung als Input zur aufgabenorientierten Programmierung einer 3D Mehrkörpersimulation zur Validierung der erstellten Montagepläne
- Aufzeigen sämtlicher valider Planungsalternativen

Der Artikel ist wie folgt gegliedert. Kapitel 2 gibt einen Überblick über relevante bestehende graphenbasierte Produktmodelle. Kapitel 3 führt in die in diesem Artikel verwendeten Begrifflichkeiten und Notationen ein. Kapitel 4 zeigt die Systemübersicht des zugrunde liegenden Planungssystems. Kapitel 5 und 6 stellen die Modellierung des Produkts und des Produktionssystems vor. Die Integration der beiden Modelle in die automatisierte Montageplanung beschreibt Kapitel 7. Die Ergebnisse werden abschließend in Kapitel 8 validiert. Kapitel 9 gibt eine Zusammenfassung des Beitrags und einen Ausblick über zukünftig geplante Arbeiten.

2 Stand der Technik

Die Modellierung des Produkts, seiner Struktur und möglicher Montageabläufe ist seit vielen Jahren Forschungsgegenstand in unterschiedlichen Anwendungen im Bereich der Montageplanung und soll im folgenden Absatz dargestellt werden. Zur Abbildung der Beziehungen und Zusammenhänge zwischen einzelnen Bauteilen des Produkts eignet sich das von [Bou87] vorgestellte Liaison Diagramm oder eines der vielen auf dessen Grundstruktur basierenden Modelle [ZLF98], [TSR15]. Für die Abbildung von Montagesequenzen existieren ebenso vielfältige Möglichkeiten. Der Precedence Graph und der auf diesem basierende Montagevorranggraph beschreibt Montageoperationen in Abhängigkeit der zwischen ihnen bestehenden Vorrangbeziehungen [PB64], [BAD+86, S.94 ff]. Nachteilig bei diesem ist die fehlende Möglichkeit zur Abbildung aller alternativen Montageabläufe in einem Graphen [HS90]. Der Precedence Graph wird in weiteren Anwendungen aufgegriffen und erweitert, beispielsweise durch die Integration von Vormontagen und die Beschreibung der Produktmontage auf verschiedenen Hierarchieebenen [NDX03] oder zur Abbildung des Montageablaufs für alle Varianten eines Produkts in einem Graphen [ABD10]. Auch eine Kombination der Graphen ist möglich, wie es [WT16] für den Precedence Graph und den Liaison Graph vorstellt. Der gerichtete Graph valider Montagezustände [HS91] oder das Diamond Diagramm [DW87] beschreiben alle Montagesequenzen als Pfade durch einen Graphen. In diesen Darstellungsformen fehlt jedoch die Möglichkeit zur Abbildung parallelisierbarer Montageoperationen. Der AND/OR-Graph von [HS90] bildet alle Montagesequenzen inklusive möglicher Parallelitäten in einem Graph ab. Dabei repräsentieren die Kanten die Montagetätigkeiten. Eine Erweiterung dieser um vor- und nachgelagerte nicht wertschöpfende Tätigkeiten gestaltet sich als schwierig. Unter Verwendung differenzierter Modellierungselemente zeigt [BBD+14] eine andere Form des AND/OR-Graph zur Beschreibung von Demontagesequenzen. Eine weitere Möglichkeit ist die Petri Netz basierte Darstellung von Montageabläufen, wie beispielsweise der Assembly Petri Net Graph [ZLF98].

Der Fokus der vorgestellten Arbeiten liegt auf der Darstellung von Montageabläufen, welche ausschließlich aus Primärprozessen bestehen. Die bestehenden Produktmodelle müssen folglich um die Möglichkeit der Zuordnung zu Stationen in komplexen Produktionssystemen sowie um die Erweiterung um Sekundärprozesse erweitert werden.

Des Weiteren sollen aktuelle Ansätze zur Automatisierung der Montageplanung gezeigt werden. [KWJ+96], [OX13] und [XWB+12] stellen Systeme zur automatischen Generierung von Montageprozessen und -reihenfolgen aus CAD-Produktmodellen vor. Eine Nutzung der Daten zur Betriebsmittelauswahl bzw. Montageplanung für bestehende Anlagen erfolgt nicht. [TSR15] betrachten die simulativ abgesicherte, aufgabenorientierte Programmierung eines Industrieroboters basierend auf 3D-CAD-Produktdaten. Eine Aufteilung der durchzuführenden Aufgaben auf mehrere Stationen wird nicht berücksichtigt. [BEN10] und [BAC16] stellen Systeme zur skillbasierten Auswahl und aufgabenorientierten Programmierung von Betriebsmitteln vor. Dabei gibt der Nutzer manuell eine Montagereihenfolge vor. Alternative Montagepläne bzw. deren Bewertung werden nicht berücksichtigt.

Die zu Beginn dieses Artikels gestellten Anforderungen an ein Produktmodell zur durchgängigen Montageplanung auf Basis eines bestehenden Produktionssystems können wie dargestellt bisher nicht vollständig erfüllt werden. Es zeigt sich somit die Notwendigkeit eines durchgängigen Datenmodells, welches die Verknüpfung des Produktmodells mit einem modularen Produktionssystem erlaubt, um so einen ausführbaren, bewertbaren Montageplan inklusive Sekundärprozesse zu generieren. Daher wird im weiteren Verlauf dieses Artikels ein erweitertes Produktmodell zur Anwendung in der automatisierten Montageplanung entwickelt.

3 Begrifflichkeiten und Notationen

Für die Modellierung des Produkts inklusive Montageabläufe werden in Anlehnung an [CIR11] die folgenden Begrifflichkeiten und Notationen verwendet:

- Ein *Produkt* $P := \{p_1, p_2, \dots, p_N\}$ setzt sich aus der Menge seiner Bauteile p_i zusammen.
- Eine *Baugruppe* $BG \subseteq P$ bezeichnet eine Teilmenge des Produkts in Form einzelner Bauteile oder zu einer stabilen Einheit verbundener Bauteile, die als Ganzes betrachtet werden können.
- Ein *Basisteil* $BG_{Basis} \subset P$ ist eine echte Teilmenge des Produkts und folglich auch eine Baugruppe. Auf dem Basisteil werden innerhalb der Endmontage, dem letzten Montageabschnitt zur Fertigstellung des Produkts, alle Baugruppen Schritt für Schritt montiert. Jedes Produkt besitzt exakt ein Basisteil.
- Eine *Vormontage* VM_u ist eine Baugruppe die in der Endmontage als Ganzes montiert wird und aus mindestens zwei Baugruppen besteht die folglich im Vorhinein zu fügen sind. Das Basisteil kann nicht Teil der Vormontage sein. $VM_u = BG \mid |BG| \geq 2, BG_{Basis} \notin BG \text{ und } BG \text{ wird in Endmontage montiert}$
  Vormontagen werden in optional und zwingend unterteilt. Optional bedeutet, dass anstatt der Vormontage deren einzelne Baugruppen direkt in der Endmontage montiert werden können. Bei einer zwingenden Vormontage ist dies aus geometrischen oder verfahrenstechnischen Gründen nicht der Fall.

Der *Montageablauf* beschreibt die zur Montage eines Produkts nötigen wertschöpfenden Montageoperationen in Form von Primärprozessen. Innerhalb eines Montageablaufs können die Montageoperationen in unterschiedlichen *Montagereihenfolgen* angeordnet werden. Die validen Montageabläufe und -reihenfolgen werden lösungsneutral ohne Einbezug des Produktionssystems im *lösungsneutralen erweiterten Montagevorranggraph* (eMVG) dargestellt. Der eMVG wird im Verlauf der Montageplanung zum *produktionssystemspezifischen Montageplan* erweitert. Dieser beschreibt die vollständige Produktmontage mitsamt der nicht wertschöpfenden Sekundärprozesse unter Einbezug zugewiesener valider Betriebsmittel sowie deren detaillierten Bewegungen während der Durchführung der Prozesse. Bild 1 zeigt für ein beispielhaftes Produkt zwei mögliche alternative Montageabläufe.

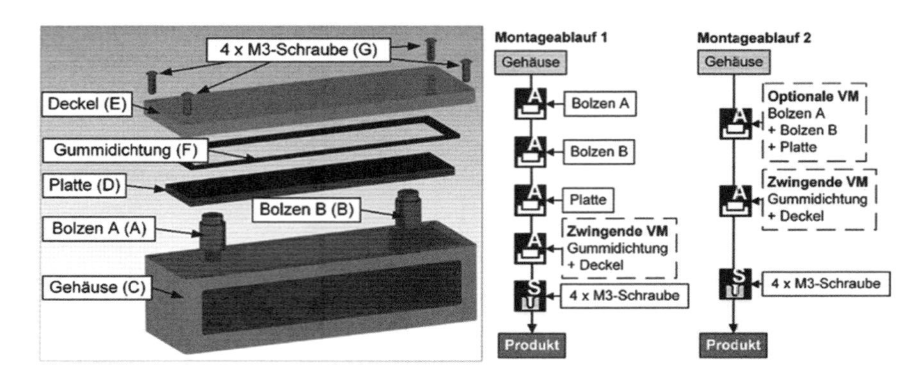

Bild 1: Beispielhaftes Produkt mit zwei alternativen Montageabläufen

Basisteil des dargestellten Beispielprodukts ist das Gehäuse. In dieses werden einzeln die beiden Bauteile Bolzen A und B in beliebiger Reihenfolge und aufsitzend auf diesen die Platte gefügt (Montageablauf 1). Der entstandene Bauteilverbund bildet eine beispielhafte Baugruppe. Alternativ kann auch in einem Montageschritt die optionale Vormontage „Bolzen A – Bolzen B – Platte" als Ganzes montiert werden (Montageablauf 2). Deckel und Gummidichtung bilden eine zwingende Vormontage und werden anschließend auf das Gehäuse montiert und mit diesem verschraubt.

4 Systemübersicht

Die in diesem Artikel vorgestellte lebenszyklusübergreifende Modellierung des Produkts baut auf dem von Michniewicz [MRB16] entwickelten, in Bild 2 dargestellten Vorgehen zur automatisierten Montageplanung auf.

Ausgangsbasis für die automatisierte Montageplanung sind das CAD-Modell des Produkts (a) und das Simulationsmodell (d) inklusive Ressourcenbibliothek (e) eines bestehenden Produktionssystems. Aus den CAD-Daten des Produkts werden automatisiert die Produktanforderungen abgeleitet (b). Die validen Montageabläufe und -reihenfolgen werden als Abfolge lösungsneutraler Tasks im erweiterten Montagevorranggraphen (eMVG) abgebildet (c). Parallel wird automatisiert auf Basis der Fabriksimulation ein virtuelles Modell des Produktionssystems generiert (f). Dieses besteht aus dem *Production und Station Graph* und beschreibt seine Fähigkeiten analog zu den Anforderungen des Produkts (g). Anschließend werden mit Hilfe des Anforderungen-Fähigkeiten-Abgleichs (h) innerhalb des eMVGs die Zuweisungsmöglichkeiten für die einzelnen Tasks zu geeigneten Produktionsressourcen bestimmt. Dies erfolgt mit Hilfe eines qualitativen und quantitativen Abgleichs der Produktanforderungen mit den angebotenen Fähigkeiten der Produktionsressourcen und einer Validierung der Betriebsmittelzuordnung innerhalb einer lokalen Simulation. In einem nächsten Schritt werden die benötigten Sekundärprozesse bestimmt und der lösungsneutrale eMVG wird zum produktionssystemspezifischen eMVG erweitert. Der produktionssystemspezifische eMVG enthält alle validen alternativen Montagepläne für das Produkt auf dem vorgegebenen Produktionssystem. Diese werden in einer abschließenden globalen Simulation validiert und hinsichtlich unterschiedlicher Kriterien wie Taktzeit und Prozessdauer bewertet. Zusätzlich werden nicht durchführbare Tasks mitsamt

Fehlerursache gekennzeichnet. Die erstellten, simulativ validierten und bewerteten alternativen produktionssystemspezifischen Montagepläne (i) stehen dem Anwender als Ergebnis des Anordnungen Fähigkeiten Abgleichs zur Verfügung.

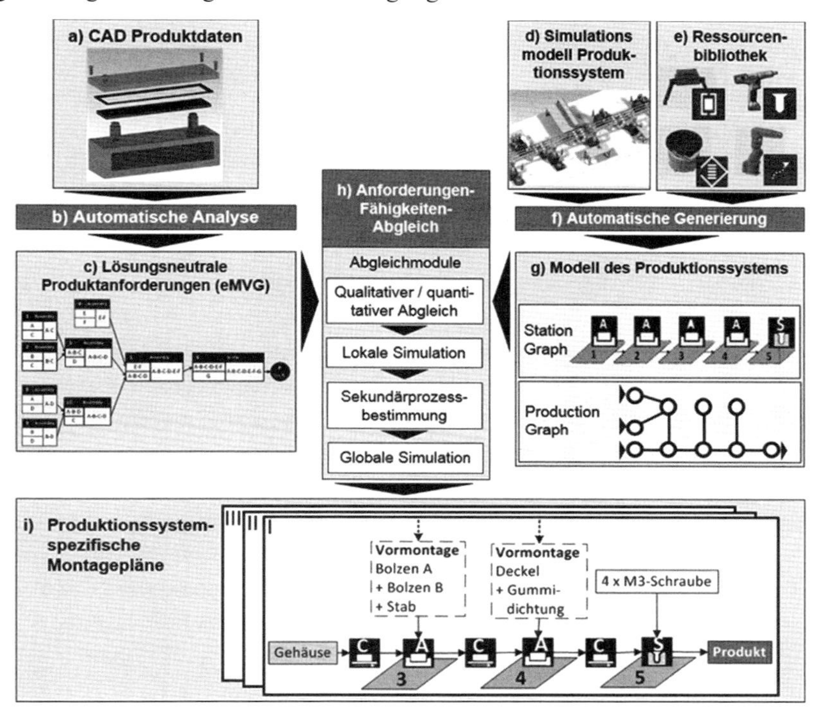

Bild 2: Systemübersicht des Planungssystems zur automatisierten Montageplanung

5 Modellierung des Produkts und der Montageabläufe

5.1 Funktionsprimitiva und Tasks

Die kleinste Elementarfunktion zur Beschreibung von Montageprozessen sind die Funktionsprimitiva, wie beispielhaft „*Greifen*" oder „*Bewegen*". Sie stellen vordefinierte Funktionsabläufe dar, die für eine spezifische Aufgabe parametrisiert werden. Wiederkehrende Sequenzen von Funktionsprimitiva werden zur Beschreibung abgrenzbarer Montageoperationen zu lösungsneutralen Tasks t zusammengefasst. Beispielhafte Tasks sind die „*Montage von zwei Baugruppen*" oder das „*Handhaben einer Baugruppe*". Für einen Primärprozess liegen im Ausgangszustand zwei Baugruppen BG getrennt vor, bezeichnet als Start-Baugruppen SBG_1 und SBG_2. Diese werden durch den Task zur Erreichung des Zielzustands zu einer Baugruppe verbunden, der Ergebnis-Baugruppe $EBG = SBG_1 \cup SBG_2$. Ein Sekundärprozess beschreibt beispielsweise die Positionsänderung einer Baugruppe vom Ausgangs- zum Zielzustand, wobei die Baugruppenzusammensetzung unverändert bleibt $SBG = EBG$ [MRB16].

5.2 Lösungsneutraler Erweiterter Montagevorranggraph (eMVG)

Der *lösungsneutrale erweiterte Montagevorranggraph* $eMVG := (V^{eMVG}, E^{eMVG})$ ist ein gerichteter Graph zur Beschreibung der alternativen sequentiellen und parallelen Montageabläufe und möglicher Montagereihenfolgen zur Erreichung des Zielzustands in Form des vollständig montierten Produkts. Bild 3 zeigt den eMVG des Beispielproduktes aus Bild 1.

V^{eMVG} ist die Menge der Knoten des eMVG unterteilt in den *Produkt-eMVG-Knoten* $v_{Produkt} := (P)$ und die *Task-eMVG-Knoten* $v_{i,Task} := (SBG_{i,1}, SBG_{i,2}, EBG_i, t)$.. Jeder Knoten hat dabei zwei Eingänge $SBG_{i,1}$ und $SBG_{i,2}$ sowie einen Ausgang EBG_i. In Bild 3 ist der Produkt-eMVG-Knoten kreisförmig und die Task-eMVG-Knoten rechteckig dargestellt.

E^{eMVG} ist die Menge der *eMVG-Kanten* $e := (EBG_i, SBG_{j,k}) \vee (EBG_i, P)$ mit $v_i \neq v_j$. Eine eMVG-Kante verbindet den Ausgang eines Knoten mit einem bestimmten Eingang eines nachfolgenden Knotens. eMVG-Knoten können mehrere Eingangs- und Ausgangskanten besitzen. Die eMVG Kanten bilden die Vorrangbeziehungen zwischen den Tasks ab. Ein Task wird stets zu seinem frühestmöglichen Startzeitpunkt dargestellt. Eine EBG, die durch eine Kante mit einer SBG verbunden ist, ist somit Teilmenge dieser. Damit der zur Start-Baugruppe zugehörige Montagetask durchgeführt werden kann, müssen sämtliche Vorgänger-Tasks abgeschlossen sein, die zur Erreichung des geforderten Montagezustandes der besagten Start-Baugruppe nötig sind. Die Reihenfolge der Vorgänger-Tasks ist beliebig. Beispielsweise ist die Montage der beiden Bolzen A und B in das Gehäuse (v_1 und v_2) Voraussetzung für das Aufsetzten der Platte auf die beiden Bolzen A und B (v_3).

Jede Kante besitzt zwei Attribute, das *sequentielle Kantengewicht* $w_{seq} \in \{0,1\}$ und das *alternative Kantengewicht* $a_{nr} \in \mathbb{N}$. Das sequentielle Kantengewicht kennzeichnet, dass für zwei durch eine Kante verbundenen Tasks der Endzeitpunkt des Vorgängertasks gleich dem Startzeitpunkt des Nachfolgertasks ist $w_{seq} = 1$, andernfalls gilt $w_{seq} = 0$. Beispielsweise muss nach Aufsetzen des Deckels auf das Gehäuse (v_5), dieser direkt im Anschluss mit diesem verschraubt werden (v_6). Existieren für eine Start-Baugruppe bzw. das Produkt alternative Montageabläufe, wird dies über die in sie eingehenden Kanten mittels des alternativen Kantengewichts a_{nr} gekennzeichnet. Beginnend von eins werden die Kanten mittels des alternativen Kantengewichts entsprechend ihrer Zugehörigkeit zu alternativen Montageabläufen durchnummeriert. Dies ist in Bild 3 für die Baugruppe „Bolzen A – Bolzen B – Gehäuse - Platte" des eMVG Knoten v_5 der Fall. Diese entsteht entweder durch den Montageablauf beschrieben durch die eMVG-Knoten v_1, v_2 und v_3 oder v_8, v_9 und v_{10}. Entsprechend sind die ausgehend von eMVG-Knoten v_3 und v_{10} in eMVG-Knoten v_5 eingehenden Kanten durch das alternative Kantengewicht von 1-2 durchnummeriert.

Das Produktmodell wird mithilfe verschiedener Teilgraphen strukturiert:

Der *Montageablauf-Teilgraph* $MATG_{i,k} \subseteq eMVG$ dient zur Beschreibung der alternativen Montageabläufe einer Baugruppe. Für eine Startbaugruppe $SBG_{i,k}$ mit alternativen Montageabläufen enthält dieser alle den alternativen Montageabläufen zugehörigen eMVG Knoten sowie die sie verbindenden Kanten. Innerhalb jedes $MATG_{i,k}$ werden die unterschiedlichen Montagereihenfolgen für die einzelnen alternativen Montageabläufe in je einem *Montagereihenfol-*

gen-Teilgraph $MRTG_{i,k,s} \subset MATG_{i,k}$ zusammengefasst. Diese werden auf Basis der identischen alternativen Kantengewichte a_{nr} der in die Start-Baugruppe $SBG_{i,k}$ eingehenden Kanten aufgebaut und entsprechend mit $s = a_{nr}$ durchnummeriert.

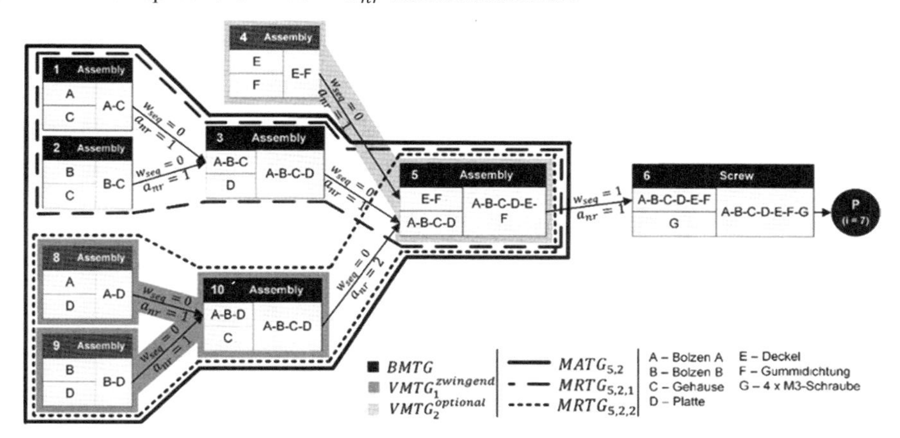

Bild 3: Erweiterter Montagevorranggraph des Beispielprodukts aus Bild 1

Der *Endmontage-Teilgraph* $EMTG \subseteq eMVG$ enthält für alle alternativen Montageabläufe alle eMVG-Knoten, die beginnend mit dem Basisteil BG_{Basis} die Produkt Endmontage beschreiben. Für jede Vormontage VM_u werden die ihre Montage beschreibenden eMVG Knoten in jeweils einem *Vormontage-Teilgraph* $VMTG_u \subset eMVG$ zusammengefasst. Der eMVG-Knoten, der die letztendliche Montage der vollständigen Vormontage-Baugruppe in die Basisbaugruppe innerhalb des $EMTG$ beschreibt, wird auch dem $VMTG_u$ zugeordnet.

6 Modellierung des Produktionssystems

Das gesamte Produktionssystem wird lösungsneutral analog zur Fähigkeitenbeschreibung des Produkts mithilfe der Funktionsprimitiva im Production Graph (PG) und den Tasks abstrahiert im Station Graph (SG) modelliert. Ein exemplarischer PG und SG ist in Bild 4 zu sehen.

Innerhalb des Production Graph $PG = (V^{PG}, E^{PG})$ repräsentiert ein PG-Knoten $v_i^{PG} \in V^{PG}$ eine Produktionsressource, die einen Arbeitsschritt an einer Baugruppe ausführen kann. Produktionsressourcen bestehen aus einzelnen oder kombinierten Betriebsmitteln und beschreiben ihre Fähigkeiten mittels der vorgestellten Funktionsprimitiva. Mögliche Materialflüsse zwischen den PG-Knoten werden durch die gerichteten PG-Kanten $e^{PG} \in E^{PG}$ dargestellt [MR15].

Der Station Graph $SG = (V^{SG}, E^{SG})$ beschreibt das Produktionssystem eine Abstraktionsebene höher durch Tasks. In Anlehnung an [CIRP11] fasst eine Station die minimale Anzahl zusammenhängender PG Knoten zusammen, die in ihrer Summe mindestens einen Task ausführen können. Jeder PG Knoten ist exakt einer Station zugewiesen, angrenzende Bereitstellungsknoten werden ebenfalls der Station zugeordnet. Der Station Graph

$SG = (V^{SG}, E^{SG})$ repräsentiert somit durch seine Knoten $v_i^{SG} \in V^{SG}$ die Stationen. Der Materialfluss zwischen den Stationen wird analog zum Production Graph durch die Kanten $e^{SG} \in E^{SG}$ abgebildet.

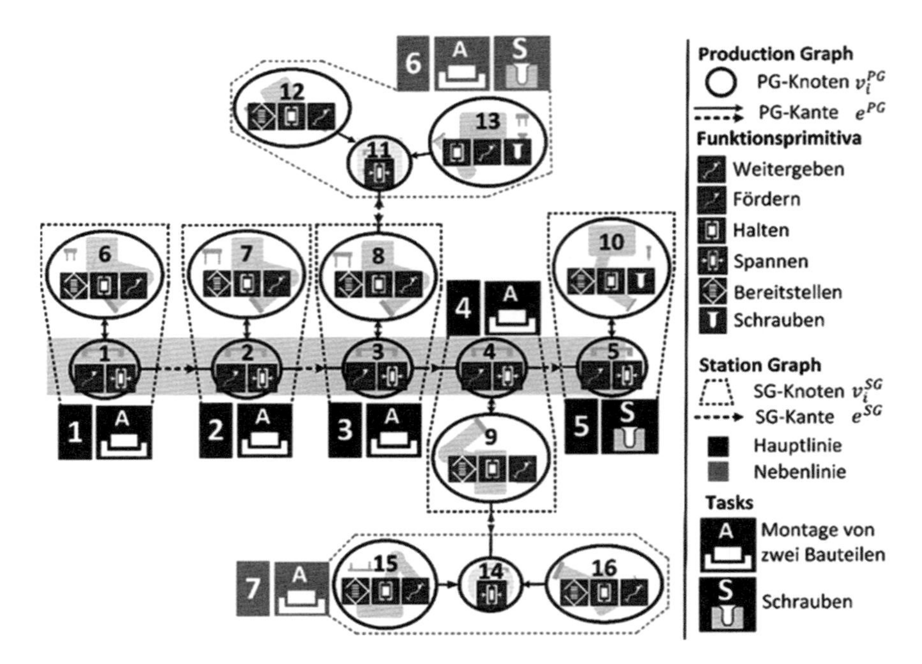

Bild 4: Production Graph und Station Graph eines Produktionssystems

7 Automatisierte Montageplanung

Dieser Abschnitt beschreibt die automatisierte Montageplanung in Form des Anforderungen Fähigkeiten Abgleiches (Schritt h der Systemübersicht in Bild 2) auf Basis der in Abschnitt 5 und 6 vorgestellten Modellierung von Produkt und Produktionssystem. Die von MICHNIEWICZ in [MR15], [MRB16] eingeführte und detailliert beschriebene Planungsmethodik, die qualitative und quantitative Prüfungen zur Zuordnung von Tasks zu Produktionsressourcen und deren lokale und globale simulative Validierung beinhaltet, wird beibehalten. Das Basisteil und die PG Knoten zur Bauteilbereitstellung sowie zur Entnahme des fertigen Produktes aus der Anlage werden manuell vorgegeben. Anschließend werden automatisiert die produktionssystemspezifischen Montagepläne im Rahmen des Anforderungen Fähigkeiten-Abgleichs generiert. Der zugrundeliegende Planungsablauf ist in Bild 5 dargestellt.

Im ersten Schritt der Montageplanung erfolgt die Strukturierung des Station Graph in den Hauptlinien-Teilgraph und die Nebenlinien-Teilgraphen. Dem *Hauptlinien-Teilgraph* $HLTG \subseteq SG$ werden die Stationen und eine Ebene tiefer die PG-Knoten bzw. Ressourcen zugeordnet, auf denen die Endmontage stattfinden wird. Dies erfolgt durch eine Analyse der SG-Knoten. Es wird ein Weg durch den SG gesucht, der den Bereitstellungs-SG-Knoten der Basisbaugruppe mit dem Ausgangs-SG-Knoten des Gesamtprodukts verbindet. Alle SG-Knoten auf diesem Weg müssen über Betriebsmittel verfügen, die zum Halten der Basisbaugruppe in der Lage sind. Auf den verbleibenden in sich zusammenhängenden *Nebenlinien-Teilgraphen* $NLTG_i \subseteq SG$ werden die Vormontage Baugruppen montiert. Auf Basis der zur Montage benötigten und innerhalb der Linien bereitgestellten Bauteile werden automatisch alle Kombinationsmöglichkeiten zwischen VMTGs und NLTGs generiert (a). Der EMTG ist eindeutig dem HLTG zugeordnet. Im Weiteren werden EMTG und HLTG sowie die möglichen Paare von VMTGs und NLTGs getrennt durchgeplant. Bild 5 zeigt das weitere Vorgehen exemplarisch für die Endmontage auf der Hauptlinie. Die qualitative Prüfung (b) bestimmt zuerst für die durch eMVG-Knoten repräsentierten Tasks alle möglichen Montagestationen im Station Graph. Im Weiteren (c) werden auf Basis der Funktionsprimitiva den einzelnen Baugruppen PG-Knoten inkl. Betriebsmittelkonfiguration zugewiesen und deren quantitative parametrische Eigenschaften abgeglichen. Beispielsweise muss die Traglast einer Betriebsmittelkombination aus Roboter und Greifer größer sein als die Gewichtskraft der zu montierenden Baugruppe. Der eMVG wird unter Einbezug der im Produktionssystem möglichen Materialflüsse um die validen Zuordnungen von Tasks zu Betriebsmitteln zum lösungsspezifischen Primärprozess-eMVG erweitert (d). Alle Tasks werden innerhalb der Stationen lokal simuliert. Hierzu wird das CAD-Modell des Produktes im entsprechenden Montagezustand um die CAD-Modelle der das Produkt direkt berührenden Betriebsmittel erweitert. Durch Kollisionsprüfung entlang der Montagepfade werden ungeeignete Zuweisungen von Tasks zu Betriebsmitteln ausgeschlossen (e). Die Planung der Primärprozesse ist damit beendet. Analog zu [MR15] werden im nächsten Schritt die benötigten Sekundärprozesse bestimmt, überprüft und in den eMVG als eigenständige Knoten integriert (f). Nach Abschluss der Teilplanungen wird unter Einbeziehen aller Alternativen der produktionssystemspezifische Montageplan für das Gesamtsystem erstellt (g). Abschließend wird dieser in einer globalen Mehrkörpersimulation unter Berücksichtigung der Kinematik der Betriebsmittel und der Umgebung abgesichert (h). Für die finale Montage des Produkts kann zwischen den verschiedenen alternativen und validen Montageabläufen und -reihenfolgen, durch Teilgraphen im eMVG repräsentiert, anhand von Kriterien wie z.B. Taktzeiten und Prozesssicherheiten ausgewählt werden.

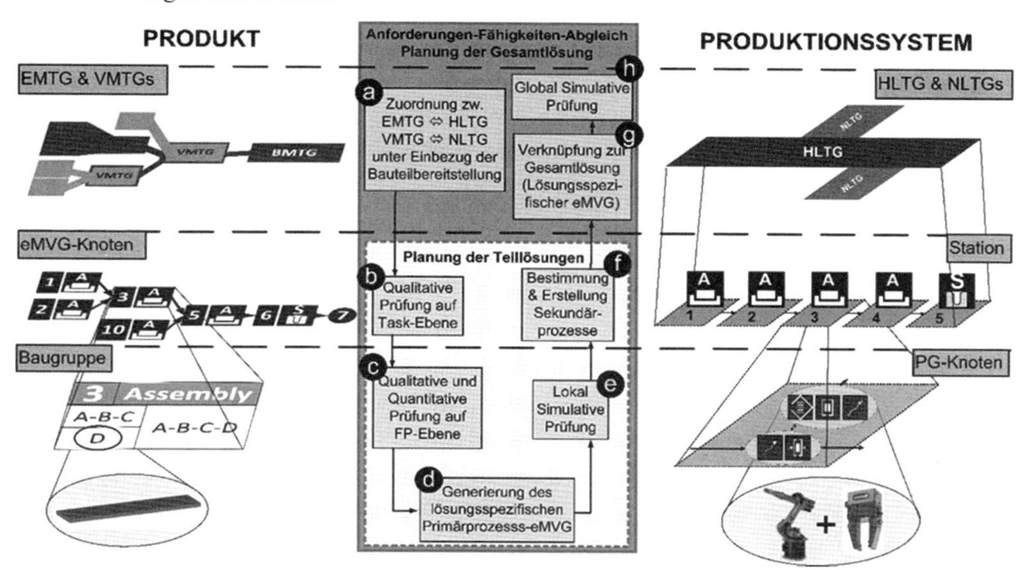

Bild 5: Planungsablauf innerhalb des Anforderungen-Fähigkeiten-Abgleichs

8 Vergleich zur bisherigen Modellierung hinsichtlich Planungseffizienz

Dieser Abschnitt zieht einen Vergleich zwischen dem bisherigen im bestehenden Planungssystem von [MRB16] umgesetzten und dem im vorliegenden Artikel vorgestellten Ansatz zur Produktmodellierung. Betrachtet wird ein Produkt bestehend aus N Bauteilen für dessen Montage folglich $N-1$ Tasks benötigt werden. Kombinatorisch existieren folglich $(N-1)!$ unterschiedliche Möglichkeiten zur Anordnung dieser. Im lösungsneutralen eMVG der bisherigen Modellierung wird jede Montagealternative in einer separaten sequentiellen Taskabfolge gespeichert. Dahingegen bildet der neue lösungsneutrale eMVG alle Montagereihenfolgen in einem Graphen ab. Die Anzahl benötigter eMVG-Knoten $|V^{eMVG}|$ zur Abbildung von MR Montagereihenfolgen ist damit:

bisher: $|V^{eMVG}| = MR * (N-1) \quad mit\ MR < (N-1)!$

neu: $|V^{eMVG}| = N-1$

Für eine mögliche Montagereihenfolge eines Montageablaufs ergeben sich in der Montageplanung innerhalb des lösungsspezifischen eMVGs alternative Stationszuordnungen SZ zu den Tasks. Für jede veränderte Kombinationsmöglichkeit zwischen Stationen und Tasks wird in der alten Modellierung eine neue Sequenz erzeugt. Der neue eMVG wird lediglich um die Anzahl an Knoten S_i erweitert, die direkt von der Änderung betroffen sind:

bisher: $|V^{eMVG}| = SZ * (N-1)$

neu: $|V^{eMVG}| = (N-1) + \sum_{i=1}^{SZ} S_i \quad mit\ S_i \leq N-1$

Alternative Montagereihenfolgen und Stationszuweisungen sind die primären Faktoren, die die Anzahl der Tasks zur Abbildung der Produktmontage beeinflussen. Da jeder Task einmal lokal und global simulativ validiert wird, führt eine Reduktion der Taskmenge zu einer signifikanten Effizienzsteigerung. Für den im Rahmen dieser Arbeit betrachteten Planungsfall konnte die Anzahl an Simulationsaufrufen um 47% gesenkt werden.

9 Resümee und Ausblick

Der erweiterte Montagevorranggraph erfüllt die an ein durchgängiges Produktmodell für die automatisiert Montageplanung zu stellenden Anforderungen: die Abbildung sequentieller und paralleler Montageabläufe durch lösungsneutrale Primär- und Sekundär-Tasks, die Beschreibung von Vormontagen, die Zuweisung von geeigneten Produktionsressourcen und die Eignung als Input für eine abschließende simulative Validierung aller Abläufe. Alternative Montageabläufe werden ab ihrem Entstehungspunkt in Montageablauf- und Montagereihenfolgen Teilgraphen gegliedert. Dies bringt den Vorteil der einfachen Auswahl und Verknüpfung der Alternativen im Planungsprozess. Durch die Vermeidung von Redundanzen in Bezug auf Montagereihenfolgen und Zuordnungen von Montageprozessen zu Stationen werden die simulativen Prüfungen reduziert und dadurch die Planungseffizienz gesteigert. Weiter müssen durch die Gliederung in End- und Vormontagen bei der Montageplanung verschiedener Produktvarianten nur die variantenspezifisch geänderten Teilgraphen betrachtet werden.

Die effiziente Verknüpfung der Informationen auf Prozess- sowie auf Planungsebene in einem Modell bildet eine Datengrundlage, die zusätzlich um reale Prozessdaten aus der Produktion erweitert werden und so jedes individuelle Produkt in unterschiedlichen Lebenszyklusphasen begleiten kann. Das Datenmodell erlaubt so einen Abgleich zwischen simulativ bestimmen und realen Prozessparametern und bildet durch die Abbildung der komplexen Zusammenhänge in der Konstruktion, Planung und Montage die Grundlage für eine aussagekräftige Datenanalyse.

Zukünftig soll das vorgestellte System um zusätzliche Produktanalyse-Methoden, Simulationsmodule, Betriebsmittel und Stationen für bisher nicht abgebildete Montageprozesse wie Kleben und Schweißen erweitert werden. Zudem soll das Abbild des Produktionssystems basierend auf realen Anlagendaten erstellt und aktualisiert werden, um eine automatische betriebsparallele Arbeitsablaufplanung zu ermöglichen.

Literatur

[ABD10] ALTEMEIER, S.; BRODKORB, D.; DANGELMAIER, W.: A Top-Down Approach for an Automatic Precedence Graph Construction under the Influence of High Product Variety. In: Vallespir, A.; Alix, T. (Hrsg.): Advances in Production Management Systems. Springer, Berlin, 2010, S. 73-80. ISBN: 978-3-642-16357-9

[AR11] ABELE, E.; REINHART, G.: Zukunft der Produktion. Carl Hanser, München, 2011. ISBN 3446425950

[bac16] BACKHAUS, J.: Adaptierbares aufgabenorientiertes Programmier-System für Montagesysteme. Herbert Utz, 2016, ISBN 978-3-8316-4570-1

[BAD+86] BULLINGER, H.-J.; AMMER, D.; DUNGS, K.; SEIDEL, U. A.: Systematische Montageplanung: Handbuch für die Praxis. Hanser, 1986. ISBN 978-3-446-14606-8

[BBD+14] BENATHA, M. L.; BATTAIA, O.; DOLGUI, A.; HU, S. J.: Dealing with Uncertainty in Disassembly Line Design. CIRP Annals – Manufacturing Technology, 63/1, 2014, S. 21 24

[BEN10] BENGEL, M.: Workpiece-oriented approach to reconfiguration in manufacturing engineering. Jost Jetter Verlag, 2010, ISBN 3-939890-60-X

[Bou87] BOURJAULT, A.: Methodology of Assembly Automation: A New Approach. In: Radharamanan, R. (Hrsg.): Robotics and Factories of the Future 87. Proceedings of the Second International Conference, 28-31. July 1987, San Diego, Springer, Berlin, 1987, S. 37-45

[CIR11] CIRP: Dictionary of Production Engineering. Springer, Berlin, 2011. ISBN: 978-3-642-12007-7

[DAS07] DASHCHENKO, A. I.: Reconfigurable Manufacturing Systems and Transformable Factories. Springer, Dordrecht, 2007. ISBN 978-3-540-29397-2

[DW87] DE FAZIO, T. L.; WHITNEY, D. E.: Simplified Generation of All Mechanical Assembly Sequences. Journal of Robotics and Automation RA-3, 6, 1987, S. 640-658

[EVE02] EVERSHEIM, W.: Organisation in der Produktionstechnik 3: Arbeitsvorbereitung. Springer, Berlin, 2002. ISBN 978-3-642-56336-2

[HS90] HOMEN DE MELLO, L. S.; SANDERSON, A. C.: AND/OR Graph Representation of Assembly Plans. IEEE Transactions on Robotics And Automation, 6/2, 1990, S. 188-199

[HS91] HOMEN DE MELLO, L. S.; SANDERSON, A. C.: Representations for Assembly Sequences. Chapter 6. In: Homen de Mello, L. S.; Lee, S.: Computer Aided Mechanical Assembly Planning. Kluwer Academic, Norwell, 1991, S. 129-161

[KWJ+96] KAUFMANN, S. G.; WILSON, R. H.; JONES, R. E.; CALTON, T. L.; AMES, A. L.: The Archimedes 2 Mechanical Assembly Planning System. In: IEEE International Conference on Robotics and Automation. Minneapolis, 1996, S. 3361-3368

[LW06] LOTTER, B.; WIENDAHL, H.-P.: Montage in der industriellen Produktion: Ein Handbuch für die Praxis. Springer, Berlin, 2006. ISBN 978-3-540-36669-0

[MR15] MICHNIEWICZ, J.; REINHART, G.: Cyber-Physische Systeme in der Robotik – Automatische Planung und Durchführung von Montageprozessen durch Kommunikation zwischen Produkt und Produktionssystem. In: Intelligente Vernetzung in der Fabrik. Frauenhofer, 2015, S. 229-262. ISBN: 978-3-8396-0930-9

[MR16] MICHNIEWICZ, J.; REINHART, G.: Cyber-Physical-Robotics – Modelling of Modular Robot Cells for Automated Planning and Execution of Assembly Tasks. Mechatronics, Ausgabe 34, 2016, S. 170-180.

[MRB16] MICHNIEWICZ, J.; REINHART, G.; BOSCHERT, S.: CAD-Based Automated Assembly Planning for Variable Products in Modular Production Systems. Procedia CIRP, 44, 2016, S. 44-49

[MW01] MOSEMANN, H.; WAHL, F. M.: Automatic Decomposition of Planned Assembly Sequences Into Skill Primitives. In: IEEE Transactions on Robotics and Automation, 17/5, 2001, S. 709-718

[OX13] OU, L.-M.; XU, X.: Relationship matrix based automatic assembly sequence generation from a CAD model. In: Computer Aided Design 45, 2013, S. 1053–1067.

[PB64] PRENTING, T.; BATTLAGLN, R.: The Precedence Diagram: A Tool for Analysis in Assembly Line Balancing. Journal of Industrial Engineering, 15/4, 1964, S. 208-213

[RGG+95] ROMNEY, B.; GODARD, C.; GOLDWASSER, M.; RAMKUMAR, G.: An Efficient System For Geometric Assembly Sequence Generation And Evaluation. In: ASME International Computers in Engineering Conference, 1995, S. 699-712

[TSR15] THOMAS, U.; STOURAITIS, T.; ROA, M.: Flexible Assembly through Integrated Assembly Sequence Planning and Grasp Planning. In: IEEE International Conference on Automation Science and Engineering. Göteborg, 2015, S. 586-592

[WT16] WANG, Y.; TIAN, D.: A Weighted Precedence Graph for Assembly Sequence Planning. The International Journal of Advanced Manufacturing Technology, Ausgabe 83/1-4, 2016, S. 99-115

[XWB+12] XU, D. X.; WANG, C.; BI, Z.; YU, J.: Auto Assem: An automated assembly planning system fpr complex products. IN: IEEE Transactions on industrial informatics, Vol. 8, No. 3, AUGUST 2012, S. 669-678

[ZLF98] ZHA, X. F.; LIM, S. Y. E.; FOK, S. C.: Integrated Knowledge-Based Assembly Sequence Planning. International Journal of Advanced Manufacturing Technology, Ausgabe 14/1, 1998, S. 50-64

Autoren

Lisa Heuss ist Studentin des Masterstudiengangs Maschinenwesen an der Technischen Universität München und Trainee am *iwb* der Technischen Universität München (TUM).

Joachim Michniewicz ist seit 2012 wissenschaftlicher Mitarbeiter am *iwb* im Bereich Montagetechnik, Montageplanung und Cyber-Physische Systeme.

Prof. Dr.-Ing. Gunther Reinhart ist Inhaber des Lehrstuhls für Betriebswissenschaften und Montagetechnik am Institut für Werkzeugmaschinen und Betriebswissenschaften (*iwb*) der Technischen Universität München (TUM).

Akzeptierte Assistenzsysteme in der Arbeitswelt 4.0 durch systematisches Human-Centered Software Engineering

Holger Fischer, Björn Senft, Dr. Katharina Stahl
Universität Paderborn, SICP
Zukunftsmeile 1, 33102 Paderborn
Tel. +49 (0) 52 51 / 54 65 209, Fax. +49 (0) 52 51 / 54 65 282
E-Mail: {H.Fischer/B.Senft/K.Stahl}@sicp.upb.de

Zusammenfassung

Software ist heutzutage ein Innovationstreiber und sorgt auch in Kontexten wie bspw. der industriellen Fertigung für einen umfangreichen Wandel, der als vierte industrielle Revolution unter dem Begriffskonstrukt „Industrie 4.0" angesehen wird. Diese Entwicklung resultiert aus der digitalen Transformation ökonomischer, ergonomischer und technischer Arbeitsabläufe. Die zunehmenden direkten und indirekten Wechselwirkungen der Digitalisierung mit sämtlichen Prozessen der Arbeitsgestaltung, der Arbeitsorganisation, den Arbeitsbedingungen sowie der Aus- und Weiterbildung wird unter dem Begriffskonstrukt „Arbeit 4.0" diskutiert. Es entstehen für die Beschäftigten neue Arbeitstätigkeiten, bestehende Arbeitsabläufe und Verantwortlichkeiten verändern sich und es entstehen neue Herausforderungen mit zusätzlichen Informationen über Systeme, Prozesse oder Produkte umzugehen.

Softwarebasierte Assistenzsysteme unter Einbeziehung mobiler Endgeräte, Datenbrillen, Augmented Reality oder neuartigen Interaktionstechniken mittels Berührung, Gesten und Spracheingaben stellen eine Möglichkeit dar, den digitalen Wandel auch auf Seiten der Beschäftigten positiv zu erleben, mitzugehen und ggf. den Arbeitsplatz auf Grund körperlicher oder kognitiver Einschränkungen zu sichern. Jedoch weisen aktuelle Studien auf, dass eine Vielzahl an Softwarelösungen im Hinblick auf mangelnde Gebrauchstauglichkeit sowie fehlender oder überflüssiger Funktionalität nicht auf Seiten der Beschäftigten oder der Betriebsräte akzeptiert werden. Heutige Softwareentwicklungsmethoden scheinen demnach die eigentlichen Benutzer der Softwarelösungen unzureichend zu betrachten und müssen auf die neuen Herausforderungen ausgerichtet werden.

Im diesem Beitrag wird daher der iterative Ansatz des „Employee-Centered Design & Development" diskutiert, welcher auf eine aktive Partizipation sämtlicher Stakeholder in der Softwareentwicklung innerhalb kleiner und mittelständischer Unternehmen abzielt und die Disruption sowohl für die Organisation als auch die Beschäftigten positiv gestaltet.

Schlüsselworte

Arbeit 4.0, Digitale Assistenzsysteme, Human-Centered Software Engineering, Akzeptanz, Usability

Accepted Assistance Systems in the Workplace 4.0 Using Systematic Human-Centered Software Engineering

Abstract

Nowadays, software is an innovation driver and leads to a major change in contexts such as industrial manufacturing, known as the fourth industrial revolution or "Industry 4.0". This development results from the digital transformation of economic as well as human workflows. The increasing direct and indirect interactions of digitization with all processes of work design, work organization, working conditions as well as education and training are discussed under the term "Work 4.0". New tasks for the employees occur, existing workflows and responsibilities are changing and new challenges arise with the amount of additional information about systems, processes or products.

Software-based assistance systems, involving mobile devices, smart glasses, augmented reality or novel interaction techniques by means of touch, gestures and voice input, are a possibility to experience the digital change as an employee in a positive way. In addition, it is a chance to safe workplaces due to physical or cognitive restrictions, e.g. coming by age. However, current studies show that many software solutions are not accepted by the employees or the works councils regarding a lack of usability as well as missing or superfluous functionality. Today's software development methods seem to be insufficient and must be aligned to the new challenges, because they don't focus on the actual users of the software solutions.

In this paper, the iterative approach called "Employee-Centered Design & Development" is discussed. The approach aims at an active participation of all stakeholders in the software development within small and medium-sized enterprises and makes the disruption positive for both the organization and the employees.

Keywords

Work 4.0, Digital Assistance Systems, Human-Centered Software Engineering, Acceptance, Usability

1 Motivation

Software ist heutzutage der Innovationstreiber Nummer Eins und demnach verzeichnen wir einen Aufschwung von Informations- und Assistenzsystemen und deren Anwendungen u.a. im Kontext der industriellen Fertigung [Bis15]. Diese Entwicklung resultiert aus der digitalen Transformation ökonomischer, ergonomischen und technischer Arbeitsabläufe. Die zunehmenden direkten und indirekten Wechselwirkungen der Digitalisierung mit sämtlichen Prozessen der Arbeitsgestaltung, der Arbeitsorganisation, den Arbeitsbedingungen sowie der Aus- und Weiterbildung wird unter dem Begriffskonstrukt „Arbeit 4.0" diskutiert (vgl. [BMAS16]). Durch die Digitalisierung und Vernetzung von Systemen in der Industrie wachsen beispielsweise die Datenströme, die über den gesamten Lebenszyklus der Produkte entstehen und aus denen eine Vielzahl von neuen Erkenntnissen resultieren (*Big Data, Maschinelles Lernen*). Des Weiteren wird die technische Mobilitätsgrenze aufgehoben, so dass ein Zugriff auf Informationen überall und von jedem Gerät im Unternehmen und außerhalb möglich ist. Zudem ändern sich gleichzeitig die Verhaltensweisen, Einstellungen und Ziele der Beschäftigten, da bis zum Jahr 2025 die sogenannten Digital Natives prognostiziert 75% des Arbeitsmarktes ausmachen und neue Anforderungen an die Flexibilität von Arbeit und Leben stellen [Mor14]. Es entstehen für die Beschäftigten somit neue Arbeitstätigkeiten, bestehende Arbeitsabläufe und Verantwortlichkeiten verändern sich und Herausforderungen, mit zusätzlichen Informationen über Systeme, Prozesse oder Produkte umzugehen, entstehen. Dementsprechend müssen von der Digitalisierung betroffene Menschen eine aktivere Rolle in der Gestaltung ihrer Arbeit und der Anforderungserhebung einnehmen.

Softwarebasierte Assistenzsysteme (u.a. mobile Endgeräte, Datenbrillen, Augmented Reality oder gestenbasierte Interaktion) bieten eine Möglichkeit die Beschäftigten im Hinblick auf diese Herausforderungen angemessen zu unterstützen. Gleichzeitig zeigt sich jedoch auch, dass Softwareprodukte nach aktuellen Studien weiterhin Qualitätsprobleme aufweisen und hinter ihren Möglichkeiten zurückbleiben [Sag14]. Fehlende sowie überflüssige Funktionalität, unzureichende Gebrauchstauglichkeit (Usability) oder fehlende Modularisierung stellen dabei die wesentlichen Qualitätsprobleme dar und sind somit Auslöser einer mangelnden Akzeptanz auf Seiten der Beschäftigten (*individuelle Akzeptanz*) als auch auf Seiten der Geschäftsführung (*organisationale Akzeptanz*). Dies führt beispielsweise dazu, dass entsprechende Softwarelösungen ungenutzt bleiben oder ggf. auch von Betriebsräten abgelehnt werden. Heutige Softwareentwicklungsmethoden scheinen demnach unzureichend und müssen auf die neuen Herausforderungen ausgerichtet werden.

Die digitale Transformation ist kein kurzfristiges Projekt, sondern stellt einen langfristigen Wandel mit kontinuierlichen Überarbeitungen und ständigen Bereitstellungen neuer Softwaresysteme dar, der nicht von einem Projektmanager oder Geschäftsführer alleine bewältigt werden kann. Ein wesentliches Ziel des in diesem Beitrag beschriebenen Ansatzes, ist daher die Etablierung einer Beschäftigten- und Betriebsrat-zentrierten Partizipation bei der Gestaltung digitaler Assistenzsysteme und dem damit verbundenen Wandel zukünftiger Arbeit. Dabei werden Techniken der menschzentrierten Gestaltung interaktiver Systeme nach ISO 9241-210 mit Software Engineering Methoden verknüpft. Durch die Formulierung von Akzeptanzkriterien sowie die ständige Diskussion entstehender Alternativlösungen und möglicher Auswirkungen auf die Arbeit werden Entscheidungsträger bereits während der Konzeption in die Lage versetzt, digitale Werkzeuge zu erschaffen, die sowohl für das Unternehmen selbst einen Mehrwert bieten, als auch von den Beschäftigten akzeptiert werden.

2 Hintergrund und verwandte Arbeiten

Gemäß unserer Annahme stellen digitale Assistenzsysteme eine Möglichkeit dar die digitale Transformation in den Unternehmen erfolgreich umzusetzen und dabei alle Beschäftigten mitzunehmen, unter der Voraussetzung, dass diese Systeme angemessen entwickelt werden. Das Ziel digitaler Assistenzsysteme ist es, den Beschäftigten die Informationen, die sie benötigen, so schnell und so einfach wie möglich jederzeit und überall zugänglich zu machen. Assistenzsysteme fassen alle Technologien zusammen, die den Beschäftigten bei der Durchführung ihrer Arbeit helfen und es ihnen ermöglichen, sich auf ihre eigentliche Arbeit (Kernkompetenzen) zu konzentrieren [Bis15]. Dies sind insbesondere Technologien zur Bereitstellung von Informationen, wie Visualisierungssysteme, mobilen Geräte, Tablets und Datenbrillen oder Werkzeuge, die Berechnungen durchführen. Dies reicht von der einfachen Anzeige von Arbeitsanweisungen über visuelle oder multimediale Unterstützung (z.B. Kommissionier-Systeme) bis zur kontextsensitiven Augmented Reality für die Beschäftigten [Ban14].

Digitale Assistenzsysteme können je nach Ausprägung durch die Benutzer dieser Systeme (die Beschäftigten) als disruptiv wahrgenommen werden. Wir unterscheiden daher neben der analogen Situation zwischen drei wesentlichen Stufen von digitalen Assistenzsystemen: *Digitale Kopie, digitale Innovation, digitale Revolution* (vgl. Bild 1). Die „digitale Kopie" repräsentiert eine genaue Reflexion der Realität von etwas bereits Bestehendem. Am Beispiel der industriellen Kommissionierung könnte die digitale Kopie eine Online-Checkliste auf einem Tablet sein, die genauso aussieht wie die Checkliste auf einem papierbasierten Klemmbrett. Die nächste Stufe „digitale Innovation“ fügt etwas Digitales der vorhandenen digitalen Kopie hinzu. Dies könnte eine dynamisch geordnete Online-Checkliste sein, die auf einer großen Datenanalyse über die Abhängigkeiten einzelner Prüfposten basiert. Der höchste Grad digitaler Assistenzsysteme ist die „digitale Revolution“, etwas ganz Neues in der digitalen Welt, das in der realen Welt nicht existiert und eine Disruption in der Strukturierung, in Arbeitsabläufen oder in Aufgaben impliziert. Hierbei handelt es sich bspw. um ein Pick-by-Vision-System mit einer Datenbrille, in der digitale Informationen direkt im realen Arbeitsumfeld dargestellt werden, auch als Augmented Reality (AR) bekannt. Abgrenzend hierzu lässt sich des Weiteren der „digitale Ersatz“ anführen, bspw. ein autonom fahrendes Flurförderzeug. Da es sich hierbei nicht mehr um eine Unterstützung einer durch einen Menschen ausgeführten Tätigkeit, sondern um eine Substitution eines Arbeitsplatzes handelt, wurde dies in unserer Definition eines digitalen Assistenzsystems ausgeschlossen. Je höher die digitale Disruption, desto kritischer ist die Softwareakzeptanz seitens der Organisation und insbesondere seitens der Beschäftigten.

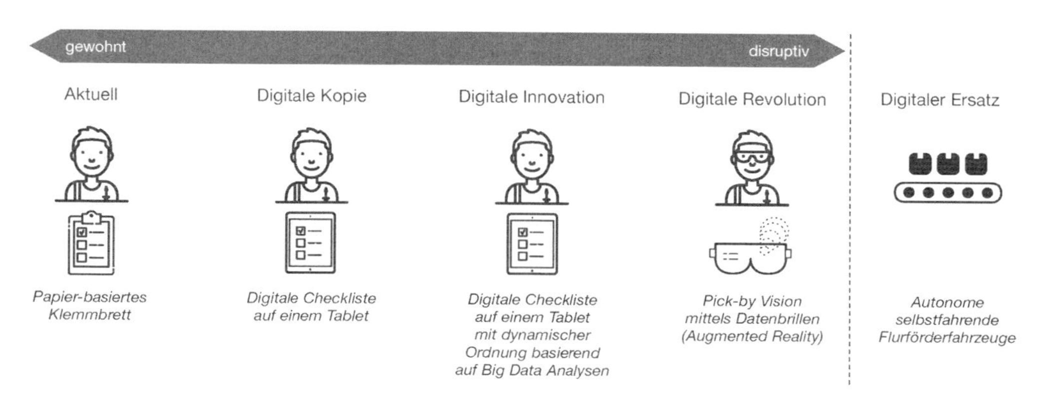

Bild 1: Ebenen digitaler Assistenzsysteme (am Beispiel der Kommissionierung)

Eine etablierte Methodik in der Softwareentwicklung ist das *Human-Centered Design* (HCD). Mit der DIN EN ISO 9241-210 existiert ein entsprechendes Rahmenwerk zur Gestaltung interaktiver Systeme, zu denen auch digitale Assistenzsysteme zählen, welches die Menschen als Benutzer dieser Systeme mit ihren Erfordernissen, Anforderungen, Zielen und Aufgaben sowie mit deren aktiven Partizipation bei der Konzeption und Entwicklung in den Fokus stellt. Die Vorteile für die Anwender der Systeme sind umfangreich und nachhaltig und beinhalten verbesserte Produktivität, Arbeitsqualität und Zufriedenheit [Jok01]. Eine der zentralen Qualitätsmerkmale für interaktive Systeme ist ihre Gebrauchstauglichkeit [Bev99]. Die wichtigen Normungsorganisationen (IEEE und ISO) adressieren diesen Parameter bereits seit längerem [GLP02]. Als Norm werden in der DIN EN ISO 9241-210 keine konkreten Techniken benannt, jedoch vier relevante Handlungsfelder aufgezeigt (vgl. Bild 2): *Verstehen und Festlegen des Nutzungskontextes; Festlegen der Nutzungsanforderungen; Erarbeiten von Gestaltungslösungen zur Erfüllung der Nutzungsanforderungen; Evaluieren von Gestaltungslösungen anhand der Anforderungen*. Dabei sind die folgenden Problemstellungen wesentlich. Es existiert nicht „der Benutzer", sondern es existieren meist mehrere diverse Benutzergruppen, deren Erfordernisses es zu berücksichtigen gilt. Der Nutzungskontext kann dabei vielfältig sein und unterscheidet sich ggf. von Benutzergruppe zu Benutzergruppe. Iterationen von Gestaltungslösungen aber auch von Nutzungsanforderungen ist essentiell, da die initial erfassten Nutzungsanforderungen nicht erschöpfend sind. Insbesondere routinierte Tätigkeiten sind für den Menschen als prozedurales Wissen schwer verbalisierbar. Erst über anfassbare Gestaltungslösungen (Prototypen, Mockups, etc.) zeigen sich meist wesentliche Nutzungsanforderungen. Des Weiteren können sich diese auch gegenseitig widersprechen oder im Widerspruch zu Nutzungsanforderungen anderer Benutzergruppen stehen.

Zwei entscheidende Herausforderungen bei der Anwendung der DIN EN ISO 9241-210 als abstraktes Rahmenwerk bestehen zum einen in der Auswahl geeigneter Usability/UX-Techniken [FSN13] und zum anderen in der Integration mit bestehenden Entwicklungsprozessen [FYS15].

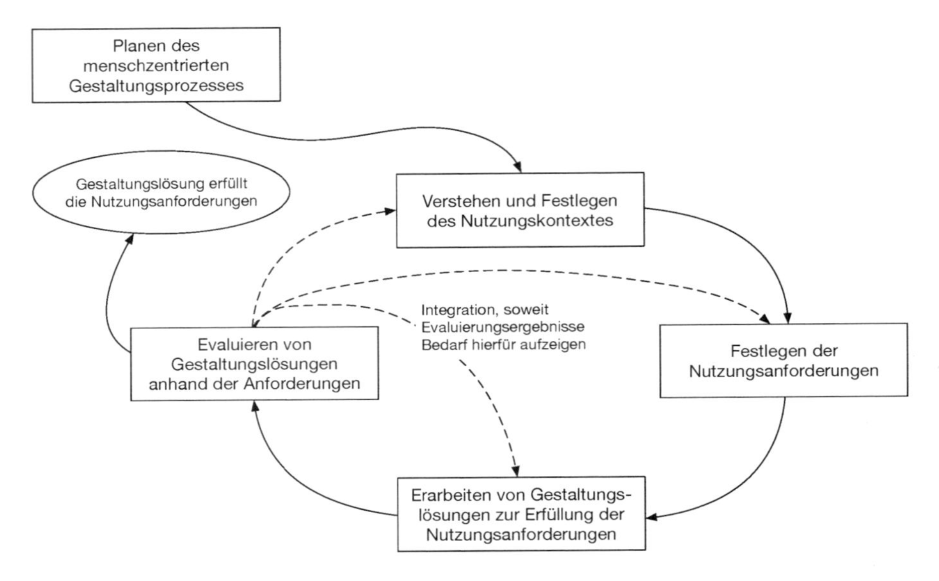

Bild 2: Human-Centered Design gemäß DIN EN ISO 9241-210

Die Auswahl geeigneter Usability/UX-Techniken wurde vielfach diskutiert [FB11, Wee11] und unterscheidet sich entlang der verwendeten Auswahlkriterien. Dabei werden Kriterien wie bspw. das Budget, die Kompetenz oder die aktuelle Entwicklungsphase berücksichtigt, jedoch bleibt die Auseinandersetzung mit bestehenden Softwareentwicklungsprozessen und den dort verwendeten Arbeitsprodukten, Modellen oder Werkzeugen außen vor.

Die Integration von HCD und Software Engineering wird zurzeit unter dem Schlagwort *Human-Centered Software Engineering* (HCSE) thematisiert. Diverse Ansätze existieren, die konkrete Tätigkeiten zur Integration vorschlagen [Fer03], gemeinsame Spezifikationen erarbeiten [JLM+03], Prozessmodelle thematisieren [DZN07] oder generische Bedingungen beschreiben [MR02].

Mit einem speziellen Fokus auf kleine und mittelständische Unternehmen (KMU) in der industriellen Fertigung, lassen sich bisherige Ansätze nur bedingt anwenden. Zudem müssen in Bezug auf die Akzeptanz von Assistenzsystemen und unter Betrachtung von Arbeit 4.0 weitere Aspekte berücksichtigt werden. Dazu wurde eine entsprechende Software Engineering Methode erarbeitet.

3 Vorgehensweise und Szenarien

Für die Konzeption einer entsprechenden menschzentrierten Softwareentwicklungsmethode für die Entwicklung von Assistenzsystemen in KMU unter Berücksichtigung von Arbeit 4.0 wurde anhand von drei forschungs- und anwendungsnahen Projekten mit Unternehmen zunächst deren Unternehmenskontext und die Projektsituation analysiert. Die Herausforderung bei KMU besteht zumeist in den begrenzten zeitlichen Ressourcen, da Projekte häufig parallel zum Tagesgeschäft durchgeführt werden müssen. Die betrachteten Unternehmen unterscheiden sich sowohl von der Größe als auch der Branche, in der sie sich einordnen lassen. Ziel aller drei Projekte war es jedoch ein Assistenzsystem zu erschaffen, um eine jeweilige Benutzergruppe bei der Sicherstellung der Qualität des Ergebnisses zu unterstützen. Folgende drei Unternehmenskontexte wurden untersucht:

1) **Energiesystem-Installation:** Das Unternehmen in diesem Projekt zählte mit seinen ca. 20 Beschäftigten zum kleinsten Unternehmen. Das Unternehmen berät zu, installiert und wartet Blockheizkraftwerke (BHKW) jeglicher Größe für diverse Liegenschaften und wird damit vom jeweiligen Betreiber für das Ergebnis bei der Energieeinsparung mit verantwortlich gemacht. Die Entscheidung für ein optimales BHKW ist jedoch sehr komplex und abhängig vom Zusammenspiel sämtlicher Energieverbraucher einer Liegenschaft sowie den dort agierenden Menschen. Um die eigentliche Energieeinsparung nachzuweisen sowie Abweichungen im Verhalten zu interpretieren und Wartungsarbeiten vorauszuplanen, bedarf es der Analyse und Interpretation einer Vielzahl von Energiedaten. Ziel war es daher, ein Assistenzsystem zur Unterstützung sämtlicher Akteure vom Handwerker über den Energie-Ingenieur bis hin zum Liegenschaftsinhaber einzuführen. Softwareentwicklungskompetenzen waren hierbei begrenzt vorhanden.
2) **Fassaden-Planung:** Das Unternehmen in diesem Projekt liegt mit ca. 4.630 Beschäftigten außerhalb jeglicher KMU-Definitionen, jedoch bestand die Projektgruppe aus ca. 30 Personen, sodass Teilaspekte einer KMU berücksichtigt werden konnten. Ziel dieses Projektes war es die Kommunikation und Transparenz einzelner Bauvorhaben über alle beteiligten externen Personengruppen (Architekten, Fassadenplaner, Metallbauer, u.a.) hinweg zu schaffen und diese bei der Auswahl und Planung diverser Fassadenmöglichkeiten zu unterstützen. Betrachtet wurden daher sowohl interne Benutzergruppen (Vertrieb, Produktmanagement, u.a.) einer potentiellen Lösung als auch die zuvor genannten Benutzergruppen bei Partnern und Kunden.
3) **Automaten-Produktion:** Das Teilunternehmen in diesem Projekt besitzt eine Betriebsgröße von ca. 250 Beschäftigten und ist spezialisiert auf die Herstellung von individuellen Automaten im B2C-Bereich. Die Qualitätsansprüche im Unternehmen sind hoch, jedoch besteht das Potenzial Rückmeldungen über Qualitätsinformationen an die in der Montagelinie zuständigen Beschäftigten zum relevanten Zeitpunkt zu liefern. Bisher werden diese Rückmeldung in Gesprächsrunden mit dem jeweiligen Meister kommuniziert, sollen zukünftig jedoch über ein Assistenzsystem produktbezogen dem einzelnen Beschäftigten direkt am Arbeitsplatz zur Verfügung gestellt werden. Besonderheiten in diesem Projekt waren zum einen die teilweise unterschiedlichen Arbeitsumgebungen über die Montagelinie hinweg als auch die besondere Rolle und Einbindung von Betriebsrat und Gewerkschaft.

Für die Entwicklung der Softwareentwicklungsmethode wurde im Sinne des Situational Method Engineerings zuerst der Unternehmenskontext und die Anwendungsdomäne untersucht. Hierfür wurden mittels Kontextinterviews und Beobachtungen, im Sinne eines Contextual Inquiry [HB15], Personengruppen und Rollen im Unternehmen, das aktuelle Vorgehen bei der Softwareentwicklung, verwendete Softwarewerkzeuge und Arbeitsprodukte ermittelt. Des Weiteren wurden bestehende digitale Assistenzsysteme identifiziert und hinsichtlich ihrer aktuellen Gebrauchstauglichkeit und Akzeptanz evaluiert. Darauf aufbauend wurden Anforderungen an eine Softwareentwicklungsmethode abgeleitet und die eigentliche Methode konzipiert. Diese wurde innerhalb der Projekte ggf. situativ angepasst und mittels Fragebögen, Interviews und Fokusgruppen evaluiert.

4 Employee-Centered Design & Development (ECDD)

Die Akzeptanz digitaler Assistenzsysteme oder Technologien im Allgemeinen ist entscheidend für die erfolgreiche Einführung und Nutzung innerhalb einer Organisation [VB08]. Im Rahmen unserer Projekte konnten drei miteinander verbundene Faktoren festgestellt werden, die sich auf die Akzeptanz eines digitalen Assistenzsystems auswirken:

1) **Der Prozess** (*Process*): Der erste Faktor bezieht sich darauf, dass alle notwendigen Stakeholder von Anfang an bei der Konzeption und Entwicklung eines Systems beteiligt werden. Dazu zählen insbesondere auch Beschäftigte als spätere Benutzer des Systems. Es gilt dabei, diese über das Projekt zu informieren, ihnen zuzuhören, sie zu beobachten und Empathie für ihre Erfordernisse und Anforderungen zu zeigen.
2) **Die Menschen** (*People*): Der zweite Faktor bezieht sich auf die Schaffung einer sozialen und kulturellen Umgebung (*Organisationskultur*), in der die Beschäftigten gerne arbeiten, ihre Probleme sowie ihre Ideen offen kommunizieren und daran arbeiten können. So werden die Mitarbeiter positiv gegenüber dem Wandel eingestellt sein und das Unternehmen gleichzeitig zu weiteren Innovationen bringen.
3) **Das System** (*Product*): Der dritte Faktor ist die Schaffung eines Assistenzsystems, das die Beschäftigten bei der Erfüllung ihrer Arbeitsaufgaben effektiv und effizient unterstützt. Die Akzeptanz wird hierbei insbesondere durch die Mensch-System-Schnittstelle beeinflusst.

Darüber hinaus wird die Akzeptanz von Softwarelösungen durch vier wesentliche Bereiche beeinflusst: Die technischen Möglichkeiten und die Machbarkeit innerhalb eines Unternehmens; die organisatorische Perspektive (Unternehmensziele, etc.); die Perspektive der Beschäftigten; und bei mittelständischen Unternehmen auch die Betriebsrat- und Gewerkschaftsperspektive (vgl. Bild 3).

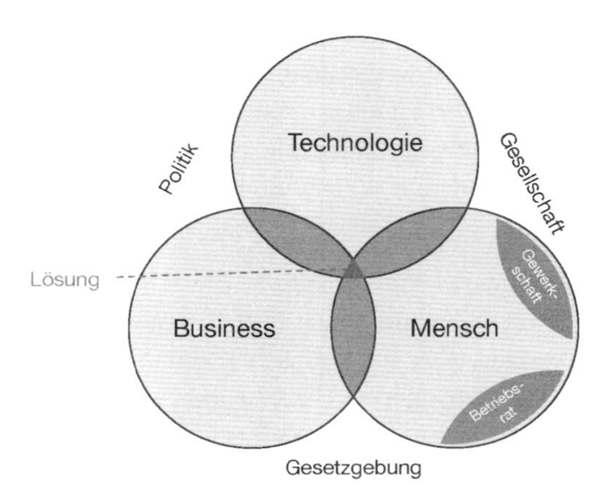

Bild 3: Einflussbereiche auf die Software-Akzeptanz in Unternehmen

4.1 Anforderungen an eine Methode

Die drei identifizierten Faktoren der Akzeptanz (Prozess, Menschen, System) und weitere Erkenntnisse der Analyse konnten in einer Reihe von Anforderungen an eine Softwareentwicklungsmethode überführt werden. Da die Entwicklung von Softwarelösungen sich in der industriellen Produktion zunehmend weg von der reinen Maschinenprogrammierung hin zu Mensch-Maschine-Schnittstellen wandelt, liegt der wesentliche Fokus auf der aktiven Partizipation sämtlicher betroffener Benutzergruppen eines Assistenzsystems. Ein Ausschnitt dieser Anforderungen ist im Folgenden dargestellt:

- **Akzeptanzsicherung**: Die Anforderung fordert, dass die Qualität eines zu entwickelten Assistenzsystems sowohl die individuelle Akzeptanz der Beschäftigten als auch die organisatorische Akzeptanz des Unternehmens gleichermaßen sicherstellt.
- **Aufgabenangemessenheit**: Die Anforderung fordert, dass die Aufgaben der Beschäftigten angemessen eruiert werden, da das zu entwickelnde Assistenzsystem ein Werkzeug zur Unterstützung eben dieser Aufgaben und Ziele darstellt.
- **Partizipation der Beschäftigten**: Die Anforderung fordert, dass Repräsentanten sämtlicher Benutzergruppen (ob direkt mit dem System interagierend oder nur unmittelbar betroffen) aktiv eingebunden werden, um Erfordernisse und Ideen frühzeitig zu validieren.
- **Iterationen und Prototyping**: Die Anforderung fordert, dass Nutzungsanforderungen durch Iterationen ermittelt werden. Beobachtungen und anfassbare Elemente, wie Mockups und Prototypen, sollen als Instrumente eingesetzt werden, um implizites Wissen und tatsächliche Erfordernisse durch die Benutzer verbalisierbar zu machen und zu validieren.
- **Kontinuität und Rückverfolgbarkeit**: Die Anforderung fordert, dass Nutzungsanforderungen formalisiert verfügbar gemacht werden, um Änderungen und Kontinuität im Rahmen einer ständig fortschreitenden digitalen Transformation zu fördern. Des Weiteren sollen Nutzungsanforderungen bis hin zur Benutzungsschnittstelle nachvollziehbar sein, um die Anforderung und deren Auswirkung durchgehend konsistent zu halten.

4.2 Die Methode

Die digitale Transformation zeichnet sich insbesondere durch einen kontinuierlichen Wandel aus, so dass ständig auf Änderungen reagiert werden muss. Daher wurde die Methode gezielt iterativ aufgebaut. Bild 4 gibt einen groben Überblick der iterativen Phasen.

- **Envisioning**: Der Ansatz beginnt mit einer Envisioning-Phase, um ein abstraktes Gesamtbild der beteiligten Rollen, deren Verantwortlichkeiten und Interaktionen innerhalb der Arbeitsumgebung aufzubauen. So lassen sich Abhängigkeiten menschlicher Arbeitsabläufe und organisatorischer Prozesse sowie spätere Auswirkungen identifizieren. Bei der Durchführung von Kontextanalysen mit Interviews und Beobachtungen werden alle Stakeholder analysiert und deren Nutzungskontext anhand des Konzeptes von Flow-Modellen [FRY16] auf einer höheren Ebene beschrieben. Basierend auf diesem abstrakten Modell der Organisation wird innerhalb von Fokusgruppen eine KPI-Matrix von Akzeptanzkriterien für die organisatorische und individuelle Akzeptanz der digitalen Transformation aufgebaut. Des Weiteren wird eine erste Vorstellung einer möglichen Systemarchitektur entworfen. Diese Phase kann bei Bedarf auch bereits iteriert werden.

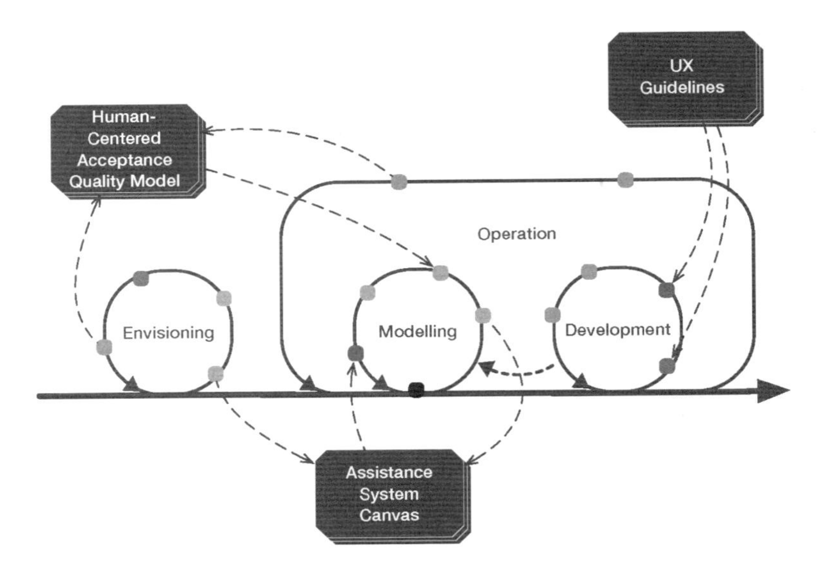

Bild 4: Überblick der Phasen im Employee-Centered Design & Development

- **Modelling**: Daran anschließend geht es in die Modelling-Phase, in der eine konkretere Analyse gezielter durch ein Assistenzsystem zur unterstützender Arbeitsabläufe mittels Contextual Inquiry durchgeführt wird. Ein Schwerpunkt liegt auch auf dem Arbeitsplatz, um eventuelle Einschränkungen an ein technisches Interaktionskonzept zu identifizieren, bspw. keine Touch-Monitore möglich, da Montierer Handschuhe trägt. Alle analysierten Informationen über den aktuellen Workflow werden mit Aufgabenmodellen beschrieben, bspw. HAMSTER-Notation [MNP14]. Die modellierten Aufgaben werden basierend auf den entwickelten Akzeptanzkriterien zwischen den Menschen und dem System zugeordnet. Unter Verwendung dieser Informationen werden präskriptive Aufgabenmodelle entwickelt und die benötigte Funktionalität abgeleitet. Parallel dazu können notwendige Datenquellen identifiziert und hinsichtlich ihrer Güte sowie zu gewinnenden Erkenntnissen in Bezug auf die darzustellenden Informationen analysiert werden. Eine erste Validierung des neuen Konzepts kann mit Hilfe von Evaluationstechniken, bspw. Fokusgruppen, durchgeführt werden. Zur Vorbereitung der Entwicklung des modellierten Assistenzsystems werden die Aufgabenmodelle in ein Dialogmodell bzw. ein abstraktes User Interface (AUI) Modell unter Verwendung von Interaktionsbeschreibungssprachen, bspw. IFML [1], überführt. Diese Phase wird iterativ durchgeführt und kann gemäß dem „On Sprint Ahead“-Prinzip der nachfolgenden Development-Phase eine Iteration vorauslaufen, während bereits erste Konzepte implementiert werden.
- **Development**: Die Entwicklung der Benutzungsschnittstelle und der Softwarefunktionalität wird mittels Scrum[2] agil im Team umgesetzt. Mittels Prototyping werden sukzessive die Nutzungsanforderungen und das Interaktionsmodell an der Benutzungsschnittstelle umgesetzt. Dabei können papierbasierte Prototypen dazu dienen, die Hemmschwelle der

---

1 Interaction Flow Modeling Language (IFML), OMG Standard, http://www.ifml.org

2 The Scrum Guide, http://www.scrumguides.org

Rückmeldungen bei der Evaluation mit Beschäftigten entsprechend gering zu halten und diese hin zu Mockups der tatsächlichen Benutzungsschnittstelle weiterzuentwickeln.

- **Operation**: Da es sich bei der digitalen Transformation um ein kontinuierliches schrittweises Projekt handelt, treten nach der Einführung eines Assistenzsystems eine Vielzahl von Veränderungen und Auswirkungen auf die Arbeitsumgebung auf. Daher ist auch die Operation-Phase von Bedeutung, bei der das entwickelte Assistenzsystem bereits zum Einsatz in der Produktivumgebung kommt. Beispielsweise können frühere eingesetzte Systeme mit dem neuen System in Konflikt stehen. Daher kann eine langfristige Bewertung, die auf den organisatorischen und individuellen Akzeptanzkriterien basiert, diese Veränderungen überwachen und die Rückmeldung in die Modelling- und Development-Phase reflektieren, um das Assistenzsystem zu verbessern oder zu ersetzen.

4.3 Machbarkeitsstudie

Im Rahmen der genannten Projekte konnte der Ansatz konsolidiert und generalisiert werden. Im Folgenden wird exemplarisch das Ergebnis der Envisioning-Phase erläutert (vgl. Bild 5).

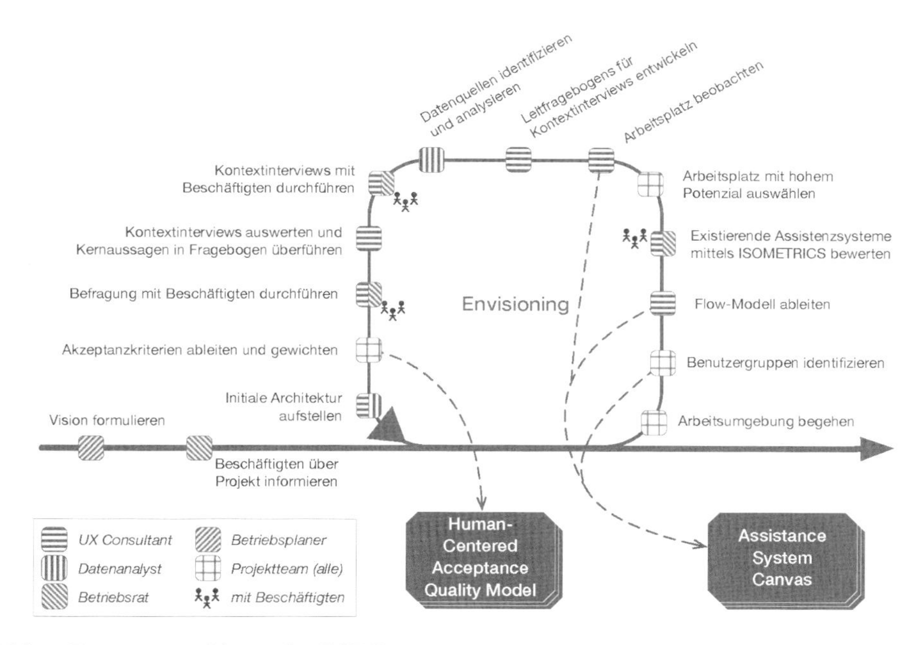

Bild 5: Envisioning-Phase des ECDDs

Dabei hat es sich gezeigt, dass hierfür im Wesentlichen fünf Rollen entscheidend sind. Ein UX Consultant ist verantwortlich für die Akzeptanzsicherstellung auf Seiten der Beschäftigten, durch eine entsprechende Kontextanalyse und die direkte Adressierung der Beschäftigten. Dabei verwendet er Konzepte aus dem Contextual Inquiry und erstellt diverse Modelle der Benutzer, der Arbeitsaufgaben, der Arbeitsumgebung sowie des Arbeitsplatzes. Ein Datenanalyst ist zuständig für die Identifikation von Datenquellen und die Interpretation von Informationen innerhalb dieser Daten. Ein Betriebsplaner kann bspw. durch einen Projektleiter, Betriebsleiter, etc. eingenommen werden. Dieser kennt sämtliche Strukturen im Unternehmen und kann entsprechend die organisatorische Akzeptanz sicherstellen. Der Betriebsrat verantwortet die Kommunikation zu den Beschäftigten und informiert sowie sensibilisiert diese für das Projekt. Die Beschäftigten selbst sind ebenfalls aktiv eingebunden. Mittels standardisierten Fragebögen lässt sich so die Usability, User Experience sowie die weitere Akzeptanz bestehender Assistenzsysteme evaluieren. Des Weiteren werden mit Repräsentanten sämtlicher Benutzergruppen Kontextinterviews am Arbeitsplatz durchgeführt und die Ergebnisse dieser Interviews als Kernaussagen über Erfordernisse in Umfragen mit allen Beschäftigen validiert. Einerseits wird dadurch das Konzept für das zu entwickelnde Assistenzsystem geschärft, anderseits aber auch direkt eine Teil-Akzeptanz bei den Beschäftigten durch die aktive Einbindung hergestellt.

5 Resümee und Ausblick

Zusammengefasst wurde in dieser Arbeit eine Softwareentwicklungsmethode diskutiert, um die digitale Transformation in KMU durch aktive Partizipation der Beschäftigten in der Entwicklung gebrauchstauglicher und akzeptierter digitaler Assistenzsysteme zu gestalten. Durch eine Machbarkeitsstudie in drei unabhängigen Projekten konnte der Ansatz insbesondere in den ersten Phasen evaluiert werden. Dabei hat sich gezeigt, dass die Beschäftigten durch die direkte Ansprache wohlwollend auf die Veränderungen durch neue Technologien eingestellt wurden. Gespräche, Umfragen und die empathische Auseinandersetzung mit ihrer Arbeit wurde positiv von den Beschäftigten wahrgenommen. Erfordernisse und Herausforderungen der täglichen Arbeit konnten initial erfasst werden. Auf Seiten der Betriebsleitung konnten so ebenfalls neue Erkenntnisse über Arbeitsschritte, Prozesse sowie die betriebliche Organisation gewonnen werden. Eine weitere Erkenntnis ist die sich wandelnde Rolle des Betriebsrates. In den betrachteten Projekten wurde dieser aktiv mit einbezogen und arbeitete eng mit der Rolle des UX Consultant zusammen. So erhielt der Betriebsrat eine stärkere Sichtbarkeit bei den Beschäftigten, sensibilisierte für die Thematik Arbeit 4.0. und lernte Interessen und Probleme im Betriebsablauf kennen. Entscheidend ist jedoch der Wandel hin zu einer aktiven Involvierung des Betriebsrates in IT-Projekten, in denen er eine mittelnde Rolle ausübt sowie bspw. Gesprächsrunden koordiniert und dort für Sicherheit und Öffnung bei den Beschäftigten sorgen kann. Dies ist jedoch auch abhängig von der vorherrschenden Unternehmenskultur bzw. dem Unternehmensklima.

Nicht evaluierte Punkte weisen vor allem die hinteren Phasen des Ansatzes auf. Diese werden im Rahmen der andauernden Projekte weiter verfeinert und evaluiert. Des Weiteren befinden sich die Konzepte des *Human-Centered Acceptance Quality Model* sowie des *Assistance System Canvas* aktuell in der Validierung und werden zeitnah veröffentlicht.

Literatur

[Ban14] BANNAT, A.: Ein Assistenzsystem zur digitalen Werker-Unterstützung in der industriellen Produktion. Dissertation. Technische Universität München, 2014.

[Bev99] BEVAN, N.: Quality in Use: Meeting User Needs for Quality. Journal of System and Software, vol. 49(1), S. 89-96. Elsevier Science Inc., 1999.

[Bis15] BISCHOFF, J. (HRSG.): Erschließen der Potenziale der Anwendung von Industrie 4.0 im Mittelstand. Studie im Auftrag des BMWi. Agiplan GmbH, Mühlheim a.d. Ruhr, 2015.

[BMAS16] BUNDESMINISTERIUM FÜR ARBEIT UND SOZIALES (BMAS) (HRSG.): Weissbuch Arbeiten 4.0. Berlin, 2016.

[DZN07] DÜCHTING, M.; ZIMMERMANN, D.; NEBE, K.: Incorporating User Centered Requirements Engineering into Agile Software Development. In Proceedings of HCII'07, LNCS 4550, S. 58-67. Springer, Berlin, 2007.

[FB11] FERRÈ, X.; BEVAN, N.: Usability Planner: A Tool to Support the Process of Selecting Usability Methods. In Proceedings of 11th IFIP TC.13 International Conference on Human-Computer Interaction (INTERACT), LNCS 6949, S. 652-655. Springer, Heidelberg, 2011.

[Fer03] FERRÈ, X.: Integration of Usability Techniques into the Software Development Process. In Proceedings of ICSE'03, S. 28-35, 2003.

[FRY16] FISCHER, H.; ROSE, M.; YIGITBAS, E.: Towards a Task Driven Approach Enabling Continuous User Requirements Engineering. In Joint Proceedings of the REFSQ 2016 Co-Located Events. 2nd Workshop on Continuous Requirements Engineering (CRE). CEUR-WS, vol. 1564, 2016.

[FSN13] FISCHER, H.; STRENGE, B.; NEBE, K.: Towards a Holistic Tool for the Selection and Validation of Usability Method Sets Supporting Human-Centred Design. In Design, User Experience, and Usability: Design Philosophy, Methods and Tools, Part 1, HCII 2013, LNCS 8012, S. 252-261. Springer, Berlin Heidelberg, 2013.

[FYS15] FISCHER, H.; YIGITBAS, E.; SAUER, S.: Integrating Human-Centered and Model-Driven Methods in Agile UI Development. In Proceedings of 15th IFIP TC.13 International Conference on Human-Computer Interaction (INTERACT), S. 215-221. University of Bamberg Press, Bamberg, 2015.

[GLP03] GRANOLLERS, T.; LORÈS, J.; PERDRIX, F.: Usability Engineering Process Model. Integration with Software Engineering. In Proceedings of 10th International Conference on Human-Computer Interaction (HCII), S. 965-969. Lawrence Erlbaum Associates Inc., 2003.

[HB15] HOLTZBLATT, K.; BEYER, H.: Contextual Design – Design for Life. 2. Auflage. Morgan Kaufmann, Cambridge, 2015.

[Jok01] JOKELA, T.: An Assessment Approach for User-Centred Design Processes. In Proceedings of EuroSPI. Limerick Institute of Technology Press, Limerick, 2001.

[JLM+03] JURISTO, N.; LOPEZ, M.; MORENO, A.M.; SÁNCHEZ, M.I.: Improving software usability through architectural patterns. In Proceedings of ICSE'03, S. 12-19, 2003.

[MR02] METZKER, E.; REITERER, H.: Evidence-Based Usability Engineering. In Proceedings of CA-DUI'02, S. 323-336, 2002.

[MNP14] MARTINIE, C.; NAVARRE, D.; PALANQUE, P.: A Multi-Formalism Approach for Model-Based Dynamic Distribution of User Interfaces of Critical Interactive Systems. Intl. Journal of Human-Computer Studies, 72(1), S. 77-99. Academic Press, Duluth, 2014.

[Mor14] MORGAN, J.: The Future of Work: Attract New Talent, Build Better Leaders, and Create a Competitive Organization. John Wiley & Sons Inc., Hoboken, NJ, USA, 2014.

[Sag14] SAGE GMBH (HRSG.): Europäische Firmen verschwenden 9.6 Milliarden Euro durch ungenutzte Software. 2014. https://goo.gl/qy0eM0 Letzte Sichtung: Januar 2017.

[Wee11] WEEVERS, T.: Methods selection tool for User Centred Product Development. Masterthesis, Delft University of Technology, 2011.

Autoren

Holger Fischer studierte Medieninformatik (M.Sc.) an der Technischen Hochschule Köln. Seit Ende 2010 arbeitet er als wissenschaftlicher Mitarbeiter an der Universität Paderborn (C-LAB, s-lab, SICP) in der Thematik des Usability Engineerings. Im Rahmen seiner Tätigkeiten unterstützt er die Einführung und Umsetzung von Human-Centered Design Aktivitäten in Softwareentwicklungsprozessen und thematisiert dies auch in einem Lehrauftrag an der Technischen Hochschule Köln. Im Rahmen seiner Dissertation betrachtet er die Integration von Usability Engineering und agilem Software Engineering unter Berücksichtigung von Arbeit 4.0 Akzeptanzkriterien. Aktuell ist er ehrenamtlich engagiert als Vize Präsident der German UPA und im Usability and User Experience Qualification Board (UXQB) sowie wissenschaftlich im Leitungsgremium der GI Fachgruppe Software Ergonomie und in der IFIP WG 13.2 – Methodology for User-Centered System Design.

Björn Senft studierte Informatik an der Universität Paderborn und an der IT-University of Copenhagen (ITU). Bereits im Studium war ihm Interdisziplinarität und das Aneignen von Methoden und Wissen über die Fachgrenzen hinweg sehr wichtig, weshalb er sich für Psychologie als Nebenfach entschieden hat und die ITU aufgrund ihrer interdisziplinären Ausrichtung ausgesucht hat. 2013 schloss er sein Studium mit seiner Masterarbeit über die Untersuchung und Evaluation der Einsatzmöglichkeiten von virtuellen Techniken im Ausbildungsbetrieb der Feuerwehr ab. Seit März 2014 ist er wissenschaftlicher Mitarbeiter im s-lab - Software Quality Lab und forscht im interdisziplinären Zentrum Musik – Edition –Medien (ZenMEM) im Bereich der nachhaltigen Softwareentwicklung. Sein Forschungsschwerpunkt liegt auf der Integration der menschzentrierten Entwicklung in den Softwareentwicklungsprozess neuer Bereiche wie Mobile und Digital Humanities.

Dr. Katharina Stahl ist seit Oktober 2006 wissenschaftliche Mitarbeiterin an der Universität Paderborn. Sie war zunächst in der Fachgruppe „Entwurf paralleler Systeme“ von Prof. Dr. Franz-Josef Rammig, wo Sie ihre Dissertation zum Thema „Online anomaly detection for reconfigurable self-X real-time operating systems: a danger theory-inspired approach“ im April 2016 abschloss. Seit 2015 ist Frau Dr. Stahl Mitarbeiterin im SICP (Software Innovation Campus Paderborn) und verantwortet dabei Projekte, die sich aus unterschiedlichen Perspektiven mit den Herausforderungen der Digitalen Transformation für Unternehmen auseinandersetzen. Hierzu zählen wissenschaftliche Fragestellungen zu Methoden zur Potenzialfindung, zur Veränderung der betrieblichen IT-Systemlandschaft zur Schaffung einer Durchgängigkeit von Daten und Informationen in betrieblichen Abläufen sowie der Integration digitaler Assistenzsysteme in die vorhandenen IT-Systemlandschaften. Darüber hinaus ist Frau Dr. Stahl Mitglied im Vorstand des SICP.

Methodisches Vorgehen zur Entwicklung und Evaluierung von Anwendungsfällen für die PLM/ALM-Integration

Prof. Dipl.-Ing. Andreas Deuter, Andreas Otte
Hochschule Ostwestfalen-Lippe
Liebigstr. 87, 32657 Lemgo
Tel. +49 (0) 52 61 / 70 25 305, Fax. +49 (0) 52 61 / 70 28 53 05
E-Mail: {Andreas.Deuter/Andreas.Otte}@hs-owl.de

Daniel Höllisch
AGCO GmbH
Johann-Georg-Fendt-Strasse 4, 87616 Marktoberdorf
Tel. +49 (0) 83 42 / 77 85 83, Fax. +49 (0) 83 42 / 77 614
E-Mail: Daniel.Hoellisch@AGCOcorp.com

Zusammenfassung

Die stetig steigende Variantenvielfalt und Komplexität mechatronischer Produkte gepaart mit einem wachsenden Softwareanteil erfordern die Harmonisierung der Produktlebenszyklusprozesse in produzierenden Betrieben. Sie sind heute oftmals bezogen auf die Hardware und Software verschiedenartig. Product Lifecycle Management (PLM) beinhaltet die Produktlebenszyklusprozesse der Hardware, Application Lifecycle Management (ALM) beinhaltet die Produktlebenszyklusprozesse der Software. Für das effiziente Lifecycle Management mechatronischer Produkte ist eine Integration dieser beiden Produktlebenszyklusprozesse erforderlich. Bevor derartige integrierte PLM/ALM-Prozesse in die betriebliche Praxis übertragen werden können, sind sie zunächst zu modellieren. Eine Form der Modellierung ist die Formulierung von relevanten Anwendungsfällen.

In diesem Artikel wird die PLM/ALM-Integration in Form von UML-Anwendungsfällen modelliert. Die formulierten Anwendungsfälle werden an einem praxisnahen Beispiel evaluiert und somit der Nachweis erbracht, dass der gewählte Modellierungsansatz geeignet ist, eine PLM/ALM-Integration in der betrieblichen Praxis vorzubereiten.

Schlüsselworte

PLM, ALM, Systems Engineering, VDI 2206, Mechatronik

A methodical approach for the Development and Evaluation of PLM/ALM Integration Use-Cases

Abstract

A steady increase of both the number of variants and the complexity of mechatronic products, combined with an ever increasing share of the included software demands a harmonization of the product lifecycle processes in the industry. Today the product lifecycles of hardware and software most of the time are different. Product Lifecycle Management (PLM) addresses the product lifecycle processes of the hardware portion of the mechatronic product. Whereas

Application Lifecycle Management (ALM) addresses the product lifecycle processes of the software portion of a mechatronic product. In order to arrive at an efficient lifecycle management of a mechatronic product it is necessary to integrate both PLM and ALM into a seamless process. Before such an integrated lifecycle can be transferred into the practice it is necessary to model the core use cases across both domains.

In this paper we model the PLM/ALM integration by means of UML use cases. The chosen use cases are evaluated in a reference IT environment. With this real live scenario, we proof that the selected modelling approach is fit for purpose to lay the basis for practicable solutions.

Keywords

PLM, ALM, Systems Engineering, VDI 2206, Mechatronics

1 Einleitung

Seit der Entwicklung der ersten mechatronischen Produkte, dies war ungefähr im Jahr 1985 [ISE07], steigen deren Anforderungen, deren Variantenvielfalt und deren Komplexität. Insbesondere der durch die industrielle Digitalisierung getriebene wachsende Softwareanteil erfordert ein Umdenken in den Produktentstehungsprozessen der produzierenden Betriebe, also in den Betrieben, die mechatronische Produkte entwickeln und vertreiben. Die Produktentstehungsprozesse sind oftmals noch immer in Hardware- und Softwareentwicklungsprozesse getrennt. Die Gründe dürften darin liegen, dass hardwaregeprägte Produkte über Jahrzehnte die Basis für den geschäftlichen Erfolg der produzierenden Betriebe bildeten, wohingegen der Software lange Zeit lediglich eine ergänzende Rolle eingeräumt worden ist. Durch die rasch voranschreitende Digitalisierung müssen jedoch beide Domänen als gleichwertig betrachtet werden.

Wenn Hardware- und Softwareentwicklungsprozesse als unabhängige Domänen behandelt werden, entstehen Inkonsistenzen in den Hardware- und Softwaredaten der mechatronischen Produkte während des Produktlebenszyklus [LAN10]. So werden zum Beispiel Anforderungen getrennt verwaltet, die Zuordnung einer implementierten Softwarefunktion zu einer Hardwarerevision ist nur manuell möglich, oder die Auswirkungen von Änderungsanforderungen auf die Hardware und/oder auf die Software können nur mühsam analysiert werden. Zur Überwindung dieser Nachteile sollte ein einheitliches Datenmanagement über den gesamten Hard- und Softwareentwicklungsprozess gewährleistet sein. Eine Möglichkeit dazu ist die IT-unterstützte Integration des Softwareentwicklungsprozesses in den hardwareorientierten Produktentstehungsprozess. Für die Domänen Hardware und Software haben sich in der Vergangenheit zwei verschiedene, IT-unterstützte Lebenszyklusprozesse etabliert: *Application Lifecycle Management* (ALM) für die Software, *Product Lifecycle Management* (PLM) für die Hardware.

Bevor die PLM/ALM-Integration in die betriebliche Praxis überführt werden kann, ist sie systematisch in Form von Prozessbeschreibungen vorzubereiten. In diesem Artikel gehen wir davon aus, dass produzierende Betriebe bereits getrennte PLM- und ALM-Prozesse implementiert haben, jedoch noch nicht die PLM/ALM-Integration.

Dieser Artikel widmet sich der systematischen Beschreibung einer PLM/ALM-Integration mit Hilfe der Unified Modeling Language (UML) [OMG16]. Ausgehend von einer Analyse relevanter PLM/ALM-Einzelprozesse werden übergreifende Anwendungsfälle erfasst und beschrieben. Die Evaluierung der Anwendungsfälle erfolgt anhand einer praxisnahen Produktentwicklung. Dafür wird die Produktentwicklung eines mechatronischen Produktes unter Anwendung kommerziell verfügbarer PLM- und ALM-Systeme nachempfunden.

Dieser Artikel ist wie folgt aufgebaut: Abschnitt 2 widmet sich dem relevanten Stand der Technik. In Abschnitt 3 werden die bislang erfassten PLM/ALM-Anwendungsfälle genannt und einer von ihnen detailliert erläutert. In Abschnitt 4 wird dieser Anwendungsfall praktisch evaluiert. Abschnitt 5 fasst die Ergebnisse zusammen und gibt einen Ausblick auf weitere Forschungsvorhaben.

2 Stand der Technik

Intelligente Produkte beruhen auf ein Zusammenwirken mehrerer Domänen, zum Beispiel der Mechanik, der Elektrotechnik/Elektronik und der Softwaretechnik [AG12]. Sie werden folglich domänenübergreifend entwickelt. Systems Engineering ist ein methodischer Ansatz für die domänenübergreifende Entwicklung mechatronischer Produkte. Der Begriff „Systems Engineering" ist vielfältig definiert, beschreibt im Wesentlichen jedoch das Management der parallellaufenden Entwicklungsprozesse in den beteiligten Domänen basierend auf einem lebenszyklusorientierten top-down Ansatz [BE16, ZLB+16].

Top-down bedeutet einen von den Produktanforderungen ausgehenden domänenübergreifenden Systementwurf, dem die domänenspezifischen Entwürfe folgen. Einen solchen top-down Ansatz für das Systems Engineering beschreibt die VDI-Richtlinie 2206 [VDI2206]. Sie legt das V-Modell dem Makrozyklus des Systems Engineering zugrunde und ergänzt den top-down Entwurf mit einer bottom-up Systemintegration, in der die Ergebnisse der einzelnen Domänen zusammengeführt und die Eigenschaften des mechatronischen Produktes überprüft werden (Bild 1). Der Makrozyklus ist ein Teil des Produktlebenszyklus eines mechatronischen Produktes, der neben der Planung und Entwicklung auch die Herstellung, die Nutzung und das Recycling der Produkte umfasst [ES09].

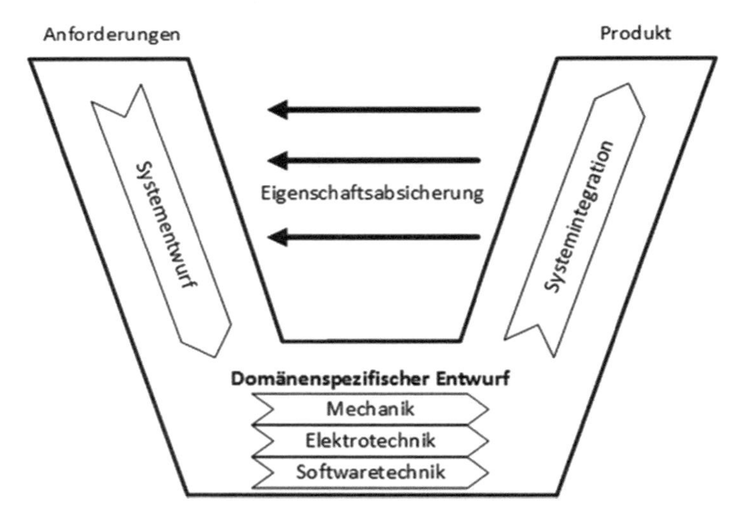

Bild 1: Makrozyklus des Systems Engineerings in Anlehnung an [VDI2206]

Die gesamtheitliche Organisation des Produktlebenszyklus auf Basis methodischer und organisatorischer Maßnahmen unter Anwendung von IT-Systemen wird Product Lifecycle Management (PLM) genannt [ES09]. Dabei kommen in der Regel mehrere domänenspezifische IT-Systeme zum Einsatz zum Beispiel für das Requirements Engineering, für das Erstellen von CAD-Modellen, für das Verwalten von Stücklisten, für die CAM-Programmierung etc. Mit dem Begriff PLM-System werden domänenübergreifende IT-Systeme beschrieben, die die Daten der domänenspezifischen IT-Systeme zentral verwalten und zusammenführen. PLM-Systeme bilden den IT-basierten Backbone für den Prozess der virtuellen Produktentstehung und somit für die gesamtheitliche Organisation des Produktlebenszyklus [ES09]. Darüber hinaus integrieren PLM-Systeme zunehmend Funktionen der domänenspezifischen IT-Systeme zum Beispiel das Requirements Engineering. PLM-Systeme haben ihren historischen Hintergrund in der Hardwaredomäne. Daher lag deren Integrationsfokus bislang auf den, der Hardware eines mechatronischen Produktes, zuordenbaren Domänen (CAD, CAM etc.).

Unabhängig von der Hardwaredomäne etablierten sich in der Softwaredomäne mit PLM vergleichbare Methoden. Auch hier wird der Lebenszyklus von Softwareprodukten auf Basis methodischer und organisatorischer Maßnahmen unter Anwendung von IT-Systemen organisiert. Dieser Prozess wird Application Lifecycle Management (ALM) genannt. ALM-Systeme sind IT-Systeme für die Koordination von Softwareentwicklungsaktivitäten sowie für das Management von Softwareartefakten, zum Beispiel von Anforderungen oder von Testfällen [Kää11]. Darüber hinaus haben ALM-Systeme, wie PLM-Systeme auch, die Aufgabe Daten aus anderen IT-Systemen zusammenzuführen und zentral zu verwalten. Beispiele sind die Integration von IT-Systemen für das Softwaredesign oder für das Softwaretestmanagement.

Sowohl PLM als auch ALM adressieren das Ziel eines effizienten Managements des Produktlebenszyklus. Da sie jedoch aus unterschiedlichen Domänen entstammen, unterscheiden sie sich in Begriffen (zum Beispiel Bauteil vs. Datei), in der Benennung und in der Bedeutung einzelner Teilaufgaben oder in der Art und Weise des Traceabilitymanagements [Riz14]. Traceability bezeichnet die Fähigkeit, eine Anforderung über den gesamten Lebenszyklus vorwärts und rückwärts zu verfolgen [GF94]. Da ein aktives Traceabilitymanagement die Qualität von Produktentwicklungen erhöht [WP10], ist dies u.a. ein Grund für die wachsende Notwendigkeit einer PLM/ALM-Integration. Dies bedeutet zum einen die Zusammenführung von Methoden und Prozessen des PLM und ALM und zum anderen die Kopplung von PLM-Systemen und ALM-Systemen.

Die Einschätzung, dass eine PLM/ALM-Integration das Management des Produktlebenszyklus mechatronischer Produkte verbessert, kann als anerkannt angesehen werden [Ebe13, Azo14]. Daher widmen sich sowohl die Industrie als auch die akademische Forschung diesem Thema, wobei letztere einen stärkeren Beitrag leisten könnte [DR16]. Ein Beispiel eines generischen Produktentwicklungsprozesses basierend auf einer PLM/ALM-Integration wird in [PP13] vorgeschlagen. Jedoch fehlen hier konkrete Umsetzungsstrategien für die Praxis. Das Forschungsprojekt „Chrystal“ hatte die Entwicklung einer integrierten Werkzeugkette entlang des Produktlebenszyklus basierend auf Webtechnologien zum Ziel [Cry17]. Darin ist zwar die PLM/ALM-Integration adressiert, jedoch fokussiert das Projekt auf die IT-technischen Voraussetzungen der Integration und nicht auf die Prozessmodellierung. Wir sehen daher den Bedarf, die PLM/ALM-Integration in Form von methodisch entwickelten Anwendungsfällen zu beschreiben.

Es gibt zahlreiche Notationen für die Prozessmodellierung. Eine große Verbreitung haben die Business Process Model and Notation (BPMN), die Unified Modeling Language (UML) und Ereignisgesteuerte Prozessketten (EPK) erlangt [DKK14]. In diesem Artikel verwenden wir die UML. Eine Bewertung, ob eine der anderen Notationen geeigneter ist, erfolgt hier nicht. Wir verwenden Use-Case-Beschreibungen und Sequenzdiagramme für die PLM/ALM-Prozessmodellierung.

3 PLM/ALM-Anwendungsfälle

Die Phasen, denen PLM/ALM-Anwendungsfälle zugeordnet werden können, werden durch den Entwicklungsprozess mechatronischer Produkte bestimmt, wie zum Beispiel dem erwähnten V-Modell der VDI-Richtlinie 2206. In den Produktlebenszyklusphasen, in denen domänenübergreifend gewirkt wird, spielt die PLM/ALM-Integration eine tragende Rolle. In Bild 2 sind diese Phasen gekennzeichnet.

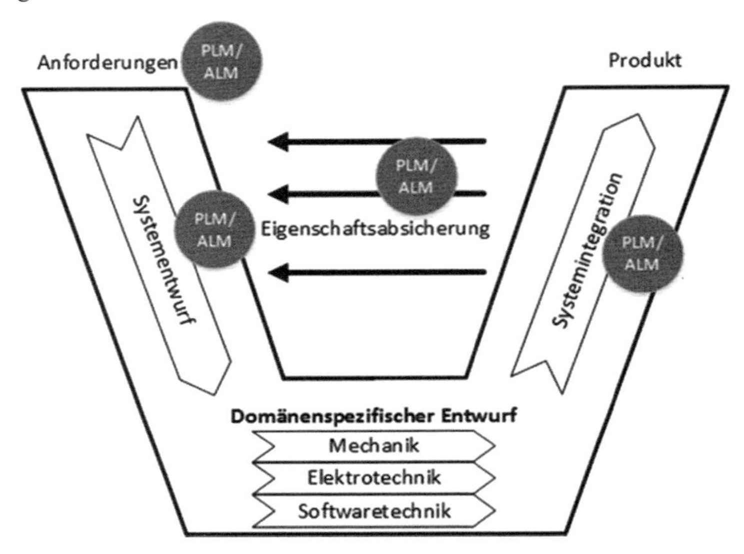

Bild 2: Phasen mit PLM/ALM-Integrationsbedarfen

Für jede dieser Phasen sind Anwendungsfälle für die PLM/ALM-Integration zu definieren. Im Folgenden konzentrieren wir uns auf die Anwendungsfälle in der Produktlebenszyklusphase Anforderungen. Dies erachten wir für die Erläuterung des Vorgehens in der methodischen Entwicklung der Anwendungsfälle als ausreichend. Bei der Formulierung der Anwendungsfälle wird davon ausgegangen, dass das führende System für die Erfassung aller Produktanforderungen das PLM-System ist und lediglich die softwarerelevanten Anforderungen im ALM-System verwaltet werden. In der betrieblichen Praxis kann das führende Anforderungsmanagementsystem jedoch auch das ALM-System sein. Ausgehend von unserer Konstellation werden folgende Anwendungsfälle (AF) formuliert:

- AF1: Produktanforderungen in PLM eintragen
- AF2: Produktanforderung aus PLM nach ALM übertragen
- AF3: Produktanforderung in PLM, die mit ALM verknüpft ist, freigeben
- AF4: Produktanforderung, die mit ALM verknüpft ist, in PLM ändern
- AF5: Produktanforderung, die mit ALM verknüpft ist, in PLM löschen
- AF6: Produktanforderung, die mit ALM verknüpft ist, in PLM freigeben
- AF7: Traceabilityreport alle Anforderungen systemübergreifend erstellen

Die Beschreibung jedes Anwendungsfalls erfolgt in Form einer Tabelle, in der verschiedene Merkmale des Anwendungsfalls eingetragen werden, und mit Hilfe eines Sequenzdiagramms.

Die von uns gewählten beschreibenden Merkmale eines Anwendungsfalls sind: *Actor, Trigger, Goal, Postcondition und Normal Flow*.

Im Folgenden zeigen wir ein Beispiel eines ausformulierten Anwendungsfalls. Tabelle 1 führt die Merkmale des Anwendungsfalls *AF2 - Produktanforderung aus PLM nach ALM übertragen* auf. Bild 3 zeigt das zum AF2 dazugehörende Sequenzdiagramm.

Tabelle 1: Merkmale des AF2 „Produktanforderung aus PLM nach ALM übertragen"

Actor:	Requirements Engineer
Trigger	Produktanforderungen sind in PLM erfasst.
Goal:	Strukturierung der Produktanforderungen in Anforderungen, die im PLM-System verfolgt werden und in Anforderungen, die im ALM-System verfolgt werden.
Postcondition:	Die relevanten Anforderungen sind in das ALM-System übertragen und mit der Ausgangsanforderung im PLM-System verknüpft.
Normal Flow:	• Der Requirements Engineer identifiziert Softwareanforderungen innerhalb der Produktanforderung im PLM-System. • Der Requirements Engineer startet im PLM-System einen Workflow, der die Anforderungen in das ALM-System überträgt. (Anm.: Der Begriff *Workflow* wird in Abschnitt 4 erläutert) • Nach Beenden des Workflows überprüft der Requirements Engineer, ob die Anforderung im ALM-System eingetragen und mit der Ausgangsanforderung verlinkt ist.

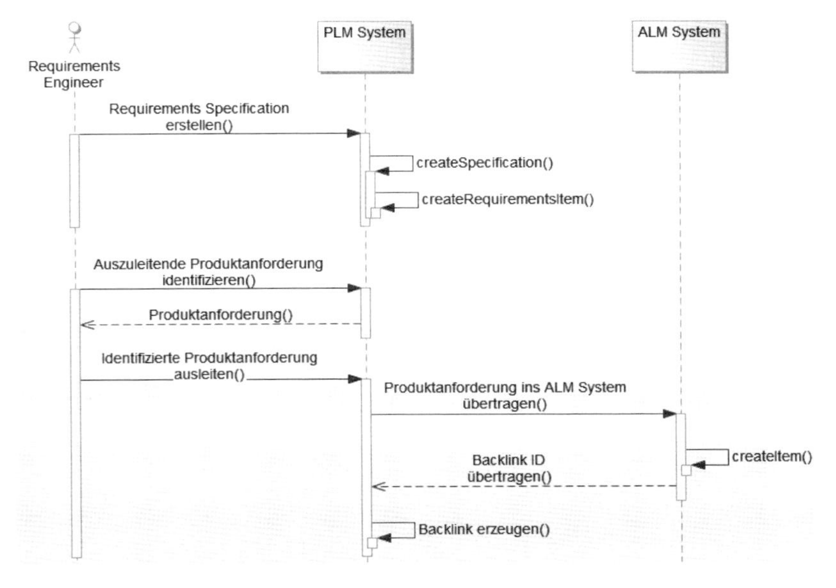

Bild 3: Sequenzdiagramm des AF2

Die Beschreibung aller weiteren Anwendungsfälle in der Produktlebenszyklusphase *Anforderungen* erfolgt in gleicher Art und Weise. Für das Erstellen und Verwalten der Anwendungsfälle wird ein kommerzielles Werkzeug für die UML-Modellierung verwendet.

Darüber hinaus sind weitere Anwendungsfälle in den nachfolgenden Produktlebenszyklusphasen in der Erfassung. Da sie jedoch noch nicht vollständig spezifiziert und evaluiert sind, werden sie in diesem Artikel nicht aufgeführt.

4 Evaluierung an einem praktischen Beispiel

Der Nachweis der Realisierbarkeit der modellierten Anwendungsfälle erfolgt an einer praxisnahen Produktentwicklung in der SmartFactoryOWL, einer Initiative der Hochschule Ostwestfalen-Lippe und der Fraunhofer-Gesellschaft [SF17]. In der SmartFactoryOWL entwickeln mehrere Forscherteams u.a. ein modulares mechatronisches Multifunktionsgerät, um Methoden zur Verbesserungen der Organisation des Produktlebenszyklus zu erforschen und zu erproben. Dazu setzt das Forscherteam die kommerziell verfügbaren IT-Systeme *Teamcenter*, ein PLM-System, und *Polarion*, ein ALM-System, ein, die untereinander Informationseinheiten, die sogenannten Items, mit Hilfe eines PLM/ALM-Konnektors verknüpfen können [ST17], [SP17].

Bei der Evaluierung der Anwendungsfälle wirken die aktuellen verfügbaren Funktionen des PLM/ALM-Konnektors limitierend. Damit ist gemeint, dass zwar alle der oben aufgeführten Anwendungsfälle praktisch evaluiert werden können, jedoch die jeweilige gewünschte *Postcondition* nicht erreicht wird. Im Folgenden erläutern wir die Evaluierung des oben aufgeführten Anwendungsfalls AF2, dessen *Postcondition* auch erreicht werden kann: Zunächst wird die auszuleitende Softwareanforderung innerhalb einer Anforderungsspezifikation vom Requirements Engineer in *Teamcenter* identifiziert und ausgewählt. Anschließend wird die Übertragung der gewählten Anforderung durch das Starten eines Workflows initiiert (Bild 4).

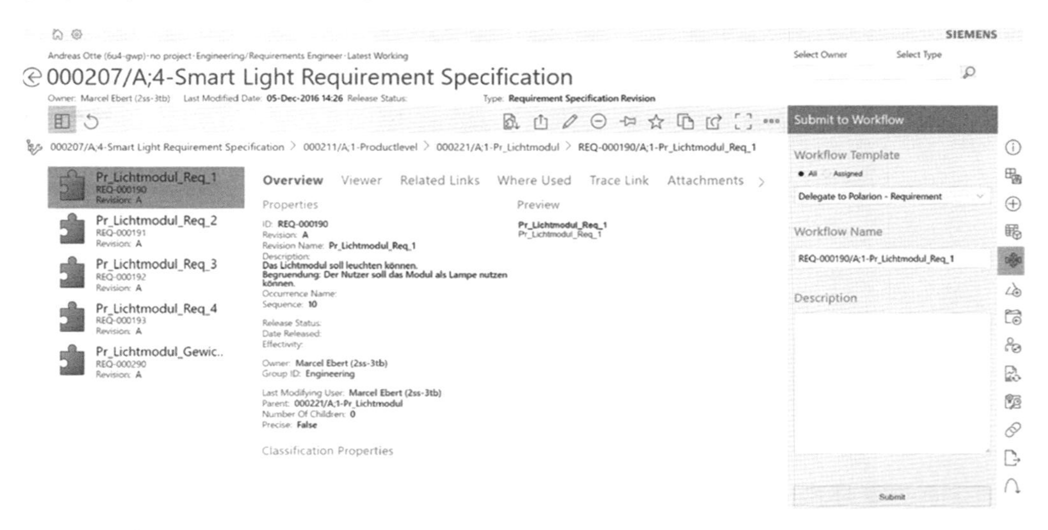

Bild 4: Übertragen einer Anforderung von Teamcenter nach Polarion

Der Begriff Workflow ist aus der Geschäftsprozessmodellierung bekannt und „bezeichnet mehrere dynamische, abteilungsübergreifende, aber fachlich zusammenhängende, arbeitsteilige Aktivitäten, die in logischer oder zeitlicher Abhängigkeit zueinander stehen" [Rig09]. Sowohl PLM-Systeme als auch ALM-Systeme unterstützen die Modellierung und die Durchführung von Workflows.

Der Workflow bewirkt die Anlage eines Anforderungsitems in *Polarion* und hinterlegt sowohl im Polarion-Anforderungsitem als auch im Teamcenter-Anforderungsitem einen Link. Dieser Link funktioniert wie ein Hyperlink: durch Auswahl des Links wird in das jeweilige andere IT-System abgesprungen, das verlinkte Anforderungsitem ausgewählt und angezeigt. Darüber hinaus kann über einen sogenannten UI-delegate Mechanismus das jeweilige Anforderungsitem des einen IT-Systems im UI des anderen IT-Systems angezeigt werden, also zum Beispiel kann das *Teamcenter*-Anforderungsitem in *Polarion* angezeigt werden (Bild 5).

Die weiteren oben genannten Anwendungsfälle wurden in ähnlicher Art und Weise evaluiert: Ausgehend von der Anwendungsfallbeschreibung wurden die in den Sequenzdiagrammen formulierten Abläufe an den IT-Systemen *Teamcenter* und *Polarion* durchgeführt. Es wurde überprüft, ob die jeweilig gewünschte *Postcondition* erreicht werden kann.

Wie eingangs erwähnt, konnte zwar nicht bei allen Anwendungsfällen der gewünschte Zielzustand erreicht werden. Jedoch war es möglich, die beschriebenen Sequenzen größtenteils zu durchlaufen. Zudem wurde Kontakt zu Siemens, dem Hersteller der IT-Systeme, aufgenommen und die weitere Entwicklungsroadmap des PLM/ALM-Konnektors angefragt. Die darin aufgeführten zukünftigen Funktionalitäten erlauben die Schlussfolgerung, dass alle bislang spezifizierten und weitere Anwendungsfälle in Zukunft vollständig realisiert werden können.

Es kann zusammengefasst werden, dass die praktische Evaluation den Nachweis erbrachte, dass eine methodische Beschreibung von PLM/ALM-Anwendungsfällen mit Hilfe von UML sinnvoll und zielführend möglich ist.

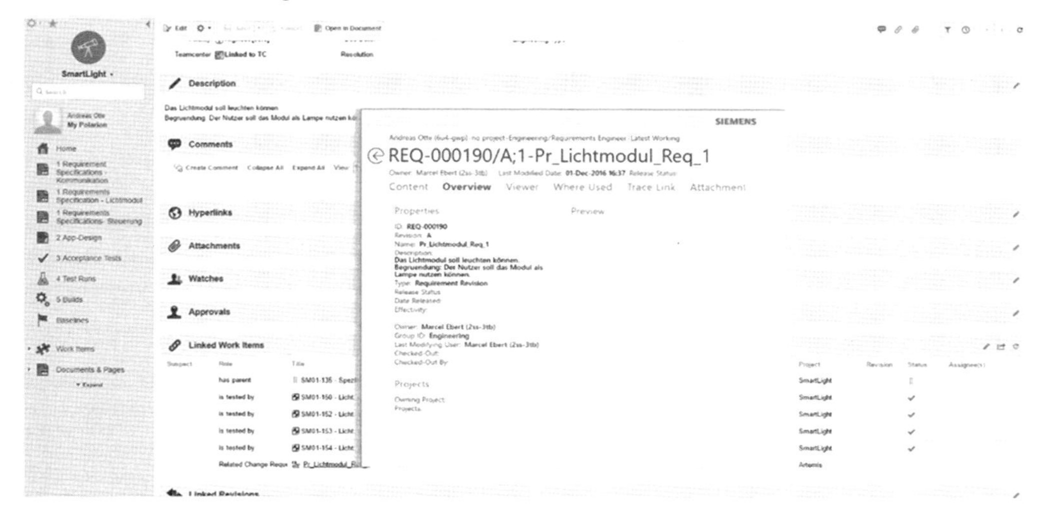

Bild 5: Ansicht der aus Teamcenter übertragenen Anforderung in Polarion

5 Resümee und Ausblick

Dieser Artikel widmet sich der domänenübergreifenden Produktentwicklung mechatronischer Produkte in produzierenden Betrieben. Mechatronische Produkte entstehen durch ein Zusammenwirken von hardwarebezogenen Domänen (Mechanik, Elektrotechnik etc.) und der Softwaredomäne. Diese heute oftmals noch getrennt verwalteten Domänen sind zusammenzuführen, um ein einheitliches und konsistentes Datenmanagement über den vollständigen Produktlebenszyklus mechatronischer Produkte zu gewährleisten.

Um dies in der Praxis nachhaltig zu etablieren, sind die dazugehörenden Prozesse zu beschreiben und erst danach in einer gegebenen IT-Infrastruktur zu realisieren. Wir gehen in diesem Artikel davon aus, dass in einer gegebenen IT-Infrastruktur bereits ein PLM-System und ein ALM-System vorhanden sind. Die Prozessmodellierung bezieht sich daher auf die PLM/ALM-Integration. Sie erfolgt entlang dem von der VDI-Richtlinie 2206 definierten Makrozyklus der Entwicklung mechatronischer Produkte. Für die Prozessmodellierung nutzen wir die Unified Modeling Language (UML), mit der wir PLM/ALM-Anwendungsfälle im Kontext einer praxisnahen Produktentwicklung beschreiben.

In diesem Artikel beschreiben wir einen der Anwendungsfälle und dessen Evaluierung in der Produktlebenszyklusphase *Anforderungen* im Detail. Weitere von uns erfasste Anwendungsfälle werden erwähnt, jedoch nicht detailliert erläutert. Die bislang formulierten Anwendungsfälle können jedoch nur als Startpunkt in eine umfangreiche Prozessmodellierung der PLM/ALM-Integration betrachtet werden. Der aktuelle Umfang reicht nicht aus, um eine Überführung in eine betriebliche Praxis zeitnah zu starten.

Um ein ganzheitliches Bild über den Umfang aller Anwendungsfälle zu gewinnen, müssen einige produzierende Betriebe in die Prozessmodellierung eingebunden werden. Dadurch entstehen lokale Szenarien, die von der akademischen Forschung abstrahiert und verallgemeinert werden sollten, um möglichst generische Prozessbeschreibungen zu generieren, von denen wiederum andere produzierende Betriebe profitieren können.

Die praktische Evaluierung der von uns beschriebenen Anwendungsfälle erfolgt an konkreten IT-Systemen. Dies betrachten wir als wesentliches Element in der Entwicklung der Anwendungsfälle: sie müssen in konkreten IT-Systemen realisierbar sein, damit sie in die betriebliche Praxis überführt werden können. Die verwendeten IT-Systeme sind *Teamcenter* (PLM) und *Polarion* (ALM), eine Evaluierung an anderen IT-Systemen erfolgte nicht. Um einer toolspezifischen Formulierung von PLM/ALM-Anwendungsfällen vorzubeugen und um eine breitere Evaluierungsbasis schaffen, sollten aufbauende Arbeiten weitere IT-Systeme einbeziehen.

Trotz des Bedarfs an weiterführenden Forschungsarbeiten kann der Nachweis erbracht werden, dass der in diesem Artikel gewählte Ansatz geeignet ist, die PLM/ALM-Integration in der betrieblichen Praxis substantiell vorzubereiten. Die aufgeführte Methodik der Prozessmodellierung und deren Evaluation leisten einen wertvollen Beitrag für den Erhalt und die Steigerung der Wettbewerbsfähigkeit produzierender Betriebe.

Literatur

[AG12] ALBERS, A., GAUSEMEIER, J.: Von der fachdisziplinorientierten Produktentwicklung zur Vorausschauenden und Systemorientierten Produktentstehung. In: Smart Engineering: Interdisziplinäre Produktentstehung. Springer, Berlin Heidelberg, 2012

[Azo14] AZOFF, M.: ALM-PLM Integration: Why it matters for multi-domain engineering. https://www.polarion.com/resources/download/ovum-wp-polarion-alm-plm-integration, 2014, 22. November 2016.

[BE16] BLANCHARD, B.S.; BLYLER, J.E.: System Engineering Management, 5. Aufl. Wiley, 2016

[Cry17] CRYSTAL – CRITICAL SYSTEM ENGINEERING ACCELARATION, http://www.crystal-artemis.eu/, 28. Februar 2017

[DKK14] DRAWEHN, J.; KOCHANOWSKI, M.; KÖTTER, F.: Business Process Management Tools 2014. Fraunhofer Verlag, Stuttgart, 2014

[DR16] DEUTER, A., RIZZO, S.: A Critical View on PLM/ALM Convergence in Practice and Research. Procedia Technology 26: 405–412, 2016

[Ebe13] EBERT, C.: Improving engineering efficiency with PLM/ALM. Software & Systems Modeling 12(3): 443–449, 2013

[ES09] EIGNER, M.; STELZER, R.: Product Lifecycle Management: Ein Leitfaden für Product Development und Life Cycle Management, 2. Aufl. Springer Berlin Heidelberg, 2009

[GF94] GOTEL, O.C.Z.; FINKELSTEIN, C.W.: An analysis of the requirements traceability problem. In: International Conference on Requirements Engineering, 94–101, 1994

[Kää11] KÄÄRIÄINEN, J.: Towards an Application Lifecycle Management Framework, VTT, Vol. 179, 2011

[LAN10] LANGAU, L.: Tips for Improving Mechatronic Collaboration. Unter: http://www.designworldonline.com/tips-for-improving-mechatronic-collaboration, 2010, 28. Februar 2017

[PP13] PRENDEVILLE, K.; PITCOCK, J.: Maximizing the return on your billion-dollar R&D investment: Unified ALM-PLM. Unter: https://www.accenture.com/us-en/insight-outlook-maximizing-roi-unified-application-lifecycle-management.aspx, 2013, 28. Februar 2017

[Rig09] RIGGERT, W.: ECM – Enterprise Content Management: Konzepte und Techniken rund um Dokumente. Vieweg+Teubner, Wiesbaden, 2009.

[Riz14] RIZZO, S.: Why ALM and PLM need each other. https://www.polarion.com/resources/download/why-alm-and-plm-need-each-other-whitepaper, 2014, 28. Februar 2017

[SF17] SMARTFACTORYOWL, http://www.smartfactory-owl.de, 28. Februar 2017

[SP17] SIEMENS POLARION ALM, https://polarion.plm.automation.siemens.com, 28. Februar 2017

[ST17] SIEMENS TEAMCENTER, https://www.plm.automation.siemens.com/de_de/products/teamcenter, 28. Februar 2017

[OMG17] OBJECT MANAGEMENT GROUP, htttp://www.umlorg.org, 28. Februar 2017

[VDI2206] VDI-RICHTLINIE 2206 Entwicklungsmethodik für mechatronische Systeme. Beuth Verlag, Berlin, 2004

[WP10] WINKLER, S.; PILGRIM, J.: A survey of traceability in requirements engineering and model-driven development. Software & Systems Modeling 9(4): 529–565, 2010

[ZLB+16] ZHENG, C.; LE DUIGOU, J.; BRICOGNE, M.; EYNARD, B.: Multidisciplinary Interface Model for Design of Mechatronic Systems. Research in Engineering Design, Vol. 27, S.1-24, 2016

Autoren

Prof. Dipl.-Ing. Andreas Deuter ist seit 2015 Professor für Informatik in Technik und Produktion am Fachbereich Produktion und Wirtschaft der Hochschule OWL. Zuvor war er 18 Jahre bei Phoenix Contact tätig. Seine wichtigsten Stationen waren dabei seine Aufgaben als Softwareentwickler, als Projektleiter für Softwareentwicklung, als Projektkoordinator in der Produktentwicklung automatisierungstechnischer Produkte sowie als Abteilungsleiter in der Softwareentwicklung. Sein Studium der Elektrotechnik hat Andreas Deuter an der Otto-von-Guericke Universität in Magdeburg absolviert. Er studierte außerdem an der Technischen Universität Sofia in Bulgarien und an der University of Huddersfield in Großbritannien.

Andreas Otte ist seit 2011 wissenschaftlicher Mitarbeiter im Fachbereich Produktion und Wirtschaft an der Hochschule Ostwestfalen-Lippe. Dort absolvierte er den Bachelorstudiengang Betriebswirtschaft (B.A.) und anschließend den Masterstudiengang Produktion und Management (M.Eng.). Derzeit ist er in verschiedenen Forschungsprojekten in der SmartFactory-OWL tätig, die intelligente Entwicklungsprozesse im Kontext der Industrie 4.0 zum Ziel haben.

Daniel Höllisch ist seit 2010 Angestellter bei der AGCO GmbH, am Standort der Marke Fendt in Marktoberdorf. Von dort aus koordiniert er die Vereinheitlichung des Softwareentwicklungsprozesses aller weltweit verteilten Entwicklungsstandorte des Konzerns. Hierzu gehören die Etablierung einer einheitlichen Toollandschaft und die Einführung neuer Entwicklungsmethoden. Zuvor war er rund 8 Jahre im EADS Konzern tätig. Dort war er als Systemingenieur und Projektleiter für Großsysteme im Bereich RADAR und Schiffsverkehrsüberwachung tätig. Zuletzt definierte er dort die Systemanforderungen für zukünftige SAR Satellitenmissionen und koordinierte die Mission TanDEM-X für die Industrieseite eines PPP (Public Private Partnership) mit der Deutschen Agentur für Luft- und Raumfahrt (DLR). Sein Studium der Informatik, mit dem Nebenfach Elektrotechnik absolvierte Daniel Höllisch an der Technischen Universität München.

Experimentierbare Digitale Zwillinge für übergreifende simulationsgestützte Entwicklung und intelligente technische Systeme

Dr.-Ing. Michael Schluse, Prof. Dr.-Ing. Jürgen Roßmann
RWTH Aachen, Institut für Mensch-Maschine-Interaktion
Ahornstraße 55, 52074 Aachen
Tel. +49 (0) 241 / 80 26 103, Fax. +49 (0) 241 / 80 22 308
E-Mail: {Schluse/Rossmann}@mmi.rwth-aachen.de

Zusammenfassung

Ein Digitaler Zwilling repräsentiert ein reales Objekt oder Subjekt mit seinen Daten, Funktionen und Kommunikationsmöglichkeiten in unterschiedlicher Detaillierung in der digitalen Welt. Als Knoten im Internet der Dinge und Dienste ermöglicht er die Vernetzung realer Objekte und Subjekte und damit die Automatisierung komplexer Wertschöpfungsketten. Die Anwendung simulationstechnischer Methoden erweckt einen Digitalen Zwilling zum Leben und macht ihn experimentierbar; aus einem Digitalen Zwilling wird ein Experimentierbarer Digitaler Zwilling (EDZ). Auch diese Experimentierbaren Digitalen Zwillinge werden – zunächst rein in der virtuellen Welt – miteinander vernetzt. Unterschiedliche Einsatzszenarien werden so in konfigurierbaren Netzwerken interagierender EDZe abgebildet und diese Netzwerke dann in Virtuellen Testbeds in ihrer Gesamtheit simuliert. Dies liefert neue Grundlagen für ein übergreifendes Simulation-based Systems Engineering. In dessen Mittelpunkt stehen EDZe, die sich mit jeder einzelnen Anwendung kontinuierlich weiterentwickeln. So entsteht sukzessive ein vollständig digitales Abbild der jeweiligen realen Assets, das jetzt auch deren Verhalten umfassend nachbildet. Die Vernetzung von EDZen mit realen Assets führt zu hybriden Einsatzszenarien, in denen Simulationstechnik in Form von EDZen auf der realen Hardware eingesetzt wird und so komplexe Steuerungsalgorithmen, innovative Bedienoberflächen oder Mentale Modelle für intelligente Systeme realisiert.

Schlüsselworte

Experimentierbarer Digitaler Zwilling, Simulation-based Systems Engineering, Virtuelles Testbed, Simulation-based X, Intelligente Systeme

Experimentable Digital Twins for Simulation-Based Development and Intelligent Technical Systems

Abstract

A Digital Twin represents a real object or subject with its data, functions and communication capabilities in different levels of detail in the digital world. As a node of the Internet of Things and Services, it enables the networking of real objects and subjects and thus the automation of complex value-added chains. The application of simulation techniques brings a Digital Twin to life and makes it experimentable; a Digital Twin becomes an Experimentable Digital Twin (EDT). These Experimental Digital Twins also communicate with each other – initially purely in the virtual world. The resulting networks of interacting EDTs model different application scenarios and are simulated in Virtual Testbeds in their entirety. This provides new foundations for a comprehensive Simulation-Based Systems Engineering. Its focus is on EDTs, which become more and more detailed with every single application. Thus, a complete digital representation of the respective real assets is created successively, which now replicates their behavior, too. The networking of EDTs with real assets leads to hybrid application scenarios in which simulation technology is used in the form of EDTs on the real hardware, thus realizing complex control algorithms, innovative user interfaces or Mental Models for intelligent systems.

Keywords

Experimentable Digital Twin, Simulation-based Systems Engineering, Virtual Testbed, Simulation-based X, Intelligent Systems

1 Einleitung

Die Entwicklung der Simulationstechnik für Robotik und Mechatronik hat enorme Fortschritte gemacht; für nahezu jede Problemstellung stehen passende Simulationswerkzeuge zur Verfügung. Zur Beantwortung konkreter Fragestellungen dienen aufwändig realisierte, auf ausgewählte Aspekte beschränkte Einzelsimulationen, die nur in Grenzen weiterverwendet oder für übergreifende Ansätze miteinander oder mit realen Systemen integriert werden. Konzepte wie Rapid Control Prototyping und Virtuelle Inbetriebnahme oder offene Modellierungssprachen wie Modelica oder AutomationML adressieren Teilaspekte dieser Problematik, liefern allerdings keine übergreifende Lösung. Diese ist elementar, um das offensichtlich vorhandene Potenzial von Simulationstechnik für neue Einsatzbereiche und Anwendergruppen zu erschließen.

Industrie 4.0-Konzepte liefern hier mit der umfassenden Digitalisierung technischer Systeme in unterschiedlichen Facetten und deren umfassenden Vernetzung neue Denk- und Realisierungsansätze. Im Zentrum steht der *Digitale Zwilling*, die virtuelle Abbildung eines technischen Assets in der Verwaltungsschale der I4.0-Komponente. Er ist das zentrale Data-Warehouse für das Asset während des gesamten Lebenszyklus, stellt alle Daten, Funktionen und Kommunikationsmittel zusammenhängend zur Verfügung und ermöglicht so die Vernetzung des Assets.

Übertragen auf die Simulationstechnik bedeutet dies, Digitale Zwillinge in den Mittelpunkt vernetzter Simulationsanwendungen zu stellen und diese mit jeder Anwendung kontinuierlich weiterzuentwickeln (siehe Bild 1). So entsteht sukzessive ein vollständiges digitales Abbild des realen Assets, seines Verhaltens, seiner Sensorik und Aktorik, der integrierten Daten verarbeitenden und MMI-Systeme – und nebenbei die I4.0-Verwaltungsschale selbst. In Erweiterung zum klassischen I4.0-Verständnis mit einem eher beschreibenden „Datenbereich" eines Digitalen Zwillings entstehen so *Experimentierbare Digitale Zwillinge (EDZ)*, die das Verhalten des realen Assets in unterschiedlichen Betriebszuständen und -szenarien detailliert nachbilden.

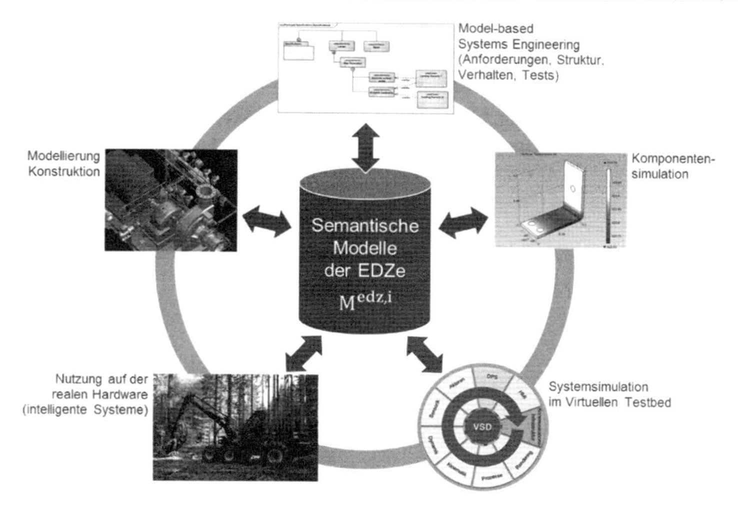

Bild 1: Integriertes Simulation-Based Systems Engineering auf Grundlage eines einzigen Systemmodells, welches alle benötigten Modelle beginnend mit den Anforderungen bis zur detaillierten Simulation in EDZen zusammenfasst

Ausgangspunkt für die Modellierung der EDZe ist Model-based Systems Engineering (MBSE), das durch EDZe um Strukturen, Methoden, Prozesse und Werkzeuge für eine umfassende Simulation auf der Ebene von Systems-of-Systems – gleichbedeutend mit einem Netzwerk interagierender EDZe – erweitert wird. Bei der derart umfassenden Simulation dieser EDZe oder der gleichzeitigen Betrachtung mehrerer EDZe in einer simulierten Umwelt kommen klassische Simulationssysteme an ihre Grenzen. *Virtuelle Testbeds* als zentraler Baustein der eRobotik [KH15] liefern hier auf Grundlage einer systematischen Beschreibung EDZe die notwendige interdisziplinäre, domänen-, system-, prozess- und anwendungsübergreifende Simulationsinfrastruktur. So entsteht eine neue Durchgängigkeit in der Simulationstechnik. Zudem stellen EDZe wesentliche Realisierungsbausteine für I4.0 zur Verfügung, von der Beherrschung immer komplexer werdender, sich aus vielen Einzelkomponenten zusammensetzender Systeme bis hin zur Realisierung Mentaler Modelle für intelligente Systeme [RKA+14].

Dieser Beitrag adressiert unterschiedliche Aspekte EDZe. Das *übergreifende Konzept* und die *mathematische Modellierung* EDZe (siehe Kapitel 2) ermöglicht aufbauend auf bekannten MBSE-Methoden (siehe Kapitel 4) deren *umfassende Modellierung und Simulation* sowie deren *übergreifende Nutzung* (siehe Kapitel 5) – nicht zuletzt in den unterschiedlichsten Szenarien des *Simulation-based X* (siehe Kapitel 6). Damit geht dieser Ansatz über den Stand der Technik (siehe Kapitel 3) hinaus. Seine Tragfähigkeit wird anhand mehrerer *Anwendungsbeispiele* vom Roboter im Weltraum über die industrielle Produktion bis in die Forstwirtschaft belegt.

2 Die Grundidee der Experimentierbaren Digitalen Zwillinge

Model-based Systems Engineering und Simulationstechnik sind Schlüsseltechnologien zur Bewältigung der stetig steigenden Komplexität technischer Systeme. Allerdings steigt mit der Systemkomplexität auch die Komplexität der Modelle – und dies umso mehr, wenn die Wechselwirkungen zwischen Einzelkomponenten sowie zwischen diesen und ihrer Einsatzumgebung im übergreifenden *Systemmodell* des „System-of-Systems“ berücksichtigt werden müssen.

Aus Sicht der Simulationstechnik stellt die Methodik der eRobotik bereits heute wesentliche Bausteine zur Durchführung derartiger Simulationen zur Verfügung und ermöglicht den Einsatz von Simulationstechnik im gesamten Lebenszyklus. Auf der anderen Seite ist die systematische Erarbeitung dieser Modelle als Grundlage der Entwicklung zentrales Ziel von MBSE. Um diese Modelle experimentierbar [VDI3633] zu machen, müssen allerdings alle möglichen Interaktionen zwischen den Systemkomponenten, den unterschiedlichen interagierenden Systemen und der Systeme mit ihrer Umgebung modelliert werden. Das Systemmodell wächst hierdurch ständig, wodurch es immer schwieriger wird, seine Vollständigkeit sicherzustellen und das Gesamtziel im Blick zu behalten. Eine Simulation auf Systemebene ist so nur schwierig zu erreichen. Daher werden heute meistens nur Detailaspekte des Systems mit hochspezialisierten Werkzeugen und hierfür speziell entwickelten Modellen untersucht.

Experimentierbare Digitale Zwillinge (EDZ) können hier das fehlende Strukturierungselement und mit Virtuellen Testbeds (VTB) die notwendige Simulationsinfrastruktur liefern und so sowohl den Prozess zur Erstellung experimentierbarer Modelle als auch den Übergang zwischen

Modellierung und Simulation und dann mit Simulation-based X den Übergang in die Anwendung deutlich vereinfachen. Der einem EDZ zu Grunde liegende Begriff des „Digitalen Zwillings" stammt aus den Industrie 4.0-Entwicklungen und beschreibt eine 1-zu-1-Abbildung eines Subjekts (Person, Softwaresystem, ...) oder Objekts (Maschine, Komponente, Umgebung, ...) der realen Welt. Er umfasst Modelle seiner Daten (Geometrie, Struktur, ...), seiner Funktionalität (Datenverarbeitung, Verhalten, ...) und seiner Kommunikationsschnittstellen. Er kann verglichen werden mit der Verwaltungsschale einer Industrie 4.0-Komponente [I40-ol] eines technischen Assets oder einem Virtuellen Produktmodell.

EDZe (siehe Bild 2) kombinieren die Ideen der Digitalen Zwillinge aus Industrie 4.0 mit modernen Methoden aus der Simulationstechnik, um diese „zum Leben zu erwecken" und für eine Vielzahl unterschiedlichster Anwendungen von der Entwicklung über Optimierung, Verifikation und Validierung, Training bis hin zu intelligenten Steuerungssystemen experimentierbar zu machen. Analog zu Industrie 4.0 werden für konkrete Anwendungen Netzwerke miteinander interagierender EDZe aufgebaut und dafür sowohl Modellkomponenten als auch Simulationsalgorithmen miteinander verbunden. Hierzu werden sowohl bekannte Konzepte der portbasierten Kommunikation als auch spezialisierte Integrationskonzepte für Simulationsalgorithmen eingesetzt. Auf diese Weise ermöglichen EDZe die integrierte simulationsgestützte Entwicklung auf Systemebene als auch die Realisierung intelligenter Systeme durch Verwendung von Simulationstechnik im System selbst.

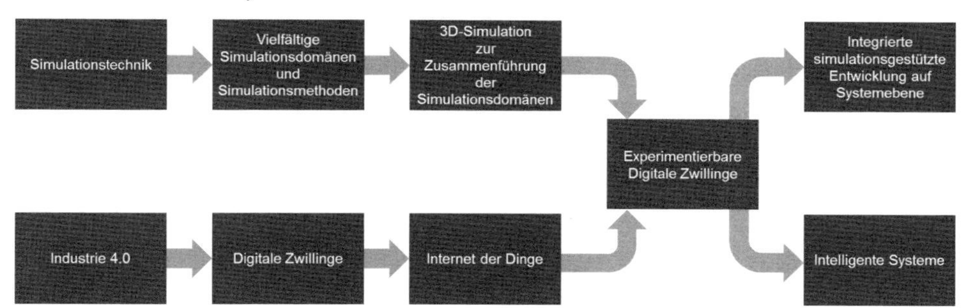

Bild 2: Die Verknüpfung von Simulationstechnik und Industrie 4.0-Konzepten führt zum Experimentierbaren Digitalen Zwilling (EDZ)

Aus Sicht des MBSE kann ein EDZ verglichen werden z.B. mit einem SysML-Block in einem Blockdefinitionsdiagramm (siehe Bild 3). Er bietet die gleichen Ein- und Ausgänge wie der Block an, die über die gleiche (simulierte) Kommunikationsinfrastruktur wie die des realen Gegenstücks kommunizieren. Aus Sicht der Simulationstechnik enthält der EDZ alle für seine Simulation auf unterschiedlichen Detaillierungsebenen (DES, Kinematik, Dynamik, ...) notwendigen Simulationsmodelle und (spezialisierten) Simulationsalgorithmen. Unabhängig von der Sichtweise (MBSE oder Simulationstechnik) bleiben die Semantik der EDZe als auch ihr Name, ihre Eigenschaften und ihre „Ports" gleich. Weil der EDZ auf dieser semantischen Ebene eingesetzt wird, versteckt er alle Simulationsdetails vor dem SE-Experten. Es ist Aufgabe des VTBs als Simulator, das resultierende Netzwerk EDZe zu simulieren, die geeigneten Simulationsalgorithmen auszuwählen und unterschiedliche Teile des Simulationsmodells geeignet zu gruppieren und diesen Algorithmen zuzuweisen. Auf diese Weise können unterschiedliche Simulationsvarianten (von einfachen Functional Mockup Units (FMUs), [FMI-ol] über Starrkörperdynamik und Sensorik bis zu DES und detaillierten MKS/FEM-Untersuchungen) gleichzeitig verwendet werden. Der Benutzer kann sich auf die wesentlichen Teile des Systems konzentrieren und muss meist nur die explizit gewünschten Interaktionen zwischen den unterschiedlichen Modellblöcken modellieren, die Ausführung des Modells ergänzt die impliziten Interaktionen (z.B. zwischen unterschiedlichen Starrkörpern) automatisch (siehe Kapitel 5). Die Definition von Testfällen kann sich dann auf die Modellierung von Bewegungstrajektorien, Steuersignalen für Aktoren o.ä. konzentrieren. Das resultierende Systemverhalten ist Ergebnis der darunterliegenden Systemdynamik, welche oft durch verallgemeinerte Simulationsalgorithmen (Kinematik, Starrkörperdynamik, …) nachgebildet wird.

Bild 3: Die Verbindung zwischen MBSE und Simulationstechnik erfolgt über EDZe

Bild 4 links zeigt die systematische Sicht auf EDZe. Ein EDZ kombiniert ein simuliertes Datenverarbeitungssystem (DPS) mit einer simulierten Welt und einer simulierten Benutzerschnittstelle (HMI). Die simulierte Welt umfasst das simulierte System, das durch seinen Zustandsvektor $\underline{s}\,^{\text{sworld}}_{\text{sys}}(t)$ (umfasst auch sein Modell, z.B. einem Rover), den seiner simulierten Sensoren $\underline{s}\,^{\text{sworld}}_{\text{sen}}(t)$ (z.B. Kamera) und Aktoren $\underline{s}\,^{\text{sworld}}_{\text{sen}}(t)$ (z.B. Motoren) gegeben ist.

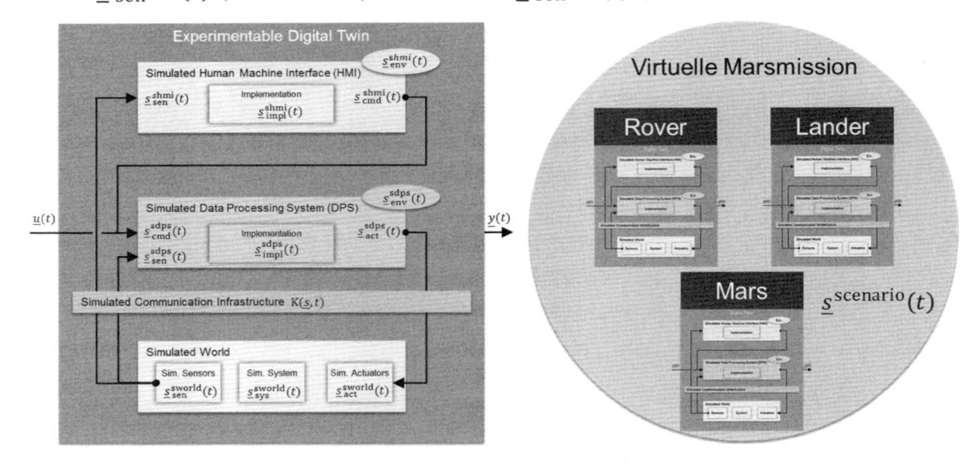

Bild 4: Systematische Sicht auf einen EDZ sowie mehrere EDZ in einem Einsatzszenario

Das DPS (z.B. Kartenbildung, Bewegungsplanung) verarbeitet Sensordaten und/oder externe Eingangsgrößen und steuert das System. Es ist repräsentiert durch $\underline{s}\,^{\text{sdps}}_{\text{impl}}(t)$, erhält Sensordaten $\underline{s}\,^{\text{sdps}}_{\text{sen}}(t)$, erzeugt Steueranweisungen $\underline{s}\,^{\text{sdps}}_{\text{act}}(t)$ und verwaltet möglicherweise eine „wahrgenommene Umgebung“ $\underline{s}\,^{\text{sdps}}_{\text{env}}(t)$ (z.B. eine generierte Karte). Der EDZ hat Eingänge $\underline{u}(t)$ und

Ausgänge $\underline{y}(t)$, um z.B. Zieltrajektorien entgegenzunehmen oder eine portbasierte Kommunikation zu erlauben. Alle Komponenten innerhalb wie außerhalb des EDZ kommunizieren über simulierte Kommunikationsinfrastrukturen, welche die realen Kommunikationsinfrastrukturen des realen Gegenstücks nachbilden – und bei Bedarf mit diesen verbunden werden können. Zur Untersuchung werden unterschiedliche EDZe in einem „Szenario" zusammengefasst und geeignet miteinander verbunden. Der Zustandsvektor $\underline{s}^{\,scenario}(t)$ der Simulation dieses Szenarios im VTB setzt sich hierbei aus den Zustandsvektoren aller beteiligten EDZe zusammen.

3 Stand der Technik

Ein Blick auf den aktuellen Stand der Technik im Bereich der Simulationstechnik führt schnell zu bekannten Verfahren wie Ereignisdiskrete Simulation (DES, [Ban10]), FEM-Werkzeuge, Frameworks wie MATLAB/Simulink, die Sprache Modelica und die hiermit assoziierten Werkzeuge oder Game-Engines wie [Unr-ol]. Zusätzlich zu diesen „generischen" Werkzeugen existiert eine Vielzahl spezialisierter Ansätze z.B. für spezielle Sensoren, Prozesse oder Anwendungsgebiete wie die Robotik mit ihren Simulationswerkzeugen wie ROBCAD, V-REP, GAZEBO oder ROBOTRAN. Auf der anderen Seite integrieren MBSE-Werkzeuge Verfahren zur Modellierung und Simulation des Verhaltens von Teilen des Systemmodells. Mit SysML können Verhalten und Parameter von Systemblöcken ebenso wie Testfälle zur Verifikation und Validierung des Systemdesigns beschrieben werden, die dann in Werkzeugen wie Enterprise Architect simuliert werden. Parallel hierzu existieren unterschiedliche Ansätze zur Integration der o.g. „generischen" Simulationsverfahren z.B. durch Netzwerke interagierender Functional Mockup Units [FMI-ol], wobei jede das Verhalten von einem oder mehreren SysML-Blöcken nachbildet [AT16]. Die Integration spezialisierter Simulationsansätze ist komplex und wird nur selten eingesetzt. Der Nachteil all dieser Ansätze ist die fehlende Flexibilität und die Komplexität ihres Einsatzes, da sie alle für sehr spezifische Anwendungsgebiete entwickelt wurden. Es fehlt ein umfassender Ansatz, der den umfassenden Einsatz von Simulationstechnik auf Grundlage eines einzigen Systemmodells im gesamten Lebenszyklus technischer Systeme ermöglicht.

4 Model-based Systems Engineering als Ausgangspunkt

Der daher in diesem Beitrag vorgeschlagene Ansatz soll nachfolgend an einem Beispiel illustriert werden, der Landung eines Rovers auf dem Mars (siehe Bild 5). Ein Lander trägt einen Rover, beide sind mit Aktoren wie Düsen oder Motoren, Sensoren wie Kameras und On-Board-Datenverarbeitungseinheiten ausgestattet und beide weisen ihr eigenes dynamisches Verhalten auf (hier modelliert mit Methoden der Starrkörperdynamik). Ausgangspunkt des MBSE-Prozesses ist das Blockdefinitionsdiagramm (die verwendeten SysML-Diagramme sind ebenso wie das gesamte Beispiel stark vereinfacht und auf das Wesentliche reduziert) bestehend aus einem Lander, seinen Aktoren (Düsen), Sensoren (Kamera) und seiner Datenverarbeitungseinheit (OBC), dem Rover sowie die die Umgebung repräsentierenden Blöcke. Das Anforderungsdiagramm (siehe Bild 6) definiert Anforderungen an das System und Testfälle, um diese zu verifizieren. Über die Definition von Ports wird der Datenfluss zwischen den Blöcken festgelegt, illustriert am Beispiel der Erfassung von Kameradaten beim Landeanflug. Bis hierhin handelt es sich um einen Standard-MBSE-Prozess, der mit der Definition von „Behaviors“, „Constraints“ und „Parameters“ voranschreiten würde. Beim Übergang zur Simulation des Gesamtszenarios wird man allerdings feststellen, dass diese Modelle hierzu bei weitem nicht detailliert genug sind. Vielmehr müssen hierzu die verwendeten Blöcke weiter ausdetailliert und eine Vielzahl fehlender Interaktionen ergänzt werden (z.B. zur Modellierung des Effekts, dass die Düsen die Kamera bewegen, oder der Lander sich mit und ohne Rover unterschiedlich bewegt).

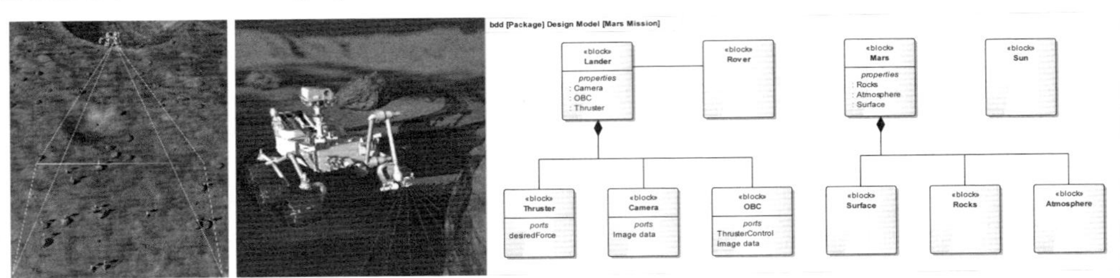

Bild 5: Szenario für Landung und Exploration auf dem Mars [RJB13], vereinfachtes Blockdefinitionsdiagramm für dieses Szenario

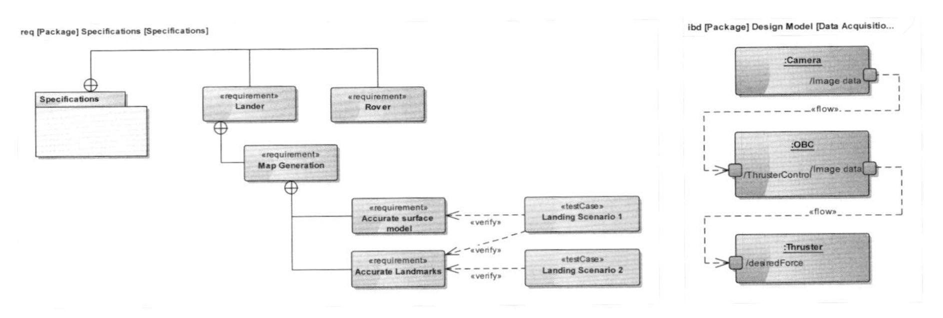

Bild 6: Vereinfachtes Anforderungsdiagramm für das Mars-Szenario (links), Datenfluss für die Datenaufnahme (rechts)

5 Simulation interagierender EDZe in Virtuellen Testbeds

Genau dieses fehlende Wissen stellen jetzt die EDZe zur Verfügung, die – da sie semantisch 1-zu-1 den SysML-Blöcken entsprechen – entweder durch weitere MBSE-Prozesse rekursiv modelliert oder durch generische oder spezialisierte Simulationsmodelle bereitgestellt werden. Auf diese Weise wird die Virtuelle Marsmission aus den EDZen des Landers, des Rovers und der Umgebung sowie deren expliziten Interaktionen zusammengestellt (siehe Bild 4 rechts). Die beteiligten EDZe sind unterschiedlich komplex und enthalten nicht zwangsläufig immer alle in Bild 4 links gezeigten Komponenten (der EDZ des Mars besteht z.B. nur aus dem simulierten System $\underline{s}_{\mathrm{sys}}^{\mathrm{sworld}}(t)$, kein EDZ verfügt über ein HMI). Zudem sind die EDZe in Bild 4 rechts nicht miteinander verbunden. Der Grund hierfür ist, dass die in Bild 6 gezeigten Verbindungen im Lander selbst durchgeführt werden und auf der Szenarioebene entsprechend nicht sichtbar sind. Alle anderen Interaktionen (z.B. zwischen Lander und Rover) sind implizit über die eingesetzten Simulationsverfahren modelliert.

Im Ergebnis steht für das untersuchte Szenario ein Gesamtmodell bestehend aus den Teilmodellen der beteiligten EDZe und deren Verbindungen zur Verfügung, welches aufbauend auf einem übergreifenden Daten- bzw. Informationsmodell für jeden dieser EDZe alle für seine Simulation notwendigen Detailmodelle (hier Starrkörperdynamik, Sensorik, Daten verarbeitende Algorithmen) enthält. Während des Ladens dieses Szenarios in den Simulator, ordnet dieser die einzelnen Modellbestandteile den entsprechenden Simulationsalgorithmen zu. Das simulationsdomänenübergreifende Szenariomodell stellt hierfür die notwendigen Metadaten zur Verfügung (z.B. Starrkörper, Sensor, Visualisierungsgeometrie, Daten verarbeitender Algorithmus). Der Simulator kennt zudem weitere Abhängigkeiten wie z.B., dass Starrkörperdynamik und Sensorsimulation auf demselben geometrischen Modell aufbauen und die Bewegungen aus der Dynamik die Ergebnisse der Sensorik beeinflussen. Dieser automatische Modellanalyseprozess mit den hier beteiligten drei Algorithmen ist in Bild 7 links dargestellt.

Unabhängig von der Zuordnung der Modellbestandteile zu den einzelnen Simulationsalgorithmen werden die Verbindungen der Ports berücksichtigt, welche zusätzlich zum Datenaustausch zwischen den einzelnen Simulationsalgorithmen eine zweite Ebene des Informationsaustauschs definieren. Auch hier kann die Kommunikation wieder über die Grenzen der einzelnen Simulationsalgorithmen hinweg erfolgen. Im Beispiel wird dies am DV-Algorithms „OBC Lander“ deutlich, der sowohl mit der Sensorsimulation als auch mit der Starrkörperdynamik kommuniziert. Wie in der Realität auch ist der Datenaustausch auf die jeweilige Kommunikationsinfrastruktur beschränkt; eine Informationsübertragung zwischen verschiedenen Kommunikationsinfrastrukturen erfordert die Einführung eines geeigneten Konverter-EDZs.

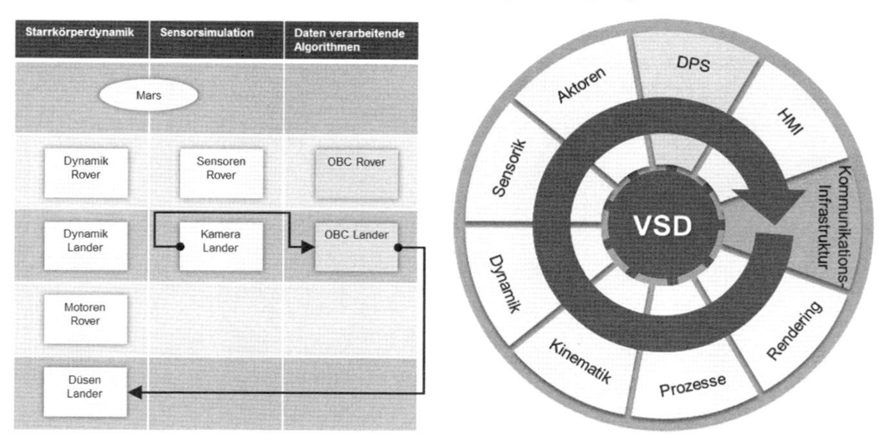

Bild 7: Visualisierung des automatischen Modellanalyse-Prozesses für dieses Szenario (links), Simulation dieses Szenarios im Virtuellen Testbed (rechts)

Das Ergebnis ist ein komplexes Simulationsmodell, ohne das zu Grunde liegende SysML mit Simulationsdetails überladen zu müssen. Und wie kann ein derartiges Netzwerk interagierender EDZe simuliert werden? Die aktuelle, auf einzelne Werkzeuge bezogene Vorgehensweise (siehe Kapitel 3) stellt hierzu weder die notwendige Flexibilität noch Interoperabilität zur Simulation von anwendungs- und disziplinübergreifenden Modellen zur Verfügung. Die Lösung sind Virtuelle Testbeds [RS11], die geeignete „Laufzeitumgebungen“ für EDZe zur Verfügung stellen. Mit VTBs können ganze Netzwerke interagierender EDZe in einem Simulator simuliert

– wobei dieser hierzu ggfls. auf weitere Simulatoren zurückgreift – und so der zeitliche Verlauf von $\underline{s}^{\text{scenario}}(t) = \Gamma(\underline{s}^{\text{scenario}}(0), t)$ und damit der zeitliche Verlauf des Zustands aller beteiligten EDZe bestimmt werden.

VTBs stellen neue Anforderungen an derartige Simulatoren, die über die bisherigen Anforderungen deutlich hinausgehen [KH15]. Zur Erfüllung dieser Anforderungen haben wir eine neue Architektur für „VTB-geeignete" Simulatoren entwickelt, die auf dem Mikro-Kernel-Ansatz der „Versatile Simulation Database" (VSD, KH15) basiert (siehe Bild 7 rechts). Die VSD ist eine objektorientierte Echtzeitdatenbank, die eine simulationsdomänenübergreifende Repräsentation der beteiligten Modelle der beteiligten EDZe verwaltet und Methoden für das Datenmanagement einschließlich benötigter Metainformationen sowie Kommunikations- und Persistenzfunktionalitäten bereitstellt. Sie ist zunächst einmal völlig abstrakt und dient als Grundlage für die Implementierung und Integration aller bisher betrachteten Simulationsalgorithmen, die so gemeinsam realitätsnahe EDZe auf unterschiedlichen Abstraktionsebenen realisieren.

Ziel einer VTB-Implementierung sollte hierbei nicht sein, alle benötigten Simulationsalgorithmen von Grund auf neu zu entwickeln. Vielmehr muss ein VTB bestehende Simulationsalgorithmen integrieren und auf deren Grundlage simulationsdomänenübergreifende Simulationen ermöglichen (siehe auch Bild 8). Durch Kombination der Konzepte des EDZs und der VSD steht hierfür sowohl konzeptionell als auch technisch eine tragfähige Realisierungsgrund-lage zur Verfügung, die eine Integration von Simulationsmodellen und -algorithmen auf unterschiedlichen Detaillierungsebenen erlaubt. Nach aktuellem Stand dürften vollständig inkompatible EDZ die Ausnahme bleiben.

Bild 8: Die VSD als Mikro-Kernel des in der Mitte dargestellten Simulationssystems integriert unterschiedliche Simulationssysteme wie z.B. MATLAB/Simulink in übergreifende Simulationen (hier Fahrzeug und Sensorsimulation im Stadtumfeld)

6 Vernetzung EDZe mit realen Assets

Die Vernetzung von in VTBs simulierten EDZen mit realen Assets führt dann zu hybriden Einsatzszenarien, in denen Simulationstechnik in Form von EDZen in direkter Verbindung mit der realen Hardware eingesetzt wird und so komplexe Steuerungsalgorithmen (Simulation-based Control), innovative Bedienoberflächen (Simulation-based UI) oder Mentale Modelle für intelligente Systeme (Simulation-based Reasoning, [RKA+14]) realisiert. Möglich wird dies in vielen Fällen erst, weil ein EDZ sein reales Pendant nicht nur hinsichtlich seines Ein-/Ausgangsverhaltens nachbildet sondern auch mit Bezug auf seine interne Struktur. Im Bild 9 wird auf diese Weise das Datenverarbeitungssystem des EDZs des Rovers mit dem realen System verbunden. Die Verbindung zwischen den beiden Zwillingen erfolgt über die jeweils beteiligten

Kommunikationsstrukturen (die abgebildeten Verbindungen der Ein- und Ausgänge werden technisch also über die dargestellte gestrichelte Verbindung zwischen den Kommunikationinfrastrukturen realisiert). Im EDZ realisierte Komponenten können so völlig transparent Aufgaben in realen Systemen übernehmen. Dies gilt für das Datenverarbeitungssystem ebenso wie für die Benutzeroberfläche als auch für die Kombination dieser Systeme. Darüber hinaus besitzen derartige Strukturen im Rahmen der Virtuellen Inbetriebnahme [VDI3693] große Bedeutung und können zur Realisierung der Verwaltungsschale eines technischen Assets und damit zur Realisierung einer Industrie 4.0-Komponente eingesetzt werden. Für diesen Anwendungsfall stellt der EDZ umfassende Modelle der Daten, der Funktion, der Kommunikationsfähigkeiten sowie Metadaten des entsprechenden technischen Assets zur Verfügung. Er kann über Asset-spezifische Kommunikationskanäle mit dem Asset selbst und über seine Ein- und Ausgänge über „Industrie 4.0-Kommunikationskanäle“ wie OPC UA [OPC-ol] kommunizieren.

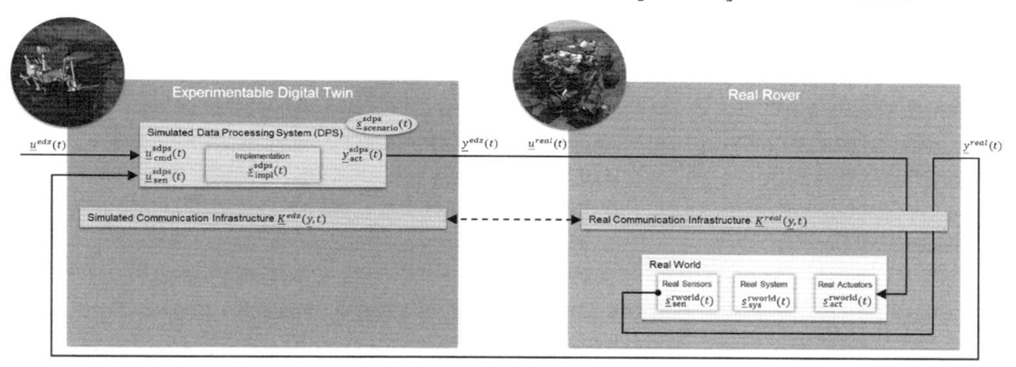

Bild 9: Verknüpfung des EDZ eines Rovers mit seinem realen Gegenstück

7 Anwendung von EDZen mit Simulation-based X

In einem VTB simulierte (ggf. hybride) Netzwerke EDZe sind Grundlage für unterschiedlichste „Simulation-based X“-Anwendungen. Dieser Begriff umfasst neue Methoden des Simulation-based Systems Engineerings ebenso wie Simulation-based Optimization, Reasoning, Verification&Validation, Control und HMI [KH15]. Das initiale Anwendungsspektrum in Weltraum, industrieller Produktion und Umwelt erweiterte sich aktuell z.B. in Richtung Bau und Facility Management sowie Automotive und wird nachfolgend an vier Beispielen illustriert.

Bild 10: On-Orbit Servicing im DEOS-Szenario (links), modulare Satelliten (Mitte, Satellitenmodell © TU Berlin), EDZe zur Entwicklung von Lokalisierungs-, Navigations- und Fahrerassistenzsystemen für Forstmaschinen (rechts)

Für **On-Orbit Servicing** (siehe Bild 10) werden u.a. modulare Satelliten durch ihre EDZe detailliert beschrieben und sind Grundlage für umfassende Simulationen des Docking-/Servicing-Vorgangs unter Berücksichtigung von Orbitalmechanik, Starrkörper-/Sensor-/Aktordynamik sowie der Steuerungsalgorithmen der Satelliten/Roboter. Die EDZe werden gleichzeitig zur Online-Planung der Satelliten-/Roboterbewegungen eingesetzt.

Zur **Lokalisierung und Automatisierung von Forstmaschinen** wurde ein EDZ einer neuartigen Sensoreinheit zur Umgebungserfassung und Lokalisierung im Wald entwickelt, gemeinsam mit den EDZen der Forstmaschine und des umgebenden Waldes in diversen Einsatzszenarien getestet und dann mit Methoden von Simulation-based Control/UI 1-zu-1 auf die reale Hardware übertragen [RSE+11]. Die parallele Nutzung des EDZ der Forstmaschine mit Methoden des Simulation-based Control/Reasoning [KH15] war die Grundlage zur Realisierung autonomer Forstmaschinen.

Bild 11: EDZe mit unterschiedlichen Sensoren zur Entwicklung von Fahrerassistenzsystemen (links), EDZe in der Montage optischer Systeme (rechts, [SLH+15])

Zur Entwicklung und Simulation-based Verification&Validation von EDZen neuartiger **Fahrerassistenzsysteme** können diese mit unterschiedlichsten EDZen optischer Sensoren (Kameras, Laserscanner, Radar, Ultraschall) und Fahrzeugen kombiniert und in einer Vielzahl unterschiedliche Einsatzszenarien untersucht werden (siehe Bild 11 links). Diese entstehen durch flexible Kombination unterschiedlichster EDZe und leisten einen maßgeblichen Beitrag zur Reduzierung der aktuell bestehenden Abdeckungslücke im Bereich der Absicherung dieser Systeme. Bei diesem Ansatz muss berücksichtigt werden, dass der simulationsgestützten *Verifikation und Validierung von entwickelten Systemen* über die Analyse ihrer EDZe zwingend die *Verifikation, Kalibration und Validierung der Simulationsalgorithmen* vorausgehen muss. In Zusammenhang mit den vielfältigen Analysemöglichkeiten, die ein VTB typischer-weise bereitstellt, wird hierdurch die Gefahr von unvollständigen oder gar fehlerhaften Simulationsmodellen der EDZ signifikant reduziert.

Das hier vorgestellte Konzept deckt auch den "klassischen Einsatzbereich" von Simulationstechnik in der **industriellen Produktionstechnik** ab, erleichtert hier aber den Einsatz von Simulationstechnik und erweitert die Bandbreite möglicher Anwendungen signifikant. Das Beispiel zeigt die realitätsnahe Simulation optischer Sensoren und Linsen, hier im Bereich der Montage von Laserlinsen. EDZe dieser optischen Komponenten können zur Planung und Simulation des Montageprozesses verwendet werden.

8 Resümee und Ausblick

Diese Arbeit schlägt mit dem Konzept der Experimentierbaren Digitalen Zwillinge (EDZ) und ihre interdisziplinäre und anwendungsübergreifende Simulation in Virtuellen Testbeds (VTB) eine Brücke zwischen unterschiedlichsten Simulationsalgorithmen und bekannten MBSE-Prozessen. So können auch komplexe Systeme entwickelt und in ihrer Interaktion mit anderen Systemen („System of Systems“) in potenziellen Einsatzumgebungen und -szenarien untersucht werden, ohne das hierzu notwendige Systemmodell mit simulationsspezifischen Details zu überladen. Eine neue Architektur zur Simulation von Netzwerken interagierender EDZe in VTBs ermöglicht die Integration der hierzu notwendigen Simulationsverfahren und die automatische Aufbereitung der Systemmodelle. Die Machbarkeit des Ansatzes konnte in unterschiedlichen Anwendungsbeispielen nachgewiesen werden.

EDZ sind semantisch identisch z.B. mit SysML-Blöcken, sind so direkt verbunden mit den dort formulierten Anforderungen, Eigenschaften und Testfällen und werden in laufenden Arbeiten in eine gemeinsame Modelldatenbasis (siehe Bild 1) integriert [RSR15+]. Auf diese Weise tragen EDZe durch Integration von Modellierung *und* Simulation in einen übergreifenden Ansatz zentral zur Vision von MBSE hinsichtlich der formalen Anwendung von Modellen im gesamten Lebenszyklus bei. Mit EDZen steht die Leistungsfähigkeit heutiger Simulationstechnik zu jedem Zeitpunkt von MBSE-Prozessen zur Verfügung.

Und was sind die Auswirkungen für die Entwicklungen zukünftiger Systeme? Zunächst einmal sollte die *Bereitstellung von EDZen* und ihr Einsatz im MBSE-Prozess einen ähnlichen Stellenwert besitzen wie die Entwicklung des realen Systems selbst. Der kontinuierliche und integrierte Einsatz von Simulationstechnik in Simulation-based SE-Prozessen führt so zur Senkung der Kosten bei gleichzeitig besseren und verlässlicheren Entwicklungsergebnissen.

Gleichzeitig sollten *EDZe auch im realen System* selbst eingesetzt werden. Die Kombination von MBSE und Simulationstechnik stellt Entwicklungsumgebungen zur Verfügung, mit denen die Entwicklung auch komplexer Daten verarbeitender Algorithmen signifikant vereinfacht wird. Dies ermöglicht zum einen die Realisierung selbstüberwachender Systeme aber auch die Realisierung Mentaler Modelle als Schlüsselkomponente für intelligente Systeme.

Schließlich muss der *Ansatz selbst weiterentwickelt* werden. Aktuell steht eine leistungsfähige Referenzimplementierung zur Verfügung, welche bereits in unterschiedlichen Anwendungsgebieten erfolgreich eingesetzt wurde. Auf der anderen Seite müssen sich die zu Grunde liegenden Simulationsalgorithmen weiterentwickeln (z.B. flexible Körper) sowie neue Verfahren zur Integration von Simulationsalgorithmen entwickelt werden. Neue (agile) Entwicklungsprozesse sollen in Zukunft die dargestellten neuen Ansätze in weiterentwickelten Prozessen berücksichtigen. Ein Beispiel hierfür ist das Schließen der aus dem V-Modell bekannten Lücken zwischen Anforderungsanalyse und Akzeptanztest, Systemdesign und Systemtest sowie Komponentendesign und Komponententest durch frühzeitige simulationsgestützte Tests (siehe auch Simulation-based Verification & Validation in Kapitel 6). EDZe und VTBs ermöglicht hier die Einführung frühzeitiger Zyklen und damit eine Annäherung an agile Vorgehensweisen, ohne die aktuelle Vorgehensweise vollständig aufzugeben.

Danksagung

Diese Arbeiten wurden unterstützt durch das Forschungsvorhaben INVIRTES, gefördert von der Raumfahrt-Agentur des Deutschen Zentrums für Luft-und Raumfahrt e.V. mit Mitteln des Bundesministeriums für Wirtschaft und Technologie aufgrund eines Beschlusses des Deutschen Bundestages unter dem Förderkennzeichen 50RA1306.

Literatur

[AT16] ABRISHAMCHIAN, F.; TRÄCHTLER, A.: Feature Model Based Interface Design for Development of Mechatronic Systems. ISSE 2016, Edinburgh

[Ban10] BANKS, J.: Discrete-Event System Simulation, Prentice-Hall: 2010

[FMI-ol] Functional Mockup Interface. www.fmi-standard.org

[I40-ol] Plattform Industrie 4.0 (BITKOM, VDMA, ZVEI): Umsetzungsstrategie Industrie 4.0 - Ergebnisbericht der Plattform Industrie 4.0

[KH15] KADRY, S.; EL HAMI, H. (Eds.): E-Systems for the 21st Century: Concept, Developments, and Applications. Apple Academic Press, 2015

[OPC-ol] OPC Unified Architecture (OPC UA). opcfoundation.org

[RJB13] ROSSMANN, J.; JOCHMANN, G.; BLUEMEL, F.: Semantic navigation maps for mobile robot localization on planetary surfaces, ASTRA 2013, ESA/ESTEC, Noordwijk, Netherlands, pp. 1-8

[RKA+14] ROSSMANN, J.; KAIGOM, E.; ATORF, L.; RAST, M.; GRINSHPUN, G.; SCHLETTE, C.: Mental Models for Intelligent Systems: eRobotics Enables New Approaches to Simulation-Based AI. KI-Künstliche Intelligenz, vol. 28, no. 2., 2014

[RS11] ROSSMANN, J.; SCHLUSE, M. Virtual Robotic Testbeds: A foundation for e-Robotics in Space, in Industry—and in the woods, 2011, DeSE, Dubai

[RSE+11] ROSSMANN, J.; SCHLETTE, C.; EMDE, M.; SONDERMANN, B: Advanced Self-Localization and Navigation for Mobile Robots in Extraterrestrial Environments. Computer Technology and Application 2011

[RSR15+] ROSSMANN, J.; SCHLUSE, M.; RAST, M. HOPPEN, M.; DUMITRESCU, R.; BREMER, C.; HILLEBRAND, M.; STERN, O.; BLÜMEL, F.; AVERDUNG, C.: Integrierte Entwicklung komplexer Systeme mit modellbasierter Systemspezifikation und -Simulation. WinTeSys 2015

[SLH+15] SCHLETTE, C.; LOSCH, D.; HAAG, S.; ZONTAR, D.; ROSSMANN, J.; BRECHER, C.: Virtual commissioning of automated micro-optical assembly. SPIE LASE. 2015

[Unr-ol] The Unreal game engine. www.unrealengine.com

[VDI3633] VDI-Standard 3633, Simulationstechnik zur Materialflussplanung. www.vdi.de/3633

[VDI3693] VDI/VDE-Richtlinie 3693, Virtuelle Inbetriebnahme, www.vdi.de/3693

Autoren

Dr.-Ing. Michael Schluse studierte Elektrotechnik an der TU Dortmund und promovierte im Jahr 2002 am Institut für Roboterforschung (IRF) der TU Dortmund, an dem er zunächst als wissenschaftlicher Mitarbeiter und dann als Gruppenleiter tätig war. Im Jahr 2005 wechselte er als Abteilungsleiter zur EFR-Systems GmbH. Seit 2006 ist er Oberingenieur am Institut für Mensch-Maschine-Interaktion.

Prof. Dr.-Ing. Jürgen Roßmann promovierte im Jahr1993 am Institut für Roboterforschung (IRF) der TU Dortmund, an dem er zunächst als wissenschaftlicher Mitarbeiter, dann als Gruppen- und schließlich als Abteilungsleiter tätig war. 1998 wurde er zum Gastprofessor für Robotik und Computergrafik an der University of Southern California berufen. Nach mehrfachen Auslandsaufenthalten habilitierte er sich im Jahr 2002 am IRF. 2005 gründete er die EFR-Systems GmbH in Dortmund. Seit 2006 leitet er das Institut für Mensch-Maschine-Interaktion (MMI) an der RWTH Aachen. Er ist u.a. Mitglied von acatech – Deutsche Akademie der Technikwissenschaften.

Technologien für intelligente Produkte und Produktionssysteme

Optische Vermessung bewegter Rotationskörper in industriellen Fertigungsanlagen

Felix Wittenfeld, Marc Hesse, Dr.-Ing. Thorsten Jungeblut
AG Kognitronik und Sensorik, CITEC, Universität Bielefeld
Inspiration 1, 33619 Bielefeld
Tel. +49 (0) 521 / 10 61 20 45, Fax. +49 (0) 521 / 10 61 23 48
E-Mail: Fwittenf@techfak.uni-bielefeld.de

Zusammenfassung

Die industrielle Fertigung ist von einer stetig zunehmenden Automatisierung geprägt. Mit dem aktuellen Trend der Industrie 4.0 liegt der Fokus dabei auf der Flexibilität der Produktionsprozesse, sodass moderne Fertigungsanlagen heute in der Lage sind, sich intelligent auf die Herstellung verschiedener Produkte einzustellen. Diese Innovation bietet daher das Potential, auch geringe Stückzahlen wirtschaftlich produzieren zu können. Bisher ist jedoch vor allem für kleinere Unternehmen der Schritt zu einer vollumfänglichen Automatisierung nicht umsetzbar, da die notwendige sensorische Integration zur Bestimmung sämtlicher relevanter Messgrößen zu aufwändig wäre. Hier findet sich häufig die Problematik, dass bereits in einer einzelnen Produktionsanlage eine Vielzahl von verschiedenen Messgrößen erfasst werden muss. Jedoch würde der Einsatz spezifischer Messsysteme für jede Messgröße zu enormen Kosten und einem hohen Wartungsaufwand führen. In dieser Arbeit wird daher der Ansatz verfolgt, mit visueller Messtechnik mehrere Messgrößen simultan zu erfassen. Als Anwendungsfall dient eine Profilummantelungsanlage, in welcher die Andruckrollen vor jedem Einsatz vermessen werden. Dabei ermöglicht die komplette geometrische Vermessung in Kombination mit der Erkennung der materialspezifischen Farbe den Rückschluss auf Typ und Verschleiß der Andruckrollen. Es handelt sich somit um die Realisierung einer multifaktoriellen Sensorik am Beispiel einer optischen Vermessung bewegter Rotationskörper. Die Umsetzung eines Prüfaufbaus für das Bildverarbeitungssystem erlaubte zunächst die theoretische und praktische Analyse relevanter Einflussgrößen und ermöglichte es auf diese Weise, eine geeignete Konfiguration für den Produktiveinsatz zu bestimmen. Unter Ausnutzung bekannter geometrischer Eigenschaften der Objekte wurde schließlich eine Erkennungssoftware implementiert, die eine Farberkennung und Rekonstruktion der Geometriedaten auf Basis einer Kameraaufnahme erlaubt. Eine abschließende Evaluation belegt die Echtzeitfähigkeit und Realisierbarkeit der entwickelten Vermessungslösung. Es konnte somit exemplarisch aufgezeigt werden, wie sich die Anzahl notwendiger Sensoren durch den Einsatz einer im Massenmarkt kostengünstig verfügbaren Kamera als Universalsensor reduzieren lässt.

Schlüsselworte

Industrielle Fertigung, Intelligentes Sensorsystem, Multifaktorielle Messtechnik, Optische Vermessung, Self-X

Optical Measurement of Moving Bodies of Revolution in Manufacturing Plants

Abstract

Industrial manufacturing is characterized by an increasing trend towards automation as part of the Industry 4.0 initiative. Nowadays, increased flexibility of production processes allows modern manufacturing plants to intelligently adapt to a diverse range of goods. Thus, full automation carries the potential to make low-volume production economically feasible. However, the barrier to achieve full-scale automation poses too much a challenge for small- and medium-sized companies at the present time, due to the expenses associated with the necessary integration of sensors into the production lines. Usually, already a single machine requires a high number of parameters to be monitored. Therefore, the usage of a specific sensor for each parameter would lead to a complex process of integration and massive maintenance costs. To avoid this downside, we follow the approach to simultaneously measure multiple parameters with an optical sensor. As a case of application, a profile-wrapping machine was used, in which the pressure rollers are measured before each use. The complete geometric measurement, combined with the recognition of the material-specific color, makes it possible to return the type and wear of the pressure rollers.

The realization of an optical measurement for moving bodies of revolution is an example for a multifactorial sensor system. The implementation of a test setup for the image processing system allowed the theoretical and practical analysis of relevant influencing variables and thus enabled to determine a suitable configuration for production use. By using known geometrical properties of the objects, a recognition software was implemented, which allows a color recognition and reconstruction of the geometric data based on a single camera recording. The concluding evaluation proves the real-time capabilities and viability of the developed measuring solution. Therefore, a measuring system for contact-less acquisition of geometry data and color information of pressure rollers for use in an actual industrial manufacturing maschine was realized. This example demonstrates how the number of sensors can be reduced by utilizing a cost-efficient camera as universal detector.

Keywords

Smart Factory, Smart Sensor System, Multifactorial Measurement, Optical Measurement, Self-X

1 Einleitung

Eine umfangreiche Automatisierung häufiger Arbeitsschritte ist heute in allen Industriebereichen weit verbreitet und die Fertigungsschritte großer Serienproduktionen laufen meistens bereits vollautomatisch ab. Die Industrie 4.0 schafft das Potential diese Automatisierungstechnik auch für flexible Fertigungsprozesse nutzbar zu machen. So gelingt es einer entsprechend ausgestatteten Produktionsanlage sich durch die Automatisierung des Einrüstvorgangs[1] intelligent auf variierende Produktionskonfigurationen einzustellen. Die Errungenschaft wirtschaftlich bis hinunter zur Losgröße[2] Eins produzieren zu können, stellt einen Kernaspekt dieser Modernisierung dar. Die kundenspezifische Produktion erlaubt eine hohe Produktvielfallt und minimiert zugleich die notwendigen Lagerbestände.

Jedoch steigt der Integrationsaufwand für eine derartige Anlage signifikant an. Gerade für kleine Unternehmen ist die zusätzliche Sensorik eine Hürde. Daher ist es wichtig Konzepte zu verfolgen, die es erlauben, die Anzahl verschiedener Sensortypen und damit die Komplexität der Gesamtsysteme gering zu halten. Eine multifaktorielle Messung erlaubt es, mit einer Sensorik verschiedene Parameter zu erfassen. Statt wie üblich für jede zu untersuchende Eigenschaft einen spezialisierten Sensor einzusetzen, ermöglicht es flexible Messtechnik heute immer häufiger, eine universelle Sensorik zu nutzen und die gesuchten Parameter auf Basis einer Messung abzuleiten. Bereits mit einer einfachen Kamera lassen sich Farbe, Textur, sowie die zwei und dreidimensionale Geometrie von Objekten bestimmen. Eine Erkennung von Barcodes, Verschmutzungen, Abnutzungen, Geschwindigkeiten, Positionen und Bemaßungen sind nur einige der möglichen Anwendungsszenarien. Durch den Massenmarkt für Kameras steigt ihre Leistungsfähigkeit trotz fallender Preise weiter an. Da die Echtzeitverarbeitung bei aktueller Verarbeitungshardware in der Regel keine Herausforderung darstellt, ist es oft schon im Hinblick auf die Anschaffungskosten günstiger statt teurer Spezialhardware ein Bildverarbeitungssystem einzusetzen. Der größte Vorteil einer multifaktoriellen optischen Vermessung liegt jedoch in der Vereinheitlichung des Sensormodells. Es muss nur noch ein Sensortyp in die Anlage integriert und gepflegt werden. Zudem können verschiedene Parameter häufig bereits mit einer einzigen Kamera bestimmt werden. Die auf diese Weise zusammengeführten Messungen können die Systemkomplexität weiter reduzieren.

Diese Arbeit verfolgt und diskutiert dieses Konzept anhand einer Fallstudie, in der exemplarisch eine optische Vermessung bewegter Rotationskörper in einer industriellen Fertigungsanlage durchgeführt wird. Dazu wird zunächst in Kapitel 2 der konkrete Anwendungsfall beschrieben. Im Anschluss werden gängige Lösungen betrachtet, bevor ein multifaktorieller Ansatz konzipiert wird. Kapitel 3 legt die Hardware- und Softwaretechnischen Grundlagen um

[1] Konfiguration einer Fertigungsstraße auf ein spezifisches Produkt.

[2] Menge an Produkten, welche die Fertigung als geschlossener Posten durchläuft. Eine Losgröße von Eins beschreibt eine Sonderanfertigung, da ihre Konfiguration mit der Stückzahl Eins hergestellt wird.

diesen Ansatz zu verfolgen, sodass in Kapitel 4 ein entsprechendes System realisiert und evaluiert werden kann. Das abschließende Kapitel 5 gibt schließlich ein Resümee und einen Ausblick auf die weitere Entwicklung.

2 Anwendungsfall

Um praxisnahe Aussagen für eine multifaktorielle Messung treffen zu können, wird ein System für eine konkrete industrielle Fertigungsanlage konzipiert. Im Anwendungsfall sollen verschiedene Gummirollen automatisch erkannt und vermessen werden. In Abschnitt 2.1 erfolgt dazu zunächst eine Spezifizierung der Anforderungen. Mögliche Speziallösungen werden in Abschnitt 2.2 beschrieben, bevor in Abschnitt 2.3 ein multifaktorieller Ansatz definiert wird.

2.1 Spezifizierung der Anforderungen

Profilummantelungsanlagen werden dazu eingesetzt, Profile wie Fensterrahmen, Fußleisten usw. mit Dekorfolien zu ummanteln. Konventionelle Anlagen müssen von Mitarbeitern manuell auf den benötigten Profiltyp eingerüstet werden, bevor der Ummantelungsvorgang durchgeführt werden kann. Da eine rentable Produktion auf diese Weise nur für große Stückzahlen möglich ist, bleibt diese Fertigungsmethode auf die Serienproduktion beschränkt. Erst die Realisierung einer selbstkonfigurierenden und selbstoptimierenden Fertigungsanlage ermöglicht die flexible, auftragsbezogene Fertigung der Industrie 4.0. Zum Anpressen der Dekorfolien werden in Profilummantelungsanlagen Gummirollen genutzt. Dabei ist der Einsatz von verschiedenen Gummiarten und Rollenformen für unterschiedliche Aufgaben notwendig. Zudem müssen diese profilspezifisch gewählten Rollen abhängig von der Geometrie des Profils platziert werden. [BBL+12] beschreibt dazu einen Ansatz, bei dem diese Rollen von einer Anordnung mehrerer Roboterarme geführt werden, sodass es gelingt, die Konfiguration automatisiert auf die Profilkonfiguration anzupassen (siehe Bild 1).

Dazu ist jedoch die Integration einer komplexen Sensorik und Aktorik notwendig. Ein Teilaspekt dieser Automatisierung ist die automatische Erkennung der Ummantelungsrollen. Eine intelligente Anlage muss in der Lage sein, autonom eine Rolle entsprechend des Einsatzzwecks zu wählen. Relevante Eigenschaften sind dabei die Form, das Material und die abrasiven Verschleißerscheinungen der Rollen. Die Form und Verschleißerscheinungen lassen sich unmittelbar der Geometrie der Körper entnehmen. Der Gummityp und damit der Härtegrad des Materials ist bereits für die Mitarbeiter anhand von verschiedenen Farben der Rollen gekennzeichnet. Alle der Anlage zur Verfügung stehenden Rollen werden in einem beweglichen Kettenmagazin gelagert, das durch Roboterarme bedient werden kann.

Um eine autonome Konfiguration der Fertigungsanlage zu ermöglichen, wird eine Sensorik benötigt, welche die beschriebenen Rolleneigenschaften zuverlässig erfasst. Um kurze Rüstzeiten von wenigen Minuten [BBL+12] zu gewährleisten, kommt eine Verringerung der Transportgeschwindigkeit des Kettenmagazins für den Messvorgang nicht in Frage. Die Geschwindigkeit liegt somit konstant bei der Antriebsgeschwindigkeit von 0,25 m/s. Die maximalen Abmessungen der Lauffläche der Rolle liegen bei einem Durchmesser von 7 cm und einer Breite von 2,5 cm. Eine geometrische Genauigkeit von 0,2 mm deckt die Anforderungen der weiteren Verarbeitungsschritte vollständig ab.

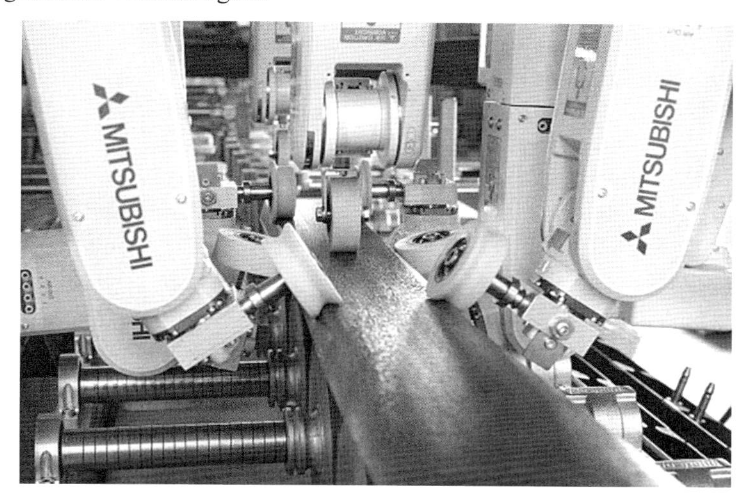

Bild 1: Eine Anordnung mehrerer Roboterarme ermöglicht es, die Rollenkonfiguration einer Profilummantelungsanlage automatisiert anzupassen (entnommen aus [I15-ol])

2.2 Stand der Technik

Da derartige Messaufgaben in der industriellen Fertigung verbreitet sind, hält der Markt gängige Lösungen [TR15] für dieser Anforderungen bereit, die im Folgenden beschrieben werden.

Identifikation
Aufgrund der Simplizität beschränkt man sich häufig auf eine reine Identifikation von Objekten. Diese werden dazu mit synthetischen Identifikationsmerkmalen wie Barcodes, QR-Codes oder RFID-Transpondern versehen, die von einer Steuerung mit Hilfe vergleichsweise einfacher Sensorik generisch ausgelesen werden können. Zuvor in der Steuerung oder einem Label abgelegte Informationen zu den Rollen könnten auf diese Weise zwar robust identifiziert werden, ein Zugriff auf den IST-Zustand ist jedoch ausgeschlossen. Verschleißerscheinungen müssten geschätzt und Informationen redundant maschinenlesbar kodiert werden.

Vermessung
Kann auf eine geometrische Messung nicht verzichtet werden, so wäre im Anwendungsfall, wie auch in [BBL+12] beschrieben, ein klassischer Ansatz der Einsatz eines Profilsensors. Dabei wird mit einem Laser unter einem bekannten Winkel und Abstand zu einer Kamera eine Linie auf das Prüfobjekt gerichtet. Die Position dieser Linie im Kamerabild erlaubt es, ihre Distanz mit Hilfe einer sogenannten Triangulation sehr präzise zu bestimmen. Übliche kommerzielle Systeme erreichen heute Auflösungen in der Größenordnung von Mikrometern. Aufgrund des Einsatzgebiets handelt es sich auch bei den gebrauchten Rollen um Rotationskörper. Alle Abnutzungserscheinungen treten also umlaufend auf. Aufgrund dieser Eigenschaft würde bereits eine einzige Messung auf die Rotationsachse mit diesem sogenannten Lichtschnitt-Verfahren ausreichen, um die Geometrie des gesamten Rotationskörpers zu bestimmen. Technisch bedingt kommt es jedoch zu deutlichen Vibrationen und Toleranzen in den Ablagepositionen, sodass

nicht sichergestellt werden kann, dass die Messung exakt auf die Rotationsachse ausgerichtet erfolgt. Zudem besteht keine Möglichkeit das Rollenmaterial zu bestimmen, sodass eine zusätzliche Messung der Farbe notwendig wäre.

Materialbestimmung
Da der Werkstoff der Rollen auch für die Mitarbeiter intuitiv ersichtlich sein muss, werden alle Materialtypen eindeutig durch eine Färbung des Materials gekennzeichnet. Diese Markierung kann auch durch die Anlagensteuerung genutzt werden. Dazu werden in der Regel spezielle Farbsensoren genutzt. Diese integrierten und vorkalibrierten Geräte beleuchten ein Prüfobjekt punktuell mit weißem Licht und untersuchen das zurückkehrende Licht mit Photodioden. Diese werden mit Farbfiltern für unterschiedliche Wellenlängen versehen. Aus den erzielten Photoströmen der verschiedenen Dioden kann der Sensor somit die Farbe des Lichts ermitteln. Da die Farben bereits für das menschliche Auge gut unterscheidbar sind, wäre eine Klassifizierung des Materialtyps mit dieser Methode grundsätzlich sehr zuverlässig. Aufgrund des eingeschränkten Prüfbereichs könnte sich dieser Ansatz jedoch als empfindlich gegenüber punktuellen, oberflächlichen Verschmutzungen erweisen.

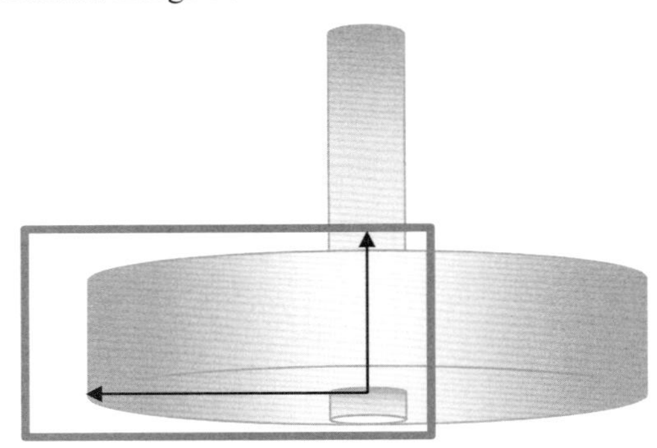

Bild 2: Messprinzip: Das Rechteck markiert den erfassten Bildbereich der Rolle; alle Messungen erfolgen relativ zum eingezeichneten Koordinatensystem

3 Messaufbau

In diesem Kapitel wird in Abschnitt 3.1 zunächst eine geeignete Hardwarekonfiguration entwickelt, bevor in Abschnitt 3.2 geeignete Methoden der notwendigen Bildverarbeitung erarbeitet werden.

3.1 Hardware

Durch die Perspektive einer konventionellen entozentrischen Optik (vgl. Bild 3) kommt es in Kameraaufnahmen zu Abbildungseffekten wie Verzerrungen und Verdeckungen. Da dies eine Rekonstruktion der Messwerte notwendig machen würde und bei Verdeckungen sogar zu Informationsverlust führen könnte, wird ein telezentrisches Objektiv gewählt. Dieses erfasst ausschließlich parallele Lichtstrahlen, sodass ein unmittelbarer Zugriff auf die Koordinaten der Silhouette möglich ist. Zunächst muss betrachtet werden, welche Auflösung die eingesetzte Kamera mindestens bereitstellen muss, um die geforderte Genauigkeit zu gewährleisten. Die höchste Auflösung wird dann erzielt, wenn der relevante Bildbereich möglichst groß auf die Sensorfläche abgebildet wird. Aus der Rollengröße und dem rotationssymmetrischen Aufbau ergibt sich die minimale Bildgröße nach Rollenradius und –breite:

$$B_{min} = R_r \cdot R_b = 35\ mm\ \cdot 25\ mm$$

Um auch die Position der Achse zu bestimmen, wird zusätzlich zu diesem Bildausschnitt ein Rand über- und unterhalb der Lauffläche benötigt. Zudem kann insbesondere aufgrund der Bewegung der Rollen und der Vibrationen der Anlage nicht von einem perfekt ausgerichteten Objekt ausgegangen werden. Für einen zuverlässigen Betrieb muss der Bildbereich daher zusätzlich um diese Toleranzen erweitert werden.

Bild 3: Objektivtyp – Im Gegensatz zu einer entozentrischen Aufnahme (links) wird eine telezentrische Aufnahme (rechts) nicht perspektivisch verzerrt

Das gewählte Objektiv *TZM 1260/0,31-C* von *Sill Optics* erfüllt mit seiner Bildgröße von $= 40{,}9\ mm\ \cdot\ 32{,}7\ mm$ den notwendigen Aufnahmebereich. Zusammen mit der geforderten Genauigkeit von $\Delta_s = 0{,}2\ mm$ lässt sich die notwendige Auflösung bestimmen. Aufgrund der Bayerinterpolation des Bildsensors geht je nach Farbkanal bis zu 75% der Auflösung verloren. Um diesen Verlust auszugleichen, wird die vertikale und horizontale Pixelanzahl jeweils verdoppelt. Um die Position der Silhouette in der anschließenden Bildverarbeitung eindeutig zu bestimmen, werden etwa $n = 3\ px$ benachbarte Bildpunkte benötigt, sodass sich die notwendige Auflösung wie folgt ergibt:

$$res_x = B_X/\Delta_s \cdot n \cdot 200\ \% = \ 40{,}9\ mm/0{,}2\ mm \cdot 3\ px \cdot 200\ \% = 1227\ px$$

$$res_y = B_y/\Delta_s \cdot n \cdot 200\ \% = \ 32{,}7\ mm/0{,}2\ mm \cdot 3\ px \cdot 200\ \% = \ 981\ px$$

Die gewählte Kamera *Jai GO-5000C-PGE* übertrifft diese Anforderungen mit einer Auflösung von 2560×2048 Pixel etwa um den Faktor zwei, sodass ein wünschenswerter Spielraum für Auflösungsverluste in der weiteren Verarbeitungskette entsteht.

In einer umfangreichen Versuchsreihe konnten zahlreiche weitere Aspekte im Hinblick auf einen optimalen Messaufbau untersucht werden. Unter Anderem konnte herausgestellt werden, dass eine Belichtungszeit von $140\ \mu s$ eingehalten werden sollte, damit es zu keiner störenden Bewegungsunschärfe kommt. Um diese einzuhalten, ist jedoch eine intensive Beleuchtung durch einen Blitz erforderlich. Diese lässt sich am effizientesten durch eine direkte seitliche Beleuchtung aus kurzer Distanz erzielen.

3.2 Software

Im ersten Schritt der Verarbeitung muss eine automatische Unterscheidung zwischen Bildhintergrund und den Rollen erfolgen. Da die Konturinformation bereits durch die Helligkeit der einzelnen Bildpunkte gegeben ist, werden die Kameradaten für die Geometrievermessung zunächst auf ein Grauwertbild reduziert. Dieser Schritt beschleunigt zudem die Verarbeitungsgeschwindigkeit und verringert die Komplexität des Programms erheblich. Ein bewährtes Verfahren zur Bestimmung von Objektkanten ist der Sobel-Filter [BLF16]. Dieser erlaubt es, durch Faltung mit zwei Masken pixelweise den vertikalen und horizontalen Gradienten zu bestimmen. Da im Anwendungsfall viele Rahmenbedingungen fest stehen, kann diese Richtungsabhängigkeit ausgenutzt werden, um gezielt nach Kanten zu suchen. Bild 4 zeigt die vergrößerte Kontur der Achse der Rolle bei einem schwachen Bildkontrast. Während der vertikale Gradient ausschließlich Rauschen zeigt, hebt der horizontale Gradient die zu ihm rechtwinklige Achse deutlich hervor. Um die Breite einer mit diesem Verfahren bestimmten Kontur auf den relevanten Bildpunkt auszudünnen, kann die Stärke des Gradienten in Relation zu seiner Nachbarschaft untersucht werden. Das abgebildete Binärbild stellt alle Bildpunkte des horizontalen Gradienten dar, die in ihrer Zeile gemäß einer Fünfer-Nachbarschaft maximal sind und zugleich einen Schwellwert überschreiten. Mit dem Wissen, dass es sich bei der gesuchten Kontur um eine Gerade handelt, lässt sich mit der Houghline-Transformation [DH72] eindeutig und robust eine Geradengleichung bestimmen.

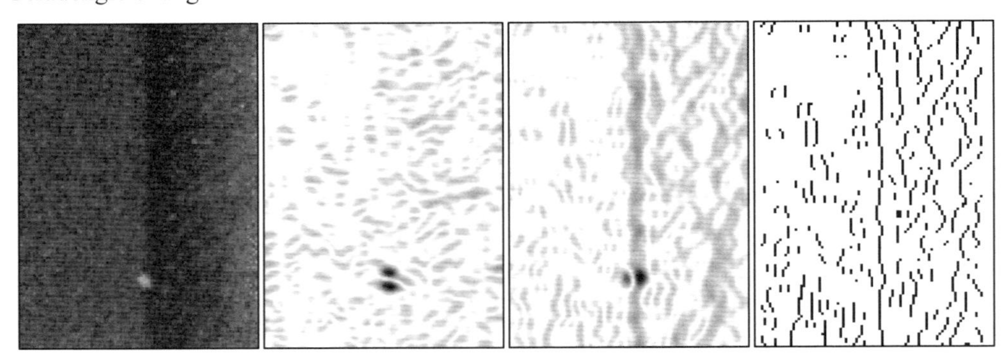

Bild 4: Gezielte Kantensuche – Vergrößerte Achse bei schwachem Bildkontrast; Anwendung vertikaler und horizontaler Sobel-Operator sowie die Unterdrückung nicht maximaler Punkte

Anders als bei der Suche der Achse kann für die Identifikation der Kontur der Lauffläche keine Basisfunktion zugrunde gelegt werden. Die einzige Annahme, die getroffen werden kann, ist, dass der Verlauf der Kontur kontinuierlich ist. Der Canny Edge Algorithmus [Can86] nutzt dieses Wissen, indem er glatte Fortsetzungen von Konturpunkten sucht. Basierend auf dem Sobel-Operator wird für jeden Bildpunkt bestimmt, in welche Richtung der Gradient verläuft. Ist der Betrag des Gradienten entsprechend seiner Richtung maximal, so wird ein Bildpunkt beibehalten. Dieser Schritt dünnt eine Objektgrenze auf den relevanten Pixel aus. Alle verbleibenden Bildpunkte werden im Folgenden anhand eines doppelten Schwellwertes beurteilt. Jeder Punkt, der den zuvor definierten hohen Schwellwert t_h erfüllt, wird als sicherer Konturpunkt angesehen. Bestehende Konturen werden über alle angrenzenden potentiellen Konturpunkte fortgesetzt, die mindestens den ebenfalls zuvor definierten niedrigen Schwellwert t_l erfüllen. Wie in Bild 5 dargestellt, führt dieses Verfahren auch ohne zugrundeliegendes Geometriemodel zur Bestimmung einer ein Pixel breiten, glatten Kontur.

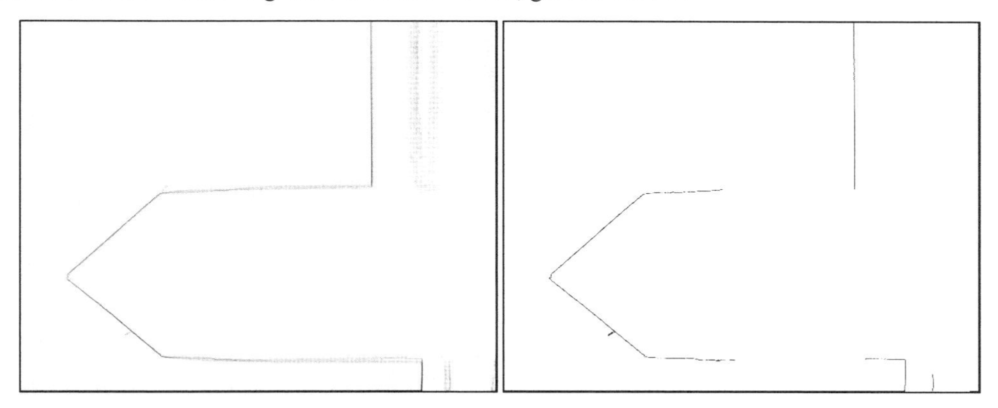

Bild 5: Allgemeine Kontursuche – Betrag des Gradienten und Anwendung des Canny Edge Algorithmus zur Reduzierung der Kontur auf einen Pixel Breite

4 Realisierung

In diesem Kapitel werden zunächst die vorgestellten Grundlagen genutzt, um in Abschnitt 4.1 einen Programmablauf zu definieren. Die erzielten Resultate werden im Anschluss in Abschnitt 4.2 evaluiert.

4.1 Programmablauf

Der in Bild 6 dargestellte Programmablauf startet die Geometriemessung mit einer Reduktion des Farbbilds auf ein Graustufenbild. Um die Verzeichnung des Objektivs zu korrigieren, erfolgt im anschließenden Verarbeitungsschritt eine Korrektur dieses Effekts. Alle Bildpunkte sind von hier an in der Abbildung äquidistant. Die Glättung stellt den letzten Schritt der Vorverarbeitung dar und minimiert den Einfluss von Bildrauschen. In diesem für die Geometriemessung optimierten Bild erfolgt, wie in Bild 7 dargestellt, im oberen Bildbereich zunächst eine Suche der Achse anhand des horizontalen Gradienten. Ist der Bereich der Achsenkontur gefunden, wird der exakte Verlauf in diesem Bereich über die Houghline-Transformation bestimmt. Im Bereich des minimalen Radius der Rolle von 2,5 cm relativ zur Rotationsachse erfolgt dann eine obere und untere Eingrenzung der Lauffläche basierend auf dem vertikalen Gradienten. Somit ist der Bereich für die Kontursuche durch den minimalen und maximalen Radius, sowie den oberen und unteren Rand der Lauffläche eingegrenzt. Die allgemeine Suche mittels Canny Edge erfolgt somit in einem minimalen Bereich. Die detektierten Messpunkte der Lauffläche werden im Anschluss relativ zur Rotationsachse vermessen und stellen somit das Resultat der geometrischen Messung dar.

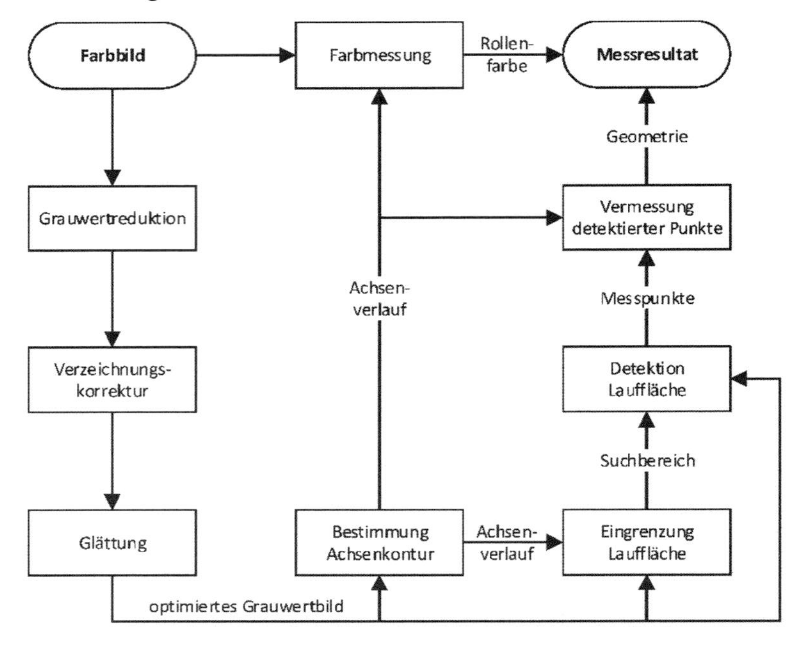

Bild 6: Programmablauf

Die farbliche Messung erfolgt durch Mittelung über den in Bild 7 dargestellten, gut ausgeleuchteten Bereich „C“ (Color). Um eine hohe Wiederholbarkeit sicherzustellen, wird dieser Bereich relativ zur Achsenposition gewählt. Die bestimmte Farbe wird anhand ihrer drei Farbkanäle (Rot/Grün/Blau) als Vektor aufgefasst und mit der ebenso dargestellten Farbe jeder Materialklasse verglichen. Die Zuordnung zu einer Materialklasse erfolgt entsprechend der geringsten euklidischen Distanz über einen Nächster-Nachbar-Klassifikator.

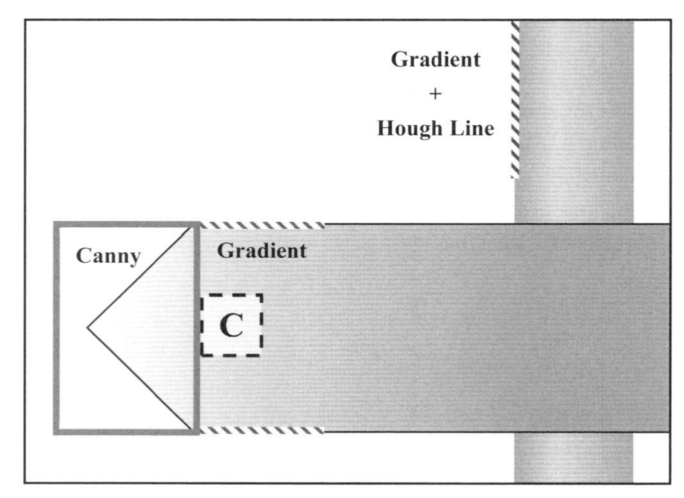

Bild 7: Anwendungsbereiche der Algorithmen

4.2 Evaluation

Der Algorithmus liefert, wie in Bild 8 dargestellt, plausible Messwerte. Zur Quantifizierung der Messwerte ist es jedoch notwendig, ein belastbares Fehlermaß zu definieren.

Messwerte

Der absolute Fehler der Messung beschreibt für den Radius der Rolle die Differenz zwischen Messwert und Sollwert. Basierend auf der Referenzmessung zweier Rollen liegt die Standardabweichung der Messwerte vom Referenzwert für verschiedene Aufnahmekonfigurationen im Bereich von 0,04 - 0,12 mm. Die geforderte Präzision von 0,2 mm wird somit eingehalten. Neben dem absoluten Fehler ist auch die Wiederholbarkeit ein Qualitätsmaß eines Sensors. Dazu wird für jeden Messpunkt über wiederholte Aufnahmen eine Standardabweichung bestimmt. Diese liegt für geeignete Konfigurationen im Bereich von 0,01 mm. Die Messung weist somit eine hohe Wiederholbarkeit auf. Um zu evaluieren inwiefern die vorausgesetzte Rotationssymmetrie der Rollen gegeben ist, wird die Messung erneut durchgeführt. Zwischen den einzelnen Aufnahmen wird bei dieser zweiten Messreihe die Lauffläche der Rollen an verschiedenen Positionen vermessen. Für eine neue Rolle liegt die Standardabweichung hier im Bereich von 0,03 mm. Selbst die Messung einer maximal abgenutzten Rolle, die für den Produktionsvorgang bereits ungeeignet wäre, liegt mit einer Abweichung von etwa 0,09 mm noch innerhalb der Toleranz von 0,2 mm. Die Rotationssymmetrie ist also hinreichend gegeben.

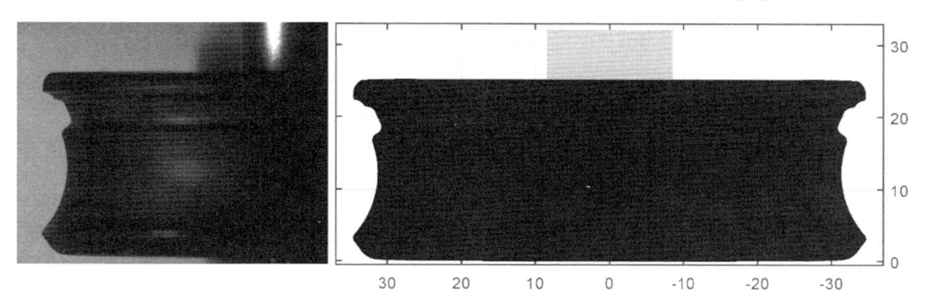

Bild 8: Wendet man den Algorithmus auf die links dargestellte Aufnahme an, so erhält man unter Ausnutzung der Rotationssymmetrie die rechts illustrierten vollständigen Geometriedaten (Skala in mm)

Die Materialbestimmung anhand von Farben, die für das menschliche Auge gut zu unterscheiden sind, ist sehr robust. Der größte auftretende Störeinfluss ist hier eine Verunreinigung der Laufflächen. Da für die Auswertung jedoch ein großer Bildbereich aufgezeichnet werden kann, der typischerweise nicht vollständig verunreinigt ist, kann der Effekt unterdrückt werden.

Performanz

Um die Rüstzeit der Fertigungsanlage nicht zu erhöhen, ist es wünschenswert die anfallenden Daten in Echtzeit zu verarbeiten. Aus der Distanz der Rollen im Kettenmagazin von 76,2 mm und der Antriebsgeschwindigkeit von 0,25 m/s lässt sich eine feste Bildrate von 3,3 Aufnahmen pro Sekunde bestimmen. Eine Verarbeitung in unter 0,3 Sekunden würde die Rüstzeit somit nicht verlängern. Auf dem Testsystem mit einem Intel Core i7 870 und einem Systemtakt von 2,93 GHz treten bei insgesamt 1000 Programmdurchläufen für 6 verschiedene Eingangsbilder die in Bild 9 dargestellten Ausführungszeiten auf. Die durchschnittliche Berechnungsdauer von

66,3 ms ermöglicht die Verarbeitung von 15 Bildern pro Sekunde. Selbst die längste Bearbeitungszeit von 93,0 ms übertrifft die Anforderungen mit 10 Bildern pro Sekunde deutlich. Auf eine weitere Optimierung des Durchsatzes mittels einer Verarbeitungspipeline kann somit verzichtet werden.

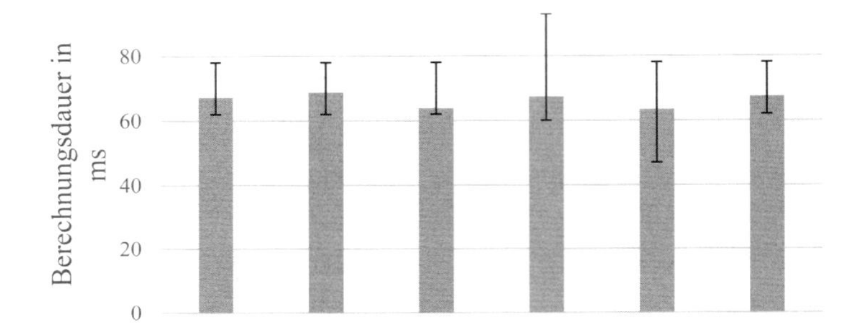

Bild 9: Ausführungszeiten für 6 verschiedene Eingangsbilder: Graue Balken stellen die durchschnittliche, schwarze die minimale und maximale Ausführungszeit dar

5 Resümee und Ausblick

In dieser Arbeit wurde eine multifaktorielle Sensorik für die geometrische Vermessung der Geometrie und die Bestimmung des Materials von Gummirollen einer industriellen Fertigungsanlage der Industrie 4.0 entwickelt und evaluiert. Diese Fallstudie macht deutlich, wie universelle Sensoren im industriellen Kontext genutzt werden können, um diverse Kenngrößen zu bestimmen. In Hinblick auf eine einzelne Messung ist es häufig zweckmäßiger, die heute verbreitete spezialisierte Sensorik einzusetzen. Sie ermöglicht einen besonders präzisen Messwert oder lässt sich mit vergleichsweise geringem Aufwand in eine Fertigungsanlage integrieren. Im Zuge der vollständigen Automatisierung einer komplexen Produktionsanlage wächst die Anzahl der Sensoren jedoch immer stärker an. Die Vielzahl der verschiedenen Sensortypen und Messmethoden stellt daher heute die größte Herausforderung dar. Systementwickler müssen sich mit den Eigenheiten der verschiedenen Konzepte vertraut machen und sich häufig mit schwer interpretierbaren Daten auseinandersetzen. Ein vereinheitlichtes Sensormodell hat das Potential, die Integration und Wartung eines komplexen Systems deutlich zu erleichtern. Die meisten Messaufgaben lassen sich, wie in der durchgeführten Fallstudie, mit vertretbarem Aufwand durch eine Bildverarbeitung lösen. Häufig lassen sich dabei mehrere verschiedene Kenngrößen bereits durch eine einzige multifaktorielle Messung bestimmen, sodass zusätzlich die Anzahl der Sensoren reduziert werden kann. Die Messung kann entweder simultan für mehrere Größen erfolgen oder sequentiell durch Umschalten der Konfiguration, zum Beispiel durch eine veränderliche Beleuchtung. Aufgrund der hohen Nachfrage steigt die Leistungsfähigkeit von Kamerasystemen trotz fallender Preise weiter an. Somit kann der Ansatz einer multifaktoriellen Messung für immer weitere Anwendungsfelder sinnvoll eingesetzt werden. Durch die intuitive Interpretierbarkeit lassen sich entsprechende Sensoren nicht nur sehr anschaulich auf eine Messaufgabe konfigurieren, sondern vor allem auch hervorragend warten und erweitern. Da die Funktionsweise der menschlichen Wahrnehmung sehr nahe ist, besteht zudem ein hohes Verständnis der Anwender, sodass Bedienfehler seltener auftreten. Somit ist davon auszugehen, dass zukünftig immer mehr sensorische Aufgaben von Kamerasystemen übernommen werden. Die aktuelle Entwicklung erweitert diese Systeme um Tiefeninformationen. Zusätzlich zu den Bildinformationen werden zukünftig über eine „Time Of Flight“ Messung auch dreidimensionale Geometriedaten kostengünstig verfügbar sein, sodass noch vielfältigere Einsatzszenarien für derartige Systeme entstehen.

Danksagung
Diese Arbeit wurde unterstützt vom Exzellenzcluster Kognitive Interaktionstechnologie “CITEC“ (EXC 277) der Universität Bielefeld, welches von der Deutschen Forschungsgemeinschaft (DFG) gefördert wird und wurde mit Mitteln des Bundesministeriums für Bildung und Forschung (BMBF) im Rahmen des Spitzenclusters „Intelligente Technische Systeme OstWestfalenLippe (it´s OWL)“ gefördert, welches vom Projektträger Karlsruhe (PTKA) betreut wird.

Die Verantwortung für den Inhalt dieser Veröffentlichung liegt bei den Autoren.

Literatur

[BBL+12] BIELAWNY, D.; BRUNS, T.;LOH, C.;TRÄCHTLER, A.: Multi-robot Approach for Automation of an Industrial Profile Lamination Process. 2012 International Symposium on Robotics and Intelligent Sensors (IRIS), 2012

[BLF16] BEYERER, J.; LEÓN, F. P., FRESE, C.: Automatische Sichtprüfung, Springer-Verlag, 2016

[Can86] CANNY, J.: A Computational Approach to Edge Detection, IEEE Transactions on Pattern Analysis and Machine Intelligence PAMI-8.6, 1986

[DH72] DUDA, R. O.; HARD, P. E.: Use of the Hough Transformation to Detect Lines and Curves in Pictures. Comm. ACM, Vol. 15, pp. 11–15, 1972

[I15-ol] IT‘S OWL CLUSTERMANAGEMENT GMBH: Projektvorstellung Transferprojekt itsowl-TT-SE-WRAP unter: http://www.its owl.com/fileadmin/PDF/Veranstaltungen/2015/Transfertag/it_s_OWL_Transferprojekt_Session_2_duespohl_Maschinenbau_20150818.pdf, 2015

[TR15] TRÄNKLER, H.-R.; REINDL, L. M.: Sensortechnik: Handbuch für Praxis und Wissenschaft, Springer-Verlag, 2015

Autoren

Felix Wittenfeld ist seit 2016 wissenschaftlicher Angestellter in der Arbeitsgruppe Kognitronik und Sensorik am CITEC, Universität Bielefeld. Von 2009 bis 2016 studierte er Naturwissenschaftliche Informatik an der Universität Bielefeld.

Marc Hesse ist seit 2011 wissenschaftlicher Angestellter in der Arbeitsgruppe Kognitronik und Sensorik am CITEC, Universität Bielefeld. Zuvor studierte er Ingenieurinformatik mit Schwerpunkt Elektrotechnik an der Universität Paderborn.

Dr.-Ing. Thorsten Jungeblut ist akademischer Rat in der Arbeitsgruppe Kognitronik und Sensorik am CITEC, Universität Bielefeld. Im Jahr 2011 promovierte er mit seiner Arbeit „Entwurfsraumexploration ressourceneffizienter VLIW-Prozessoren“. Zuvor war er ab 2005 wissenschaftlicher Mitarbeiter in der Fachgruppe Schaltungstechnik am Heinz Nixdorf Institut, Universität Paderborn.

Urheberrechtsschutz in der Additiven Fertigung mittels Blockchain Technologie

Dr. Martin Holland
PROSTEP AG
Karl-Wiechert-Allee 72, 30625 Hannover
Tel. +49 (0) 511 / 54 05 80, Fax. +49 (0) 511 / 54 05 81 50
E-Mail: Martin.Holland@prostep.com

Christopher Nigischer
NXP Semiconductors Germany GmbH
Stresemannallee 101, 22529 Hamburg
Tel. +49 (0) 40 / 56 13 51 17, Fax. +49 (0) 40 / 56 13 65 117
E-Mail: Christopher.Nigischer@nxp.com

Zusammenfassung

Im Rahmen von „Industrie 4.0“ zeichnet sich die 3D-Druck-Technologie als eine der disruptiven Innovationen ab. Kunden-Lieferanten-Beziehungen werden durch Wertschöpfungsnetzwerke abgelöst. Durch die räumlich verteilte Entstehung von gedruckten Bauteilen z. B. für die schnelle Lieferung von Ersatzteilen ergeben sich Herausforderungen bei Feststellung von „Original“, oder „(Raub-)Kopie“. Markenartikel und Produkte bekommen dabei die Charakteristik von Lizenzmodellen, ähnlich zu den Bereichen Software und digitale Medien [Hol16a]. Durch Additive Manufacturing wird die digitale Rechteverwaltung immer mehr zu einer Schlüsseltechnologie für die kommerzielle Umsetzung und die Unterbindung des Diebstahls von geistigem Eigentum [Hol16a]. Folgende Fragen werden derzeit im vom BMWi geförderten Projekt SAMPL-Secure Additive Manufacturing Platform von 8 Partnern entwickelt:

- Eine Plattform zur Etablierung einer Chain of Trust unter Einbeziehung der Blockchain Technologie für eine sichere und für unberechtigte Dritte nicht nutzbare Datenweitergabe vom Rechteinhaber bis zum Endkunden.
- Integration eines Blockchain basierten Lizenzmanagements in die Informationsflüsse der Chain of Trust, so dass ein automatisiertes und integriertes Lizenzmanagement von der Konstruktionserstellung bis zum 3D-Druck realisiert werden kann.
- Integration von RFID-Chips, um Originalteile zu kennzeichnen und ein Reverse Engineering zu verhindern.
- Absicherung der Steuerung von 3D-Druckern durch hardwarebasierte Security, um diese in die Chain of Trust aufzunehmen und eine Autorisierung der Drucker sicherzustellen.

Schlüsselworte

Additive Fertigung, Urheberrecht, Lizenzmanagement, Blockchain-Technologie, Plagiat, RFID

Copyright Protection in Additive Manufacturing using Blockchain Technology

Abstract

Within "Industrie 4.0" 3D printing technology is characterized as one of the disruptive innovations. Conventional supply chains are replaced by value-added networks. The spatially distributed development of printed components, e.g. for the rapid delivery of spare parts, creates a new challenge when differentiating between "original part", "copy" or "counterfeit" becomes necessary. This is especially true for safety-critical products. Based on these changes classic branded products adopt the characteristics of licensing models as we know them in the areas of software and digital media [Hol16a]. Therefore digital rights management is a key technology for the successful transition to Additive Manufacturing methods and a key for ist commercial implementation and the prevention of intellectual property theft [Hol16a].

Within the scope of the lecture, the above questions are examined. Risks will be identified along the process chain and solution concepts are presented. These are currently being developed by an 8-partner project named SAMPL (Secure Additive Manufacturing Platform) funded by the German Ministry of economic affairs. The following components will be elaborated in further details:

- A platform for the establishment of a chain of trust using blockchain technology - for a secure and non-unauthorized third-party data transfer - from the owner to the end user.
- Integration of a blockchain-based license management into the chain of trust of information flows, enabling automated and integrated license management from design delivery to 3D printing.
- Integration of RFID chips to identify original parts and prevent reverse engineering.
- Secure the control of 3D printers with hardware-based security to include the printers themselves into the chain of trust and ensure that only authorized components are being printed.

Keywords

Additive Manufacturing, Copyright, License Management, Blockchain Technology, Plagiat, RFID

1 Einleitung und Problemstellung

Im Rahmen von „Industrie 4.0“ zeichnet sich die 3D-Druck-Technologie als eine der disruptiven Innovationen ab. Kunden-Lieferanten-Beziehungen werden durch Wertschöpfungsnetzwerke abgelöst. Durch die räumlich verteilte Entstehung von gedruckten Bauteilen z.B. für die schnelle Lieferung von Ersatzteilen ergeben sich – besonders bei sicherheitskritischen Produkten - neue Herausforderungen bei Feststellung von „Originalteil“, „Kopie“ bzw. „Raubkopie“. Markenartikel und Produkte bekommen dabei die Charakteristik von Lizenzmodellen wie wir sie aus den Bereichen Software und digitale Medien kennen. Hinzu kommt, dass 3D-Drucker für Kunststoffe schon sehr günstig geworden sind, sodass es verständlich ist, dass Plagiaten und dem Schutz davor entsprechende Bedeutung zukommt [Hol16a].

Durch den Einstieg von Microsoft in dieses Thema wird dieser Trend noch weiter verstärkt. Hierdurch hat man den Eindruck, dass dieses Verfahren schon zur Commodity geworden ist. Von daher ist es wichtig, dass das Thema Plagiate und der Schutz vor Plagiaten eine entsprechende Aufmerksamkeit bekommt. Zumal Produktfälschungen und Markenpiraterie Milliardenschäden bei deutschen Firmen verursachen [Süd15].

Zur Zeit wird das Thema Plagiate sehr stark mit 3D Druck in Verbindung gebracht. So warnt der Branchenverband Spectaris z.B. „Der 3-D-Druck erhöht die Gefahr von Fälschungen in der Medizintechnik ganz erheblich“. Auch Technikrechtler warnen vor Plagiatsgefahren durch 3D-Drucker [Wec15]. Und wenn der Preis von Kopiertechnologien stetig sinkt, dann steigt das Plagiate-Risiko deutlich an [Die16]

Dies ist im additiven Fertigungsbereich von Metallen sicherlich anders. Die Maschinen sind um ein Vielfaches teurer und die notwendigen Prozesskenntnisse sind wesentlich grösser. Trotzdem kann sich die Investition für Plagiateure lohnen. Insbesondere dann, wenn Sie Zugang zu den Konstruktionsdaten bekommen. Das bedeutet auch, dass die Weitergabe von Konstruktionsdaten für den 3D-Druck und die dezentrale Erstellung von Objekten durch 3D-Druck nur dann wirtschaftlich sinnvoll ist, wenn es entsprechende Sicherheitsmechanismen gibt und ein entsprechendes digitales Lizenzmanagement vorhanden ist, welches sicherstellt, dass die Inhaber der Rechte angemessen entlohnt werden und dass diese kontrollieren können, wer Exemplare des entsprechenden 3D-Objekts erstellt. Dies ist besonders wichtig, weil durch die lokale Herstellung eines additiv gefertigten Bauteils, eine Kontrolle durch den Zoll vermehrt schwierig wird [Zey17].

An die Integration von additiven Fertigungsverfahren in den Produktionsprozess und den gesamten Lebenszyklus eines Produktes knüpfen sich von daher wesentliche Fragen wie zum Beispiel: [Sch15, S1041ff.], [RKM15, S58ff.].

- Wie lässt sich sicherstellen, dass beim Austausch von Produktdaten nur autorisierte Parteien Zugriff erhalten?
- Wie lässt sich absichern, dass 3D-Druckdaten nur von autorisierten Kunden und Dienstleistern für die vereinbarte Anzahl an herzustellenden Teilen verwendet werden? [Deu16]
- Wie sind im Fall der Produktion mit 3D-Druck Originalteile von Raubkopien zu unterscheiden?

- Wie gestalten sich der Schutz des geistigen Eigentums, die Produkthaftung und die Gewährleistung?

Im Consumer Bereich gilt auch für additiv vom Endverbraucher hergestellte Teile, dass Privatkopien für den privaten und sonstigen eigenen Gebrauch nach §53 UrhG auch bei urheberrechtlich geschützten Werken ohne die Zustimmung des Urhebers zulässig sind. Es dürfen auch Vorlagen anderer Urheber – beispielsweise Vorlagen aus dem Internet - gedruckt werden. Dafür gelten einige Bedingungen: Die Anzahl der Vervielfältigungsstücke muss klein gehalten werden. Bei einer Stückzahl von maximal 7 Kopien gingen die Gerichte bisher von einer privaten Nutzung aus. Diese Vervielfältigungsstücke dürfen auch an Freunde und Verwandte unentgeltlich weitergereicht werden. Allerdings darf der Druckende keine Gegenleistung für die Werkstücke erhalten, da die Werkstücke sonst einem Erwerbszweck dienen. In diesem Fall würde es sich um ein Plagiat handeln. Außerdem darf die Druckvorlage nicht aus einer offensichtlich rechtswidrigen Quelle stammen [Lot16].

Was im Consumer Bereich für den Eigenbedarf rechtens sein kann, wird schnell zum Risiko im B2B Bereich. Von daher ist es wichtig, sich den Fragen des IP- und Plagiatschutzes zu stellen und entsprechende Schutzmaßnahmen zu ergreifen. Dabei sollte das Thema Plagiatschutz in eine unternehmensweite Initiative zum Produkt und Know How Schutz eingebunden sein. Die wesentlichen Schritte einer derartigen Initiative sind im folgenden Bild dargestellt [VDM].

Bild 1: generisches Vorgehensmodell zum Plagiatschutz [VDM]

Hierbei sollte man sich von folgenden Leitsätzen leiten lassen:

- Einen 100% Schutz wird es nicht geben
- Die Hürden lassen sich aber entsprechend hoch legen und zwar so hoch wie nötig.

Die Hürden müssen so hoch gelegt werden, dass es auf der einen Seite für den Rechteinhaber wirtschaftlich vertretbar ist und es sich auf der anderen Seite für den Plagiateur finanziell nicht lohnt, Plagiate zu erstellen. Daneben kann natürlich immer rechtlich gegen einen Plagiateur vorgegangen werden, was aber häufig im wahrsten Sinne des Wortes ein langer Prozess werden kann.

Die Maßnahmen zum Plagiatschutz lassen sich in die folgenden Kategorien einteilen und werden in den folgenden Abschnitten näher ausgeführt:

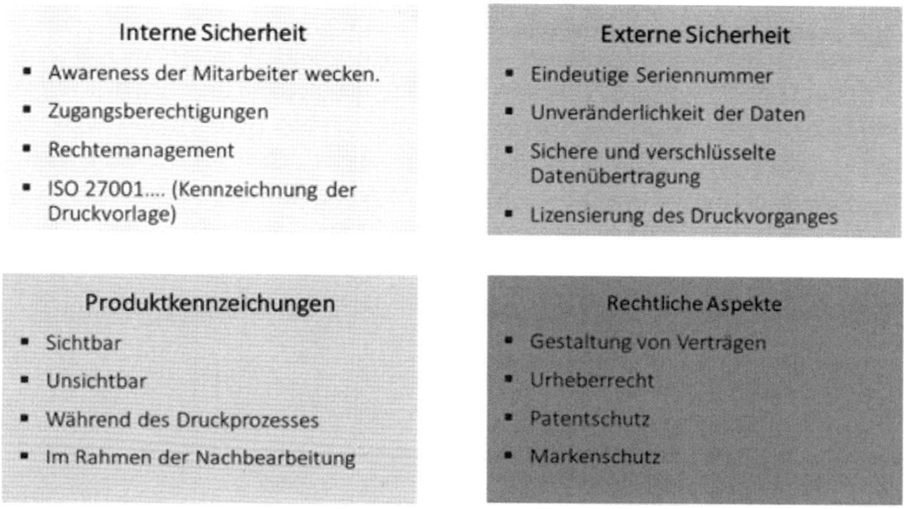

Interne Sicherheit
- Awareness der Mitarbeiter wecken.
- Zugangsberechtigungen
- Rechtemanagement
- ISO 27001.... (Kennzeichnung der Druckvorlage)

Externe Sicherheit
- Eindeutige Seriennummer
- Unveränderlichkeit der Daten
- Sichere und verschlüsselte Datenübertragung
- Lizensierung des Druckvorganges

Produktkennzeichungen
- Sichtbar
- Unsichtbar
- Während des Druckprozesses
- Im Rahmen der Nachbearbeitung

Rechtliche Aspekte
- Gestaltung von Verträgen
- Urheberrecht
- Patentschutz
- Markenschutz

Bild 2: Maßnahmen zum Plagiatsschutz [Hol16b]

2 Interne Sicherheit

Hierunter sind die Maßnahmen zu verstehen, die ein Unternehmen intern ergreift, um zu verhindern, dass unternehmenswichtige Informationen in falsche Hände geraten. Grundsätzlich sollte die Weitergabe von wesentlichen Geschäftsinformationen auf das notwendige Minimum beschränkt sein. Dies muss allen Mitarbeitern klar sein. Von daher ist es sehr wichtig, die Aufmerksamkeit/Verantwortung der eigenen Mitarbeiter für dieses Thema zu wecken.

Zu den innerbetrieblichen Maßnahmen gehört auch die entsprechende Kennzeichnung der Dokumente, Dateien, CAD-Modelle, Druckvorlagen, Prozessinformationen etc., wie es auch in der ISO 27001 gefordert wird. Was für den einen Mitarbeiter selbstverständlich eine zu schützende Information ist, ist aus der Sicht eines anderen Kollegen nicht offensichtlich. Hierbei kommt auch der Vergabe von Zugriffsrechten auf Informationen/Daten in IT-Systemen eine entsprechende Bedeutung zu. Durch eine adäquate Rechteverwaltung lässt sich auch die Wahrscheinlichkeit einer unbeabsichtigten Weitergabe deutlich verringern. Bei all diesen Aktivitäten gilt es aber auch das richtige Maß zu finden. Das eigentliche Geschäft und die dafür wichtige Kommunikation mit Kunden und externen Partnern dürfen darunter nicht leiden [Zey17].

3 Externe Sicherheit

Wenn es notwendig wird, mit externen Partnern im Rahmen des Produktentwicklungsprozesses oder im Rahmen der Fertigung zusammenzuarbeiten und entsprechende Informationen und Daten weiterzugeben, müssen Faktoren der externen Sicherheit berücksichtigt werden. Im Umfeld der additiven Fertigung kommt es in den meisten Fällen zur Weitergabe von CAD-Daten für:

- Angebotsanfragen
- Aufbereitung der CAD-Daten für den additiven Fertigungsprozess
- Durchführung des Fertigung durch externe Partner

Hierbei kann es zum unerlaubten Kopieren oder auch zum Verändern der Daten durch fremde Dritte kommen. Deshalb müssen entsprechende Anforderungen an die Sicherheit bei der Datenübertragung gestellt und umgesetzt werden. Dies kann zum Beispiel durch Verschlüsseln der Daten erfolgen. Die Anforderungen und die Umsetzung der Verschlüsselung können und werden von Fall zu Fall verschieden sein und ggf. Ausprägungen bis hin zur Private Key Verschlüsselung umfassen. Generell sollte man sich von der Frage leiten lassen, welche Daten und in welcher Qualität müssen an einen externen Partner weitergegeben werden.

Tabelle 1: Angriffspunkte entlang der Prozesskette der Additiven Fertigung [Hol16a]

Prozessschritt	Ergebnis	Angriffsmöglichkeiten	Auswirkungen
CAD Erstellung	CAD Modell	Veränderung des CAD Modells;	Einfluß auf Produkteigenschaften, Qualität und Funktion
		Kopie des CAD Modells erstellen	Beliebiges weiterverwenden; Druckaufbereitung fehlt noch
Aufbereiten des CAD Modells: Ergänzung um Hilfsgeometrien wie Stützen, Hohlräume,.....	Aufbereitetes und für den Druckprozeß angepasstes CAD Modell	Veränderung des CAD Modells;	Einfluss auf Baubarkeit, Qualität und Funktion
Erzeugung der 3D Druckdaten z. B. STL, AMF, 3MF,..	Druckfertige Datei	Veränderung der Datei	Einfluss auf Qualität und Funktion
		Kopie der Datei	Beliebiges Nachdrucken; hohes Risiko; Prozeßdaten fehlen noch.
Erzeugung der Prozeßdaten.	Prozeßdaten in Datei(n)	Veränderung der Prozessdaten	Einfluß auf Qualität und Funktion
Zusammenführen von Prozeß- und 3D Druckdaten	Vollständige Druckdaten	Kopie der Datei	Beliebiges Nachdrucken; höchstes Risiko

4 Produktkennzeichnungen

Im Rahmen der additiven Fertigungsverfahren können sichtbare und unsichtbare Kennzeichnungssysteme angewandt werden. Hierbei können diese während des eigentlichen Fertigungsprozesses oder im Rahmen der Nachbearbeitung eingesetzt werden. Einen guten Überblick und Einstieg in diese Systeme findet sich im VDMA Leitfaden: „Produkt- und Know-How-Schutz" [VDM].

Beim Thema Produktkennzeichnung lassen sich 2 grundlegende Prinzipien unterscheiden:

- Aufbringen einer Kennzeichnung mit Informationen zum Beispiel über die Produktherkunft bzw. den Hersteller
- Verfahren zur eineindeutigen Identifizierbarkeit und damit Traceability eines individuellen Produktes

Bei der Auswahl des für den individuellen Anwendungsfall richtigen Verfahrens ist besonderes Augenmerk auf die Gerichtsverwertbarkeit zu legen. Gerichtsverwertbarkeit bedeutet, dass ein

Verfahren vor Gericht anerkannt und zugelassen ist. Dies kann für die Abwehr einer unberechtigten Produkthaftungsklage oder von unberechtigten Gewährleistungsansprüchen ein entscheidender Faktor sein.

Die Kennzeichnung der Produkte kann beim 3D-Druck sichtbar oder unsichtbar erfolgen. Sichtbare Produktkennzeichnung lässt sich beispielsweise durch das Aufbringen eines Sicherheitsetikettes oder durch Hologramme erreichen. Hierbei kann auch erreicht werden, das ein kundenindividuelles Hologramm beim erstmaligen Abziehen des Siegels eine irreversible Botschaft freigelegt wird.

Diese Verfahren können ggf. in Verbindung mit RFID (Radio Frequency Identification) Technologie zusätzliche Informationen über die Herkunft, Lieferkette oder Fertigungsparameter bereitstellen. Das dabei verwendete Funketikett bestehend aus Antenne und Halbleiterbaustein bezieht die notwendige elektrische Energie für Lese-, Schreib- und Rechenvorgänge bis hin zur Abarbeitung kryptografischer Algorithmen aus den elektromagnetischen Wellen, die das Lesegerät aussendet. Verschiedene RFID Ausprägungen unterscheiden sich vor allem hinsichtlich des eingesetzten Frequenzbereiches und der damit verbundenen Leistungsfähigkeit in Bezug auf Rechenleistung, Übertragungsgeschwindigkeit und Reichweite.

Um das Fälschen der Etiketten zu verhindern, kann das aufgebrachte Etikett auch mit einem hoch aufgelösten, wolkenartigen Druckbild, dessen Feinheiten mit bloßem Auge nicht erkennbar sind kombiniert werden. Versucht ein Fälscher es nachzuahmen, verliert das Bild an Präzision und optischen Details und lässt sich so mit entsprechenden Lesegeräten als Fälschung entlarven. Diese Bilder lassen sich auch als Direktmarkierung auf additiv gefertigte Bauteile aufbringen und sind damit untrennbar mit dem Produkt verbunden. Untrennbarkeit lässt sich beispielsweise, durch das direkte Aufbringen einer Seriennummer auf die Oberfläche des Bauteils durch Prägen, Lasern oder ähnliche Verfahren erreichen. Hierbei ist es auch möglich einen entsprechenden Code oder Bild aufzubringen, der für Plagiateure nicht nachvollziehbar ist.

Neben diesen „sichtbaren“ Markierungssystemen gibt es quasi unsichtbare oder nur maschinenlesbare Kennzeichnungen. Hierbei lassen sich z.B. durch das Hinzufügen spezieller Sicherheitspigmente optische Fingerprints in die Produkte einbringen. Diese werden dann als spezielle Spektralverläufe im Auslesegerät angezeigt. Damit kann auch eine eineindeutige Identifizierung eines individuellen Produktes und damit Traceability ermöglicht werden.

Eine weitere auch für den Bereich der additiven Fertigung einsetzbare Methode, ist das Scannen bestimmter Oberflächenbereiche ggf. in Kombination mit einem Barcode oder RFID. Hierbei wird eine individuelle Oberflächenstruktur gescannt und dient dann als Fingerabdruck des speziellen Produktes.

Eine andere Methode ist das gezielte Einbringen von Fremdpartikeln während des Fertigungsprozesses. Da sich die Fremdpartikel im Innern des Bauteils befinden, ist die Kennzeichnung von außen nicht erkennbar und auch nicht nachträglich manipulierbar. Außerdem ist für die definierte Anordnung der Fremdpartikel eine genaue Prozesskenntnis erforderlich [BVG+10]. Diese im Bereich des Metallsinterns eingeführte Methode lässt sich auch auf additive Fertigungsverfahren übertragen. Wobei hier ggf. neben dem „geordneten“ Einbringen der Fremdpartikel nur eine ungeordnete Einbringung möglich wird. Diese ergibt dann aber wieder einen eineindeutigen Fingerprint des Produktes, der nach der Fertigung entsprechend ausgelesen und gespeichert werden kann, um dann als Echtheitsnachweis zu dienen.

Wie dargestellt, ist neben der Kennzeichnung auch die Nachverfolgbarkeit also Traceability eines Produktes von entscheidender Bedeutung. Der Bedeutung dieses Themas wird auch durch die Gründung des Normenausschusses NA 043-02-01 AA „Maßnahmen gegen Produktpiraterie" deutlich. Hier werden entsprechende Maßnahmen zur Fälschungssicherheit, Authentifizierungswerkzeuge aber auch Managementstandards und spezifische Schutzkonzepte betrachtet und in Zusammenarbeit mit internationalen Gremien entsprechende Normen entwickelt. Diese haben unter anderem das Ziel die Interoperabilität zwischen Identifizierungssystemen zu etablieren.

5 Rechtliche Aspekte

5.1 Gestaltung von Verträgen und Urheberrecht

Im Rahmen der Prozesskette Additive Fertigung erfolgt häufig die Aufbereitung der Geometrie, die Festlegung der Prozessparameter oder die Fertigung des Bauteils selber durch externe Partner, wodurch Fragen zum Urheberrecht zu beantworten sind. Bereitet ein Dienstleister das Geometriemodell druckgerecht auf und erstellt anschließend über Slicing Software die Druckvorlage, dann hat er evtl. ein Werk im Sinne des Urhebergesetzes, §2 Abs. 1 Nr. 1 oder Nr. 7 geschaffen. Der Urheber erhält den Schutz durch die Erstellung der Datei. Um das Werk zu schützen, muss dieses also nicht eingetragen oder registriert werden. Die Bedingung zur Klassifizierung als Werk ist zum einen, dass dieses von einem Menschen erstellt werden muss und zum anderen eine „geistige Schöpfung" erfordert [Lot16].

In diesem Fall darf das entstandene Werk ohne die Zustimmung des Urhebers nicht vervielfältigt und verbreitet werden. Auch eine öffentliche Zugänglichmachung bedarf der Zustimmung des Urhebers. Darüber hinaus wäre dem eigentlichen Produkthersteller eine Änderung des aufbereiteten Geometriemodells evtl. nicht erlaubt. Die rechtlichen Randbedingungen sollten also klar geregelt werden, wenn Dienstleister mit der Erstellung einer Druckdatei /Druckvorlage beauftragt werden. Auf der anderen Seite stellt der Druckvorgang eine Vervielfältigung der Druckvorlage dar. Das Vervielfältigungsrecht richtet sich nach §16 UrhG. Eine Vervielfältigung wird durch den Druckvorgang erzeugt, weil das Werk – die Druckvorlage – durch die Erzeugung eines körperlichen Gegenstandes wahrnehmbar gemacht wird. Das Werk selbst wird dabei nicht geändert, sondern lediglich die Ausdrucksform. Auf die Anzahl der gedruckten Werkstücke kommt es also nicht an, bereits das erste Werkstück ist eine Vervielfältigung der Druckvorlage. Das Vervielfältigungsrecht nach §16 UrhG ist die zentrale Norm zur Herstellung der Werkstücke. Sofern die Druckdatei an einen Dienstleister zur Fertigung weitergegeben wird, erhält dieser kein Recht am geschützten Werk. Bei der bloßen Abwicklung des Druckauftrags fehlt es an der geistigen Schöpfung [Lot16].

Daneben spielt auch die Produkthaftung eine entscheidende Rolle. Die Prozessparameter und insbesondere die Layerorientierung können erheblichen Einfluss auf die Produkteigenschaften haben. Fertigen die Zulieferer nach den Vorgaben des Herstellers des Endproduktes oder werden diese Prozessparameter nicht eindeutig vorgegeben, dann ist der Hersteller dieses Endproduktes auch für die Fehler der von den Zulieferern bezogenen Teilprodukte in der Verantwortung [Lot16]. Von daher sind folgende Fragen zu beantworten und als Vorgaben klar definiert und vertraglich vereinbart werden [Leu]:

- Wer definiert die Prozessparameter?
- Welchen Einfluss haben die Prozessparameter auf die Produkteigenschaften?
- Wie kann die Einhaltung der Prozessparameter überwacht und dokumentiert werden?

5.2 Patent-, Marken- und Designschutz

Den besten Schutz vor Plagiaten bieten natürlich Patente und eingetragene Marken. Im Rahmen der additiven Fertigung kann auch die 3D-Marke und das eingetragene Produktdesign in Zukunft eine wesentliche Rolle spielen. Dreidimensionale Marken sind gegenständliche Marken. Sie bestehen aus einer dreidimensionalen Gestaltung, z.B. der Form der Produkte oder deren Verpackung [DPM].

Bei der Eintragung einer 3D-Marke ist zu berücksichtigen, dass die Form sich zum einen durch spezielle ästhetische Merkmale unterscheidet und zum anderen die Form nicht ausschließlich zur Erreichung einer technischen Wirkung erforderlich ist. So drang Lego nicht mit dem Argument durch, dass die Klemmwirkung von Spielbausteinen auch durch einen Aufbau und eine andere Gestaltung der Kupplungselemente (Noppen) erzielt werden könne, ohne dass mit der Formgebung in qualitativer, technischer, funktionsmäßiger oder wirtschaftlicher Hinsicht ein Vorteil gegenüber abweichenden Ausführungen verbunden sei [Zen] und [LG16]. Dagegen ist die klassische geriffelte Cola Flasche oder die Toblerone Schokolade eine eingetragene 3D-Marke.

5.3 Zertifizierung externer Partner

Neben patent- und markenrechtlichen Fragestellungen sollten im Vorfeld einer Zusammenarbeit mit externen Partnern auch zertifizierungs und rechtliche Aspekte betrachtet werden. Hierbei sollten folgende Fragen beantwortet werden.

- Wie vertrauenswürdig ist ein Partner?
- Welche Zertifizierung hat der Partner?
- Welchem Rechtssystem unterliegt der Partner?

Bei einem nach IS0 9001 und 27001 zertifizierten Partner kann von einer entsprechenden Einhaltung bestimmter Grundregeln ausgegangen werden. Darüber hinaus sollten aber die oben angesprochenen Aspekte immer vertraglich vereinbart werden. Hierbei sollte man bedenken: Was in einem bilateral geschriebenen Vertrag steht, nützt wenig, wenn man als Unternehmen keine Möglichkeit der Durchsetzbarkeit hat. Dann ist der Vertrag das Papier nicht wert auf dem er geschrieben wurde.

5.4 Sichere Prozesskette für die Additive Fertigung

Aufgrund der Besonderheiten im 3D-Druck wird derzeit über die Etablierung einer „Chain of Trust“ nachgedacht. Hierbei wird die Idee verfolgt, durch den Einsatz entsprechender Technologien die möglichen Risiken auf ein Minimum zu reduzieren. Derzeit gibt es verschiedene primär kryptografische Ansätze, um die Authentizität von Druckdaten sicherzustellen und die unbefugte Nutzung von Druckdaten zu unterbinden [Hol16a].

Eine Möglichkeit bietet die Verschlüsselung und Lizensierung der Daten unter Nutzung der Blockchain Technologie. Hierbei werden die relevanten Daten zum einen verschlüsselt und zum anderen erfolgt die Identifizierung der Druckvorlage und die Lizensierung des Druckvorganges über die sogenannte Blockchain Technologie. Blockchain ist bislang vor allem aus der Finanzwelt bekannt. Es handelt sich um ein kryptografisches Verfahren, um die Authentizität von finanziellen Transaktionen beim digitalen Zahlungsverkehr nachzuweisen. Eine konkrete Blockchain Anwendung ist beispielsweise die Kryptowährung Bitcoin. Die Blockchain Technologie ist aber grundsätzlich auch für die Abbildung von Transaktionen im Sinne von Lizenzvergaben anzuwenden. Hier erhält man statt Bitcoins, die Lizenz ein Bauteil entsprechend oft drucken zu dürfen [Hol16a].

Die nachfolgende Abbildung zeigt, wie die Transaktion „Alice genehmigt Bob ein bestimmtes Produkt viermal zu drucken“ in einer Blockchain repräsentiert werden kann. Ein sogenannter Smart Contract legt die Lizenzinformationen in der Blockchain ab und stellt sicher, dass nur Alice und Bob diese lesen können. Bobs Drucker prüft später die Lizenz, bevor er den Druckvorgang für das Bauteil startet. Ergänzend lassen sich auch die Seriennummern der einzelnen gedruckten Bauteile in der Blockchain abbilden, um nachzuweisen, welche und wie viele Teile lizenzgemäß hergestellt wurden [Hol16a]. Um die Chain of Trust vollständig zu schließen, ist die Einbeziehung der Maschinen und Steuerungshersteller notwendig. Hierdurch lassen sich ähnliche Konzepte, wie sie schon bei der Herstellung von Kopierern angewandt werden, realisieren. Wie das Kopieren von Geldnoten verhindert wird, lassen sich durch den Einbau von sogenannten Secure Elements in Maschinen aus dem Additiven Fertigungsbereich entsprechende trusted Drucker realisieren, die dann mit der Blockchain kommunizieren.

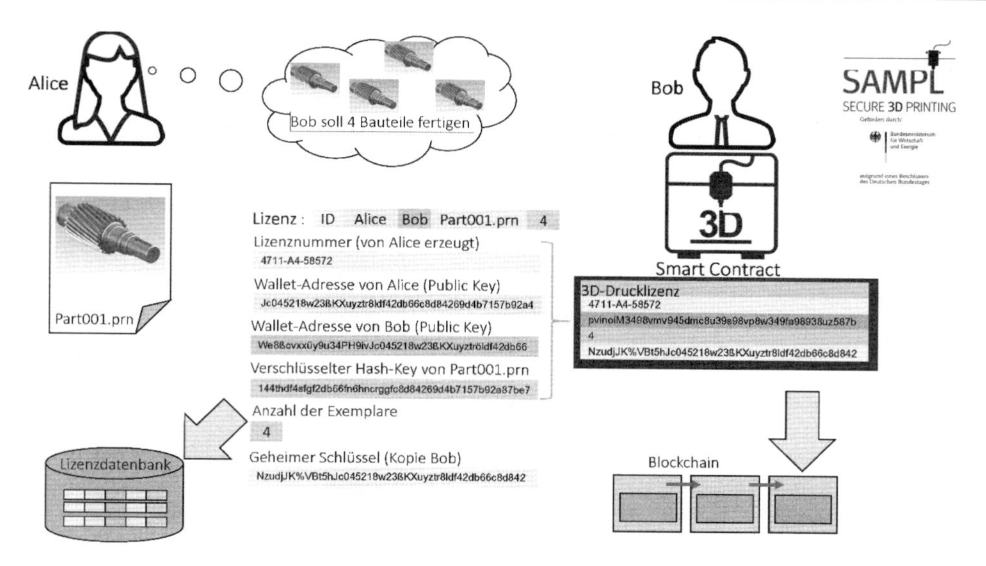

Bild 3: Lizenzinformationen abgebildet über Blockchain-Technologie [Hol16b]

So lässt sich eine vollständige Chain of Trust vom Rechteinhaber bis hin zum Dienstleister aufbauen. Neben der Zertifizierung eines Partners ist der Einsatz zertifizierter Drucker („Block-Chain Ready“) eine weitere Möglichkeit den Plagiatschutz noch eine Ebene höher zu legen [Hol16a].

Diese Ideen werden derzeit im Projekt Secure Additive Manufacturing Plattform (SAMPL) verfolgt. SAMPL wird mit Mitteln des Bundesministeriums für Wirtschaft und Energie (BMWi) innerhalb des Technologieprogramms "PAICE Digitale Technologien für die Wirtschaft" gefördert und vom Projektträger „Informationstechnologien / Elektromobilität“ im Deutschen Zentrum für Luft- und Raumfahrt, Köln betreut. Ziel des Projektes ist die Entwicklung einer durchgängigen Chain of Trust, für additive Fertigungsverfahren. Hierbei wird der gesamte Prozess von der Entstehung der digitalen 3D-Druckdaten über den Austausch mit einem 3D-Druckdienstleister und seinen durch spezielle Secure Elements abgesicherten Trusted 3D-Druckern bis zur Kennzeichnung der gedruckten Bauteile mittels RFID-Chip betrachtet. Eine Identifizierung und damit Nachverfolgbarkeit der gedruckten Bauteile ist auch mit den anderen in diesem Beitrag vorgestellten Methoden möglich. Mit all diesen Methoden lässt sich zwar kein Reverse Engineering verhindern, der Nachweis und damit die Nachverfolgbarkeit der Originalteile wird aber erheblich verbessert. Damit wird die Hürde für Plagiateure entscheidend höher gelegt. Dazu soll in Ergänzung zu den heute verfügbaren Mechanismen für die Verschlüsselung von 3D-Daten ein digitales Lizenzmanagement auf Basis der Blockchain-Technologie in die Datenaustauschlösung OpenDXM GlobalX der PROSTEP AG integriert werden. Eine Integration des Blockchain basierten Lizenzmanagments in andere Datenaustauschlösungen, die „Blockchain-Ready“ sind, wird auch möglich sein.

Die mit der dargestellten Systemarchitektur verfolgten Ansätze haben zum Ziel, konkrete Nutzenpotenziale für eine Reihe von Stakeholdern zu erschließen:

- Druckerhersteller: Ein „trusted“ 3D Drucker und die Integration eines Moduls zum Urheberrechtsschutz ermöglicht Absicherung für Dienstleister und Anwender
- Urheber: IP Schutz, Vermeidung von Raubkopien, Rechte durchsetzbar machen, Nachvollziehbarkeit der Verwendung, nutzungsabhängige Abrechnung
- OEM: sichere on-demand-Fertigung, Reduzierung von Lager- und Transportkosten, geringere Kapitalbindung, Sicherstellung von Qualität, optimierte Ersatzteilversorgung
- Druckdienstleister: reduzierte Transaktionskosten durch den Einsatz vertrauenswürdiger 3D-Drucker, Unterstützung für die Qualitätssicherung, Rechtssicherheit und Wettbewerbsvorteil
- Endkunde: verifizierbare Echtheit, Manipulationssicherheit des Designs, genaue und sichere Abrechnung, Vertrauen in das Werk, Vorteile bei Garantieansprüchen

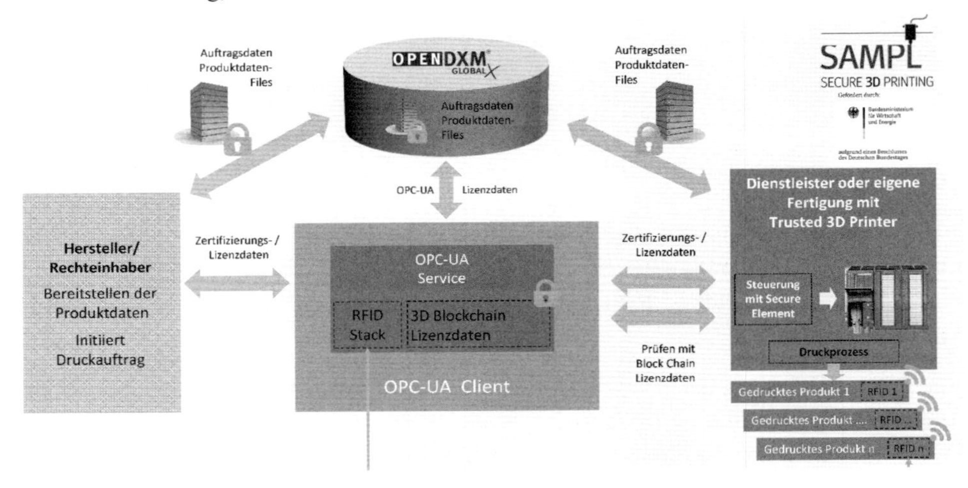

Bild 4: SAMPL Systemarchitektur [Hol16a]

6 Resümee und Ausblick

Zur digitalen Transformation von Entwurfs- und Produktionsprozessen sowie zu digitalen Fertigungsverfahren wird im Bereich Additive Manufacturing sehr viel Forschung zur Prozessgestaltung und zu den einsetzbaren Technologien und Verfahren betrieben. Umfassende Forschungskonzepte zur Informationssicherheit, zum Lizenzmanagement, dem Kopierschutz und dem Echtheitsnachweis sind jedoch noch stark unterrepräsentiert. Bei der Digitalisierung und Vernetzung muss jedoch den Produkten und der Produktion hinsichtlich der Angriffssicherheit (Security) des Gesamtsystems und einem entsprechenden Risikomanagement eine dominierende Rolle zukommen. Momentan existiert keine Plattform, die es erlaubt, digital und nachvollziehbar die für den 3D-Druck relevanten Daten unter Einbeziehung digitaler Lizenzen zu verwalten. Hierbei müssen insbesondere die digitalen Produktdaten mit den Lizenzdaten verknüpft werden. Dieser Mangel soll durch eine Integration der SAMPL-Plattform und einer 3D-Blockchain gelöst werden. Für die Speicherung und Verwaltung digitaler Lizenzen benötigt man eine Datenbank, die die Unveränderlichkeit ihrer Einträge garantieren muss. Es muss aber möglich sein, neue Lizenztransaktionen, wie die Neuausgabe digitaler Versionen oder Eigentümerwechsel, zu speichern. Ein solches Register bietet die Blockchain-Technologie, die mit

Ihrer ersten großen Implementierung als Basis für die Kryptowährung Bitcoin seit dem Start Anfang 2009 ihr hohes Maß an Zuverlässigkeit und Sicherheit bewiesen hat.

Die Erweiterung der Chain-of-Trust über die 3D-Druckersteuerung bis hinein in das gedruckte Produkt, z.B. über die Integration von RFID Chips, stellt eine interessante Option für die Gestaltung zukünftiger Geschäftsmodelle bis hin zur Verbindung beliebiger Produkte mit einem digitalen Produktgedächtnis dar. Alle 3D-gedruckten und RFID-getagten Bauteile könnten so zu smarten Produkten werden. Daten entlang des Lebenslaufs dieser Produkte von Ihrer Herstellung bis zum Recycling könnten die Basis für die Generierung großen Nutzens darstellen. So könnte zum Beispiel die Auswertung der Nutzung von Produkten, die Analyse typischer Schadensbilder oder spezifische Reparaturerfordernisse zu einer gezielten Weiterentwicklung und Verbesserung führen. Der heute bei vielen Produkten nicht geschlossene Regelkreis über den Produktlebenszyklus hinweg könnte so geschlossen werden und neue Innovationen ermöglichen.

Inwieweit die dargestellten Potenziale in der Wahrnehmung der Marktteilnehmer die damit verbundenen Kosten übersteigen und zu einer breiten Akzeptanz für solche Lösungen führen, wird sich noch zeigen. Entscheidende Erfolgsfaktoren werden auf jeden Fall darin bestehen, wie gut es gelingt, die technischen Möglichkeiten argumentativ mit konkreten ökonomischen Vorteilen zu verbinden und gut anwendbare sowie einfach zugängliche Nutzungskonzepte zu etablieren.

Literatur

[BVG+10] BEHRENS, B.-A.(1); VAHED, N.(2); GASTAN, E.(3); ECKOLD, C.-P.(4); LANGE, F(5); Institut für Umformtechnik und Umformmaschinen (IFUM), Produktionstechnik Hannover informiert ISSN 1616-2757, Hannover, September 2010

[Deu16] Deutsche Bundesregierung; Entwurf eines Gesetzes zur verbesserten Durchsetzung des Anspruchs der Urheber …; (BT-Drs. 18/8625); Unter: http://dipbt.bundestag.de/dip21/btd/18/086/ 1808625.pdf; Berlin; 01.06.2016

[Die16] DIERIG, C.; Darum gefährden 3-D-Drucker unsere Gesundheit, unter: https://www.welt.de/wirtschaft/article153540762/Darum-gefaehrden-3-D-Drucker-unsere-Gesundheit.html, 21.03.2016

[DPM] Das Deutsche Patent- und Markenamt in München, Berlin und Jena

[Hol16a] HOLLAND, M. DR.; SAMPL Secure Additive Manufacturing Platform; Unter: https://www.tuhh.de/fks/010_research/projects/sampl/de/index.html, Darmstadt, 2016

[Hol16b] HOLLAND, M. DR.; PROSTEP interne Mitteilungen, Darmstadt, 2016

[LG16] LEUPOLD, A.(1); GLOSSNER, S. (2); 3D-Druck, Additive Fertigung und Rapid Manufacturing – Rechtlicher Rahmen und unternehmerische Herausforderung, Verlag Franz Vahlen GmbH, München, 2016

[Lot16] LOTT, A.; Urheberrecht beim privaten 3D-Druck – Plagiat oder Privatkopie?, Aktuelles Wirtschaftsrecht, Hochschule für Wirtschaft und Recht, Berlin, unter: https://wirtschaftsrecht-news.de/2016/01/urheberrecht-beim-privaten-3d-druck-plagiat-oder-privatkopie/, Berlin, 08.01.2016

[RKM15, S58ff.] REDEKER, S.(1); KLETT, K.(2); MICHEL, U.(3) Teil 6: IP-Recht in der digitalen Welt. [Buchverf.] T. Klindt und Peter Bräutigam. Digitalisierte Wirtschaft/Industrie 4.0 - ein Gutachten der Noerr LLP im Auftrag des BDI zur rechtlichen Situation, zum Handlungsbedarf und zu ersten Lösungsansätzen S. 58-72, BDI; Berlin, 2015

[Sch15, S1041ff.] SCHMOLL, A.; Dreidimensionales Drucken u. die vier Dimensionen des Immaterialgüterrechts: ein Überblick über Fragestellungen des Urheber-, Design-, Patent- u. Markenrechts beim 3D-Druck, S. 1041-1050; Berlin, 2015

[Süd15] Süddeutsche Zeitung; Plagiate verursachen Milliardenschäden bei deutschen Firmen, unter: http://www.sueddeutsche.de/news/wirtschaft/unternehmen-plagiate-verursachen-milliardenschaeden-bei-deutschen-firmen-dpa.urn-newsml-dpa-com-20090101-151213-99-293010, 13.12.2015

[VDM] Leitfaden zum Produkt- und Know-how-Schutz; Arbeitsgemeinschaft Produkt- und Know-how-Schutz im Verband Deutscher, Maschinen- und Anlagenbau e.V. (VDMA), unter: http://pks.vdma.org/, Frankfurt

[Wec15] WECKBRODT, H.; Technikrechtler warnen vor Plagiatsgefahren durch 3D-Drucker-Trend, unter: http://oiger.de/2015/06/12/technikrechtler-warnen-vor-plagiatsgefahren-durch-3d-drucker-trend/126537, 12.06.2015

[Zen] ZENTEK, S.; Das Ende der 3D-Marke für technische Produkte unter: https://provendis.info/aktuelles/news/aus-der-branche/artikelansicht/das-ende-der-3d-marke-fuer-technische-produkte/

[Zey17] ZEYN, H.; Industrialisierung der additiven Fertigung – Digitalisierte Prozesskette - von der Entwicklung bis zum einsetzbaren Artikel, VDE Verlag, Berlin, 2017

Autoren

Dr. Martin Holland hat Maschinenbau an der Technischen Universität Clausthal studiert und dort promoviert (Titel seiner Arbeit: Fertigungsgerechte Toleranzfestlegung). Seit 1994 ist er bei der PROSTEP AG in verschiedenen Positionen tätig. In Projekten hat er Kunden wie Airbus, Continental, MeyerWerft, Phoenix, Volkswagen, ZF oder Wabco beraten. Seit 1998 ist er als Bereichsleiter verantwortlich für das Geschäft im Bereich Norddeutschland. Im Jahr 2001 trat er als Vertriebsleiter in die Geschäftsleitung des Unternehmens ein und hat im Rahmen dieser Aufgabe das Unternehmen auch im Rahmen der Vertragsverhandlungen mit Kunden und Partnern vertreten. Seit Herbst 2015 verantwortet Martin Holland die Aufgabe Strategie und Business Development. Hier sind es insbesondere die Themen Industrie 4.0 und IOT sowie die Blockchain Technologie die von ihm vorangetrieben werden.

Christopher Nigischer ist seit 20 Jahren als Berater, Partner und Unternehmer für Kunden wie Airbus, Bombardier, BP, First Solar, Panasonic, Philips und Volkswagen tätig. Seine Schwerpunkte liegen in den Bereichen Innovations- und Projektmanagement. Neben seiner Tätigkeit als geschäftsführender Gesellschafter der consider it GmbH arbeitet er als externer Berater für NXP Semiconductors im Bereich kooperativer Innovationsprojekte für IT Security-Lösungen.

Virtual Machining – Potentiale und Herausforderungen von Prozesssimulationen für Industrie 4.0

Jun.-Prof. Dr.-Ing. Petra Wiederkehr,
Tobias Siebrecht, Jonas Baumann
Institut für Spanende Fertigung
Baroper Str. 303, 44227 Dortmund
Tel. +49 (0) 231 / 75 52 113, Fax. +49 (0) 231 / 75 55 141
E-Mail: Wiederkehr@isf.de

Zusammenfassung

Aufgrund wachsender Anforderungen an die Produktion durch hohe Variantenvielfalt oder verkürzten Produkteinführungszeiten kommt der virtuellen Fertigung eine immer stärker werdende Bedeutung zu. Mithilfe von Prozesssimulationen können u.a. erhöhte Prozesskräfte oder das Auftreten von Schwingungen des Werkzeug-Werkstück-Maschine-Systems vorhergesagt werden. Damit können zeit- und kostenintensive Einfahr- sowie iterative Optimierungsprozesse reduziert werden. Klassischerweise werden diese Simulationen offline zur Optimierung von Prozessparameterwerten bestehender Fertigungsprozesse verwendet. Sie können darüber hinaus bereits in der Design-Phase beispielsweise von Werkzeugen, Werkzeugmaschinen oder Spannvorrichtungen eingesetzt zu werden. Durch eine simulationsgestützte Analyse und Beurteilung des späteren Prozessverhaltens können die zu entwickelnden Komponenten bedarfsgerecht ausgelegt werden, ohne bereits in frühen Entwicklungsstadien reale Prototypen bauen und einsetzen zu müssen. Gerade im Zeitalter von „Industrie 4.0“ werden intelligente Vorrichtungen gefordert, die mit Sensoren Prozessdaten erfassen können und darüber hinaus mit Aktuatoren ausgestattet werden, um zum Beispiel Prozessschwingungen aktiv entgegenwirken zu können. Auch hier können Prozesssimulationen eingesetzt werden, um die Auslegung und die Regelung der Aktorik zu optimieren. Für die Verwendung der Sensordaten ist eine Kopplung zwischen Sensorik und Prozesssimulation zur direkten Optimierung der Bearbeitungsprozesse an der jeweiligen Werkzeugmaschine wünschenswert. Dies wird allerdings dadurch limitiert, dass die Simulationssysteme im Bereich der virtuellen Fertigung in der Regel nicht echtzeitfähig sind. Daher sind effizient berechenbare Ersatzmodelle für eine Online-Kopplung gefordert. Im Bereich der virtuellen Fertigung wird auch eine virtuelle Betrachtung von Prozessketten bis hin zum Einsatz von Prozesssimulationen im Rahmen der Anpassungsintelligenz in Fabriken gefordert. In diesem Beitrag werden Beispiele aus aktuellen Forschungsarbeiten und ihre Anwendungen im Bereich der virtuellen Fertigung präsentiert und im Kontext von Industrie 4.0 diskutiert. Dabei werden verschiedene Stadien der Prozesskette betrachtet.

Schlüsselworte

Virtuelle Fertigung, Spanende Bearbeitung, Prozessoptimierung

Virtual Machining – Possibilities and challenges of process simulations for „Industry 4.0“

Abstract

Due to increasing demands on production, for example due to a high diversity of components and a shorter time-to-market, virtual manufacturing becomes more and more important, especially when complex workpieces have to be machined. Process simulations can be used, e.g., to simulate process forces or to predict vibrations resulting from the dynamic behavior of the tool, workpiece or milling machine. Using these simulations, time- and cost-intensive running-in processes and iterative optimization loops conducted on the particular machining center can be reduced.

Usually, these simulations are applied prior to the manufacturing process in order to optimize process parameter values, e.g., to reduce process vibrations, tool load or the heat input into the workpiece. Furthermore, they can also be used during the design step of, e.g., machine tools or clamping systems. Predicting the prospective behavior of the considered components during the virtual machining process offers the possibility to design the components properly without building different prototypes.

Especially in the age of "Industry 4.0" intelligent fixture systems are required, which cannot only monitor process data during machining using integrated sensors, but also use actuators, for example, to counteract process vibrations. Also for this purpose, process simulations can be used in order to choose appropriate parameter values for the counter excitation.

Using applied or integrated sensors into the machine tool, a huge amount of data can be recorded during the machining process. A coupling between these sensors (analysis of the current state) and process simulations (prediction of prospective states) is reasonable in order to optimize the machining process. This is limited due to the fact that these process simulations are not real-time capable. Due to this, the development of efficient models is necessary.

Virtual machining is not only limited to analyze single processes and to optimize single process parameter values, but also process chains can be analyzed. In the following, different examples resulting from current research projects will be presented and the possibilities and challenges of process simulations will be discussed.

Keywords

Virtual manufacturing, machining, process optimization

1 Einleitung

Während der spanenden Bearbeitung insbesondere von komplexen Bauteilen können Effekte auftreten, welche zu einem schlechten Bearbeitungsergebnis und damit entweder zu einer zeitaufwändigeren Nachbearbeitung oder zu Ausschuss führen können. Zu diesen Effekten zählen beispielsweise das Auftreten zu hoher Prozesskräfte, erhöhter Werkzeugverschleiß, Schwingungen des Werkzeug-Werkstück-Maschine-Systems oder auch thermomechanischer Verzug des gefertigten Bauteils aufgrund eines erhöhten Temperatureintrags. Um dieses bereits vor der eigentlichen Fertigung vorhersagen und damit die entsprechenden Prozessparameterwerte optimieren zu können, werden Prozesssimulationen entwickelt [AK12, AKB+14, DBN+15, WS16]. Diese sind dadurch gekennzeichnet, dass aufbauend auf der geometrischen Beschreibung von Werkzeug und Werkstück der Materialabtrag berechnet und unter Verwendung effizienter empirischer und physikalisch-basierter Methoden Prozesskräfte, Schwingungen und Temperatureinflüsse bestimmt werden können. Das Ziel dieser virtuellen Fertigung („Virtual Machining") besteht darin, die Bearbeitung ganzer Werkstücke und vollständiger Prozessabläufe zu simulieren. Der Spanbildungsvorgang an sich wird deshalb vernachlässigt [AKB+14]. Des Weiteren wird die Analyse zur Reduktion der Rechenzeiten auf einzelne Effekte – wie zum Beispiel die Vorhersage der Werkzeugschwingungen [MBD+16] oder die Simulation des Wärmeeintrags [BI15] – fokussiert.

Neben der Analyse eines einzelnen Prozesses und der Optimierung von Prozessparameterwerten können Simulationssysteme ebenfalls eingesetzt werden, um Prozessketten virtuell abzubilden (Bild 1). Damit wird es ermöglicht, beispielsweise den Einfluss der Fräsbearbeitung auf die resultierende Oberflächenbeschaffenheit nach der Finishbearbeitung zu analysieren [WS17].

Prozesssimulationen bieten allerdings nicht nur die Möglichkeit, bestehende Prozesse simulativ abzubilden, sondern darüber hinaus ein großes Potential, bereits während der Konstruktion von Komponenten – zum Beispiel zur Werkzeugentwicklung [DGEG14] oder für das Design von Werkzeugmaschinen [BHW+16] und Vorrichtungen [MWL+16, KMW+16] – eingesetzt zu werden (Bild 1). Hierbei bieten sie die Möglichkeit, das Prozessverhalten der zu entwickelnden Komponenten bereits in der Konstruktionsphase vorherzusagen, ohne aufwändig verschiedene Prototypen realisieren zu müssen.

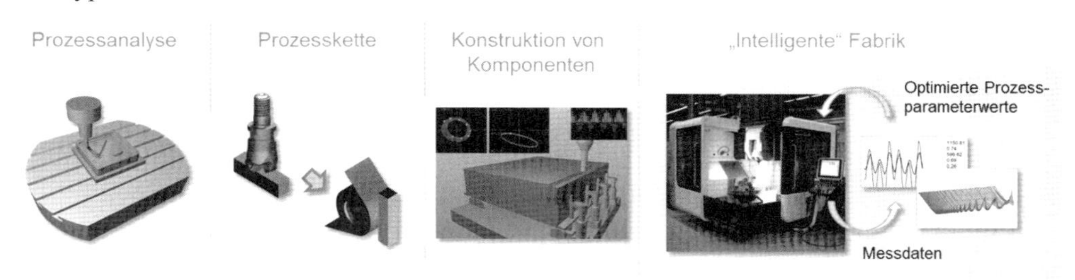

Bild 1: Einsatzmöglichkeiten von Prozesssimulationen.

Gerade im Zeitalter von „Industrie 4.0“ wachsen die Möglichkeiten, Sensorik und Aktuatorik in Werkzeugmaschinen, aber auch in „intelligente“ Spannsysteme [DDK16, MLW16] zu integrieren. Dadurch kann während der Bearbeitung eine sehr große Menge an Daten („Big Data“) aufgenommen und gespeichert werden. Diese Datenmenge ist allerdings nur dann sinnvoll nutzbar, wenn diese entsprechend ausgewertet und daraus weitere Aktionen abgeleitet werden können („Intelligent Data“). Auch hierfür können Prozesssimulationssysteme zukünftig eingesetzt werden. Damit bieten diese eine große Bandbreite an Anwendungsgebieten – von der Prozessanalyse nahe an der Schneide bis hin zur simulationsgestützten Auslegung von Fertigungslinien im Rahmen einer „intelligenten“ Fabrik (Bild 1). Im Folgenden werden hierzu verschiedene Anwendungsbeispiele aus aktuellen Forschungsarbeiten und Veröffentlichungen zusammengefasst und diskutiert, um die Einsatzpotentiale, aber auch die Herausforderungen im Bereich „Virtual Machining“ und den Nutzen für die Einsetzbarkeit an der Werkzeugmaschine aufzuzeigen.

2 Geometrisch-physikalische Prozesssimulation

Das am Institut für Spanende Fertigung entwickelte Simulationssystem zur Analyse und Optimierung spanender Fertigungsverfahren mit geometrisch bestimmter und unbestimmter Schneide, welches detailliert in [KJK15, SRK+14, WS16] beschrieben wird, basiert auf der geometrischen Beschreibung des Werkzeugs, Werkstücks sowie der relevanten Maschinenkomponenten und Aufspannvorrichtungen (Bild 2). Durch die Interpretation des NC-Programms wird die Relativbewegung zwischen Werkzeug und Werkstück bestimmt und der daraus resultierende Materialabtrag berechnet. Durch die geometrische Analyse der resultierenden Spanungsform und die Verwendung eines empirischen Kraftmodells können die Prozesskräfte ermittelt werden [WS16].

Die während der Bearbeitung auftretenden Effekte – zum Beispiel Werkzeugabdrängung, Schwingungen des Werkzeugs oder Deformation des Bauteils – führen zu einer zusätzlichen Relativverschiebung zwischen Werkzeug und Werkstück in der Kontaktzone und damit zu resultierenden Oberflächenfehlern. Um diese abbilden zu können, sind zusätzlich zur Beschreibung des Materialabtrags physikalisch motivierte Ersatzmodelle notwendig. So basiert beispielsweise die Vorhersage von Schwingungen auf der Beschreibung des dynamischen Verhaltens des Werkzeug-Werkstück-Maschine-Systems auf Grundlage gemessener oder simulierter modaler Parameter (modale Masse, Eigenfrequenz, Dämpfung) für jede Schwingform [WS16]. Diese Parameterwerte können mittels experimenteller oder simulativer Modalanalyse anhand von Nachgiebigkeitsfrequenzgängen ermittelt werden. Zur Analyse beispielsweise des thermomechanischen Bauteilverzugs wird – parallel zur Bestimmung des Materialabtrags mithilfe der geometrischen Frässimulation – der Wärmeeintrag in das Bauteil mittels Finite-Differenzen-Methode und der Verzug mittels Finite-Elemente-Methode (FEM) berechnet [JBK+13]. Dadurch wird eine simulationsgestützte Analyse von Bearbeitungsprozessen möglich. Detaillierte Beispiele zur Anwendung des Simulationssystems zur Prozessanalyse und Optimierung von Prozessparameterwerten werden in [WS16, BKS10] dargestellt.

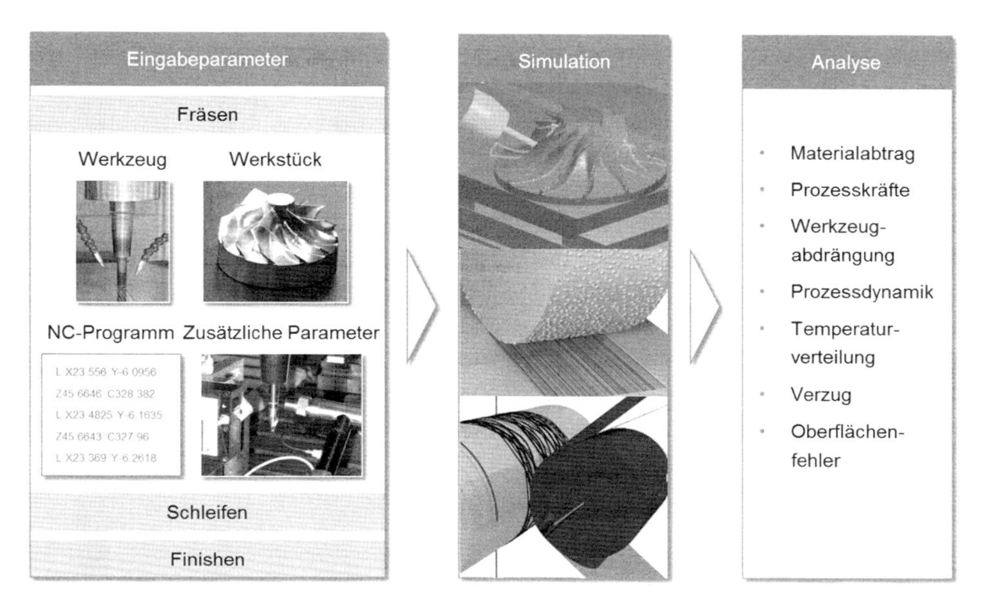

Bild 2: Geometrisch-physikalisches Simulationssystem zur Analyse spanender Fertigungsverfahren mit geometrisch bestimmter und unbestimmter Schneide.

Neben der simulationsgestützten Analyse einzelner Prozesse und der Optimierung ausgewählter Prozessparameterwerte besteht ebenfalls Potential darin, Prozessketten simulationsgestützt auszulegen. In Bild 3 ist ein Beispiel zur Analyse der Prozesskette Fräsen – Finishen aufgeführt. Da die Fräsbearbeitung die Oberflächenqualität der anschließenden Feinbearbeitung wesentlich beeinflusst, ist es nicht ausreichend, ausschließlich das Finishen simulativ zu betrachten. Vielmehr muss zunächst die Oberflächenstruktur, die durch die einzelnen Zahneingriffe bei der Fräsbearbeitung erzeugt wird, vorhergesagt werden. Hierfür ist eine hochauflösende geometrische Beschreibung des Werkzeugs und Werkstücks notwendig [FKB15]. Die Schneide des Werkzeugs wurde hierzu mithilfe eines Mikrokoordinatenmesssystems (Alicona InfiniteFocus) digitalisiert und entsprechend das geometrische Simulationsmodell des Werkzeugs initialisiert. Das aus der Frässimulation resultierende Werkstückmodell wurde anschließend für die Simulation der Finishbearbeitung verwendet. Hierfür wurde zusätzlich das Finishband digitalisiert und die Eingriffe der einzelnen Körner in die Oberfläche berechnet [KJK15]. Damit ist es möglich, den Einfluss unterschiedlicher Prozessparameterwerte auf die resultierende Oberflächenbeschaffenheit simulativ zu analysieren und für die anschließende reale Bearbeitung die angemessenen Prozessparameterwerte zu bestimmen. Für die Erzeugung der drei exemplarisch in Bild 3 gezeigten Oberflächen wurden unterschiedliche Frässtrategien bei identischen Parameterwerten des anschließenden Finishprozesses verwendet. Es wurde ein dreischneidiges Fräswerkzeug mit einer Drehzahl von $n = 10.200\ \mathrm{min}^{-1}$, einem Zahnvorschub von $f_z = 2$ mm und einer axialen Zustellung von $a_p = 2$ mm eingesetzt. Für die erste Frässtrategie wurde das Werkstück dreiachsig in einer Richtung mit der Stirnseite des Fräsers bearbeitet. Die NC-Bahnen verliefen parallel zur X-Achse (Frässtrategie 1). In den anderen beiden Fällen wurde nach der Werkzeugbewegung in X-Richtung eine zusätzliche Bearbeitung in Y-Richtung (Frässtrategie 2) und in 45°-Richtung zwischen der X- und Y-Achse (Frässtrategie 3) durchgeführt.

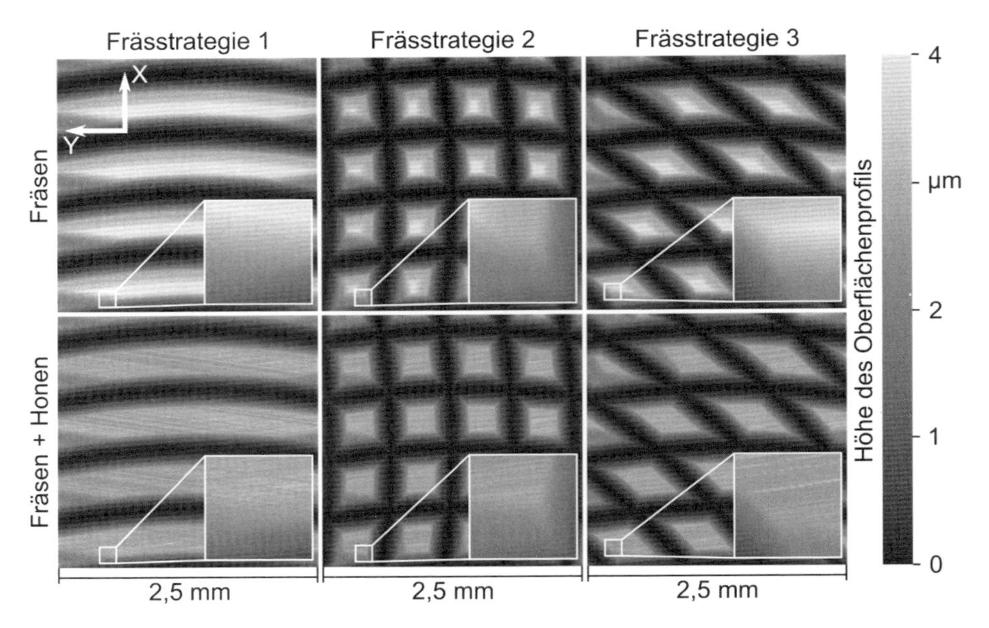

Bild 3: Vorhersage der Oberflächenbeschaffenheit nach der Fräs- und anschließenden Finishbearbeitung mit drei unterschiedlichen Frässtrategien.

3 Simulationsgestützte Auslegung intelligenter Spannvorrichtungen

Prozesssimulationen bieten nicht nur die Möglichkeit, bestehende Prozesse zu analysieren, sondern auch bereits in der Konstruktionsphase zur Vorhersage des potentiellen Einsatzverhaltens der zu konstruierenden Komponenten eingesetzt zu werden. In dem von der EU geförderten Projekt Intefix („Intelligent Fixtures for the Manufacturing of Low Rigidity Components") [KMW+16] wurde beispielsweise die simulationsgestützte Auslegung intelligenter Vorrichtungen zur Reduzierung von Werkstückschwingungen bei der Bearbeitung dünnwandiger Bauteile analysiert.

Klassischerweise werden Finite-Elemente-Simulationen in der Konstruktionsphase eingesetzt, um das Verhalten statisch und dynamisch belasteter Komponenten zu analysieren. Dadurch können wesentliche Informationen zur Auslegung berechnet werden; allerdings können keine Aussagen über das spätere Einsatzverhalten der Komponenten während der vorgesehenen Bearbeitung getroffen werden. Für diese Vorhersagen bieten sich ergänzend Prozesssimulationen an, denen dabei zwei wesentliche Aufgaben zukommen:

1) Die Vorhersage der resultierenden Prozesskräfte ermöglicht eine Beurteilung des späteren Einsatzverhaltens. Diese Informationen können zur Auslegung der Komponenten genutzt werden, um eine Über- bzw. Unterdimensionierung zu vermeiden.
2) Wird in die Komponente nicht nur Sensorik, sondern auch Aktuatorik integriert, kann durch eine entsprechende Modellierung die Handhabung der Aktuatorik simulativ analysiert und gegebenenfalls optimiert werden.

In Bild 4a) ist ein Beispiel für eine Aufspannvorrichtung dargestellt [MLW16], welche auftretende Werkstückschwingungen während der Bearbeitung dünnwandiger Bauteile durch die gezielte Einleitung einer zusätzlichen Schwingung stören und damit reduzieren soll. In [HBS+15] wurde gezeigt, dass dadurch eine verbesserte Oberflächenqualität erzielt werden konnte. Wie die Ergebnisse aus [HBS+15] in Bild 4b) zeigen, hängt die Stabilisierung des Prozesses dabei allerdings von der Wahl der Anregungsfrequenz ab. Während mit einer harmonischen Anregung von f_{ex} = 1,8 kHz keine wesentliche Verbesserung des Bearbeitungsprozesses erzielt werden konnte, ist eine Reduzierung des aus der zweiten Mode (Torsionsmode um die vertikale Achse) des Werkstücks resultierenden Oberflächenfehlers gerade in den Randbereichen mit einer Anregungsfrequenz von f_{ex} = 1,5 kHz möglich. Die Ergebnisse zeigen allerdings ebenfalls, dass die Einleitung dieser Schwingung während des gesamten Fräsprozesses zur Erzeugung einer grundlegenden Welligkeit auf der Oberfläche geführt hat. Daraus leitet sich die Notwendigkeit ab, die Gegenschwingung bedarfsgerecht ein- und auszuschalten.

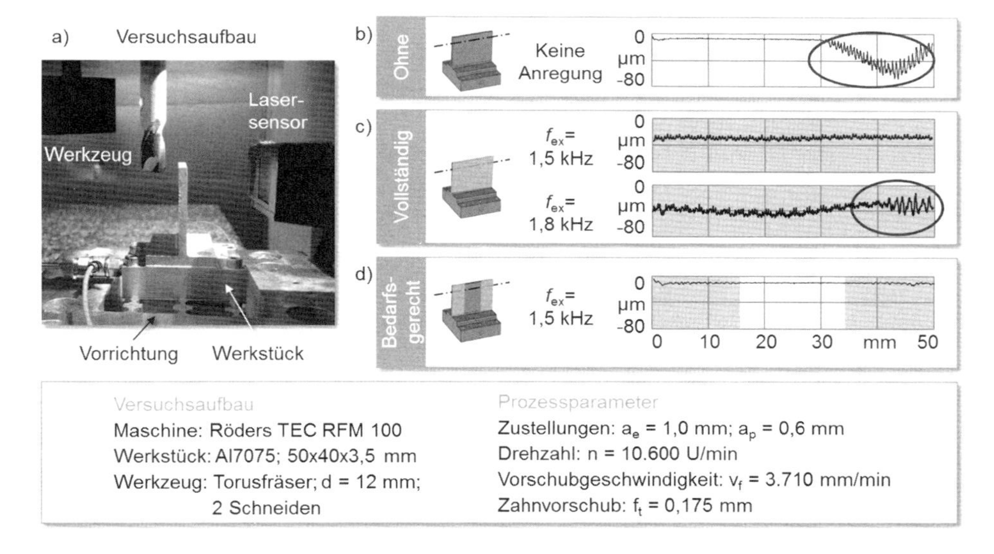

Bild 4: Reduzierung von Werkstückschwingungen. a) Versuchsaufbau mit intelligenter Vorrichtung [HBS+15]. b) Oberflächenprofil ohne gezielte Anregung [HBS+15]. c) Oberflächenprofile mit durchgehender Anregung [HBS+15]. d) Oberflächenprofile mit bedarfsgerecht ausgelegter Anregung.

Das Ergebnis der simulationsgestützten Optimierung ist hierzu in Bild 4d) zu sehen. In den grün markierten Bereichen wurde eine Anregungsfrequenz von f_{ex} = 1,5 kHz eingestellt, während in den stabilen Bereichen des Fräsprozesses ohne induzierte Schwingung gearbeitet wurde. Die aufgeführten Profilschnitte zeigen eine deutliche Verbesserung im Vergleich zur kontinuierlichen Anregung oder zu den Bearbeitungsergebnissen, die vollständig ohne Gegenanregung durchgeführt worden sind. Die Wahl der Frequenzen und die dazugehörige Prozessauslegung kann für diese Anwendung entweder über Trial-und-Error-Versuche an der Werkzeugmaschine ausprobiert oder simulationsgestützt durchgeführt werden (vergleiche Bild 4).

4 Simulationsgestützte Prozessanpassung

Gerade auch im Zeitalter von „Industrie 4.0" bestehen zahlreiche Möglichkeiten, während der NC-Bearbeitung Daten aus der Werkzeugmaschine auszulesen, die zur Analyse und Optimierung der Bearbeitungsprozesse genutzt werden können. Treten beispielsweise während des Fräsens Schwingungen auf, könnten diese mithilfe der integrierten Sensorik erfasst und analysiert werden. Eine Stabilisierung könnte nun durch eine Änderung der Prozessparameterwerte (u.a. Vorschubgeschwindigkeit oder Drehzahl) erzielt werden. Dabei besteht eine wesentliche Herausforderung allerdings darin, geeignete Parameterwerte zu identifizieren und auszuwählen, da durch eine ungünstige Änderung die auftretenden Effekte verstärkt und damit das Prozessergebnis verschlechtert werden können. An dieser Stelle wären Simulationen hilfreich, die eine Vorhersage der Prozesse für die jeweiligen Parameterwerte und damit eine Optimierung ermöglichen. Die zentrale Problematik stellt dabei allerdings die Laufzeit der Prozesssimulationen dar, die nicht echtzeitfähig sind und damit keine „Online"-Optimierung ermöglichen.

Um dennoch eine simulationsgestützte Optimierung durchführen zu können, wurde ein Konzept zur Online-Anpassung entwickelt [FHW17]. Dieses beruht auf der Offline-Berechnung verschiedener Prozessszenarien, die in einem empirischen Modell zusammengefasst werden. Ein Beispiel zur Anpassung der Drehzahl ist in Bild 5 dargestellt. Während der Fräsbearbeitung mit einer Drehzahl von $n = 7.000\ \mathrm{U/min}$ traten regenerative Werkzeugschwingungen auf, welche insbesondere am Ende der Bearbeitung zu einer schlechten Oberflächenqualitäten führten. Dies wird in der Simulation durch eine farbliche Kodierung direkt auf der Oberfläche dargestellt. Als Optimierungsergebnis wurde die Drehzahl während der Bearbeitung simulativ von 7.000 U/min auf 6.000 U/min reduziert. Die resultierende Verbesserung der Oberflächenqualität ist in Bild 5 zu sehen.

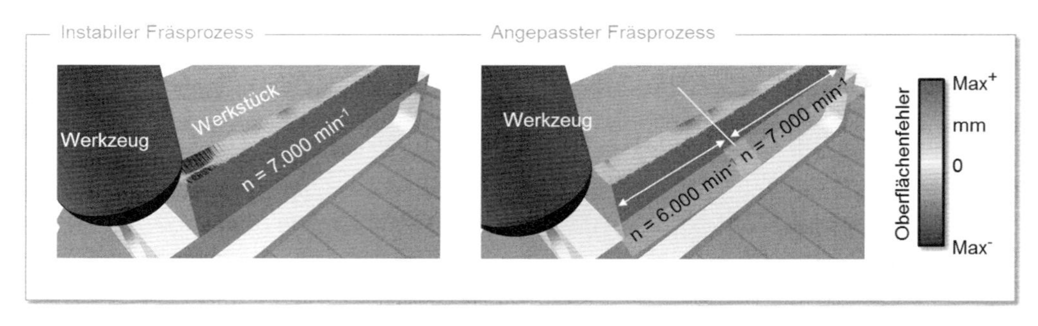

Bild 5: Simulationsgestützte Anpassung der Drehzahl auf Grundlage vorberechneter Prozessszenarien.

5 Resümee und Ausblick

Prozesssimulationen bieten eine große Spannweite an Einsatzmöglichkeiten: von der Betrachtung der Zusammenhänge an der Schneide und der Simulation der resultierenden Oberflächenstrukturen über die Analyse beispielsweise der Prozessdynamik bis hin zur Berücksichtigung von Spannvorrichtungen und Maschineneigenschaften. Anhand von drei verschiedenen Beispielen konnten die Potentiale der virtuellen Fertigung aufgezeigt werden:

- Simulationen können offline zur Prozessanalyse und zur Optimierung von Prozessparameterwerten eingesetzt werden, um beispielsweise einen stabilen Bearbeitungsprozess auslegen oder gezielt Oberflächenstrukturen erzeugen zu können. Die simulationsgestützte Betrachtung von Prozessketten ermöglicht die Analyse des Einflusses verschiedener Prozessparameterwerte einzelner Prozesse auf das Bearbeitungsendergebnis.
- Simulationen können des Weiteren offline eingesetzt werden, um Strategien zur Handhabung von Aktuatorik auszulegen. So konnte beispielsweise simulationsgestützt eine bedarfsgerechte Gegenanregung des Systems zur Reduzierung von Werkstückschwingungen ausgelegt werden.
- Offline simulierte Daten können zur Online-Anpassung von Prozessparameterwerten verwendet werden, um beispielsweise instabile Prozesse durch eine Anpassung von Parameterwerten (z.B. Drehzahl) stabilisieren zu können.

Damit konnten die Potentiale von Prozesssimulationen aufgezeigt werden; allerdings bleiben zentrale Herausforderungen – insbesondere der Trade-off zwischen Rechenzeit und Vorhersagegüte – bestehen. Hierfür ist die Entwicklung schnell rechnender Ersatzmodelle notwendig, welche eine Abschätzung der aus der spanenden Fertigung resultierenden Effekte ermöglichen.

Danksagung

Die Autoren bedanken sich an dieser Stelle für die Förderungen des Projektes „Experimentelle und simulationsgestützte Grundlagenuntersuchung zur Oberflächenstrukturierung durch das Kurz- und Langhubhonen“ durch die Deutsche Forschungsgemeinschaft (KE 1885/3-3), des Projektes INTEFIX („Intelligent Fixtures for the Manufacturing of Low Rigidity Components“, Grant agreement no: 609306) durch die Europäische Union und des Projektes „Effizienzsteigerung in der spanenden Bearbeitung von komplexen Werkstücken durch Optimierung des dynamischen Verhaltens von Werkzeugsystemen DYNA-Tool“ (133 E) durch das Collective Research Networking (CORNET), in deren Rahmen die hier vorgestellten Arbeiten durchgeführt wurden. Des Weiteren danken die Autoren FELIX FINKELDEY für die Ausführung von Simulationsläufen.

Literatur

[AK12] AURICH, J.; KIRSCH, B.: Kinematic simulation of high-performance grinding for analysis of chip parameters of single grains. In: CIRP Journal of Manufacturing Science and Technology, Ausgabe 5-2012, Elsevier, S. 164-174, 2012

[AKB+14] ALTINTAS, Y.; KERSTING, P.; BIERMANN, D.; BUDAK, E.; DENKENA, B.; LAZOGLU, I.: Virtual process systems for part machining operations. In: CIRP Annals – Manufacturing Technology, Ausgabe 63/2-2014, Elsevier, S. 585–605, 2014

[BHW+16] BAUMANN, J.; HENSE, R.; WIEDERKEHR, P.; NGUYEN, L.T.; MÖHRING, H.-C.; SPIEKER, C.; MÜLLER, M.: Thermal effects on machine tool compliance. HSM 2016 – International Conference on High Speed Machining, 3.-5. Oktober 2016, Metz, Frankreich, 13. Auflage, 2016

[BKS10] BIERMANN, D.; KERSTING, P.; SURMANN, T.: A general approach to simulating workpiece vibrations during five-axis milling of turbine blades. In: CIRP Annals – Manufacturing Technology, Elsevier, Ausgabe 59/1, S. 125-128, 2010

[BI15] BIERMANN, D.; IOVKOV, I.: Modelling, simulation and compensation of thermal effects for complex machining processes. In: Production Engineering – Research and Development, Ausgabe 9/4-2015, Springer, Berlin Heidelberg, S. 433-435, 2015

[DBN+15] DENKENA, B.; BÖß, V.; NESPOR, D.; RUST, F.: Simulation and evaluation of different process strategies in a 5-axis re-contouring process. In: Procedia CIRP, Ausgabe 35/31-2015, Elsevier, S. 31-37, 2015

[DDK16] DENKENA, B.; DAHLMANN, D.; KIESNER, J.: Production Monitoring based on Sensing Clamping Elements. In: Procedia Technology, Ausgabe 26-2016, Elsevier, S. 235-244, 2016

[DGEG14] DENKENA, B.; GROVE, T.; ERMISCH, A.; GÖTTSCHING, T.: New Simulation based Method for the Design of Cut-Off Grinding Segments for Circular Saws. Global Stone Congress, 23. Oktober 2014, Antalya, Türkei, 2014

[FHW17] FINKELDEY, F.; HESS, S.; WIEDERKEHR, P.: Konzept zur Online-Adaption von Simulationsparametern an Sensordaten mithilfe empirischer Modelle. In: Biermann, D. (Hrsg.): Spanende Fertigung, Ausgabe 7, Vulkan Verlag, Essen, S. 42-51, im Druck

[FKB15] FREIBURG, D.; KERSTING, P.; BIERMANN, D.: Simulation ad Structuring of Complex Surface Areas using High Feed Milling. International Conference and Exhibition on Design and Production of Machines and Dies/Molds, 18.-21. Juni 2015, Kusadasi, Aydin, Türkei, 8. Auflage, 2015

[HBS+15] HENSE, R.; BAUMANN, J.; SIEBRECHT, T.; KERSTING, P.; BIERMANN, D.; MÖHRING, H.-C.: Simulation of an active fixture system for preventing workpiece vibrations during milling. International Conference on Virtual Machining Process Technology, 2.-5. Juni 2015, Vancouver, Kanada, 4. Auflage, 2015

[JBK+13] JOLIET, R.; BYFUT, A.; KERSTING, P.; SCHRÖDER, A.; ZABEL, A.: Validation of Heat Input Model for the Prediction of Thermomechanical Deformations during NC Milling. In: Procedia CIRP, Ausgabe 8-2013, Elsevier, S. 403-408, 2013

[KJK15] KERSTING, P.; JOLIET, R.; KANSTEINER, M.: Modeling and simulative analysis of the micro-finishing process. In: CIRP Annals – Manufacturing Technology, Ausgabe 64/1-2015, Elsevier, S. 321-324, 2015

[KMW+16] KOLAR, P.; MÖHRING, H.-C.; WIEDERKEHR, P; SVEDA, J.: Workpiece Fixture: Important Element for Improving Manufacturing Productivity and Accuracy of Low Rigidity Components. HSM 2016 – International Conference on High Speed Machining, 3.-5. Oktober 2016, Metz, Frankreich, 13. Auflage, 2016

[MBD+16] MUNOA, J.; BEUDAERT, X.; DOMBOVARI, Z.; ALTINTAS, Y.; BUDAK, E.; BRECHER, C.; STEPAN, G.: Chatter suppression techniques in metal cutting. In: CIRP Annals – Manufacturing Technology, Ausgabe 65/2-2016, S. 785-808, 2016

[MLW16] MÖHRING, H.-C.; LEREZ, C.; WIEDERKEHR, P.: Aktive Schwingungskompensation bei der Bearbeitung dünnwandiger Bauteile. In: Melz, T.; Wiedemann, M. (Hrsg.): Smarte Strukturen und Systeme – Tagungsband des 4SMARTS-Symposiums, 6.-7. April 2016, Darmstadt, De Gruyter, Oldenbourg, S. 45-55, 2016

[MWL+16] MÖHRING, H.-C.; WIEDERKEHR, P.; LEOPOLD, M.; NGYUEN, L.T.; HENSE, R.; SIEBRECHT, T.: Simulation Aided Design of Intelligent Machine Tool Components. In: Journal of Machine Engineering, 16/3-2016, S. 5-33, 2016

[SRK+14] SIEBRECHT, T.; RAUSCH, S.; KERSTING, P.; BIERMANN, D.: Grinding process simulation of free-formed WC-Co hard material coated surfaces on machining centers using poisson-disk sampled dexel representation. In: CIRP Journal of Manufacturing Science and Technology, 7/2-2014, S. 168-175, 2014

[WS16] WIEDERKEHR, P.; SIEBRECHT, T.: Virtual Machining – Capabilities and Challenges of Process Simulations in the Aerospace Industry. In: Procedia Manufacturing, 6-2016, Elsevier, S. 80-87, 2016

[WS17] WIEDERKEHR, P.; SIEBRECHT, T.: Virtuelle Fertigung – Einsatzmöglichkeiten von Prozesssimulationen in der Zerspanung. In: Biermann, D. (Hrsg.): Spanende Fertigung, 7. Ausgabe, Vulkan Verlag, Essen, S. 13-18, im Druck

Autoren

Jun.-Prof. Dr.-Ing. Petra Wiederkehr ist Juniorprofessorin für das Fachgebiet „Modellierungsmethoden für Spanende Fertigungsverfahren" am Institut für Spanende Fertigung an der Technischen Universität Dortmund. Sie leitet dort die Abteilung „Simulation und Optimierung".

Tobias Siebrecht ist wissenschaftlicher Mitarbeiter in der Abteilung „Simulation und Optimierung" und beschäftigt sich mit der Entwicklung von Simulationssystemen zur Analyse spanender Fertigungsverfahren mit geometrisch bestimmter und unbestimmter Schneide.

Jonas Baumann. ist ebenfalls wissenschaftlicher Mitarbeiter in der Abteilung „Simulation und Optimierung". Zu seinen Forschungsschwerpunkten zählt insbesondere die Analyse der Prozessdynamik während der NC-Fräsbearbeitung.

Integrierte modellbasierte Systemspezifikation und -simulation: Eine Fallstudie zur Sensorauslegung in der Raumfahrt

Prof. Dr.-Ing. Jürgen Roßmann, Dr.-Ing. Michael Schluse, Dr.-Ing. Malte Rast, Martin Hoppen, Linus Atorf

RWTH Aachen, Institut für Mensch-Maschine-Interaktion
Ahornstr. 55, 52074 Aachen
Tel. +49 (0) 241 / 80 26 101, Fax. +49 (0) 241 / 80 22 308
E-Mail: {Rast/Hoppen/Atorf}@mmi.rwth-aachen.de

Prof. Dr.-Ing. Roman Dumitrescu, Christian Bremer, Michael Hillebrand

Fraunhofer-Institut für Entwurfstechnik Mechatronik IEM
Zukunftsmeile 1, 33102 Paderborn
Tel. +49 (0) 52 51 / 54 65 173, Fax. +49 (0) 52 51 / 54 65 102
E-Mail: {Christian.Bremer/Michael.Hillebrand}@iem.fraunhofer.de

Oliver Stern

RIF Institut für Forschung und Transfer e.V.
Joseph-von-Fraunhofer Str. 20, 44227 Dortmund
Tel. +49 (0) 231 / 97 00 101, Fax. +49 (0) 231 / 97 00 460
E-Mail: Oliver.Stern@rt.rif-ev.de

Peter Schmitter

CPA Redev GmbH
Auf dem Seidenberg 3a, 53721 Siegburg
Tel. +49 (0) 2241 / 25 940, Fax. +49 (0) 2241 / 25 94 29
E-Mail: Schmitter@supportgis.de

Zusammenfassung

Zur Unterstützung der multidisziplinären Zusammenarbeit in Entwicklungsprojekten bietet das Paradigma des Model-Based Systems Engineering (MBSE) einen geeigneten Ansatz. Für die frühzeitige Validierung und die Verifikation des modellbasierten Entwurfs werden Virtuelle Testbeds eingesetzt, in denen Teile oder das gesamte System simuliert, validiert und verifiziert werden können. Ziel des Forschungsprojekts INVIRTES ist die Integration der disziplinübergreifenden Systemspezifikation mit der disziplinübergreifenden Testkonzeption mittels Virtueller Testbeds zu einem ganzheitlichen Systemmodell. Dieses Konzept wurde in [RSR+15a] vorgestellt. Das Konzept wurde mittlerweile methodisch weiterentwickelt, in weiten Teilen umgesetzt und anhand konkreter Beispiele untersucht. In diesem Beitrag wird die Implementierung vorgestellt und die methodische Vorgehensweise anhand einer Fallstudie zur Sensorauslegung in der Raumfahrt demonstriert.

Als konkretes Beispiel wird die Spezifikation einer Explorationsaufgabe für das Mars Science Laboratory (MSL) mit einem zu entwickelnden Kamerasystem vorgestellt. An das Kamerasystem gestellte Anforderungen, hinsichtlich der in einer Mars-Umgebung erkannten Features bei variierenden Lichtverhältnissen, werden anhand der Simulation getestet.

Die Implementierung und die Anwendung eines Fallbeispiels zeigen die konkreten Vorteile der integrierten modellbasierten Systemspezifikation und –Simulation für die Systementwicklung auf. Da Spezifikation und Test anhand eines integrierten Modells erfolgen, können Erkenntnisse aus der Simulation direkt in die Systemspezifikation zurückfließen und Änderungen sofort in der Simulation übernommen werden. Diese kurzen Zykluszeiten ermöglichen eine schnelle Überprüfung vieler Varianten und eine frühe Absicherung der Anforderungen vor dem ersten Hardware-Prototyp.

Schlüsselworte

Raumfahrt, Sensorik, PLM/PDM, Model-Based Systems Engineering, Virtuelle Testbeds, Requirements Engineering

Integrated model-based System Specification and Simulation: Case Study on Sensor Design for extraterrestrial Applications

Abstract

The paradigm of Model-Based Systems Engineering (MBSE) is a suitable approach to support the multi-disciplinary collaboration in development projects. Virtual testbeds are used for early validation and verification of the model-based design. Goal of the research project INVIRTES is the integration of cross-disciplinary system specification with cross-disciplinary test specification using Virtual Testbeds into a comprehensive system model. This concept was presented in [RSR+15a] and is by now methodically enhanced, mostly implemented and evaluated with application examples. This paper presents the implementation and methodical procedure by means of a case study for sensor design in space robotics.

As case study, the specification of an exploration task for the Mars Science Laboratory (MSL) using a camera system is considered. Requirements laid on the camera system considering identified features in a mars environment with varying light conditions are tested in simulation.

Implementation and application to the case study show the benefits of the integrated model-based system specification and simulation for the development of complex systems. Since specification and test are based on an integrated model, insights from simulation can be directly fed back into the system specification and changes are directly applied to the simulation. These shorter cycle times allow for the testing of many variants and an early verification of requirements before the first hardware prototype.

Keywords

Aerospace, Sensors, PLM/PDM, Model-Based Systems Engineering, Virtual Testbeds, Requirements Engineering

1 Einleitung

Die Weltraumrobotik eröffnet faszinierende Perspektiven wie etwa die Exploration anderer Planeten oder Himmelskörper sowie die On-Orbit Wartung von Satelliten. Geplante Missionen in der Raumfahrt sind geprägt durch ihren Neuheitsgrad, die Integration unterschiedlicher Fachdisziplinen und die damit einhergehende Komplexität der zu entwickelnden Systeme. Eine wesentliche Herausforderung stellt die frühzeitige Validierung und Verifikation des Systems vor dem Hintergrund „Right-First-Time“ dar. Absicherungen mit realen Prototypen sind mit erheblichen Kosten verbunden und können die tatsächlichen Gegebenheiten im Weltraum nur eingeschränkt abbilden. Der modellbasierten Entwicklung und der systematischen Integration und Absicherung kommt somit eine wesentliche Bedeutung zu. Die Verbindung von Model-Based Systems Engineering mit Virtuellen Testbeds ermöglicht es Projekte preiswerter, robuster und schneller zu realisieren. Ziel von INVIRTES ist die Integration von System- und Testspezifikation und Virtuellem Testbed zu einem ganzheitlichen Systemmodell. Somit werden Virtuelle Testbeds zu einer belastbaren Entwicklungs- und Simulationsumgebung in der Raumfahrtentwicklung.

Zur Adressierung der genannten Herausforderungen dient das durchgehende Model-Based Systems Engineering (MBSE). Zur Realisierung von MBSE bedarf es einer Methode, einer Sprache sowie eines Werkzeugs und einer konsistenten Datenhaltung [RSR+15a]. Die INVIRTES-Systemarchitektur führt diese in einer integrierten Entwicklungsumgebung zusammen. Die Architektur ist in Bild 1 visualisiert und wird in den folgenden Kapiteln anhand eines Anwendungsbeispiels im Detail erläutert.

Die Modelle werden in einer zentralen Datenbank hinterlegt, auf die mit verschiedenen Software-Werkzeugen für Systemspezifikation und –Simulation zugegriffen werden kann. Für die Systemspezifikation wurde innerhalb von Papyrus[1] basierend auf SysML [OMG15] ein Sprachprofil SysML4CONSENS definiert und damit die Spezifikations-Methode CONSENS [GTS14] formalisiert. Als zentrale Datenbank wurde eine relationale Datenbank (PostgreSQL) mit objektorientiertem Aufsatz (SGJ[2]) verwendet, die in Ecore (Metamodell-Beschreibungssprache) formulierte Schemata importieren und so z.B. SysML4CONSENS-Modelle nativ speichern kann. Der Übergang von Systemspezifikation zum Virtuellen Test erfolgt anhand einer Testspezifikation, die ebenfalls als SysML-Erweiterung formalisiert wurde. Sie verknüpft die zu testenden Anforderungen mit den relevanten Systemaspekten sowie den notwendigen Testeigenschaften. Auf dieser Basis kann für die Simulationsumgebung ein Detailmodell abgeleitet werden. Dafür wurde die Sprache VSDML definiert und über ein gemeinsames Basisschema mit dem SysML4CONSENS-Schema verknüpft. Mit dem Simulationssystem VEROSIM [RSS+13] kann die Systemspezifikation aus der Datenbank geladen und ausdetailliert werden. Anschließend werden aus der Testspezifikation Simulations-Jobs abgeleitet, deren Durchfüh-

[1] Papyrus Modeling Environment, https://eclipse.org/papyrus/

[2] SupportGIS Java, http://www.cpa-software.de

rung einem Test entspricht und die simulationsbasierte Absicherung der Anforderungen ermöglicht. Das Grundkonzept und die definierten Methoden und Sprachen sind unabhängig von den hier konkret gewählten Software-Werkzeugen wie Papyrus, SGJ und VEROSIM nutzbar.

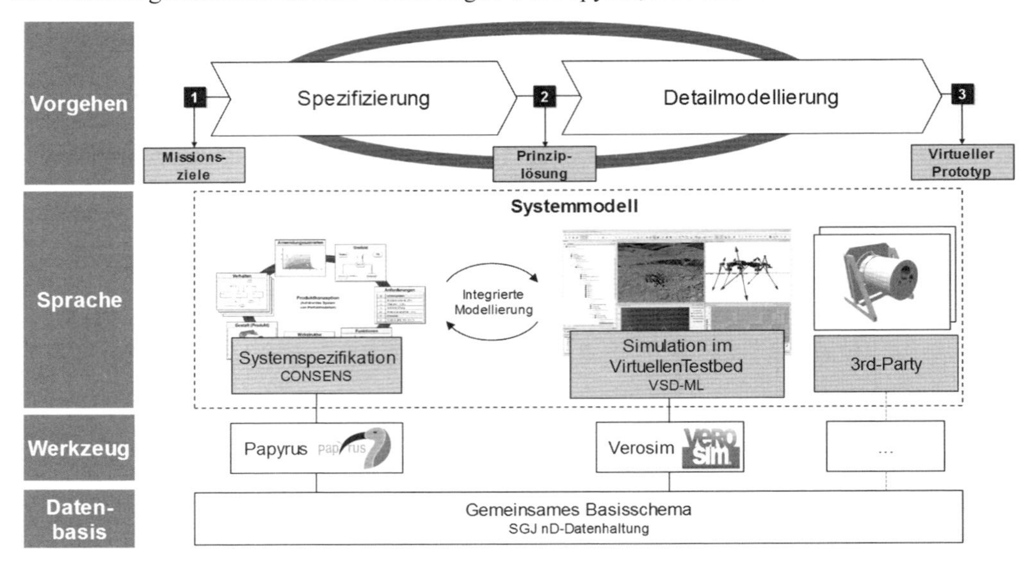

Bild 1: INVIRTES-Systemarchitektur in Anlehnung an [RSR+15a]

2 Anwendungsbeispiel

Als Anwendungsbeispiel wird ein Explorationsszenario aus der Weltraumrobotik betrachtet. In der Simulation fährt ein sechsrädriger Rover autonom auf einer dem Mars ähnlichen Planetenoberfläche. Grundlage des Szenarios ist der Rover Curiosity der realen NASA-Mission Mars Science Laboratory (MSL). Im konkreten Beispiel geht es um die fiktive Auslegung der Haupt-Navigationskamera des Rovers. Mit abnehmender Umgebungshelligkeit auf dem Mars sinkt auch die Bildhelligkeit. Dies führt zu Einschränkungen bei der Bildverarbeitung, wie z.B. einer zu geringen Anzahl an erkannten Features. Dieses Verhalten kann durch Hinzunahme einer künstlichen Lichtquelle an Bord des Rovers ausgeglichen werden. Doch ab welcher Umgebungshelligkeit muss diese Lichtquelle eingesetzt werden? Welche Anforderungen ergeben sich an Intensität und Öffnungswinkel des Spotlight sowie an die Kameraparameter? Zunächst wird in dieser Fallstudie anhand des INVIRTES-Workflows der Einfluss von Spotlight-Intensität auf erkannte Features untersucht. Das in SysML4CONSENS spezifizierte Systemmodell wird in VEROSIM mit einem Detailmodell zur Visualisierung, Dynamik- und Sensorsimulation ausgestattet. In CONSENS können Testfälle entworfen werden, aus denen Simulationsjobs für VEROSIM generiert werden. Die Ergebnisse dieser Simulationsdurchläufe werden in eine SQL-Datenbank geschrieben und schließlich mit MATLAB ausgewertet. Bild 2 zeigt das zu simulierende Detailmodell in VEROSIM.

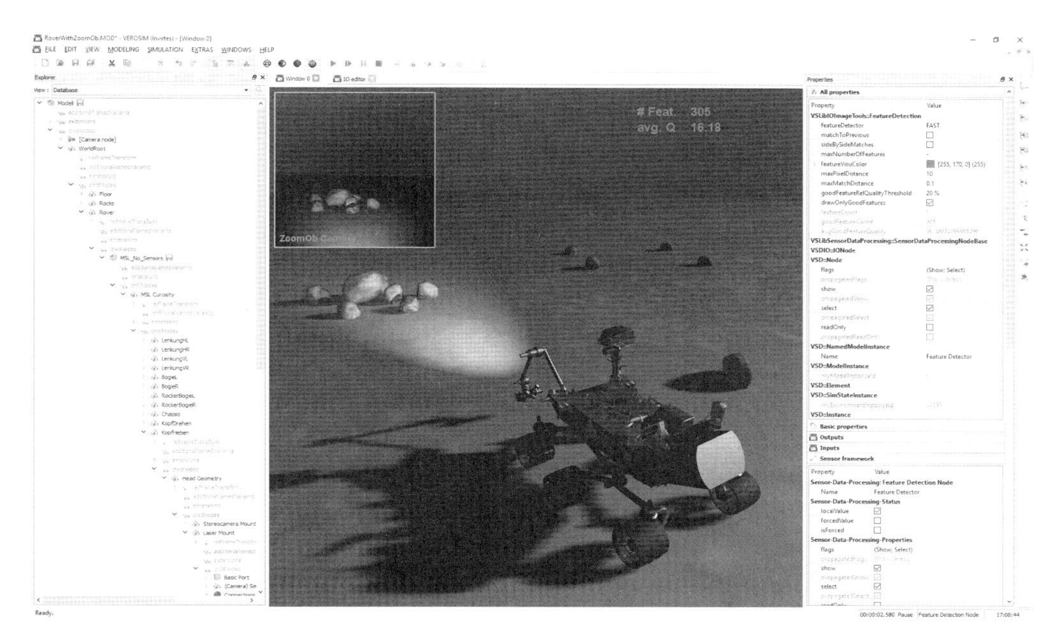

Bild 2: Anwendungsbeispiel „Rover auf Planetenoberfläche“ in VEROSIM

3 Datenhaltung und Basisschema

Zur Integration der INVIRTES-Anwendungsschemata (System- und Testspezifikation, Detailmodell) und zur allgemeinen Bereitstellung von Modellierungs- und Versionierungskonzepten wurde ein Basisschema entwickelt. Im Vergleich zur in [RSR+15a] vorgestellte ersten Fassung wurde das Basisschema optimiert und vereinfacht. Das neue Schema (Bild 3) kann in drei Teile aufgeteilt werden: Versionierung, Modellierung und Simulierung. Die Versionierung beschreibt die Relationen zwischen Versionen und beinhaltet die Rechte sowie Informationen zu dem verantwortlichen Bearbeiter. Die Modellierung beinhaltet Klassen und Relationen für die Zusammensetzung von Elementen und die Bildung von Modellen. Die Simulierung beinhaltet eine Klasse für die Kennzeichnung von simulierten Objekten. Die zentrale Klasse des Schemas ist die abstrakte Klasse *BaseElement*, von welcher alle Anwendungsschema-Klassen abgeleitet werden. Die Relationen (*specifies/specifiedBy*, etc.) dieser Klasse ermöglichen die Beschreibung des Verhältnisses von Elementen zueinander. Modelle können mit den Relationen *usedBy, myModel* und dem Attribut *root* aus Teilmodellen objekt-orientiert in einer Datenbank abgebildet werden. Konkret besitzt jedes Teilmodell genau ein Wurzelelement (*root=true*) worauf alle zugehörigen Elemente mit der Relation *myModel* zeigen. Die Wurzelelemente von Teilmodellen können über die Relation *usedBy* referenziert werden, was die Zusammensetzung von Teilmodellen ermöglicht. Jedem Wurzelelement kann eine *Version* zugeordnet werden. Mehrere Versionen eines (Teil-)Modells verweisen mit den Relationen *previousVersion/nextVersion* aufeinander. Lese- und Schreibrechte können für jede Version mit der Klasse *Rights* festgelegt werden und die Klasse *Transaction* dokumentiert die Bearbeitung von (Teil-)Modellen.

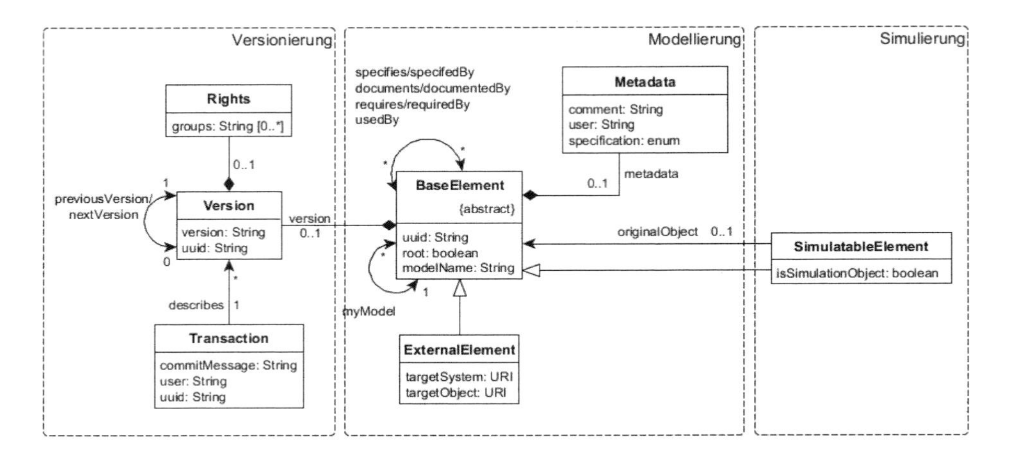

Bild 3: INVIRTES-Basisschema

Auf diesem Basisschema basieren wiederum die Anwendungsschemata. Für die System- und Testspezifikation wurde die im Bereich des Model-Based Systems Engineerings (MBSE) etablierte Systems Modeling Language (SysML) als Grundlage für die Entwicklung der Modellierungssprache SysML4CONSENS genutzt. Weil hierbei das Eclipse Modeling Framework (EMF) genutzt wird, bietet sich dessen Meta-Metamodell Ecore zur Repräsentation des Metamodells an. Entsprechend wird diese Darstellung auch für das Basisschema und alle Anwendungsschemata gewählt. Auf Seiten VEROSIMs wurden die Modellierungskonzepte der Simulationsdatenbank Versatile Simulation Database (VSD) als eigenständige Modellierungssprache VSDML Ecore-basiert abstrahiert (Bild 4, links). Die eigentlichen Schemastrukturen zur objekt-orientierten Datenmodellierung (VSD-Base) sowie die darauf aufbauenden Strukturen für spezielle Anwendungsbereiche wie 3D-Daten (VSD-3D) oder E/A-Netzwerke (VSD-IO) etc. wurden dazu von solchen Teilen separiert, die das Meta-System (VSD-Meta) und die Kern-Strukturen (VSD-Core) für den Betrieb der Laufzeitdatenbank beschreiben. Dies kann auch als ein Wechsel des Meta-Metamodells von VSD-Meta nach Ecore interpretiert werden.

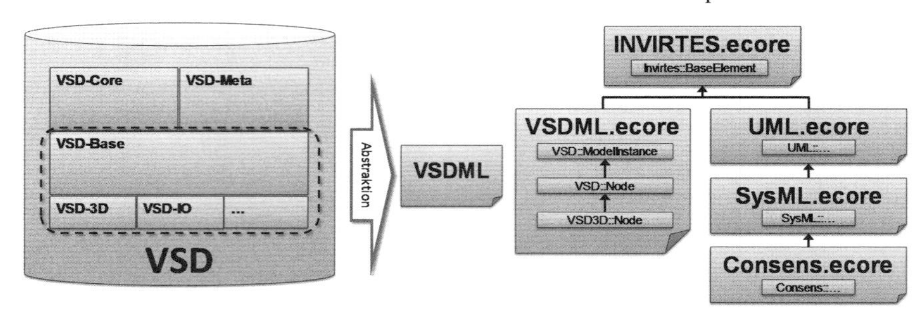

Bild 4: Abstraktion der VSDML-Modellierungssprache aus der VSD (links) und Gesamtstruktur von Basis- und Anwendungsschemata im Vorhaben (rechts).

Zur Serialisierung und Überführung all dieser Metamodelle auf die zentrale Datenhaltung wurde die zum Ecore-Format gehörige XMI-Darstellung verwendet. Insgesamt ergibt sich damit die Struktur gemäß Bild 4, rechts. Für die Datenhaltung wurde ein entsprechender Ecore-

XMI-Importer entwickelt, der diese Metamodelle als objekt-orientiertes Schema in der zentralen Datenbank verfügbar macht.

Auch auf technischer Ebene wurden die Datenhaltungen miteinander verknüpft. Dazu wurde einerseits das für die CONSENS-basierte Modellierung genutzte Eclipse Papyrus um eine Schnittstelle für die zentrale SGJ-Datenhaltung erweitert. Andererseits wurde die bestehende VSD-SGJ-Schnittstelle [HSR+12], [HR14] um notwendige Aspekte wie die Unterstützung der Mehrfachvererbung erweitert.

Für den Austausch von (Teil-)Modellen wird eine Infrastruktur entwickelt, die die intuitive Zusammenarbeit ermöglicht. Die Infrastruktur besteht aus Datenbanken, dem INVIRTES-Dienst und dem Repo-Browser. Die Repo-DB ist die zentrale Datenhaltungskomponente und beinhaltet die Versionsverwaltung mit allen Modellen und Versionen. Elemente in der Repo-DB können nicht verändert werden, sondern es können nur weitere Elemente hinzugefügt werden. Für die Bearbeitung von (Teil-)Modellen werden die Daten auszugsweise in eine Arbeits-DB ausgecheckt. Eine Arbeits-DB beinhaltet eine Auswahl an (Teil-)Modellen, welche lokal bearbeitet werden können.

4 System- und Testspezifikation

Wie bereits beschrieben zeichnen sich die hier betrachteten Raumfahrtprojekte durch eine hohe technische und organisatorische Komplexität aus. Zahlreiche Entwickler – auch externe Zulieferer – müssen während des Projekts effizient koordiniert werden. Dafür bedarf es entsprechend guter Spezifikationen – sowohl für das zu entwickelnde System als auch für die auszuführenden Tests.

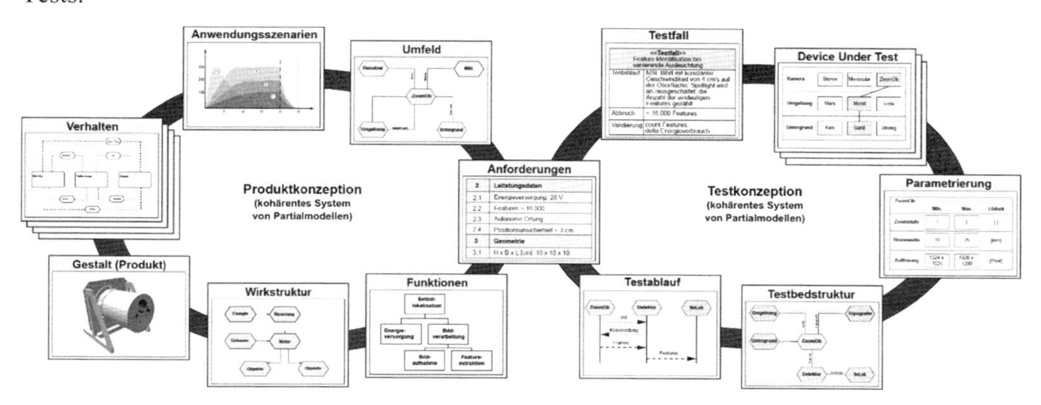

Bild 5: Kohärente Partialmodelle zur Spezifikation eines Tests mit Verbindung zur Produktkonzeption [BHD+15]

Die Systemspezifikation erfolgt mittels CONSENS [GTS14]. Die damit verknüpften Tests werden mit der in Bild 5 veranschaulichten Testkonzeption spezifiziert. Darin werden die in der Systemspezifikation definierten Anforderungen aufgegriffen und mit Testfällen verknüpft. Der Test wird ferner hinsichtlich seiner Struktur und des Ablaufs beschrieben. Schließlich wird der Test (und insb. das Testobjekt) konfiguriert und parametriert. Die Spezifikation des Tests ist dabei integrativ zur Produktspezifikation vorzunehmen. Durch Referenzierung und Wiederverwendung von Modellelementen entsteht eine durchgängige Produkt- und Testspezifikation, die eine Durchgängigkeit von den Produktanforderungen, der Produktarchitektur und der Absicherung ermöglicht.

Bild 6 zeigt die konkrete Anwendung des Ansatzes am Beispiel. Der Test „Feature-Detection" wird mittels eines Testfalls formuliert. Dieser Testfall wird mit der abzusichernden Anforderung verknüpft, die ihrerseits mit einem Systemelement des Systems verknüpft ist. Damit ist das Testobjekt definiert. Darauf aufbauend wird mittels der Wirkstruktur das Testbed spezifiziert. Dieses beschreibt den Aufbau des Systemtests mit den entsprechenden Testmodulen und deren Anbindung an das Testobjekt. Wenn Varianten untersucht werden sollen, kann dies über die Testkonfiguration definiert werden. Abschließend erfolgt die Parametrierung der Konfiguration, mit der z.B. Wertebereiche zu testender Größen festgelegt werden. Als Ergebnis der Testspezifikation liegt somit ein Systemmodell mit integrierter System- und Testspezifikation vor. Dieses ist Ausgangspunkt für die folgende simulationsbasierte Ausführung des Tests.

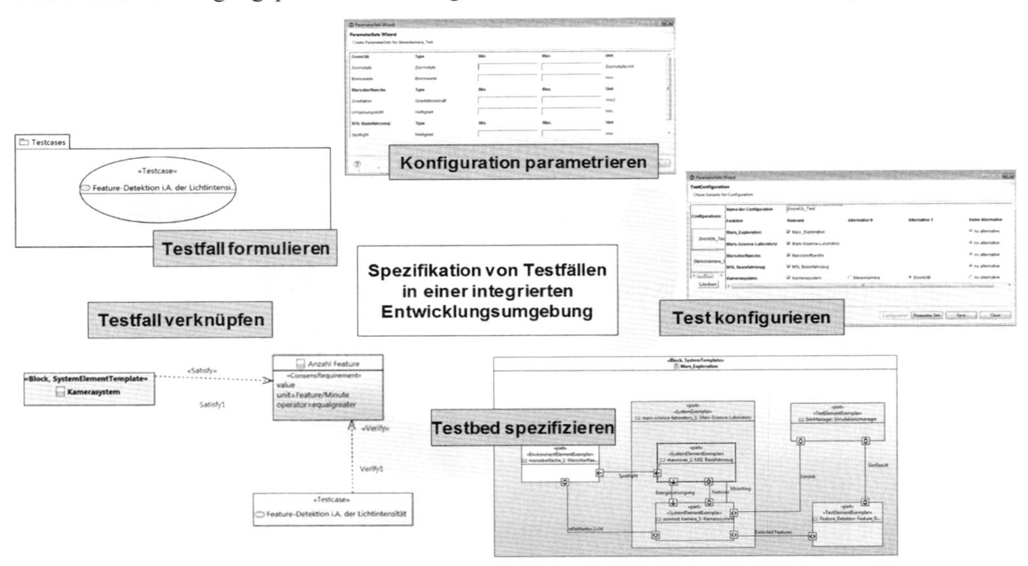

Bild 6: Spezifikation eines Tests im Werkzeug (Screenshots)

5 Detailmodellierung und Simulation

In VEROSIM werden im geladenen Systemmodell Details zur dynamischen Starrkörper-simulation des Rovers, zur Sensorsimulation, sowie zur Planetenoberfläche modelliert. In der VSD abgebildete Details werden nach VSDML serialisert und transparent in die SGJ-Datenbank geschrieben bzw. aus ihr geladen. Teil des geladenen Modells sind innerhalb von VEROSIM auch die zuvor spezifizierten Testfälle, welche mit Hilfe eigenständiger Jobs simuliert werden. Für vorgegebene Parameter sind Wertebereiche angegeben, die dann durchfahren werden; je Wert ein Job. Im vorliegenden Beispiel werden 5 verschiedene Rover-Trajektorien gefahren; dabei wird die Lichtintensität in jeweils 10 Schritten variiert. Da jeder Job unabhängig ausgeführt wird, enthält seine XML-basierte Beschreibung alle notwendigen Informationen. Dazu gehören das Simulationsmodell, Abbruchbedingungen wie z.B. maximale Simulationsdauer, sowie vor Simulationsstart zu setzende Parameter (in diesem Fall die Lenkwinkel für die Rover-Trajektorien und die unterschiedlichen Spotlight-Intensitäten). Zur Durchführung der Simulationsjobs kommt ein eigenständiges Programm zum Einsatz, der sogenannte Job-Runner. Er startet eine Instanz des Simulationssystems und wertet eine einzelne übergebene Jobbeschreibung aus. Durch diese Architektur ist es einfach möglich, freie Rechenkapazitäten auf Workstations oder Rechenclustern auszunutzen.

6 Analyse der Simulationsergebnisse

Die Speicherung und Auswertung von Simulationsergebnissen baut auf einem ereignisbasierten Logging-Framework auf, welches im Rahmen der Vorhaben ViTOS und INVIRTES gemeinsam entwickelt und bereits in [ACR15] vorgestellt wurde. Ereignisse sind im Kontext von Simulationsläufen jegliche Eigenschaften des Simulationsmodells, deren Werte sich ändern. Die VSD sendet für alle solche Änderungen der Zustandsgrößen Benachrichtigungen aus, die weiterverarbeitet werden können. Innerhalb dieser Ereignisbehandlung werden die aktualisierten Werte serialisiert in eine SQL-Datenbank geschrieben. Je nach Simulationsmodell können Ereignisse mit einer Frequenz bis zu 100.000 Hz auftreten, wenn wirklich alle VSD-Instanzen berücksichtigt werden. Dazu gehören z.B. auch Lageänderungen von Geometriefragmenten des Detailmodells, Gelenkwinkel der Dynamiksimulation, Sensordaten, uvm. Um die Datenrate und die benötigte Rechenzeit zu reduzieren, wurde die Auswahl der zu speichernden Daten auf für den Testlauf relevante Größen reduziert.

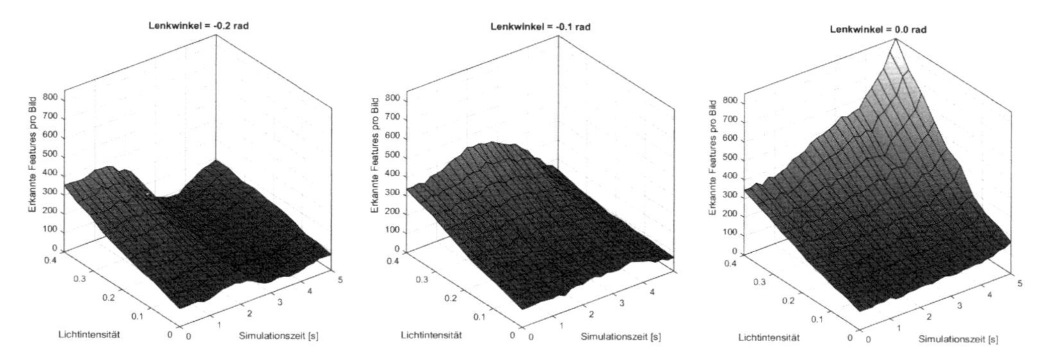

Bild 7: Anzahl erkannter Features pro Kamerabild im zeitlichen Verlauf für verschiedene Roverfahrten, abhängig von der Lichtintensität

Die weitgehend automatisierte Testauswertung erfolgt mit Hilfe einer eigens entwickelten MATLAB-Toolbox, die SQL-Abfragen an die Datenbank stellt, z.B. um Zeitreihen auf Einhaltung von gültigen Wertebereichen zu prüfen (vergleiche auch [ACR15], wo darauf detaillierter eingegangen wird). Bild 7 zeigt den zeitlichen Verlauf erkannter Features für verschiedene Rover-Fahrten mit unterschiedlichen Lichtintensitäten. Je nach Terrain werden im Vorbeifahren unterschiedlich viele Features erkannt; tendenziell mehr bei besserer Ausleuchtung, was bessere Bedingungen für nachfolgende Bildverarbeitungsprozesse widerspiegelt. Die Geradeaus-

Fahrt des Rovers (rechts in Bild 7) führt aufgrund eines Geröllhaufens im Sichtfeld der Kamera (vergleiche Bild 2) zur höchsten Featurezahl.

Eine Analyse des im Beispiel durch 50 Jobs simulierten Parameterraums ist in Bild 8 gezeigt. Bei der absoluten Anzahl der Features (Bild 8, links) lässt sich die Terrain-Charakteristik des Verlaufs aus Bild 7 (rechts) wiedererkennen sowie die starke Ausleuchtung-Abhängigkeit. Die Schwankungen bei der Feature-Qualität (rechts in Bild 8) zeigen bessere Ergebnisse bei weniger sichtbaren Features. Dann hängt es letztendlich von den folgenden Bildverarbeitungsschritten ab, welche Bedingungen günstiger sind.

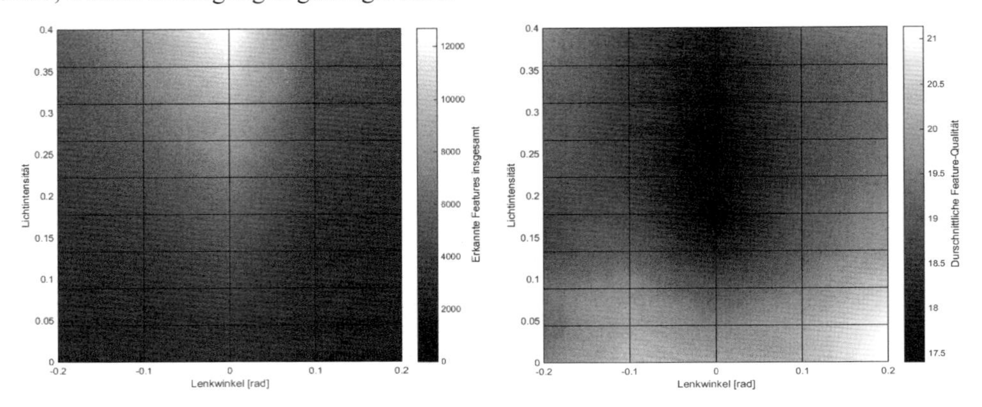

Bild 8: Analyse des durch Simulationsjobs erfassten Parameterraums: Links die Anzahl erkannter Feaures insgesamt, rechts die durchschnittliche Feature-Qualität

An diesem Beispiel wurde gezeigt, wie sich automatisch Simulationsparameter identifizieren lassen, die bestimmten Anforderungen an Feature-Anzahl und -Qualität genügen.

7 Resümee und Ausblick

Durch die Integration von Fachschemata zur Systemspezifikation und Simulation kann die Entwicklung komplexer technischer Systeme ohne Medienbrüche an ein und demselben Modell, angefangen von der Spezifikation bis hin zur Absicherung der Anforderungen anhand der Simulation erfolgen. Mittels der zentralen Datenhaltungskomponente kann die multidisziplinäre kollaborative Entwicklung mit allen Vorteilen moderner Datenbankmanagementsysteme durchgeführt werden. Der wesentliche Beitrag liegt in einer formalisierten Erweiterung der Systemspezifikation um eine Testspezifikation und deren teilautomatisierte Überführung in Simulations-Jobs, die diese Tests durchführen und damit die Anforderungen an das System überprüfen. Die vorgestellte Fallstudie zeigt die Vorteile dieser Vorgehensweise auf: In einem Modell sind die Anforderungen an das Bildverarbeitungssystem, das Gesamtsystem aus Explorationsrover und entworfenem Kamerasystem selbst und die Testumgebung enthalten. Dadurch kann der Entwurf mit einem hohen Automatisierungsgrad getestet werden. Mehr noch, die Optimierung des Systems hinsichtlich frei definierbarer Gütekriterien rückt in greifbare Nähe und ist nur noch eine Frage der freien Parameter und verfügbaren Rechenleistung.

Danksagung

Diese Arbeit entstand im Rahmen des Projekts „INVIRTES“, gefördert von der Raumfahrt-Agentur des Deutschen Zentrums für Luft- und Raumfahrt e.V. mit Mitteln des Bundesministeriums für Wirtschaft und Technologie aufgrund eines Beschlusses des Deutschen Bundestages unter den Förderkennzeichen 50RA1306 – 50RA1309.

Literatur

[ACR15] ATORF, L.; CICHON, T.; ROSSMANN, J.: Flexible Data Logging, Management, and Analysis of Simulation Results of Complex Systems for eRobotics Applications. In Al-Alkaidi, & Ayesh (Hrsg.), ESM 2015, The 29th Annual European Simulation and Modelling Conference. Leicester, UK. doi:ISBN 978-90-77381-90-8

[Alt12] ALT, O.: Modellbasierte Systementwicklung mit SysML. Carl Hanser Verlag, München, 2012

[BHH+15] BREMER, C.; HILLEBRAND, M.; HASSAN, B.; DUMITRESCU, R.: Konzept für das ganzheitliche Testen komplexer mechatronischer Systeme. In: Tagungsband: Digitales Engineering zum Planen, Testen und Betreiben Technischer Systeme. IFF Wissenschaftstage, Magdeburg, 24. – 25. Juni, 2015

[CBB+15] CLOUTIER, R.; BALDWIN, C.; BONE, M. A.: Systems Engineering simplified. CRC Press, 2015.

[GTS14] GAUSEMEIER, J.; TRÄCHTLER, A.; SCHÄFER, W.: Semantische Technologien im Entwurf mechatronischer Systeme. Carl Hanser Verlag, 2014

[HSR+12] HOPPEN, M.; SCHLUSE, M.; ROSSMANN, J.; WEITZIG, B.: Database-Driven Distributed 3D Simulation, In Proceedings of the 2012 Winter Simulation Conference, 2012, pp. 1–12.

[HR14] HOPPEN, M.; ROSSMANN, J.: A Novel Distributed Database Synchronization Approach with an Application to 3D Simulation, IARIA Int. J. Adv. Softw., vol. 7, no. 3&4, pp. 601–616, 2014.

[OMG15] OMG – OBJECT MANAGEMENT GROUP: OMG Systems Modeling Language (OMG SysML). Version 1.4, Juni, 2015

[Por07] PORTELE, C.: OpenGIS geopraphy markup language (GML) encoding standard. Open Geospatial Consortium Inc.

[RSR+15a] ROSSMANN, J.; SCHLUSE, M.; RAST, M.; HOPPEN, M.; DUMITRESCU, R.; BREMER, C.; HILLEBRAND, M.; STERN, O.; BLÜMEL, F.; AVERDUNG, C.: Integrierte Entwicklung komplexer Systeme mit modellbasierter Systemspezifikation und -Simulation, Wissenschafts- und Industrieforum 2015 Intelligente Technische Systeme - 10. Paderborner Workshop "Entwurf mechatronischer Systeme" (Gausemeier, Dumitrescu, Rammig et al, eds.), Heinz Nixdorf Institut, Band 343, 2015. (ISBN 978-3-942647-62-5)

[RSR+15b] J. ROSSMANN, M. SCHLUSE, M. RAST, M. HOPPEN, R. DUMITRESCU, C. BREMER, M. HILLEBRAND, O. STERN, F. BLÜMEL, C. AVERDUNG: Architecture for Integrated Development of Complex Systems with Model-Based System Specification and Simulation, In Proceedings of the ASME 2015 International Design Engineering Technical Conferences & Computers and Information in Engineering Conference IDETC/CIE 2015, ASME, volume 1B: 35th Computers and Information in Engineering Conference: Virtual Environments and Systems, 2015. (DETC2015-46312, ISBN: 978-0-7918-5705-2

[RSS+13] ROSSMANN, J.; SCHLUSE, M.; SCHLETTE, C.; WASPE, R.: A New Approach to 3D Simulation Technology as Enabling Technology for eRobotics. In: Proceedings of the 1st International Simulation Tools Conference & EXPO (SIMEX). Brüssel, 2013, S. 39–46

[Vre10] VRETANOS, P. A.: OpenGIS web feature service 2.0 interface standard. Open Geospatial Consortium Inc.

Autoren

Prof. Dr.-Ing. Jürgen Roßmann, Dr.-Ing. Michael Schluse, Dr.-Ing. Malte Rast, Martin Hoppen und Linus Atorf sind Institutsleiter, Oberingenieur, Gruppenleiter bzw. Mitarbeiter des Instituts für Mensch-Maschine-Interaktion der RWTH Aachen und kombinieren Techniken aus dem Bereich Virtual Reality und 3D-Simulationstechnik um virtuelle Entwicklungsumgebungen für komplexe technische Systeme bereitzustellen.

Prof. Dr.-Ing. Roman Dumitrescu, Christian Bremer und Michael Hillebrand sind Direktor bzw. Mitarbeiter des Fraunhofer-Instituts für Entwurfstechnik Mechatronik IEM und erarbeiten Methoden und Werkzeuge für die marktorientierte und kosteneffiziente Entwicklung mechatronischer Produkte.

Oliver Stern ist Abteilungsleiter am RIF Institut für Forschung und Transfer e.V. und widmet sich dem Technologietransfer aus der Forschung in die industrielle Praxis.

Peter Schmitter ist Mitarbeiter der CPA ReDev GmbH, die normenkonforme und datenbankgestützt arbeitende Technologien und Anwendungen in den Bereichen 3D, Simulation und Raumfahrt entwickelt.

Konzepte zur Parallelisierung von Steuerungsaufgaben und Vision-Anwendungen auf einer Many-Core Plattform

Dr. Arthur Pyka, Dr. Marko Tscherepanow,
Manuel Bettenworth, Dr. Henning Zabel
Beckhoff Automation GmbH & Co. KG
Hülshorstweg 20, 33415 Verl
Tel. +49 (0) 52 46 / 96 30, Fax. +49 (0) 52 46 / 96 31 98
E-Mail: A.Pyka@beckhoff.com

Zusammenfassung

Der Wandel zu Industrie 4.0 mit zunehmend komplexeren und intelligenteren Produktionsplattformen geht mit einem steigenden Rechenaufwand für die eingesetzten Automatisierungssysteme einher und macht den Einsatz besonders leistungsfähiger Industrie-PCs notwendig. Die hohe Rechenleistung moderner Prozessoren basiert auf der gleichzeitigen Nutzung mehrerer Rechenkerne. Eine effiziente Ausnutzung dieser Rechenleistung wird erst durch die Parallelisierung von Berechnungen auf die verfügbaren Rechenkerne möglich. In dieser Fallstudie werden zwei Konzepte zur Parallelisierung von Steuerungsaufgaben am Beispiel des linearen Transportsystems XTS und der Umsetzung zweier Vision-Algorithmen in der Steuerung vorgestellt. Die Studie wurde im Rahmen des Innovationsprojektes „eXtreme Fast Automation" des Spitzenclusters „Intelligente Technische Systeme OstWestfalenLippe (it´s OWL)" erstellt und demonstriert, wie beide Parallelisierungskonzepte auf einem Many-Core System mit mehreren Dutzend Rechenkernen unter Berücksichtigung der Echtzeitbedingungen eingesetzt werden können. Zudem wird evaluiert inwieweit eine sinnvolle Parallelisierung der Steuerungsaufgaben die Ausnutzung der verfügbaren Rechenkapazität erhöht und so den Einsatz größerer und intelligenterer Automatisierungssysteme ermöglicht.

Schlüsselworte

Parallelisierung, Many-Core Rechner, Steuerungskonzepte

Concepts for the parallelization of control tasks and vision applications on a many-core platform

Abstract

The change to Industry 4.0 with increasingly complex and intelligent production platforms is accompanied by an increase in computing costs for the automation systems used and makes the use of particularly high-performance industrial PCs necessary. The high computing power of modern processors is based on the simultaneous use of several cores. Efficient utilization of this computing power becomes possible by parallelizing calculations to the available cores. In this case study, two concepts of parallelization of control tasks are presented using the example of the linear transport system XTS and the implementation of two vision algorithms within the control system. The study was developed within the framework of the innovation project "eXtreme Fast Automation" of the leading-edge cluster „Intelligente Technische Systeme OstWestfalenLippe (it´s OWL)“ and demonstrates how both parallelization concepts can be used on a many-core system with several dozen cores while taking into account the real-time conditions. In addition, we evaluated to what extent a reasonable parallelization of the control tasks increases the utilization of the available computing capacity, thus enabling the use of larger and more intelligent automation systems.

Keywords

Parallelization, many-core computers, control concepts

1 Einleitung

In der Automatisierungsbranche wird gezielt Informations- und Kommunikationstechnik eingesetzt, um den Grad der Automatisierung in der industriellen Produktion und in der Anlagensteuerung zu erhöhen. Der stetige Fortschnitt in der Computertechnologie und die neuen Möglichkeiten der Vernetzung physikalischer Systeme, sogenannter *cyber-physical systems* [Bro10], sowie der verteilten Verarbeitung großer Datenmengen unter den Stichworten Cloud und Big-Data, eröffnen neue Geschäftsmodelle und Anwendungen für den Betrieb und die Wartung von Produktionsanlagen [GK16], [ZSG+07]. Zukünftige Automatisierungslösungen müssen neben den eigentlichen Steuerungsaufgaben zusätzliche Funktionalitäten wie Visualisierung, Condition Monitoring oder Data Analytics realisieren. Dieser als Industrie 4.0 bezeichnete Wandel bringt eine neue Generation der industriellen Produktion hervor, die auf eine deutliche Optimierung im Hinblick auf die Faktoren Kosten, Zeit und Qualität hinzielt.

Aus Sicht des Entwicklers einer Automatisierungslösung bringt dieser Zuwachs an Intelligenz in der Anlage neue Herausforderungen mit sich. Mit zunehmender Integration verteilter intelligenter Komponenten in der Produktionsanlage steigt auch der Aufwand für das Automatisierungssystem, die aufkommenden Daten zu verarbeiten und die Steuerung zu koordinieren. Die dafür nötige Rechenleistung skaliert mit der Komplexität des Produktionssystems. Einzelne Steueraufgaben werden in der Automatisierungstechnik zyklisch innerhalb eines festen Zeitrahmens ausgeführt [Han10]. Das Verkürzen dieser Zeitrahmen (Zykluszeit) ermöglicht eine schnellere Reaktion und präzisere Steuerung der Anlage. Moderne Mikroprozessoren enthalten 2, 4 und mehr separate Rechenkerne, auf denen parallel Berechnungen durchgeführt werden können. Eine Möglichkeit Parallelität zu nutzen ist die Verteilung einzelner Anwendungen durch Zuweisung auf verschiedene Rechenkerne. Dabei entstehen jedoch Abhängigkeiten bei der Verwendung gemeinsamer Ressourcen wie Speicher oder Busschnittstellen. Im Rahmen des Innovationsprojektes „eXtreme Fast Automation" werden u.a. neue Techniken erforscht, wie Anwendungen auf einer Many-Core Plattform effizient und unter Einhaltung von Echtzeitbedingungen parallelisiert werden können. Mit diesen Techniken ist es möglich dutzende SPS-Tasks mit einer Zykluszeit von 100 µs zu betreiben und somit eine Vielzahl von schnellen Anwendungen auf einem System zu realisieren.

Neben der Verteilung von Aufgaben können diese auch in unabhängige Unteraufgaben zerlegt und parallel auf mehreren Kernen ausgeführt werden. Ziel dabei ist wiederum die Reduktion der Ausführungszeit, um entweder kürzere Abtastraten zu erreichen oder die Rechenleistung für größere Aufgaben zu nutzen. Inwieweit sich eine Aufgabe effizient parallelisieren lässt, hängt jedoch von den zugrunde liegenden Berechnungen und Algorithmen ab. Außerdem wächst mit steigender Anzahl an Rechenkernen auch der Aufwand für die Synchronisation der Teilaufgaben untereinander. Der Parallelisierungsgrad eines Algorithmus lässt sich mit Hilfe des Gesetztes von Amdahl bestimmen [Amd67]. Dazu wird die Aufgabe in einen rein sequentiellen Anteil t_{seq} und einen rein parallelen Anteil t_p aufgeteilt. Nur der parallele Anteil lässt sich in Unteraufgaben aufteilen und auf mehreren Kernen ausführen. Ohne Berücksichtigung von Synchronisationszeiten, die ebenfalls dem sequentiellen Anteil zuzuordnen sind, ergibt sich damit bei n Prozessoren eine prozentuale Reduzierung der Rechenzeit auf $T_n = t_{seq} + \frac{t_p}{n}$. Damit ist die maximale Beschleunigung begrenzt auf $\eta = \frac{1}{t_{seq}}$. Bei einem sequentiellen Anteil von 50% wird man mit beliebig vielen Kernen also nie mehr als doppelt so schnell. Die obige Gleichung wird im Folgenden als Maßstab für die Parallelisierung der Algorithmen verwendet und mit den tatsächlich ermittelten Bearbeitungszeiten verglichen. Bei dem Gesetz von Amdahl bleibt die Größe der Aufgabe stets konstant. In der praktischen Anwendung ist natürlich ebenso das Vergrößern der Aufgabe bei der Hinzunahme weiterer Kerne von Interesse.

Der Beitrag gliedert sich wie folgt: Kapitel 2 gibt den Stand der Technik in Bezug auf parallele Ausführung in der industriellen Automatisierung wieder. In Kapitel 3 werden Konzepte der Parallelisierung anhand zweier Beispiele erläutert. Kapitel 4 umfasst eine Evaluation gefolgt von einem Resümee und Ausblick in Kapitel 5.

2 Stand der Technik

Der Einsatz parallelisierter Steuerungsanwendungen ist in der industriellen Automatisierung nicht verbreitet. Die im Feld eingesetzten Anwendungen wurden überwiegend für die Ausführung auf einem Rechenkern konzipiert und sind nicht auf eine parallele Verarbeitung ausgerichtet. Mit solchen Anwendungen ist es kaum möglich, die verfügbare Rechenleistung moderner Mehrkernprozessoren hinreichend auszuschöpfen. Setzen Automatisierungssysteme Mehrkernprozessoren ein, beschränkt sich die parallele Verarbeitung zumeist auf die Zuordnung einzelner Aufgaben auf die verfügbaren Rechenkerne.

Ein solches Konzept der Parallelisierung stößt an seine Grenzen, wenn die benötigte Rechenzeit für eine einzelne Anwendung über die festgelegte Zykluszeit hinausgeht. In diesem Fall kann eine Reduzierung der Rechenzeit dadurch erreicht werden, dass die Berechnungen innerhalb der Anwendung selbst auf die vorhandenen Rechenkerne verteilt werden. Jedoch erfordert eine solche implizite Parallelisierung in der Regel einen Neuentwurf der Implementierung der Anwendung. Der Entwurf einer parallelisierten Steuerungsanwendung ist für den Entwickler einer Automatisierungslösung mit Schwierigkeiten verbunden. Etablierten Sprachspezifikationen wie IEC 61131–3 mangelt es an Unterstützung für verteilte Berechnungen. Es existieren verschiedene Ansätze, die parallele Ausführung sequentiellen Programmcodes über Erweiterungen in IEC 61131-3 zu ermöglichen [SFE+15][CA12]. Bislang ist der Entwickler aber auf spezialisierte Entwicklungsumgebungen und Werkzeuge angewiesen und benötigt zudem Spezialwissen, um ein paralleles Programm zu entwerfen [Han10]. Dies stellt eine bedeutende Hürde für den Einsatz paralleler Steuerungsprogramme dar.

Anders als in der Automatisierungstechnik ist die Parallelisierung von Berechnungen in der Bildverarbeitung eine gängige Praxis. Viele Algorithmen, die bei der Analyse und Verarbeitung von Bilddaten zur Anwendung kommen, eignen sich hervorragend für eine verteilte Berechnung. Es werden mitunter Grafikprozessoren eingesetzt, die auf eine parallele Verarbeitung großer Datenmengen spezialisiert sind. Auch spezielle Programmierschnittstellen wie OpenMP eignen sich gut für parallele Bildverarbeitung [SBY10]. Parallelisierte Vision-Software, wie z.B. OpenCV [CAP+12] und HALCON [Mvt16], bietet Algorithmen an, die Schnittstellen der gängigen Betriebssysteme nutzen, um Berechnungen auf die verfügbaren Rechenkerne zu verteilen. Allerdings liegt die Vision-Funktionalität in Form zusätzlicher, vom Steuerungssystem getrennter Softwarekomponenten vor [SUW08]. Gewöhnlich werden dafür ein separater Bildverarbeitungsrechner oder intelligente Kameras eingesetzt. Aufgrund dieser Trennung kann nicht garantiert werden, dass die Vision-Anwendung den Echtzeitbedingungen des Steuerungssystems genügt. Beispielsweise könnte das Ergebnis einer Bildanalyse aufgrund unvorhersehbarer Kommunikationszeiten zu spät in der Steuerung vorliegen, um mittels eines Aktors darauf zu reagieren.

Obgleich die Grundlagen für eine effiziente parallele Verarbeitung von Automatisierungsanwendungen von Seiten der Computertechnik vorhanden sind, ist der Einsatz mangels entsprechender Konzepte und Lösungen nicht weit verbreitet. In dieser Arbeit werden zwei Konzepte vorgestellt und evaluiert, wie die parallele Bearbeitung von Aufgaben im Rahmen eines industriellen Produktionssystems realisiert werden kann. Die Konzepte veranschaulichen zwei Ansätze, die Berechnungen einer Anwendung auf Rechenkerne zu verteilen und somit die Gesamtbearbeitungszeit der Anwendung zu reduzieren und kürzere Zykluszeiten zu ermöglichen.

3 Parallelisierung auf einer Many-Core Plattform

Im Folgenden wird die Umsetzung zweier unterschiedlicher Konzepte zur Parallelisierung einer Anwendung unter Berücksichtigung der Echtzeitbedingungen in einem Automatisierungsumfeld erläutert: ein Konzept der Parallelisierung für die Steuerung eines Transportsystems sowie ein Konzept für die Parallelisierung von Vision-Anwendungen direkt in der Steuerung.

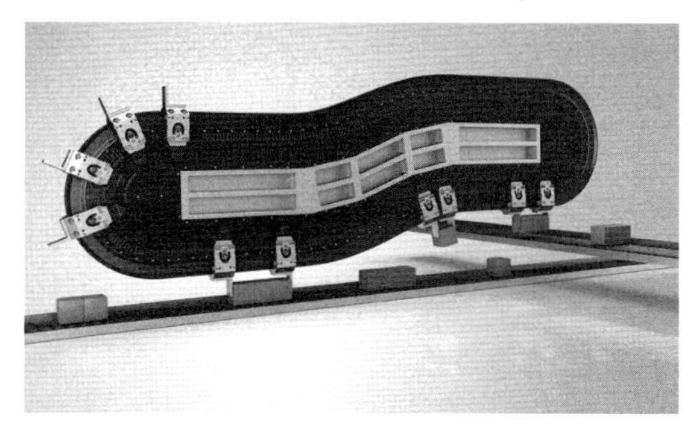

Bild 1: Schaubild des eXtended Transport System (XTS)

Für das Konzept zur Parallelisierung eines Transportsystems, kam das „eXtended Transport System (XTS)“ von Beckhoff[1] zum Einsatz. Hierbei handelt es sich um einen flexibel ausgestalteten Linearmotor, der wie bei einem Baukastenprinzip aus einzelnen Motormodulen mit unterschiedlicher Geometrie zusammen gebaut werden kann. Dabei integriert jedes Motormodul die Leistungselektronik, Spulen, welche entlang des Transportweges positioniert sind, und die Sensoren zur Wegerfassung. In Bild 1 sind oberhalb der Motormodule die Führungsschienen angebracht, auf denen sich die passiven Mover bewegen können. Hierzu ist jeder Mover mit Dauermagneten ausgestattet, so dass durch Wechselwirkung mit den vom Motormodul erregten Spulen, der Mover gezielt fortbewegt werden kann. Die Intelligenz, die zur Erzeugung

[1] Beckhoff Automation GmbH & Co. KG

eines individuellen Wanderfeldes für jeden Mover benötigt wird, sitzt dabei im Industrie-PC. Somit ist das XTS ein idealer Kandidat für die Parallelisierung, da jedes Wanderfeld individuell berechnet werden kann.

Für die Parallelisierung von Vision-Anwendungen kommt die prototypische Funktionsbibliothek TwinCAT Vision von Beckhoff zum Einsatz. Diese ermöglicht die direkte Nutzung von Vision-Funktionalität innerhalb eines zyklischen Echtzeitsteuerungssystems sowie die Laufzeitüberwachung komplexer Algorithmen. Die Laufzeitumgebung der Steuerungssoftware stellt Arbeitstasks auf verschiedenen Rechenkernen bereit, die für parallele Berechnungen innerhalb einer Vision-Anwendung zur Verfügung stehen. Dazu bietet die Steuerungssoftware eine einfache Schnittstelle an, über die bei Bedarf aufwändige Berechnungen auf die verfügbaren Arbeitstasks verteilt werden können. Diese Schnittstelle setzt auf einem offenen Standard für Parallelisierung auf, der den Einsatz bestehender parallelisierter Algorithmen, sowie die einfache Adaption eigener Software ermöglicht.

3.1 Parallelisierung im Transportsystem XTS

Aus Sicht des Entwicklers eines Automatisierungssystems ist es vorteilhaft, wenn die Möglichkeit einer verteilten Berechnung inhärent in der Steuerungsanwendung gegeben ist. Dem Entwickler obliegt dann lediglich zu entscheiden auf wie vielen bzw. welchen Rechenkernen die Anwendung parallel ausgeführt werden soll. Ein solches Konzept wird bei der Steuerung für das Transportsystem XTS verfolgt. Vereinfacht lässt sich die Berechnung der XTS-Steuerung als aufeinanderfolgende Berechnungen der einzelnen Mover sowie einer IO-Kommunikation zu Beginn und zum Ende eines Zyklus darstellen (siehe Bild 2, links). Für diese Studie wurde die Steuerung eines Movers als separates Berechnungsobjekt implementiert, dessen Ausführung auf einen anderen Rechenkern ausgelagert werden kann. Die Verteilung der Mover auf die verfügbaren Rechenkerne wird während der Konfiguration des Systems festgelegt. Die IO-Kommunikation zum Austausch der Positionsdaten mit der Hardware wird weiterhin von der Hauptanwendung durchgeführt. Um die Berechnung der Moversteuerung mit der IO-Kommunikation zeitlich abzustimmen, ist jeweils eine Synchronisation der beteiligten Rechenkerne nötig (siehe Bild 2, rechts).

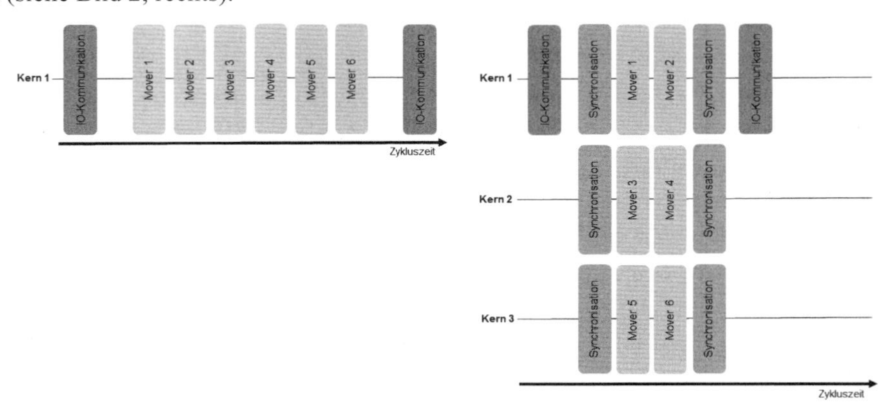

Bild 2: Ablauf einer sequentiellen (links) und parallelen (rechts) Berechnung von 6 Movern für das XTS.

Mit diesem Konzept der Parallelisierung für das XTS lässt sich die Moverberechnung beliebig auf die Rechenkerne verteilen und die Gesamtrechenzeit für die Steuerung deutlich verringern.

3.2 Parallelisierung von Vision-Anwendungen

Parallele Berechnungen finden in Funktionen der Bildverarbeitung sehr feingranular statt und werden in einer Anwendung häufig mehrfach eingesetzt. Eine Verteilung von Berechnungen findet oft auf der Basis eines konkreten Algorithmus innerhalb der Anwendung statt. Daher ist es sinnvoll die Rahmenbedingungen für eine Verteilung übergeordnet zu definieren. Dies wird in diesem Konzept über eine Konfiguration der Rechenkerne in der Laufzeitumgebung des Steuerungssystems realisiert.

Um ein zeitlich definiertes Verhalten bei der Ausführung von Vision-Anwendungen und anderen Anwendungen innerhalb der Steuerung auf dem Industrie-PC sicherzustellen, wird bei der Konfiguration des Systems festgelegt, welche Rechenkerne für die parallele Ausführung der Bildverarbeitungsalgorithmen genutzt werden. Dazu werden sogenannte Arbeitstasks definiert, denen vorab keine Aufgaben zugeordnet sind, die aber im laufenden Betrieb für Berechnungen zur Verfügung stehen. Jeder Arbeitstask wird genau ein Rechenkern zugeordnet, der exklusiv nur von dieser Arbeitstask genutzt wird. Die Zuordnung von Berechnungen zu den Arbeitstasks übernimmt ein übergeordnetes Arbeitstask-Handler-Modul. Der Arbeitstask-Handler agiert innerhalb der TwinCAT-Laufzeitumgebung und bietet eine eigene Schnittstelle an, die von jeder beliebigen Anwendung genutzt werden kann. Über diese Schnittstelle kann eine Anwendung während der Laufzeit Aufgaben an die verfügbaren Arbeitstasks verteilen und parallel berechnen lassen (siehe Bild 3).

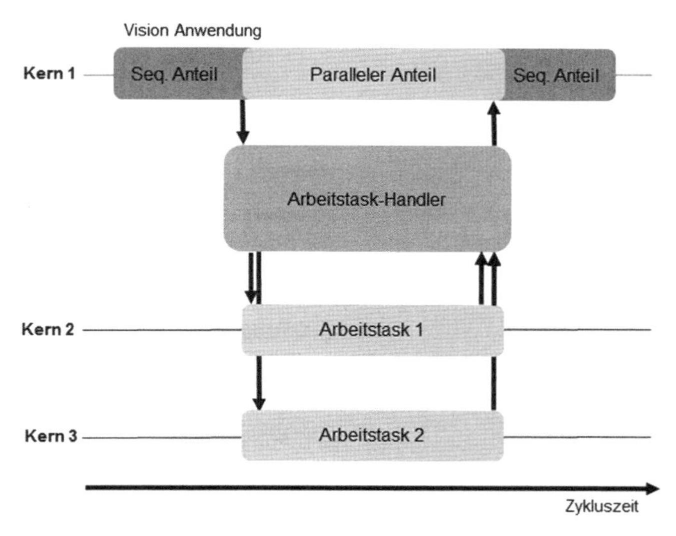

Bild 3: Verteilung von Berechnungen einer Vision-Anwendung über den Arbeitstask-Handler auf verfügbare Arbeitstasks.

Zur Verteilung von Berechnungen auf Rechenkerne nutzt TwinCAT Vision unter anderem die Programmierschnittstelle OpenMP [DM98]. OpenMP ermöglicht die parallele Verarbeitung von Programmschleifen und ist damit für Algorithmen der Bildverarbeitung prädestiniert. Üblicherweise greift OpenMP zur Verteilung der Berechnungen auf Funktionalitäten des Betriebssystems zurück. Für diese Studie wurde eine Implementierung der OpenMP-Bibliothek realisiert, die eine Parallelisierung innerhalb der TwinCAT-Laufzeitumgebung ermöglicht. Die OpenMP-Schnittstelle in TwinCAT Vision greift dabei direkt auf den Arbeitstask-Handler zu und verteilt die Berechnungen auf die aktuell zur Verfügung stehenden Arbeitstasks.

Bild 4 zeigt den schematischen Ablauf einer parallelisierten Vision-Funktion, die einen Vision-Algorithmus ausführt. Dabei erfolgt eine Aufteilung der jeweiligen Aufgabe in Teilaufgaben. Diese werden in eine Warteschlange (FIFO) eingefügt und können dann von einer oder mehreren Arbeitstasks abgearbeitet werden. Dabei ist zu beachten, dass sowohl die Anzahl der Teilaufgaben als auch die für die Bearbeitung einer einzelnen Teilaufgabe notwendige Rechenzeit abhängig von den Eingabedaten variieren können.

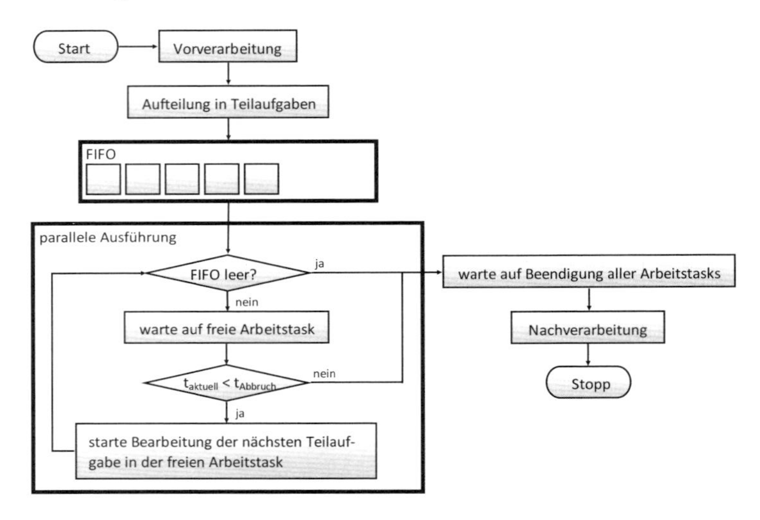

Bild 4: Ablauf einer parallelisierten Vision-Funktion

Alle Teilaufgaben werden sukzessive auf die vorhandenen Arbeitstasks verteilt. Diese Verteilung wird beendet, wenn der FIFO leer ist oder wenn die aktuelle Zeit $t_{aktuell}$ eine definierte Abbruchzeit $t_{Abbruch}$ erreicht hat. Der vorzeitige Abbruch über eine Zeitbedingung ermöglicht die Einhaltung von Zykluszeiten, wenn die Verarbeitung der Bilddaten längere Zeit benötigt. Wird die Vision-Funktion vorzeitig abgebrochen, wird dennoch auf die Fertigstellung der gerade bearbeiteten Teilaufgaben gewartet. Dadurch ist es möglich, Teilergebnisse der Verarbeitung zu verwenden. Der Anteil der tatsächlich bearbeiteten Teilaufgaben wird hierbei als Bearbeitungsanteil zurückgegeben.

4 Evaluierung

Im Folgenden wird untersucht, inwieweit eine Parallelisierung mittels der vorgestellten Konzepte zu einer Reduzierung der Gesamtrechenzeit der Anwendung führt. Dabei wird die Steuerung eines XTS sowie die Berechnung von Vision-Algorithmen auf den Rechenkernen eines

Many-Core Industrie-PCs parallelisiert. Es kommt ein C6670 Many-Core Industrie-PC von Beckhoff zum Einsatz, der mit zwei Xeon E5-2699 v3 Prozessoren ausgestattet ist und insgesamt 36 Rechenkerne enthält. Es wird unter anderem betrachtet, in wieweit die Gesamtrechenzeit bei der Parallelisierung mit steigender Anzahl beteiligter Rechenkerne skaliert. Zudem werden die Daten mit den nach Amdahl ermittelten theoretischen Werten verglichen.

4.1 Transportsystem XTS

Für diese Studie wurde ein XTS mit insgesamt 80 Movern installiert, das mittels eines C6670 Industrie-PCs und TwinCAT gesteuert wird. Die Steuerung der 80 Mover wurde dabei gleichmäßig auf bis zu 24 Rechenkerne verteilt und dabei die benötigte Gesamtrechenzeit innerhalb eines Zyklus bei einer Zykluszeit von 250µs ermittelt.

In Bild 5 ist die relative Beschleunigung der Gesamtrechenzeit der XTS-Steuerung, bezogen auf eine sequentielle Berechnung, dargestellt. Bei einer parallelen Verarbeitung mit 4 Rechenkernen konnte somit bereits eine Beschleunigung von 2.06 erreicht werden. Der Höchstwert von 2,70 wurde mit 16 Rechenkernen erreicht. Die IO-Kommunikation ist ein notwendiger Teil der XTS Steuerung, der nicht parallelisiert wurde und stellt damit einen Teil der sequentiellen Berechnung dar. Die ermittelte Beschleunigung beim XTS entspricht gemäß Amdahl einem parallelen Anteil von etwa 68%. Bei diesem Anteil liegt die theoretische Obergrenze für die Beschleunigung bei 3,13. Unabhängig von der Anzahl der eingesetzten Rechenkerne kann diese Grenze nie überschritten werden kann (siehe Bild 5, Max. 68%).

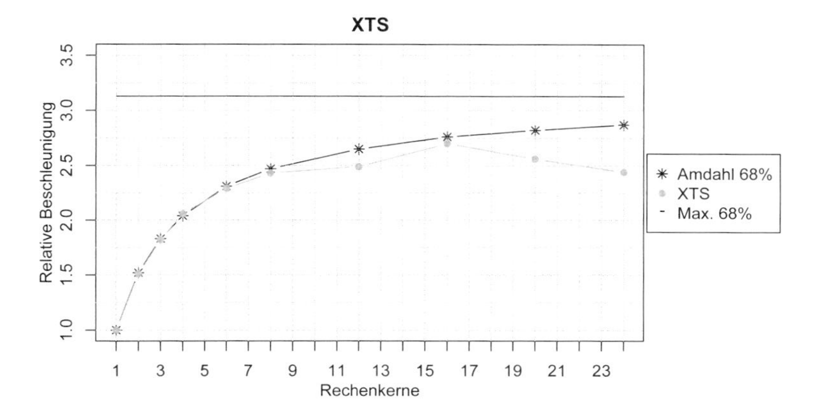

Bild 5: Beschleunigung der Gesamtrechenzeit des XTS bei Verteilung der Moverberechnung auf 1 – 24 Rechenkerne.

Ein Vergleich der gemessenen Beschleunigung der XTS Berechnung mit den errechneten Werten mittels Amdahl zeigt, dass die errechneten Werte in der Realität nicht erreicht werden. Die effektive Beschleunigung wird durch die Kosten der Synchronisation reduziert. Mit steigender Zahl von Rechenkernen erhöht sich auch der zeitliche Aufwand, der für die Synchronisation nötig ist. Bei einer Parallelisierung mit mehr als 16 Rechenkernen war in dieser Studie keine Verbesserung der Rechenzeit mehr zu erzielen. Die benötigte Rechenzeit steigt sogar mit Hinzunahme weiterer Rechenkerne.

4.2 Vision-Anwendung

Die Parallelisierung von Vision-Anwendungen wurde anhand zweier sehr häufig verwendeter Vision-Algorithmen bzw. zweier parallelisierter Vision-Funktionen, die diese implementieren, evaluiert: einer Funktion zur Binarisierung eines Bildes mittels eines Schwellwerts sowie einer Funktion zur Konvertierung[2] von Bayer-kodierten Bildern, wie sie üblicherweise von Farbkameras aufgenommen werden, in den RGB-Farbraum. Beide Funktionen werden zyklisch auf ein einkanaliges Bild mit 2048 x 2048 Bildpunkten und einer Farbtiefe von 8Bit angewendet. Hierbei kommt wiederum der C6670 Many-Core Industrie-PC zum Einsatz. Ermittelt wurden die maximale Bearbeitungszeit der jeweiligen Funktion über 10000 Zyklen sowie der minimale Bearbeitungsanteil bei einem vorzeitigen Abbruch der Berechnungen über eine zeitliche Abbruchbedingung.

Bild 6 zeigt die relative Beschleunigung der Gesamtrechenzeit bei paralleler Ausführung beider Funktionen auf bis zu 30 bzw. 34 Rechenkernen. Da die Vision-Funktionen auf eine parallele Ausführung hin implementiert wurden, ist der parallele Anteil gemäß Amdahl entsprechend hoch (93% bzw. 99,3 %). Daher zeigt sich eine deutliche Beschleunigung bei paralleler Ausführung auf mehreren Rechenkernen.

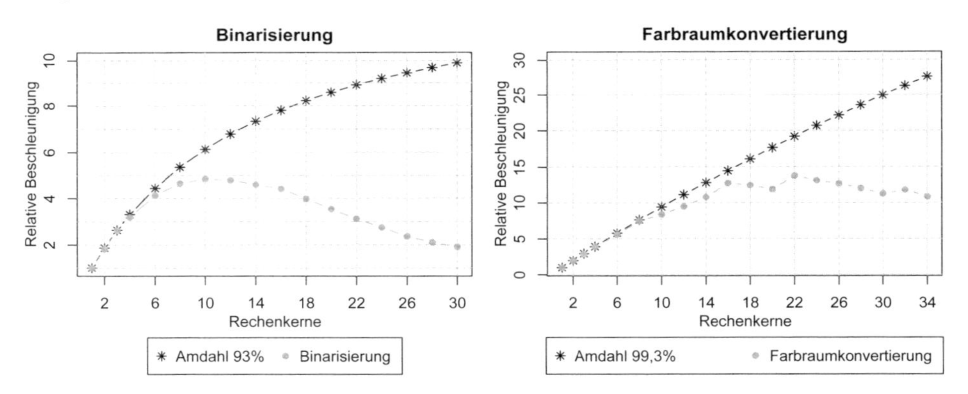

Bild 6: Beschleunigung der Gesamtrechenzeit der Binarisierung und Farbraumkonvertierung bei paralleler Verarbeitung auf bis zu 30 bzw. 34 Rechenkernen.

Jedoch entsteht auch bei diesem Ansatz ein zusätzlicher Rechenaufwand durch die Koordination der Parallelisierung über den Arbeitstask-Handler. Dieser Synchronisationsaufwand steigt mit der Anzahl eingesetzter Arbeitstasks. Bei der Binarisierungsfunktion wird eine maximale Beschleunigung von 4,85 bei 10 Rechenkernen erreicht. Für die Farbraumkonvertierungsfunktion wird hingegen eine Beschleunigung von 13,78 bei 22 eingesetzten Rechenkernen erreicht. Beim Einsatz zusätzlicher Rechenkerne überwiegt der Synchronisationsaufwand und die Bearbeitungszeit verschlechtert sich zunehmend.

---

[2] Die Konvertierung erfolgt durch Interpolation der Helligkeitswerte benachbarter Bildpunkte derselben Farbe im kodierten Bild.

Die in Kapitel 3.2 vorgestellte zeitliche Abbruchbedingung ermöglicht es, die Bearbeitung der Funktion abzubrechen, um eine definierte Zykluszeit einzuhalten. In Bild 7 ist die Bearbeitungszeit der beiden Bildverarbeitungsfunktionen bei Anwendung einer Abbruchbedingung dargestellt. Dabei wird bei Überschreitung der Zeitgrenze von 150µs (Binarisierung) bzw. 320µs (Farbraumkonvertierung) die weitere Verteilung von Teilaufgaben an die Arbeitstasks beendet (vgl. Bild 4).

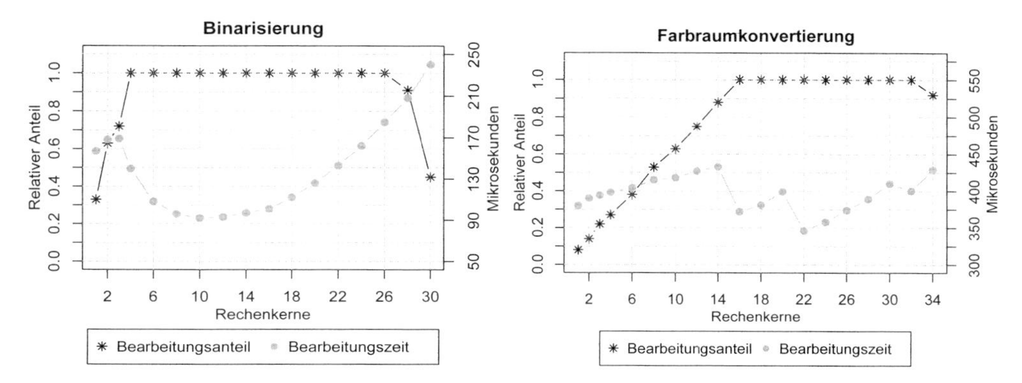

Bild 7: Bearbeitungsanteil und Bearbeitungszeit für die Binarisierung und Farbraumkonvertierung mit einer Abbruchzeit von 150µs bzw. 320µs bei paralleler Verarbeitung auf bis zu 30 bzw. 34 Rechenkernen.

In Bild 7 ist zu sehen, dass der Bearbeitungsanteil zu Beginn mit steigender Anzahl zur Verfügung stehender Kerne wächst, bis die Funktion komplett bearbeitet werden kann. Dieser Zeitpunkt ist mit den gegebenen Abbruchzeiten für die Binarisierung ab 4 Kernen und für die Farbraumkonvertierung ab 16 Kernen zuverlässig erreicht. Da eine weitere Erhöhung des Bearbeitungsanteils nicht möglich ist, führen weitere nutzbare Kerne zunächst zu einer Verringerung der Bearbeitungszeit. Bei einer hohen Zahl an verwendeten Kernen steigt bei beiden Funktionen der Synchronisationsaufwand aber soweit an, dass sich die Bearbeitungszeit erhöht und schließlich sogar der Bearbeitungsanteil wieder sinkt. Dieses Verhalten entspricht dem Abfall der relativen Beschleunigung in Bild 6.

5 Resümee und Ausblick

Eine effektive Nutzung der Parallelisierung von Berechnungen ist im Kontext der industriellen Produktion mit besonderen Herausforderungen verbunden. Die aus dem Consumer-Bereich etablierten Techniken und Werkzeuge lassen sich nur bedingt auf ein System unter Echtzeitbedingungen übertragen. In dieser Arbeit wurden zwei Konzepte vorgestellt und realisiert, die eine parallele Bearbeitung von Aufgaben unter Berücksichtigung zeitlicher Vorgaben in einer Steuerung ermöglichen. Es wurde gezeigt, dass deutliche Reduzierungen der Zykluszeit durch Verteilung der Berechnungen möglich sind, aber auch Grenzen für die Verbesserung existieren. Um die Effizienz einer Parallelisierung weiterhin zu steigern, kann zum einen der Anteil paralleler Berechnungen in der Aufgabe erhöht werden. Zum anderen sollte es das Ziel sein, den zusätzlichen Aufwand für die Synchronisation zu minimieren, um möglichst alle verfügbaren Rechenkerne eines Many-Core Prozessors sinnvoll nutzen zu können.

Danksagung

Dieses Forschungs- und Entwicklungsprojekt wird mit Mitteln des Bundesministeriums für Bildung und Forschung (BMBF) im Rahmen des Spitzenclusters „Intelligente Technische Systeme OstWestfalenLippe (it´s OWL)“ gefördert und vom Projektträger Karlsruhe (PTKA) betreut. Die Verantwortung für den Inhalt dieser Veröffentlichung liegt bei den Autoren.

Literatur

[Amd67] AMDAHL, G.: Validity of the Single Processor Approach to Achieving Large-Scale Computing Capabilities. In: AFIPS Conference Proceedings. AFIPS Press, Band 30, Reston, 1967, S. 483-485

[Bro10] BROY, M. (Hrsg.): Cyber-Physical Systems – Innovation durch softwareintensive eingebettete Systeme. acatech DISKUTIERT, Springer-Verlag, Berlin, 2010

[DM98] DAGUM, L.; MENON, R.: OpenMP: an industry standard API for shared-memory programming. In: IEEE Computational Science and Engineering, Volume 5, Issue 1, Jan-Mar 1998, S. 46-55.

[Fra17] FRANK, U.: Innovationsprojekt: Extreme Fast Automation. Unter: http://www.its-owl.de/projekte/innovationsprojekte/details/extreme-fast-automation/, 12. Januar 2017

[GK16] GAUSEMEIER, J.; KLOCKE, F. ET. AL.: Industrie 4.0 – Internationaler Benchmark, Zukunftsoptionen und Handlungsempfehlungen für die Produktionsforschung. Heinz Nixdorf Institut, Universität Paderborn, Werkzeugmaschinenlabor WZL der Rheinisch-Westfälischen Technischen Hochschule Aachen, Paderborn, Aachen 2016

[Han10] HANSEN, K. T.: Usage of multicore in automation. In: IEEE International Symposium on Industrial Electronics (ISIE). 2010. S. 37 Posadas, H.; Adamez, J.; Sánchez, P.; Villar,

[CAP+12] CULJAK, I.; ABRAM, D.; PRIBANIC, T.; DZAPO, H.; CIFREK M.: A brief introduction to OpenCV. MIPRO, 2012 Proceedings of the 35th International Convention, 21.-25. May 2012, Opatija, 2012, pp. 1725-1730.

[Mvt16] MVTEC SOFTWARE GMBH: HALCON a product of MVTec – Quick Guide, Edition 8, 2016

[SBY10] SLABAUGH, G.; BOYES, R.; YANG, X.: Multicore Image Processing with OpenMP. In: IEEE Signal Processing Magazine. Volume 27, Issue 2, March 2010, S.134 – 138

[SFE+15] SPECHT, F.; FLATT, H.; EICKMEYER, J.; NIGGEMANN, O.: Exploiting Multicore Processors in PLCs using Libraries for IEC 61131-3. In: 2015 IEEE 20th Conference on Emerging Technologies & Factory Automation (ETFA), Luxembourg, 2015, S. 1-7.

[CA12] CANEDO, A.; AL-FARUQUE, M. A.: Towards parallel execution of IEC 61131 industrial cyber-physical systems applications. In: 2012 Design, Automation & Test in Europe Conference & Exhibition (DATE), Dresden, 2012, S. 554-557.

[SUW08] STEGER, C.; ULRICH, M.; WIEDEMANN, C.: Machine Vision Algorithms and Applications, WILEY-VCH Verlag GmbH & Co. KGaA, 2008

[ZSG+07] ZUEHLKE, D.; STEPHAN, P.; GOERLICH, D.; FLOERCHINGER, F.: Fabrik der Zukunft. Intelligente Produktionsanlagen mit der Fähigkeit zur Selbstorganisation. In: Intelligenter Produzieren, 4/2007. Frankfurt am Main: VDMA Verlag GmbH, 2007

Autoren

Dr. Arthur Pyka studierte Informatik mit Schwerpunkt Eingebettete Systeme an der Technischen Universität Dortmund und schloss 2015 dort seine Promotion ab. In seiner Forschungsarbeit beschäftigte er sich mit dem Einsatz moderner Many-Core Prozessoren in Echtzeitsystemen und untersuchte die Auswirkungen der Speicherarchitektur auf das Zeitverhalten. Im Rahmen des Spitzenclusterprojektes „eXtreme Fast Automation" arbeitet Dr. Pyka der bei Beckhoff Automation GmbH & Co.KG an der Entwicklung neuer Automatisierungskonzepte unter Einsatz von Many-Core Rechnern.

Dr. Marko Tscherepanow studierte Informatik mit den Schwerpunkten Neuroinformatik und Graphische Datenverarbeitung an der Technischen Universität Ilmenau. Anschließend arbeitete er in der Arbeitsgruppe Angewandte Informatik der Universität Bielefeld, wo er 2008 promovierte. Sein Forschungsbereich umfasste Themen aus den Gebieten Bildanalyse und -verarbeitung, Mustererkennung und Kognitive Robotik. Seit 2012 ist er bei der Beckhoff Automation GmbH & Co.KG im Bereich Softwareentwicklung für die industrielle Bildverarbeitung tätig.

Manuel Bettenworth studierte Informationstechnik mit Schwerpunkt Informationselektronik an der Fachhochschule Bielefeld. Seine Diplomarbeit schrieb er an der Iowa State University mit dem Thema „Automatic code checking of MPI based parallel applications written in C". Nach Abschluss des Studiums beschäftigte er sich bei der Beckhoff Automation GmbH & Co.KG mit der Entwicklung des Intelligenten Transport Systems (ITS). Nach Abschluss des Projektes arbeitet er sich seit 2011 intensiv an der Entwicklung des linearen Transportsystems XTS.

Dr. Henning Zabel studierte Informatik an der Universität Paderborn und arbeitete dort seit 2004 als wissenschaftlicher Mitarbeiter am Lehrstuhl für „Entwurf paralleler Systeme". Er beschäftigte sich mit der Simulation des Zeitverhaltens von Echtzeitsystemen auf Basis von abstrakten RTOS-Modellen und der effizienten Annotation von Zeit. Die Forschungsarbeit schloss er 2010 mit seiner Promotion ab. Seit 2011 ist er bei der Firma Beckhoff Automation GmbH & Co.KG in der Softwareentwicklung tätig und betreut die Weiterentwicklung des Echtzeitkernels auf modernen Prozessor Generationen.

Smarte Sensorik für moderne Sämaschinen

Nils Brunnert, Martin Liebich, Paulo Martella
Müller-Elektronik GmbH & Co. KG
Franz-Kleine-Straße 19, 33154 Salzkotten
Tel. +49 (0) 52 58 / 98 34 13 90, Fax. +49 (0) 52 58 / 98 34 94
E-Mail: Martella@mueller-elektronik.de

Zusammenfassung

In diesem Beitrag wird der Aufbau sowie die Wirkungsweise eines neuen Fallrohrsensors – des PLANTirium®-Sensors – vorgestellt. Fallrohrsensoren werden in Einzelkornsämaschinen eingesetzt, um eine gleichbleibend hohe Ablagegenauigkeit im Bereich von wenigen Millimetern zu gewährleisten. Die zunehmende Verbreitung der Einzelkornsätechnik sowie steigende Sägeschwindigkeiten stellen dabei wachsende Ansprüche an die Sensorik. Auch kleinste Saatgüter müssen trotz schwieriger Umgebungsbedingungen und hoher Ablagefrequenzen noch sicher erfasst werden. Die Integration eines Mikrocontrollers in den Fallrohrsensor liefert in Verbindung mit bildgebender Sensorik und Methoden der Mustererkennung auch bei Kornfrequenzen von 150 Körnern pro Sekunde genaueste Zählergebnisse. Neben der deutlich verbesserten Zählung ermöglicht der Mikrocontroller jedoch auch eine sinnvolle Erweiterung des Funktionsumfangs eines Fallrohrsensors.

Schlüsselworte

Smarte Sensoren, Mustererkennung, Selbstlernen, Selbstoptimierung

Smart sensors for modern metering units

Abstract

This article describes the layout and functional principles of a new seed tube sensor, the PLAN-Tirium®-Sensor. Seed tube sensors are used with planters in order to ensure a stable and precise seed placement in the range of a few millimeters. The use of precision seeding for a expanding number of seeds in combination with increasing seeding speeds leads to advanced technical requirements for the tube sensors. Even under rough environmental conditions and high application rates, smallest seeds have to be detected accurately. The integration of a microcontroller into a seed tube sensor in combination with image processing components and pattern recognition methods provide highly accurate counting results at seeding frequencies up to 150 seeds per second. But along with a significant improvement of the seed counting the microcontroller allows a reasonable advancement of the functional range of a tube sensor.

Keywords

Smart Sensors, Pattern Recognition, Self-learning, Self-Optimizing

1 Einleitung

Die Ablage von Sämaschinen beeinflusst sowohl den Feldaufgang als auch die Entwicklung der Pflanzen. Neben der Ablagetiefe und dem Reihenabstand hat auch die Längsverteilung eine deutliche Auswirkung auf den Ertrag. Umfangreiche Untersuchungen mit unterschiedlichen Saatgütern haben gezeigt, dass eine Reduzierung der Ablagedichte zu einer Erhöhung des Ertrages bei gleichzeitiger Kostenreduzierung führen kann. Die besten Ergebnisse werden hierbei durch Einsatz der Einzelkornsätechnik erzielt, da bei diesem Verfahren die optimalen Ablageabstände sehr genau eingehalten werden können [Kie13-ol] [Gri95 S. 129ff.].

Der zunehmende Einsatz der Einzelkornsätechnik für die Ausbringung unterschiedlicher Saatgüter stellt jedoch auch neue Anforderungen an die Sätechnik. Moderne Einzelkornsämaschinen ermöglichen bereits Sägeschwindigkeiten von 12 km/h und mehr. Bei dieser Fahrgeschwindigkeit werden von hochentwickelten Dosieraggregaten Kornfrequenzen von 120-150 Körnern pro Sekunde erreicht.

Die exakte Einhaltung der Ablagezeitpunkte jedes Dosieraggregates wird mittels spezieller Sensoren überwacht, die zumeist durch Einsatz von optischen Verfahren die einzelnen Körner in den Fallrohren unterhalb des Dosieraggregates erfassen und Zählimpulse in Echtzeit an eine übergeordnete Steuerungseinheit weiterleiten. Hohe Korngeschwindigkeiten in Verbindung mit geringen Saatgutgrößen von z.B. Raps und Getreide stellen auch hier die Auswerteelektronik vor neue Herausforderungen. Zudem erschweren Staub und Fremdkörper, welche den Messbereich passieren, eine zuverlässige Erkennung der Saatkörner.

Trotz der für optische Messsysteme schwierigen Umgebungsbedingungen, haben diese auch aus Kostengründen eine sehr große Marktverbreitung. Alternative Messverfahren, wie beispielsweise der Einsatz von Radartechnik, weisen bisher keine nennenswerte Verbreitung auf.

Im vorliegenden Beitrag wird das Ergebnis einer Entwicklung beschrieben, welche eine Verbesserung der optischen Sensorik mit dem Ziel der Steigerung von Zählgenauigkeit und Störfestigkeit gegenüber Staub und Fremdkörpern beinhaltete.

2 Aufbau des Sensors

Der Fallrohrsensor besteht aus einer Sende- und einer Empfangseinheit. Beide Einheiten sind in separaten Gehäusen verbaut. Bild 1 zeigt den Sensor montiert an einem Fallrohr.

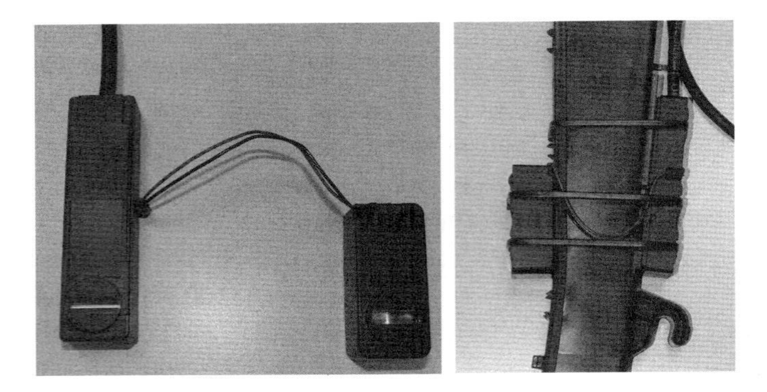

Bild 1: Fallrohrsensor aufgeklappt (links) und montiert (rechts)

Bei dem hier vorgestellten Fallrohrsensor besteht der Sender aus mehreren Infrarot-Leuchtdioden mit nachgeschalteter Optik zur vollständigen gleichmäßigen Ausleuchtung des Fallrohrs mit parallelem Licht (siehe Bild 2).

Bild 2: Sendedioden mit Optik und Lichtband parallelen Lichts.

Die Optik des Sensors besteht aus einem Total Internal Reflection (TIR) -Modul. Dieses Modul richtet die Infrarotstrahlen parallel aus und lenkt sie um 90° um. Auf diese Weise lässt sich ein homogenes Lichtband parallelen Lichts bei einer flachen Bauhöhe des Senders erzeugen.

Ein aus 256 Photodioden bestehendes Zeilenelement, welches von einem Mikrocontroller mit einer Abtastfrequenz von bis zu 20 kHz ausgewertet wird, bildet die Empfangseinheit des Sensors. Die Auflösung dieses Empfangselements beträgt somit umgerechnet 400 dpi. Durch die hohe Auflösung in Verbindung mit einer hohen Abtastrate werden auch kleine Objekte wie Rapskörner exakt abgebildet.

Zum Schutz von Sender und Empfänger werden auf beiden Seiten Scheiben aus hochfestem sowie chemikalien- und temperaturbeständigem Glas eingesetzt. Durch den Einsatz dieses Glases entstehen keine Kratzer, in denen sich Staub oder Beize ablagern kann, wodurch die Kornerkennung beeinflusst würde.

Zur Kommunikation mit einem übergeordneten Steuerungsrechner stellt der Sensor einen Impulsausgang zur Übertragung der Zählimpulse sowie eine Eindraht-Schnittstelle zur Verfügung.

3 Verbesserung der Zählgenauigkeit

Im Vergleich zu Fallrohrsensoren die nach dem Prinzip einer Einweg-Lichtschranke arbeiten und nur aus einer geringen Anzahl an Sende- bzw. Empfangselementen aufgebaut sind, erreicht der vorgestellte Sensor eine deutlich höhere Zählgenauigkeit. Insbesondere bei erhöhter Staubbelastung sowie bei kleinen Saatgütern wie Raps und Rübe, die mit Geschwindigkeiten von mehr als 10 m/s durch das Fallrohr fallen, werden die Vorteile dieses Sensorkonzepts deutlich.

3.1 Ausleuchtung des Erfassungsbereichs

Durch die vollständige Ausleuchtung des Erfassungsbereichs mit einem homogenen Lichtband parallelen Lichts, entstehen keine schlecht ausgeleuchteten Bereiche noch werden Objekte hinterleuchtet.

In Bild 3 werden diese beiden Fälle verdeutlicht. Kleine Objekte werden nicht mehr erkannt, weil sie entweder in einen dunklen Bereich fallen und keinen Schatten erzeugen, oder ihr Schatten durch das mehrfache Umleuchten des Objektes stark abgeschwächt wird. In der linken Grafik von Bild 3 sind diese beiden Fälle skizziert.

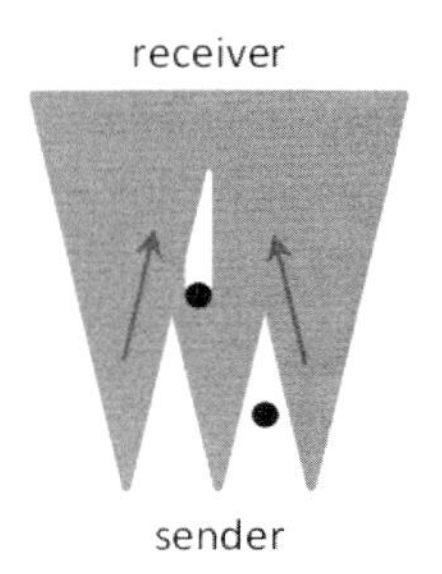

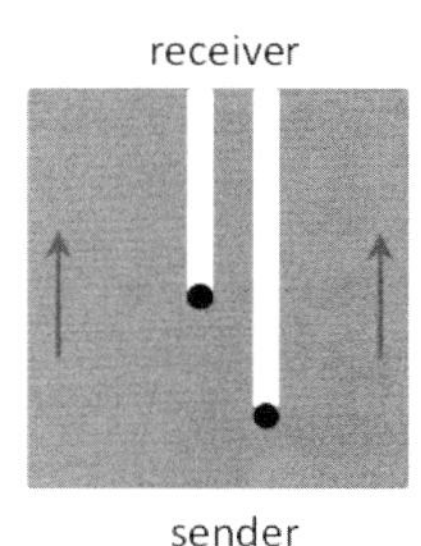

Bild 3: Vergleich zwischen der Ausleuchtung mit drei LEDs (links) und eines gleichmäßigen parallelen Lichtbandes (rechts)

Der Schatten des linken Objektes wird hinterleuchtet. Das rechte Objekt wirft keinen Schatten, da es den Erfassungsbereich außerhalb eines der von den LEDs erzeugten Lichtkegel passiert. In der rechten Grafik von Bild 3 sind die Vorteile eines gleichmäßigen Lichtbandes parallelen Lichts zu sehen. Die Schatten der beiden Objekte werden exakt und frei von Verzerrungen auf dem Empfänger abgebildet.

3.2 Einsatz und Auswertung des Zeilenelements

Während bei Fallrohrsensoren, die nach dem Lichtschrankenprinzip arbeiten, nur die Dauer einer Abschattung ausgewertet wird, entsteht bei dem hier vorgestellten Fallrohrsensor durch hochfrequentes Abtasten in Verbindung mit der Auflösung des Zeilenelements eine zweidimensionale Abbildung des Objektes. Dabei werden die von den Fotozellen des Zeilenelements erfassten Helligkeitsinformationen über ein Schwellenwert auf eine binäre Information reduziert [Ots79, S. 62ff.].

In Bild 4 werden ein Maiskorn und dessen Binärbild dargestellt.

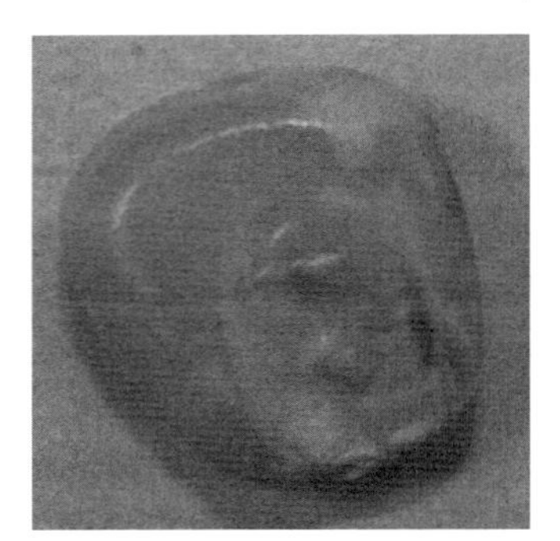

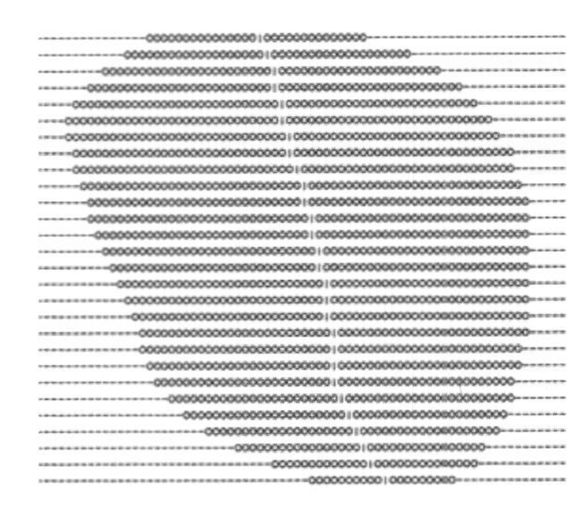

Bild 4: Darstellung eines Maiskorns (links) und dessen Binärbild im Sensor (rechts)

Im Rahmen der Mustererkennung werden anschließend geometrische Merkmale des Binärbilds wie zum Beispiel Länge, Breite und Fläche des detektierten Objekts ermittelt und in einen Merkmalsvektor überführt [Has08-ol]. Durch eine Klassifikation der einzelnen Merkmale kann mit sehr hoher Wahrscheinlichkeit bestimmt werden, ob es sich bei dem erfassten Objekt um Saatgut oder um Fremdmaterial wie Bruchkorn oder Staub handelt.

3.3 Erkennung von Mehrfachstellen

Ein besonderes Augenmerk bei der Auswertung der Binärbilder wird auf die Erkennung von Mehrfachstellen gelegt. Die Vereinzelung des Saatgutes erfolgt in den Vereinzelungsaggregaten der Sämaschinen. Bei Saatgütern mit sehr hohen Aussaatstärken, wie beispielsweise Soja, kommt es jedoch vor, dass mehr als ein Saatkorn von dem Aggregat abgegeben wird und anschließend den Erfassungsbereich des Fallrohrsensors passiert.

Um eine genaue Rückmeldung über die Funktion der Maschine sowie die tatsächlich ausgesäte Menge an Körnen pro Hektar zu erhalten, muss der Sensor auch Mehrfachstellen sicher erkennen können. Dabei gestaltet sich die Erkennung besonders schwierig, wenn mehrere Körner so den Erfassungsbereich passieren, dass sich die von ihnen auf dem Zeilenelement erzeugten Abschattungen überlappen.

Bild 5 zeigt beispielhaft eine sogenannte Doppelstelle von zwei Sojabohnen mit überlappenden Schatten. Durch die Bewertung der Abmessungen in Verbindung mit einer Verschiebung der Mittelachse über die abgeschattete Breite lässt sich aus dem Binärbild ableiten, dass diese Abschattung von zwei Saatkörnen hervorgerufen wurde.

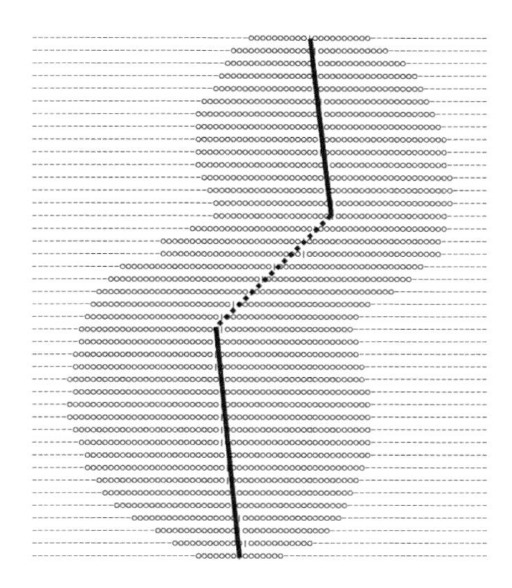

Bild 5: Darstellung eines Doppeltreffes zweier Sojabohnen

4 Erweiterter Funktionsumfang des Sensors

Die Integration eines Mikrocontrollers in den Sensor ermöglicht neben der deutlichen Verbesserung der Zählgenauigkeit die Realisierung weiterer Funktionen, die einen erheblichen Mehrwert für den Betrieb des Gesamtsystems mit sich bringen.

4.1 Kommunikation mit dem Maschinenrechner

Der PLANTirium®-Sensor ist mit einer Eindraht-Schnittstelle ausgestattet, welche der Kommunikation mit dem übergeordneten Steuerrechner dient. Über die Schnittstelle werden saatgutspezifische Klassifizierungsmerkmale und Informationen über den Funktionszustand des Sensors ausgetauscht. Auch ein Software-Update ist über diese Schnittstelle möglich, wodurch der Käufer der Sämaschine auch im Nachhinein noch von aktuellen Erweiterungen der Sensorfunktionen profitiert.

4.2 Selbstlernen

Wie in Absatz 3.3 beschrieben, wird die Klassifizierung der vom Sensor detektierten Objekte anhand von geometrischen Merkmalen wie zum Beispiel Länge, Breite und Fläche und von den jeweils abgeleiteten Größen durchgeführt.

Saatgüter unterscheiden sich in Sorten und Arten in ihrer Größe und Kontur. Bei einem Saatgutwechsel müssen die für das neue Saatgut charakteristischen Merkmale, sofern diese bereits bekannt sind, über die Eindraht-Schnittstelle geladen oder vom Sensor selbst ermittelt werden.

Für die Ermittlung der Merkmale von „neuen" Saatgütern verfügt der Sensor über einen Selbstlern-Algorithmus, welcher die detektierten Objekte vermisst und aus den Messwerten die Merkmale für die Klassifizierung ableitet. Nachdem die Saatgutmerkmale ermittelt werden, können diese für eine spätere Wiederverwendung in der Saatgutdatenbank des übergeordneten Steuerrechners hinterlegt werden.

Da das Saatgut während der Ausbringung auch gewisse Merkmalsschwankungen aufweist, überwacht der Sensor permanent die aktuell verwendeten Saatgutmerkmale und optimiert diese. Somit wird eine gleichbleibend hohe Detektionsqualität des Sensors gewährleistet und Fehlzählungen durch Fremdkörper wie Steine oder Erde weitestgehend ausgeschlossen.

4.3 Automatische Nachführung der Empfindlichkeit

Durch die Applikation des Sensors am Fallrohr einer Sämaschine kann es zu Ablagerungen von Feinstaub oder Beize auf den Schutzscheiben der Sende- und der Empfangseinheit kommen, die das Zählergebnis negativ beeinflussen und eine Reinigung des Sensors erforderlich machen.

Die kontinuierliche Überwachung der mittleren Ausgangsspannung der Zeilenelemente ermöglicht eine genaue Erfassung des Verschmutzungsgrades. Sowohl der Strom der LEDs als auch der Schwellwert des Empfängers können über den Mikrocontroller unabhängig voneinander vorgegeben werden, sodass durch eine automatische Nachführung der Empfindlichkeit die einwandfreie Funktion des Sensors gewährleistet ist und sich die Einsatzzeit des Sensors bis zu einer nötigen Reinigung deutlich verlängert.

Erst wenn die automatische Empfindlichkeitsnachführung ihren Endwert erreicht, wird über die Eindraht-Schnittstelle eine Meldung an den übergeordneten Steuerrechner abgegeben, der wiederum den Bediener der Maschine über ein Display in der Fahrerkabine zur Reinigung des Sensors auffordert.

Neben der automatischen Empfindlichkeitsnachführung führt der Sensor eine komplette Selbstdiagnose durch und informiert bei Erkennen einer Fehlfunktion den übergeordneten Steuerrechner. Auf diese Weise konnten sowohl die Zuverlässigkeit der Zählerergebnisse als auch die damit verbundene Einsatzsicherheit der Maschine deutlich verbessert werden.

5 Erfahrungen aus der Felderprobung

Die Sensoren wurden in den bisherigen Feldtests mit den Früchten Mais, Soja, Sonnenblume, Weizen und Raps getestet.

Die Sensoren wurden an verschiedenen Maschinentypen in Kombination mit unterschiedlichen Fallrohren eingesetzt.

Es wurden Feldtests auf sehr schweren Lehmböden bis hin zu feinen Sandböden durchgeführt.

Die Kornerfassung der Sensoren war sowohl bei hohen Aussaatraten von mehr als 100 Körnern pro Sekunde bei Soja, als auch bei den sehr unterschiedlichen Kornformen der Sonnenblume und bei sehr kleinem Saatgut wie Raps sehr gut. Auch eine erhöhte Staubbelastung bei sehr trockenen Bedingungen hatte keinen Einfluss auf die Genauigkeit der Kornerfassung.

6 Resümee und Ausblick

Der PLANTirum®-Sensor ist ein intelligenter Sensor, der für die Saatgutüberwachung in Einzelkornsämaschinen konzipiert ist. Er basiert auf einem Zeilenelement, welches mit parallelem Licht beleuchtet und mit hoher Abtastrate von einem Mikrocontroller ausgelesen wird. Die daraus resultierenden Binärbilder werden mit Methoden der Mustererkennung ausgewertet, wodurch deutliche Verbesserungen der Detektionsrate als auch der Detektionsqualität erreicht wurden. Der Sensor ist in der Lage, die für die Detektion der Saatgüter relevanten Merkmale selbstständig zu ermitteln und optimiert diese während der Ausbringung des Saatguts kontinuierlich. Auf diese Weise ist eine gleichbleibend hohe Qualität der Detektion sichergestellt. Über eine Eindraht-Schnittstelle kommuniziert der Sensor mit dem übergeordneten Steuerrechner und informiert über den Funktionszustand, wodurch die Einsatzsicherheit des Gesamtsystems erhöht wird.

Bisher werden Fallrohrsensoren allein zur Überwachung der Saatgutablage eingesetzt. Basierend auf den Zählergebnissen der Sensoren werden auf dem Maschinenterminal je Reihe bis zu 5 Werte angezeigt, die Aufschluss über die Ablagequalität liefern. Bei großen Maschinen muss der Maschinenbediener auf diese Weise 42 Reihen oder mehr über das Maschinenterminal überwachen. Durch die deutliche Verbesserung der Detektionsqualität in Verbindung mit der ständigen Kontrolle des Funktionszustandes des Sensors, kann zukünftig ein großer Teil der Überwachungsaufgaben des Maschinenbedieners auf die Steuerung übertragen werden. Der Maschinenbediener wird dann nur noch bei Abweichung von den festgelegten Funktionsparametern über das Maschinenterminal informiert.

In Verbindung mit elektrisch angetriebenen Dosiereinheiten ermöglicht der Sensor die Realisierung einer automatischen Regelung des Ablagezeitpunktes. Auf diese Weise kann der Flächenertrag durch Vorgabe beliebige Ablagemuster und unter Einhaltung der optimalen Pflanzabstände auch bei Kurvenfahrten weiter gesteigert werden.

Literatur

[Kie13-ol] KIEFER, S.: Weite Reihenabstände in Raps und Getreide Chancen und Grenzen, Active Seminar Februar 2013, Unter: http://www.amazone.de/files/Vortrag_4_Weite_Reihenabstaende_in_Raps_und_Getreide_Chancen_und_Grenzen_Stefan_Kiefer_AMAZONE.pdf, 12.01.2017

[Gri95] GRIEPENTROG, H.-W.: Längsverteilung von Sämaschinen und ihre Wirkung auf Standfläche und Ertrag bei Raps, Agrartechnische Forschung 1, H. 2 1995, Landwirtschaftsverlag, Münster, S.129 - 136, Münster, 1995

[Ots79] OTSU, NOBUYUKI: A Threshold Selection Method from Gray-Level Histograms. IEEE Transactions on Systems, Man, and Cybernetics, Vol. SMC-9, No. 1, S.62-66, New York, 1979

[Has08-ol] HAASDONK, B.: Digitale Bildverarbeitung, Einheit 10, Merkmalsextraktion, Lehrauftrag SS 2008, Fachbereich M+I der FH-Offenburg. Unter: http://lmb.informatik.uni-freiburg.de/people/haasdonk/DBV_FHO/DBV_FHO_SS08_E10.pdf , 12.01.2017

Autoren

Nils Brunnert arbeitet als Hardwareentwickler für Sensorik bei der Firma Müller-Elektronik GmbH & Co. KG. Zuvor studierte er Mechatronik an der Hochschule Hamm-Lippstadt, an welcher er 2014 auch seinen Bachelor of Engineering erlangte.

Martin Liebich arbeitet seit 2010 als Hardwareentwickler für Sensorik bei der Firma Müller-Elektronik GmbH & Co. KG. Er absolvierte ein Studium der Elektrotechnik an der Hochschule Fulda und schloss dieses 2010 als Diplom-Ingenieur ab.

Paulo Martella ist Entwicklungsleiter der Firma Müller-Elektronik GmbH & Co. KG. Nachdem er 1999 des Studium der Elektrotechnik an der Universität Paderborn als Diplom-Ingenieur abschloss, arbeitete er in verschiedenen Positionen an der Entwicklung eingebetteter Systeme für die Automobilindustrie sowie an der Steuerungstechnik für Kennzeichnungssystemen in der Verpackungsbranche. Seit 2011 ist er für das Unternehmen Müller-Elektronik tätig.

Industrial Data Science

Schichtenmodell für die Entwicklung von Data Science Anwendungen im Maschinen- und Anlagenbau

Dr. rer. nat. Felix Reinhart, Dr.-Ing. Arno Kühn,
Prof. Dr.-Ing. Roman Dumitrescu
Fraunhofer-Institut für Entwurfstechnik Mechatronik IEM
Zukunftsmeile 1, 33102 Paderborn
Tel. +49 (0) 52 51 / 54 65 346, Fax. +49 (0) 52 51 / 54 65 102
E-Mail: {Felix.Reinhart/Arno.Kuehn/Roman.Dumitrescu}@iem.fraunhofer.de

Zusammenfassung

Data Science ist ein etabliertes Mittel beispielsweise für die Wissensgewinnung aus betriebswirtschaftlichen Daten. Die fortschreitende Digitalisierung von Maschinen und Anlagen ermöglicht die breite Anwendung von Data Science in technischen Systemen. Die Anforderungen und Rahmenbedingungen, z.B. zur Regelung und Optimierung von Maschinen und Fertigungsprozessen, unterscheiden sich jedoch signifikant von etablierten Data Science Anwendungen. Industrial Data Science legt den Schwerpunkt auf die Anwendung von statistischen und maschinellen Lernverfahren im Maschinen- und Anlagenbau. Dabei ist die Komplexität der Anwendungsdomäne sowie der datengetriebenen Methoden und Verfahren eine Herausforderung für die Entwicklung intelligenter Maschinenfunktionen und Fertigungsprozesse. Es bedarf einer systematischeren Vorgehensweise mit wiederverwendbaren Lösungsmustern und Architekturelementen, um datengetriebene Ansätze in technischen Systemen effektiver und effizienter zu entwickeln.

Dieser Artikel stellt ein dreischichtiges Modell vor, welches Infrastruktur und Data Science Komponenten mit einer Anwendungsschicht verbindet. In den unteren Schichten sind Elemente zur Datenanalyse, Datenfluss und -speicherung verortet. Die oberste Schicht beschreibt die Kombination darunterliegender Architekturelemente zu Anwendungen (z.B. Condition Monitoring, Prognose von Systemausfällen, Prozessoptimierung). Das Schichtenmodell wird durch Vorgehensmodelle komplettiert, die schließlich die Konzipierung und Umsetzung von Industrial Data Science Anwendungen unterstützen. Einzelne Elemente und Vorgehensmodelle des Schichtenmodells werden exemplarisch anhand der Implementation eines automatisierten Teigknetprozesses dargestellt.

Schlüsselworte

Data Science, Maschinelles Lernen, Vorgehensmodelle, Maschinen- und Anlagenbau

Layer Model for the Development of Data Science Applications in Plants and Machines

Abstract

Data science is an established tool for knowledge discovery from economic data. The ongoing digitalization of products and production systems enables the broad application of data science in technical systems. The requirements, e.g. for control and optimization of production processes, however, differ significantly from traditional data science applications. Industrial Data Science focusses on the application of data analytics and machine learning techniques to industrial plants and machines. In this context, the complexity of the domain and the data-driven techniques is particularly challenging for the development of intelligent functions in production systems and machines. To achieve the efficient implementation of data-driven solutions for technical systems of industrial scale, more systematic process models are required that comprise reusable solution patterns and architectural elements.

This article outlines a three layer model that links infrastructure and data science components with an application layer. The lower layers comprise components for data analytics, data flow and persistent storage. The upper layer utilizes lower layer components to build applications such as condition monitoring, prediction of system failures, process optimization, etc. The layer model is complemented by process models, which support the development of data-driven applications for industrial plants and machines. The applicability of the framework is demonstrated for the automation of an industrial dough kneading machine.

Keywords

Data Science, Machine Learning, Process Models, Machinery and Plant Engineering

1 Einleitung

Die Anwendung moderner Datenanalyseverfahren gewinnt vor dem Hintergrund der fortschreitenden Digitalisierung von Maschinen und Anlagen an Relevanz. Begriffe wie maschinelles Lernen, Data Analytics, Data Science, Big Data und ähnliche mehr referenzieren auf die computergestützte Extraktion von Regelmäßigkeiten aus Daten sowie auf die damit verbundenen infrastrukturellen Herausforderungen. Aus Daten erlernte Modelle bieten ein weites Anwendungsspektrum, welches von der Visualisierung hochdimensionaler Daten, Zustandsüberwachung, Prozesssteuerung und Regelung, über die Prozessoptimierung bis hin zur vorausschauenden Instandhaltung reicht. Der Nutzen umfasst die weitere Optimierung der Ressourceneffizienz, Assistenzfunktionen, erhöhte Prozessstabilität, Erkenntnisgewinn über einen Prozess, sowie neuartige Produkte, Dienstleistungen und Geschäftsmodelle.

Obschon die Anwendung von Data Science im Finanzwesen und Controlling (z.B. Credit Scoring und Trendanalysen) sowie im Handel (z.B. Recommender und Churn Prediction Systeme im eCommerce), meist unter Bezeichnungen wie Business Intelligence, Data Analytics, oder Big Data, weiter fortschreitet, bleibt die breite Anwendung von Data Science im Kontext industrieller, technischer System, wie z.B. in Produktionssystemen, bisher aus. Dies hat verschiedene Gründe. Zum einen musste sich zunächst die technische Grundlage für Data Science im Feld, wie bspw. die Aufnahme, persistente Speicherung und Bereitstellung großer Datenmengen, im Bereich der Fertigungstechnik entwickeln. Andererseits besteht ein Mangel an Anwendungsindikatoren, Vorgehensmodellen, Leitfäden und Best-Practice Beispielen für Data Science im industriellen Kontext, sodass der Einsatz besonders in KMU herausfordernd bleibt. Weiter führt die anwendungsspezifische Implementation von Lösungen zu hohen Entwicklungskosten und Umsetzungszeiten. Deshalb bedarf es einer systematischeren Vorgehensweise mit wiederverwendbaren Lösungsmustern und Architekturelementen, um datengetriebene Ansätze in technischen Systemen effektiver und effizienter zu entwickeln.

Dieser Artikel beschreibt ein Schichtenmodell bestehend aus einer Infrastruktur-, Data Science- und Anwendungsschicht, welches die Entwicklung datengetriebener Ansätze für intelligente Maschinen und Anlagen unterstützt. Die Infrastruktur und Data Science Schicht beinhalten Elemente zur Datenspeicherung und Datenanalyse. Die oberste Anwendungsschicht beschreibt die Kombination darunterliegender Architekturelemente zu Anwendungen, wie bspw. Condition und Process Monitoring; Trenderkennung; Prognose von Verschleiß, Lasten und Systemausfällen; datengetriebene Modellierung; Prozessoptimierung und Wissensgewinnung. Das Schichtenmodell wird durch Vorgehensmodelle komplettiert, die schließlich die Konzipierung und Umsetzung von Industrial Data Science Anwendungen unterstützen. Einzelne Elemente und Vorgehensmodelle des Schichtenmodells werden in diesem Beitrag exemplarisch für die Implementation eines automatisierten Teigknetprozesses dargestellt.

Zunächst werden in Abschnitt 2 Hintergrund und Spezifika für Data Science im Maschinen- und Anlagenbau beleuchtet. Darauf folgend wird in Abschnitt 3 das Schichtenmodell für die Entwicklung datengetriebener Ansätze im Maschinen- und Anlagenbau eingeführt und einzelne Anwendungsfälle, Komponenten und Vorgehensmodelle erläutert. Das Schichtenmodell wird in Abschnitt 4 beispielhaft für die Automatisierung eines industriellen Teigkneters evaluiert.

2 Data Science im Maschinen- und Anlagenbau

In diesem Abschnitt wird Data Science in die Fachdisziplinen eingeordnet und typische Herausforderungen von Data Science im Maschinen- und Anlagenbau dargestellt.

2.1 Data Science

Data Science befasst sich mit der automatisierten Wissensgewinnung und Modellbildung aus verschieden ausgeprägten Daten [NS14]. Data Science kann, wie in Bild 1 gezeigt, in die Fachdisziplinen eingeordnet werden. Neben Mathematik und Statistik kommen Verfahren aus der künstlichen Intelligenz, wie z.B. maschinelle Lernverfahren und neuronale Netzwerke [Bis07], zum Einsatz. Grundlegende Eigenschaft solcher datengetriebenen Ansätze ist die empirische Wissensgewinnung und Modellbildung, welche sich von der klassischen Ableitung von Modellen aus z.B. physikalischen Theorien unterscheidet. Im letzteren Fall wird ein möglichst kompaktes, mathematisches Modell gesucht, welches ein Phänomen beschreibt. Im ersteren Fall werden möglichst flexible, mathematische Modelle an die Beobachtungen eines Phänomens angepasst.

Obwohl die flexiblen Modelle aus dem Bereich des maschinellen Lernens prinzipiell keinen Domänenbezug benötigen, ist die Berücksichtigung von Wissen aus der Anwendungsdomäne und die domänenspezifische Auswahl, Auslegung und Anpassung von Lernverfahren oft erfolgsentscheidend [USA+14, OTR+16]. Der Einsatz von Data Science im Bereich des Maschinen- und Anlagenbaus (Industrial Data Science) ist eine relativ neue Anwendungsdomäne für Data Science mit besonderen Anforderungen und Herausforderungen, die im nächsten Abschnitt diskutiert werden.

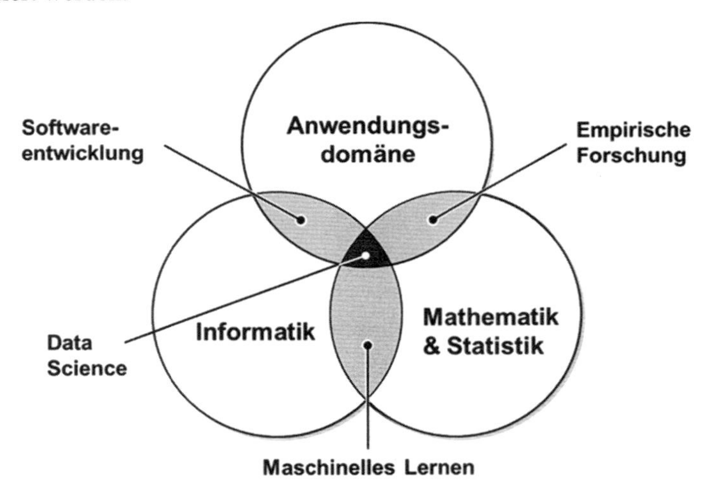

Bild 1: Einordnung von Data Science in die Fachdisziplinen

2.2 Industrial Data Science

Industrial Data Science umfasst die Anwendung von Datenanalyse- und maschinellen Lernverfahren in technischen Systemen im industriellen Umfeld. Insbesondere die Domäne des Maschinen- und Anlagenbau beinhaltet eine Vielzahl von Anwendungsfällen mit spezifischen Anforderungen, die komplementäre Herausforderungen im Vergleich zu klassischen Data Science Anwendungen, wie bspw. die Bewertung von Kundeninteressen (Recommender Systeme) und Kreditwürdigkeiten (Credit Scoring), aufweisen:

- **Zuverlässigkeit:** Die datengetriebene Modellierung von technischen Systemen und Prozessen muss zuverlässige Modelle hervorbringen, so dass Instabilitäten von Regelungen vermieden, physikalische Nebenbedingungen eingehalten, oder Unsicherheiten berücksichtigt werden. Zuverlässigkeit bezieht sich in diesem Kontext einerseits auf das Modellverhalten in zuvor unbekannten Situationen für die keine Trainingsdaten zur Verfügung stehen (akkurate Generalisierung). Andererseits leiten sich aus Sicherheitsanforderungen, bspw. in der Robotik, Anforderungen an gelernte oder adaptive Modelle ab, die diese Maschinen steuern und regeln.
- **Sparse Data:** Großen Datenmengen stehen oft eine Vielzahl von Prozess- bzw. Anlagenparametern gegenüber, die den Kontext des zu modellierenden Zusammenhangs definieren. Dies sind beispielsweise Produktvarianten, die auf einer Anlage gefertigt werden. Hierdurch wird die verfügbare Anzahl an Datenpunkten pro Kontext oft dramatisch reduziert und nur eine effektiv geringe Stichprobengröße für die jeweilige Modellierungsaufgabe erreicht (Sparse Data). Die Akquise zusätzlicher Daten ist meist kostenintensiv. Deshalb ist die zuverlässige Modellierung auf Grundlage kleiner Datenmengen eine häufige Anforderung in diesem Kontext. Diese Anforderung wird auch als *data efficiency* bezeichnet [DMD+16].
- **Domänenspezifische und interdisziplinäre Vorgehensmodelle:** Zur Umsetzung von Industrial Data Science Anwendungen muss zunächst die domänenspezifische Fragestellung in eine Aufgabenstellung im Bereich der Datenanalyse überführt werden. Hierbei ist ein interdisziplinärer Austausch entscheidend. Weiter müssen Daten akquiriert werden. Hierzu müssen Versuchspläne erstellt werden, welche die Haupteinflussgrößen für den zu modellierenden Zusammenhang berücksichtigen. Etablierte Vorgehensmodelle adressieren diese Schritte nicht oder nur unzureichend [Rei16]. Der starke Domänenbezug verlangt weiter nach interdisziplinären Vorgehensmodellen für die Entwicklung.
- **Integration, Vernetzung und Infrastruktur:** In der Industrie sind meist eine Reihe von Maschinen- und Anlagen an der Wertschöpfung beteiligt. Neben der Entwicklung von smarten Funktionen für einzelne Maschinen steht auch die Vernetzung und ganzheitlich Optimierung des Fertigungsprozesses im Fokus. Hierbei sind typische Herausforderungen die Datenfusion aus verschiedenen Systemen und Quellen in der Automatisierungspyramide und darüber hinaus, einheitliche Kommunikationsschnittstellen, sowie die nahtlose Integration von Data Science Applikationen in den Prozess.

Einige der oben genannten Aspekte werden bereits von Forschungsarbeiten aufgegriffen. Beispielsweise sind neue Entwicklungen im Bereich der hybriden Modellierung zu nennen, die zum Ziel haben zuverlässige Modelle auf Basis weniger Daten zu bilden [USA+14, RSS17,

DMD+16]. Plattformen werden entwickelt, welche die infrastrukturellen Anforderungen bedienen (u.a. Virtual Fort Knox, AXOOM, Predix, MindSphere, SAP PdMS, etc.). Im Rahmen von Reifegradmodellen (z.B. [SSE+14]) werden Ausbaustufen von Data Science Anwendungen beschrieben. In diesem Artikel liegt der Fokus auf der Entwicklung von Industrial Data Science Anwendungen mit dem Schwerpunkt der Strukturierung und Verknüpfung von Anwendungsfällen, wiederverwendbarer Data Science Bausteine sowie Umsetzung mit Hilfe von Vorgehensmodellen.

3 Schichtenmodell für Industrial Data Science

Für die Konzipierung und Umsetzung von Data Science Anwendungen im Maschinen- und Anlagenbau sind eine Vielzahl an Entwicklungsschritten zu durchlaufen und Designentscheidungen zu treffen. Dabei sind vielschichtige Aspekte zu beachten, wobei einige Schichtelemente bzw. Teilsysteme optional sind oder auf vorhandenen Strukturen aufbauen können. Die typischen Schichten von Data Science Lösungen und dazugehörige Vorgehensmodelle sind in Bild 2 dargestellt. Im Folgenden werden die Schichten im Einzelnen näher beschrieben (vgl. Bild 2):

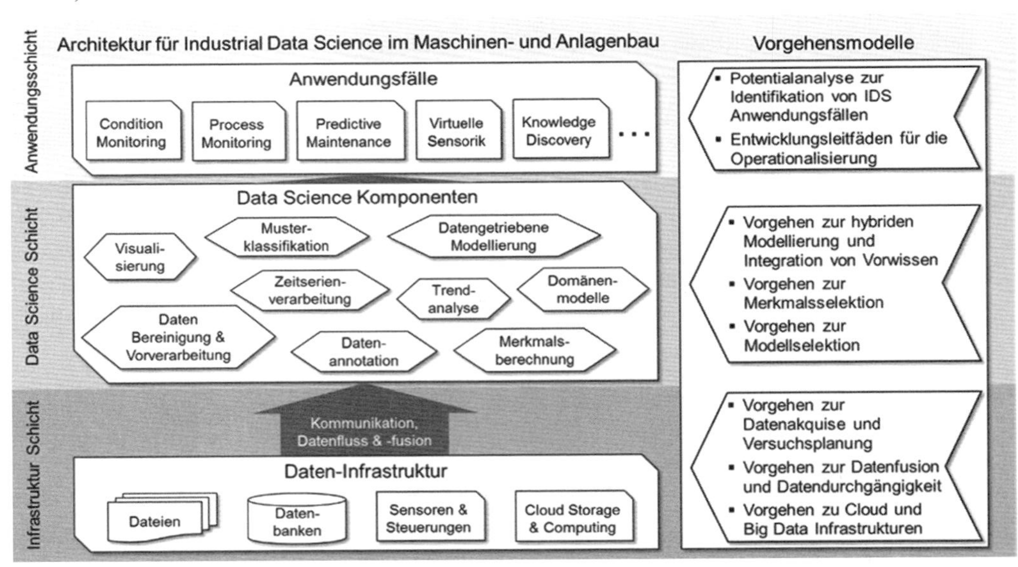

Bild 2: Schichtenmodell für Industrial Data Science Anwendungen

- **Infrastruktur-Schicht:** Jede Data Science Anwendung ist Teil einer größeren Soft- und Hardware Infrastruktur. Diese besteht zumindest aus den Datenquellen und Rechenkapazitäten. Datenquellen lassen sich nach ihrer Verwaltung (Dateien, Datenbanken, etc.) und der Dateneigenschaften (strukturiert oder unstrukturiert, kontinuierlich bzw. diskrete Wertebereiche, Abtastraten, etc.) charakterisieren. Die Datenbasis für die Datenanalyse und Modellbildung (*data at rest*) kann von einfachen Dateisammlungen bis hin zu einer Menge von Datenbanken reichen. Oftmals liegen sehr heterogen verwaltete Datenbestände vor.

Die heterogene Datenorganisation bedarf bei den meisten Data Science Anwendungen einer Datenfusion, die mit erheblichem Aufwand verbunden ist und u.U. selbst komplexe Lösungen, wie z.B. das Aufsetzen eines Data Warehouses, erfordern. Die Infrastruktur muss auch die weitere Datenverarbeitung unterstützen. Neben der Speicherung spielen hier insbesondere die Rechenkapazität und -strategie (lokal, verteilt, Cloud Storage & Computing, usw.) eine wichtige Rolle. Für die Operationalisierung von Data Science Anwendungen ist zuletzt auch die online Zusammenführung der benötigten Informationen bspw. von Sensoren, sowie die Übermittlung von Steuersignalen mittels entsprechender Datenfluss- und Kommunikationsprotokolle notwendig (*data in motion*).

- **Data Science Schicht:** Für die eigentliche Verarbeitung der Daten kommen typische Komponenten zum Einsatz, die bspw. zunächst Datenbestände bereinigen (Ausreißer und fehlende Werte beseitigen) und die Daten weiter vorverarbeiten (Normierung, Glättung, Koordinatentransformationen, etc.). In den meisten Fällen ist die Berechnung komplexer, domänenspezifischer Merkmale von entscheidender Bedeutung für den Erfolg bei der weiteren Interpretation und Verarbeitung der Daten. Die Merkmalsberechnung umfasst bspw. die Berechnung von Spektren, Gradienten oder kumulierten und abgeleiteten Größen. Die Merkmale werden dann den Lernverfahren zur Modellbildung zugeführt. Klassische Komponenten sind hier statistische Modelle zur Repräsentation von Verteilungen und Korrelationen. Modernere Algorithmen zur Musterklassifikation, nichtlinearen Regression, Dimensionsreduktion, sowie Verfahren zur Zeitserienverarbeitung und Trendanalyse erlauben die Umsetzung komplexer Anwendungen. Je nach Lernverfahren und Datenbestand sind auch Werkzeuge zur Annotation der Daten durch Domänenexperten notwendig.
- **Anwendungsschicht:** Hier steht die übergeordnete Funktion der Data Science Anwendung im Vordergrund, die meist auch eine Schnittstelle zu verschiedenen Nutzergruppen aufweist. Zur effizienten Entwicklung von Anwendungsfällen wie Condition und Process Monitoring, Predictive Maintenance oder virtueller Sensoren können Komponenten aus den unteren Schichten kombiniert werden. Für einen Process Monitor ist beispielsweise die Kombination einer Visualisierungskomponente mit einer Merkmalsberechnung (gelernte Dimensionsreduktion) sinnvoll. Es lassen sich auch Anwendungsfälle hierarchisch kombinieren. Beispielsweise kann ein Predictive Maintenance Anwendungsfall durch die Kombination eines Condition Monitors mit einer darüber liegenden Trendanalyse implementiert werden.

Für die einzelnen Schichten ergeben sich Fragestellungen zum Vorgehen, die in entsprechenden Vorgehensmodellen adressiert werden. Beispielsweise ist vor der Implementierung einer Industrial Data Science Applikation zunächst festzustellen, ob für die vorliegende Fragestellung überhaupt die Anwendung datengetriebener Lösungsansätze angezeigt ist. Wichtige Indikatoren für die Anwendung datengetriebener Ansätze wurden in [Rei16] aufgezeigt. Es sei angemerkt, dass eine Menge von Vorgehensmodellen vorgeschlagen worden sind, die den vertikalen Schnitt durch die Schichten in Bild 2 adressieren (s. [KM06] für eine Übersicht). Das Vorgehen in den einzelnen Schichten ist jedoch selbst komplex, wie bspw. das etablierte Vorgehen Extract-Transform-Load (ETL) oder das in Abschnitt 3.3 eingeführte Vorgehen zur Versuchsplanung zeigen.

Das Schichtenmodell in Bild 2 unterliegt aktueller Forschung und erhebt keinen Anspruch auf Vollständigkeit. Im Folgenden werden ausgewählte Aspekte zu Anwendungsfällen, Data Science Komponenten und Vorgehensmodellen diskutiert und an einem Beispiel aufgezeigt.

3.1 Anwendungsfälle

Es hat sich eine Reihe von prototypischen Anwendungsfällen für Data Science im Maschinen- und Anlagenbau herauskristallisiert. Einige Anwendungsfälle sind in Bild 2 gezeigt und werden im Folgenden näher beschrieben:

- **Condition Monitoring:** Die Zustandsüberwachung von Maschinen und Anlagen basiert herkömmlich auf einer mehr oder weniger komplexen Einrichtung von Schwellwerten und Alarmstufen. Oftmals sind diese Schwellwerte direkt bzgl. sicherheitsrelevanter Größen, wie bspw. maximale Schwingungsamplituden, definiert. Methoden aus der Statistik und des maschinellen Lernens erlauben es Schwellwerte und komplexere Schwellwertsysteme aus Daten automatisiert zu wählen, um differenziertere Zustände durch die Kombination von Merkmalen zu detektieren.
- **Process Monitoring:** Neben der Zustandsüberwachung von Maschinen ist die Überwachung des wertschöpfenden Prozesses von hoher Relevanz für die Wettbewerbsfähigkeit und Effizienz eines Unternehmens. Im Gegensatz zur Zustandsüberwachung einer Maschine ist die Überwachung des wertschöpfenden Prozesses meist schwieriger zu erreichen, da oft nicht alle prozessrelevanten Größen gemessen werden. Deshalb ist die Ableitung von prozessrelevanten Größen aus verfügbaren Messgrößen, z.B. der Maschine, ein typischer Anwendungsindikator für maschinelle Lernverfahren. Die besondere Herausforderung dabei ist die Akquise geeigneter Trainingsdaten, welche die prozessrelevanten Größen aus nicht prozess-integrierten Messungen (bspw. Laborprüfungen) beinhalten.
- **Predictive Maintenance:** Die Instandhaltungsstrategien entwickeln sich von reaktiv über präventiv hin zu vorrausschauenden Ansätzen. Die vorrausschauende Instandhaltung muss Verschleiß- und Lastmodelle zu einem Restlebensdauermodell vereinigen. Klassischerweise werden Annahmen bzgl. Last und Verschleiß direkt in einem Lebensdauermodell integriert. Informationen über die tatsächliche Last, bspw. wie oft eine Aufzugstür geöffnet und geschlossen wird, werden dann nicht berücksichtigt. Datengetriebene Ansätze können, je nach Datenverfügbarkeit, die Restlebensdauer genau abschätzen (s. z.B. [KHV06]).

Es sei angemerkt, dass die aufgeführten Anwendungsfälle im Kern auf datengetriebenen Ansätzen basieren. Die nutzenstiftende Operationalisierung der Datenanalyseverfahren bedarf allerdings der wohldefinierten Integration in das Gesamtsystem und die betroffenen Abläufe. Aspekte zu Mensch-Maschine-Schnittstellen, wie sie bspw. in der einschlägigen Literatur zu Assistenz- und Expertensystemen betrachtet werden, werden hier nicht weiter diskutiert.

3.2 Data Science Komponenten

Statistische und maschinelle Lernverfahren umfassen eine Vielfalt an Algorithmen, die zur Umsetzung eines Anwendungsfalls zur Auswahl stehen. Oft sind die gleichen Verfahren für verschiedene Anwendungsfälle und Kontexte geeignet. Für die Entwicklung von Data Science Anwendungen ist es deshalb wichtig die Vielfalt maschineller Lernverfahren zu gruppieren. Den typischen Data Science Anwendungsfällen können dann entsprechende Gruppen von Lernverfahren zugeordnet werden.

Bild 3 zeigt Erfahrungswerte für die Relevanz verschiedener Verfahrensgruppen bei der Implementation typischer Data Science Anwendungsfälle. Details zu den Verfahrensgruppen (Überwachtes und unüberwachtes Lernen etc. in Bild 3) sind z.B. in [Bis07] zu finden. Bild 3 zeigt auch die Bedeutung von Domänenwissen und –modellen für die verschiedenen Anwendungsfälle am Beispiel hybrider Modelle auf. Das Nachführen von Modellparametern (Online-Lernen) spielt insbesondere in der Anomaliedetektion und Regelung eine wichtige Rolle. Für die effiziente Modellbildung sind Verfahren zur aktiven Datenakquise geeignet (Active Learning), die z.B. den nächsten Datenpunkt auf Basis des erwarteten Informationsgewinns selektieren.

Es sei angemerkt, dass die Relevanz einer Verfahrensgruppe im Allgemeinen nur qualitativ bewertet werden kann. In jedem konkreten Anwendungsfall bedarf es einer Bewertung der Ausgangssituation und Wahl eines geeigneten Ansatzes.

Industrial Data Science	Unüberwachtes Lernen				Überwachtes Lernen			Optimierungs-verfahren				
Anwendungsfall	Clustering	Dimensionsreduktion	Dichteschätzung	Zeitserienmodellierung	Regression	Klassifikation	Zeitserienklassifikation	Verstärkendes Lernen	Stochastische Optimierung	**Online-Lernen**	**Active Learning**	**Hybride Modelle**
Condition Monitoring		•	•		•	•••	•••			•		•••
Process Monitoring		•	•		•••	••	••			•		•••
Predictive Maintenance				•	•	••	•••			•		•••
Virtuelle Sensorik					•••	••	•					••
Fehlerdetektion			•			•••	•••			••		•
Anomaliedetektion	•••	••	•••	•••		•				•••		•
Modellbasierte Regelung		•			•••			•••		•••	••	•••
Prozessvisualisierung	••	•••	•	•						••		•
Prozessoptimierung			•		•••			••	•••	•	•••	••
Topologieoptimierung					••	•••			•••		•	••
Adaptive Qualitätsprüfung			•••						••	•		•

Bild 3: Anwendungsfälle und relevante Verfahren zur Umsetzung

3.3 Vorgehensmodelle

Das Vorgehen zur Wissensgewinnung und Modellbildung aus Daten wurde in einschlägigen Arbeiten formalisiert (s. [KM06] für eine Übersicht), um den Entwicklungsprozess besser zu strukturieren und zu kommunizieren. Das verbreitete CRISP-DM Vorgehensmodell (Cross-Industry Standard Process for Data Mining) beansprucht eine industrieübergreifende Gültigkeit. Es berücksichtigt die domänenspezifische Formulierung des Lernziels, sowie Fragen zur späteren Nutzung der gelernten Modelle. CRISP-DM nimmt jedoch eine Datenbasis als gegeben an. Dies ist oft nicht der Fall und bildet eine erste Hürde zur Anwendung von Data Science. Die Wichtigkeit einer strukturierten und zielgerichteten Datenakquise wird besonders vor dem Hintergrund deutlich, dass allein die Datenvorverarbeitung bei bereits vorhandenen Daten mit einem Entwicklungsaufwand von ca. 50-70% angegeben wird [KM06]. In Bild 4 ist das um den Schritt der Datenakquisition erweiterte CRISP-DM Vorgehensmodell dargestellt.

Insbesondere in technischen Systemen ist die Datenakquise ein entscheidender Schritt zum Erfolg und bedarf einer umsichtigen Planung, um Ressourcen effizient einzusetzen. Beispielsweise müssen folgende Fragen adressiert werden: Welchen Haupteinflussgrößen unterliegt der zu betrachtende Prozess? Welche Sensorik steht zur Verfügung bzw. ist notwendig für den betrachteten Anwendungsfall? Wie viele Daten werden benötigt? Wie werden die Daten annotiert, d.h. Label für das überwachte Lernen generiert? Details zum Vorgehen bei der Entwicklung eines Versuchsplans inklusive der Auslegung von Sensorik und einer Strategie zur Datenannotation ist in Bild 5 gezeigt.

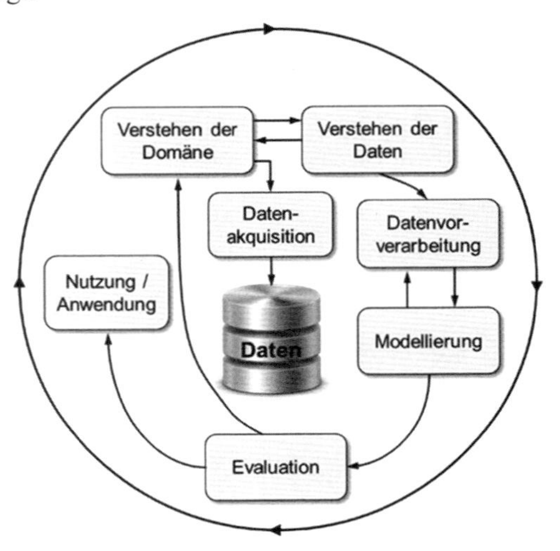

Bild 4: Cross-Industry Standard Process for Data Mining (CRISP-DM) erweitert um einen Schritt zur Datenakquisition [Rei16]

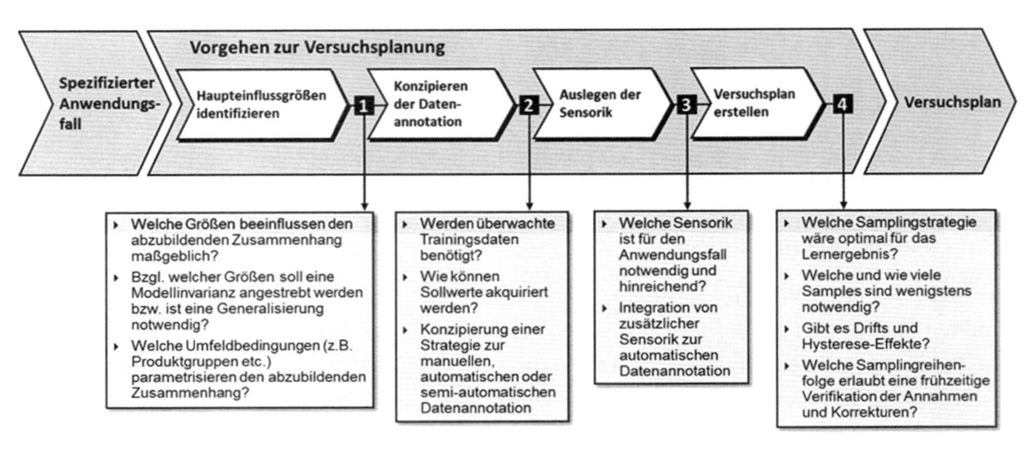

Bild 5: Vorgehensmodell zur Versuchsplanung

4 Anwendungsbeispiel: Automatisierter Teigkneter

In diesem Abschnitt wird das entwickelte Schichtenmodell exemplarisch anhand der Automatisierung eines industriellen Teigkneters (s. Bild 6) im Rahmen des Spitzenclusters it's OWL [1] gezeigt. Beim Kneten von Hefeteigen entwickelt sich eine Kleberstruktur aus, die für die spätere Qualität des Produkts entscheidend ist [OTR+16]. Übermäßiges Kneten zerstört die Kleberstruktur und führt zu minderwertiger Produktqualität. Stand der Technik ist die manuelle Prozessführung durch geschulte BäckerInnen. Ein Ziel des Projekts im Spitzencluster war die sensorbasierte Erkennung des Teigzustands und das automatische Beenden der Knetphase bei Erreichen der optimalen Teigstruktur. Da die physikalische Modellierung des Knetprozesses nur bedingt möglich ist, wurde ein datengetriebener Ansatz zur Knetphasenerkennung verfolgt.

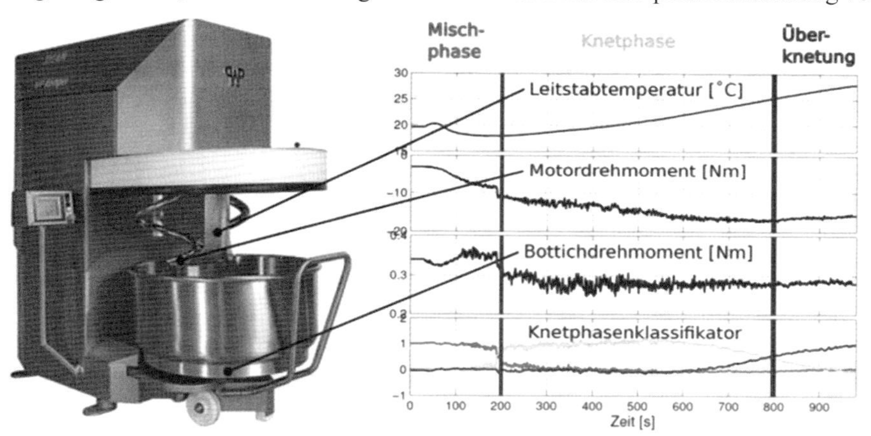

Bild 6: Musterklassifikation zur Detektion optimaler Teigqualität [GIV+14]

Für die Implementierung eines datengetriebenen Modells zur sensorischen Erkennung des Zeitpunkts mit optimaler Teigstruktur wurden folgende Schritte durchlaufen:

- **Versuchsplanung (Infrastruktur-Schicht):** Da keine Daten vorhanden waren, musste zunächst eine Datenbasis erstellt werden. Hierzu wurden die Schritte, wie in Bild 5 gezeigt, durchlaufen. Neben der Identifikation von Haupteinflussgrößen (Teigmenge, Wasseranteil des Teigs, Teigtemperatur, Knetdauer und Drehzahlen von Knethaken und Bottich, etc.) und der Auslegung der Sensorik (Erfassung von Temperaturen, Drehzahlen und Drehmomenten, sowie einer Kamera), stellte insbesondere die Annotation der Knetversuche eine Herausforderung dar. Die at-line Messung von rheologischen Parametern oder auch eine manuelle Teigprüfung erfüllen nicht die Anforderungen an die gewünschte zeitliche Auflösung. Deshalb wurden mehrere, domänenspezifische Modelle entwickelt um offline, auf Basis der gesamten Zeitserie, den Zeitpunkt der optimalen Teigqualität zu bestimmen [OTR+16]. Mit den annotierten Daten wurden später Klassifikatoren zur Online-Erkennung der Knetphase trainiert.

[1] Spitzencluster „Intelligente Technische Systeme OstWestfalenLippe (IT'S OWL)", www.its-owl.de

- **Merkmalsberechnung und -selektion (Data Science Schicht):** Vor dem Training der Klassifikatoren wurden Verfahren zur Datenvorverarbeitung (Filterung, etc.) und Berechnung abgeleiteter Merkmale basierend auf domänenspezifischen Zusammenhängen eingesetzt. Die Relevanz der Merkmale für die Klassifikation wurde mit Relevance Learning Verfahren [HV02] bewertet, so dass eine minimale Sensorik für die Erkennung des Teigzustands identifiziert werden konnten. Die Beschränkung auf die notwendige Sensorik reduziert die späteren Produktkosten signifikant.
- **Auslegung des datengetriebenen Modells (Data Science Schicht):** Die Auslegung, Evaluation und Selektion geeigneter Musterklassifikatoren beinhaltete die Definition eines anwendungsspezifischen Fehlermaßes und der domänenspezifischen Auslegung von Generalisierungstests für die Evaluation. Hier sei das anwendungsspezifische Fehlermaß näher erwähnt. Üblicherweise werden Klassifikationsraten oder andere Koeffizienten zur Bewertung der Klassifikationsgenauigkeit herangezogen. Bei der betrachteten Anwendung ist allerdings der Zeitpunkt des erkannten Knetphasenübergangs von Bedeutung. Deshalb ist eine geeignete Nachverarbeitung der Klassifikatorausgaben zur Detektion der Knetphasenübergänge nötig (vgl. Klassifikatorausgaben und die horizontal markierten Phasenübergänge in Bild 6 unten). Die domänenspezifischen Generalisierungstests zusammen mit dem anwendungsspezifischen Fehlermaß wurden anschließend zur Modellselektion genutzt.
- **Operationalisierung (Anwendungsschicht):** Das finale Modell mit optimierter Modellkomplexität wurde in die Prozesssteuerung integriert. Eine Benutzerschnittstelle zeigt Details zum Prozess und der automatischen Prozessüberwachung an. Dabei wurde der gelernte Klassifikator mit weiteren, domänenspezifischen Modellen kombiniert und auf diese Weise weiteres Domänenwissen in die Steuerung integriert [OTR+16].

Das Beispiel verdeutlicht die Komplexität der Anwendungsentwicklung mit Entwicklungsschritten zur Datenakquise und offline Analysen auf der gesamten Datenbasis (*data at rest*), die Operationalisierung des finalen Modells (*data in motion*) in einer Benutzerschnittstelle, sowie die schichtübergreifende Integration von Domänenwissen. Die zielgerichtete Versuchsplanung und Datenakquise entsprechend Bild 5 war für die erfolgreiche Anwendungsentwicklung wichtig und ist im Allgemeinen einer Datenakquise ohne Verwendungsziel vorzuziehen.

5 Resümee und Ausblick

Die Entwicklung von Data Science Anwendungen im Maschinen- und Anlagenbau zeichnet sich durch hohe Anforderungen an die Infrastruktur, Dateneffizienz und Zuverlässigkeit der Lernverfahren aus. Diese charakteristischen Anforderungen an Industrial Data Science Anwendungen können nur durch die Berücksichtigung von Domänenwissen ausreichend abgesichert werden. Andererseits ist eine Vielzahl von etablierten Verfahren und Systemen zur Umsetzung von Data Science Applikationen verfügbar. Es bedarf mehr domänenspezifischer Vorgehensmodelle zur effizienten Entwicklung solcher Anwendungen besonders für KMU. Das vorgestellte Schichtenmodell verbindet diese Aspekte und trägt mit einzelnen Vorgehensmodellen sowie der Separation von Anwendungsfällen und wiederverwendbaren Data Science Komponenten zur effizienteren Entwicklung von Data Science Applikationen im Maschinen- und Anlagenbau bei.

Literatur

[Bis07] BISHOP, C.: Pattern Recognition and Machine Learning, Springer, 2007

[DMD+16] DEISENROTH, M.; MOHAMED, S.; DOSHI-VELEZ, F.; KRAUSE, A.; WELLING, M.: Data-Efficient Machine Learning, Workshop at International Conference on Machine Learning 2016, Unter: https://sites.google.com/site/dataefficientml, 5. Januar 2017

[GIV+14] GAUSEMEIER, J.; IWANEK, P.; VAßHOLZ, M.; REINHART, F.: Selbstoptimierung im Maschinen- und Anlagenbau. Industrie 4.0 Management 6:55-58, 2014

[HV02] HAMMER, B.; VILLMANN, T.: Generalized Relevance Learning Vector Quantization. Neural Networks 15(8-9):1059-1068, 2002

[KHV06] KOTHAMASU, R.; HUANG, S.H.; VERDUIN, W.H.: System health monitoring and prognostics – a review of current paradigms and practices. The International Journal of Advanced Manufacturing Technology 28:1012-1024, 2006

[KM06] KURGAN, L.A.; MUSILEK, P.: A survey of Knowledge Discovery and Data Mining process models. The Knowledge Engineering Review 21:1-24, 2006

[NS14] O'NEIL, C.; SCHUTT, R.: Doing Data Science: Straight Talk from the Frontline. O'Reilly, 2014

[OTR+16] OESTERSÖTEBIER, F.; TRAPHÖNER, P.; REINHART, F.; WESSELS, S.; TRÄCHTLER, A.: Design and Implementation of Intelligent Control Software for a Dough Kneader. International Conference on System-Integrated Intelligence, Procedia Technology 26:473-482, 2016

[Rei16] REINHART, F.: Industrial Data Science – Data Science in der industriellen Anwendung. Industrie 4.0 Management 32:27-30, 2016

[RSS17] REINHART, F.; SHAREEF, Z.; STEIL, J.: Hybrid Analytical and Data-driven Modeling for Feed-forward Robot Control. Sensors 17(2):311, 2017

[SSE+14] STEENSTRUP, K.; SALLAM, R.L.; ERIKSEN, L.; JACOBSON, S.F.: Industrial Analytics Revolutionizes Big Data in the Digital Business. Gartner Research G00264728, 2014

[USA+14] UNGER, A.; SEXTRO, W.; ALTHOFF, S.; MEYER, T.; NEUMANN, K.; REINHART, F.; BROEKELMANN, M.; GUTH, K.; BOLOWSKI, D.: Data-driven Modeling of the Ultrasonic Softening Effect for Robust Copper Wire Bonding. International Conference on Integrated Power Systems, S. 1-11, 2014

Autoren

Dr. rer. nat. Felix Reinhart ist Senior-Experte am Fraunhofer-Institut für Entwurfstechnik Mechatronik (IEM) in Paderborn. Herr Reinhart hat am CoR-Lab der Universität Bielefeld im Bereich Intelligente Systeme promoviert und war Gastwissenschaftler am NASA JPL sowie an der University of Birmingham. Seine Forschungsschwerpunkte sind das maschinelle Lernen in technischen Systemen, die industrielle Datenanalyse und fortgeschrittene Robotik.

Dr.-Ing. Arno Kühn studierte Wirtschaftsingenieurwesen mit der Fachrichtung Maschinenbau an der Universität Paderborn. Er ist Mitarbeiter am Fraunhofer IEM in der Abteilung Produktentstehung. Hier leitet er seit 2014 eine Forschungsgruppe, die sich schwerpunktmäßig mit Themen der strategischen Produkt- und Technologieplanung vor dem Hintergrund der Digitalisierung befasst. Im Rahmen seiner Dissertation setzt er sich mit der Release-Planung intelligenter technischer Systeme auseinander. Zudem koordiniert er im Technologienetzwerk „Intelligente Technische Systeme OstWestfalenLippe (it's OWL)“ die Aktivitäten im Kontext Industrie 4.0.

Prof. Dr.-Ing. Roman Dumitrescu ist Direktor am Fraunhofer-Institut für Entwurfstechnik Mechatronik (IEM) und Leiter des Fachgebiets „Advanced Systems Engineering“ an der Universität Paderborn. Sein Forschungsschwerpunkt ist die Produktentstehung intelligenter technischer Systeme. In Personalunion ist Prof. Dumitrescu Geschäftsführer des Technologienetzwerks Intelligente Technische Systeme OstWestfalenLippe (it´s OWL). In diesem verantwortet er den Bereich Strategie, Forschung und Entwicklung. Er ist Mitglied des Forschungsbeirates der Forschungsvereinigung 3-D MID e.V. und Leiter des VDE/VDI Fachausschusses „Mechatronisch integrierte Baugruppen“. Seit 2016 ist er Mitglied im Executive-Development-Programm „Fraunhofer Vintage Class“ der Fraunhofer-Gesellschaft.

Intelligente Datenanalyse für die Entwicklung neuer Produktgenerationen

Dr. Iryna Mozgova
Institut für Produktentwicklung und Gerätebau, Leibniz Universität Hannover
Welfengarten 1A, 30167 Hannover
Tel. +49 (0) 511 / 76 24 503, Fax. +49 (0) 511 / 76 24 506
E-Mail: Mozgova@ipeg.uni-hannover.de

Zusammenfassung

Einer der bemerkenswerten Aspekte der vierten industriellen Revolution ist der Ansatz einer Service-orientierten Entwicklung. Diese kann von Benutzern, die Werkseinstellungen für die Herstellung ihrer eigenen Produkte verwenden, bis hin zu Unternehmen, die kundenspezifische Produkte an einzelne Verbraucher liefern, variieren.

Dieser moderne Ansatz zur Produktion und Nutzung basiert auf einer umfangreichen Erfassung, Verarbeitung und Verwendung von Daten für die Entwicklung neuer Generationen von Produkten und deren Produktion.

Eine solche Konzeption bedeutet, dass diese nicht nur die Vernetzung der Produktion beinhaltet, sondern auch die Möglichkeit zur Sammlung, Speicherung und Verarbeitung von Produktdaten über den gesamten Produktlebenszyklus einschließlich der Nutzungsphase zur nachfolgenden Entwicklung neuer Produktgenerationen unter Verwendung von gesammelten Informationen.

Die Hauptkomponenten eines solchen Ansatzes sind intelligente Sensoren und Bauteile mit sensorischen Eigenschaften, die es ihnen ermöglichen, Daten während des gesamten Lebenszyklus zu sammeln. Ein wichtiger Faktor ist die intelligente Verarbeitung und Interpretation der Daten, d.h. die Gewinnung von Informationen und Wissen. Eine Schlüsselrolle spielen dabei die Verarbeitungsalgorithmen und die Datenanalyseverfahren. In diesem Beitrag wird eine Methodik zur sensorischen Erfassung, Analyse und Überwachung von Daten am Beispiel des Betriebes eines Fahrzeug-Demonstratorbauteils vorgestellt.

Schlüsselworte

Produktgeneration, Statistische Datenanalyseverfahren, Mustererkennung

Intelligent Data Analysis for the Development of new Product Generations

Abstract

One of the notable aspects of the fourth industrial revolution is the approach of a service-oriented development. This can vary from stakeholders who use factory settings to manufacture their own products to companies that deliver customized products to individual consumers. This modern approach of production and usage is based on a comprehensive collecting, processing, analysis and usage of data to development and manufacture new generations of products.

Such conception includes not only the networking in the manufacturing processes, but also the possibility to collect, store and process product data over the entire product life cycle including the usage phase for a subsequent development of new product generations using collected and verified information.

The main components of such an approach are intelligent sensors and components with sensory properties that enable to collect data throughout their life cycle. An important factor is the intelligent processing and interpretation of the data with the main goal to the acquire information and knowledge. Here, a key role is played by the data processing algorithms and the data analysis methods.

This article provides a general description of the developed approach to monitor and to analyze data of demonstration vehicle parts acquired during operation and shows the results of the application of appropriate algorithms of data processing.

Keywords

Product generation, Statistical Data Analysis, Pattern Recognition

1 Einleitung

Das Niveau der wirtschaftlichen und sozialpolitischen Entwicklung der Gesellschaft hängt von ihren wissenschaftlichen und technischen Fortschritten ab. Nach einem Vorschlag von J. SCHUMPETER [Sch06] wird das Modell der industriellen Entwicklung hinsichtlich eines jeweils nächsten Zyklus durch eine bestimmte industrielle Revolution markiert und zeigt die Entstehung einer grundlegend neuen Produktion bzw. eines wirtschaftlichen Umfeldes in der Gesellschaft. Die laufende vierte industrielle Revolution – die "Industrie 4.0" – hat ihren Ursprung in intelligenten Komponenten. "Industrie 4.0" entspricht einem einzigen, integrierten Verfahren, bei dem die Produktionsanlagen und Produkte aktive Systemkomponenten sind mit der Fähigkeit, ihre Produktions- und Logistikprozesse zu überwachen und zu steuern.

Gleichzeitig sollte darauf hingewiesen werden, dass sich die heutige Idee, dass das Geschäftsergebnis entweder ein fertiges Produkt oder eine Dienstleistung ist, verändert hat. Beim Kauf eines Produktes erhält der Verbraucher zudem eine Reihe von bestimmten spezifischen Dienstleistungen. Andererseits können zusammen mit dem Erwerb von Dienstleistungen auch bestimmte Produkte erworben werden [GL17]. Unabhängig davon, ob es sich um Beziehungen von *Business-to-Business* oder *Business-to-Consumer* handelt, können reine Produkte sowie reine Dienstleistungen die modernen Bedürfnisse nicht mehr befriedigen.

Die Besonderheiten der modernen Produkte sind ein beschleunigtes *Time-to-Market* durch übersichtliche Modifizierungszyklen, die Schaffung von komplexeren Produkten, die Verarbeitung großer Datenmengen, eine erhöhte Flexibilität durch Individualisierung der Massenproduktion sowie eine schnelle Reaktion bei Veränderungen der Marktsituationen. Die Errungenschaften einer gesteigerten Produktivität bei der Entwicklung und Produktion neuer Produkte zeigt sich u.a. in den umfangreichen Analysen von Daten, die von Sensoren während der Produktion und dem Betrieb von Produkten gewonnen werden.

Eine wesentliche Rolle spielt dabei die Rückkopplung des Produktes. Der Besitz von Informationen über den Kunden und über seine Gewohnheiten hinsichtlich der Nutzung des Produktes lässt es zu, Informationen über den laufenden Zustand des Produktes zu erhalten, notwendige Instandhaltsmaßnahmen abzuschätzen, Verstöße gegen die Nutzungsrichtlinien des Produktes zu detektieren, dem Benutzer Vorschläge über den Kauf der neuer Produkte zu ermöglichen oder ein Upgrade des existierenden Produktes rechtzeitig und in der notwendigen Form anzubieten. Auf diese Weise wird ein zielgerichteter Austausch von Informationen zwischen den Entwicklern und den Benutzern möglich. Ein solcher Austausch beinhaltet eine planmäßige Erfassung, Speicherung und Verarbeitung von Daten über die Produktion und die Nutzung des Produktes, d.h. die volle informative Begleitung des Produktes während des gesamten Lebenszyklus. Die Mechanismen und die Methoden der Erfassung und Analyse von Daten und der Gewinnung von charakteristischen Informationen müssen bereits im Entwicklungsstadium des Produktes vorgesehen werden.

2 Paradigma der Technischen Vererbung

Wie oben beschrieben, wurden an einem exemplarischen Beispiel wichtige Informationen, die das Produkt charakterisieren, sowohl in der Nutzungsphase als auch während des Herstellungsprozesses gewonnen und zur effizienten Anpassung des Produktes und des Produktionsprozesses genutzt. Die Überwachung von technischen Produkten und Geräten ist heutzutage Stand der Technik. Die Methoden zur Erfassung von Daten während des Lebenszyklus basieren auf der Überwachung bestimmter Effekte. Durch die sich rasch entwickelnden Kommunikationsmöglichkeiten werden neue innovative Ansätze für die Applikation von Produktlebenszyklusdaten erleichtert [DMK+14]. Neue Methoden der Datenverwaltung und Datenverarbeitung sind ebenso erforderlich wie Software und Hardwarewerkzeuge zur ganzheitlichen generationsübergreifenden Prozessanalyse [LMS+14].

Die Hauptidee vom Paradigma der Technischen Vererbung ist die Entwicklung oder Modifikation einer neuen Generation von Produkten oder Dienstleistungen unter Berücksichtigung der gesammelten Informationen aus den Lebenszyklen der früheren Generationen des Produktes.

Daher wurden Informations- und Kommunikationstechnologien entwickelt, die eine Akquisition, produktinhärente Speicherung und den Austausch von Informationen entlang der verschiedenen Phasen des Produktlebenszyklus ermöglichen. Wir nennen diesen Ansatz "Industrie 4.0 und mehr" [DLO+16], da der Produktionsprozess nicht nur miteinander verbunden ist, sondern auch eine Datenerfassung, -speicherung und -verarbeitung über den gesamten Produktlebenszyklus erfolgt. Ein wichtiger Aspekt ist die Erweiterung des Spektrums von Dienstleistungen und die Datenstandardisierung. Das beinhaltet die Entwicklungs- und Nutzungsphase von Produkten, während neue Produktgenerationen auf Basis von Produktions- und Nutzungsdaten aus früheren Produktgenerationen entwickelt werden.

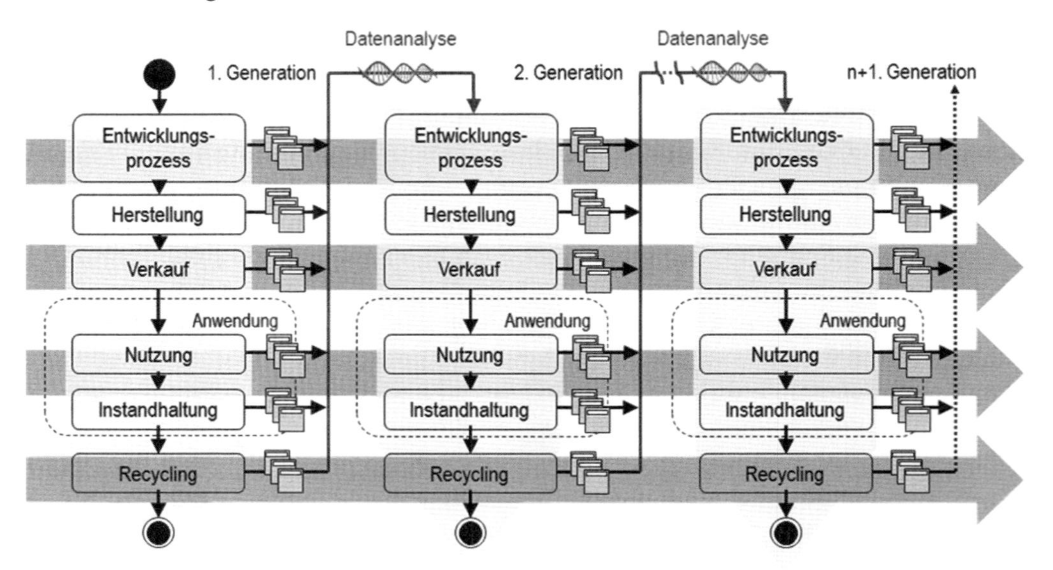

Bild 1: Informationsflüsse in der Technischen Vererbung [LG15]

Technische Vererbung ist definiert als eine Übertragung von gesammelten und verifizierten Informationen aus den Phasen der Produktion und Nutzung zur nachfolgenden Anpassung von Produktgenerationen [LMG15], [LMR+14]. Der vereinfachte Ansatz dieses Prozessmodells ist in Bild 1 dargestellt. Wie der schematischen Abbildung zu entnehmen ist, durchläuft jedes Produkt während seines Lebenszyklus bestimmte Phasen.

Die während jeder Phase gewonnenen und verarbeiteten Informationen werden in den jeweiligen Datenbanken gespeichert. Jede neue Generation von Produkten erzeugt in jeder Phase entsprechende Informationen. Im allgemeinen Kontext der Technischen Vererbung impliziert die Entwicklung einer neuen Generation von Produkten eine gezielte Nutzung dieser gesammelten Informationen. Für eine effektive Analyse des Produktes aus der Sicht des Benutzers und des Herstellers muss eine fokussierte Datenerfassung und -analyse bei jeder Phase des Produktlebenszyklus vorgesehen werden. Von zentraler Bedeutung im vorgestellten Prozess sind die im Laufe der Entwicklung und Nutzung des technischen Produktes erfassten großen Datenmengen, welche die Geschichte des Produktes bilden, und die für die Entwicklung der nachfolgenden Generationen dieses Produktes relevant sind. Für eine zielgerichtete Gewinnung von Informationen mittels der Datenerfassung in jeder der erwähnten Phasen ist die Nutzung von speziell entwickelten oder angepassten Methoden bzw. Algorithmen notwendig. Neben einer umfangreichen Datenanalyse ist die Integration der Daten in den Produktentwicklungsprozess erforderlich. Die verwendete Herangehensweise zur Datenanalyse wird im folgenden Kapitel im Detail vorgestellt.

3 Notwendige Methoden und Algorithmen der Datenanalyse und Datenverarbeitung

Für die Entwicklung des beschriebenen Prozesses wurde eine zielorientierte algorithmische Datenrückkopplung realisiert, die statistische Methoden und Operationen sowie eine Design-Evolution zur Produktanpassung im Entwicklungsprozess beinhaltet. Da das Erstellen von analytischen oder numerischen Modellen für die Interpretation von heterogenen Daten eine komplizierte Aufgabe ist, ist es sinnvoll, eine statistische Datenanalyse anzuwenden, die eine Strukturierung und Interpretation von Daten erlaubt. Bei der Entwicklung der genannten Methodik wurden die Prinzipien der horizontalen Skalierbarkeit, der Fehlertoleranz und der Lokalität der Daten verwendet.

Der erste Schritt ist die Datenvorbereitung (Bild 2). Es ist wichtig, dass die relevanten Informationen, die in großen Datenmengen enthalten sind, identifiziert werden zwecks Reduzierung des Datensatzumfanges. So ist es sinnvoll, eine intelligente Aggregation von Daten für die Modellierung und Optimierung durchzuführen, so dass nur die notwendigen Informationen über dynamische Änderungen im Datensatz enthalten sind. Eine zusätzliche wirksame Strategie ist die Aufteilung von Daten in Segmente und die Nutzung von Modellen für jedes einzelne Segment mit einer weiteren Zusammenfassung der Ergebnisse.

Nach der Vorbereitung werden das *Preprocessing*, eine Klassifizierung und eine Datenanalyse durchgeführt. Der Analyseprozess ist in zwei Teile unterteilt: den Aufbau des Modells und die

Anwendung des Modells auf die neuen Daten. Die entwickelte Methode zur Analyse von Ergebnissen des Monitorings umfasst Methoden der Faktoranalyse und der Erstellung eines Phasenporträts des Signals.

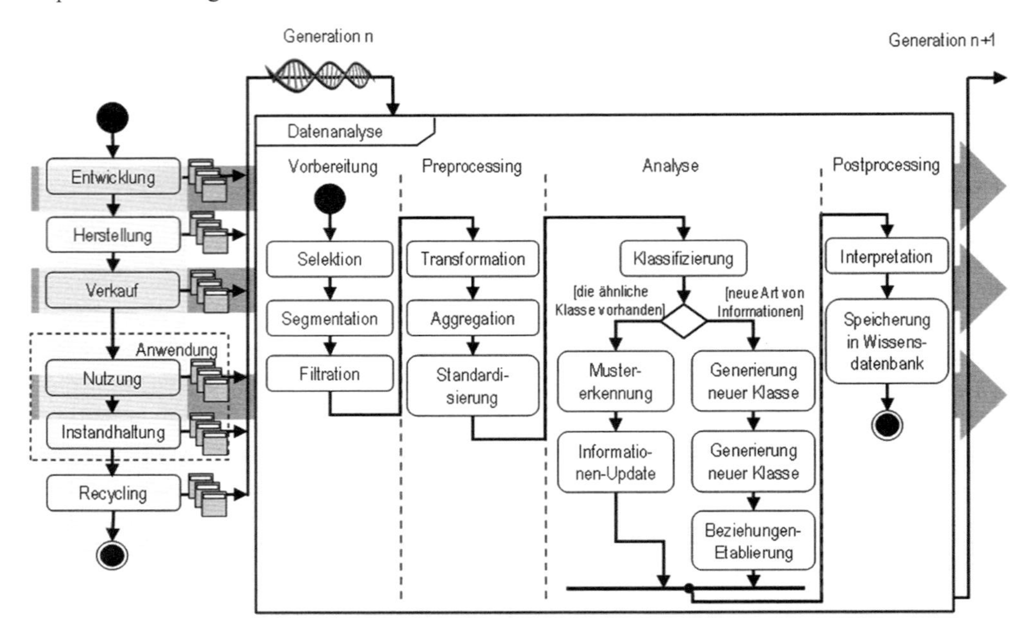

Bild 2: Ablaufplan der Datenanalyse

Wie unten dargestellt, zeigen beispielsweise das Erkennen von typischen Situationen bei der Nutzung eines Fahrzeugs und das Verwenden einer Kombination von verschiedenen statistischen Methoden entsprechend der verschiedenen Fahrsituationen repräsentative Muster von Signalen und definieren ein Fahrerprofil. Die gewonnenen Informationen können im Wissensspeicher abgelegt werden und sind somit nutzbar für die Entwicklung einer neuen Generation eines Demonstratorbauteils eines Fahrzeugs.

Situationsklassifikation und Benutzungsprognose

Ein sich in der modernen Automobilindustrie abzeichnender Trend ist die Diagnostik und Analyse des Zustandes von Bauteilen oder Baugruppen. Für die Regelung von Komponenten sammeln entsprechende Überwachungssysteme Informationen in Bezug auf Lenkung, Antrieb und Fahrwerk. Dies ermöglicht es beispielsweise, Benutzerprofile einzustellen, ein Monitoring zu realisieren hinsichtlich entstehender Fahrsituationen und das Fahrverhalten zu korrigieren.

Die betrachtete Dynamik eines Fahrzeuges ist in drei Aspekte unterteilt. Die Längsdynamik ergibt sich aus Beschleunigung, Abbremsung oder Neigung des Fahrzeugs. Die laterale Dynamik ist die Folge von Kurvenfahrten, während die vertikale Dynamik durch die Radlastvariation erzeugt wird [Hei12]. Das dynamische Verhalten des Fahrzeugs hängt von den unterschiedlichen Fahrsituationen ab. Jede auftretende Situation erzeugt gewisse Lastmerkmale. Diese Fahrsituationen können nach REGH [Reg12] unterteilt werden in eine stationäre Position sowie eine kontinuierliche, beschleunigte, verzögerte Geradebewegung und eine stationäre oder unruhige

Kurvenfahrt. Im hier vorliegenden Fall werden für die Datenanalyse die einzelnen in Bild 3 dargestellten Fahrzeugbewegungen berücksichtigt.

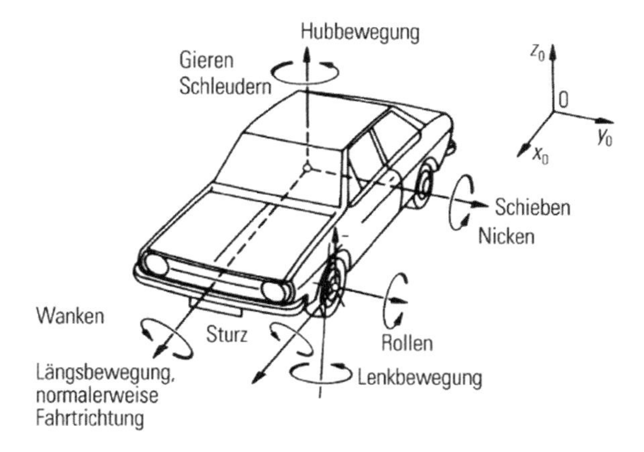

Bild 3: Bewegungsrichtungen eines Fahrzeugs [MW14]

Weiterhin sei angemerkt, dass die Entwicklung moderner Technologien untrennbar mit der Gestaltung neuer und der Verbesserung bestehender Bauteile oder Elemente von Konstruktionen verbunden ist, welche die erforderlichen komplexen mechanischen Eigenschaften erfüllen. Um diese Ziele zu erreichen, sind vollständige und gültige Informationen über externe Lasten zusätzlich zu zuverlässigen Berechnungsmethoden notwendig. Der rationellste Ansatz, externe Lasten zu bestimmen, ist deren direkte Messung. Alternativ können indirekte Messungen genutzt werden, d.h. die Identifikation einer Beanspruchung durch Messung der verfügbaren Messgrößen am Bauelement unter dem Einfluss der untersuchten Belastung.

Hinsichtlich einer Zustandsanalyse von Bauteilen wird in den folgenden Ausführungen exemplarisch die Analyse von Messdaten von Belastungssensoren, die auf der Oberfläche eines Bauteils an den Positionen der höchsten Beanspruchung platziert sind, betrachtet. Die Entscheidung zur Erfassung gewisser Messdaten und zur anschließenden Datenanalyse erfolgt ggf. unter Berücksichtigung der jeweils identifizierten Fahrsituation. Dabei ist es notwendig zu beachten, dass die dynamische Bauteilbelastung direkt von den Betriebsbedingungen abhängt. Bei der Entwicklung eines Ansatzes für die Analyse der Betriebsdaten des hier betrachteten Bauteils wurden zwei Nutzerprofile, sogenannte „Stadtfahrer“ und „Vielfahrer“, berücksichtigt. Bei diesen steht das Fahrverhalten im Vordergrund. Fahrzeuge, die hohe Laufleistungen pro Monat oder pro Jahr erreichen („Vielfahrer“), sind häufig auf Fernstraßen mit relativ hohen Geschwindigkeiten unterwegs. Das bedeutet im Gegensatz zum Stadtverkehr weniger Lenkvorgänge, weniger Start-Stopp-Vorgänge sowie weniger Bremsvorgänge nach Anzahl und Bremsleistung [SML13]. Schematisch ist der Unterschied zwischen den Profilen der zwei Nutzertypen in Bild 4 dargestellt.

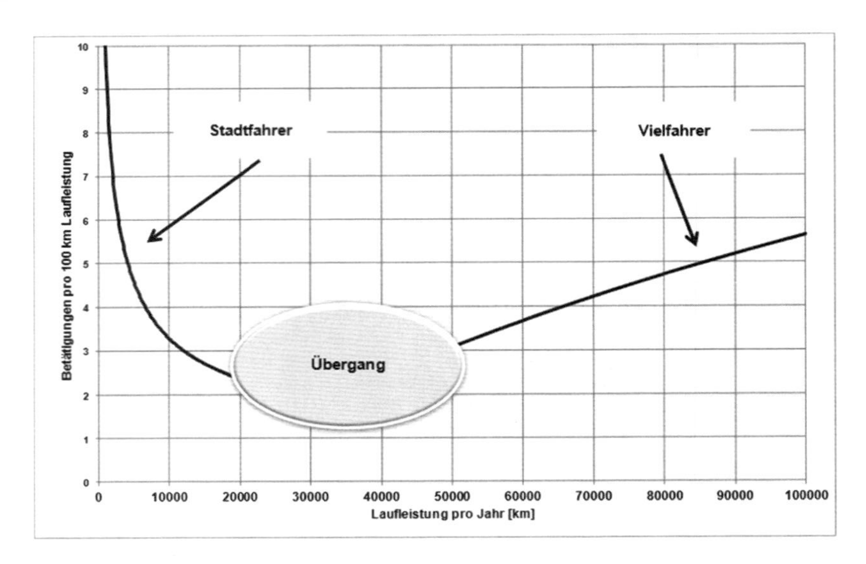

Bild 4: Bedienvorgänge / Betätigungen über Laufleistung [SML13]

Die anschließende Datenverarbeitung beinhaltet eine statistische Analyse. Die Messdaten an den Aufhängepunkten werden für die Analyse kombiniert. Um den Nutzerprofilen bestimmte Fahrsituationen zuzuordnen, werden typische Fahrsituationen und die auftretenden Kräfte und Momente analysiert. Für die beschriebenen Testlaufsituationen, die möglicherweise viele verschiedene Fahrsituationen beinhalten, wurden unterschiedliche Streckenführungen ausgewählt. Um verschiedene mögliche Bewegungssituationen zu realisieren, wurden mehrere enge und weite Rechtskurven, Linkskurven und gerade Fahrabschnitte kombiniert.

Anwendungsbeispiel

Die Überprüfung der Eignung des vorgeschlagenen Ansatzes zur Datenanalyse erfolgte auf Basis von Messungen an einem Radträger eines Rennwagens des Formula Student Teams „HorsePower“ [DMQ+16] sowie auf Basis von Messungen an einem VW Touareg. Als Demonstratorbauteil des VW Touareg wurde der untere Querlenker verwendet. Prinzipiell ist der Querlenker kein Verschleißteil und verfügt über ein äußerst widerstandsfähiges Material, das auf hohe Belastungen ausgelegt ist, so dass der Querlenker über der Fahrzeuglebensdauer dauerfest ist. Der Querlenker ist wie die meisten Bauteile und Komponenten moderner Konstruktionen im Betrieb komplexen dynamischen bzw. zyklischen Belastungen ausgesetzt. Die Ursache für ein vorzeitiges Versagen dieser Komponenten sind oft kurzzeitige Spitzenbelastungen. Durch das Auftreten von unzulässig hohen mechanischen Spannungen oder akkumulierten Ermüdungsschäden kann allerdings eine unzulässige Rissbildung und ein Rissfortschritt auftreten.

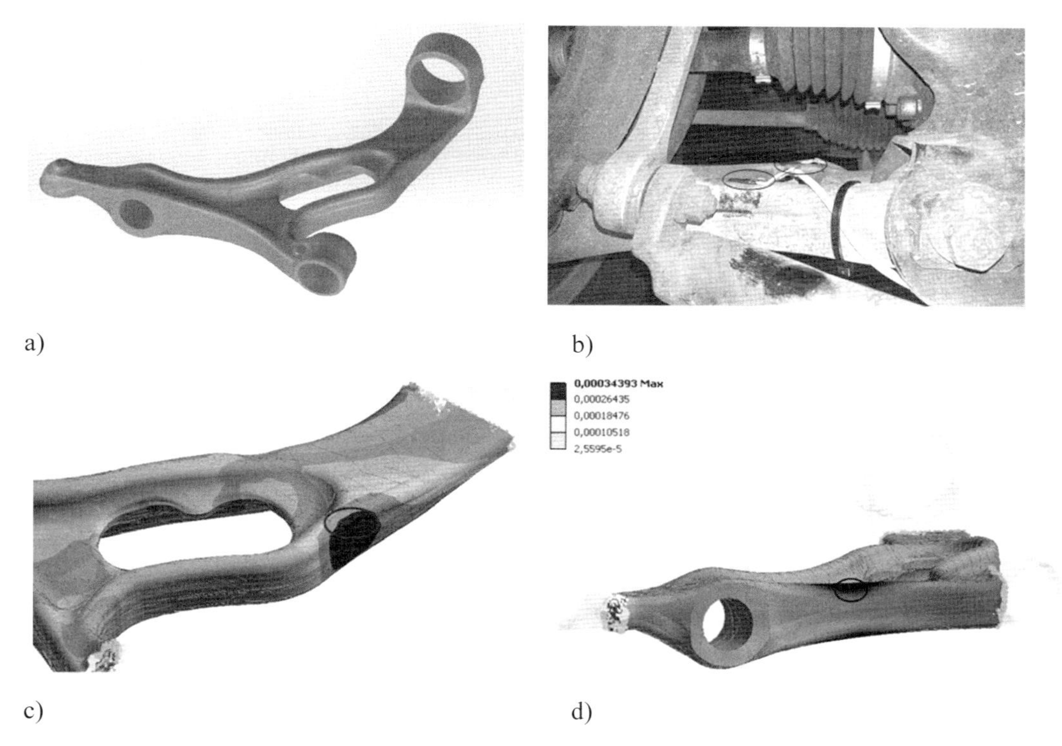

Bild 5: Unterer Querlenker: a) CAD-Modell; b) Sensorik an der Bauteiloberfläche; c-d) Berechnungsergebnisse der Analyse des Spannungs-Dehnungs-Zustand des Bauteils, durchgeführt von Prof. Dr. rer. nat. Ihor Yanchevskyi

Die Wahl eines Querlenkers für die Untersuchungen erfolgte aufgrund dessen funktionaler Rolle im Fahrzeug. Für einen schweren Schaden am Querlenker bedarf es einer hohen Beanspruchung, beispielsweise durch einen Unfall. Eine Ermüdung des Materials kann beispielsweise mit einem Verschleiß von Traggelenk oder Querlenkerbuchsen einhergehen. Ein Defekt am Querlenker und den umliegenden Bauteilen führt zu einem unruhigeren Fahrverhalten, einer starken Belastung der Reifen und schließlich zu einem erhöhten Fahrrisiko. Die Auswahl dieses Bauteils ist zudem in der vorliegenden Freiformgeometrie bedingt. Das CAD-Modell des untersuchten Bauteils ist in Bild 5, a) dargestellt. Die Datenerfassung erfolgt mit Hilfe von Sensoren, die an charakteristischen Positionen hinsichtlich zu erwartender hoher Spannungen oder Dehnungen platziert sind. Die Messpositionen wurden mit Hilfe einer Simulation des Spannungs-Dehnungs-Zustandes bestimmt; die Ergebnisse der Simulation sind in Bild 5 c-d) dargestellt. Die Berechnungen wurden für eine maximale Belastung der Vorderachse von 1400 kg durchgeführt. Das in der Berechnung angenommene Fahrzeuggewicht beträgt 2200 kg. Bei der nachfolgenden Analyse der Daten wurden die Fehler der Messinstrumente und der Effekt der sogenannten Floating-Null berücksichtigt mit Hilfe der Nutzung zusätzlicher Filter auf der Stufe Vorbereitung (Bild 2).

Das allgemeine Schema zur Erkennung und Klassifikation der Fahrsituation für n Messpunkte ist in Bild 6 dargestellt. Die Validierung die Methoden wurde mittels Messungen mit Hilfe einachsiger Dehnungsmessstreifen und eines industriellen Messverstärkers mit Datenlogger, Typ GSV-2MSD-DI IP43, durchgeführt.

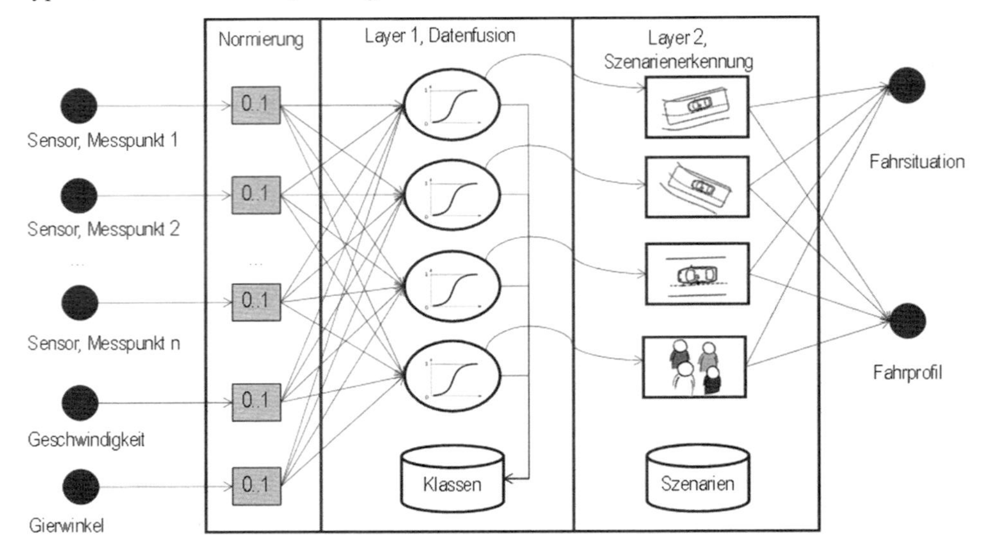

Bild 6: Abhängigkeit der Daten

Für die Erkennung der jeweiligen aktuellen Situation der Fahrzeugbewegung wurde das GPS-Navigationssystem und ein Gyroskop verwendet. Der aktuelle Erkennungsalgorithmus basiert auf dem Gierwinkelanalysesystem.

Tabelle 1: Erkennung von Fahrsituationen

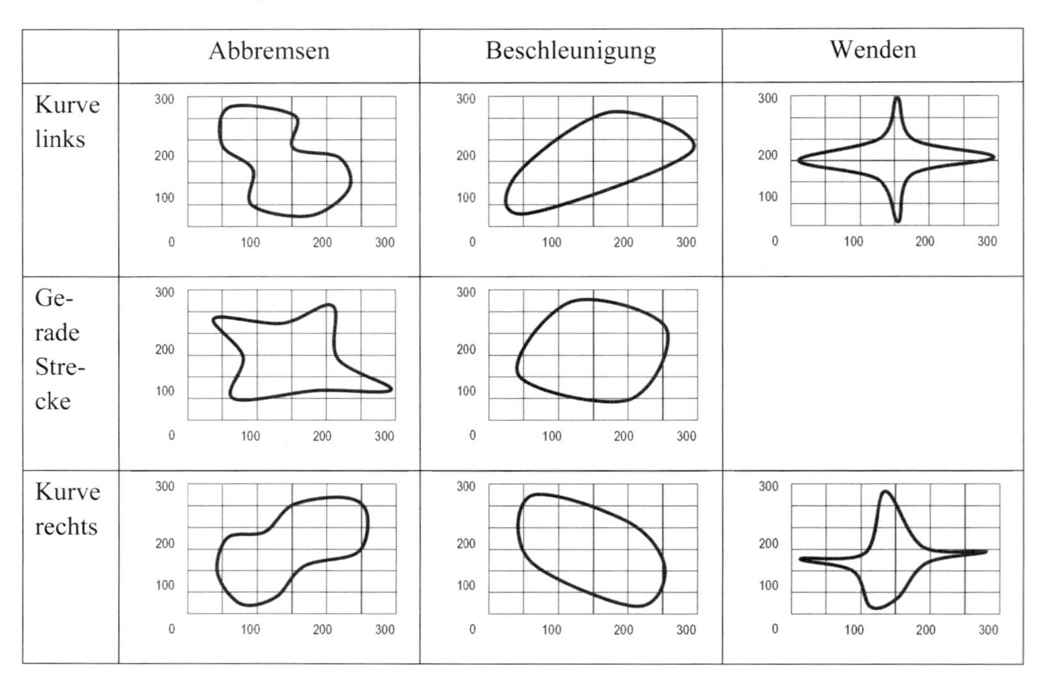

	Abbremsen	Beschleunigung	Wenden
Kurve links			
Ge-rade Stre-cke			
Kurve rechts			

Die Prüfung dieses Ansatzes wurde in städtischer Umgebung mit dem Fahrprofil „Stadtfahrer" durchgeführt. Das EM-Cluster-Analyseverfahren und das Verfahren zum Empfangen von Phasenportraits von Signalen wurden angewendet. Die Tabelle 1 zeigt die Ergebnisse der Faktorenanalyse und die Identifikation des Phasenportraits des Signals für den Messpunkt 1 (Bild 5, c). Die Phasenportraitparameters sind: Fenster = 300, Verschiebung = 300, Erkennung des Fahrt-Charakters mit Hilfe der Gierwinkel-Werte. Die Frequenz der Datenerfassung betrug 100 Hz.

Die aktuellen Tests zeigen, dass die einhüllenden Linien 85-Perzentil-Linien darstellen, d.h., dass das Fahrzeug in 85% der Fahrzeit unterhalb dieser Hüllkurven bleibt. Diese Informationen über die Lasten können in einem Wissensrepositorium gespeichert werden und bilden die Grundlage für das Benutzerprofil und für eine Anpassung der nächsten Generation des Bauteiles.

4 Resümee und Ausblick

Die Erkennung und die Nutzung von aus dem Produktlebenszyklus identifizierten Informationen, welche die Geschichte des Produktes bilden und für die Entwicklung nachfolgender Generationen dieses Produktes relevant sind, bildet das Vorgehen, das wir als Technische Vererbung bezeichnen. Der Vorteil und einer der Hauptzwecke der Technischen Vererbung ist die Entwicklung der nächsten Generation eines Produktes oder einer Komponente, welche besser an die jeweiligen Anforderungen angepasst ist. Die Konstruktion neuer Produktgenerationen wird verwirklicht mittels der zielgerichteten Sammlung von Informationen über die Produktion und Nutzung der vorhergehenden Generationen des Produktes sowie aktueller Anforderungen der Nutzungsumgebung und der Betriebsbedingungen.

Dieser Beitrag stellt eine Methode zur Bewertung gesammelter Belastungsdaten an Bauteilen bei der Nutzung und bei einer intensiven zufälligen Belastung vor. Als Ausgangsdaten dienen Sensorwerte, aus denen die auf ein Bauteil wirkenden Betriebslasten berechnet werden. Ein allgemeines Schema der Erkennung und der Klassifikation der Bewegungssituation eines Fahrzeugs wurde vorgestellt. Die Eignung der vorgeschlagenen Vorgehensweise am Beispiel des Demonstratorbauteils eines Querlenkers wurde für zwei signifikante Messpunkte und ein Fahrprofils überprüft.

Die für die Zukunft geplanten Schritte beinhalten eine Weiterentwicklung der Mustererkennung zur Identifizierung von verschiedenen Fahrprofilen und bei variierten Betriebstemperaturbedingungen sowie die Entwicklung der zusätzlicher Filter für die Regulation des proportionalen Fensters der Verschiebung für die Erkennung der laufenden Fahrsituationen.

Literatur

[DMQ+16] DEMMINGER, C., MOZGOVA, I., QUIRICO, M., UHLICH F., DENKENA, B., LACHMAYER, R., NYHUIS, P.: The Concept of Technical Inheritance in Operation: Analysis of the Information Flow in the Life Cycle of Smart Product. In: Procedia Technology, Vol. 26, pp. 79-88, 2016

[DLO+16] DENKENA, B., LACHMAYER, R., OSTERMANN, J., NYHUIS, P.: Datenaustausch in den verschiedenen Phasen des Lebenszyklus von smarten Produkten. In: VDI IT&Production, Ausgabe 1-2, 2016

[DMK+14] DENKENA, B., MÖRKE, T., KRÜGER, M., SCHMIDT, J., BOUJNAH, H., MEYER, J., GOTTWALD, P., SPITSCHAN, B., WINKENS, M.: Development and first Applications of Gentelligent Components over their Life-Cycle. In: CIRP Journal of Manufacturing Science and Technology, 2014

[GL17] GEMBARSKI, P. C., LACHMAYER, R.: Mass Customization und Product-Service-Systems: Vergleich der Unternehmenstypen und der Entwicklungsumgebungen. In Smart Service Engineering. Springer Fachmedien Wiesbaden, pp. 214-232, 2017

[Hei12] HEINEMANN, P.: Bewertung der Langzeitqualität am Beispiel von Fahrwerkskomponenten, Dissertation, TU Braunschweig, Shaker Verlag Aachen, 2012

[LG15] LACHMAYER, R., GOTTWALD P.: Integrated Development by the consideration of product experiences. In: A. Meyer, R. Schirmeyer, S. Vąjna (Eds.): Proceedings of the 10th International Workshop on Integrated Design Engineering, University Magdeburg, Inst. of Machine Design, Magdeburg, pp. 73–82, 2015

[LMG15] LACHMAYER, R., MOZGOVA, GOTTWALD P.: Formulation of Paradigm of Technical Inheritance. Proceedings of the 20th International Conference on Engineering Design (ICED15), Milan, Italy, Vol. 8, pp. 271-278, 2015

[LMR+14] LACHMAYER, R., MOZGOVA, I., REIMCHE W., COLDITZ F., MROZ G., GOTTWALD P.: Technical Inheritance: A Concept to Adapt the Evolution of Nature to Product Engineering. In: Procedia Technology, Vol. 15, pp. 178–187, 2014

[LMS+14] LACHMAYER, R., MOZGOVA, I., SAUTHOFF, B., GOTTWALD P.: Evolutionary Approach for an Optimized Analysis of Product Life Cycle Data. In: Procedia Technology, Vol. 15, pp. 359–368., 2014

[MW14] MITSCHKE M., WALLENTOWITZ, H.: Dynamik der Kraftfahrzeuge. 5., überarbeitete und ergänzte Auflage. Springer FachmedienWiesbaden, 2014

[Reg12] REGH, F.: Objektive Bestimmung der sicherheitsrelevanten Auswirkungen durch Fahrwerkmodifikationen, Dissertation, TU Darmstadt, 2012

[SML13] SCHUBERT, R., MOZGOVA, I., LACHMAYER R.: Moderne Methoden der datenbasierten Prognose und deren praktische Anwendung bei Aussagen zur technischen Zuverlässigkeit: Schnelligkeit und Genauigkeit von Zuverlässigkeitsprognosen. In: VDI-Berichte 2210; 159-176; Entwicklung und Betrieb zuverlässiger Produkte, TTZ, Tagung Technische Zuverlässigkeit, 26, 2013

[Sch06] SCHUMPETER, J.: Theorie der wirtschaftlichen Entwicklung.: Nachdruck der 1. Auflage von 1912. Duncker & Humblot Verl., Berlin, 2006

Autoren

Dr. Iryna Mozgova ist seit 2011 Akademische Rätin am Institut für Produktentwicklung und Gerätebau der Leibniz Universität Hannover. Sie promovierte 2001 an der Nationalen Universität für Luftfahrt in Kiew, Ukraine, in der Fachrichtung Automatisierter Steuerungssysteme und progressiver Informationstechnologien. Von 1997 bis 2009 war sie wissenschaftliche Assistentin und Dozentin an der Fakultät für Angewandte Mathematik der Staatsuniversität Dnipropetrovsk in der Ukraine und von 2009 bis 2010 wissenschaftliche Mitarbeiterin am Institut für Werkstoffkunde der Leibniz Universität Hannover. Sie erforscht Modelle und Methoden zum Datenanalyse.

Entwicklung eines Condition Monitoring Systems für Gummi-Metall-Elemente

Amelie Bender, Thorben Kaul, Prof. Dr.-Ing. Walter Sextro
Lehrstuhl für Mechatronik und Dynamik, Universität Paderborn
Pohlweg 47-49, 33098 Paderborn
Tel. +49 (0) 52 51 / 60 18 14, Fax. +49 (0) 52 51 / 60 18 03
E-Mail: {Amelie.Bender/Thorben.Kaul/Walter.Sextro}@upb.de

Zusammenfassung

Zuverlässigkeit, Sicherheit und Verfügbarkeit gewinnen bei der Anwendung von technischen Systemen eine immer größere Bedeutung. Aus diesem Grund hat sich Condition Monitoring, die Zustandsüberwachung eines technischen Produkts, in verschiedenen Industriebranchen etabliert. Die sensorbasierte Überwachung eines Produkts während seiner Betriebsdauer in Kombination mit Condition Monitoring Methoden ermöglichen die Bestimmung des aktuellen Zustands des Produkts und somit eine Diagnose, ob das Produkt seine ihm zugeschriebene Funktion zum aktuellen Zeitpunkt erfüllt. Weiterhin bietet Condition Monitoring auch die Möglichkeit Prognosen aufzustellen, dabei wird die restliche Nutzungsdauer des Produkts aufbauend auf geeigneten Sensordaten geschätzt. So kann eine intelligente Wartungsplanung umgesetzt werden, welche die Nachteile einer rein reaktiven Wartung kompensiert. Durch eine Bestimmung der verbleibenden Restlebensdauer während des Betriebs ist eine optimale Wartungsplanung möglich, wodurch die Verlässlichkeit der überwachten Produkte signifikant gesteigert werden kann.

In dieser Arbeit soll ein produktspezifisches Condition Monitoring System für Gummi-Metall-Elemente entwickelt werden. Diese Elemente werden zur Federung, Geräusch- und/oder Schwingungsisolation in vielen verschiedenen Anwendungen eingesetzt, wie bspw. in Nutz- und Schienenfahrzeugen oder Windenergieanlagen. In Industrie und Forschung werden bereits Zustandsüberwachungen von Systemen mit integrierten Gummi-Metall-Elementen eingesetzt, allerdings noch keine Condition Monitoring Systeme zur alleinigen Zustandsüberwachung dieser Elemente. Aktuell ist es üblich die Lebensdauer dieser Elemente aufbauend auf beschleunigten Lebensdauerversuchen und Erfahrungswerten abzuschätzen. Mit dem Ziel, die Lebensdauer des fokussierten Produkts präziser vorherzusagen und damit eine intelligente Wartungsplanung zu ermöglichen, wird die Entwicklung eines Condition Monitoring Systems für Gummi-Metall-Elemente angestrebt und in dieser Arbeit erläutert.

Schlüsselworte

Zustandsüberwachung, Condition Monitoring, Prognose, Gummi-Metall-Elemente, Restlebensdauerschätzung

Development of a Condition Monitoring System for Rubber-Metal-Elements

Abstract

Reliability, safety and availability gain more and more importance in the context of technical systems' applications. Therefore Condition Monitoring of technical products is established in many industrial sectors. Sensor based monitoring of a product during its service life combined with Condition Monitoring methods enable the estimation of the product's current health state and thus a diagnostic if the product is still able to fulfill its defined function, at the time of data acquisition. Condition Monitoring enables not only diagnostics but prognostics, thereby the monitored product's remaining useful lifetime is estimated based on suitable sensor data. With the help of prognostics an intelligent maintenance scheduling is possible. Contrary to classical maintenance approaches intelligent maintenance does not cope with predefined maintenance intervals. Furthermore it compensates the disadvantages of reactive maintenance. Using intelligent maintenance offers the possibility to maintain an element not until its end of life is nearly reached, or its wear material is nearly gone, to ensure an optimal use. Estimating the remaining useful lifetime during a product's service enables an optimal maintenance scheduling, whereby its availability and utilization are significantly increased.

In this work an approach for a Condition Monitoring system for monitoring rubber-metal-elements is developed. These elements are used for suspension, noise and/or vibration isolation in many different applications, such as commercial vehicles and railways or wind turbines. In industry and scientific research Condition Monitoring of systems with integrated rubber-metal-elements is already implemented, but there is no Condition Monitoring system only monitoring such an element. The state of the art is to estimate the lifetime of such an element based on accelerated lifecycle tests and experience. To achieve the aim of more precisely estimating the product's lifetime and thereby enabling an intelligent maintenance scheduling the development of a Condition Monitoring system for monitoring rubber-metal-elements is aspired and clarified in this work.

Keywords

Condition Monitoring, Prognostic, Rubber-Metal-Element, Remaining Useful Lifetime

1 Einleitung

Der Wandel in verschiedenen Industriebranchen hin zu teilintelligenten Systemen wird vielfach als vierte industrielle Revolution bzw. Überführung zur Industrie 4.0 bezeichnet. Systeme mit Intelligenz werden im BMBF-Spitzencluster „Intelligente Technische Systeme Ostwestfalen-Lippe (it's OWL)" unterteilt in das Grundsystem, die zugehörige Sensorik und Aktorik sowie eine Informationsverarbeitung. Die Sensorik nimmt Daten des Systems auf, welche Rückschlüsse über den Systemzustand liefern. Die Aktorik und der Systemaufbau sind für die physikalische Aktion des Systems verantwortlich. Die Informationsverarbeitung setzt u.a. die Kommunikation zwischen den einzelnen Einheiten um [GCD2015]. Zur Zustandsüberwachung des teilintelligenten Systems kann ein Condition Monitoring System in die Informationsverarbeitung integriert werden. Ein derartiges System vorverarbeitet die aufgezeichneten Daten, um Muster und Merkmale besser erkennen zu können, und analysiert sie dann hinsichtlich einer Diagnose und einer Prognose. Für eine Diagnose wird der aktuelle Zustand des Systems betrachtet. Dabei wird analysiert, ob das überwachte Produkt seine Funktion erfüllt, ein fehlerhaftes Verhalten zeigt oder die Funktion versagt. Prinzipiell kann man eine beliebige Anzahl an Zuständen während der Lebensdauer eines Produkts bzw. eines Systems definieren. Eine sinnvolle Definition muss von dem jeweiligen Systemverhalten abhängen bspw. aufbauend auf einer Fehlermöglichkeits- und Einflussanalyse getroffen werden. Die Prognose kann auf der Diagnose des Produktzustands und den detektierten Daten basieren, kann aber auch separat von der Diagnose durchgeführt werden. In einer Prognose wird entweder ein sogenannter Health Index, eine nummerische Beschreibung des Schädigungsgrads bzw. der Funktionsfähigkeit eines Produkts im Bereich zwischen 0 (vollkommen funktionsfähig) und 1 (Versagen bzw. Lebensende), oder die nutzbare Restlebensdauer (RUL, remaining useful lifetime) prognostiziert. Dabei soll die Prognose eine möglichst frühe Fehlererkennung beinhalten, um ausreichend Zeit für eine planbare Wartung und mögliche Ersatzteillieferung zu gewährleisten. Aufbauend auf der Prognose kann das Condition Monitoring System auch eine Empfehlung bzgl. eines geeigneten Wartungszeitpunkts nennen. Prognosen zu treffen stellt eine Herausforderung dar, bietet aber den größeren Nutzen im Vergleich zur Diagnose hinsichtlich der Reduzierung von Wartungs- und Lebenszykluskosten sowie der Sicherheit des Betriebs des überwachten Systems [VLR+06]. In dieser Arbeit wird die Entwicklung eines Konzepts für ein produktspezifisches Condition Monitoring System für Gummi-Metall-Elemente (GM-Elemente) thematisiert. Dabei ist das Ziel die RUL durch Prognosemethoden präziser vorhersagen zu können, um die Einsatzdauer der Produkte erhöhen zu können und die Wartungskosten zu reduzieren. Die Entwicklung basiert auf beschleunigten Lebensdauerversuchen der Elemente auf einem Schwingungsanalysesystem. Dabei stellt sich neben der Auswahl einer geeigneten Prognosemethode die Herausforderung, welche Messgröße sich für Condition Monitoring der Elemente eignet. Prinzipiell kann z.B. die Steifigkeit als Größe zur Beschreibung der Alterung eines Gummi-Elements herangezogen werden, allerdings ist diese im Prüfstand nicht direkt messbar. Daher soll eine andere Messgröße gefunden werden, welche die Alterung des GM-Elements indirekt beschreibt.

Die weitere Arbeit gliedert sich wie folgt. In Kapitel 2 wird der Stand der Technik vorgestellt und eine Motivation für den Einsatz dieser Verfahren näher erläutert. Anschließend werden im dritten Kapitel die Lebensdauerversuche und der Versuchsaufbau beschrieben, bevor in Kapitel 4 erste Ergebnisse einer Prognose der nutzbaren Restlebensdauer mit Condition Monitoring vorgestellt werden. Kapitel 5 nennt Herausforderungen, die bei der Entwicklung eines Condition Monitoring Systems bewältigt werden müssen. Schließlich folgen in Kapitel 6 ein Resümee und ein kurzer Ausblick.

2 Stand der Technik

Condition Monitoring wurde in den 1960er Jahren entwickelt für die Überwachung nuklearer Anwendungen in den USA. Im Allgemeinen führt der Einsatz von Condition Monitoring zu einigen Vorteilen gegenüber einem Betrieb ohne dieses. So wird die Sicherheit des Systems verbessert, ungeplante sowie katastrophale Stillstände können vermieden werden, u.a. können dadurch die Instandhaltungskosten reduziert werden. Weiterhin kann die Produktqualität durch die Überwachung optimiert werden. Weitere Vorteile liegen in der Steigerung der Verlässlichkeit und der Ausnutzung, was wiederum zu einer verbesserten Produktivität führt [JB14],[VLR+06].

Condition Monitoring Systeme eignen sich zur Zustandsüberwachung der unterschiedlichsten Systeme, da sie individuell an das jeweilige System mit verschiedenen Sensoren, Modellen und Methoden angepasst werden können. Kommerziell sind aufgrund der genannten Vorteile bereits diverse diagnosebasierte Condition Monitoring Systeme im Einsatz, bspw. in Windenergieanlagen [CZT14] oder zur Überwachung von Schienen [WWS+10]. Die Windenergieindustrie ist im Bereich Condition Monitoring einer der Vorreiter, u.a. da die Industrie schnell wachsen soll und ein verlässlicher Betrieb für die Stromgewinnung notwendig ist. Aus diesem Grund liegt in dieser Industriebranche auch schon ein Forschungsschwerpunkt auf der Umsetzung einer Prognose mittels Condition Monitoring.

Zustandsüberwachungen von Systemen mit integrierten Gummi-Metall-Elementen werden bereits eingesetzt, wie bspw. für die Zustandsüberwachung von Schienenfahrzeugaufhängungen [SKS01]. Allerdings existiert noch kein Condition Monitoring System zur alleinigen Zustandsüberwachung von GM-Elementen. In dieser Arbeit liegt der Schwerpunkt auf der Prognose der nutzbaren Restlebensdauer dieser Elemente. Dem Stand der Technik entspricht es, die Lebensdauer von GM-Elementen mittels beschleunigter Lebensdauerversuche zu ermitteln. Konkret wird aufbauend auf den Zeitdaten der Lebensdauerversuche ohne den Einsatz von Condition Monitoring entschieden, ob die Elemente die an sie gestellten Anforderungen hinsichtlich der vorgegebenen Laufzeiten erfüllen. Dabei wird die nutzbare Lebensdauer mittels der im Versuch ermittelten Lebenszeit zur sicheren Seite abgeschätzt, bspw. weisen elastische Lager aus Gummi-Metall im Drehgestell eines Schienenfahrzeugs abhängig vom Einsatzfall Revisionszyklen zwischen sechs und acht Jahren auf. Mit Hilfe von Condition Monitoring kann die nutzbare Restlebenszeit der Lager mit einer gewissen Sicherheit ermittelt und dann genutzt werden, indem durch eine Prognose der Zeitpunkt bestimmt wird, zu dem das betrachtete Element ausfallen wird.

2.1 Instandhaltungsstrategien

Instandhaltung kann analog zu DIN EN 13306 in verschiedene Arten unterteilt werden. Klassische Instandhaltung basiert meist auf reaktiven Strategien – Komponenten werden erst nach ihrem Ausfall ausgetauscht oder gewartet – oder wird zu festen Intervallen durchgeführt. Diese Strategien führen jedoch zu hohen Stillstandzeiten und Lagerhaltungskosten sowie einer ineffizienten Ressourcennutzung, indem Komponenten vor dem Ende ihrer Lebensdauer getauscht werden [KHV09].

Condition Monitoring ermöglicht die Umsetzung von zustandsbasierter Instandhaltung als Basis einer intelligenten Instandhaltung in Form von vorausschauender Wartung (predictive Maintenance). Da Condition Monitoring Verfahren zur Prognose der Restlebensdauer technischer Komponenten eingesetzt werden, kann der Ausfallzeitpunkt auf Basis des aktuellen Schädigungszustands der Komponente vorausberechnet werden. Die Kenntnis über den Ausfallzeitpunkt ermöglicht eine ressourcen- und kosteneffiziente Planung der Instandhaltung und zudem Stillstandzeiten minimal zu halten. Zur Umsetzung einer zustandsbasierten vorausschauenden Instandhaltung werden leistungsfähige Condition Monitoring Verfahren benötigt, die eine Bestimmung des aktuellen Schädigungszustands und eine präzise Berechnung der Restlebensdauer der betrachteten Komponente ermöglichen. Wichtige Definitionen aus diesem Themenbereich finden sich in der DIN 31051.

2.2 Condition Monitoring Methoden

Generell kann man Condition Monitoring Methoden in daten-, modell- und wahrscheinlichkeitsbasierte Methoden unterteilen. Diese Methoden weisen verschiedene Vor- und Nachteile auf. So sind datenbasierte Methoden einfach und schnell zu implementieren und an verschiedene Systeme anpassbar. Nachteilig ist jedoch die erforderliche, große Menge an Daten und eine rechenintensive Trainingsphase. Modellbasierte Methoden können in Bezug auf die Art des Modells weiter klassifiziert werden, dabei unterscheidet man physikalische und empirische Modelle. In Abhängigkeit vom aufgestellten Modell und der Eignung der Methode können modellbasierte Methoden eine hohe Genauigkeit aufweisen und zusätzlich in der Entwicklungsphase eines Systems zur Modellbildung und Simulation verwendet werden. Allerdings erfordert die physikalische Modellbildung ein umfassendes Verständnis des Systems, während empirische Modelle weniger Vorwissen zur Umsetzung benötigen. In beiden Fällen kann die Prognose rechenintensiv sein. Wahrscheinlichkeitsbasierte Methoden beruhen auf Wahrscheinlichkeitsdichtefunktionen, daher liegt ein Vorteil darin, dass sie weniger detaillierte Informationen benötigen und dass diese Informationen sich in statistischen Daten finden [VLR+06], [MKT+11]. In dieser Arbeit werden aus zwei Gründen modellbasierte Methoden implementiert. Zum einen soll ein möglichst genaues Ergebnis erzielt werden, zum anderen ist diese Umsetzung kostengünstiger, als eine ausreichende Menge an Daten für eine datenbasierte Umsetzung zu erzeugen. In dieser Arbeit werden empirische Modelle verwendet, die genaue Beschreibung erfolgt in Kapitel 4.

2.3 Vorgehen bei der Entwicklung eines Condition Monitoring Systems

Bei der Entwicklung eines Condition Monitoring Systems werden verschiedene Schritte durchgeführt, wie in Bild 1 dargestellt ist.

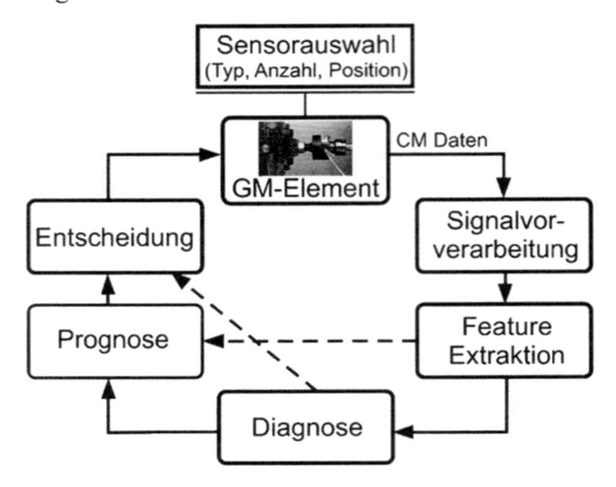

Bild 1: Vorgehen für Condition Monitoring (analog zu [GSD+12])

Insbesondere für die Sensorauswahl bzw. die Auswahl der Messgrößen benötigt man ein Verständnis für das System und sein Verhalten. Die Messgrößen sollten die Alterung des Systems beschreiben und direkt oder indirekt messbar sein. Das Ziel ist es, ein gutes Signal möglichst kostengünstig zu erzielen. Daher sollten idealerweise die Sensoren gefunden werden, die für das jeweilige System am besten geeignet sind. Insbesondere komplexe Systeme benötigen eine Überwachung durch verschiedene Sensoren, damit die Alterung des Systems detektiert werden kann. Für diesen Fall muss eine Datenfusion der unterschiedlichen Sensoren erfolgen, damit die Prognose aufbauend auf allen verwendeten Daten erstellt werden kann. Hierfür gibt es verschiedene Ansätze [JLB06]. In dieser Arbeit ist eine Sensordatenfusion nicht notwendig, da nur die Daten eines Sensors für das Condition Monitoring Verfahren verwendet werden. Je nach Sensorauswahl und Eigenschaften der Daten können verschiedene Merkmale aus diesen extrahiert werden, dazu sollten die Daten zuerst vorverarbeitet werden, um mögliche Muster oder Trends besser erkennen zu können. Um ein gutes Ergebnis zu erzielen und die Datenmenge zu reduzieren, muss eine Auswahl der Merkmale getroffen werden, welche die Alterung des Systems am besten beschreiben. Diese Merkmale werden dann anstelle der Rohdaten in den Methoden verwendet. Anschließend sollte überlegt werden, welche Methoden zur Auswertung geeignet sind. Allerdings kann die endgültige Entscheidung, welche Methode am besten arbeitet, erst aufbauend auf Daten bzw. extrahierten Merkmalen getroffen werden. Denn erst deren Auswertung zeigt, welche Methode das beste Ergebnis erzielt. Aufbauend auf der Prognose oder der Diagnose kann eine Entscheidung bezüglich des zukünftigen Vorgehens getroffen werden, beispielsweise wann die nächste Wartung geplant werden kann.

3 Lebensdauerversuche

Als Vorbereitung für den Versuch wird das GM-Element u.a. durch einen Bolzen vorgespannt, um eine Anwendung bspw. im Schienenfahrzeug realistisch nachzubilden. Im Versuchsaufbau werden die Stahlkomponenten des GM-Elements fest eingespannt, sodass die Hauptverformungen durch das Gummi ermöglicht werden. In Bild 2 ist der wichtigste Abschnitt des Versuchsaufbaus der Lebensdauerversuche dargestellt. Die Stirnseite des zuvor beschriebenen Bolzens kann man links erkennen, diese ist umgeben von den Elementen, die das GM-Element fixieren. Rechts ist der Hydraulikzylinder zu sehen, der das Gummi im kraftgeregelten Dauerversuch mechanisch altern lässt.

Bild 2: Versuchsaufbau des Lebensdauerversuchs der GM-Elemente

Konkret wird in den Lebensdauerversuchen ein Hydraulikzylinder des Schwingungsanalysesystems [Sch13] mit einer sinusförmigen Kraftanregung bei konstanter Frequenz verfahren, welcher wie in Bild 2 dargestellt über einen Flansch mit der Halterung des GM-Elements verbunden ist. Die Alterung des GM-Elements soll mit Hilfe der Wegamplitude detektiert werden, welche durch den im Zylinder integrierten Wegsensor gemessen werden kann. Belastet man ein derartiges Element durchgehend dynamisch mit der gleichen Kraftamplitude, so fällt auf, dass die Wegamplitude des Zylinders nicht konstant bleibt, sondern mit voranschreitender Lebenszeit des eingebauten Elements wächst. Dieses Verhalten kann durch die Steifigkeit des Gummis erklärt werden. Mit der Alterung des Gummis wird seine Steifigkeit geringer, das Gummi gibt bei gleichen Belastungen zunehmend nach und ermöglicht dadurch eine größere Wegamplitude des Zylinders, dieses Verhalten ist in Bild 3 zu erkennen. In der Darstellung ist die Wegamplitude des Zylinders aufgetragen über der Zeit des Lebensdauerversuchs. Zu Beginn weist der Verlauf ein degressives Verhalten auf, bevor er im mittleren Bereich nahezu linear ansteigt. Am Ende weist der Verlauf dann ein progressives Verhalten auf.

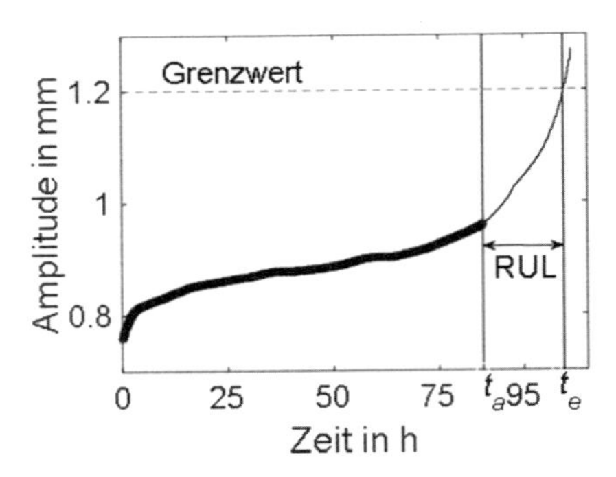

Bild 3: Wegamplitudenverlauf während eines Lebensdauerversuchs

Aufgrund dieses Verhaltens ist das Ausfallkriterium die resultierende Steifigkeit, der Kehrwert der Nachgiebigkeit. Die Nachgiebigkeit kann durch die Wegamplitude des Versuchs dargestellt werden, die damit das Lebensende eines Elements definiert. Ein Versuch wird dann solange gefahren, bis eine vorher definierte maximale Wegamplitude des Hydraulikzylinders erreicht wird.

4 Prognose

Die im Lebensdauerversuch auf dem Schwingungsanalysesystem gemessenen Wegamplituden der betrachteten GM-Elemente weisen einen charakteristischen Verlauf auf, wie Bild 3 zeigt. Daher kann die Wegamplitude als geeignetes Merkmal verwendet und mit einem Modell nachgebildet werden. Während einer realen Anwendung werden zu verschiedenen Zeitpunkten Prognosen der nutzbaren Restlebensdauer der Elemente erstellt. Dabei gehen in eine Prognose die Zeitdaten bis zum aktuellen Zeitpunkt t_a ein. Das Lebensende t_e ergibt sich zu dem Zeitpunkt, an dem die Wegamplitude den im Vorfeld definierten Grenzwert, hier 1,2 mm erreicht. Die RUL wird dann aus der Differenz von t_e und t_a ermittelt.

Im zweiten Schritt des in Kapitel 2 vorgestellten Vorgehens soll ein geeigneter Algorithmus gefunden werden. In dieser Arbeit werden hierfür empirische, parametrierte Modelle verwendet, mit denen modellbasierte Condition Monitoring Prognosemethoden die RUL der Elemente prognostizieren. Der Vergleich der Methoden erfolgt über den gemachten Fehler. Wird als Prognoseziel die RUL gewählt, so berechnet sich der Fehler aus der Differenz der prognostizierten und der realen RUL. Im Folgenden wird gezeigt, wie unterschiedlich die Prognosen zwei verschiedener modellbasierter Prognosemethoden für die gleichen Daten ausfallen können.

4.1 Ergebnisse der modellbasierten Prognose

Für jedes GM-Element wird ein Modell entwickelt, das in der Prognose verwendet werden kann. Die Parametrierung der Modelle erfolgt mittels Differential Evolution, einem populationsbasierten, stochastischen Algorithmus für reale Parameter [ESR12]. Am Lehrstuhl für Mechatronik und Dynamik der Universität Paderborn wurde eine Datenbank von Condition Monitoring Prognosemethoden entwickelt, mit der sowohl verschiedene Features extrahiert als auch Prognosen der Restlebensdauer mit Hilfe diverser Methoden umgesetzt werden können [Kim16]. Auf dieser Datenbank wird hier aufgebaut. Als erste Prognosemethode wird der Erweiterte Kalman Filter (EKF), eine Anpassung des rekursiven Kalman Filters für nicht-lineare Systeme [WB01], [NPB+12], verwendet. In dieser Methode kann immer nur ein Modell für die Prognose der nutzbaren Restlebensdauer des betrachteten Elements verwendet werden. Da die Modelle der einzelnen Elemente jedoch Unterschiede hinsichtlich Steigung und Lebensdauer aufweisen, führen sie zu stark abweichenden Ergebnissen. Beispielhaft liegen die Fehler drei verschiedener Modelle für die Prognose für ein GM-Element nach 95% verstrichener Lebensdauer zwischen 1,5 und 21,6 Stunden. Daher liegt eine Problematik in der Frage, welches Modell sich für das jeweilige Element am besten eignet. Das Problem könnte gelöst werden, wenn man den EKF so anpassen würde, dass dort mehrere Modelle berücksichtigt werden analog zu dem Multi-Modell Kalman Filter in [Wil09].

Zum Vergleich wird hier der Partikel Filter als Prognosemethode für die gleichen Daten angewendet. In dieser Methode werden die Modellparameter aus den Modellparametern aller geeigneten Modelle bestimmt [AMG+02]. Dadurch kann ein kleinerer Prognosefehler erreicht werden, wie auch Bild 4 zeigt. In dieser Darstellung ist die RUL eines GM-Elements in Stunden über seiner Lebensdauer in % aufgetragen. Zudem sehen wir einen Vergleich zwischen der realen RUL und der prognostizierten RUL. Letztere liegt für fast alle Prognosezeitpunkte in einem 15%-Fehlerband, nur am Ende ist der Fehler etwas größer, er beträgt 2,0 Stunden. In Relation mit der Anzahl an Trainingsdaten, hier liegen sieben verfügbare Modelle vor, handelt es sich dabei um ein gutes Ergebnis.

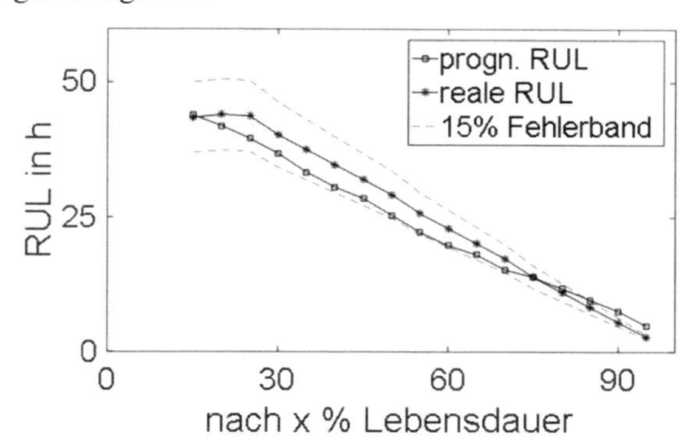

Bild 4: RUL für ein GM-Element unter Verwendung des Partikel Filters

5 Herausforderungen

Bei der Entwicklung eines Condition Monitoring Systems für ein spezifisches Produkt gibt es verschiedene Herausforderungen, die während der in Kapitel 2 beschriebenen Schritte gelöst werden müssen. So müssen bei der Durchführung der Lebensdauerversuche verschiedene Faktoren beachtet werden, welche die Alterung eines GM-Elements beeinflussen [MF04]. In den Versuchen soll eine rein mechanische Alterung des Gummis bewirkt werden, dabei sollen die äußeren Einflüsse auf die Alterung unterbunden werden, bspw. durch große Variationen der Temperatur oder Feuchtigkeit. Während eine Reaktion mit Flüssigkeiten im Labor ausgeschlossen werden konnte, musste die thermische Alterung durch eine aktive Kühlung des Lagers unterbunden werden. Dabei soll die Lagertemperatur 30°C nicht überschreiten. Die in Bild 1 genannte Sensorauswahl stellt eine Schlüsselfrage zu Beginn der Entwicklung eines Konzepts dar. Nur eine geeignete Größe, mit der die Alterung des Produkts beschrieben werden kann, führt zu einem erfolgreichen Condition Monitoring System. In dieser Arbeit soll die Steifigkeit herangezogen werden, um die Alterung des Gummi-Elements zu beschreiben. Diese Größe ist im Versuch nicht direkt messbar. Mit der Wegamplitude wurde eine äquivalente, indirekt messbare Größe gefunden. Wenn eine geeignete Messgröße identifiziert wurde, stellt sich als nächstes die Frage nach dem Sensor bzw. der Sensorauswahl. In diesem Fall war bereits ein magnetostriktiver Wegsensor in dem Hydraulikzylinder integriert, welcher die Verfahrwege des Zylinders detektiert. Kann keine Messgröße oder kein Sensor gefunden werden, welche bzw. welcher die Alterung identifizieren kann, so ist die Umsetzung eines Condition Monitoring Systems nicht realisierbar. In dieser Arbeit wurden neben der Wegamplitude keine weiteren Merkmale aus dem Wegsignal extrahiert. Schließlich muss noch entschieden werden, ob die Messungen online oder offline ausgewertet werden. Im Versuch fand die Auswertung offline nach Abschluss des Versuchs statt, um den direktem Vergleich der prognostizierten mit der realen Lebensdauer aufstellen zu können, wie er in Bild 4 dargestellt ist. Diese Fragen können für eine reale Anwendung nicht analog beantwortet werden. Als Beispiel soll die Anwendung der GM-Elemente im Schienenfahrzeug dienen. Dort werden die Elemente im Drehgestell eingesetzt. Die Anregung erfolgt dann über die Fahrstrecke, bspw. durch Unebenheit im Gleis oder Weichen. Wegsensoren in diesem Szenario zu implementieren stellt eine Herausforderung dar. Es wurde ein Konzept entwickelt, das eine Umsetzung mittels 3D-Hall Sensoren vorsieht, welche die Wege bzw. Verschiebungen und Verdrehungen im GM-Element im Zusammenspiel mit Magneten messen können. Dieses Konzept birgt einige Komplikationen wie die Positionierung der Sensoren und Magnete im Gummi. Bei diesem Konzept müsste eine Beschädigung der Sensoren während der Montage sowie eine gegenseitige Verhaltensbeeinflussung von Gummi und Sensoren ausgeschlossen werden. Aus diesem Grund wird untersucht, ob sich andere Sensoren zur Detektion einer Alterung der GM-Elemente eignen. Dafür ist zu prüfen, ob der Weg als Messgröße realisierbar ist oder ob sich ggf. eine andere Messgröße besser geeignet. Im Idealfall kann dieser Sensor von außen auf dem GM-Element positioniert werden. Hinsichtlich des Messverfahrens ist in der realen Anwendung eine Messung im Betrieb anzustreben.

6 Resümee und Ausblick

In dieser Arbeit wurde ein Konzept zur Entwicklung eines produktspezifischen Condition Monitoring Systems für GM-Elemente vorgestellt. Um die Verlässlichkeit dieser Elemente zu steigern und eine intelligente Wartungsplanung zu ermöglichen, soll die nutzbare Restlebensdauer dieser Elemente präzise prognostiziert werden. Es wurde gezeigt, dass eine gute Prognose aufbauend auf im Versuch gemessenen Wegsignalen realisierbar ist. Hierfür muss die modellbasierte Prognosemethode jedoch mehrere Modelle berücksichtigen, andernfalls leidet die Genauigkeit der Prognose. So konnte gezeigt werden, dass mit dem Partikel Filter eine gute Prognosegenauigkeit erzielt wird, da dieser bei der Parametrierung des Prognosemodells auf den bekannten Modellen aufbaut. Da reale Daten nicht vorliegen, ist eine derartige Validierung der Prognosemethode nicht umsetzbar.

Weiterhin wurden Herausforderungen für die Entwicklung eines Condition Monitoring Systems für GM-Elemente diskutiert. Für den Einsatz der Elemente im Versuch auf dem Schwingungsanalysesystem wurden diese Herausforderungen gelöst. So konnte mit dem im Hydraulikzylinder integrierten Wegsensor die Wegamplitude als Messgröße für die Alterung aufgenommen werden. Die nächste Herausforderung ist die Realisierung eines Konzepts für eine reale Anwendung. Dies beinhaltet die Suche nach einem geeigneten Sensor sowie seiner Position. In weiteren Arbeiten könnten zudem die Methoden weiter optimiert werden, um eine noch bessere Genauigkeit zu erreichen.

Danksagung

Diese Arbeit wurde in Zusammenarbeit mit der Jörn GmbH durchgeführt. Die Autoren möchten sich insbesondere bei Herrn Reinke und Herrn Pohl für die freundliche Unterstützung bedanken.

Literatur

[AMG+02] ARULAMPALAM, M. S.; MASKELL, S.; GORDON, N.; CLAPP, T.: A Tutorial on Particle Filters for Online Nonlinear/Non-Gaussian Bayesian Tracking. IEEE Transaction on Signal Processing, Vol. 50, No. 2, S. 174-188, 2002

[CZT14] CRABTREE, C. J.; ZAPPALÁ, D.; TAVNER, P. J.: Survey of Commercially Available Condition Monitoring Systems for Wind Turbines. Technical Report. Durham University School of Engineering and Computing Sciences and the SUPERGEN Wind Energy Technology Consortium, 2014

[ESR12] ELSAYED, S. M.; SARKER, R. A.; RAY, T.: Parameter Adaption in Differential Evolution. IEEE World Congress on Computational Intelligence, 10.-15. Juni 2012, Brisbane, 2012

[GCD15] GAUSEMEIER, J.; CZAJA, A.; DÜLME, C.: Innovationspotentiale auf dem Weg zu Industrie 4.0. 10. Paderborner Workshop - Entwurf mechatronischer Systeme, 23.-24. März 2015, Paderborn, Verlagsschriftenreihe des Heinz Nixdorf Instituts, Band 343, Paderborn, 1. Auflage, 2015

[GSD+12] GOEBEL, K.; SAXENA, A.; DAIGLE, M.; CELAYA, J.; ROYCHOUDHURY, I.: Introduction to Prognostics. Unter: https://www.phmsociety.org/events/conference/phm/europe/12/tutorials, 28.01.2017

[JB14] JABER, A. A.; BICKER, R.: The State of the Art in Research into Condition Monitoring of Industrial Machinery. International Journal of Current Engineering and Technology, Vol. 4, No. 3, 2014

[JLB06] JARDINE, A. K. S.; LIN, D.; BANJEVIC, D.: A review on machinery diagnostics and prognostics implementing condition-based maintenance. Mechanical Systems and Signal Processing 20 (2006), S. 1483-1510, 2006

[KHV09] KOTHAMASU, R.; HUANG, S. H.; VERDUIN, W. H.: System Health Monitoring and Prognostics – A Review of Current Paradigms and Practices. Handbook of Maintenance Management and Engineering, S. 337-362, 2009

[Kim16] KIMOTHO, J. K.: Development and performance evaluation of prognostic approaches for technical systems. Dissertation, Fakultät Maschinenbau, Universität Paderborn, 2016

[MF04] MARS, W. V.; FATEMI, A.: Factors that affect the fatigue life of rubber: a literature survey. Journal of Rubber Chemistry and Technology, Vol 77, No. 3, S. 391-412, 2004

[MKT+11] MARJANOVIC, A.; KVASCEV, G.; TADIC, P.; DUROVIC, Z.: Applications of Predictive Maintenance Techniques in Industrial Systems. Serbian Journal of Electrical Engineering, Vol. 8, No. 3, S. 263-279, 2011

[MTP+12] MÁRQUEZ, F. P. G.; TOBIAS, A. M.; PÉREZ, J. M. P.; PAPAELIAS, M.: Condition Monitoring of Wind Turbines: Techniques and Methods. Renewable Energy 46 (2012), S. 169-178, 2012

[NPB+12] NGIGI, R. W.; PISLARU, C.; BALL, A.; GU, F.: Modern techniques for condition monitoring of railway vehicle dynamics. Journal of Physics: Conference Series, 346, 2012

[Sch13] Schwingungsanalysesystem für mechanische und mechatronische Komponenten. Forschungsgroßgeräte-Antrag bei der DFG, DFG-GZ: INST 214/95-1 FUGG, 2013

[SKS01] SKILLER, J.; KURE, G.; STAUFFER, P.: Qualitätsmanagement für Drehgestellkomponenten – das BoMo-Überwachungssystem. ZEV + DET Glas. Ann. 125 9/10, S. 434-440, 2001

[VLR+06] VACHTSEVANOS, G.; LEWIS, F.; ROEMER, M.; HESS, A.; WU, B.: Intelligent Fault Diagnosis and Prognosis for Engineering Systems, Hoboken, New Jersey, 2006

[WB01] WELCH, G.; BISHOP, G.: An Introduction to the Kalman Filter: SIGGRAPH 2001 Course 8. Computer Graphics, Annual Conference on Computer Graphics and Interactive Techniques, S. 12-17, 2001

[Wil09] WILMSHÖFER, F.: Multi-Modell Kalman Filter zur Lokalisierung im Roboterfussball. TU Dortmund, 2009

[WWS+10] WARD, C. P.; WESTON, E. J.; STEWARD, E. J. C.; GOODALL, R. M.; ROBERTS, C.; MEI, T. X.; CHARLES, G.; DIXON, R.: Condition Monitoring opportunities using vehicle-based sensors. Proc. IMechE, Vol. 225, Teil F: Rail and Rapid Transit, S. 202-218, 2010

Autoren

Amelie Bender hat Maschinenbau an der RWTH Aachen und der University of Newcastle in Australien, studiert. Seit 2015 ist sie wissenschaftliche Mitarbeiterin am Lehrstuhl für Mechatronik und Dynamik der Universität Paderborn. Im Rahmen ihrer Tätigkeit am Lehrstuhl forscht sie im Themenfeld Condition Monitoring und Anwendung der Verfahren für spezifische Produkte.

Thorben Kaul hat Maschinenbau an der Universität Paderborn studiert. Seit 2014 ist er wissenschaftlicher Mitarbeiter am Lehrstuhl für Mechatronik und Dynamik der Universität Paderborn. Im Rahmen seiner Tätigkeit am Lehrstuhl befasst er sich mit der integrierten Modellierung von Dynamik und Verlässlichkeit mechatronischer Systeme.

Prof. Dr.-Ing. Walter Sextro hat Maschinenbau an der Leibniz Universität Hannover und am Imperial College in London studiert. Nach seiner Industrietätigkeit in Deutschland und den USA promovierte er 1997 an der Universität Hannover. Seine Habilitation hat er im Bereich dynamischer Kontaktprobleme mit Reibung verfasst. In den Jahren 2004-2009 hatte er eine Professur für Mechanik und Getriebelehre an der TU Graz inne. Seit 2009 leitet er den Lehrstuhl für Mechatronik und Dynamik der Universität Paderborn.

Automatisierte Fehlerinjektion zur Entwicklung sicherer Mikrocontrolleranwendungen auf der Basis virtueller Plattformen

Peer Adelt, Dr. Bernd Kleinjohann
C-LAB
Fürstenallee 11, 33102 Paderborn
Tel. +49 (0) 52 51 / 60 60 51, Fax. +49 (0) 52 51 / 60 60 65
E-Mail: {Peer.Adelt/Bernd.Kleinjohann}@upb.de

Bastian Koppelmann, Dr. Wolfgang Müller, Prof. Dr.-Ing. Christoph Scheytt
Heinz Nixdorf Institut, Universität Paderborn
Fürstenallee 11, 33102 Paderborn
Tel. +49 (0) 52 51 / 60 63 50, Fax. +49 (0) 52 51 / 60 63 51
E-Mail: {Bastian.Koppelmann/Wolfgang.Mueller/Christoph.Scheytt}@upb.de

Dr.-Ing. Daniel Müller-Gritschneder
Technische Universität München
Arcisstraße 21, 80333 München
Tel. +49 (0) 89 / 28 92 36 66, Fax. +49 (0) 89 / 28 96 36 66
E-Mail: Daniel.Mueller@tum.de

Zusammenfassung

Vernetzte eingebettete elektronische Systeme müssen den funktionalen Sicherheitsnormen, wie z.B. ISO 26262 oder IEC 61508, entsprechen, die die Auswirkungen von Störungen verschiedenster Art auf sicherheitskritische Systeme im Betrieb begrenzen. Im Entwicklungsprozess erfordert dies neben vielen anderen Maßnahmen die Durchführung einer Fehlereffektsimulation. Dieser Beitrag stellt zunächst das Prinzip der mutationsbasierten Fehlerinjektion im Rahmen der Fehlereffektsimulation auf unterschiedlichen Systemabstraktionsebenen im Entwicklungsprozess vor. Er zeigt mit Beispielen aus dem ARM-Mikrocontroller-Befehlssatz, wie Mutationen in Modellen auf Systemebene mit Bit-Flips im Software-Binärcode korrelieren und stellt schließlich eine Implementierung, basierend auf einer virtuellen Plattform zur automatisierten Injektion von Bit-Flips in den dynamischen Übersetzungsprozess eines Befehlssatzsimulators, vor. Am Beispiel eines Roboterarms wird zum einen die Flexibilität von virtuellen Plattformen, die sie gegenüber physikalischer Realisierungen besitzen, demonstriert. Zum anderen wird durch ein Analysebeispiel gezeigt, welche Performanz und Stabilität Open-Source-Anwendungen besitzen können, was für sichere industrielle Anwendungen im Rahmen von Industrie 4.0 zwingend notwendig ist.

Schlüsselworte

Funktionale Sicherheit, Fehlereffektsimulation, Virtuelle Prototypen

Automatic Fault Injection for the Development of Safe Microcontroller Applications Based on Virtual Platforms

Abstract

Networked electronic systems must comply with functional safety standards, like ISO 26262 and IEC 61508, which limit the effects of disturbances of various types on safety-critical systems in operation. For example, ISO 26262 defines various safety levels for road vehicles, which require different means and measures for a safety-related system and its development process such as risk analysis and disturbance effect simulation. For the fault simulation of such systems, it is important to examine the effect of physical and hardware-related effects on the correct functioning of the overall system in operation.

This paper first presents the principle of mutation-based fault injection in the context of the fault-effect simulation at different system abstraction levels in the development process. It shows how mutations in models on system level correlate with bit-flips of software binary code by examples from the ARM microcontroller instruction set, and finally introduces an implementation based on a virtual platform for the automated injection of bit-flip-based mutations into the dynamic translation process of an instruction set simulator. By the example of a robot arm, the article demonstrates the flexibility of virtual platforms, which they have against physical realizations. Additional analysis examples demonstrate the performance and stability of open source based software, which is mandatory for safe industrial applications in the context of Industry 4.0.

Keywords

Functional Safety, Fault Effect Simulation, Virtual Prototypes

1 Einleitung

Eingebettete computer-basierte Systeme können sich mittlerweile in nahezu jedem Gerät des täglichen Lebens befinden. Im Zuge der Entwicklung zu intelligenten eingebetteten Systemen und dem hiermit verbundenen stark ansteigenden Softwareanteil ist eine Reihe von zusätzlichen Herausforderungen zu meistern. Insbesondere in sicherheitskritischen Anwendungen müssen Vorkehrungen getroffen werden, um Risiken für Leib und Leben im Fehlerfall eines solchen Systems so gering wie möglich zu halten oder bestenfalls ganz zu vermeiden. Aus diesem Grund gibt es verschiedene Sicherheitsstandards für die Implementierung und den Test solcher Systeme, wie zum Beispiel IEC 61508 (elektrische/elektronische/programmierbar-elektronische Systeme), IEC 60730-Annex H (Haushaltsgeräte), ISO 26262-Part 5 (Straßenfahrzeuge) und ISO 13849-1 (Industriemaschinen) [IEC10a, IEC10b, ISO11, ISO06]. Diese Standards beschreiben Mittel und Maßnahmen, um das Restrisiko von unvermeidbaren Fehlern und potentiellen Gefahren zu beurteilen und Vorkehrungen für ihre Vermeidung zu treffen. Hier werden unter anderem Bedingungen festgelegt, die ein zertifiziertes System zu erfüllen hat, um das geforderte Sicherheitsniveau zu erreichen. ISO 26262 definiert zum Beispiel die Stufen ASIL A-D (Automotive Safety Integrity Level), die das Risiko von Systemausfällen mit ihren Auswirkungen auf verschiedene Verletzungsstufen definieren[1]. Für diese Stufen sind verschiedene Methoden zur Überprüfung der Robustheit und des Betriebs unter externen Belastungen wie EMV-Prüfungen (Elektro-Magnetische Verträglichkeit) und ESD (Electro Static Discharge), statistische Tests, Worst-Case-Tests, Grenzwerttests und Prüfungen im Einsatz erforderlich.

In frühen Entwicklungsstadien eines sicheren und zuverlässigen Systems erfolgt in der Regel die kombinierte Anwendung analytischer Methoden wie die Fehlerbaumanalyse (Fault Tree Analysis - FTA) und die Fehlerauswirkungsanalyse (Failure Mode and Effects Analysis - FMEA) zur Quantifizierung der Restrisiken gemäß einer Sicherheitsmetrik bzw. Leistungsstufe [IEC06a, IEC06b]. Eine Analyse erfordert typischerweise die Verfügbarkeit von Fehlerstatistiken des Systems, welche im Betrieb erfasst werden, sowie Worst-Case-Annahmen oder Schätzungen auf der Basis von mittleren Verteilungen. In diesem Zusammenhang wird die Zuverlässigkeit von Betriebsabläufen typischerweise durch die mittlere Zeit zwischen Ausfällen (Mean Time Between Failures - MTBF) gemessen, wobei typische Zahlen für eine hohe Zuverlässigkeit bei einem Ausfall innerhalb von 100-1000 Jahren liegen [GRS+06]. Sobald Modelle und Implementierungen verfügbar sind, erstrecken sich die späteren Schritte bei der Systementwicklung auf die Sicherheitsanalyse durch eine Fehlereffektsimulation, welche untersucht, wie sich das System bei verschiedenen Szenarien einer Fehlerinjektion verhält. Hierbei wird ausgewertet, wie (injizierte) Fehler im System Fehlfunktionen erzeugen oder zum vollständigen oder teilweisen Verlust von Funktionalität des Systems oder eines Teilsystems führen können.

Fehler in elektronischen Systemen können aufgrund von Entwurfsfehlern, Herstellungsfehlern und verschiedenen Umwelteinflüssen wie Strahlung, Alterung und Vibration auftreten. Hier unterscheidet man im Allgemeinen zwischen permanenten Fehlern (Hard Errors) und transien-

[1] IEC 61508 definiert in ähnlicher Form die Sicherheitsstufen SIL1-4 (Safety Integrity Level).

ten Fehlern (Soft Errors), die teilweise mit bekannten Phänomenen in Nieder- und Hochspannungshalbleitern korrelieren. Hard Errors können auf Konstruktions-, Fertigungs- oder Betriebsfehler zurückzuführen sein, wie zum Beispiel Single Event Latch-Ups (SEL), Burnouts (SEBO), Gate Ruptures (SEGR) und Elektromigration. Soft Errors können auf Einschläge ionisierter Partikel in Halbleiterbauelemente mit Single Event Upsets (SEUs), Leistungsschwankungen oder elektromagnetischen Interferenzen zurückzuführen sein. Sie manifestieren sich oft in sog. Bit-Flips der Software, die das Betriebssystem, die Hauptdaten oder das Steuerprogramm eines Mikrokontrollers verändern können [SSM00].

Im Hinblick auf solche Fehlerursachen werden Systemfehler durch verschiedene Fehlerverhütungs-, Erkennungs-, Korrektur- und Toleranztechniken deutlich reduziert. So können mehrere Gegenmaßnahmen in Hardware und Software auf unterschiedlichen Abstraktionsebenen implementiert werden. Beispiele sind CRC (Cyclic Redundancy Check), ARQ (Automatic Repeat Request), Watchdogs, Ein/Mehr-Bit-Redundanz und verschiedene Arten von Blockreplikationen mit optionalen Voting-Verfahren. Um die Wirksamkeit dieser Maßnahmen zu validieren, werden unter anderem Fehlereffektsimulationen angewandt, um zu überprüfen, ob ein System im Entwurf tolerant gegenüber einer Menge von injizierten Fehlern ist [RLT78].

Der folgende Beitrag konzentriert sich auf Fehler, die als Bit-Flip-Mutationen in Software-Binärdateien zur Überprüfung der Qualität von Testvektoren und Fehlerfallabsicherungen eingefügt werden. Der Beitrag erweitert die bisherige Arbeit der Autoren um eine automatische Befehlssatzanalyse des Zielprozessors und die automatische Generierung von Mutationsoperatoren für schnelle Fehlereffektsimulationen am Beispiel der Fallstudie eines Roboterarms und des ARMv7-Befehlssatzes [BBK+12, BKJ+12]. Hierzu wird zunächst das Prinzip der Mutationsanalyse zur Testvektor-Qualifikation erläutert. Danach werden die möglichen Auswirkungen von Bit-Flips am Beispiel einer bedingten Verzweigungsoperation des ARMv7-Befehlssatzes analysiert. Im letzten Abschnitt wird die Fallstudie eines virtuellen Prototyps einer Roboterarm-Steuerung auf Basis des XMC4500-Mikrocontrollers von Infineon beschrieben, bevor das abschließende Resümee und der Ausblick folgen.

2 Mutationsbasierte Analyse

Die Fehlersimulation hat ihren Ursprung im klassischen Hardware-Entwurf. Hier wurde sie entwickelt, um Testvektoren mit hoher Fehlerabdeckung zum Fertigungstest zu generieren. Bei einer Fehlersimulation wird eine Menge von Testvektoren gleichzeitig auf ein potentiell korrektes Modell (Golden Model) und auf ein mutiertes Modell, in das gezielt Fehler eingefügt werden, angewandt. Ein Testvektor erkennt dann einen Fehler, wenn sich die Ausgangssignale des korrekten Modells und des mutierten Modells unterscheiden. Hierbei ist zu beachten, dass ein Testvektor durchaus mehr als einen Fehler erkennen kann. Wenn alle möglichen Fehler basierend auf einem spezifischen Fehlermodell durch eine Menge von Testvektoren erkannt werden, besitzt diese Menge eine Fehlerabdeckung von 100%. Da dieser Wert die Qualität der Testvektormenge bestimmt, bezeichnet man das Verfahren auch Testvektorqualifikation. Die Herausforderung besteht nun darin, die Fehlerabdeckung einer Testvektormenge zu maximieren und im gleichen Zug die Anzahl der Testvektoren zu minimieren, um die Anzahl der Simulations- und Testläufe zu reduzieren. Zur Minimierung ist es daher wichtig, redundante Testvektoren, die den gleichen Fehler entdecken, zu identifizieren und aus der Menge der Testvektoren zu entfernen.

Da die Fehlerabdeckung vor der Fertigung immer auf einer bestimmten Fehlerannahme in abstrahierten Modellen basiert, nennt man diese Annahme auch Fehlermodell. Hierbei stellt ein Fehlermodell in seiner Abstraktion immer einen Kompromiss zwischen akzeptablen Simulationslaufzeiten und einer möglichst hohen Korrelation zu physikalischen Artefakten dar, um möglichst viele defekte Bauteile im Fertigungstest zu identifizieren. Eines der ersten Fehlermodelle im Schaltungsentwurf war das strukturelle Stuck-at-1/0-Fehlermodell auf Gatter-Ebene und das Stuck-at-Open/Close-Modell auf Transistor-Ebene [JG03]. Obwohl die klassische Terminologie von Fehlermodellen und Fehlersimulationen aus dem Hardware-Entwurf stammt, finden sich in späteren Jahren vergleichbare Konzepte im Bereich des Softwaretests: automatische Verfahren zur Fehlerinjektion in ein Software-Programm, was auch als mutationsbasierte Softwareanalyse bekannt ist [DO91]. Danach, mit der Einführung von Hardware-Beschreibungssprachen, wurde die mutationsbasierte Analyse und Qualifikation von Testvektormengen auch im Bereich der Hardware-Verifikation eingeführt. Mittlerweile findet zum Beispiel Certitude von Synopsys als Werkzeug zur Testvektorqualifikation auf Register-Transfer-Ebene eine weite Verbreitung [HP07]. Da das in diesem Beitrag eingeführte Verfahren diese Technologie auf binäre Softwaredateien anwendet, geht der nächste Abschnitt kurz auf die Grundprinzipien der mutationsbasierten Analyse ein, bevor danach die Anwendung auf Basis von virtuellen Prototypen vorgestellt wird.

Eine Mutation ist eine Kopie eines potentiell korrekten (goldenen) Software-Programms, in das gezielt ein Fehler injiziert wird. Die fehlerhafte Kopie wird dann auch als Mutant bezeichnet. Als Beispiel sei die folgende Ersetzung eines Operators innerhalb eines C-Programms gegeben: 'a = b + c;' ⇒ 'a = b - c;'. Das Ersetzungsschema, nach dessen Muster die Ersetzung vorgenommen wird, wird Mutationsoperator genannt. Beispiele hierfür sind ['+' ⇒ '-'] oder ['>' ⇒ '≥']. Die komplette Anwendung vordefinierter Mutationsoperatoren auf alle Stellen eines Modells oder den gesamten Quellcode eines Programms führt bei nicht-trivialen Anwendungen üblicherweise zu einer sehr großen Anzahl von Mutanten mit jeweils einem Simulationslauf pro Mutant. Da die vollständige Analyse eines Mutanten grundsätzlich einen Simulationsschritt pro Testvektor erfordert, wurden Techniken entwickelt, um die Anzahl der benötigten Simulationsläufe und Simulationsschritte signifikant zu reduzieren [HP07]. Hierbei ist anzumerken, dass, da nach der einmaligen Simulation des goldenen Modells die Simulationsläufe der einzelnen Mutanten vollständig datenunabhängig sind, diese uneingeschränkt parallelisiert werden können, was die Gesamtlaufzeit der Testvektorqualifikation weiter reduziert.

3 Fehlerinjektion in Software

Die Ursache eines transienten Bit-Flips (Wertänderung von 0 auf 1 oder von 1 auf 0) an einer bestimmten Speicherstelle kann, wie schon vorher erwähnt, zum Beispiel im Einschlag eines Neutronen- oder Alphateilchens in die entsprechende Speicherstruktur eines Halbleiters begründet sein, was der Mutation eines Bits in einem binären Software-Programm entspricht. Diese Mutation kann in bestimmten Fällen einer Mutation auf Quellcodeebene entsprechen.

Verdeutlicht wird dies anhand des folgenden Beispiels, welches die Korrelation zwischen den verschiedenen Repräsentationen einer einfachen Funktion erläutert. Bild 1 zeigt die Spezifikation eines einfachen Vergleichs, der Teil einer komplexeren Systemspezifikation sein kann. Die angegebene Funktion soll die Beziehung einer totalen Ordnung von drei Argumenten beliebigen Typs spezifizieren. Die Funktion sei für jedes abc-Tupel in aufsteigender Reihenfolge wahr (true) und sonst falsch (false). Durch die einmalige Anwendung des Mutationsoperators [‘≤‘⇒‘>‘], wird ‘≤‘ durch ‘>' ersetzt, was zur Änderung der Relation in eine partielle Ordnung zwischen den Operanden führt.

$$f(a, b, c) = \begin{cases} \mathit{true}, & \overset{a > b}{\cancel{a \leq b}} \leq c \\ \mathit{false}, & \text{otherwise} \end{cases}$$

Bild 1: Spezifikation einer Funktion

Aus dieser Spezifikation können nun verschiedene Softwaremodelle wie Matlab/Simulink oder ein Ablaufdiagram erstellt werden (siehe Bild 2).

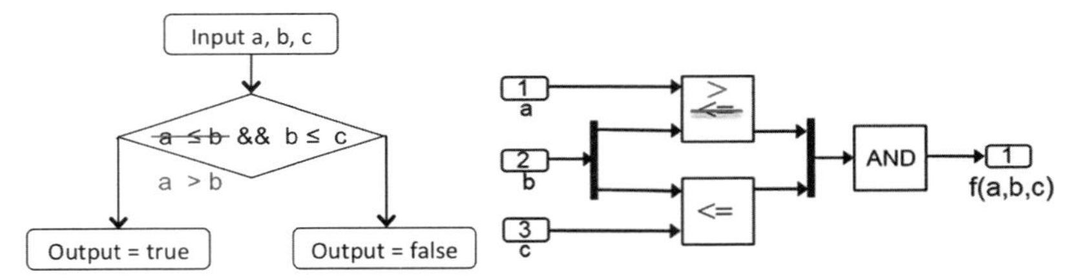

Bild 2: Funktion als Ablaufdiagramm und Matlab/Simulink-Modell

Die Verfeinerung vom Modell zum Softwarequellcode wird typischerweise durch die Anwendung eines mikrocontrollerspezifischen Codegenerators ausgeführt. Der Daten- und Kontrollfluss wird dann auf Variablen und Programmiersprachenkonstrukte, wie zum Beispiel for/while-Schleifen und switch/if-Anweisungen abgebildet, auf die dann ein Mutationsoperator angewendet werden kann. Der Quellcode wird danach von einem zielspezifischen Compiler in eine Ziel-Befehlssatzarchitektur, wie ARM, PowerPC, oder TriCore™, übersetzt. Die resultierenden mikrocontrollerspezifischen Instruktionen bestehen dann normalerweise aus einem Opcode mit optionalen Adress- und Datenabschnitten. Die Aufgabe eines Compilers ist dann, den Daten- und Kontrollfluss auf Instruktionen abzubilden, welche Operationen auf den Registern und dem Speicher des Mikrocontrollers ausführen. Hierbei bleiben Teile der Struktur des Quellcodes, die keine Verzweigungen beinhalten (Basisblöcke), in der Regel noch im kompilierten Binärprogramm als lineare Abfolge von Binärinstruktionen identifizierbar. Im ARMv7-Befehlssatz wird beispielsweise der Kontrollfluss unter anderem zwischen Basisblöcken durch bedingte oder unbedingte Verzweigungsinstruktionen wie BGE (Branch Greater Equal) oder BLT (Branch Less Than) abgebildet. Bild 3 zeigt das vorher beschriebene, kompilierte Beispiel als Kontrollflussdiagramm auf der linken und die Menge der ARMv7-Basisblöcke mit ihrem Adressraum auf der rechten Seite. Hierbei wird deutlich, wie die Vergleichsoperatoren im C-Programm den Verzweigungen im ARMv7-Code entsprechen und dass der Mutationsoperator [‘≤‘⇒‘>‘] direkt mit der [BLT⇒BGE]-Änderung am Ende des ersten Basisblocks korreliert.

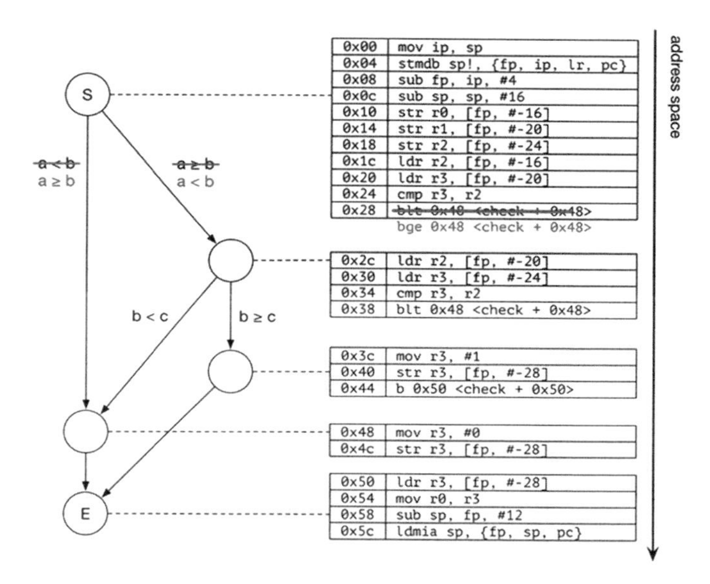

Bild 3: Kontrollflussgraph mit Basisblöcken aus ARMv7-Instruktionen

Tabelle 1: Bedingte Sprunganweisungen des ARMv7-Thumb-Befehlssatzes

ARM Instruktion	Bedingung (Symbol)	Bedingung (Binärcode)
BGE	≥	1010
BLT	<	1011
BGT	>	1100
BLE	≤	1101

Tabelle 1 gibt die Korrelation der Instruktionen zur ihrer Darstellung als Binärcode wieder. Hier ist zum Beispiel zu sehen, dass die Ersetzung [BLT⇒BGE] der Ersetzung ['1011'⇒'1010'] im Binärcode entspricht. In diesem Fall korrespondiert dies mit einem einfachen Ein-Bit-Flip des vierten Bits des Opcodes. Tabelle 2 gibt hierzu zusätzlich eine Übersicht der Auswirkungen von Ein- und Mehrfach-Bit-Flips im Binärcode in Abhängigkeit der auf Verzweigungsbefehle eingeschränkten Mutationsoperatoren, welche nach Relevanz des Auftretens sortiert ist. Mit diesen Informationen kann man nun die Wahrscheinlichkeit des Auftretens von Mutationen in höheren Abstraktionsebenen in Bezug auf ihre Relevanz für Bit-Flips bestimmen. Für das obige Beispiel bedeutet das, dass unter Berücksichtigung einer SEU-Annahme das Auftreten einer der ersten vier Mutationen eine hohe Wahrscheinlichkeit besitzt und deshalb hinsichtlich von funktionalen Sicherheitsaspekten der Software besondere Aufmerksamkeit verdient und entsprechende Gegenmaßnahmen, wie zum Beispiel redundante Berechnungen, die bereits im Quellcode angewendet werden, getroffen werden sollten. Alternativ kann aber auch die Effektivität von Fehlerkorrekturmaßnahmen durch eine Fehlereffektsimulation überprüft werden. Für eine noch detailliertere Analyse werden allerdings Informationen über die zugrundeliegenden Hardwarestrukturen mit konkreten Details des Layouts und der Prozesstechnologie benötigt, um die Untersuchungen von Ein-Bit-Flips innerhalb einer Instruktion (Single-Word-Single-Bit-Upset) auf Mehrfach-Bit-Flips (Single-Word-Multi-Bit-Upsets) zu konkretisieren. Dabei ist unter anderem zu beachten, ob Register- oder Speicherzellen ein lineares oder ein Interleaving-Layout für einen höheren Multi-Bit-Fehlerschutz aufweisen. In Interleaving-Cell-Layouts kann beispielsweise ein externes Ereignis keine Auswirkung auf benachbarte Bits eines einzelnen Wortes haben, da ein Ereignis in der Regel nur direkt benachbarte Speicherzellen auf einem Chip beeinflusst.

Tabelle 2: ARMv7-Mutationsoperatoren

Mutationsoperator	Bit-Flips
[BGE➔BLT]	1
[BLT➔BGE]	1
[BGT➔BLE]	1
[BLE➔BGT]	1
[BGE➔BGT]	2
[BGT➔BGE]	2
[BGE➔BLE]	2
[BLE➔BGE]	2
[BLT➔BLE]	2
[BLE➔BLT]	2
[BLT➔BGT]	3
[BGT➔BLT]	3

4 Roboterarm-Fallstudie

Die Fehlerinjektion wurde an einem Roboterarm-Demonstrator, der physikalisch und als virtueller Prototyp implementiert wurde, untersucht. Der Demonstrator hatte unter anderem die Aufgabe, die Vorteile von virtuellen gegenüber physikalischen Prototypen anhand mehrerer Szenarien zur Fehlerinjektion in mehreren Teilaspekten zu veranschaulichen. Darüber hinaus diente der virtuelle Prototyp als Plattform zur automatischen mutationsbasierten Analyse der Steuerungssoftware. Der physikalische Aufbau wurde auf Basis des Robolink™-Systems von Igus realisiert, welches mit mehreren Winkel-, Abstands-, Beschleunigungssensoren an den Gelenken und an der Armspitze zur Kontrolle der Bewegung und der Positionierung ausgerüstet wurde. Die Steuerungssoftware wurde auf einem ARMv7-basierten XMC4500-Mikrocontroller von Infineon realisiert.

4.1 Virtueller Prototyp

Der virtuelle Prototyp der Fallstudie besteht zum einen aus einem virtuellen Umgebungsmodell, das als interaktives 3D-Modell mit V-REP (Coppella Robotics) implementiert wurde. Wie in Bild 5 zu sehen ist, beinhaltet das 3D-Modell eine einfache Arbeitsumgebung mit Tisch und einem Ball zur flexiblen Roboterarm-Positionierung. In diese Oberfläche wurde das 3D-Modell des Roboterarms, das im STEP-Format von Igus bereitgestellt wurde, integriert.

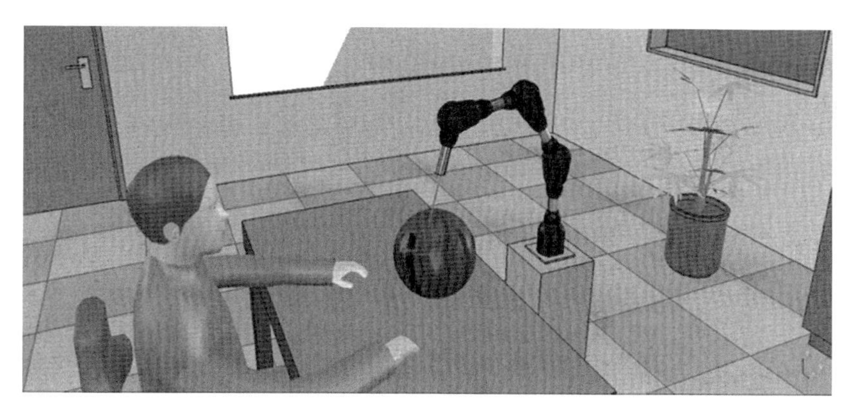

Bild 4: Virtuelles Modell des Roboterarms mit Versuchsumgebung

Bild 5: Physikalischer Aufbau des Roboterarms

Das 3D-Modell des Roboterarms wird durch virtuelle Hardware-Komponenten des XMC4500-Mikrokontrollers gesteuert, wobei die Ausführung durch eine SystemC-Simulation auf Basis der Hardwaremodelle mit einem integrierten CPU-Emulator zur Ausführung der kompilierten Software realisiert ist. Hierzu mussten neben dem CPU-Kern alle relevanten Peripheriekomponenten und Schnittstellen wie zum Beispiel SPI (Serial Peripheral Interface), I2C (Inter-Integrated Circuit), ADC (Analog Digital Converter) und CCU (Capture & Compare Unit) sowie Ersatzmodelle für die entsprechenden Sensoren und Aktoren als virtuelle SystemC-Module modelliert werden. Zur Ausführung der kompilierten Steuerungssoftware wurde ein just-in-time-basierter CPU-Emulator als CPU-Kern integriert. Die Software steuert in diesem Zusammenhang die Bewegung der Roboterarmsegmente durch Abstraktion der Motorfunktionalität. Bestimmte sensorspezifische Umgebungsdaten, wie zum Beispiel Abstände der Arm-Spitze zu anderen Objekten, werden dann während der Bewegung von der 3D-Umgebung geliefert. Die Menge und Art dieser Daten wird hierbei durch die Funktionalität der interaktiven 3D-Umgebungssoftware bestimmt. So können zum Beispiel im Fall von V-REP keine physikalischen Effekte wie die Beschleunigung von Massen modelliert werden. Hierfür müsste eine andere 3D-VR-Umgebung – evtl. auf Kosten der Laufzeit – gewählt werden.

Auf Basis dieses virtuellen Prototyps konnten schon sehr weitgehende sicherheitsrelevante Funktionstests der kompilierten binären Software in nicht-sicherheitskritischer virtueller Umgebung durchgeführt werden. Da die Ausführungsgeschwindigkeit der Software auf Basis des virtuellen Prototyps nur um den Faktor 10 langsamer ist, können die Tests mit unseren Modellen fast in Echtzeit nachvollzogen werden. Im Vergleich dazu würde der Einsatz eines klassischen Befehlssatzsimulators eine Verlangsamung um den Faktor 100-1000 verursachen.

Die weiteren Vorteile des Einsatzes von virtuellen Umgebungen sind gravierend. Während im physikalischen Aufbau bestimmte Grenzbereiche nicht überprüft werden können, können am virtuellen Prototyp selbst grenzüberschreitende Tests problemlos und sehr flexibel durchgeführt werden, da auf eine Zerstörung des Gerätes, eine Beschädigung von Gegenständen und auf die Verletzung von Personen keine Rücksicht genommen werden muss.

4.2 Automatisierte Fehlerinjektion zur Mutationsanalyse

Während im vorherigen Abschnitt das Ziel des virtuellen Prototyps war, die Nachteile des physikalischen Aufbaus für zum Beispiel zerstörungsgefährdende Test zu kompensieren, steht bei der nachfolgend beschriebenen Verwendung der virtuelle Prototyp als schnelle und extrem flexible Plattform zur Ausführung eingebetteter Software im Vordergrund. Hierzu beschränken wir uns auf virtuelle Modelle von Mikrocontrollern in Zusammenhang mit der vorher vorgestellten mutationsbasierten Analyse.

Virtuelle Prototypen (hier: virtuelle CPU-Plattformen) zur Ausführung eingebetteter Software fanden in den letzten Jahren eine breite Akzeptanz in der Industrie, da sie im Vergleich zur klassischen Befehlssatzsimulation eine um mehrere Größenordnungen beschleunigte Ausführung kompilierter Software ermöglichen. So bieten mittlerweile alle großen EDA-Anbieter (Cadence, Mentor Graphics, Synopsys) kommerzielle Lösungen an. Zudem stehen konkurrenzfähige Open-Source-Implementierungen, wie zum Beispiel QEMU und OVP, welche eine Vielzahl von Befehlssatzarchitekturen unterstützen, seit vielen Jahren zur Verfügung. Sie alle verwenden Beschleunigungstechniken zur Software-Emulation, die auf einer sehr effizienten Variante der Just-in-Time-Kompilierung basieren [Bel05, Imp07-ol].

Die vorher beschriebene Technik der mutationsbasierten Fehlerinjektion für ARM-kompilierte Binärdateien wurde auf Basis der CPU-Emulation von QEMU implementiert. Diese basiert auf der klassischen Fetch-Decode-Execute-Ausführung von Instruktionen, die durch eine Just-in-Time-Kompilierung von Basisblöcken eine hohe Ausführungsgeschwindigkeit realisiert. Hierbei werden die einzelnen Instruktionen zuerst geladen (Fetch), dann dekodiert (Decode) und schließlich in einem Zwischenformat bis zum Ende des jeweiligen Basisblocks gespeichert. Sobald ein Verzweigungs- oder Sprungbefehl das Ende eines Basisblocks anzeigt, übersetzt der Just-in-Time-Compiler (Tiny Code Generator) den kompletten Block zur Ausführung auf dem Host-PC. Der übersetzte Block wird anschließend in einem Speicher für übersetzte Basisblöcke (TB-Cache) gespeichert und ausgeführt. Die beschleunigte Ausführung wird dadurch erreicht, das beim erneuten Erreichen des Basisblocks dieser ab dem zweiten Mal ohne erneute Übersetzung aus dem TB-Cache geladen und direkt ausgeführt werden kann. Die vorher beschriebene Mutation einer bestimmten Instruktion wird nun direkt nach dem Dekodierungsschritt und noch vor der Abspeicherung im Zwischenformat eingefügt. Hierbei werden sukzessive alle Mutationsoperatoren aus einer vorher erzeugten Liste auf alle zutreffenden Instruktionen der Binärdatei angewandt. Diese Liste wird vorher durch eine automatische, statische Analyse des Befehlssatzes des entsprechenden Mikrocontrollers und der zu mutierenden Binärdatei erzeugt.

Nach der statischen Analyse des binären Programms kann die exakte Anzahl von Mutanten und somit auch die Anzahl der benötigten Simulationsläufe bestimmt werden.

Bei jedem Simulationslauf wird nun pro Testvektor die Ausgabe des Mutanten mit der des korrekten Programms verglichen. Sobald sich die Werte am Ausgang unterscheiden, kann der Testvektor – genauso wie beim Auslösen eines HW-Traps – als erfolgreich angesehen und der Simulationslauf abgebrochen werden, was die Gesamtlaufzeit der Analyse zusätzlich reduziert. Die Mutation einer Instruktion kann natürlich auch den unerwünschten Effekt der Erzeugung einer Endlosschleife hervorrufen, welche nur durch einen Timeout entdeckt und terminiert werden kann. Um Schwankungen bei der Ausführungsgeschwindigkeit des Host-PCs durch Betriebssystemeffekte zu berücksichtigen und um zu verhindern, dass ein Mutant zu früh als Timeout gewertet wird, entsprechen momentane Erfahrungswerte für einen Timeout etwa der doppelten Laufzeit des Golden Runs, um unerwünschte Effekte des zugrunde liegenden Betriebssystems des Host-PCs ausschließen zu können.

Die eigentliche Mutationsanalyse beginnt dann nach der Initialisierung mit der Ausführung der potentiell korrekten Binärdatei (Golden Run), wonach die einzelnen Testläufe - ein Testlauf pro Mutant - ausgeführt werden (siehe Bild 6). Hier ist zu bemerken, dass nach dem Golden Run die obere Schranke der Gesamtlaufzeit aller Mutationstests bereits hinreichend genau für die jeweilige Bit-Flip-Kategorie abgeschätzt werden kann. Auf diese Weise kann ebenfalls abgeschätzt werden, ob in einem sinnvollen Zeitrahmen weitere Mutationstests mit Mehrfach-Bit-Flips durchgeführt werden können. Da die einzelnen Mutationstests unabhängig voneinander sind, kann zu diesem Zeitpunkt mit der Kenntnis der verfügbaren CPU-Ressourcen auch eine weitere Beschleunigung durch Parallelisierung errechnet werden. Mit einem Octa-Core-Prozessor kann hier zum Beispiel eine nahezu achtfache Beschleunigung erreicht werden.

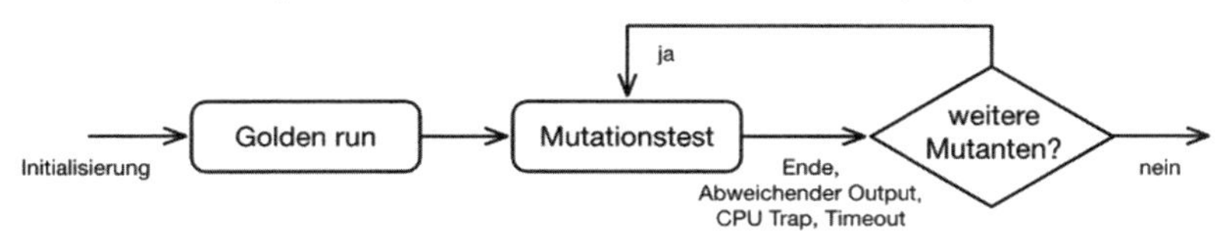

Bild 6: Mutationsanalyse mit QEMU

Im Zuge der vorliegenden Fallstudie wurde ein Teil der Roboterarm-Positionierungssoftware einem Mutationstest mit unserer QEMU-Erweiterung unterzogen. Die Tests wurden zur besseren Nachvollziehbarkeit sequentiell auf einem Desktop-PC unter Linux mit einem 3 GHz Intel Core i5 CPU (unter Verwendung eines Kerns) und 8 GB Hauptspeicher ausgeführt.

Der Befehlssatz wurde in der Kompilierung auf die 16-bit-Thumb-Teilmenge des ARMv7-Befehlssatzes eingeschränkt. Die kompilierte Binärdatei enthielt 2414 Instruktionen, mit 4 BLT-Instruktionen. Tabelle 3 zeigt die Analyseergebnisse für 1- und 2-Bit-Flips mit einem Golden Run mit einer Laufzeit von 988,51ms. Studien zeigten, dass Endlosschleifen nach einem Timeout der 1,5-fachen Laufzeit des Golden Runs hier erkannt und abgebrochen werden konnten.

Tabelle 3: Ergebnisse der Mutationsanalyse

Bit-Flips	Anzahl Mutanten	Gesamtzeit	Zeit/ Mutant	Fehler entdeckt	Fehler nicht entdeckt	Timeouts	CPU Trap
1-Bit	64	1328,97ms	20,77ms	62	0	0	2
2-Bit	480	11103,62ms	23,13ms	447	6	3	24

Tabelle 3 lässt erkennen, dass die Testvektoren eine 100% Fehlerüberdeckung im Fall von 1-Bit-Flips und eine Überdeckung von 98,75% bei 2-Bit-Flips besitzen. Im ersten Fall wird in der durchschnittlichen Laufzeit pro Mutant eine Verbesserung mit einem Faktor 47,59x und im zweiten Fall eine Verbesserung von 42,74x erreicht. Diese Verbesserung bezieht sich auf die obere Schranke der Gesamtlaufzeit, die durch die Anzahl der möglichen Mutanten multipliziert mit dem Golden Run gegeben ist. Es ist hier deutlich erkennbar, dass der frühzeitige mögliche Abbruch der Simulationsläufe bei Entdeckung eines Fehlers zu einer enormen Reduktion der Gesamtlaufzeit aller Simulationsläufe führt. Dies scheint zwar bei der Betrachtung der absoluten Laufzeiten im Sekundenbereich kein großer Gewinn, beachtet man allerdings, dass sich die absolute Zahl nur auf die Anwendung eines Mutationsoperators und auf die Analyse eines relativ kleinen Programms handelt, sind in der Praxis leicht Beschleunigungen im Stundenbereich zu erreichen.

5 Resümee und Ausblick

Vor dem Hintergrund der Sicherheitsanforderungen aus funktionalen Sicherheitsstandards wie IEC 61508 und ISO 26262 wurden Code- und Modell-Mutationen der unterschiedlichen Repräsentationen eines Softwareprogramms untersucht. Es wurde gezeigt, wie Mutationen in Softwaremodellen mit Bit-Flips bei binärer Software am Beispiel des ARM-Befehlssatzes korrelieren.

Die Fallstudie demonstriert am Beispiel eines Roboterarms den sinnvollen und effektiven Einsatz von virtuellen Prototypen zum Stresstest und zur Qualitätsabsicherung eingebetteter Software. Zum einen wurde der Einsatz von virtuellen Prototypen motiviert, um die Nachteile des physikalischen Aufbaus für, zum Beispiel, zerstörungsgefährdende Tests zu kompensieren. Zum anderen wurde die Verwendung von virtuellen Prototypen als schnelle und flexible Plattform zur Ausführung eingebetteter Software zur mutationsbasierten Qualifikation von Testvektoren gezeigt. Die experimentellen Ergebnisse demonstrieren, dass quelloffene CPU-Emulatoren hinsichtlich Laufzeit und Stabilität durchaus konkurrenzfähig mit kommerziellen Produkten sind und dass sich der vorgestellte automatisierte Mutationstest für nicht-triviale Anwendungen eignet.

Um die in diesem Artikel vorgestellte Fehlereffektsimulation für virtuelle Prototypen auf möglichst vielen CPU-Plattformen einsetzen zu können, scheint eine Generalisierung der binären Bit-Flip Fehlerinjektion, die derzeit nur experimentell für ARM- und TriCore™-Mikrocontroller vorliegt, sinnvoll. Ebenso bietet es sich an, weitere generelle Konzepte für die Fehlerinjektion in Peripheriegeräte sowie virtuelle Sensoren und Aktuatoren zu entwickeln. Diesen Forschungsthemen wollen sich die Autoren auch in Zukunft weiter zuwenden.

Literatur

[BBK+12] BECKER, M.; BALDIN, D.; KUZNIK, C.; JOY, M.; XIE, T.; MUELLER, W.: Xemu – An Efficient Qemu Based Binary Mutation Testing Framework for Embedded Software. Proc. of EMSOFT 2012, Tampere, FL, 2012

[Bel05] BELLARD, F.: QEMU – A Fast and Portable Dynamic Translator. ATEC '05: Proceedings of the Annual Conference on USENIX Annual Technical Conference, Anaheim CA, USA, 2005

[BKJ+12] BECKER, M.; KUZNIK, C.; JOY, M.; XIE T.; MUELLER, W.: Binary Mutation Testing Trough Dynamic Translation. In DSN'12, 2012

[DO91] DEMILLO R. A.; OFFUTT A. J.: Constraint-Based Automatic Test Data Generation. IEEE Transactions on Software Engineering, 17(9), 1991

[EAS11] EUROPEAN AVIATION SAFETY AGENCY (EASA): EASA CM SWCEH 001 – Development Assurance of Electronic Hardware. EASA, August 2011

[GRS+06] GOLOUBEVA, O.; REBAUDENGO, M.; SONZA REORDA, M.; VIOLANTE, M.: Software-Implemented Hardware Fault Tolerance, Springer Verlag, Berlin, 2006

[HP07] HAMPTON, M.; PETITHOMME, S.: Leveraging a Commercial Mutation Analysis Tool for Research. In Proc. of Testing Academic & Industrial Conference Practice and Research Techniques, Windsor, UK, 2007

[IEC06a] INTERNATIONAL ELECTROTECHNICAL COMMISSION (IEC): IEC 61025 – Fault Tree Analysis (FTA). International Standard, 2006

[IEC06b] INTERNATIONAL ELECTROTECHNICAL COMMISSION (IEC): IEC 60812 – Analysis Techniques for System Reliability – Procedure for Failure Mode and Effects Analysis (FMEA). International Standard, 2006

[IEC10a] INTERNATIONAL ELECTROTECHNICAL COMMISSION (IEC): IEC 61508 – Functional Safety of Electrical/Electronic/Programmable Electronic/Safety-related Systems. International Standard, 2010

[IEC10b] INTERNATIONAL ELECTROTECHNICAL COMMISSION (IEC): IEC 60730 – Automatic electrical controls – Part 1: General Requirements. International Standard, 2010

[Imp17-ol] Imperas Software: Open Virtual Platforms (OVP). www.ovpworld.org.

[ISO06] INTERNATIONAL STANDARDIZATION ORGANIZATION (ISO): EN ISO 13849-1 Safety of Machinery – Safety-Related Parts of Control Systems. International Standard, 2006

[ISO11] INTERNATIONAL STANDARDIZATION ORGANIZATION (ISO): ISO 26262-5 Road Vehicles – Functional Safety – Part 5: Product development at the hardware level. International Standard, 2011

[JG03] JHA, N.; GUPTA, S.: Testing of Digital Systems. Cambridge University Press, Cambridge, UK, 2003

[RLT78] RANDELL, B.; LEE, P.; TRELEAVEN, P.: Reliability Issues in Computing Systems Design. ACM Computing Surveys Vol. 10 No. 2, 1978

[SSM00] SHIRVANI P. P.; SAXENA, N. R.; MCCLUSKEY, E. J.: Software-Implemented EDAC Protection against SEUs. IEEE Trans. Reliability, 49(3), IEEE Press, September 2000

Autoren

Peer Adelt ist im C-LAB, einem gemeinsamen Forschungs- und Entwicklungsinstitut von Atos und der Universität Paderborn, angestellt. Er studierte an der Universität Paderborn Informatik und schloss sein Studium im Jahr 2015 mit dem Master ab. Seitdem arbeitet er im C-LAB als wissenschaftlicher Mitarbeiter. Seine Forschungsinteressen liegen im Bereich der Entwicklung und Simulation sicherer und zuverlässiger eingebetteter Systeme.

Dr. Bernd Kleinjohann erwarb sein Diplom in Informatik 1985 an der Universität Dortmund und promovierte 1994 an der Universität Paderborn. Seit 1985 arbeitet er im C-LAB, dem gemeinsamen Forschungsinstitut von Atos und der Universität Paderborn. Er ist stellvertretender Vorstand des C-LAB und Leiter der Gruppe Cooperative Systems. Dr. Kleinjohann hat mehr als 100 Tagungsbeiträge im Bereich eingebetteter Realzeitsysteme, verteilter interaktiver Systeme, selbstlernender Systeme und Bildverarbeitung publiziert.

Bastian Koppelmann ist in der Fachgruppe Schaltungstechnik der Universität Paderborn beschäftigt. Er erhielt seinen Bachelorabschluss in Informatik im Jahr 2015 von der Universität Paderborn und studiert momentan im Masterstudiengang Informatik. Während seiner Tätigkeit an der Universität hat er sich im QEMU Open-Source Projekt engagiert und ist dort als Maintainer für die TriCore™-Plattform verantwortlich.

Dr. Wolfgang Müller erhielt 1989 sein Diplom in Informatik von der Universität Paderborn, an der er 1996 mit Auszeichnung promoviert wurde. Seit 2014 arbeitet er in der Fachgruppe Schaltungstechnik am Heinz Nixdorf Institut. Er ist langjähriges Mitglied in den Programm- und Organisationkomitees mehrerer nationaler und internationaler Tagungen, wie der CODES+ISSS und der DATE, und publizierte neben mehreren Büchern über 200 Beiträge auf nationalen und internationalen Tagungen im Bereich des Entwurfs eingebetteter elektronischer Systeme.

Prof. Dr.-Ing. Christoph Scheytt leitet die Fachgruppe Schaltungstechnik am Heinz Nixdorf Institut der Universität Paderborn. Er erhielt 1996 sein Diplom in Elektrotechnik an der Ruhruniversität in Bochum, an der er 2000 mit Auszeichnung promoviert wurde. Als Mitbegründer war er anschließend CEO der advICo microelectronics GmbH und Abteilungsleiter für Chip-Entwurf am IHP Leibniz-Institut für Innovative Mikroelektronik in Frankfurt/Oder. Er publizierte über 150 Beiträge auf nationalen und internationalen Tagungen und Journalen und hält 16 Patente. Seine Forschungsgebiete umfassen den Entwurf von Höchstfrequenz-ICs auf Basis verschiedenster SiGe-BiCMOS- und CMOS-Fertigungstechnologien, sowie Siliziumphotonik.

Dr.-Ing. Daniel Müller-Gritschneder erhielt 2003 sein Diplom in Elektrotechnik von der Technischen Universität München, an der er 2009 promoviert wurde. Seit 2004 arbeitet er am Lehrstuhl für Entwurfsautomatisierung an der TU München. Er ist Mitglied im Programmkomitee mehrerer nationaler und internationaler Tagungen, wie der Design Automation Conference, CODES+ISSS und SAMOS. Seine Interessen liegen in den Bereichen des Entwurfs eingebetteter elektronischer Systeme und der NoC-Synthese.

Verteilte statische Analyse zur Identifikation von kritischen Datenflüssen für vernetzte Automatisierungs- und Produktionssysteme

Faezeh Ghassemi, Dr. Matthias Meyer, Uwe Pohlmann, Dr. Claudia Priesterjahn
Fraunhofer-Institut für Entwurfstechnik Mechatronik IEM
Zukunftsmeile 1, 33102 Paderborn
Tel. +49 (0) 52 51 / 54 65 101, Fax. +49 (0) 52 51 / 54 65 102
E-Mail: {Matthias.Meyer/Uwe.Pohlmann/Claudia.Priesterjahn}@iem.fraunhofer.de

Zusammenfassung

Moderne Automatisierungs- und Produktionssysteme speichern viele schützenswerte Daten wie zum Beispiel Produktionsmengen oder Verfahrenseinstellungen. Sie werden von speicherprogrammierbaren Steuerungen (SPS) gesteuert. Eine SPS bietet eine Vielzahl von Netzwerk-/Datenschnittstellen. Insbesondere Schnittstellen zum Internet ermöglichen neue Funktionalitäten, sind aber auch mögliche Angriffspunkte. Neben einer Netzwerktrennung durch Firewalls sollte zusätzlich programmatisch unterbunden werden, dass auf kritische/sensible Daten direkt oder indirekt über einen kritischen, unerwünschten Datenfluss zugegriffen werden kann. Bereits während der Entwicklung einer Anlage kann der Steuerungscode mittels statischer Programmanalyse untersucht werden. Die unabhängige Analyse von einzelnen Programmen reicht aber bei vernetzten Anlagen nicht aus, da sich der kritische Datenfluss erst aus der Kombination von Programm- und Netzwerkverhalten ergeben kann. Deshalb stellen wir in diesem Beitrag erste Ideen für eine verteilte statische Analyse der Steuerungssoftware einer vernetzten Industrieanlage vor, welche es ermöglicht den Datenfluss der gesamten vernetzten Anlage zu betrachten. Hierdurch wird es möglich zu beurteilen, ob kritische/sensible Daten die vernetzte Anlage verlassen oder ob diese manipuliert werden können.

Schlüsselworte

Informationssicherheit, Statische Analyse, Verteilte Analyse, Verteilte Systeme, Industrieautomatisierung

Distributed Static Analysis for Identifying Critical Data Flows in Connected Automation and Production Systems

Abstract

Modern automation and production systems store a lot of sensitive information such as production amount or process knowledge. Programmable logic controllers (PLC) control such systems. A PLC provides several network/data exchange interfaces. Especially, a connection to the internet enables new functionalities. However, an internet connection or network interfaces could be targets of attacks. Besides using firewalls, programmers should take care of the data flow. They should prevent programmatically that the critical/sensitive data is accessed directly or indirectly over a critical/undesired data flow. Nowadays, static code analysis methods can analyze different, connect programs independently during the development of a system. However, analyzing PLC programs independently is not sufficient for the networked system because critical data flow is a result of the combination of the program- and the network behavior. In this paper, we present our first ideas of a static analysis method for the controller software of a modern automation system, which considers the data flow through a networked system. This solution enables to validate efficiently if the critical/sensitive data can leave the networked system and if an attacker can manipulate the data by changing certain data.

Keywords

IT-Security, Static Analysis, Distributed Analysis, Distributed Systems, Industrial Automation

1 Einführung

Moderne, hochautomatisierte Produktionsanlagen benötigen umfangreiche Automatisierungstechnik für ihre Steuerung und Überwachung. Dies umfasst typischerweise eine Vielzahl von miteinander vernetzten Speicherprogrammierbaren Steuerungen (SPS) oder Industrie-PCs. Diese sind zur Erfassung des Zustands der Anlage mit Sensoren vernetzt, führen Software aus, die aus den Sensorinformationen notwendige Aktionen zur Steuerung der Anlage ableitet, und bringen diese wiederum mit Hilfe von Aktoren zur Ausführung. Darüber hinaus sind die SPS mit übergeordneten Leitsystemen sowie direkt oder indirekt mit mobilen Endgeräten zur Produktionssteuerung und -überwachung teils über das Internet vernetzt. Im Zuge von Industrie 4.0 ist eine weitere Zunahme der Vernetzung zu erwarten, um Funktionen wie Condition Monitoring, Predictive Maintenance, Analyse von Produktionsdaten zur Optimierung des laufenden Betriebs oder Cloud-basierte Anlagensteuerungen zu realisieren.

Produktionsanlagen und die sie umgebenden IT-Systeme verarbeiten große Mengen von teils schützenswerten Daten wie z.B. Produktdaten, Produktionsmengen, Verfahrenseinstellungen, Sensorinformationen oder Steuerbefehle und tauschen diese über zahlreiche Schnittstellen miteinander aus. Diese Datenflüsse werden, zumindest zum Großteil, für den Betrieb der Anlage benötigt. Allerdings können sie auch für Angriffe auf das System ausgenutzt werden. Es können z.B. Daten abgehört und daraus Rückschlüsse auf sensible Daten gezogen werden. Eine andere Möglichkeit ist die Manipulation von kritischen Daten für die Steuerung, wie zum Beispiel Produktionsabläufe für spezifische Produkte. Dadurch können gezielt Fehlerzustände in einer Anlage erzeugt werden. In der Folge kommt es zu Ausfällen in der Produktion oder zu der Zerstörung von ganzen Anlagen [CA11]. Noch subtiler sind Manipulationen, die zu einer reduzierten Produktqualität führen, die möglicherweise erst spät bemerkt wird [BSI16].

Durch solche Angriffe wird jährlich ein hoher wirtschaftlicher Schaden verursacht. Für das Jahr 2013 wurde der globale wirtschaftliche Gesamtschaden durch Cyberkriminalität auf über 445 Milliarden Dollar geschätzt [McA14]. In Deutschland betrug der wirtschaftliche Schaden 1,60% des Bruttoinlandsprodukts. Laut einer Studie des VDMA kam es in 2013 bereits bei 29% der befragten Unternehmen zu Produktionsausfällen aufgrund von Sicherheitsvorfällen [VDMA13]. Auch das Bundesamt für Sicherheit in der Informationstechnik (BSI) stellt fest, dass Produktionsanlagen zunehmend denselben Cyber-Angriffen ausgesetzt sind wie konventionelle IT [BSI16]. Sowohl die Häufigkeit von Vorfällen als auch von neu entdeckten Sicherheitsschwachstellen nimmt zu. Das BSI nennt als Top-Bedrohungen u.a. Social Engineering und Phishing, Einschleusen von Schadsoftware über Wechseldatenträger und externe Hardware, Infektion mit Schadsoftware über Internet und Intranet oder Einbruch über Fernwartungszugänge.

Um Anlagen gegen solche Angriffe abzusichern, reicht es nicht aus, lediglich eine Firewall aufzustellen und den Zugang zu den Steuerungssystemen abzusichern. Gelingt es einem Angreifer diese Maßnahmen zu umgehen, z.B. mit durch Phishing erlangten Zugangsdaten, ist er auf Systemkomponenten und kann von dort aus Schaden anrichten. Daher müssen innerhalb des Systems weitere Maßnahmen ergriffen werden, um möglichst die Auswirkungen zu beschränken und wenig Angriffsfläche zu bieten. Dazu gehört, bereits während der Entwicklung der Steuerungssoftware sämtliche möglichen Datenflüsse dahingehend zu überprüfen, ob sie tatsächlich für die Überwachung und Steuerung der Anlage benötigt werden. Alle nicht notwendigen Datenflüsse, die möglicherweise unbewusst aufgrund fehlerhafter Programmierung oder unpräziser Konfiguration ermöglicht werden, sollten frühzeitig erkannt und unterbunden werden, damit sie nicht von einem Angreifer ausgenutzt werden können.

Die Analyse von Datenflüssen mit Hilfe statischer Analyseverfahren ist heute Stand der Technik in der Softwareentwicklung. So gibt es Analyseverfahren für verschiedene Programmiersprachen, z.B. [LA04] für C/C++ oder [LBLH11] für Java. Für IEC-61131-Sprachen existieren bisher noch nicht so vielfältige und tiefgehende statische Analyseverfahren. Es existieren aktuelle Forschungsarbeiten, welche auch in der Praxis angewendet werden können [PAR+16]. Allerdings sind diese Analysen aktuell noch nicht auf spezielle IT-sicherheitsrelevante Probleme anwendbar. Hierzu gehören zum Beispiel Taint-Analysen auf vorhandenen Datenflüssen. Taint-Analysen können analysieren, ob bestimmte potentiell gefährliche/ungeprüfte Daten, wie zum Beispiel Nutzereingaben, bestimmte kritische Funktionen, wie zum Beispiel ein Datenbankzugriff, erreichen können.

Alle aktuellen Analyseverfahren, wie z.B. [PAR+16], [LA04], [LBLH11], haben gemein, dass sie einzelne, nicht vernetzte Programme, analysieren und sich die Analyse, jeweils auf eine Technologie bzw. Sprache begrenzt. Netzwerkkonfigurationen, wie sie zum Beispiel OPC UA vorsieht, werden gar nicht betrachtet. Moderne Industrieanalagen dagegen sind hochgradig vernetzt und verwenden verschiedene Technologien bzw. Programmiersprachen. Deshalb muss auch der Datenfluss über mehrere SPS-Programme hinweg und zu Leitsystemen oder mobilen Überwachungssystemen analysiert werden, um Aussagen über kritische Datenflüsse in modernen Industrieanlagen treffen zu können.

In diesem Papier stellen wir erste Ideen für eine statische Analyse der verteilten Steuerungssoftware von Industrieanlagen vor, um die Datenflüsse in einer vernetzten Anlage zu betrachten. Hierdurch möchten wir die Beurteilung unterstützen, ob Daten, sowohl innerhalb als auch außerhalb der vernetzten Anlage, unnötigerweise gelesen oder sogar manipuliert werden können.

Im folgenden Kapitel erläutern wir ein Anwendungsbeispiel und die Problemstellung, welche sich ergibt, wenn ein Angreifer Zugriff auf das Überwachungssystem erlangt. Danach gehen wir in Kapitel 3 auf verwandte/grundlegende Arbeiten zur statischen Programmanalyse ein. In Kapitel 4 beschreiben wir unser Konzept für eine verteilte statische Analyse zur Identifikation von kritischen Datenflüssen. Kapitel 5 fasst die Ergebnisse zusammen und gibt einen Ausblick auf künftige Arbeiten.

2 Anwendungsbeispiel

Bild 1 zeigt ein Beispiel für eine industrielle Produktionsanlage, in der Netzwerkkarten und Mainboards für Computer hergestellt werden. Der Produktionsprozess gliedert sich in drei Stationen: An der ersten Station (1) werden die Leiterbahnen auf die Platine aufgebracht. An der zweiten Station (2) werden die Komponenten auf der Platine platziert und an der dritten Station (3) werden diese Komponenten auf der Platine fixiert.

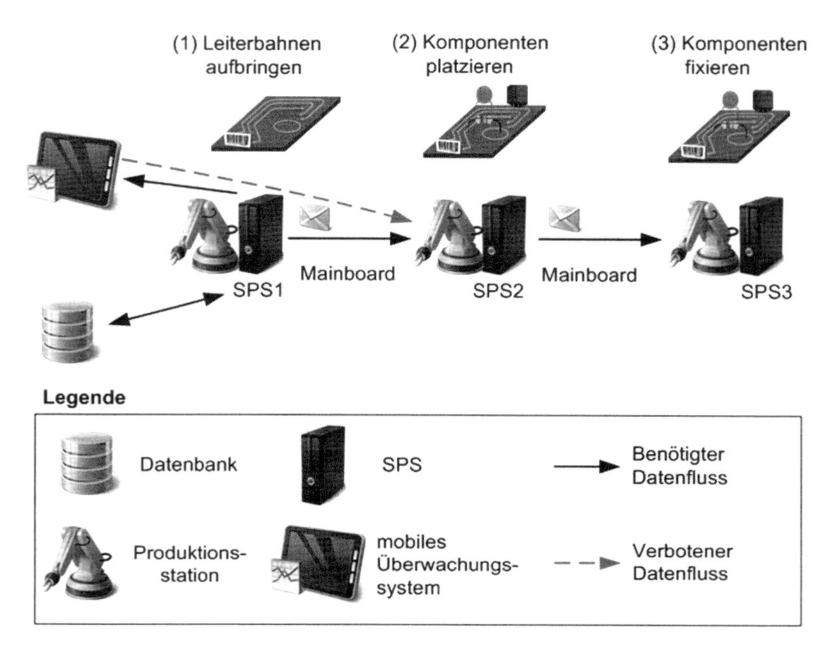

Bild 1: Produktion von Platinen

Die Werkstücke werden durch ein Förderband von Station zu Station transportiert. Die Stationen kommunizieren durch den Austausch von Daten in Form von gemeinsamen Netzwerkvariablen, welche Art von Platine gerade bearbeitet wird. Sie sind so miteinander vernetzt, dass jede Station mit jeder anderen Station kommunizieren kann. Der Datenfluss ist im Bild durch schwarze Pfeile dargestellt. Jede Art von Platine hat ein anderes Leiterbahnenlayout und wird mit unterschiedlichen Komponenten ausgestattet. Deshalb werden für die Produktion jeder Platine unterschiedliche Bearbeitungsschritte benötigt. SPS1, welche Station 1 steuert, ruft dazu das Leiterbahnenlayout von einer Datenbank ab.

Das mobile Überwachungssystem kann verschiedene Informationen über den Anlagen und Produktionsstatus anfragen und ist über eine getunnelte Internetanbindung per VPN an das Produktionsnetzwerk angeschlossen.

Die Stationen werden von vernetzten SPS gesteuert. Jede SPS bietet eine Datenschnittstelle, über die Programmvariablen über das Netzwerk gelesen und geschrieben werden können. Diese Funktionalität wird für die Steuerung der Anlage benötigt. Allerdings kann bei unsicherer Programmierung oder falscher Konfiguration diese Funktionalität für Angriffe auf das System ausgenutzt werden.

Falls sich ein Angreifer trotz aller Sicherheitsmechanismen, zum Beispiel durch Social Engineering oder Phishing, Zugriff auf das Überwachungssystem verschafft hat, kann der Angreifer den Produktionsprozess manipulieren falls der Datenaustausch durch eine fehlerhafte Programmierung oder fehlerhafte Konfiguration des Datenaustauschs in beiden Richtungen möglich wäre. Dem Angreifer wäre es möglich, die Daten über das zu produzierende Produkt bei SPS1 und SPS2 zu manipulieren. Dieser Angriffsweg ist in Bild 1 durch einen rot gestrichelten Pfeil dargestellt. Der Angriff hat zur Folge, das falsche Komponenten auf ein zu produzierendes Gerät aufgebracht würden. Hieraus resultiert ein fehlerhaftes Produkt. Außerdem kann durch den Angriff die Produktion gestoppt werden oder es können Schäden an der Produktionsanlage entstehen.

3 Verwandte Arbeiten

In der Softwareentwicklung werden statische Code-Analysewerkzeuge für die Erkennung von Programmierfehlern eingesetzt. Statische Code-Analysewerkzeuge erstellen zum Beispiel einen Datenflussgraphen, um festzustellen wie und wo Daten genutzt werden und wie Daten wie miteinander verknüpft werden. Die Erstellung solcher Graphen hängt vom Kontrollfluss eines Programmes ab. Bedingt durch Programmverzweigungen, Programmschleifen, Prozeduraufrufen, und parallelen Programmausführungen ist die Konstruktion eines Datenflussgraphen sehr komplex. Wenn ein Datenflussgraph erstellt wurde, können jedoch komplexe Zusammenhänge erkannt werden. Mittels des Graphen können z.B. Taint-Analysen feststellen, ob gefährliche Datenquellen mit kritischen Datensenken verbunden sind.

Vernetzte Automatisierungs- und Produktionssysteme werden heute durch einen Mix aus verschiedenen Technologien und Programmiersprachen umgesetzt. Für verschiedene Sprachen gibt es verschiedene Analysewerkzeuge, wie zum Beispiel für C und Java. Teilweise gibt es Analysewerkzeuge welche auf Zwischensprachen wie Java Bytecode oder der LLVM Intermediate Representation Analysen durchführen können. Im Folgenden stellen wir eine Übersicht über verschiedene statische Code-Analysewerkzeuge für die am häufigsten verwendeten Programmiersprachen vor.

3.1 Code-Analysewerkzeug für IEC 61131-3

SPS werden überwiegend in Sprachen programmiert, welche auf dem IEC 61131-3 Standard basieren. Ein Code-Analysewerkzeug welches Structured Text (ST) und Sequential Function Chart (SFC) unterstützt stellt Prähofer et al. [PAR+16] vor. In dem Ansatz werden für einzelne Programme verschiedene Graphen aufgebaut. Es werden unter anderem ein Abstrakter Syntaxbaum (AST), Kontrollflussgraph (CFG) und Datenflussgraph (DFG) erstellt. Mittels eines Regelsatzes können verschiedene Graphstrukturen durchsucht werden und zum Beispiel überprüft werden, ob bestimmte Graphstrukturen vorhanden sind.

3.2 Code-Analysewerkzeug für C/C++/LLVM

C und C++ sind die am häufigsten genutzten Sprachen für eingebettete Systeme. C/C++ lassen dem Entwickler viele Freiheiten. Zum Beispiel muss der Entwickler sich selbstständig um die Speicherverwaltung kümmern. Immer mehr SPS-Hersteller unterstützen die Ausführung von C/C++ Code. Eines der ersten statischen Analysewerkzeuge für C war Lint [Ian88], welches schon einen AST und einfache Kontrollflussgraphen aufgebaut hat. Heutzutage werden C/C++ Programme oftmals zur Analyse und Kompilierung in die LLVM Intermediate Representation übersetzt [LA04]. Diese stellt eine Zwischensprache, ähnlich zu Java Bytecode, dar. LLVM unterstützt verschiedene Graphen, welche unterschiedliche Sichten auf ein Programm erlaubt (AST, CFG, DFG). Auf diesen Sichten bzw. Graphen können komplexe Analysen durchgeführt werden.

3.3 Code-Analysewerkzeug für Java/Bytecode

Java gehört heutzutage zu einer der am häufigsten verwendeten Sprachen. Im Gegensatz zu C/C++ wird Java nicht direkt in Maschinencode kompiliert, sondern in Java Bytecode. Dieser wird durch die Java Virtual Machine (JVM) ausgeführt. Am weitesten verbreitet ist die Java Runtime Engine von Oracle für herkömmliche Rechner, welche neben der JVM eine Implementierung der Java Class Library mitbringt. Daneben bietet OpenJDK eine freie quelloffene Implementierung an. Für mobile Endgeräte auf Basis von Android wird die Android Runtime als JVM genutzt um Java-Programme, bzw. deren Bytecode auszuführen. Heutzutage nutzen weitere Sprachen die Java Runtime Engine, indem ihr Quellcode in entsprechenden Java Bytecode übersetzt wird. Hierzu gehören neue Sprachen wie Scala und Kotlin. Es gibt aber auch ältere Sprachen, wie ADA oder Java Script, welche in Bytecode übersetzt werden können. Ein weit verbreitetes Analyseframework für Java und Java Bytecode ist Soot [LBLH11]. Soot nutzt das so genannte Jimple als Zwischenrepräsentation für verschiedene Graphen und deren Analyse. Es gibt eine ganze Reihe an Analysewerkzeugen, welche Soot als Basis verwenden, wie zum Beispiel FlowDroid [ARF+14] um Taint-Analysen für mobile Android-Anwendungen durchzuführen.

4 Verteilte statische Analyse zur Identifikation von kritischen Datenflüsse

In diesem Abschnitt erläutern wir unseren Ansatz zur verteilten statischen Analyse von Automatisierungs- und Produktionssysteme. Um kritische Datenflüsse in modernen Industrieanlagen zu identifizieren, muss der gesamte Softwareanteil des vernetzten Systems analysiert werden. Um einzelne Softwarekomponenten zu analysieren, sind verschiedene Ansätze vorhanden. Die in Abschnitt 3 dargestellten Analysewerkzeuge haben gemein, dass sie jeweils nur den Datenfluss innerhalb eines Programms / einer Technologie betrachten. Allerdings müssen auch die Datenflüsse zwischen den Komponenten analysiert werden, da in modernen Automatisierungssystemen die Komponenten vernetzt sind und Daten untereinander austauschen, um bestimmte Aufgaben zu erfüllen. Falls also ein Wert eine Komponente verlässt, ist dies nicht grundsätzlich unerwünscht. Wir stellen im Folgenden einen Ansatz zur Identifikation von kritischen/unerwünschten Datenflüssen vor.

Bild 2 zeigt den Prozess unseres Ansatzes. Im ersten Schritt (1) definiert der Entwickler manuell unerwünschte Zusammenhänge zwischen Datenquellen und Datensenken oder zwischen Softwarekomponenten. In unserem Beispiel in Abschnitt 2 darf das Überwachungssystem (Datenquelle) die Steuerung von SPS1 nicht beeinflussen (Datensenke). Im nächsten Schritt (2) werden die Datenflussgraphen für alle Systemkomponenten automatisch generiert. Anschließend (3) werden die Datenflussgraphen der Systemkomponenten entsprechend der Systemtopologie zu einem globalen Datenflussgraphen automatisch zusammengeführt, indem die Datenverbindungen zwischen den Komponenten analysiert werden. Zuletzt (4) werden die Datenflüsse zwischen den in Schritt (1) definierten Datenquellen und Datensenken analysiert.

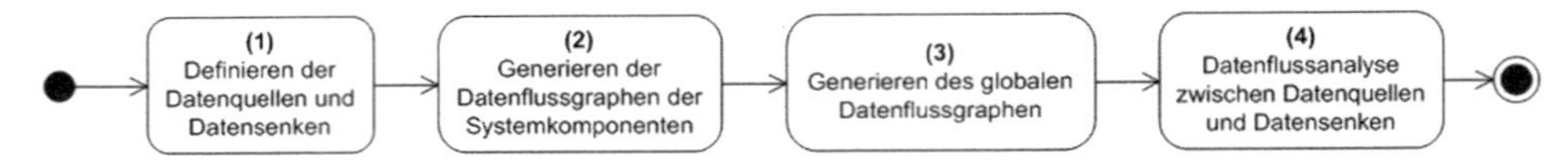

Bild 2: Prozess der verteilten statischen Analyse

Bild 3 zeigt in der linken Hälfte den benötigten und verbotenen Datenfluss zwischen Softwarekomponenten und in der rechten Hälfte Ausschnitte des Programmcodes der Softwarekomponenten in jeweiligen Programmiersprachen. Die Softwarekomponenten werden zyklisch, parallel auf den unterschiedlichen Systemen ausgeführt. Die Programme sind untereinander nicht synchronisiert.

Im Folgendem erklären wir die Funktion der Programme, die enthaltenen Daten und deren Zusammenhänge im Detail.

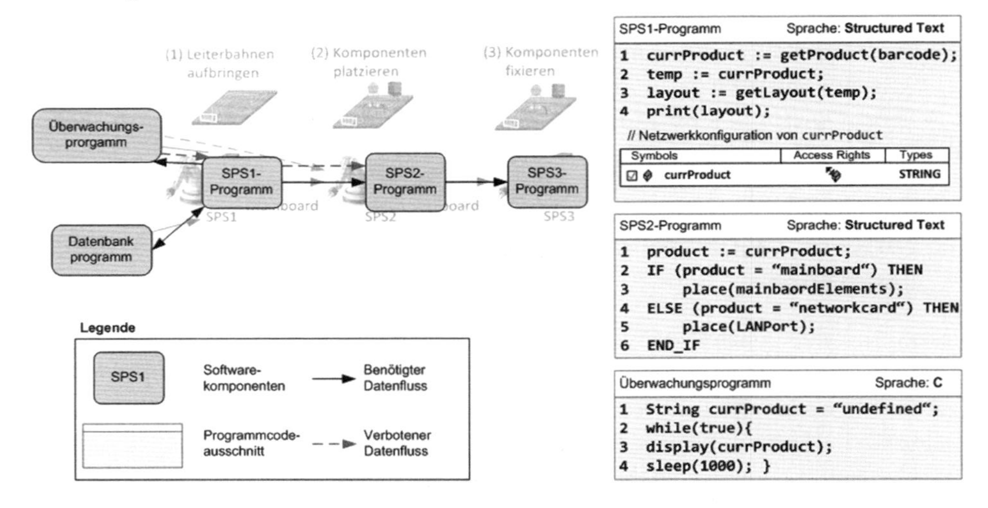

Bild 3: Datenflussgraph zwischen Softwarekomponenten und Ausschnitte des Programmcodes

SPS1-Programm

Die Software der SPS1 ist in Structured Text implementiert. Sobald eine Platine an der Station 1 ankommt, überprüft SPS1 den Barcode der Platine und speichert die Art der Platine in der Variable `currProduct` (Zeile 1). Danach wird dieser Wert in einem temporären Variable gespeichert (Zeile 2). Als nächstes ruft SPS1 das Leiterbahnlayout, das auf der Platine aufgebracht werden muss, von der Datenbank ab (Zeile 3). Danach bringt SPS1 die entsprechenden Leiterbahnen auf die Platine auf (Zeile 4). Da es keinen anderen Barcodescanner in dem System gibt, bekommt das SPS2-Programm und das Überwachungsprogramm den Wert von `currProduct` von dem SPS1-Programm per gemeinsamer Netzwerkvariable. Die Erreichbarkeit einer Netzwerkvariable sowie deren Zugriffsrechte werden in der Laufzeitumgebung eines SPS-Programms konfiguriert. In Bild 3 wird dies bei dem SPS1-Programm im unteren Bereich durch die Darstellung einer Tabelle gezeigt. Die Variable `currProduct` ist mit Lese- und Schreibzugriff ( ) deklariert. Allgemein kann der Entwickler bei der Konfiguration von Netzwerkvariablen zwischen den Zugriffsrechten Lesezugriff ( ), Schreibzugriff ( ), und Lese- und Schreibzugriff ( ) wählen. Variablen, welche nicht als Netzwerkvariable deklariert sind, können nicht von anderen Programmen gelesen oder geschrieben werden.

SPS2-Programm

Die Software der SPS2 ist ebenfalls in Structured Text implementiert. SPS2 bekommt den Wert der Variable `currProduct` von SPS1 (Zeile 1). Basierend auf diesem Wert platziert SPS2 die entsprechenden Elemente auf der Platine, sobald die Platine an der Station ankommt (Zeile 2 bis 6).

Überwachungsprogramm

In Zeile 1 initialisiert der Entwickler die Variable `currProduct` mit dem Wert „`undefined`". Danach fragt das Programm in Zeile 2 bis 4 jede Sekunde in einer While-Schleife den Status der Produktion ab und zeigt diesen auf dem Bildschirm des Überwachungsgerät an.

Analyseverfahren

Im Folgenden erklären wir die Analyse anhand des Beispiels.

In Schritt (1) definiert der Entwickler das Überwachungssystem als kritische Datenquelle. Weiterhin definiert er die Funktion `place` als kritische Datensenke, da diese den Produktionsprozess steuert.

In Schritt (2) werden die Datenflussgraphen für alle Softwarekomponenten generiert. Dafür müssen einzelne Softwarekomponenten abhängig von ihrer Programmiersprache mit entsprechende Ansätzen oder Werkzeugen analysiert werden. Als Ergebnis werden Datenflussgraphen der einzelnen Komponenten unabhängig voneinander generiert.

In unserem Beispiel wird die Überwachungssoftware mit Hilfe des Ansatzes [LA04] zur Analyse von C-Programmen analysiert. Die SPS werden mit Hilfe des Ansatzes [PAR+16] zur Analyse von Structured Text analysiert.

In Schritt (3) werden die einzelne Datenflussgraphen zu einem globalen Datenflussgraphen zusammengeführt werden. In unserem Beispiel analysieren wir die Netzwerkkonfiguration der Variable `currProduct`. Da diese Variable so konfiguriert wurde, dass sie vom Netzwerk lesbar und schreibbar ist ( ), wissen wir, dass es ein Datenfluss von SPS1 zum Überwachungssystem und zurück, sowie zu SPS2 gibt.

Für die Kommunikation zwischen SPS1 und dem Überwachungssystem sowie zwischen SPS1 und SPS2, reicht ein Lesezugriff ( ) auf `currProduct` aus, da beide nur den Wert kennen müssen. Da diese Variable fälschlicherweise mit Lese- und Schreibzugriff ( ) konfiguriert ist, existiert ein Datenfluss vom Überwachungssystem zu SPS1 und somit zu SPS2 (Bild 3 mit roten Pfeilen gezeigt). Durch diesen Datenfluss ist es möglich, dass der Wert von `currProduct` von dem Überwachungssystem geändert wird. Dies ist aktuell insbesondere eine Gefahr, wenn das Überwachungssystem während des Betriebs neu gestartet wird und dadurch die Variable `currProduct` mit dem Wert „`undefined`" überschrieben wird. Ein Angreifer könnte diese Schwachstelle noch gezielter ausnutzen, da der Angreifer den Wert der Variable `currProduct` manipulieren kann. Zum Beispiel kann der Angreifer `currProduct` den Wert „`Networkcard`" zuweisen, obwohl ein Mainboard aktuell bearbeitet wird. Dies führt jedoch zu einem Fehler im Produktionsprozess, da SPS2 den aktualisierten Wert von SPS1 bekommt, nachdem das Überwachungssystem den Wert von `currProduct` geändert hat. So bekommt SPS2 den falschen Wert von `currProduct`. Deshalb platziert SPS2 die Elemente, die für eine Netzwerkkarte benötigt sind, auf der Mainboard-Platine, z.B. einen LAN Port. Dies führt zu fehlerhaften Produkten oder sogar zu einer Unterbrechung des Produktionsprozesses, da die Elemente nicht auf die Platine passen und deshalb die Produktlinie beschädigen können.

In Schritt (4) werden die Datenflüsse zwischen den Datenquellen und Datensenken, die vom Entwickler in Schritt (1) definiert wurden, analysiert. Dafür wird der globale Datengraph analysiert und nach Pfaden von der Datenquelle zur Datensenke untersucht. Der bestehende Fehler für den Schreibzugriff auf die Variable `currProduct` wird durch die Analyse gefunden.

5 Resümee und Ausblick

In diesem Beitrag haben wir erste Ideen vorgestellt, wie der globale Datenfluss eines über mehrere SPS verteilten Steuerungsprogramms analysiert werden kann. Zunächst werden durch lokale statische Programmanalysen lokale Datenflussgraphen aufgebaut. Diese werden durch eine Analyse der Netzwerkvariablen zu einem globalen Datenflussgraphen verknüpft. Auf Basis des globalen Datenflussgraphen können dann IT-Sicherheitseigenschaften automatisch geprüft werden. Hierdurch ergibt sich die Möglichkeit zu analysieren, ob es programmtechnisch möglich ist, sensible/kritische Daten von einem Angreifer über eine äußere Netzwerkschnittstelle zu manipulieren. Weiterhin lässt sich analysieren, ob sensible/kritische Daten, direkt oder indirekt durch mehrere Programmausdrücke, über eine äußere Netzwerkschnittstelle lesbar sind. Durch eine automatische verteilte statische Programmanalyse können vernetzte Automatisierungs- und Produktionssysteme systematisch abgesichert werden. Schwachstellen können leichter identifiziert und beseitigt werden. Dies führt dazu, dass selbst im Falle eines ungewünschten äußeren Zugriffs durch einen Angreifer sensitive/kritische Daten geschützt sind.

Das vorgestellte Konzept ist aktuell noch nicht werkzeugtechnisch realisiert. Aktuell erarbeiten wir systematisch die möglichen Angriffsvektoren auf verteilte Anlagen und identifizieren die schützenswerten Daten. Zusätzlich ermitteln wir durch eine empirische Untersuchung, welche Werkzeuge aktuell zur statischen Programmanalyse in der Wirtschaft verwendet werden und welche weiteren Anforderungen eine verteilte Analyse erfüllen muss. Darauf aufbauend planen wir in naher Zukunft, das vorgestellte Konzept auf Basis am Markt verfügbarer Programmanalysewerkzeuge umzusetzen und zu erweitern. Insbesondere, die Verknüpfung von Ergebnissen von Analysen auf Basis von SPS Programmen und von Analysen auf Basis von angebundenen mobilen Endgeräten und Cloudanwendungen wird in Zukunft durch eine steigende Vernetzung immer wichtiger werden.

Literatur

[ARF+14] ARZT, S.; RASTHOFER, S.; FRITZ, C.; BODDEN, E.; BARTEL, A.; KLEIN, J.; TRAON, Y. L.; OCTEAU, D.; MCDANIEL, P.: FlowDroid: precise context, flow, field, object-sensitive and lifecycle-aware taint analysis for Android apps. In Proceedings of the 35th ACM SIGPLAN Conference on Programming Language Design and Implementation, ACM, New York, USA, 2012

[BSI16] BUNDESAMT FÜR SICHERHEIT IN DER INFORMATIONSTECHNIK (BSI): Industrial Control System Security – Top 10 Bedrohungen und Gegenmaßnahmen 2016. Version 1.20 vom 01.08.2016, https://www.bsi.bund.de/ACS/DE/_/downloads/BSI-CS_005.pdf?__blob=publicationFile&v=4#download=1

[CA11] CHEN, M. T.; ABU-NIMEH, S.: Lessons from Stuxnet. Computer. Vol. 44, No. 4, IEEE, New York, NY, USA, 2011

[Ian88] DARWIN, I. F.: Checking C Programs with Lint. O'Reilly, Newton, USA, 1988

[LA04] LATTNER, C.; ADVE, V.: LLVM: a compilation framework for lifelong program analysis & transformation. International Symposium on Code Generation and Optimization, 2004.

[LBLH11] LAM, P.; BODDEN, E.; LHOTÁK, O.; HENDREN, L.: The Soot framework for Java program analysis: a retrospective. In Cetus Users and Compiler Infastructure Workshop, 2011

[McA14] NET LOSSES: Estimating the Global Cost of Cybercrime – Economic impact of cybercrime II. 2014 McAfee Report on the Global Cost of Cybercrime, 2014

[PAR+16] PRÄHOFER, H.; ANGERER, F.; RAMLER, R.; GRILLENBERGER, F.: Static Code Analysis of IEC 61131-3 Programs: Comprehensive Tool Support and Experiences from Large-Scale Industrial Application. Proceedings of the IEEE Transactions on Industrial Informatics, IEEE, New York, USA 2016

[VDMA13] VDMA E .V.: VDMA Studie Security in Produktion und Automation 2013/14, Version vom 26.11.2013, https://www.vdma.org/documents/105969/142443/VDMA%20Studie%20Security/82324cfa-2df6-4c4e-ae21-490a26e30d0c

Autoren

Faezeh Ghassemi hat ihr Masterstudium in der Universität Paderborn in 2015 abgeschlossen. Aktuell ist sie Wissenschaftliche Mitarbeiterin in der Abteilung Softwaretechnik des Fraunhofer-Instituts für Entwurfstechnik Mechatronik IEM. Ihre Arbeitsschwerpunkte liegen im Bereich der statischen Codeanalyse und IT-Sicherheit der Industrieautomatisierung.

Dr. Matthias Meyer war von 2002 bis 2007 wissenschaftlicher Mitarbeiter im Fachgebiet Softwaretechnik und von 2008 bis 2010 Geschäftsführer im Software Quality Lab (s-lab) an der Universität Paderborn. Seit 2011 leitet er die Abteilung „Softwaretechnik“ des Fraunhofer-Instituts für Entwurfstechnik Mechatronik IEM (ehemals Projektgruppe für Entwurfstechnik Mechatronik des Fraunhofer IPT). Seine Arbeitsschwerpunkte liegen im Bereich der modellbasierten und modellgetriebenen Methoden für die Entwicklung von sicheren software-intensiven Systemen.

Uwe Pohlmann ist seit 2011 wissenschaftlicher Mitarbeiter. Er begann im Software Quality Lab (s-lab) an der Universität Paderborn und wechselte 2013 zum Fraunhofer-Institut für Entwurfstechnik Mechatronik IEM in Paderborn in die Abteilung Softwaretechnik. Seine Schwerpunkte sind die modellgetriebene Entwicklung, Vernetzung und die ganzheitliche Analyse software-intensiver, verteilter, technischer Systeme. Seine Forschungsergebnisse fließen in das Querschnittsprojekt Intelligente Vernetzung des Spitzenclusters it's OWL ein.

Dr. Claudia Priesterjahn ist Senior Expertin in der Abteilung Softwaretechnik des Fraunhofer-Instituts für Entwurfstechnik Mechatronik IEM. Sie war von 2008 bis 2013 wissenschaftliche Mitarbeiterin im Fachgebiet Softwaretechnik an der Universität Paderborn. Ihre Arbeitsschwerpunkte liegen im Bereich der Sicherheit (Safety und Security) von intelligenten technischen Systemen.

Scientific Automation – Hochpräzise Analysen direkt in der Steuerung

Dr.-Ing. Josef Papenfort, Dr.-Ing. Fabian Bause, Dr.-Ing. Ursula Frank, Sebastian Strughold
Beckhoff Automation GmbH & Co. KG
Hülshorstweg 20, 33415 Verl
Tel. +49 (0) 52 46 / 96 30, Fax. +49 (0) 52 46 / 96 31 98
E-Mail: U.Frank@beckhoff.com

Prof. Dr.-Ing. Ansgar Trächtler, Dirk Bielawny
Heinz Nixdorf Institut, Universität Paderborn
Fürstenallee 11, 33102 Paderborn
Tel. +49 (0) 52 51 / 60 62 74, Fax. +49 (0) 52 51 / 60 62 97
E-Mail: Dirk.Bielawny@hni.upb.de

Dr.-Ing. Christian Henke
Fraunhofer Institut für Entwurfstechnik Mechatronik IEM
Zukunftsmeile 1, 33102 Paderborn
Tel. +49 (0) 52 51 / 54 65 126, Fax. +49 (0) 52 51 / 54 65 102
E-Mail: Christian.Henke@iem.fraunhofer.de

Zusammenfassung

Ein Ziel von Industrie 4.0, Smart Factories, intelligenten Produktionsnetzwerken oder vernetzten, sich selbst optimierenden Produktionssystemen ist die Realisierung von individualisierten Kundenaufträgen bis hin zur Losgröße 1 mit minimalem Ressourcenverbrauch, einer hohen Produktqualität und Produktionseffizienz [GK16]. Zur Erreichung dieser Optimierungen sind neue, übergreifende Mess-, Analyse- und Optimierungsansätze wie Scientific Automation erforderlich. Scientific Automation steht für die Integration ingenieurwissenschaftlicher Erkenntnisse (z.B. Messtechnik, Analyse- und Auswertverfahren, Kognition oder Selbstoptimierung) in die PC-basierte Automatisierungstechnik. Auf diese Weise können Daten einer Produktionsanlage zentral erfasst, ganzheitlich analysiert und interpretiert sowie entsprechend notwendige Steuerungsprozesse initiiert werden – und das alles in Echtzeit. Der vorliegende Beitrag erläutert die Grundidee von Scientific Automation und zeigt exemplarisch deren Einsatz über alle Ebenen einer Smart Factory auf.

Schlüsselworte

Scientific Automation, Condition Monitoring, ganzheitliche Analyse, Engineering

Scientific Automation – High-precision analyses directly in the control system

Abstract

One objective of Industrie 4.0, smart factories, intelligent production networks or interconnected, self-optimising production systems is the realisation of individualised customer orders up to lot size 1 with minimal consumption of resources, high product quality and production efficiency [GK16]. In order to achieve these optimisations, new overarching measurement, analysis and optimisation approaches such as Scientific Automation are required. Scientific Automation represents the integration of engineering knowledge (e. g. measurement technology, analysis and evaluation methods, cognition and self-optimisation) into PC-based automation technology. In this way, data from a production facility can be captured centrally, analysed and interpreted holistically and accordingly necessary control processes can be initiated – everything in real time. The present paper explains the basic idea of Scientific Automation and shows exemplarily its use across all levels of a smart factory.

Keywords

Scientific Automation, condition monitoring, holistic analysis, engineering

1 Motivation

Steigender Wettbewerbsdruck, knapper werdende Ressourcen und der Wunsch der Kunden nach individuellen Produkten in Losgröße 1 erfordern eine flexible, zuverlässige, performante und umweltschonende Produktion. Es geht hin zu intelligenten Produktionsnetzen. Hoch performante, intelligente Steuerungstechnik ist ein Stellhebel, diesen Herausforderungen zu begegnen. Großes Potential hierzu bietet die PC-basierte Steuerungstechnik. Fokus dieses Beitrags ist die PC-basierte Steuerungstechnik von Beckhoff, deren Kernkomponenten sind Industrie-PCs und die Steuerungssoftware TwinCAT. Aufgrund der steigenden Rechenleistung an sich sowie durch den Einsatz von Many-Core-Rechnern ermöglicht die PC-basierte Steuerungstechnik nicht nur die Ablaufsteuerung von Systemen, die Antriebsregelung und NC-/CNC-Funktionalitäten sondern auch komplexe Regelungstechnik und Funktionalitäten wie Kurvenscheiben. Zudem bietet sie die Möglichkeit, sowohl die in der Automatisierungstechnik üblichen Kommunikationsprotokolle, als auch die für vernetzte Fabriken und Internet of Things gängigen Protokolle wie MQTT, AMQP oder OPC-UA zu unterstützen [Pap16]. Die heute zusätzlich zur Verfügung stehende Rechenleistung kann zur Realisierung weiterer Intelligenz in der Produktion genutzt werden. So können Anlagen beispielsweise gefahrlos bis in deren Grenzbereich gefahren, vorausschauend gewartet und zur Optimierung des Energieverbrauchs und des Maschinenverschleißes selbstregulierend betrieben werden – und das alles nur mit einem PC und einer Software. Hierzu ist die Integration von Methoden, Technologien und Wissen unterschiedlicher Fachdisziplinen in die Steuerungstechnik erforderlich.

Scientific Automation steht für die Integration ingenieurwissenschaftlicher und nicht ingenieurwissenschaftlicher Erkenntnisse (z.B. Messtechnik, Analyse- und Auswertverfahren, Kognition oder Adaption) in die PC-basierte Automatisierungstechnik. Ziel ist Maschinen-, Prozess-, Produktions- und Auftragsdaten hoch präzise zu erfassen, vor Ort oder übergreifend in einer für den Entwickler, Inbetriebnehmer, Instandhalter und Maschinenbedienter gewohnten Softwareumgebung zu analysieren, auszuwerten und Optimierungen durchzuführen – und das in Echtzeit. So entstehen keine Verzögerungen in der Verarbeitung der Daten aufgrund von Wartezeiten in den Systemen, es sind keine speziellen Bussysteme und systemspezifische Software notwendig. Damit entfällt auch die Einarbeitung in weitere Softwarewerkzeuge.

Zur Realisierung dieser Eigenschaften entsteht eine Vielzahl an Lösungen, die bisher jedoch alle nicht umfassend sind. So werden z.B. für Analysen des Energieverbrauchs verschiedene Softwaresysteme (z.B. SPS, MES, ERP) und Messsysteme als Datenquelle genutzt [HSB+11, FFP+12]. Die anschließende Datenverarbeitung erfolgt beispielweise unter Verwendung von Matlab DLLs [APM15]. National Instruments arbeitet an Lösungen, die deren Kernkompetenzen wie wissenschaftliches Rechnen, Messtechnik und Instrumentation um Einsatzmöglichkeiten für den Bereich der Automation erweitern [EVZ+07]. In der Automatisierungstechnik agieren Unternehmen wie Bachmann hinsichtlich Condition Monitoring Systemen (CMS) sowie Siemens bezüglich CMS und Cloud-Aktivitäten (Siemens MindShere).

Die Integration von Methoden, Technologien und Wissen unterschiedlicher Fachdisziplinen in die Steuerungstechnik wird im Rahmen des Spitzenclusters „Intelligente Technische Systeme Ost-WestfalenLippe (it's OWL)“ in dem Leitprojekt Scientific Automation (ScAut) erforscht.

Ergebnis des Projekts ist eine Scientific Automation Plattform bestehend aus Hardware- und Softwarekomponenten – sogenannten ScAut-Lösungselementen – zur Erfassung, Analyse und Auswertung von Daten, für Kinematikberechnungen und Regelungen, Werkzeuge zur Entwicklung von ScAut-Steuerungslösungen, einer Laufzeitumgebung sowie einer Methode für den ganzheitlichen und durchgängigen Entwurf von ScAut-Systemen in Anlehnung an etablierte Methoden des Systems Engineerings und des Entwurfs mechatronischer Systeme [HHV+13, IKD+13, VDI04, FP14]. Fokus dieses Beitrags sind ScAut-Lösungselemente und deren Einsatz in industriellen Anwendungen.

Die ScAut-Lösungselemente werden in Kooperation zwischen dem Heinz Nixdorf Institut der Universität Paderborn, der Beckhoff Automation GmbH & Co. KG sowie Anlagenherstellern und Betreibern entwickelt. Die Anlagenhersteller IMA Klessmann GmbH Holzbearbeitungssysteme (Lübbecke), Hüttenhölscher Maschinenbau GmbH & Co. KG (Verl) und Schirmer Maschinen GmbH (Verl) erforschen für ihre Bearbeitungsmaschinen Scientific-Automation-Ansätze aus den Bereichen Messtechnik, Energiemanagement, Condition Monitoring und Selbstoptimierung. Die Anlagen von IMA und Hüttenhölscher werden bei dem assoziierten Projektpartner nobilia-Werke J. Stickling GmbH & Co. KG, dem größten Hersteller von Einbauküchen in Deutschland, eingesetzt.

2 Scientific Automation Lösungselemente

In dem Projekt ScAut werden intelligente, wiederverwendbare Automatisierungslösungen, sogenannte ScAut-Lösungselemente, entwickelt. Sie werden als Hardwarekomponenten, Softwarebausteine oder Kombinationen von beiden bereitgestellt. Die im Projekt ScAut entwickelten Hardwarekomponenten sind intelligente Busklemmen zum Erfassen und Vorauswerten von physikalischen Größen wie Schwingungen, Stromverbräuchen, Temperaturen oder Drücken. Die Softwarebausteine setzen mathematische Algorithmen, statistische Verfahren und komplexe Roboter-Kinematiken um, aber auch Analysewerkzeuge wie ein Scope und Analytics oder Schnittstellen für die Integration von Simulationswerkzeugen wie MATLAB®/Simulink® sind als Softwarebausteine inbegriffen (s. Bild 1). Mit Hilfe der ScAut-Lösungselemente können Systeme z.B. für ein Condition Monitoring oder Energiemanagement realisiert werden [DFP13].

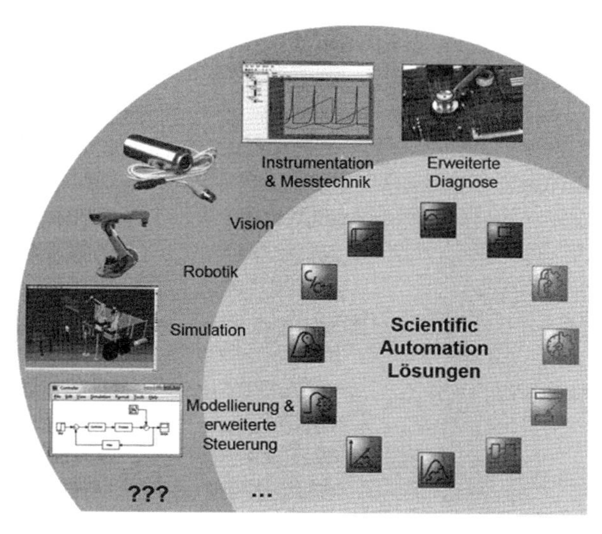

Bild 1: Scientific Automation Lösungen

Hauptanliegen der Anwendungspartner sind die Reduzierung des Ressourcenverbrauchs, die Verbesserung der Produktqualität und die Erhöhung der Produktionseffizienz durch Vermeidung von Maschinenstillständen. Hierzu integriert Beckhoff Methoden und Verfahren aus den Bereichen Erfassen, Sammeln, Analysieren und Auswerten von Daten in die PC-basierte Automatisierungstechnik und erforscht diese mit den Pilotpartnern in deren Anlagen. Ergebnis sind zum einen neue Beckhoff EtherCAT-Klemmen zur hochpräzisen Erfassung und Analyse von Maschinenzustandsdaten. Zum anderen stellt Beckhoff zur Datenauswertung Algorithmen in Form von Softwarebausteinen in Bibliotheken wie TwinCAT Condition Monitoring bereit. Weiterhin ermöglicht das Beckhoff Softwarewerkzeug TwinCAT Analytics das strukturierte Sammeln und Bereitstellen der Maschinendaten als Basis für weitere Auswertungen.

2.1 Studien zu Lösungsansätzen für Scientific Automation

Ausgangspunkt der Entwicklung neuer Lösungselemente sind Analysen unterschiedlicher Algorithmen, Verfahren und Technologien. Im Fokus der Analyse stehen dabei zum einen die grundsätzliche Eignung zur Erfüllung der Anforderungen der Anwendungspartner, zum anderen aber auch die einfache Umsetzbarkeit sowie der Mehrwert gegenüber vergleichbaren Methoden. Im Folgenden werden ausgewählte Ansätze für Lösungselemente aus den Bereichen Regelungstechnik und Robotik vorgestellt, die im Rahmen des Projekts Scientific Automation untersucht wurden. Diese Ansätze wurden an Technologiedemonstratoren auf Basis des Extended Transport System (XTS) validiert. Das XTS (siehe Bild 2, links) erlaubt die hochdynamische Positionierung von Transportwagen (Movern) entlang gerader und/oder gekrümmter Führungsschienen, Näheres dazu findet sich z.B. in [Ros12].

2.1.1 Robotik

Im Bereich Robotik werden ScAut-Ansätze zur Analyse und Berechnung von Kinematiken untersucht. Bild 2 (links) zeigt eine mögliche Anwendung, bei der eine Roboterstruktur mit drei

Freiheitsgraden auf Basis des XTS realisiert wurde. Ein weiteres in diesem Zusammenhang untersuchtes Parallelrobotersystem wurde in [BWT16] vorgestellt. Ein solches System kann zur Regelung ScAut-Verfahren nutzen, wie sie etwa in 2.1.2 oder 2.1.3 vorgestellt werden, stellt als Ganzes aber auch selbst einen Ansatz für ein mögliches Lösungselement dar. Weitere Ansätze im Sinne von Scientific Automation ermöglichen die Bestimmung von Lösungen des inversen und direkten kinematischen Problems für unterschiedliche Kinematiken sowie eine Erkennung von Arbeitsraumgrenzen und kinematischen Singularitäten. Durch die hohe verfügbare Rechenleistung der PC-basierten Automatisierungstechnik sind außerdem auch komplexe numerische Berechnungen möglich. Im Bereich der Robotik können so z.B. Ansätze zur näherungsweisen Lösung nicht explizit lösbarer kinematischer Probleme realisiert werden, etwa für das System in Bild 2.

2.1.2 Zustandsregler und Beobachter

Der Beitrag [FAB13] verdeutlicht das Potential von zustandsbasierten Regelungen für lineare Systeme im Rahmen von Scientific Automation. Für die Regelung linearer Systeme werden die Integration verschiedenster Zustandsregler nach [Föl13] in die Automatisierungstechnik analysiert und prototypenhaft realisiert. Der zur Regelung benötigte Zustandsvektor des Systems ist häufig nicht vollständig messbar, weshalb Beobachter zur Schätzung unbekannter Zustandsgrößen notwendig werden. Dazu können u.a. Ansätze auf Basis des Kalman-Filters [Ada09] sowie des Sliding-Mode-Beobachters (siehe Kap. 2.1.2) genutzt werden. Zur Erprobung der Ansätze dient das Ersatzmodell des Movers mit der Masse m aus Bild 2.

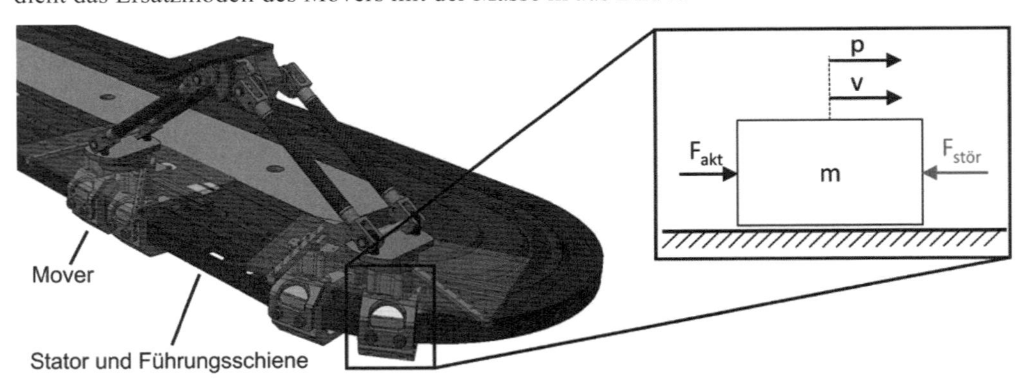

Bild 2: Links XTS mit vier Movern u. Parallelkinematik, rechts einfaches mechanisches Ersatzmodell eines Movers auf gerader Strecke

Eingang sei dabei die Antriebskraft F_{akt}, Ausgang die Moverposition p. Die Systemzustände sind Position p und Geschwindigkeit v, $F_{stör}$ fasst weitere Kräfte zusammen, die z.B. aufgrund von Reibung oder der Anwendung auftreten. Beim XTS wird die Moverposition gemessen, die für eine Zustandsregelung benötigte Geschwindigkeit soll mit einem Beobachter geschätzt werden.

2.1.3 Sliding-Mode-Verfahren

Im Bereich Regelungstechnik sind Anforderungen an ScAut-Lösungselemente wie einfache Anwendbarkeit und Wiederverwendbarkeit nicht leicht zu erfüllen, da leistungsfähige Algorithmen häufig schwierig zu parametrisieren oder auf ein genaues Modell der Regelstrecke angewiesen sind. Sogenannte Sliding-Mode-Verfahren zeichnen sich durch eine einfache Struktur aus und weisen eine hohe Robustheit gegenüber Modellungenauigkeiten auf [Heb95]. Die Grundidee ist die Einprägung einer diskontinuierlichen, abhängig vom Regelfehler schaltenden Stellgröße, häufig mit konstantem Betrag. Bild 3 zeigt eine Positionsregelung des Ersatzmodells aus Bild 2 mit einer Sliding-Mode-Regelung von Systemen zweiter Ordnung. Links ist das Verhalten von Position und Stellgröße im Zeitbereich dargestellt, rechts die Phasenkurve aus Position und Geschwindigkeit mit dem charakteristischen Gleitzustand entlang der Schaltlinie. An der Schaltlinie wechselt das Vorzeichen der Stellgröße. Die Festlegung dieser Schaltlinie und des Betrags der Stellgröße bestimmen das Regelverhalten. Ein entsprechender Softwarebaustein ist vergleichsweise leicht zu parametrieren, aufgrund der hohen Schaltfrequenzen und Stellgrößen jedoch nicht für alle Systeme geeignet.

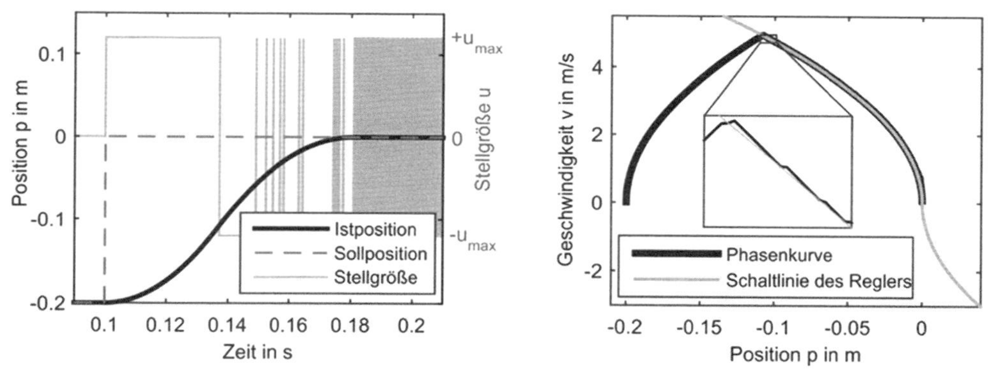

Bild 3: Sliding Mode Positionsregler: Sprungantwort im Zeitbereich (l.) u. Phasenraum (r.)

Der Sliding-Mode-Ansatz eignet sich auch besonders gut zur Realisierung robuster Beobachter. Denkbar sind ScAut-Ansätze zur Geschwindigkeits- und Störgrößenschätzung für mechanische Systeme auf Basis eines Beobachters 2. Ordnung nach [DFP06]. Für das Beispiel des Movers (Bild 2, rechts) mit dem Eingang u, dem Ausgang y sowie den Schätzgrößen $\hat{v}$ und $\hat{p}$ mit $\hat{y} = \hat{p}$ und dem Streckenmodell $f(t, p, \hat{v}, u)$ hat der Beobachter die Form

$$\dot{\hat{p}} = \hat{v} + \zeta_p(p - \hat{p})\,, \quad \dot{\hat{v}} = f(t, p, \hat{v}, u) + \zeta_v(p - \hat{p})$$

Gleichung 1: Sliding Mode Beobachtergleichungen

Nach [DFP06] stellt ein Mittelwert von $\zeta_v(p - \hat{p})$ ein Maß für die nicht modellierten Störgrößen dar, die auf das System einwirken, sodass etwa in Verbindung mit einem Tiefpassfilter eine Schätzung $\hat{\underline{z}}$ der Störgröße $\underline{z}$ realisiert wird. Die Eigenschaften des Beobachters ergeben sich aus der Wahl der Funktionen ζ_p und ζ_v. Der Anwender kann zur Auslegung des Beobachters aus verschiedenen vorgegebenen Funktionen auswählen und diese parametrieren. Außerdem können Tiefpassfilter zur Glättung der Größen $\hat{\underline{z}}$ und $\hat{v}$ eingestellt werden. Aus Anwendersicht ergäbe sich somit ein leicht zu verwendender Softwarebaustein zur kombinierten Geschwindigkeits- und Störgrößenschätzung. Bild 4 zeigt Testergebnisse bei der Schätzung von Geschwindigkeit und Störkräften eines XTS-Movers.

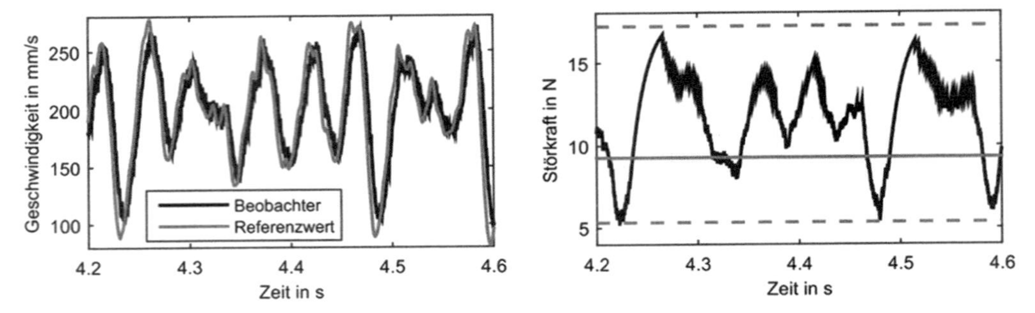

Bild 4: Schätzung von Geschwindigkeit (mit Referenzwert aus Offline-Filterung) u. Störkraft (mit Mittelwert u. Extremwerten einer Reibkraftmessung) des XTS-Movers

2.2 Beispiele für ScAut-Lösungselemente

Im Projekt entstehen ScAut-Lösungselemente zur Realisierung von Online- und Offline-Zustandsanalysen, vorausschauender Wartung, Energieüberwachung und -management, Mustererkennung, Maschinenoptimierung, Robotik, Kinematik und zur Langzeitarchivierung von Daten. Kern der Lösungen sind Busklemmen und TwinCAT Softwarebausteine zur lückenlosen, zyklussynchronen Datenerfassung sowie Softwarebausteine zur Analyse und Auswertung der Daten. So können Zustandsgrößen von Anlagen wie elektrische Energie, Luftströme, Schwingungen, Temperaturen oder Drücke direkt aus der Steuerungstechnik hochpräzise erfasst und analysiert werden. Unter Verwendung der Softwarebibliothek TwinCAT Condition Monitoring und TwinCAT Power Monitoring können Zustandsgrößen applikationsspezifisch ausgewertet und Unwuchten, Abnutzung, Energiespitzen und die Spannungsqualität identifiziert werden. Zur Anzeige und Analyse stehen Softwarewerkzeuge wie ein Gantt-Chart und ein in die Steuerung integriertes Scope zur Verfügung.

Mit TwinCAT Analytics kann ein komplettes zeitliches Abbild des Prozesses und der Produktionsdaten erstellt werden. Dies bildet die optimale Informationsgrundlage, nicht nur im Fehlerfall, sondern beispielsweise auch für eine umfassende Zustandsanalyse der Maschine während des regulären Betriebs. Hierzu lassen sich die aufgezeichneten Prozess- und Produktionsdaten on- und offline mit den Sofwarebausteinen der TwinCAT Bibliotheken und eigenentwickelten Bausteinen auswerten. So können beispielsweise Maschinentakte auf Minimal-, Maximal- und Durchschnittswerte der Taktzeiten untersucht werden. Gesamtlaufzeiten und Zeitdifferenzen von Produktionsvorgängen ergeben sich über Taktzähler oder aus Offline-Trace-Analysen. Für die vorausschauende Wartung lässt sich z.B. über die Erfassung von Betriebsstundenzählern, Frequenzanalysen oder RMS-Berechnungen ein leistungsfähiges Condition Monitoring realisieren.

3 Mit Scientific Automation zu mehr Intelligenz in vernetzten Smart Factories

Im Zuge von Industrie 4.0 entstehen intelligente Produktionsnetzwerke. Auf allen Ebenen – u.a. an Maschinenmodulen, Maschinen und Produktionslinien sowie in den Bereichen Vertrieb, Entwicklung, Auftragsabwicklung, Logistik, Service, Wartung und Instandhaltung – werden Daten generiert, die direkt am Entstehungsort oder übergreifend erfasst, analysiert und ausgewertet werden können. Dies ist mit Scientific Automation in Kombination mit der Internet of Things- (IoT-) Technologie von Beckhoff realisierbar. So stehen alle Daten in einer Umgebung zur Verfügung und können für Auswertungen beliebig miteinander verknüpft werden. Bild 5 zeigt die IoT-Lösung von Beckhoff. Maschinen mit unterschiedlichen Steuerungslösungen und Arbeitsstationen mit TwinCAT Analytics kommunizieren mit der Cloud. Zur Optimierung der Produktion können die Möglichkeiten von TwinCAT Analytics ggf. ergänzt um Dienste von Drittanbieter genutzt werden. So werden Datenanalysen und Optimierungen auf allen Ebenen der Produktion möglich.

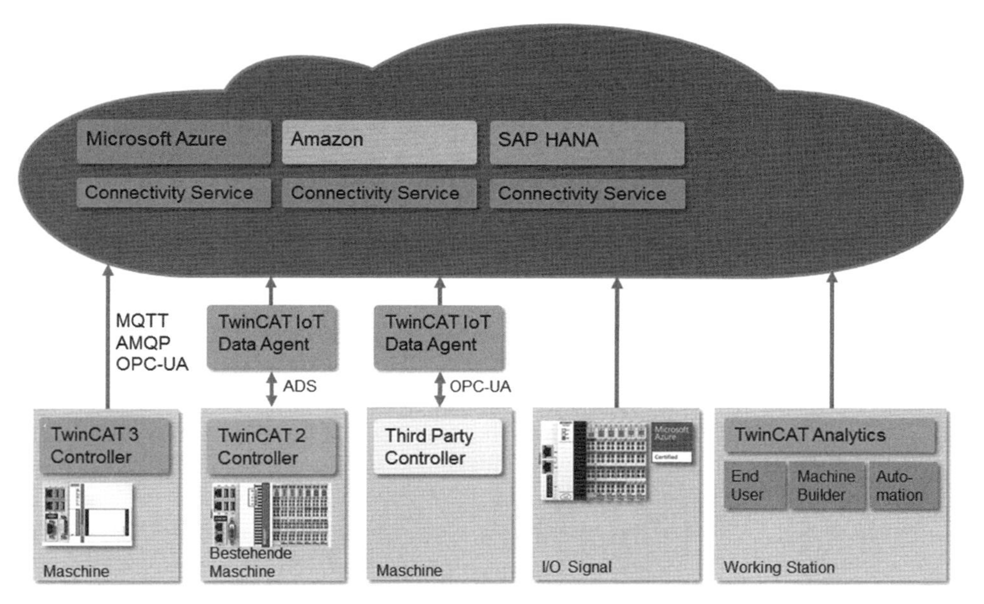

Bild 5: TwinCAT IoT in Kombination mit Scientific Automation ermöglicht Analysen auf allen Ebenen einer Produktion

Grundsätzlich wird unter IoT die Kommunikation von Dingen (hier Maschinen und Anlagen) zu einer Cloud (private oder public) verstanden. Dabei bauen IoT-Kommunikationsprotokolle wie OPC-UA (OPC Unified Architecture), MQTT (MQ Telemitry Transport) und AMQP (Advanced Message Queueing Protocol) eine Verbindung zur Cloud bzw. zu einem Message-Broker auf. Dieser entkoppelt die Kommunikation, sodass sich die Teilnehmer nicht kennen müssen. Die Kommunikationsteilnehmer agieren als Clients. Folglich ist eine Maschine mit einem Steuerungsrechner ein IoT-Client, welcher Daten an einen Message-Broker „published" und in einem sogenannten Topic ablegt. Auf diese Topics bzw. deren Daten können sich andere IoT-Clients „subscriben". Beispielsweise kann sich ein Analyse-Server für die Daten interessieren.

Als IoT-Client subscribed dieser sich auf das entsprechende Topic und erhält eine Kopie der Daten.

4 Einsatz von Scientific Automation in der Praxis

Scientific Automation in Kombination mit IoT ermöglicht ganzheitliche Analysen vernetzter Produktionen. Bild 6 zeigt ein Beispiel für eine ganzheitliche Analyse.

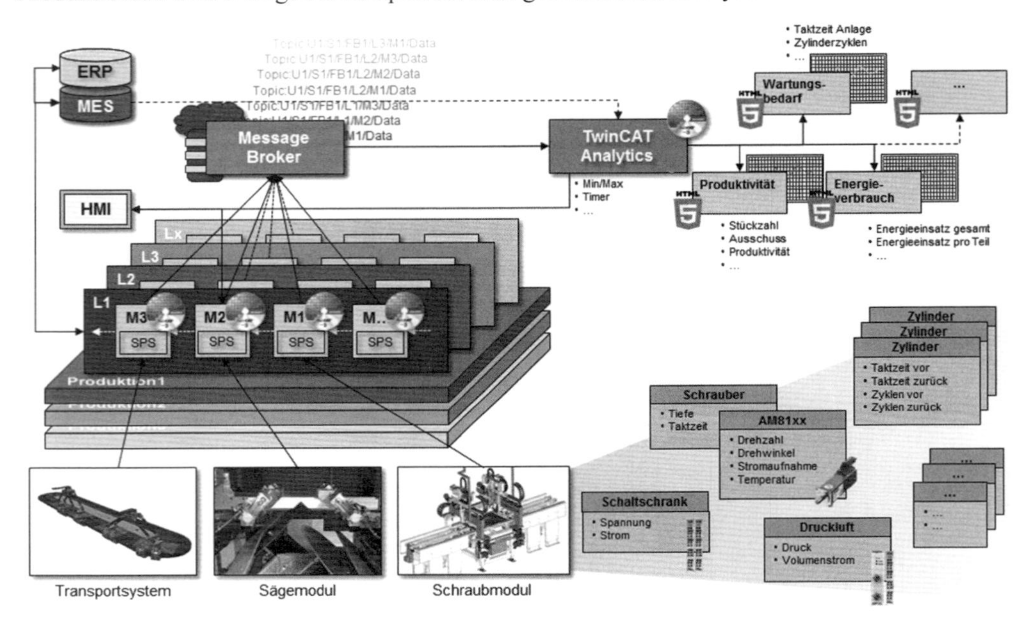

Bild 6: Mit Scientific Automation und IoT zur intelligenten, vernetzten Produktion

Im unteren Bereich der Abbildung sind Maschinenmodule dargestellt. Bei dem Maschinenmodul Schrauber werden dessen Komponenten und die an den Komponenten erfassbaren Daten aufgezeigt. Auf der linken Seite sind die Grundzüge der Automatisierungspyramide zu erkennen, von der Maschine bis zum ERP-System. Darüber hinaus wird an dieser Stelle die Strukturierung von Produktionsunternehmen aufgegriffen. Die Maschinen M1 bis Mx werden zu einer Fertigungslinie L1 zusammengefasst. Die Linien (L1-Lx) bilden Produktionsstandorte. Rechts oben zeigen Dashboards mögliche Fragestellungen einer ganzheitlichen Analyse an z.B. Produktivität, Wartungsbedarf und Energieverbrauch. Die Kommunikation der Beteiligten erfolgt über einen Message-Broker. Auf allen dargestellten Ebenen können Daten erfasst und entweder vor Ort oder zentral über TwinCAT Analytics ausgewertet werden. Auf der Feldebene werden die Daten unter Verwendung der SPS und der verbauten Sensorik an der Maschine aufgenommen, z.B. der Stromverbrauch der Antriebe an dem Schrauber, der Volumenstrom im pneumatischen System oder die Positionen der Zylinder. Parallel werden die steuerungsinternen Daten z.B. der aktuelle Steuerzustand (engl.: state) aufgezeichnet. Die Daten werden in der Steuerung verarbeitet, auf dem HMI angezeigt sowie zur Speicherung und weiteren Analyse an eine zentrale Datenbank übertragen.

Jede Maschine (M1-Mx) jeder Linie (L1-Lx) übermittelt die aufgenommenen Daten über die in TwinCAT integrierte MQTT-Schnittstelle an ein eigenes Topic. Über die Topics wird die Strukturierung der Produktion im Message-Broker abgebildet. Diese Strukturierung wird im weiteren Verlauf für die Aggregation der aufgenommenen Daten verwendet. Die Daten können um Informationen aus weiteren Softwaresystemen angereichert werden, z.B. um Produktinformationen aus dem MES. Im Anschluss an die Datenaufnahme werden die zentral verfügbaren Daten für die weitere Analyse an TwinCAT Analytics übermittelt. Über integrierte Bausteine aus der TwinCAT Condition Monitoring Bibliothek und aus MATLAB®/Simulink® Bibliotheken sowie eigens erstellte Bausteine werden die gewünschten Analysen realisiert. Es werden Minima und Maxima von Messwerten z.B. Energieverbrauchsspitzen ermittelt. Weiterhin werden Messwerte logisch über mathematische Funktionen miteinander verknüpft, beispielsweise wird in einem definierten Zeitabschnitt die minimale Produktionszeit pro produziertes Teil unter Berücksichtigung des Energieverbrauchs berechnet.

Die Analyseergebnisse werden über die in TwinCAT integrierte HMI in Form einer HTML 5 basierten Visulisierungen auf den Dashboards zielgruppengerecht aufbereitet zur Verfügung gestellt. Für den Bereich Energiemanagement werden Informationen über den gesamten Energieeinsatz und den Energieeinsatz pro Teil ausgegeben. Das produktivitätsbezogenen Dashboard informiert über die gefertigte Stückzahl, den Ausschuss sowie die Taktzeit des Maschinenmoduls. Das Dashboard Wartungsbedarf gibt Auskunft über den Zustand der Schrauber und der Druckluftversorgung. Darüber hinaus werden ausgewählte Analyseergebnisse von TwinCAT Analytics direkt an das HMI des Maschinenmoduls übertragen und somit dem Maschinenbediener zugänglich gemacht. Die folgenden Beispiele zeigen an den aufgeführten Maschinenmodulen Einsatzmöglichkeiten für Scientific Automation Lösungselemente und deren Potential zur Energieeinsparung, einer hochpräzisen Positionierung und zur Reduzierung des Luftdruckverbrauchs auf.

Sägemodul – mit Scientific Automation zu Energieeinsparungen

Ein Ziel ist die Optimierung des Energieverbrauchs von Schirmer-Profilbearbeitungsanlagen. Zunächst werden die tatsächlichen Energieverbräuche der Anlage erfasst und Energiefresser identifiziert. Dazu werden Leistungsmessklemmen in die Steuerung der Anlage integriert und der Energieverbrauch in Korrelation mit den Auftragsdaten über einen längeren Zeitraum im realen Produktionsbetrieb aufgezeichnet. Die Datenanalyse zeigt dann die Gesamtverbräuche, auftretenden Spitzenströme beim Einschalten und Hochfahren der Module sowie Module mit signifikant höheren Energieverbräuchen auf. Die Einführung eines vorausschauenden Betriebs von Maschinenmodulen und von Strategien zur Reduzierung von Spitzenströmen führen zu Energieeinsparungen. In dem vorausschauenden Betrieb des Sägemoduls werden temporär nicht benötigte Servomotoren der Säge auf eine reduzierte Drehzahl geregelt. Im Gegensatz zum kompletten Abschalten und dem anschließenden Hochfahren unter Volllast bewirkt dies eine Energieeinsparung von ca. 17%. Des Weiteren verringern sich die Geräuschbelastung, die thermischen Einflüsse und der Verschleiß.

Transportsystem – hochpräzise Positionierung

Das Transportsystem XTS enthält ScAut-Lösungen aus den Bereichen Regelungstechnik, Kinematik und Überwachung. Die Positionierung des XYZ-Tischs erfolgt über einen Kinematikbaustein. Der Anwender gibt die XYZ-Koordinaten vor und eine Transformationsmatrix berechnet daraus automatisch die anzufahrenden Mover-Positionen. In dem Lösungselement sind weitere Bewegungsmuster z.B. Kurvenscheiben oder einer 1:1-Kopplung zwischen Movern einstellbar.

Schraubermodul – Optimierung Druckluftverbrauch

Das Schraubmodul von Hüttenhölscher wird in der Herstellung von Küchenmöbeln bei nobilia eingesetzt, um Schwerlastschubladen mit einer zusätzlichen Schraube zu sichern. Zu diesem Zweck wird die Schubkastenschiene pneumatisch herausgezogen und die Schraube elektrisch verschraubt. Ein Ziel ist die Reduzierung des Druckluftverbrauchs. Dazu wird die Veränderung des Volumenstroms in der Druckluftzuleitung unter Berücksichtigung verschiedener Leckageszenarien analysiert. Die aufgenommenen Daten werden bezüglich minimalem, maximalem und durchschnittlichem Volumenstrom über den gesamten Fertigungsprozess und bezogen auf ausgewählte Zeitabschnitte des Fertigungsprozesses klassifiziert. Basierend auf diesen Merkmalen kann übermäßige Leckage z.B. durch Einsatz einer Support Vector Machine (SVM) erkannt werden. Die SVM trennt die Gutdaten von den Schlechtdaten durch eine Entscheidungsgrenze maximaler Breite (gestrichelte Linie – vgl. Bild 7).

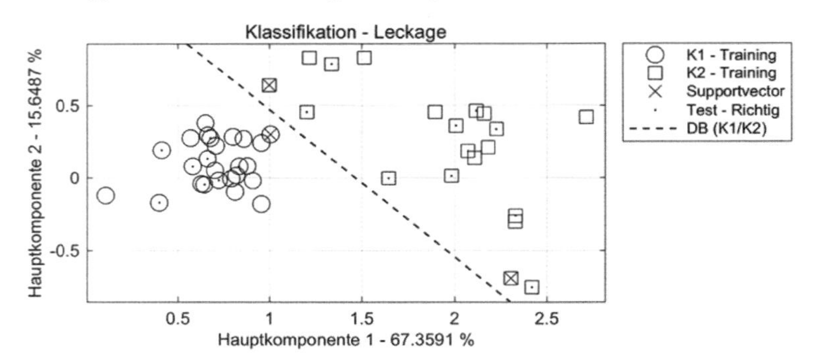

Bild 7: Einsatz einer SVM zur Klassifikation von Leckage

Die Gutdaten sind als Kreise und die Schlechtdaten als Quadrate dargestellt. Im realen Betrieb durchgeführte Messungen werden als Punkte gekennzeichnet. Durch den Abgleich der Messungen mit vorherigen Fertigungsdurchläufen können übermäßige Leckagen frühzeitig identifiziert werden. Basierend auf diesen Informationen können identifizierte Leckagen behoben und der Druckluftverbrauch der Maschine reduziert werden.

5 Resümee und Ausblick

Scientific Automation bringt Intelligenz in die Produktion. Dazu werden Erkenntnisse der Ingenieurwissenschaften und nichtingenieurwissenschaftlicher Bereiche in die Steuerungstechnik integriert. Es entstehen Lösungen für Robotik, Messtechnik, Energiemanagement, Condition

Monitoring und Analytics direkt aus der Maschinensteuerung heraus. Scientific Automation gekoppelt mit IoT ermöglicht Analysen und Optimierungen an jeder einzelnen Komponente einer Anlage vor Ort aber auch übergreifende ganzheitliche Analysen im Unternehmen und unternehmensübergreifend. Der Beitrag verdeutlicht das Potential von Scietific Automation in industriellen Anwendungen. So kann die Positioniergenauigkeit von Transportsystemen erhöht, der Energieverbrauch von Maschinenmodulen um bis zu 17% reduziert, der Ausschuss um 50% gemindert und die Werkzeuglebensdauer um 30-40% erhöht werden.

Danksagung

Dieses Forschungs- und Entwicklungsprojekt wird mit Mitteln des Bundesministeriums für Bildung und Forschung (BMBF) im Rahmen des Spitzenclusters „Intelligente Technische Systeme OstWestfalenLippe (it´s OWL)“ gefördert und vom Projektträger Karlsruhe (PTKA) betreut. Die Verantwortung für den Inhalt dieser Veröffentlichung liegt bei den Autoren.

Literatur

[Ada09] ADAMY, J.: Nichtlineare Regelungen. Springer Verlag, Heidelberg, 1. Auflage, 2009

[APM15] ABELE, E., PANTEN, N., MENZ, B.: Data Collection for Energy Monitoring Purposes and Energy Control of Production Machines, Procedia CIRP, Vol. 29, 2015

[BWT16] BIELAWNY; D.; WANG, P.; TRÄCHTLER, A.: Study of a rail-bound parallel robot concept with curvilinear closed-path tracks. 7th IFAC Symposium on Mechatronic Systems MECHATRONICS 2016, 5. - 8. September 2016, Loughborough, IFAC-PapersOnLine, Issue 21, 2016

[DFP06] DAVILA, J.; FRIDMAN, L.; POZNYAK, A.: Observation and identification of mechanical systems via second order sliding modes. In: International Journal of Control, Band 79, Nr. 10, Taylor & Francis, 2008.

[DFP13] DRESSELHAUS, P.; FRANK, U.; PAPENFORT, J.: Scientific Automation erhöht Zuverlässigkeit. In: Wt Werkstatttechnik online, Ausgabe 3-2013, Springer VDI-Verlag, Düsseldorf, 2013

[EVZ+07] ELLIOTT, C.; VIJAYAKUMAR, V.; ZINK, W.; HANSEN, R.: National Instruments LabVIEW: A programming environment for laboratory automation and Measurement. Journal of Laboratory Automation, Vol. 12, No. 1, 2007

[FAB13] FRANK, U.; ANACKER, H.; BIELAWNY, D.: Scientific Automation rises the productivity of production facilites. In: Kovács, G.L.; Kochan, D. (Hrsg.): Digital Product and Process Development Systems - IFIP Advances in Information and Communication Technology. Springer, Band 411. Berlin, Heidelberg, 2013

[FFP+12] FALTINSKI, S., FLATT, H., PETHIG, F., KROLL, B., VODENČAREVIĆ, A., MAIER, A., NIGGEMANN, O.: Detecting Anomalous Energy Consumptions in Distributed Manufacturing Systems, IEEE 10th International Conference on Industrial Informatics, 2012

[Föl13] FÖLLINGER, O.: Regelungstechnik. VDE Verlag, Berlin, 11. Auflage, 2013

[FP14] FRANK, U.; PAPENFORT, J.: PC-basierte Steuerungstechnik als Basis für intelligente vernetzte Produktionssysteme. In: Vogel-Heuser, B. et al. (Hrsg.): Handbuch Industrie 4.0 – Produktion, Automatisierung und Logistik. Springer Verlag, Berlin, 2014

[GK16] GAUSEMEIER, J.; KLOCKE, F. ET. AL.: Industrie 4.0 – Internationaler Benchmark, Zukunftsoptionen und Handlungsempfehlungen für die Produktionsforschung. Heinz Nixdorf Institut, Universität Paderborn, Werkzeugmaschinenlabor WZL der Rheinisch-Westfälischen Technischen Hochschule Aachen, Paderborn, Aachen 2016

[Heb95] HEBISCH, H.: Grundlagen der Sliding-Mode-Regelung. Forschungsbericht, Meß-, Steuer- und Regelungstechnik, Gerhard-Mercator-Universität-Gesamthochschule, Duisburg, 1995

[HHV+13] HESS, D.; HOOS, J.; VOGEL-HEUSER, B.; SCHÜTZ, D.; FELDMANN, S.: Automatisierungsarchitekturen für das Engineering von Cyber-Physical Systems. In: Vogel-Heuser, B. (Hrsg.): Engineering von der Anforderung bis zum Betrieb. Kassel university press, Kassel, 2013

[HSB+11] HERRMANN, C. SUH, S.-H., BOGDANSIK, G., ZEIN, A., CHA, J.-M., UM, J., JEONG, S., GUZMAN, A.: Context-Aware Analysis Approach to Enhance Industrial Smart Metering, Glocalized Solutions for Sustainability in Manufacturing: Proceedings of the 18th CIRP International Conference on Life Cycle Engineering, Braunschweig, 2011

[IKD+13] IWANEK, P.; KAISER, L.; DUMITRESCU, R; NYßEN, A.: Fachdiziplinübergreifende Systemmodellierung mechatronischer Systeme mis SysML und CONSENS. In: Maurer, M.; Schulze, S,: Tag des Systems Engineerings, chapter Modellbasierte Systementwicklung 2. Carl Hanser Verlag, München, 2013

[Pap16] PAPENFORT, J.: Cloud based Control – Industrie 4.0 gelebt. In: Vogel-Heuser, B. (Hrsg.): Automation Symposium 2016 „Analyse, Integration und Visualisierung großer Datenmengen". sierke Verlag, Göttingen, 2016

[Ros12] ROSTAN, M.: Neue Lösungsansätze für Antriebssysteme basierend auf Ethercat. In: etz, Ausgabe 10/2012, VDE-Verlag, Offenbach am Main, 2012

[VDI04] VDI 2206 Entwicklungsmethodik für mechatronische Systeme. VDI-Verlag, Düsseldorf, 2004

Autoren

Dr.-Ing. Josef Papenfort arbeitet seit 1997 für die Beckhoff Automation GmbH & Co. KG . Im Jahre 1991 promovierte er nach dem Studium der Allgemeinen Elektrotechnik an der Universität Paderborn. Es folgte eine fünfjährige Tätigkeit in der Softwareentwicklung bei der Schneider Automation in Seligenstadt. Danach erfolgte der Wechsel zur Beckhoff Automation in Verl. Zunächst in der Grundlagen Softwareentwicklung. Seit 2005 ist Herr Papenfort im Produktmanagement für die Automationsuite TwinCAT zuständig. Seine Tätigkeit umfasst auch die Betreuung von Forschungsprojekten.

Dr.-Ing. Fabian Bause ist seit Januar 2016 bei der Beckhoff Automation GmbH + Co. KG im Produktmanagement TwinCAT beschäftigt. Schwerpunkte seiner Tätigkeiten bilden Condition Monitoring, MATLAB/Simulink sowie IoT. Fabian Bause promovierte im März 2016 im Bereich Messtechnik an der Fakultät Elektrotechnik, Informatik und Mathematik der Universität Paderborn. In seiner Tätigkeit als wissenschaftlicher Mitarbeiter beschäftigte sich Fabian Bause mit zerstörungsfreien Prüf- und Messmethoden. Für seine Dissertation wurde Hr. Bause 2016 mit dem Messtechnik-Preis des Arbeitskreis der Hochschullehrer für Messtechnik (AHMT) ausgezeichnet.

Dr.-Ing. Ursula Frank verantwortet bei der Beckhoff Automation GmbH + Co. KG den Bereich Project Management R+D-Cooperations. Ursula Frank promovierte 2005 im Bereich Systems Engineering am Heinz Nixdorf Institut in Paderborn. Hier leitete sie von 2000 bis 2007 das Team Innovations- und Entwicklungsmanagement und war Geschäftsführerin des Sonderforschungsbereichs SFB 614 "Selbstoptimierende Systeme des Maschinenbaus". Bei Beckhoff verantwortet Ursula Frank neben der akademischen Aus- und Weiterbildung die Ausrichtung der Forschungsaktivitäten mit Hochschulen und Forschungseinrichtungen. Im Rahmen von Industrie 4.0 leitet sie u.a. die in das Spitzencluster it's owl eingebetteten Innovationsprojekte „Scientific Automation" und „eXtreme fast automation".

Sebastian Strughold studierte in Kooperation mit der Beckhoff Automation GmbH & Co. KG Wirtschaftsingenieurwesen (B. Eng.) mit Schwerpunkt Automatisierungstechnik an der Fachhochschule Bielefeld am Studienort Gütersloh. Anschließend belegte Herr Strughold an der Technische Universität Braunschweig den Studiengang Technologieorientiertes Management (M. Sc.) und beschäftigt sich bei der Beckhoff Automation GmbH & Co. KG aktuell, im Rahmen des Forschungsprojekts „Scientific Automation“, mit der ganzheitlichen Analyse von Maschinen und Anlagen.

Prof. Dr.-Ing. Ansgar Trächtler ist Leiter des Lehrstuhls für Regelungstechnik und Mechatronik am Heinz Nixdorf Institut der Universität Paderborn sowie Leiter des Fraunhofer-Instituts für Entwurfstechnik Mechatronik (IEM). Er promovierte 1991 an der Universität Karlsruhe und habilitierte sich 2001 im Bereich „Mess- und Regelungstechnik“. Von 1998 bis 2004 war er in der Industrie tätig, bevor er 2005 an die Universität Paderborn wechselte. Im Jahr 2015 wurde er als Mitglied in die Akademie der Technikwissenschaften (acatech) berufen.

Dirk Bielawny ist wissenschaftlicher Mitarbeiter am Heinz Nixdorf Institut der Universität Paderborn, wo er zuvor Ingenieurinformatik mit Schwerpunkt Maschinenbau studierte. Seit 2010 arbeitet er am Lehrstuhl für Regelungstechnik und Mechatronik hauptsächlich an Forschungsprojekten aus dem Bereich Robotik und Automatisierung im Kontext intelligenter technischer Systeme und Industrie 4.0. Im Rahmen des Projekts „Scientific Automation“ beschäftigt er sich vor allem mit der Identifizierung, Aufbereitung und Analyse neuartiger Verfahren und Algorithmen für den Einsatz in der Automatisierungstechnik.

Dr.-Ing. Christian Henke studierte Elektrotechnik mit dem Schwerpunkt Automatisierungstechnik an der Universität Paderborn. Nach seinem Studium war er wissenschaftlicher Mitarbeiter im Fachgebiet Leistungselektronik und Elektrische Antriebstechnik der Universität Paderborn. Dort promovierte er über das Thema „Betriebs- und Regelstrategien für den autonomen Fahrbetrieb von Schienenfahrzeugen mit Linearantrieb“. Seit 2011 leitet er die Abteilung Regelungstechnik der Fraunhofer-Einrichtung Entwurfstechnik Mechatronik (IEM). Seine Arbeitsschwerpunkte liegen im Bereich der modellbasierten Entwicklung mechatronischer Systeme, des Regelungsentwurfs und der industriellen Automatisierungstechnik. Er leitet unter anderem Auftragsforschungs- und Verbundprojekte mit Unternehmen, die anspruchsvolle mechatronische Produkte entwickeln.

Virtualisierung der Produktentstehung

Akustische Simulation von Fahrzeuggeräuschen innerhalb virtueller Umgebungen basierend auf künstlichen neuronalen Netzen (KNN)

Antje Siegel, Prof. Dr.-Ing. Christian Weber
Technische Universität Ilmenau, Fachgebiet Konstruktionstechnik
Max-Planck-Ring 12, 98693 Ilmenau
Tel. +49 (0) 36 77 / 69 18 19, Fax. +49 (0) 36 77 / 69 12 59
E-Mail: {Antje.Siegel/Christian.Weber}@tu-ilmenau.de

Prof. Dr.-Ing. Albert Albers, David Landes,
Dr.-Ing. Matthias Behrendt
IPEK – Institut für Produktentwicklung, Karlsruher Institut für Technologie (KIT)
Kaiserstr. 10, 76131 Karlsruhe
Tel. +49 (0) 721 / 60 84 23 71, Fax. +49 (0) 721 / 60 84 60 51
E-Mail: {Albert.Albers/David.Landes/Matthias.Behrendt}@kit.edu

Zusammenfassung

Das Entwickeln neuer Produkte ist an viele Vorgaben geknüpft. Zu unterschiedlichsten Zeitpunkten im Produktentwicklungsprozess wird deshalb überprüft, ob gewünschte Produkteigenschaften erreicht werden. Hierfür ist es notwendig, teure Prototypen zu bauen. Virtual Reality (VR) kann eine Möglichkeit bieten, diesen finanziellen Aufwand zu reduzieren, indem Prototypen virtuell dargestellt werden. So kann z.B. das visuelle Design in einer virtuellen Umgebung bewertet werden. Ob ein Produkt vom Kunden akzeptiert wird, hängt aber häufig auch von den akustischen Eigenschaften des Produktes ab. Für viele Produkte gibt es darüber hinaus auch gesetzliche Regelungen, die vorschreiben, wie laut das vom Produkt abgestrahlte Geräusch sein darf. So wird es immer wichtiger, VR-Methoden zu entwickeln, mit denen akustische Eigenschaften von Produkten simuliert werden können. Im Beitrag wird ein Konzept für die Simulation von Fahrzeuggeräuschen vorgestellt. Das Konzept basiert auf dem Einsatz künstlicher neuronaler Netze (KNN). Es wird beschrieben, wie solche Netze in ein bestehendes audio-visuelles VR-System integriert werden können. Außerdem werden Voruntersuchungen dargestellt, mit denen überprüft wird, ob das Konzept zwingende Voraussetzungen für eine erfolgreiche Umsetzung erfüllt.

Schlüsselworte

Audio-visuelle VR, Fahrsimulation, akustische Simulation, künstliche neuronale Netze

Acoustic Simulation of Vehicle Noise in Virtual Environments Based on Artificial Neural Networks (ANNs)

Abstract

Product development has to meet many requirements. These requirements can either result from customer wishes or from legal regulations. Due to this, product properties have to be validated at various times during the development process. For this purpose, models and prototypes have to be built. This is, however, very expensive and time consuming. Virtual Reality (VR) can provide solutions for virtual prototypes and can therefore reduce the extensive effort. For example, the product's visual design can be represented in virtual environments and can thus be assessed. However, the acceptance of products by the customers does not only depend on visual aspects. Often it also depends on the acoustic product properties. Moreover, for many products regulations and standards exist, which define limits for the product's sound emissions. In this regard, the development of VR-Methods for the simulation of acoustic product properties is getting more and more important. A specific challenge is the simulation of dynamic sounds. Dynamic in this context means that the time signal of the sound has no linear characteristics and that it is not periodic. The expression dynamic rather refers to the tonal characteristics of the sound which are not steady but are changing continuously.

In this paper a concept for the simulation of dynamic vehicle noises is introduced. This concept is based on artificial neural networks (ANNs). Vehicle noise is dependent on different parameters such as the velocity, the gear or the load condition. According to these dependencies audio recordings of vehicle noise are to be manipulated. Acoustic measurements at the components of different vehicles were used to generate these audio recordings.

ANNs are successfully used for the classification of image data and they are also useful for audio signal processing, e.g. for speech recognition. For both kinds of application a good feature extraction is necessary. The ANN introduced in this paper can extract features in a self-sufficient way. In that way, it can be investigated how many features are needed to characterize vehicle noise and it can also be examined whether dependencies between the features and certain vehicle parameters exist. Moreover it is described how such an ANN can be integrated in an existing audio visual VR-system.

Keywords

Audio visual VR, driving simulation, acoustic simulation, artificial neural networks

1 Einleitung

Künstliche Neuronale Netze (KNNs) werden für eine Vielzahl von Anwendungen eingesetzt. Sie erfreuen sich großer Beliebtheit, weil den Netzen ein gewünschtes Verhalten antrainiert werden kann. Dieses Verhalten ist in gewissen Grenzen auch in Situationen abrufbar, die nicht vorherbestimmbar sind. So lassen sich Modelle erstellen, die eine Aufgabenstellung umfassend lösen können. Diese Eigenschaften machen KNNs auch für den Einsatz im Bereich der Virtual Reality (VR) interessant. Hier werden Methoden benötigt, die nicht nur für vordefinierte virtuelle Szenen funktionieren. Vielmehr sind Werkzeuge gefragt, die auch für interaktive Anwendungsfälle tauglich sind.

In diesem Beitrag wird ein Konzept vorgestellt, das Lösungswege für die akustische Simulation von dynamischen Fahrmanövern von PKWs in virtuellen Umgebungen aufzeigt. Derartige Simulationen können genutzt werden, um Schallemissionen von Fahrzeugen frühzeitig im Produktentwicklungsprozess zu untersuchen und zu beurteilen. Um geltende Standards (wie z.B. die DIN ISO 362) einhalten zu können, ist es erforderlich, dass Fahrzeughersteller eine Vielzahl an Messungen auf Prüfständen oder Teststrecken durchführen. Das im Folgenden beschriebene Konzept stellt eine Methode dar, anhand derer der Messaufwand deutlich reduziert werden kann. Des Weiteren werden Voruntersuchungen beschrieben, mit denen überprüft wurde, ob das Konzept wichtigen Voraussetzungen und Anforderungen genügt. Abschließend wird ein Ausblick bezüglich zukünftiger Untersuchungen gegeben.

2 Konzept

2.1 Anforderungen

Der Begriff KNN beschreibt ein weites technisches Feld, das Lösungen für sehr viele Anwendungszwecke liefert. So gibt es unzählige unterschiedliche Arten von KNNs, die sich in ihrem Aufbau und in ihrer Funktion teilweise deutlich unterscheiden. Deshalb ist es wichtig eine geeignete Netzstruktur und einen geeigneten Netztypen zu wählen. Je besser die Struktur und der Netztypus auf die gewünschte Anwendung abgestimmt sind, desto bessere Resultate sind zu erwarten. Dem hier vorgestellten Konzept liegt die Idee zugrunde, ein KNN zu erstellen, das in der Lage ist, Audiodaten zu generieren bzw. Audiodaten zu manipulieren. Dies macht es erforderlich, ein KNN zu erstellen, dem Audiodaten zugeführt werden können. Außerdem sollten am Ausgang des Netzes wiederum Audiodaten ausgegeben werden. Diese sollten ein Format aufweisen, das sich für die Audio-Wiedergabe in der VR weiterverarbeiten lässt.

Der Fokus dieser Arbeit liegt auf der akustischen Simulation von Fahrzeuggeräuschen. Eine besondere Schwierigkeit stellen hierbei Geräusche dar, die bei dynamischen Fahrmanövern entstehen, wie z.B. beim Abbremsen oder Beschleunigen. Die in diesem Zusammenhang entstehenden Geräusche sind von unterschiedlichen Parametern, wie dem Gang, der Geschwindigkeit oder dem Lastzustand abhängig. Deshalb wird für eine erfolgreiche Simulation ein System benötigt, das die eben beschriebenen Parameter auswerten kann.

2.2 Autoencoder

Eine mögliche Form von KNN, die die Anforderungen aus Abschnitt 2.1 erfüllt, ist ein sogenannter Autoencoder. Im Folgenden wird die allgemein bekannte Funktionsweise von Autoencodern beschrieben. In Abschnitt 2.3 folgt dann die Beschreibung des spezifizierten Konzepts, dass auf die akustische Simulation von Fahrzeugen in der VR zugeschnitten ist. Ein Autoencoder ist eine spezielle Form von KNN und besteht aus einem Encoder und einem Decoder [VLL+10]. In Bild 1 ist der Aufbau eines solchen Autoencoders dargestellt. Ein Encoder ist so aufgebaut, dass die Daten am Eingang schrittweise reduziert bzw. komprimiert werden. Soll ein Autoencoder für die Audiosignalverarbeitung genutzt werden, liegt am Eingang des Netzes ein Audiosignal an, z.B. in Form eines digitalen Audio-Files. Da digitale Audiosignale in Form von diskreten Abtastwerten (Samples) des entsprechenden analogen Signals vorliegen, kann jedes dieser Audio-Samples einem Neuron in der Input-Schicht zugeführt werden. Der Encoder ist so aufgebaut, dass an dessen Ausgang nur eine geringe Anzahl an Zahlenwerten entsteht. Diese Zahlenwerte werden als Merkmale bezeichnet. Man spricht in diesem Zusammenhang von Merkmalsextraktion. Der Autoencoder wird so trainiert, dass die extrahierten Merkmale möglichst charakteristisch und beschreibend für das Eingangssignal sind. Der Decoder ist in der Regel reziprok zum Encoder aufgebaut und wird dazu benutzt, um die Eingangsdaten wieder herzustellen und möglichst genau zu rekonstruieren. Während des Trainings werden die Daten am Ausgang des Decoders mit den Daten, die am Eingang des Encoders anliegen, abgeglichen. Das Netz wird so lange optimiert, bis der Fehler zwischen Eingangs- und Ausgangssignal hinreichend reduziert wurde.

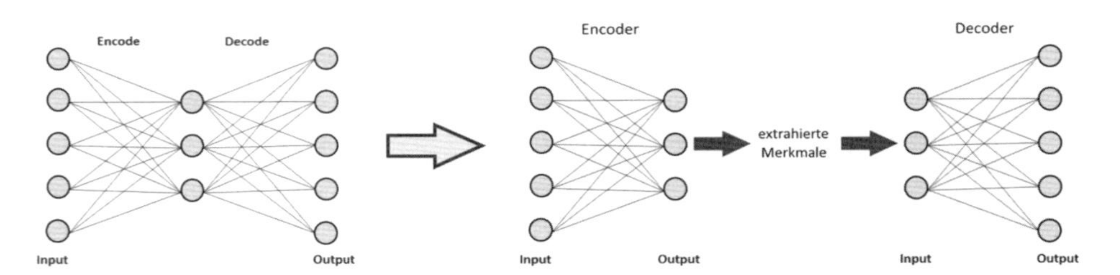

Bild 1: Aufbau eines Autoencoders

Eine Anwendung von Autoencodern ist das sogenannte Denoising [VLL+10]. In diesem Fall wird dem Encoder z.B. ein verrauschtes Bild zugeführt. Sind im Bild noch genügend Informationen über den eigentlichen Bildinhalt enthalten, können im Encoder Merkmale extrahiert werden, die den eigentlichen Bildinhalt beschreiben. Aus diesen extrahierten Merkmalen wird im Decoder ein Bild rekonstruiert, das weniger verrauscht ist. Im besten Fall wird das eigentliche Bild vollständig ohne jegliches Rauschen rekonstruiert. In gleicher Weise können mit einem Autoencoder Störgeräusche in Audioaufnahmen reduziert werden. Ein wichtiger Aspekt an der Funktionsweise von Autoencodern ist, dass am Ausgang des Netzes Daten geliefert werden, die im gleichen Format vorliegen, wie die Eingangsdaten. Ein Autoencoder kann somit Audiodaten am Eingang verarbeiten und liefert wiederum Audiodaten am Ausgang. Dieses Verhalten zeichnet einen Autoencoder, im Hinblick auf die akustische Simulation in der VR, gegenüber anderen Arten von KNN aus. Zwar gibt es viele KNN-Arten mit denen Audiodaten verarbeitet werden können, aber nur selten entsteht am Ausgang des Netzes ein vollständiges Audiosignal, das weiterverarbeitet werden kann.

2.3 Integration des Autoencoders in VR Umgebung

Da die Audioverarbeitung für VR-Anwendungen in Echtzeit geschehen muss, werden Audiodaten in der Regel blockweise z.B. in Form von Audio-Streams verarbeitet. Das hier vorgestellte Konzept ist deshalb so ausgelegt, dass dem Eingang des Autoencoders einzelne Audioblöcke zugeführt werden. Zwei Ansätze für die Integration eines Autoencoders in die Audiosignalverarbeitung sind in Bild 2 und Bild 3 dargestellt. Beide Konzepte gehen von der Annahme aus, dass innerhalb der virtuellen Umgebung ein Audio-File, das die Aufnahme des Außengeräusches eines Fahrzeuges enthält, in Schleife wiedergegeben wird. Es genügt das Fahrzeugaußengeräusch für ein definiertes Fahrmanöver aufzuzeichnen, z.B. eine Konstantfahrt bei einer vordefinierten Geschwindigkeit und einem vordefinierten Gang. Audiodaten für weitere Fahrmanöver, wie z.B. Beschleunigungsvorgänge werden dann vom Autoencoder generiert. Weiter wird davon ausgegangen, dass die Audiosignalverarbeitung mit einer Software, z.B. einem Fahrsimulator, verbunden ist, die in der Lage ist, in regelmäßigen Abständen Zustandsparameter des Fahrzeuges zu liefern. Als Zustandsparameter wären Größen wie die Geschwindigkeit, der eingelegte Gang oder der aktuelle Lastzustand denkbar. So ist eine Interaktion des Nutzers in der virtuellen Szene möglich.

In beiden Konzepten wird das aufgezeichnete Fahrzeuggeräusch in einzelne Blöcke zerlegt. Im ersten Konzept, das in Bild 2 zu sehen ist, findet eine Vorverarbeitung dieser Audioblöcke statt, bevor diese dem Autoencoder zugeführt werden. Während der Vorverarbeitung soll das Audiosignal in Abhängigkeit der Zustandsparameter des virtuellen Fahrzeugs angepasst werden. Denkbar sind hier Lautstärkeanpassungen, das Beeinflussen der Abspielgeschwindigkeit oder die Angleichung des Frequenzspektrums durch den Einsatz von digitalen Filtern. Durch die Vorverarbeitung würde eine erste Annäherung an ein Audiosignal erfolgen, das klanglich zu den aktuellen Zustandsparametern des virtuellen Fahrzeuges passt. Der Autoencoder hat in diesem Fall die Aufgabe das vorverarbeitete Signal weiter zu verbessern und ein genaueres Ergebnis zu generieren (ähnlich wie beim Denoising, das in Abschnitt 2.2 beschrieben wurde). Hier liegt der Leitgedanke zugrunde, dass das vorverarbeitete Signal genügend Informationen enthält, die den aktuellen Fahrzustand des Fahrzeuges beschreiben. Nur so können Merkmale extrahiert werden, die repräsentativ genug für das akustische Verhalten des Fahrzeuges sind und eine erfolgreiche Decodierung ermöglichen.

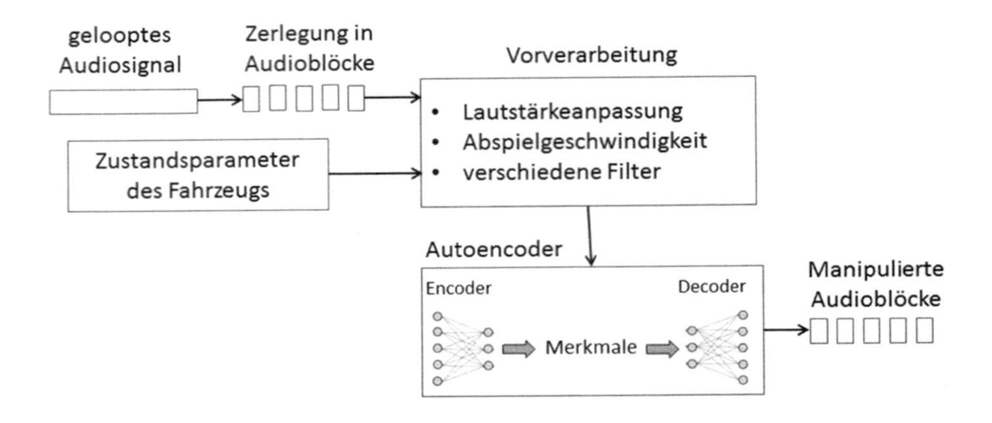

Bild 2: Konzept mit Vorverarbeitung der Audiodaten

Der zweite Ansatz, hier in Bild 3 dargestellt, sieht vor, das aufgezeichnete Audiosignal direkt im Autoencoder zu verarbeiten. Die im Encoder extrahierten Merkmale sollen in Abhängigkeit der Zustandsparameter manipuliert werden, bevor sie dem Decoder zugeführt werden. Hierfür müssen allerdings Regeln gefunden werden, anhand derer die Manipulation stattfinden kann. Dazu sollen weitere Untersuchungen durchgeführt werden.

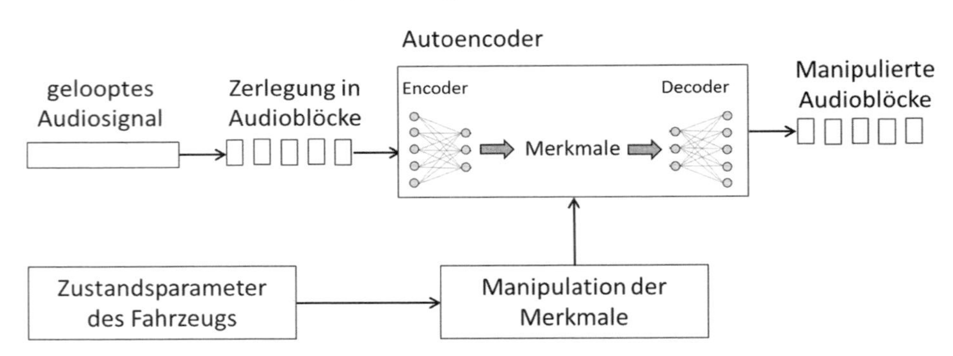

Bild 3: Konzept mit Manipulation der Merkmale

Hinweise für ein mögliches Vorgehen liefern die Arbeiten von Hinton und Salakhutdinov [HS06] sowie Turchenko und Luczak [TL15-ol]. Hier ist dargestellt, wie die Ergebnisse von Netzwerken, in zweidimensionalen Koordinaten-Systemen abgebildet werden können. Verschiedene Netze wurden auf große Datensets angewandt. Daten dieser Datensets wurden in unterschiedliche Kategorien eingeteilt. (Datensets, die z.B. Tierbilder enthalten, können nach der Art der Tiere, die auf den Bildern zu sehen sind, kategorisiert werden). Für die Ergebnisse der Netze wurden 2D-Diagramme erstellt. Diese bestanden aus verschiedenen Punktwolken. Jede dieser Punktwolken konnte einer der zuvor vergebenen Kategorien zugeordnet werden. Die Autoren dieses Papers wollen in zukünftigen Untersuchungen feststellen, ob dies auch für die extrahierten Merkmale des in Bild 3 dargestellten Encoders gelingt. Die Eingangsdaten könnten nach unterschiedlichen Zustandsparametern des Fahrzeugs kategorisiert werden (z.B.

verschiedene Kategorien für verschiedene Geschwindigkeiten, Lastzustände etc.). Die extrahierten Merkmale für einen vordefinierten Fahrzustand könnten dann so manipuliert werden, dass eine Transformation stattfindet. Die Transformation würde die Verschiebung der Merkmale in den Bereich einer Punktwolke, die einem anderen Fahrzeugzustand entspricht, realisieren.

3 Voruntersuchungen

Um die Umsetzbarkeit der vorgestellten Konzepte zu überprüfen, muss zunächst untersucht werden, ob ein Autoencoder folgende Anforderungen erfüllt:

- Eignen sich Autoencoder für die blockweise Verarbeitung von Audiodaten (als Zeitsignal), insbesondere von Fahrzeuggeräuschen?
- Können Audiodaten, insbesondere Fahrzeuggeräusche, hinreichend genau decodiert werden?

Diese Bedingungen stellen zwingende Voraussetzungen für eine erfolgreiche Umsetzung der Konzepte dar. In [MLO+12] werden Autoencoder für die Störgeräuschunterdrückung in Audiosignalen beschrieben. Es wird dargestellt, dass diese Autoencoder mit Audioblöcken trainiert werden. Allerdings werden keine Angaben zur Länge der verwendeten Audioblöcke gemacht. Die Untersuchungen in [MLO+12] zeigen, dass eine blockweise Verarbeitung und eine hinreichend genaue Decodierung von Audiosignalen mit Autoencodern generell möglich sind. Ob dies auch für Fahrzeuggeräusche gilt, die auf einem Rollenprüfstand aufgezeichnet wurden und ob Audioblocklängen realisiert werden können, die für eine Echtzeitverarbeitung geeignet sind, wurde mit den im Folgenden beschriebenen Voruntersuchungen überprüft. Die Voruntersuchungen gaben auch Aufschluss über die erforderliche Komplexität des zu verwendenden Autoencoders.

3.1 Beschreibung der Tests

Zunächst wurden Trainingsdaten aus Messungen, die an einem Fahrzeug auf einem Rollenprüfstand durchgeführt wurden, erstellt. Am IPEK – Institut für Produktentwicklung am Karlsruher Institut für Technologie (KIT) wurden mit dem Fahrzeug unterschiedliche Fahrmanöver auf dem Rollenprüfstand realisiert. Mit Mikrofonen wurde in einem Abstand von 7,5 m zur Fahrzeuglängsachse das Außengeräusch des Fahrzeuges aufgezeichnet. Die Audioaufnahmen wurden in Form von WAVE-Files abgespeichert. Die Audiofiles beinhalten das Fahrzeugaußengeräusch im 2. Gang bei Volllast (Es wurde eine entsprechende Steigung simuliert). Es wurden Aufnahmen bei Geschwindigkeiten von 50, 60, 70 und 80 km/h gemacht. Die Zeitsignale der Audioaufnahmen wurden in Blöcke von 784 Samples zerlegt. So ergaben sich 15048 Audioblöcke. Davon wurden 12024 Audioblöcke als Trainingsdaten und 3024 Audioblöcke wurden als Testdaten verwendet. Das entspricht ungefähr einem Verhältnis von 80 zu 20. Mit den Trainingsdaten wird das Netzwerk schrittweise optimiert. Die Testdaten werden benutzt, um sicherzustellen, dass das Netzwerk auch für Daten funktioniert, mit denen es nicht trainiert wurde.

Nach einer bestimmten Anzahl von Iterationen wird sowohl ein Fehlerwert für die Trainingsdaten als auch ein Fehlerwert für die Testdaten bestimmt. Beide Fehler sollen während des Trainings minimiert werden.

3.2 Convolutional-Autoencoder

Für erste Tests wurde ein Autoencoder benutzt, der eigentlich mit der MNIST Database (Mixed National Institute of Standards and Technology database) [LCB13-ol] trainiert und für die Klassifizierung von handschriftlichen Zahlen genutzt wird. Dieser Autoencoder ist als Beispiel innerhalb eines Deep-Learning-Frameworks namens Caffe enthalten [JSD+14]. Dieses Framework wurde vom Berkeley Vision and Learning Center (BVLC) entwickelt und dient zum Erstellen und Trainieren von sogenannten Deep-Learning-Netzen. Da diese Art von Autoencoder für die im vorherigen Abschnitt beschriebenen Trainingsdaten keine zufriedenstellenden Ergebnisse lieferte, wurde er erweitert. Eine vielversprechende Art von KNN, stellen Convolutional Neural Networks (CNNs) dar. Der Name Convolutional Network ist darauf zurückzuführen, dass die Aktivität der Neuronen in Form einer diskreten Faltung berechnet wird. CNNs werden bereits erfolgreich für das Klassifizieren von Bilddaten [Duf07] und für Spracherkennungs-Anwendungen [KZ15-ol] eingesetzt. Deshalb wurde der eben beschriebene Autoencoder so erweitert, dass jeweils zwei Convolutional- und Deconvolutional-Layer im Aufbau enthalten waren. Die Eingangsdaten von 784 Samples werden im Encoder auf 30 Zahlenwerte reduziert. Die rekonstruierten Daten am Ausgang des Convolutional-Autoencoders bestehen wieder aus 784 Werten. Als zweite Variante wurde zusätzlich ein Convolutional-Autoencoder untersucht, der genauso aufgebaut war. Als einziger Unterschied wurden am Ausgang des Encoders 160 Zahlenwerte anstelle von 30 Zahlenwerten ausgegeben.

3.3 Ergebnisse

Beide Varianten des im vorherigen Abschnitt beschriebenen Convolutional-Autoencoders wurden mit dem Datensatz, der in Abschnitt 3.1 beschrieben wurde, trainiert. Die erste Variante des Autoencoders, die am Ausgang des Encoders 30 Werte produziert, wies zu Beginn des Trainings einen Trainingsfehlerwert von etwa 4,5 auf. Dieser Wert konnte auf einen Wert von 0,2 reduziert werden. Allerdings konnte der Testfehlerwert nicht hinreichend genug optimiert werden. Das trainierte Netz funktioniert nur für die Trainingsdaten zufriedenstellend und nicht für Daten mit denen nicht trainiert wurde. Dieses Verhalten bezeichnet man auch als Overfitting. Im nächsten Schritt wurde die zweite Variante des Convolutional-Autoencoders, die am Ausgang des Encoders 160 Werte ausgibt, mit dem gleichen Trainingsdatensatz wie zuvor, trainiert. Der anfängliche Trainingsfehlerwert von 4,5 konnte auf einen Wert von 0,2 reduziert werden. Wohingegen der Testfehlerwert am Ende des Trainings einen Wert von 0,4 aufwies. Das Overfitting konnte mit dieser Variante erfolgreich vermieden werden. Da nur anhand der Fehlerwerte schlecht abschätzbar ist, welche Qualität die Audiodaten am Ausgang des Convolutional-Autoencoders aufweisen, wurden der zweiten Variante des Autoencoders nach dem Training testweise Audiodaten zugeführt. Hierfür wurde aus den Testdaten 126 Audioblöcke ausgewählt. Diese Audioblöcke ergeben, wenn sie nacheinander abgespielt werden, ein Audiosignal von etwa 2 Sekunden Länge. Dieser 2 Sekunden lange Ausschnitt stammt aus einer der

Audioaufnahmen, die bei einer Geschwindigkeit von 50 km/h aufgenommen wurden. Bei dem Ausschnitt handelt es sich um ein zusammenhängendes Stück, das in der Mitte des besagten Audio-Files entnommen wurde. Die 126 Audioblöcke wurden mit dem trainierten Convolutional-Autoencoder verarbeitet. Die am Ausgang erzeugten, rekonstruierten Blöcke wurden wieder in der richtigen Reihenfolge zusammengefügt.

Der MSE (mean squared error) für die beiden Zeitsignale beträgt 0,0067. Die Daten wurden vor der Berechnung des Fehlers jeweils auf einen Maximalwert von 1 normiert. Außerdem ergab sich ein Korrelationsgrad von 0,9544. Die Frequenzspektren der beiden Signale werden in Bild 4 verglichen. Hierbei handelt es sich um die logarithmierten Betragsspektren der beiden Signale, wobei das Spektrum des Originalsignals in Hellgrau und das Spektrum des rekonstruierten Signals in Dunkelgrau dargestellt ist. Es ist zu beobachten, dass die Spektren bis zu einer Frequenz von etwa 5 kHz sehr ähnlich sind. Größere Unterschiede sind erst bei Frequenzen über 15 kHz festzustellen.

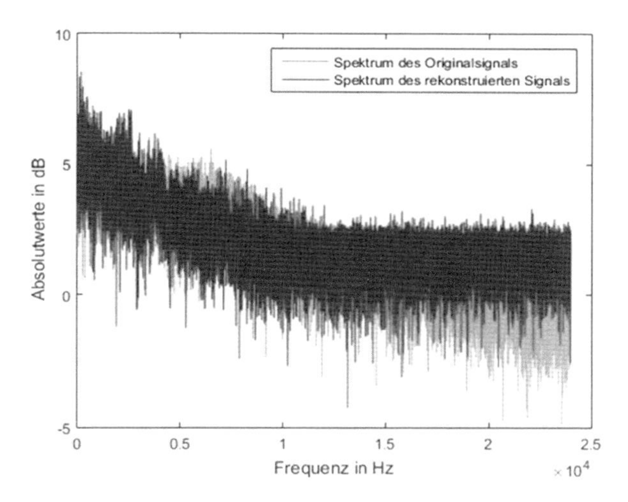

Bild 4: Frequenzspektren des Originals und des rekonstruierten Signals (Testdaten)

Die Voruntersuchungen zeigen, dass es möglich ist, die Audioaufnahmen von Fahrzeuggeräuschen blockweise in einem Convolutional-Autoencoder zu verarbeiten. Dies ist für die Anwendung in der VR eine zwingende Voraussetzung, da hier die Audiosignalverarbeitung in Echtzeit (z.B. in Form von Audio-Streams) stattfindet. Darüber hinaus war festzustellen, dass Audiodaten, im Decoder weitestgehend rekonstruiert werden können. Frequenzspektren und Zeitsignale der rekonstruierten Daten weisen nur wenige Unterschiede auf, so dass ein plausibles Ergebnis erzielt werden kann. Dies soll in weiteren Untersuchungen belegt werden. Dazu werden Probandentests durchgeführt, die aufzeigen sollen, dass die Qualität der rekonstruierten Daten für VR-Nutzer akzeptabel ist. Des Weiteren soll der Trainingsdatensatz erweitert werden, um das Overfitting zu reduzieren und somit die Kompressionsrate im Encoder zu erhöhen.

3.4 Schlussfolgerungen

In einem weiteren Schritt wurde dem trainierten Autoencoder testweise Audiofiles zugeführt, die entsprechend des ersten Konzeptes (Bild 2) vorverarbeitet wurden. Es war zu beobachten, dass die vorverarbeiteten Audiosignale gut rekonstruiert wurden. Eine Anpassung des Signals, und somit eine positive Veränderung des Audioklangs, war nicht festzustellen. Dies legt nahe, ein erneutes Training mit dem Autoencoder durchzuführen, dass auf eine erfolgreiche Manipulation des Input-Signals zugeschnitten ist. Um auszuschließen, dass die Struktur des Autoencoder das Input-Signal einfach nur „durchschleift" ohne charakteristische Merkmale zu extrahieren wurde überprüft, ob der beschriebene Autoencoder in der Lage ist, Störgeräusche aus Audiosignalen zu entfernen. Dazu wurde der Autoencoder mit Audiodaten trainiert, die sowohl mit Störgeräusch, als auch ohne Störgeräusch vorlagen. Es wurden Audioaufnahmen von Sprache, Musik, und unterschiedlichen Maschinen und Fahrzeugen genutzt. Die Fehlerwerte während des Trainings wiesen die gleiche Größenordnung, wie bei den weiter oben beschriebenen ersten Versuchen, auf. Die Störgeräusche konnten zufriedenstellend reduziert werden. Es war feststellbar, das auch hier Frequenzen über 15 kHz nicht vollständig rekonstruiert werden konnten. Dies zeigt, dass ein Training erforderlich ist, das so genau wie möglich auf die Aufgabe des Netzes abgestimmt sein sollte. Da es in Bezug auf das vorgestellte Konzept nicht möglich ist, passende Output-Signale zu erstellen, die den vorverarbeiteten Input-Trainingsdaten entsprechen, muss ein Trainingsverfahren gewählt werden, das sogenanntes unüberwachtes Lernen (unsuperwised learning) ermöglicht. Eine Möglichkeit hierfür ist ein Deep Convolutional Generative Adversarial Network (DCGAN), wie in [BLR+16] und [RLC16-ol] dargestellt. Der Grundgedanke eines DCGANs ist, dass für das Training eines KNN ein zweites KNN erstellt wird. Eingesetzt wird dieses Verfahren, in der Bildverarbeitung, wo das eigentliche KNN, das trainiert werden soll, Bilder erstellt. Die erstellten Bilder des ersten Netzes dienen als Input für das zweite KNN. Dieses gibt als Output einen Wert aus, der angibt mit welcher Wahrscheinlichkeit es sich beim Input-Bild um ein natürliches Bild oder ein vom Netzwerk generiertes Bild handelt. Beide Netze werden gleichzeitig trainiert, so dass das erste Netz versucht das zweite Netz „auszutricksen" indem es lernt immer natürlicher aussehende Bilder zu generieren. Das zweite Netz versucht währenddessen sich nicht „austricksen" zu lassen und lernt immer besser zwischen generierten und natürlichen Bildern zu unterscheiden [BLR+16]. Diese Herangehensweise soll in weiteren Untersuchungen auf das in Bild 2 dargestellte Konzept übertragen werden.

4 Resümee und Ausblick

In diesem Beitrag werden zwei Konzepte für die akustische Simulation von Fahrzeuggeräuschen in virtuellen Umgebungen vorgestellt. Beide Konzepte beruhen auf dem Einsatz von einem Autoencoder. Es wird aufgezeigt, wie ein Autoencoder, der eine spezielle Art von KNN darstellt, in die Audiosignalverarbeitung in der VR integriert werden kann. Voruntersuchungen zur Anwendbarkeit von Autoencodern, in Bezug auf die blockweise Audiosignalverarbeitung, wurden durchgeführt. Die Ergebnisse zeigen, dass insbesondere die Audioaufnahmen von Fahrzeuggeräuschen mit Autoencodern blockweise verarbeitet werden können. Auch die Ergebnisse für die Decodierung bzw. Rekonstruktion der Audiodaten waren zufriedenstellend. Somit sind die Resultate der Voruntersuchungen vielversprechend. In weiteren Untersuchungen soll der Trainingsdatensatz erweitert werden, so dass umfassendere Ergebnisse erwartet werden können und die Kompressionsrate ggf. im Encoder erhöht werden kann. Weitere Datensätze werden erstellt, um die Qualität des Autoencoders besser überprüfen zu können. So kann der Autoencoder nach dem Training mit einem umfangreichen Datensatz getestet werden und eine aussagekräftige Fehlerrate berechnet werden. Außerdem wird in zukünftiger Forschung überprüft, inwieweit die vorgestellten Konzepte umsetzbar sind. Hierfür soll ein im vorherigen Abschnitt beschriebenes DCGAN für weitere Trainings des Autoencoders eingesetzt werden. Ein weiteres Augenmerk liegt darauf, Beziehungen zwischen den extrahierten Merkmalen am Ausgang des Encoders und bestimmten Zustandsparametern des Fahrzeugs zu finden. Daraus sollen Regeln für die Manipulation der extrahierten Merkmale (siehe Konzept in Bild 3) abgeleitet werden. Ziel der künftigen Untersuchungen ist auch, Zusammenhänge zwischen bestimmten Fahrzeugparametern und dem daraus resultierenden Fahrzeuggeräusch zu finden. Dies könnte weitere Erkenntnisse in Bezug auf die Geräuschentstehung in und an Fahrzeugen liefern.

Danksagung

Die Autoren danken der Zeidler-Forschungs-Stiftung herzlich für die Unterstützung des Projekts.

Literatur

[BLR+16] BROCK, A.; LIM, T; RITCHIE, J.M.; WESTON, N.: Context-Aware Content Generation for Virtual Environments. Proceedings of the ASME 2016 International Design Engineering Technical Conferences and Computers and Information in Engineering Conference, 2016

[Duf07] DUFFNER, S.: Face Image Analysis With Convolutional Neural Networks. Dissertation, Fakultät für Angewandte Wissenschaften, Albert-Ludwigs-Universität Freiburg im Breisgau, 2007

[HS06] HINTON, G. E.; SALAKHUTDINOV, R. R.: Reducing the Dimensionality of Data with Neural Networks. Science, vol. 313, no. 5786, 2006, pp. 504-507, 2006

[JSD+14] JIA, Y.; SHELHAMER, E.; DONAHUE, J.; KARAYEV, S.; LONG, J.; GIRSHICK, R.; GUADARRAMA, S.; DARRELL, T.: Caffe: Convolutional Architecture for Fast Feature Embedding. arXiv preprint arXiv:1408.5093, 2014

[KZ15-ol] KAYSER, M.; ZHONG, V.: Denoising Convolutional Autoencoders for Noisy Speech Recognition. Unter: http://vision.stanford.edu/teaching/cs231n/reports/Final_Report_mkayser_vzhong.pdf, 2015

[LCB13-ol] LECUN, Y.; CORTES, C.; BURGES, C. J.C.: The MNIST Database of Handwritten Digits. Unter: http://yann.lecun.com/exdb/mnist/, 2013

[RLC16-ol] RADFORD, A.; METZ, L.; CHINTALA, S.: Unsupervised Representation Learning with Deep Convolutional Generative Adversarial Networks. Unter: https://arxiv.org/pdf/1511.06434.pdf

[MLO+12] MAAS, A.; LE, Q; O'NEIL, T.;VINYALS, O.; NGUYEN, P; NG, A.: Recurrent Neural Networks for Noise Reduction in Robust ASR. INTERSPEECH, pp. 22-25, 2012

[TL15-ol] TURCHENKO, V.; LUCZAK, A.: Creation of a Deep Convoulutional Auto-Encoder in Caffe. Unter: https://arxiv.org/ftp/arxiv/papers/1512/1512.01596.pdf, 2015

[VLL+10] VINCENT, P.; LAROCHELLE, H; LAJOIE, I.; BENGIO, Y.; MANZAGOL, P.A.: Stacked Denoising Autoencoders: Learning Useful Representations in a Deep Network with a Local Denoising Criterion. Journal of Machine Learning Research 11 (2010) 3371-3408, 2010

Autoren

Antje Siegel, geboren 1980, studierte Medientechnologie mit Schwerpunkt audiovisuelle Technik. Seit 2013 als wissenschaftliche Mitarbeiterin am Fachgebiet Konstruktionstechnik der TU Ilmenau tätig. Forschungsschwerschwerpunkt ist die akustische Simulation und Auralisierung in virtuellen Umgebungen.

Prof. Dr.-Ing. Christian Weber, geboren 1954, Professor für Konstruktionstechnik an der Universität des Saarlandes 1989-2007, an der TU Ilmenau seit 01.04.2007, Forschungsinteressen Produktentwicklungsmethodik und Rechnereinsatz in der Produktentwicklung (CAx).

Prof. Dr.-Ing. Albert Albers, geboren 1957, Entwicklungsleiter und stellvertretendes Mitglied der Geschäftsleitung der LuK GmbH & Co. OHG 1989-1995. Seit 1996 Ordinarius für Maschinenkonstruktionslehre und Produktentwicklung sowie Leiter des IPEK – Institut für Produktentwicklung am Karlsruher Institut für Technologie (KIT).

David Landes, geboren 1985, studierte Maschinenbau mit der Fachrichtung allgemeiner Maschinenbau. Seit 2013 wissenschaftlicher Mitarbeiter am IPEK – Institut für Produktentwicklung am Karlsruher Institut für Technologie (KIT) im Bereich NVH/Driveability.

Dr.-Ing. Matthias Behrendt, geboren 1976, studierte Maschinenbau mit der Fachrichtung Produktentwicklung und Konstruktion. Seit 2002 wissenschaftlicher Mitarbeiter am IPEK – Institut für Produktentwicklung am Karlsruher Institut für Technologie (KIT). Er ist leitender Oberingenieur der Forschungsfelder Validierung und NVH technischer Systeme, sowie Entwicklungs- und Innovationsmanagement.

Automatische Ableitung der Transportwege von Transportsystemen aus dem 3D-Polygonmodell

Sascha Brandt, Dr. rer. nat. Matthias Fischer
Heinz Nixdorf Institut und Institut für Informatik, Universität Paderborn
Fürstenallee 11, 33102 Paderborn
Tel. +49 (0) 52 51 / 60 64 51, Fax. +49 (0) 52 51 / 60 64 82
E-Mail: {Sascha.Brandt/Matthias.Fischer}@hni.upb.de

Zusammenfassung

In der CAD-unterstützten Entwicklung von technischen Systemen (Maschinen, Anlagen etc.) werden virtuelle Prototypen im Rahmen eines virtuellen Design-Reviews mit Hilfe eines VR-Systems gesamtheitlich betrachtet, um frühzeitig Fehler und Verbesserungsbedarf zu erkennen. Ein wichtiger Untersuchungsgegenstand ist dabei die Analyse von Transportwegen für den Materialtransport mittels Fließbändern, Förderketten oder schienenbasierten Transportsystemen. Diese Transportwege werden im VR-System animiert. Problematisch dabei ist, dass derartige Transportsysteme im zugrundeliegenden CAD-Modell in der Praxis oft nicht modelliert und nur exemplarisch angedeutet werden, da diese für die Konstruktion nicht relevant sind (z.B. der Fördergurt eines Förderbandes, oder die Kette einer Förderkette), oder die Informationen über den Verlauf bei der Konvertierung der Daten in das VR-System verloren gehen. Bei der Animation dieser Transportsysteme in einem VR-System muss der Transportweg also aufwändig, manuell nachgearbeitet werden.

Das Ziel dieser Arbeit ist die Reduzierung des notwendigen manuellen Nachbearbeitungsaufwandes für das Design-Review durch eine automatische Berechnung der Animationspfade entlang eines Transportsystems.

Es wird ein Algorithmus vorgestellt, der es ermöglicht mit nur geringem zeitlichem Benutzeraufwand den Animationspfad aus den reinen polygonalen dreidimensionalen Daten eines Transportsystems automatisch zu rekonstruieren.

Schlüsselworte

Pfaderkennung, Animationen, CAD-Systeme, VR-Systeme

Automatic derivation of paths from transport systems from the 3D polygon model

Abstract

In the CAD-supported development of technical systems (machines, plants, etc.), virtual prototypes are looked at as part of a virtual design review with the help of a VR system in order to recognize faults and improvement needs at an early stage. An important object of investigation is the analysis of transport paths for material transport using conveyor belts, conveyor chains or rail-based transport systems. These transport paths are animated in the VR system. One problem is that the motion paths of transport systems are often not modeled in the underlying CAD model or only implied, since they are not relevant for the construction (i.e., individual chain links are not modeled). Furthermore, the required information about a motion path can get lost during conversion of the data into the VR system. When animating these transport systems in a VR system, the transport paths have to be remodeled manually.

The goal of this work is the reduction of the necessary manual post-processing effort for a virtual design review by automatically calculating the animation paths along a transport system.

An algorithm is presented, which allows the automatic reconstruction of motion paths from the raw three-dimensional polygon data of a transport system with minimal manual user effort.

Keywords

Path detection, animation, CAD systems, VR systems

1 Motivation

Bei der Entwicklung von technischen Systemen (Maschinen, Anlagen, etc.) werden häufig virtuelle Design-Reviews verwendet um frühzeitig Fehler und Verbesserungsbedarf zu erkennen. Dabei werden die CAD-Daten des zu überprüfenden Systems gesamtheitlich in ein Virtual-Reality-System (VR-System) übertragen und aufbereitet. Neben der Geometrie und Anordnung der virtuellen Bauteile ist die Analyse von beweglichen Bauteilen und Transportwegen ein wichtiger Untersuchungsgegenstand am virtuellen Prototypen. Dazu müssen die entsprechenden Bauteile und Transportwege in dem VR-System animiert werden.

Bild 1: Automatisch abgeleiteter Verlauf einer Förderkette aus dem 3-D-Polygonmodell einer Berliner-Gäranlage.

Eine weitere Anwendungsmöglichkeit für das Aufbereiten von CAD-Daten in einem VR System ist das Präsentieren von Maschinenanlagen und anderen technischen Systemen zu Marketingzwecken. Dabei kann das System am animierten virtuellen Prototypen einem Kunden präsentiert und auf Wunsch können einzelne Prozessschritte im Detail visuell erklärt werden.

Ein Problem bei der Aufbereitung von CAD-Daten ist, dass geometrische Eigenschaften (Orientierung, Rotationsachsen, Übertragungsverhältnisse in kinematischen Ketten, etc.) von Bauteilen sowie Bewegungspfade von Transportsystemen im zugrundeliegenden CAD-Modell in der Praxis oft nicht modelliert werden, da diese für die eigentliche Konstruktion nicht relevant sind, oder die nötigen Informationen bei der Übertragung ins VR System verloren gehen. D.h., dass oft nur die rein polygonalen 3-D-Daten, ggf. mit Bauteilhierarchien, zur Verfügung stehen. Insbesondere bei Transportsystemen, wie Förderketten (s. Bild 1), wird die Geometrie häufig, aufgrund der hohen Komplexität, nur angedeutet (z.B. werden einzelne Kettenglieder nicht modelliert). Daher müssen die geometrischen Eigenschaften und Bewegungspfade von Transportsystemen aufwändig, manuell im VR-System nachgearbeitet werden. Um den hohen manuellen Aufwand bei der Nachbearbeitung zu reduzieren, müssen Verfahren entwickelt werden, die diesen Prozess mit möglichst geringem Benutzeraufwand automatisieren.

In dieser Arbeit wird ein Algorithmus vorgestellt, der es ermöglicht, aus den reinen polygonalen dreidimensionalen Daten eines Transportsystems, den Transportweg für das Animieren in einem VR-System zu rekonstruieren. Damit soll der notwendige manuelle Nachbearbeitungsaufwand bei der Aufbereitung von CAD-basierten technischen System für Design-Reviews stark reduziert werden, um Zeit und Kosten zu sparen.

2 Stand der Technik

Ein verwandtes Problem zu dem Erkennen des Verlaufs von Transportsystemen aus den 3-D-Polygondaten ist das Berechnen des 3-D-Kurven-Skeletts eines abgeschlossenen 3 D Körpers. Das 3-D-Kurven-Skelett ist eine eindimensionale Untermenge der Medialen Achse eines 3-D-Körpers, welche "lokal zentriert" ist. Die Mediale Achse eines abgeschlossenen Objektes wurde erstmalig von Harry Blum im Jahr 1967 beschrieben [Blu67] und beschreibt im 3-D-Raum eine zweidimensionale Fläche innerhalb eines 3 D Objektes. Genauer ist die Mediale Achse die Menge aller Punkte innerhalb eines 3 D Objektes, die zu mindestens zwei Punkten auf der Oberfläche äquidistant sind. Die Mediale Achsen Transformation von Objekten hat vielerlei Anwendungen in der Praxis (siehe [TDS+16], [CSM05]). Dazu gehören Objekterkennung in der Computergrafik und virtuellen Medizintechnik, Datenkompression von 3-D-Oberflächen oder aktuell auch das Optimieren von Stützstrukturen für den 3-D-Druck [ZXW+15]. Das 3-D-Kurven-Skelett ist eine Reduktion der Medialen Achse auf eine eindimensionale Kurve. In der Literatur gibt es keine klare Definition von Kurven-Skeletten. Die genauen Anforderungen an das Kurven-Skelett werden oft anhand des Anwendungsgebietes festgelegt und hängen auch von der jeweiligen Berechnungsmethode ab. Typische Anforderungen sind Glattheit, Zentriertheit und Robustheit [CSM05]. Zum Berechnen des 3-D-Kurven-Skeletts wird häufig eine volumetrische Darstellung eines Objektes, approximiert durch Voxelisierung, als Grundlage verwendet um dann mithilfe von z.B. Distanz-Feldern oder "Kraftfeldern" eine Approximation des Kurven-Skeletts zu finden [BB08]. Andere Ansätze basieren auf das Zusammenziehen der Objektgeometrie auf eine 1-D-Kurve [ATC+08] oder dem evolutionären Wachsen von Geometrie, welche das Volumen eines Objektes schrittweise annähert [SLS+07]. Es ist auch möglich, das 3-D-Kurven-Skelett auf Basis einer Punktwolke, von z.B. Laserscan-Daten, zu berechnen [JXC+12]. Dabei reichen häufig auch unvollständige Laserscan-Daten aus [TZC09]. Auch wenn das 3-D-Kurven-Skelett in einigen Fällen dazu verwendet werden kann, den Verlauf eines Transportsystems zu rekonstruieren, weist es in anderen Fällen große Probleme auf. Ein Problem ist, dass das Kurven-Skelett sehr anfällig gegenüber Störungen und Fehler (die z.B. bei der Übertragung der Daten in ein VR-System entstehen können) in der Geometrie ist. Aus dem gleichen Grund ist der Ansatz auch Problematisch bei Bauteilen mit Applikationen wie z.B. Schrauben, oder Bohrungen. Weiterhin funktioniert das Kurven-Skelett nur auf zusammenhängenden Oberflächen, während der hier präsentierte Ansatz zu einem gewissen Grad auch bei komplexeren Bauteilen, wie z.B. Förderketten mit einzelnen Kettengliedern, funktioniert.

Diese Arbeit ist eine Weiterentwicklung der Ideen von Jähn et al. [JFG+15], die Algorithmen zur Ableitung geometrischer Eigenschaften von Bauteilen aus dem 3-D-Polygonmodell vorgestellt haben. Die geometrischen Eigenschaften können dabei Ausrichtung, Rotationsachsen oder Übertragungsverhältnisse (z.B. von Zahnrädern) von Bauteilen sein. Die Algorithmen arbeiten dabei ebenfalls nur auf den reinen 3-D-Polygondaten der (aus einem CAD-System exportierten) Bauteile. Bei der Bestimmung von Ausrichtung werden zunächst, mithilfe eines randomisierten Verfahrens, Häufungen von Dreieckskanten auf einer Ebene ermittelt und daraus Richtungsvektoren für die Ausrichtung abgeleitet. Mit einem weiteren randomisierten Algorithmus können dann, unter Zuhilfenahme der vorher berechneten Ausrichtung, die Rotationsachsen von Bauteilen bestimmt werden, indem Häufungen der Umkreise von jeweils drei zufälligen Vertices auf einer Häufungsebene (aus dem Algorithmus zum Erkennen der Ausrichtung) ermittelt werden. Für das Erkennen von Übersetzungsverhältnissen von Zahnrädern werden die Zähne gezählt, indem entlang eines Umkreises (aus dem Algorithmus zu Erkennung der Rotationsachsen) möglichst viele, große Kugeln so verteilt werden, dass in jedem Zahn eine Kugel liegt. Die Anzahl der Kugeln entspricht dann der Anzahl der Zähne. Ein ähnliches Prinzip kann auch für Zahnstangen und Außengewinde angewendet werden. In der Arbeit von Jähn et al. wurde das Erkennen des Verlaufs von Transportsystemen als offenes Problem dargestellt, welches in dieser Arbeit mit einem neuen algorithmischen Ansatz gelöst wird.

3 Ableitung von Bewegungspfaden in Transportsystemen

Im Folgenden wird der Algorithmus zum rekonstruieren des Bewegungspfades eines Transportsystems auf Basis der 3-D-Polygondaten beschrieben. Dabei wird in Abschnitt 3.1 zunächst die Art der Eingabe genauer beschrieben sowie auf die Art der Transportsysteme eingegangen für die dieser Algorithmus geeignet ist. In Abschnitt 3.2 wird dann der eigentliche Algorithmus vorgestellt. In Abschnitt 3.3 und 3.4 werden dann optionale Erweiterungen des Algorithmus präsentiert, die in einigen Fällen nötig sind.

3.1 Art der Eingabe

Bei der CAD-basierten Gestaltung von technischen Systemen wird oft mit parametrisierten Modellen gearbeitet um komplexe Strukturen abzubilden. Komplexe Oberflächen werden z.B. mithilfe von NURBS (nicht-uniforme rationale B-Splines) beschrieben oder durch Konstruktive Festkörpergeometrie (CSG) aus einfachen geometrischen Körpern wie Quadern und Kugeln logisch zusammengesetzt. Für eine effiziente Echtzeitdarstellung in VR-Systemen wird eine polygonale Annäherung der parametrisierten Oberflächen (durch Dreiecke) benötigt. Das Exportieren von CAD-Daten in ein polygonales Format wird i.d.R. von gängiger CAD Software unterstützt, oder kann mithilfe einer speziellen Konvertierungssoftware oder durch interne Importier-Funktionen in das VR System übertragen werden. Ergebnis ist eine Liste von Dreiecken mit ihren zugehörigen Dreiecksknoten (Vertices), welche neben der 3-D-Position des Knotens häufig auch noch die 3-D-Normale, Farbwerte oder Texturkoordinaten beinhalten. Die Dreiecke werden zumeist zusätzlich in eine Objekthierarchie aufgeteilt, welche den einzelnen Baugruppen des CAD-Modelles entsprechen. Ist dies nicht der Fall, kann das Gittermodell im VR-System durch einfache Verfahren, welche die Zusammenhangskomponenten erkennen, in die für den Algorithmus relevanten Objekte aufgeteilt werden.

Im Weiteren wird davon ausgegangen, dass das zu verarbeitende Transportsystem als einzelnes trianguliertes Oberflächenmodell (Gittermodell) vorliegt, welches mindestens die 3-D-Positionen der Dreiecksknoten speichert. Geeignete Transportsysteme für den Algorithmus sind Förderketten, Förderbänder, Schienen, Rohrsysteme oder Rinnen. Eine wichtige Eigenschaft der Transportsysteme ist, dass das Profil entlang des Transportpfades möglichst gleichbleiben sollte. Der Algorithmus funktioniert aber auch bei kleineren Unebenheiten oder Applikationen, wie Bohrlöcher oder Verschraubungen. Außerdem sollte der Pfad entlang des Transportsystems möglichst "glatt" sein, d.h. zu scharfe Kurven (etwa über 90°) werden von dem Algorithmus in seiner jetzigen Form noch nicht unterstützt. Es werden sowohl abgeschlossene als auch offene Pfade unterstützt, jedoch keine Abzweigungen. Einige Beispiele für geeignete Systeme werden in Abschnitt 5 aufgezeigt.

3.2 Basisalgorithmus

Die Grundidee des Algorithmus ist, schrittweise Schnittebenen entlang des Verlaufs des Transportsystems zu platzieren (s. Bild 2) und aus den Mittelpunkten der resultierenden 2 D Schnitte den Verlauf des Transportsystems zu rekonstruieren. Das Ergebnis ist dann ein stückweise linearer Pfad, welcher den Verlauf des Transportweges annähert. Gestartet wird mit dem Polygonmodell eines Transportsystems und einer, vom Benutzer angegebenen, Startposition und Startrichtung, sowie eine maximale Umgebung, um die in jedem Schritt der Schnitt gebildet wird, und einer festen Schrittlänge (Abstand zwischen aufeinander folgenden Schnittebenen).

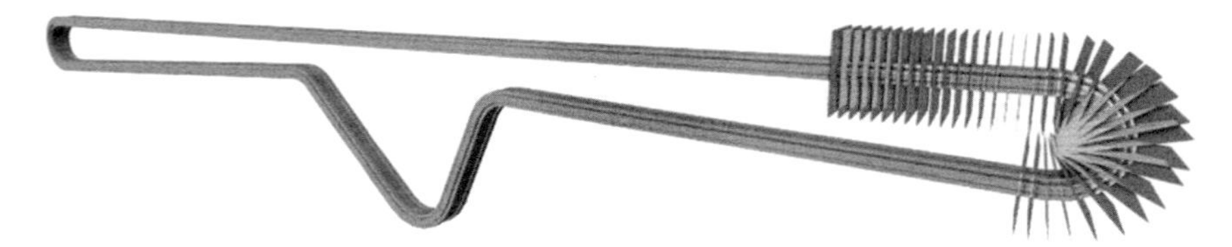

Bild 2: Der Algorithmus setzt eine Reihe von Schnittebenen entlang des Verlaufs des Transportsystems.

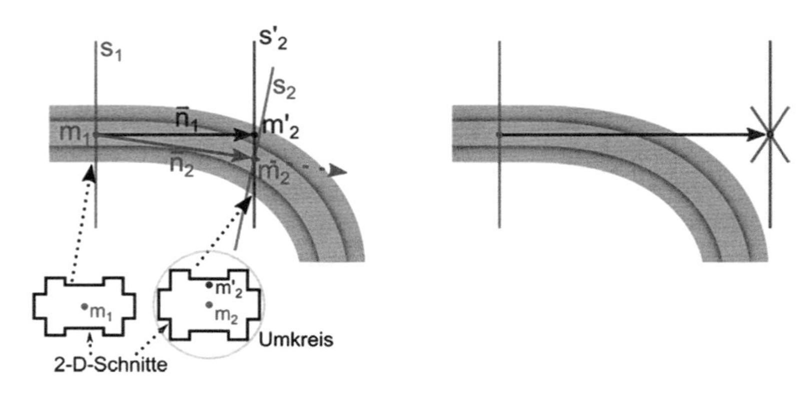

Bild 3: Einzelner Schritt des Algorithmus (links); Die Schrittweite darf nicht zu groß sein (rechts).

Im Folgenden wird der Algorithmus genauer beschrieben (unter Zuhilfenahme von Bild 3 links):

0. Starte mit Schnittebene $\mathbf{s_1}$ und Mittelpunkt $\mathbf{m_1}$.
1. Bilde Punkt $\mathbf{m'_2}$ durch Verschiebung von Punkt $\mathbf{m_1}$ in Richtung $\mathbf{n_1}$ (Ebenennormale von $\mathbf{s_1}$) um eine feste Schrittlänge.
2. Schneide die Geometrie mit Schnittebene $\mathbf{s'_2}$ (Ebene definiert durch $\mathbf{m'_2}$ und $\mathbf{n_1}$) in einer lokalen Umgebung (z.B. Rechteck mit Kantenlängen $\mathbf{w}$ und $\mathbf{h}$) um $\mathbf{m'_2}$.
3. Berechne den Umkreismittelpunkt $\mathbf{m_2}$ aus den Liniensegmenten von dem Schnitt $\mathbf{s'_2}$ aus Schritt 2.
4. Errechne die Ebenennormale $\mathbf{n_2}$ und damit Ebene $\mathbf{s_2}$ aus den Punkten $\mathbf{m_1}$ und $\mathbf{m_2}$.
5. Gehe zu Schritt 1 (Ersetze $\mathbf{s_1}$ durch $\mathbf{s_2}$ und $\mathbf{m_1}$ durch $\mathbf{m_2}$)

Der Prozess wird solange wiederholt, bis man wieder am ursprünglichen Startpunkt angelangt ist, oder das Ende des Objektes erreicht hat (leerer Schnitt; bei nicht-abgeschlossenen Transportwegen). Das Ergebnis ist eine Folge von 3-D-Positionen die entlang der Mitte des Transportweges verlaufen und somit einen Pfad bilden.

Ziel ist es, bei jedem Schnitt, die Mittelachse des aktuell betrachteten Abschnittes eines Transportsystems zu finden. D.h., dass für jede Schnittebene, die durch mehrere Teile des Transportsystems verläuft, sichergestellt werden muss, dass nur die relevanten 2-D-Liniensegmente für die Berechnung des Mittelpunktes verwendet werden. Dafür wird vom Benutzer zu Anfang eine lokale Umgebung (z.B. Rechteck mit Kantenlängen $\mathbf{w}$ und $\mathbf{h}$; Schritt 2) um den aktuell betrachteten Punkt definiert. Der Mittelpunkt wird dann jeweils aus den Liniensegmenten berechnet, welche innerhalb dieser Umgebung liegen.

Die Idee dahinter ist, dass bei beliebigen 2-D-Schnitten entlang eines zylindrischen Objektes (sofern die Schnittebene nicht kollinear zur Zylinderachse ist) der Mittelpunkt erhalten bleibt. Gleiches gilt auch für längliche Objekte mit gleichbleibendem Profil. Werden nun sukzessive Schnittebenen entlang eines Objektes gesetzt und deren Mittelpunkte ermittelt, ergibt sich ein Pfad, welcher entlang der Mittelachse des Objektes verläuft. Dies funktioniert auch bei gekrümmten Objekten, solange das Profil nicht zu stark abweicht und die Normale der Schnittebene ungefähr mit der Tangente der Krümmung übereinstimmt. Wie stark die Ebenennormale von der Tangentialrichtung abweichen darf hängt von der Stärke der Krümmung ab. Daher ist der Abstand zwischen zwei hintereinander folgenden Schnittebenen abhängig von der maximalen Krümmung zu wählen. Zum einen bedeutet ein kleiner Abstand eine längere Laufzeit für den gesamten Algorithmus, zum anderen bedeutet ein zu großer Abstand, dass der Pfad nicht korrekt erkannt werden kann, oder dass das Resultat eine zu grobe Approximation des Transportpfades ist.

Die Schrittlänge wird von dem Benutzer initial festgelegt. Anhaltspunkte zur Wahl der Schrittlänge sind dabei die Krümmung des Transportweges und der Durchmesser der lokalen Schnittumgebung. Die Schrittlänge sollte in jedem Fall kleiner als die Größe der festgelegten lokalen Schnittumgebung sein und kleiner werden je stärker die maximale Krümmung des Transportweges ist. Ist die Schrittlänge zu lang, kann es vorkommen, dass die Schnittebene eine Kurve in einem ungünstigen Winkel schneidet, oder sogar das Polygonmodell verlässt und der Algorithmus vorzeitig abbricht (Bild 3 rechts). Außerdem ist es wünschenswert eine möglichst genaue Approximation des Transportpfades zu rekonstruieren, was eine kurze Schrittweite befürwortet.

Der Algorithmus liefert eine stückweise lineare Annäherung des Transportpfades. Für die Animation eines Transportsystems für ein virtuelles Design-Review oder zu Marketingzwecken ist dies i.d.R. völlig ausreichend. Sollte das Verfahren für weitere Zwecke verwendet werden, wie z.B. der Simulation von Transportsystemen, bei denen höhere Anforderungen an die Genauigkeit und der Stetigkeit des Bewegungspfades gestellt werden, wären weitere Schritte zur Glättung des resultierenden Pfades nötig. Dies ist jedoch außerhalb des Rahmens dieser Arbeit, welche sich in erster Linie auf das Anwendungsgebiet des virtuellen Design-Reviews konzentriert. Mögliche Ansätze wären, die Stützstellen des resultierenden Pfades durch Splines [FH07], oder stückweise durch Klothoiden zu interpolieren [MS08].

3.3 Mittelpunkt aus sichtbaren 2-D-Schnitt bestimmen

Bei der Berechnung des Mittelpunktes aus einem 2-D-Schnitt wird in den meisten Fällen eine lokale Umgebung um einen Anfragepunkt betrachtet und aus allen Liniensegmenten

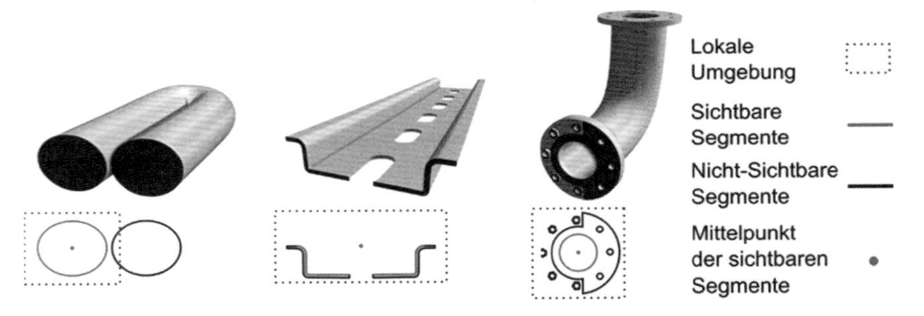

Bild 4: 2-D-Schnitte von verschiedenen Objekten mit den sichtbaren Segmenten

in dieser Umgebung der Mittelpunkt berechnet (Schritt 3 in Abschnitt 3.2). In einigen Fällen reicht eine lokale Umgebung jedoch nicht aus. Das ist z.B. der Fall, wenn mehrere Abschnitte des Transportsystems dicht nebeneinander verlaufen (Bild 4 links), oder wenn das Profil des Transportsystems komplex ist (z.B. wegen Bohrlöchern; Bild 4 rechts). In solchen Fällen kann die sichtbare 2-D-Nachbarschaft eines Punktes für die Berechnung des Mittelpunktes verwendet werden. D.h., es werden zunächst alle Liniensegmente aus dem 2-D-Schnitt extrahiert, welche vom aktuellen Punkt aus nicht durch andere Segmente verdeckt werden, und aus diesen wird dann der Umkreismittelpunkt (in Schritt 3 in Abschnitt 3.2) berechnet.

Das Berechnen der sichtbaren Segmente von einem Punkt aus (sichtbare Kontur) ist ein bekanntes Problem aus der Algorithmischen Geometrie und daher kann für diesen Zweck ein beliebiger Algorithmus verwendet werden. Eine Möglichkeit dafür ist z.B. der Algorithmus von Bungiu et al. [BHH+14], welcher auch in dieser Arbeit verwendet wurde. Die Grundidee ist, eine *eingeschränkte Delaunay-Triangulierung* (*constrained delaunay triangulation*) über den

Liniensegmentschnitt zu bilden und dann vom Startpunkt aus alle Delaunay-Dreiecke zu markieren, welche in einer direkten Sichtlinie mit dem Punkt verbunden sind.

3.4 Adaptive Bestimmung der Schrittlänge

In der Grundform des hier präsentierten Algorithmus werden Schnittebenen schrittweise in einem festen Abstand voneinander entlang des Transportweges gesetzt. In einigen Fällen kann die Schrittweite auch adaptiv bestimmt werden. Bei starker Krümmung sollten kleinere Abstände zwischen den Schnittebenen gewählt werden um den Verlauf exakter zu rekonstruieren. Bei der adaptiven Berechnung der Schrittweite wird in jedem Schritt ein Strahl von der aktuellen Position in die aktuelle Laufrichtung geschossen und mit der Objekt-Geometrie geschnitten. Die Distanz zum ersten Schnitt mit der Geometrie wird dann als Basis für die nächste Schrittlänge genommen. Als geeignete Länge hat sich etwa 10% der Schrittlänge herausgestellt. Das funktioniert natürlich nur solange das Objekt abgeschlossen ist, d.h. bei offenen oder hohlen Objekten, wie z.B. Rohrsystemen, funktioniert das nicht, da kein Schnitt mit einem Strahl gebildet werden kann (z.B. Bild 4 Mitte).

4 Gestaltung der Benutzerschnittstelle

Der vorgestellte Algorithmus wurde im PADrend-System (Platform for Algorithm Development and rendering [EJP11]) umgesetzt. Das System erlaubt es einem Benutzer zunächst die für ein Transportsystem relevanten Teile eines CAD-Modells zu separieren (über eine Objekthierarchie, oder auf polygonaler Ebene durch erkennen von Zusammenhangskomponenten). Um die Startposition und Startrichtung für den Algorithmus anzugeben, kann der Benutzer eine virtuelle Schnittebene im Raum positionieren und drehen, bis diese ungefähr der gewünschten Startposition des Transportsystems entspricht (Bild 5).

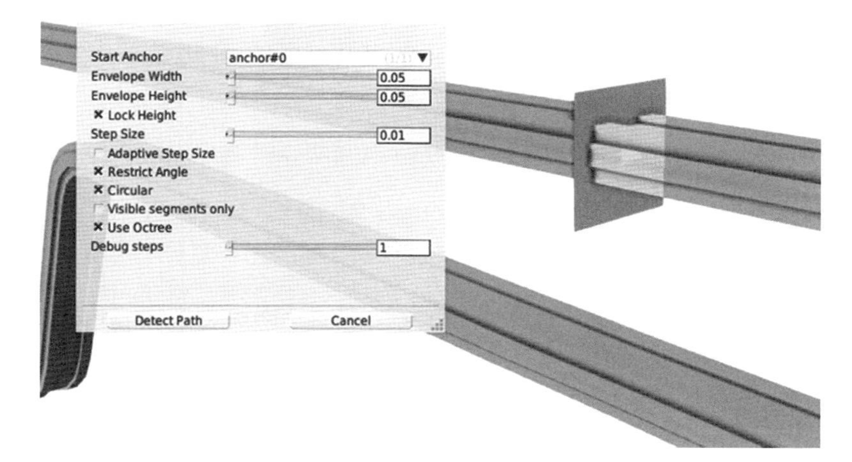

Bild 5: Grafische Oberfläche zur Bestimmung des Transportpfades mit visuell hervorgehobener Schnittebene

Anschließend kann er weitere Parameter für den Algorithmus angeben, wie die gewünschte Schrittlänge und die lokale Schnittumgebung. Die lokale Umgebung wird durch die Höhe und Breite der Schnittebene visuell hervorgehoben und die Schrittlänge und Schrittrichtung wird durch einen roten Pfeil dargestellt. Auf Wunsch kann der Benutzer den Verlauf des Algorithmus visuell nachverfolgen, indem die Schnittebenen für jeden Schritt visuell dargestellt werden. Der resultierende Pfad wird nach erfolgreichem Ausführen des Algorithmus dem Benutzer präsentiert und dieser kann dann auf Wunsch die Parameter anpassen oder den Pfad direkt für die Animation des CAD-Modells für ein Design-Review weiterverwenden.

5 Laufzeit

Die Zeit, die zum Berechnen des Transportpfades benötigt wird, hängt neben der Anzahl Polygone eines Objektes, auch von der Länge des resultierenden Pfades, der Anzahl der Iterationen (abhängig von der Schrittlänge oder der Anzahl adaptiver Schritte), sowie der Berechnung des Mittelpunktes eines 2-D-Schnittes ab.

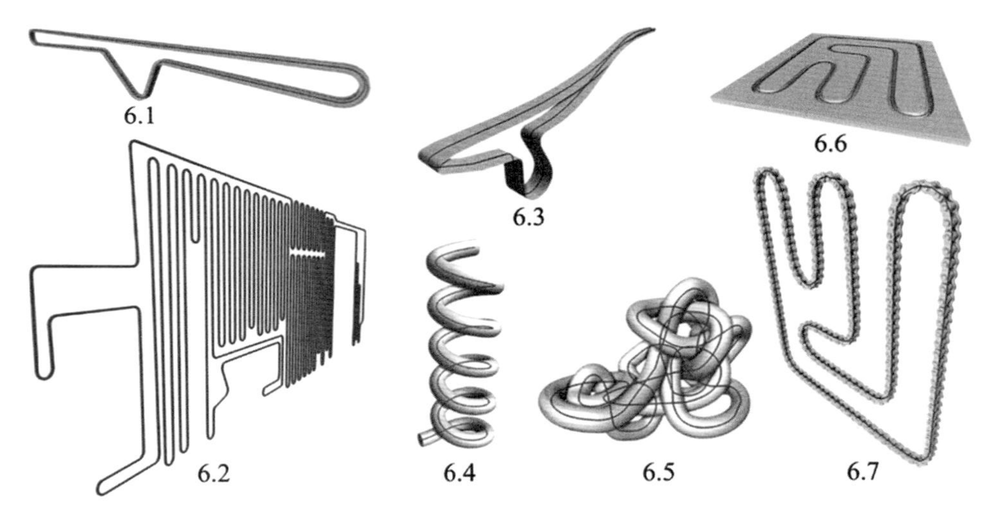

Bild 6: Verschiedene Transportsysteme mit Visualisierung der berechneten Transportpfade

Die folgende Tabelle (Tabelle 1) zeigt die benötigten Zeiten für die Berechnung für die in Bild 6 gezeigten Objekte. Außerdem wird angezeigt, mit welcher Variante (adaptiv (Abschnitt 3.4) oder sichtbare Segmente (Abschnitt 3.3)) der Algorithmus durchgeführt wurde. Alle Messungen wurden mit unserer prototypischen Implementierung (s. Abschnitt 4), auf einem Testsystem (Intel Core i7-3770 CPU 3.4GHz; Debian 8 64Bit; PADrend 1.0) durchgeführt.

Tabelle 1: Laufzeiten für die Berechnung der Transportwege.

Objekt	(Bild)	Anzahl Dreiecke	Adaptive Schrittlänge	Sichtbare Segmente	Anzahl Iterationen	Laufzeit
Förderkette klein	(6.1)	1380	×		319	0,24 s
Förderkette groß	(6.2)	44582	×		7288	3,90 s
Förderband	(6.3)	1464			1864	0,38 s
Spirale	(6.4)	55292			321	1,11 s
Knoten	(6.5)	211968		×	671	5,31 s
Rinne	(6.6)	36468	×	×	514	1,70 s
Kette	(6.7)	279398			345	1,12 s

An den Messungen ist zu erkennen, dass die Gesamtlaufzeit des Algorithmus stark von der Komplexität des Objektes (Anzahl Polygone) und der Länge des Transportweges abhängt. Ein wesentlicher Teil der Laufzeit macht das Berechnen der 2-D-Schnitte in jedem Schritt aus, vor allem, wenn zusätzlich noch die 2-D-Sichtbarkeit berechnet wird. Das Berechnen eines 2-D-Schnittes wird beschleunigt durch eine hierarchische Gruppierung der Dreiecke des Objektes (über einen *Loose Octree* [Ulr00]). Damit können, in einer Vorauswahl, Gruppen von Dreiecken ausgewählt werden, welche potentiell die Schnittebene in der lokalen Umgebung des Anfragepunktes schneiden, damit nicht alle Dreiecke des Objektes auf Schnitt mit der Ebene getestet werden müssen.

Insbesondere zeigen die kurzen Zeiten von nur wenigen Sekunden, dass das Verfahren auch problemlos in einer interaktiven Anwendung zur Aufbereitung von CAD-Daten für ein Design-Review verwendet werden kann.

6 Resümee und Ausblick

Der hier vorgestellte Algorithmus bietet die Möglichkeit, auf unkomplizierte Weise den Transportweg aus einem CAD-basierten Transportsystem zu extrahieren. Das Verfahren stellt nur geringe Anforderungen an die Eingabe und erlaubt es, mit wenig Benutzeraufwand, auch komplexe Transportwege zu rekonstruieren. Wenn die Möglichkeit besteht, die erforderlichen Daten direkt aus den originalen CAD-Daten zu extrahieren, ergibt dies einen genaueren Pfad. Wenn diese Möglichkeit jedoch nicht besteht, dann bietet die hier vorgestellte Lösung eine pragmatische und effiziente Alternative und kann so den Aufwand zum Animieren eines Materialflusses für ein virtuelles Design-Review erheblich reduzieren.

Auch wenn das vorgestellte Verfahren für die meisten praktischen Anwendungen eine ausreichend gute Lösung liefert, gibt es immer noch einige Problemfälle für die der Algorithmus nur unzureichend funktioniert und Verbesserungsbedarf hat. Ein Problem, welches noch gelöst werden muss, ist das Erkennen von spitzen oder rechtwinkligen Kurven. Eine weitere mögliche Erweiterung ist das Erkennen von Abzweigungen in einem Transportsystem. Dies könnte z.B.

möglich sein indem in den Schnittebenen erkannt wird, dass sich das Profil des Transportsystems aufteilt. Das erfordert jedoch komplexere Algorithmen für die Analyse der Formen und das Erkennen von Symmetrien.

Eine weitere Verbesserungsmöglichkeit wäre das automatische Erkennen der Startposition und Startrichtung für den Algorithmus. Eine erste Idee wäre, eine zufällige Schnittebene durch das Transportsystem zu bilden und dann mittels Clustering einen Abschnitt des Transportweges zu extrahieren. Anzumerken ist hier nochmal, dass der Algorithmus nur eine stückweise lineare Annäherung des Bewegungspfades eines Transportsystems liefert, welche für die Animation für ein virtuelles Design-Review i.d.R. ausreichend ist. Für den Einsatz im Feld der Simulation ist das vorgestellte Verfahren in seiner jetzigen Form nicht geeignet. Dazu müsste der resultierende Pfad durch weitere Verfahren (z.B. Spline-Interpolation [FH07], oder stückweise Klothoiden [MS08]) geglättet werden und insbesondere muss der Algorithmus genauer analysiert werden bzgl. der Übereinstimmung mit den ursprünglichen Pfaden aus dem CAD- oder Simulationssystem.

Literatur

[ATC+08] AU, O. K.; TAI, C.; CHU, H.; COHEN-OR, D.; LEE, T.: Skeleton Extraction by Mesh Contraction. ACM Transations on Graphics, August 2008, Band 27, Ausgabe 3, Seiten 44:1–44:10, doi: 10.1145/1360612.1360643

[BB08] BRUNER, D.; BRUNNETT, G.: Fast Force Field Approximation and its Application to Skeletonization of Discrete 3D Objects. Computer Graphics Forum 2008, Band 27, Seiten 261–270. doi: 10.1111/j.1467-8659.2008.01123.x

[BHH+14] BUNGIU, F.; HEMMER, M.; HERSHBERGER, J.; HUANG, K.; KRÖLLER, A.: Efficient Computation of Visibility Polygons. 30th European Workshop on Computational Geometry (EuroCG 2014), März 2014, Ein Gedi, Israel.

[Blu67] BLUM, H.: A Transformation for Extracting New Descriptors of Shape. Models for the Perception of Speech and Visual Form. 1967. Seiten 362–380. MIT Press. Cambridge.

[CSM05] CORNEA, N. D.; SILVER, D.; MIN, P.: Curve-skeleton applications. VIS 05. IEEE Visualization, 2005, Seiten 95–102, doi: 10.1109/VISUAL.2005.1532783

[EJP11] EIKEL, B.; JÄHN, C.; PETRING, R.: PADrend: Platform for Algorithm Development and Rendering. Herausgeber: Jürgen Gausemeier, Michael Grafe und Friedhelm Meyer auf der Heide. Augmented & Virtual Reality in der Produktentstehung. Paderborn: Heinz Nixdorf Institut, Universität Paderborn, S. 159-170, 2011.

[FH07] FREUND, R.; HOPPE, R.: Numeritsche Mathematik 1. 10. Auflage. Springer Verlag, Berlin, Heidelberg, New York, 2007, Seiten 112–148. ISBN 978-3-540-45389-5.

[JFG+15] JÄHN, C.;FISCHER, M.;GERGES, M.;BERSSENBRÜGGE, J.: Automatische Ableitung geometrischer Eigenschaften von Bauteilen aus dem 3-D-Polygonmodell. 12. Paderborner Workshop Augmented & Virtual Reality in der Produktentstehung 2015, Band 342, Seiten 107–120

[JXC+12] JIANG, W.; XU, K.; CHENG, Z.; MARTIN, R. R.; DANG, G.: Curve skeleton extraction by coupled graph contraction and surface clustering. Graphical Models 2013, Band 75, Seiten 137–148, doi: 10.1016/j.gmod.2012.10.005.

[MS08] MCCRAE, J; SINGH, K.: Sketching Piecewise Clothoid Curves. Proceedings of the Fifth Eurographics Conference on Sketch-Based Interfaces and Modeling. 2008, Seiten 1–8, doi: 10.2312/SBM/SBM08/001-008

[SLS+07] SHARF, A.; LEWINER, T.; SHAMIR, A.; KOBBELT, L.: On-the-fly curve-skeleton computation for 3D shapes. Computer Graphics Forum 2007, Band 26, Seiten 323–328.

[TDS+16] TAGLIASACCHI, A.; DELAME, T.; SPAGNUOLO, M.; AMENTA, N.; TELEA, A.: 3D Skeletons: A State-of-the-Art Report. Computer Graphics Forum 2016, Band 35, Seiten 573–597, doi: 10.1111/cgf.12865

[TZC09] TAGLIASACCHI, A.; ZHANG, H.; COHEN-OR, D.: Curve Skeleton Extraction from Incomplete Point Cloud. ACM Transations on Graphics, August 2009, Band 28, Ausgabe 3, Seiten 71:1–71:9, doi: 10.1145/1531326.1531377

[Ulr00] ULRICH, T.: Loose Octrees. Game Programming Gems. Charles River Media, 2000, Band 1, Kapitel 4.11, Seiten 444–453.

[ZXW+15] ZHANG, X.; XIA, Y.; WANG, J.; YANG, Z.; TU, C.; WANG, W.: Medial axis tree—an internal supporting structure for 3D printing. Computer Aided Geometric Design, Band 35–36, May 2015, Seiten 149–162, doi:10.1016/j.cagd.2015.03.012.

Autoren

Sascha Brandt studierte Informatik an der Universität Paderborn und ist wissenschaftlicher Mitarbeiter in der Fachgruppe Algorithmen und Komplexität am Heinz Nixdorf Institut. Seine Forschungsinteressen liegen im Bereich Computergrafik bei der Darstellung hochkomplexer Szenen, prozedural generierter Szenen und Beleuchtungsalgorithmen.

Dr. rer. nat. Matthias Fischer studierte Informatik an der Universität Paderborn und ist wissenschaftlicher Mitarbeiter in der Fachgruppe Algorithmen und Komplexität am Heinz Nixdorf Institut. Er promovierte dort über verteilte virtuelle Szenen. Seine Forschungsinteressen liegen im Bereich Computergrafik, Echtzeit-Renderingalgorithmen und verteiltes Rechnen.

Integration natürlicher, menschlicher Bewegungen in die Simulation dynamisch geplanter Mensch-Roboter-Interaktionen

Frank Heinze, Florian Kleene, André Hengstebeck,
Kirsten Weisner, Prof. Dr.-Ing. Jürgen Roßmann,
Prof. Dr.-Ing. Bernd Kuhlenkötter, Prof. Dr.-Ing. Jochen Deuse
RIF Institut für Forschung und Transfer e.V.,
Joseph-von-Fraunhofer-Str. 20, 44227 Dortmund
Tel. +49 (0) 231 / 97 00 781, Fax. +49 (0) 231 / 97 00 460
E-Mail: Frank.Heinze@rt.rif-ev.de

Zusammenfassung

Die Unterstützung manueller Arbeitsvorgänge durch Assistenzroboter im Rahmen von Mensch-Maschine-Interaktionen kann zur Effizienzsteigerung beitragen. Die hierfür erforderliche Analyse und Bewertung des (Teil-)Automatisierungspotenzials manueller Arbeitsplätze ist derzeit allerdings noch mit einem vergleichsweise hohen Aufwand verbunden. Das Forschungsprojekt MANUSERV liefert für dieses Problemfeld einen Lösungsansatz und stellt ein Planungs- und Entscheidungsunterstützungswerkzeug für die Selektion geeigneter servicerobotischer Lösungen und die Ableitung (teil-)automatisierter Arbeitsprozesse bereit. Das Planungssystem von MANUSERV ermittelt eine optimale Lösung bezüglich vorgegebener technischer und ökonomischer Kriterien. Diese Lösung wird dann in ein Simulationssystem überführt, das den erzeugten Arbeitsprozess simuliert und bewertet.

Um einen Vergleich mit dem bisherigen Bewegungsablauf und eine entsprechende Bewertung zu ermöglichen, ist auf der Stufe der Simulation ein realistischer, möglichst natürlicher Bewegungsablauf unabdingbar. Allerdings ist die realistische, dynamische Generierung dieser Bewegungen noch immer eine komplexe Herausforderung.

Die prinzipielle Idee besteht darin, Bewegungssequenzen innerhalb eines relevanten Arbeitsraums für eine bestimmte Anzahl von Stützpunkten mit Motion-Capture-Technologien aufzunehmen und dann Bewegungen zu beliebigen Punkten im Arbeitsraum mittels Interpolation aus den Gelenkstellungen der Bewegungssequenzen für benachbarte Stützpunkte zu generieren. Vorteile des geschilderten Ansatzes sind neben einer verbesserten visuellen Darstellung eine realistische Einschätzung von Machbarkeit und Geschwindigkeit und dadurch die direkte Vergleichsmöglichkeit mit den manuellen Ausgangsprozessen.

Schlüsselworte

Motion-Capturing, Simulation, manuelle Prozesse, Mensch-Roboter-Interaktion, industrielle Servicerobotik

Integration of natural human motion into the simulation of dynamically planned human-robot interactions

Abstract

One possibility to increase the efficiency of manual work processes is the support of humans by service robots in the form of a human-machine interaction. However, it is still highly difficult to analyze which manual processes are suitable for a support by service robots. The research project MANUSERV provides an innovative approach by developing a planning and decision support system for the selection of appropriate service robotic solutions and the transition of manual processes to (semi-) automated work processes. The planning system of MANUSERV generates an optimal solution according to predefined technical and economic criteria. A simulation system analyzes and evaluates the modified work process.

In order to enable a useful comparison to the original manual process and a valid evaluation, it is necessary that the human motions of the modified process are as realistic as the human motions in the original manual process. Still, the dynamic generation of realistic human motions is a challenging task.

The main idea for the generation of realistic human motions is to record motion sequences for a set of support points with motion capture techniques covering the whole workspace and then to calculate human motions to every possible point in the workspace by interpolating the motion sequences of neighboring support points. The advantages of the presented approach compared to a non-realistic motion generation are a more realistic evaluation of feasibility and velocity of the human motions.

Keywords

Motion Capturing, Simulation, Manual Processes, Human-Robot Interaction, Industrial Service Robotics

1 Einleitung

Simulationswerkzeuge unterstützen mittlerweile große Teile des Entwicklungsprozesses komplexer Automatisierungsanlagen. Mit Hilfe von CAD-Werkzeugen lassen sich sowohl einzelne Objekte als auch komplette Anlagen modellieren. Anschließend unterstützen Simulationswerkzeuge die Optimierung der Layouts ebenso wie die Erstellung der notwendigen Steuerungssoftware. Ein zentrales Anwendungsfeld der Simulationstechnik besteht auch in der Planung und Gestaltung industrieller Arbeitsprozesse. Insbesondere durch eine möglichst realitätsnahe Abbildung robotischer und menschlicher Arbeitsvorgänge kann hier bereits in frühen Phasen der Entwicklung ein vergleichsweise reifer Planungsstand erreicht werden.

Allerdings eignen sich nicht alle industriellen Prozesse für eine komplette Automatisierung, stattdessen lassen sich effiziente Arbeitsprozesse in vielen Fällen durch die Verbindung manueller und maschineller Arbeitsvorgänge erreichen. Die Unterstützung manueller Arbeitsvorgänge durch industrielle Serviceroboter eröffnet den Bereich der Mensch-Roboter-Interaktion (MRI). Allerdings ist die hierfür erforderliche Untersuchung und Bewertung des (Teil-)Automatisierungspotenzials manueller Arbeitssysteme derzeit noch vergleichsweise aufwändig. Das Forschungsprojekt MANUSERV [DRK+14] liefert hier einen Lösungsansatz in Form eines Planungs- und Entscheidungsunterstützungswerkzeugs für die Selektion geeigneter servicerobotischer Lösungen sowie die Überführung manueller Prozesse in (teil-) automatisierte Arbeitsvorgänge.

In Bezug auf das MANUSERV-Konzept stellen die Simulation der gefundenen Lösung und der Vergleich mit dem ursprünglichen Arbeitsprozess einen zentralen Bestandteil der Feinplanung dar. In diesem Kontext werden zunächst Motion-Capture-Technologien für die realistische Erfassung des manuellen Ausgangsprozesses eingesetzt. Auf dieser Grundlage kann im nächsten Schritt die Detailplanung der berechneten servicerobotischen und manuellen Bewegungssequenzen erfolgen. Dabei können zur Generierung der Roboterbewegungen bestehende Bahnplanungsalgorithmen eingesetzt werden. Die Ablaufplanung für menschliche Bewegungen ist dagegen aufgrund der hohen Anzahl von Freiheitsgraden ungleich komplexer. Synthetisch generierte Bewegungen sehen häufig unrealistisch und unnatürlich steif aus. Um aber eine Evaluation und einen Vergleich mit dem bisherigen Bewegungsablauf zu ermöglichen, ist die Darstellung eines realistischen Bewegungsablaufs unabdingbar.

In der Simulation sind die Positionen und Orientierungen aller relevanten Objekte, wie beispielsweise Werkstücke und Ablagen, leicht modifizierbar, um die Ermittlung eines möglichst optimalen Arbeitsprozesses zu unterstützen. Damit müssen auch die Bahnplanungsalgorithmen dynamisch auf Änderungen der Lageparameter reagieren können. Motion-Capturing-Ansätze liefern zwar realistische menschliche Bewegungen, bieten aber nicht die Flexibilität, Bewegungsbahnen zu beliebigen Punkten im Raum ohne eine erneute Datenerfassung zu generieren. Hierauf aufbauend wird ein innovatives Konzept vorgestellt, das die Motion-Capture-Daten um synthetische Komponenten erweitert, um im Zuge der Simulation die notwendige Flexibilität und Natürlichkeit der menschlichen Bewegungsmuster zu erreichen.

2 Simulation menschlicher Bewegungen

Um manuelle Prozesse digital abzubilden, eignet sich der Einsatz von digitalen Menschmodellen. Abhängig vom Detailierungsgrad des Modells ist es dadurch möglich, den Prozess auf unterschiedliche Faktoren zu analysieren, wie zum Beispiel dem Zeitverhalten oder der Ergonomie. Menschmodelle lassen sich nach ihrem Einsatzgebiet in drei Kategorien einordnen. Graphische Modelle werden ausschließlich zur Visualisierung der Bewegungen genutzt, während anthropometrische Modelle der Analyse funktioneller und physiologischer Aspekte des menschlichen Körpers dienen. Biomechanische Modelle unterstützen eine Ergonomiebewertung auf Basis von Faktoren wie z.B. der Gelenkbelastung und äußerer Krafteinwirkung [Müh12]. Generell erfolgt die Abbildung des menschlichen Körpers durch Menschmodelle in der Regel anhand von Starrköpern, die durch Gelenke miteinander verbunden sind. Dabei unterscheiden sich die einzelnen Modelle durch Anzahl, Lage und Typ der einzelnen Verbindungsgelenke.

Einen aktuellen Stand zur Bewegungsmodellierung liefert Schönherr [Sch13]. Hier werden die grundsätzlichen Möglichkeiten vorgestellt, die Bewegungen synthetisch zu erzeugen oder die menschlichen Bewegungen aufzunehmen. Synthetische Bewegungen können beispielsweise durch aufwändige manuelle Vorgabe aller Gelenkwinkel für jede einzelne Bewegungsposition erzeugt werden. Um digitale Menschmodelle jedoch so realitätsnah wie möglich zu bewegen, finden Motion-Capture-Verfahren Verwendung, bei denen die Bewegungen des Menschen aufgenommen und zu einem späteren Zeitpunkt wieder abgespielt werden können.

Grundsätzlich lassen sich Motion-Capture-Systeme unterscheiden in Outside-In-Systeme, Inside-Out-Systeme und Inside-In-Systeme [Mul94]. Dabei nutzen die weit verbreiteten Outside-In-Systeme Marker, die an der beobachteten Person befestigt sind. Optische Systeme, z.B. mehrere Video- oder Infrarot-Kameras, nehmen dann die Trajektorien der einzelnen Marker auf, sodass die Bewegungen der beobachteten Person anschließend berechnet werden können [GHH+13]. Bei Inside-Out-Systemen tragen die Probanden Sensoren, die externe Referenzpunkte detektieren. Typische Vertreter dieser Kategorie sind z.B. magnetische Systeme. Bei Inside-In-Systemen tragen die Probanden sowohl Sensoren als auch deren Referenzsysteme [Men11]. Eine typische Gruppe von Inside-In-Systemen benutzt Inertialsensoren [WF02], die ihre Lage bzw. Lageveränderungen kontinuierlich erfassen und so eine Berechnung der gesuchten Gelenkstellungen erlauben. Motion-Capture-Verfahren sind bereits seit einigen Jahren in der Film- und Computerspieleindustrie etabliert und erlangen auch in industriellen Anwendungsbereichen zunehmen an Bedeutung, da sich Inside-In-Systeme wegen ihrer Mobilität und Flexibilität insbesondere für die Untersuchung industrieller Produktionsprozesse eignen.

Insgesamt erfassen Motion-Capture-Ansätze die realen Bewegungen von Menschen, allerdings kann damit immer nur ein begrenzter Satz an Bewegungen eines speziellen Menschen erfasst werden. Diese Bewegungen können dann beispielsweise auch in Form von Bewegungsbibliotheken bereitgestellt werden. Problematisch ist allerdings die Erzeugung neuer Bewegungen, für die keine entsprechende Bewegungssequenz aufgenommen wurde, bzw. die dynamische Erzeugung von beliebigen Bewegungen in der Simulation.

Ein Lösungsansatz für die Generierung neuer Bewegungen besteht in der Kombination vordefinierter Bewegungen anhand von Bewegungsinterpolationen (Motion-Blending). Dabei bietet eine Kombination von Bewegungen die Möglichkeit, zwischen den einzelnen Gelenkstellungen zu interpolieren. Ein möglicher Ansatz ist die baryzentrische Interpolation [FHK+12]. Dies bezeichnet die Erweiterung der linearen Interpolation auf mehrere Dimensionen. Im 3D werden Endpunkte der gegebenen Bewegungen genutzt, um den Raum in einzelne Tetraeder zu zerlegen, z.B. mittels einer Delaunay-Triangulation. Die Zielbewegung wird dann mittels baryzentrischer Gewichte aus den Bewegungen interpoliert, die die Eckpunkte des Tetraeders bilden, in dem der Endpunkt der Zielbewegung liegt. Ein ähnlicher Ansatz, K-nächste-Nachbarn [FHK+12], berücksichtigt die Bewegungssequenzen, die den geringsten Abstand zwischen Endpunkt und gesuchtem Zielpunkt aufweisen, gewichtet diese umgekehrt proportional zum Abstand und summiert die resultierenden Einzelwerte schließlich auf. In der Folge erhalten die Bewegungssequenzen mit dem kleinsten Abstand des Endpunktes vom Zielpunkt somit das größte Gewicht.

Einen Vergleich von Bewegungsinterpolationen mit den Ansätzen einer baryzentrischen Interpolation, radialen Basisfunktionen [RBC98], K-nächste-Nachbarn und Inverse-Blending bezüglich einer flüssigen Bewegung und der Genauigkeit der Zielerreichung liefern Feng et al. [FHK+12]. Damit lassen sich in der Regel flüssige, realistisch wirkende Bewegungen erreichen, allerdings ist bei der Modellierung manueller Arbeitsprozesse das Erreichen vorgegebener Zielpunkte mit dem Endeffektor „Hand“ zwingend erforderlich. Ansätze, die zu einer vorgegebenen Endeffektorstellung die Gelenkwinkel bestimmen, zählen zum Bereich der Rücktransformation [RSC01], eine reine Interpolation der Gelenkwinkel kann dies nicht sicherstellen.

3 Dynamische Planung von Mensch-Roboter-Interaktionen in der Simulation

Ein zentraler Vorteil der Mensch-Roboter-Interaktion im industriellen Umfeld besteht in einer fähigkeitsbezogenen Aufgabenteilung, indem die einzelnen Arbeitsvorgänge von dem jeweils geeigneteren Funktionsträger abgebildet werden. Roboter eignen sich dabei typischerweise für monotone Aufgaben, für Arbeitsvorgänge mit Gefährdungspotenzial für den Menschen sowie ergonomisch ungünstige Tätigkeiten. Komplementär hierzu können Menschen in der Regel flexibler reagieren und dementsprechend z.B. häufig wechselnde Arbeitsvorgänge durchführen. Weitere Stärken des Menschen im Vergleich zu Robotersystemen liegen z.B. in der intuitiven Handhabung komplexer Bauteile, der Entscheidungs- und Koordinationsfähigkeit sowie der Kreativität und Geschicklichkeit [RR10].

Zur Planung und Gestaltung entsprechend hybrider Prozessfolgen wurde im Rahmen von MANUSERV eine ganzheitliche Planungsprozesskette erarbeitet, die in [WEH+16] detailliert beschrieben ist. Ausgangspunkt ist die Modellierung manueller Arbeitsprozesse. Hierfür bestehen zahlreiche unterschiedliche Verfahren. Zu nennen sind hier insbesondere Systeme vorbestimmter Zeiten, wie z.B. Work Factor, MOST und MTM [BL12]. Darauf aufbauend wurde im Kontext von MANUSERV der industriell etablierte Prozessmodellierungsansatz MTM-UAS angepasst und durch die Anreicherung um planungsrelevante Parameter zur Beschreibungssprache UAS-Plan erweitert [WEH+16].

Die von der zentralen MANUSERV-Planungskomponente gefundenen Lösungen werden anhand vorgegebener Kriterien priorisiert. Ausgewählte Konzepte werden in ein Simulationssystem überführt, welches die Lösungsvorschläge simuliert und bewertet. Aufgrund der hohen Anwendungsbreite wurde hier das Simulationssystem VEROSIM genutzt, welches z.B. für die Simulation industrieller Prozesse [RS11] sowie die Erstellung von Umweltsimulation bis hin zu Weltraumanwendungen [RKA+14] geeignet ist.

Die Planungsergebnisse liegen auf einer abstrakten Ebene vor, in Form von Aktionen in der Quasi-Standard-Sprache PDDL [MGH+98]. Für die simulative Umsetzung ist zunächst eine Modellierung des Szenarios notwendig. Dieses wird um die von der Handlungsplanung bestimmten Servicerobotersysteme erweitert. Zusätzlich sind die Lagen der zu ergänzenden Robotersysteme zu ermitteln, ebenso wie Greifpunkte für die handzuhabenden Objekte. Diese Lagedaten sind Inhalte des Simulationsmodells und können durch Benutzerinteraktion flexibel angepasst werden.

Um Handlungsplanungsergebnisse in die Simulation zu übertragen, wird das Konzept der Action-Blocks [SLR14] genutzt. Diese weisen in VEROSIM eine Implementierung in einer Skriptsprache auf, die an C++ angelehnten ist und der Modellierung von Petri-Netzen dient. Action-Blocks beinhalten Informationen zum Bewegungsablauf der jeweiligen Handlung und führen diese mit den aus der Handlungsplanung übergebenen Parametern bzw. Komponenten aus.

Um für die geplante Aktionenfolge unterschiedliche Lagen für relevante Objekte wie Werkstücke, Robotersysteme und Ablagen schnell und effizient testen zu können, muss die Generierung von Roboterbahnen ebenso wie die Generierung von menschlichen Bewegungssequenzen automatisch erfolgen, ohne dass eine weitere Nutzerinteraktion erforderlich ist. Durch die Kopplung von Handlungsplanung und Simulation anhand der Action-Blocks ist es dann ebenfalls möglich, auf dynamische Planungsänderungen mit einer automatischen Adaption der Simulation und damit einer automatischen Adaption der Bewegungsbahnen zu reagieren.

4 Generierung menschlicher Bewegungen für dynamisch geplante Mensch-Roboter-Interaktionen

Zur Absicherung einer möglichst detailgetreuen Simulation der geplanten Gestaltungslösungen werden die manuellen Arbeitsprozesse im Rahmen von MANUSERV mit einem inertialen Inside-in System der Fa. Xsens [RLS13] aufgenommen. Die Genauigkeit der Orientierungsmessung beträgt ca. 0,5 Grad bei einer Auflösung von 0,125 Grad, und der Fehler in der Positionsbestimmung beträgt maximal zwei Prozent [XS16-ol]. Bild 1 zeigt den Workflow zur Aufnahme der Motion-Capture-Daten. Die Lagedaten jedes Sensors werden während des Arbeitsvorgangs (1) erfasst und auf das biomechanische Modell der Xsens-internen Darstellung übertragen (2). Über ein Standarddatenformat (BVH - Biovision Hierarchy) des Motion-Capturing können die Daten exportiert (3) und anschließend wieder in das Simulationssystem VEROSIM importiert (4) werden. Dort werden die Gelenkwerte nach dem in [HWW+15] beschriebenen Verfahren auf das digitale Menschmodell „virtueller Mensch“ von VEROSIM übertragen (5). Anstelle von Export und Import kann auch eine direkte Übertragung der Daten erfolgen, sodass die Bewegungen der realen Person zeitgleich durch den virtuellen Menschen in der Simulation abgebildet werden.

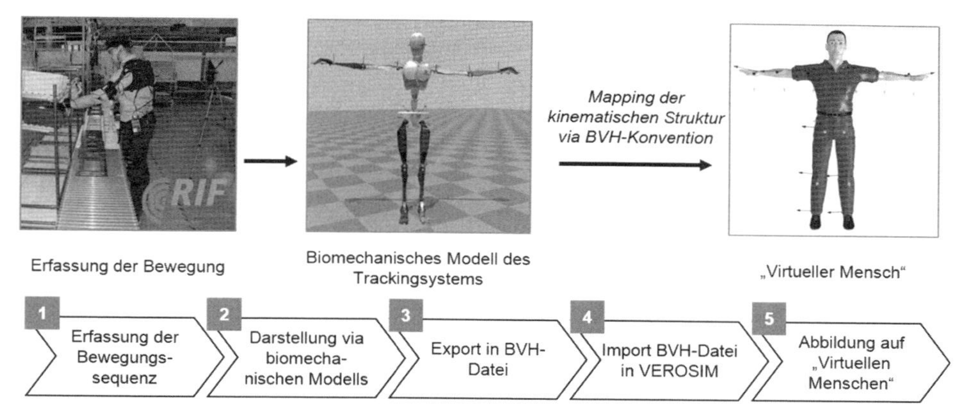

Bild 1: Erfassung und Abbildung der Motion-Capture-Daten vom industriellen Prozess zur Simulation [HWW+15]

Der virtuelle Mensch ist in VEROSIM ähnlich der Modellierung von Robotern als Zusammenschluss von kinematischen Ketten modelliert [Sch12, SR09]. Insbesondere bei der Simulation von industriellen Fertigungsprozessen ist dies ein großer Vorteil, da so die Hände einzeln und präzise an gewünschte Positionen geführt werden können, um realistische Montage- und Handhabungsprozesse zu realisieren.

Ein Nachteil des Motion-Capturing-Ansatzes liegt darin, dass die abzubildenden Bewegungen im Vorfeld aufzuzeichnen sind, sodass eine Bewegung zu dynamisch während der Simulation erzeugten Greifpunkten zunächst nicht möglich ist. Eine rein synthetische Lösung, basierend auf einer Rücktransformation vorgegebener Greifpunkte, ist zwar prinzipiell umsetzbar, allerdings ist die Rücktransformation überbestimmt und besitzt somit einen unendlichen Lösungsraum. Um hier realistische Lösungen zu extrahieren, wäre ein komplexes Bewegungsmodell erforderlich, da die selektierten Bewegungen andernfalls in der Regel nicht realitätsgetreu abgebildet werden können.

Eine vielversprechende Alternative hierzu besteht darin, ausgehend von einer initialen Gelenkstellung J_0 eine definierte Anzahl von Bewegungen zu räumlich gleichverteilten Endpositionen mit Motion-Capturing aufzunehmen. Die in die Simulation übertragenen Endpositionen ergeben ein Set von Stützpunkten inklusive der zugeordneten Basisbewegungssequenzen im Arbeitsraum (siehe Bild 2). Durch eine Interpolation dieser Basisbewegungssequenzen können anschließend beliebige Bewegungen des virtuellen Menschen in der Simulation abgebildet werden.

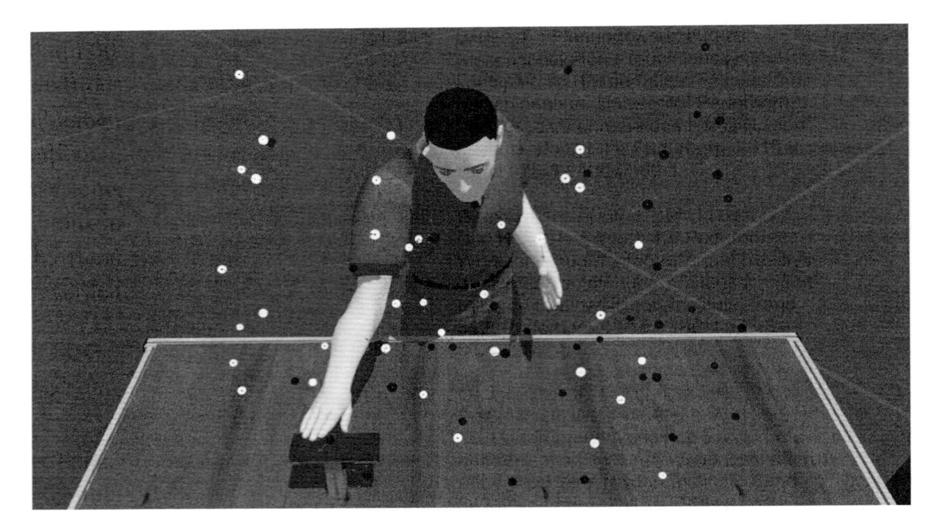

Bild 2: Manuelle Handbewegung des virtuellen Menschen zu beliebigen Punkten innerhalb eines vorgegebenen Raums mittels Stützpunkten für die rechte (helle Stützpunkte) und linke Hand (dunkle Stützpunkte).

Formal betrachtet ist eine Bewegung eine zeitliche Sequenz von Gelenkstellungen. Dabei beschreibt eine Gelenkstellung die Position jedes Gelenks zu einem spezifischen Zeitpunkt und wird hier mit J_{xy} bezeichnet, wobei x die Nummer der zugehörigen Bewegungssequenz und y ein Zähler für die Gelenkstellung innerhalb einer Bewegungssequenz darstellt. Die beiden Bewegungssequenzen s_1 und s_2 seien beispielsweise gegeben als zeitliche Sequenzen mit i bzw. j Gelenkstellungen, wobei beide Bewegungssequenzen mit derselben Gelenkstellung J_0 starten.

$$s_1 = \{J_0, J_{11}, J_{12}, \ldots, J_{1i-1}\}\ s_2 = \{J_0, J_{21}, J_{22}, \ldots, J_{2j-1}\}$$

Um Bewegungssequenzen für die im Rahmen von MANUSERV geplanten Bewegungen zu generieren, wird ein baryzentrisches Interpolationsverfahren genutzt. Hierzu wird mit Hilfe einer Delaunay-Triangulation eine Tetrahedrisierung der Stützpunkte erzeugt. Die Stützpunkte bilden somit die Eckpunkte von Tetraedern, die den relevanten Arbeitsraum ausfüllen. Zweck dieser Tetrahedrisierung ist der Aufbau einer effizienten Datenstruktur. Bei der Generierung einer neuen Bewegung wird zunächst der Tetraeder ermittelt, in dem die definierte Endposition liegt. Hierauf aufbauend werden die baryzentrischen Koordinaten des Punktes innerhalb des Tetraeders errechnet. Diese werden im Anschluss als Gewichte für die Basisbewegungssequenzen genutzt, die den Tetraedereckpunkten zugeordnet sind.

Um aus den Basisbewegungssequenzen eine neue Bewegungssequenz zu ermitteln, werden die zugehörigen Gelenkstellungen der Basisbewegungssequenzen mit den ermittelten Gewichten multipliziert und addiert, wobei die Summe der Gewichte für jede Gelenkstellung der Zielsequenz zu 1 normiert ist. Dies ist allerdings nur dann sinnvoll, wenn die Basisbewegungssequenzen dieselbe Anzahl an Gelenkstellungen aufweisen wie die Zielsequenz. Um dies zu erreichen, wird ein Time-Warping durchgeführt [HK10]. Dabei werden die einzelnen Basisbewegungssequenzen zeitlich gestreckt bzw. gestaucht, sodass alle eine einheitliche Sequenzlänge annehmen. Dabei wird zwischen den jeweils benachbarten Gelenkstellungen einer Basisbewegungssequenz entsprechend der neuen Sequenzlänge interpoliert. Sei die Anzahl der Gelenkstellungen i , dann kann die Beispielsequenz s_1 unverändert bleiben. Die Sequenz s_2 wird dagegen transformiert zu s_2^*:

$$s_1 = \{J_0, J_{11}, J_{12}, \ldots, J_{1i-1}\} \; s_2^* = \{J_0, J_{21}^*, J_{22}^*, \ldots, J_{2i-1}^*\} \text{ mit } J_{2i-1}^* = J_{2j-1} .$$

Mit J_{xy}^* sind dabei die interpolierten Gelenkstellungen nach dem Time-Warping bezeichnet. Die Zielsequenz s_T mit den Gewichten $0 < \gamma < 1$ und $1-\gamma$ ergibt sich dann zu:

$$s_T = \gamma \cdot s_1 + (1-\gamma) \cdot s_2^* = \{J_0, \gamma \cdot J_{11} + (1-\gamma) \cdot J_{21}^*, \gamma \cdot J_{12} + (1-\gamma) \cdot J_{22}^*, \ldots, \gamma \cdot J_{1i-1} + (1-\gamma) \cdot J_{2i-1}^*\}$$

Dieser Ansatz lässt sich entsprechend auf die jeweils 4 Basisbewegungssequenzen des gefundenen Tetraeders erweitern.

Der interpolierte Endpunkt der Bewegung wird dabei in der Regel vom vorgegebenen Zielpunkt abweichen. Zur Begründung seien die beiden Gelenkstellungen J_1 und J_2 betrachtet. Diesen seien im dreidimensionalen Raum die Endpunkte (x_1, y_0, z_0) und (x_2, y_0, z_0) zugeordnet. Gesucht sei die Gelenkstellung für den Zielpunkt (x_γ, y_0, z_0) mit der linearen Interpolation $x_\gamma = \gamma \cdot x_1 + (1-\gamma) \cdot x_2$. Eine Übertragung der Gewichte auf die Gelenkstellungen führt zu der Gelenkstellung $\gamma \cdot J_1 + (1-\gamma) \cdot J_2$. Diese entspricht aber einer Position (x^*, y^*, z^*), die in der Regel von der Position (x_γ, y_0, z_0) in allen drei Koordinaten abweicht. Als Fehlerwert kann der Euklidische Abstand zwischen den Positionen (x^*, y^*, z^*) und (x_γ, y_0, z_0) benutzt werden.

5 Evaluation und Umsetzung in Referenzprozessen

Zur Evaluation des dargestellten Konzeptes und zur Quantifizierung der möglichen Abweichungen wurden jeweils Basisbewegungssequenzen für eine Greifbewegung der rechten und der linken Hand untersucht, wobei 52 Sequenzen für die linke und 51 Sequenzen für die rechte Hand aufgenommen wurden. Anschließend wurden diese für jeweils eine Delaunay-Triangulation des halbzylinderförmigen Arbeitsraums genutzt.

Über den Arbeitsbereich wurde ein gleichmäßiges Gitter von Testpunkten gelegt. Insgesamt wurden 355 Testpunkte für die rechte Hand und 461 Testpunkte für die linke Hand generiert. Als Fehlermaß wurde der Euklidische Abstand zwischen dem Zielpunkt und dem Endpunkt der interpolierten Bewegungssequenz bestimmt. Orientierungsfehler wurden nicht betrachtet. In Summe ergaben sich die in Tabelle 1 dargestellten Fehlergrößen und -verteilungen.

Tabelle 1: Analyse der Abweichung zwischen den Testpunkten und Bewegungsendpunkten

Fehlergröße	Linke Hand	Rechte Hand
Abstand < 2,5 cm	23,2 %	24,5 %
2,5 cm < Abstand < 5,0 cm	36,7 %	37,7 %
5,0 cm < Abstand < 7,5 cm	16,9 %	23,4 %
7,5 cm < Abstand < 10 cm	10,0 %	8,2 %
Abstand > 10 cm	13,2 %	6,2 %

Erwartet wurde, dass Werte im kleinsten Fehlerbereich einen Peak aufweisen und dann mit zunehmendem Fehlermaß abnehmen. Die Daten zeigen dagegen einen Peak für den Fehlerbereich zwischen 2,5 und 5 cm. Dies könnte darauf hinweisen, dass die Anzahl der Stützpunkte zu niedrig war und somit relativ große Tetraeder entstehen konnten. Eine Analyse der räumlichen Verteilung der Fehler ergab zudem, dass die größten Abweichungen in den Randbereichen des Arbeitsraums gemessen wurden. Insgesamt zeigt sich, dass mit Ausnahme dieser Randbereiche die Abweichungen in der Größenordnung von wenigen Zentimetern liegen und für die geplanten Visualisierungszwecke eine ausreichende Genauigkeit erreichen.

Das dargestellte Konzept konnte im Kontext verschiedener Arbeitsprozesse aus den Bereichen Montage, Landwirtschaft und Umrüstung beispielhaft angewendet werden. Zur besseren Veranschaulichung dient der Referenzprozess der Firma ALBRECHT JUNG GMBH & CO. KG, welcher die Endmontage eines aus verschiedenen Komponenten bestehenden Unterputzradios umfasst (Netzteil, Bedienmodul, Lautsprecher, Verpackung). Im Rahmen des Planungsprozesses wurde das Einlegen des Netzteils in eine Laserbeschriftungseinrichtung sowie die anschließende Bereitstellung des Netzteils auf einer Übergabestation zur Automatisierung vorgeschlagen (siehe Bild 3).

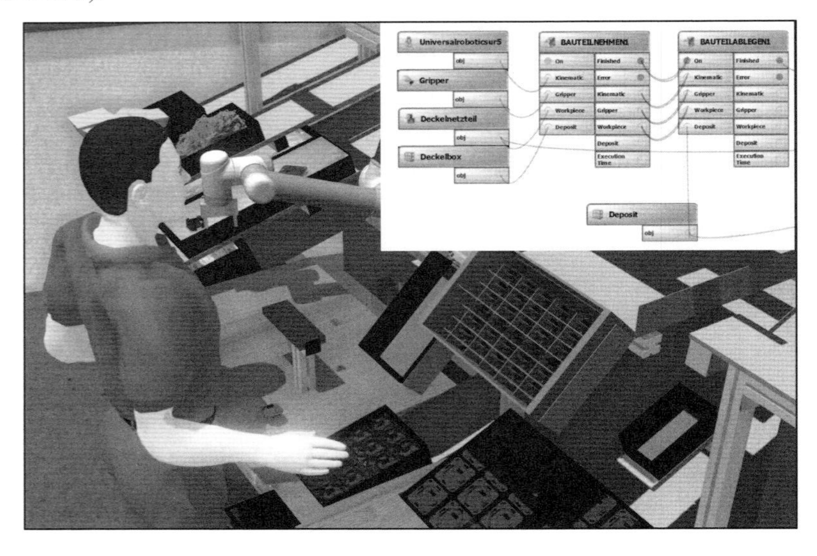

Bild 3: Dynamische Planung mit Action-Blocks

Hierbei legt der Mitarbeiter zunächst auf einer Übergabevorrichtung ein vormontiertes Netzteil ab und löst den automatisierten Prozess im Anschluss per Knopfdruck aus. Ein Leichtbauroboter übernimmt die Handhabung des Netzteils zur Laserbeschriftung und stellt das Netzteils schließlich wieder auf der Übergabevorrichtung für den Mitarbeiter bereit. Dieser kann das Netzteil wieder aufnehmen und den Montageprozess somit fortsetzen. In Bezug auf die Simulation der menschlichen Bewegungen konnte insbesondere die Übergabe und Entnahme des Netzteils nicht anhand aufgenommener Motion-Capturing-Sequenzen abgebildet werden, da es sich bei der Ablagevorrichtung um eine Neuentwicklung handelt, die im manuellen Prozess noch nicht vorhanden war. Mit Hilfe des vorgestellten Konzepts konnte der virtuelle Mensch alle Bewegungen zu den erforderlichen Greifpunkten mit ausreichender Genauigkeit ausführen.

Die Lage von Werkstücken oder Ablagepositionen kann in der Simulation beliebig geändert werden, um aus den abstrakten Handlungsanweisungen des Planungssystems verschiedene mögliche Bewegungsabläufe analysieren und evaluieren zu können. Diese unterschiedlichen Positionen von Werkstücken und Ablagen führen dann zu unterschiedlichen menschlichen Bewegungssequenzen, die mit den dargestellten Konzepten dynamisch zur Simulationszeit erstellt und mit den ursprünglichen Arbeitsabläufen verglichen werden können.

6 Resümee und Ausblick

Für die Analyse, ob ein manueller Prozess durch einen Serviceroboter unterstützt werden kann, stellt das Forschungsprojekt MANUSERV ein Planungs- und Entscheidungsunterstützungssystem bereit. Die Vorschläge des Handlungsplanungssystems bezüglich einer Mensch-Roboter-Interaktion lassen sich in der Simulation nur dann sinnvoll mit dem manuellen Ausgangsprozess vergleichen, wenn realistische manuelle Bewegungssequenzen dynamisch erzeugt werden können. Der dargestellte Ansatz benutzt einen Satz von Basisbewegungssequenzen, die mit Motion-Capturing-Verfahren aufgenommen wurden und aus denen dann anschließend für die benötigten Zielpositionen neue Bewegungssequenzen durch baryzentrische Interpolation berechnet werden. Die erzielten Ergebnisse liefern realistische Bewegungen für die betrachteten Referenzprozesse. Bisher wurden damit im Wesentlichen einzelne Grundvorgänge der Prozesssprache UAS-Plan abgebildet. Zur zukünftigen Erweiterung des Ansatzes ist das Konzept auf die weiteren MTM-Grundvorgänge zu übertragen, um somit eine nachhaltig realgetreue Abbildung der erzeugten Planungsergebnisse sicherzustellen.

Ebenso sollen Methoden zur Reduktion der Differenz zwischen Endposition der neuen Bewegungssequenz und Zielposition untersucht werden. Eine Möglichkeit könnte die Durchführung einer Feintesselierung als Vorverarbeitungsschritt sein, bei der die Delaunay-Triangulation durch synthetisch generierte Punkte erweitert wird, um so eine Verfeinerung der baryzentrischen Gewichte zu erzielen.

Insgesamt begünstigt die möglichst natürliche Abbildung realer Bewegungsfolgen durch digitale Menschmodelle eine nachhaltige Verbesserung in der Simulation (teil-) automatisierter Prozesse.

Danksagung

Das diesem Bericht zugrunde liegende Forschungsprojekt wird mit Mitteln des Bundesministeriums für Wirtschaft und Energie (BMWi) innerhalb des Technologieprogramms „AUTONOMIK für Industrie 4.0" unter dem Förderkennzeichen 01MA13011 gefördert und vom Projektträger „Technische Innovationen in der Wirtschaft“ im Deutschen Zentrum für Luft- und Raumfahrt, Köln betreut. Die Verantwortung für den Inhalt dieser Veröffentlichung liegt bei den Autoren.

Unser Dank gilt unseren Industriepartnern ICARUS Consulting GmbH (Lüneburg), GEA Farm Technologies GmbH (Bönen), ALBRECHT JUNG GMBH & CO. KG (Lünen), und KHS Corpoplast GmbH (Hamburg) für Ihre wertvollen Beiträge.

Literatur

[BL12] BOKRANZ, R.; LANDAU, K.: Handbuch Industrial Engineering. Produktivitätsmanagement mit MTM. Schäffer-Poeschel Verlag, Stuttgart, 2. Auflage, 2012.

[DRK+14] DEUSE, J.; ROSSMANN, J.; KUHLENKÖTTER, B.; HENGSTEBECK, A.; STERN, O.; KLÖCKNER, M.: A methodology for the planning and implementation of service robotics in industrial work processes. Procedia CIRP, Band 23, 2014.

[FHK+12] FENG, A.; HUANG, Y.; KALLMANN, M.; SHAPIRO, A.: An analysis of motion blending techniques. The 5th Internat. Conf. on Motion in Games, Rennes, France, November, 2012.

[GHH+13] GRIMM, P.; HEROLD, R.; HUMMEL, J.;BROLL, W.: VR-Eingabegeräte, in Virtual und Augmented Reality (VR / AR): Grundlagen und Methoden der Virtuellen und Augmentierten Realität. Springer Vieweg, Berlin, S. 97-126, 2013.

[HK10] HUANG, Y.; KALLMANN, M.: Motion parameterization with inverse blending. In: Proceedings of the 3rd Internat. Conf. on Motion In Games (MIG), Zeist, the Netherlands, 2010.

[HWW+15] HEINZE, F.; WOLF, F.; WEISNER, K.; ROSSMANN, J.; DEUSE, J.; KUHLENKÖTTER, B.: Motion capturing for the simulation of manual industrial processes. In: Proceedings of the ISC 2015, 01.-03.6.2015, Valencia, Spanien, S. 48-52, 2015.

[Men11] MENACHE, A.: Understanding motion capture for computer animation. Morgan Kaufmann, Burlington, 2011.

[MGH+98] MCDERMOTT, D.; GHALLAB, M. ; HOWE, A.; KNOBLOCK, C.; RAM, A. ; VELOSO, M. ; WELD, D.; WILKINS, D.: Pddl-the planning domain definition language, 1998.

[Müh12] MÜHLSTEDT, J.: Entwicklung eines Modells dynamisch-muskulärer Arbeitsbeanspruchungen auf Basis digitaler Menschmodelle. Universitätsverlag Chemnitz, Chemnitz, 2012.

[Mul94] MULDER, A.: Human movement tracking technology. Technical report 94-1, School of Kinesiology, Simon Fraser University, Kanada, 1994.

[RR10] REINHART, G.; RÖSEL, W.: Interaktiver Assistenzroboter in der Montage. ZWF – Zeitschrift für wirtschaftlichen Fabrikbetrieb 105, Nr. 1-2, S. 80-83, 2010.

[RKA+14] ROSSMANN, J.; KAIGOM, E.; ATORF, L.; RAST, M.; GRINSHPUN, G.; SCHLETTE, C.: Mental models for intelligent systems: eRobotics enables new approach to simulation-based AI. KI – Künstliche Intelligenz 2, Nr. 2 (Juni), S. 101-110, 2014.

[RLS13] ROETENBERGER, D.; LUINGE, H.; SLYCKE, P.: Xsens MVN: full 6DOF human motion tracking using miniature inertial sensors. Technical report, Xsens Technologies, 2013.

[RBC98] ROSE, C.; BODENHEIMER, B.; COHEN, M.: Verbs and adverbs: multidimensional motion interpolation using radial basis functions. Microsoft Research, 1998.

[RS11] ROSSMANN, J.; SCHLUSE, M.: A foundation for e-Robotics in space, in industry – and in the wood. In: Proceedings of the 4th International Conference on Developments in eSystems Engineering, S. 496-501, 2011.

[RSC01] ROSE, C.; SLOAN, P.; COHEN, M.: Artist-directed inverse-kinematics using radial basis function interpolation. EUROGRAPHICS 2001, A. Chalmers and T.-M. Rhyne (Guest Editors), Vol. 20, No. 3, 2001.

[Sch12] SCHLETTE, C.: Anthropomorphe Multi-Agentensysteme: Simulation, Analyse und Steuerung. Dissertation, RWTH Aachen, 2012.

[Sch13] SCHÖNHERR, R.: Simulationsbasierte Absicherung der Ergonomie mit Hilfe digital beschriebener menschlicher Bewegungen. Dissertation, TU Chemnitz, 2013.

[SLR14] SCHLETTE, C.; LOSCH, D.; ROSSMANN, J.: A visual programming framework for complex robotic systems in Micro-Optical assembly. In: Proceedings for the joint International Conference of ISR/ROBOTIK 2014 (45th International Symposium on Robotics (ISR 2014) and the 8th German Conference on Robotics (ROBOTIK 2014), S. 750-755, 2014.

[SR09] SCHLETTE, C.; ROSSMANN, J.: Robotics enable the simulation and animation of the Virtual Human. In: Proceedings of the 14th Internat. Conf. on Advanced Robotics (ICAR), 2009.

[WEH+16] WANTIA, N.; ESEN, M.; HENGSTEBECK, A.; HEINZE, F.; ROSSMANN, J.; DEUSE, J.; KUHLENKÖTTER, B.: Task planning for human robot interactive processes. In: Proceedings of 21th Internat. Conf. on Emerging Technologies and Factory Automation (ETFA), Berlin, 2016.

[WF02] WELCH, G.; FOXLIN, E.: Motion tracking: no silver bullet, but a respectable arsenal, IEEE Computer Graphics and Applications, Bd. 22, Nr. 6, S. 24-38, 2002.

[XS16-ol] Xsens (2016): Xsens MVN, unter: https://www.xsens.com/wp-content/uploads/2013/11/mvn-leaflet.pdf, 20.Dezember 2016.

Autoren

Frank Heinze, geb. 1968, ist seit 2014 technischer Projektkoordinator des BMWi-Projektes MANUSERV aus dem Technologieprogramm „AUTONOMIK für Industrie 4.0“. Er studierte Elektrotechnik in Paderborn und an der University of Illinois in Urbana-Champaign, USA, und Betriebswirtschaft an der Fernuniversität Hagen, und verfügt über Abschlüsse als Diplom-Ingenieur und Diplom-Wirtschaftsingenieur. Seit mehr als 20 Jahren ist er in der Forschung, Ausbildung und Software-Entwicklung in den Bereichen Engineering, Simulationssysteme und Virtual Reality insbesondere für die Fertigungstechnik tätig, ab 1996 am Institut für Roboterforschung der TU Dortmund und seit 2005 am RIF Institut für Forschung und Transfer e.V., Dortmund.

Florian Kleene, geb. 1991, ist seit 2016 in der Forschung und Software-Entwicklung in den Bereichen Simulation und Virtual Reality in der industriellen Anwendung am RIF Institut für Forschung und Transfer e.V. tätig. Er beendete sein Studium 2016 an der Westfälischen Wilhelms-Universität Münster mit einem Master in Informatik.

André Hengstebeck, geb. 1987, ist seit 2013 im Bereich Arbeits- und Produktionssysteme am RIF Institut für Forschung und Transfer e.V. tätig. Seine Arbeitsschwerpunkte liegen in der Planung hybrider Arbeitssysteme, der Gestaltung von Austauschplattformen für Automatisierungsuntersuchungen sowie dem digitalen Zeitdatenmanagement. Das Studium im Fach Wirtschaftsingenieurwesen Maschinenbau schloss er im Jahr 2013 an der Otto-von-Guericke-Universität Magdeburg ab.

Kirsten Weisner, geb. 1988, studierte Wirtschaftsingenieurwesen an der Technischen Universität Dortmund. Seit 2012 ist sie wissenschaftliche Mitarbeiterin am Institut für Produktionssysteme (IPS) der Technischen Universität Dortmund und leitet dort seit 2015 den Forschungsbereich „Arbeitssystemgestaltung“. Ihre Arbeitsschwerpunkte liegen in den Bereichen Arbeitssystemgestaltung, Digitale Ergonomie, Mensch Technik Interaktion und Mitarbeiterqualifizierung.

Prof. Dr.-Ing. Jürgen Roßmann promovierte im Jahr 1993 am Institut für Roboterforschung (IRF) der TU Dortmund, an dem er zunächst als wissenschaftlicher Mitarbeiter, dann als Gruppen- und schließlich als Abteilungsleiter tätig war. 1998 wurde er zum Gastprofessor für Robotik und Computergrafik an der University of Southern California berufen. Nach mehrfachen Auslandsaufenthalten habilitierte er sich im Jahr 2002 am IRF. 2005 gründete er die EFR-Systems GmbH in Dortmund. Seit 2006 leitet er den Lehrstuhl und das Institut für Mensch-Maschine-Interaktion (MMI) an der RWTH Aachen. Im RIF e.V. verantwortet er als Vorstandsmitglied das Arbeitsfeld Robotertechnik. Der Schwerpunkt seiner Arbeit liegt in der Verknüpfung von Forschungsergebnissen aus den Bereichen Robotik, Simulationstechnik und Virtuelle Realität zur Entwicklung neuer Konzepte der Mensch-Maschine-Kommunikation. Er ist u.a. Mitglied von acatech – Deutsche Akademie der Technikwissenschaften

Prof. Dr.-Ing. Bernd Kuhlenkötter promovierte 2001 an der TU Dortmund, an der er bis 2005 als Oberingenieur und stellvertretender Lehrstuhlleiter tätig war. Er übernahm dann die Professurvertretung für das Fach „Industrielle Robotik und Handhabungssysteme“ am Institut für Roboterforschung. Wesentliche Forschungsfelder waren hier die Prozesssimulation von robotergestützten Fertigungsverfahren und die Entwicklung innovativer Automatisierungslösungen. Anfang 2007 wechselte Herr Kuhlenkötter als Entwicklungsleiter zur ABB Automation GmbH. Hier umfasste sein Verantwortungsbereich die Entwicklung neuer Robotertechnologien in Zusammenarbeit mit internationalen ABB-Entwicklungszentren. Zum 01.04.2009 folgte Herr Kuhlenkötter dem Ruf der TU Dortmund auf den Lehrstuhl für „Industrielle Robotik und Produktionsautomatisierung“ der Fakultät Maschinenbau, welchen er 2012 in das Institut für Produktionssysteme überführte. Im April 2015 folgte er dem Ruf der Ruhr-Universität Bochum auf den Lehrstuhl für Produktionssysteme. Zudem ist Professor Kuhlenkötter Präsident der Wissenschaftlichen Gesellschaft für Montage, Handhabung und Industrierobotik (MHI e.V.).

Prof. Dr.-Ing. Jochen Deuse, geb. 1967, leitet seit 2005 den Lehrstuhl für Arbeits- und Produktionssysteme und seit 2012 das aus dem Lehrstuhl hervorgegangene Institut für Produktionssysteme der TU Dortmund. Er promovierte 1998 am Laboratorium für Werkzeugmaschinen und Betriebslehre (WZL) der RWTH Aachen. Bis zu seinem Wechsel an die TU Dortmund war er in leitender Funktion für die Bosch Gruppe im Ausland tätig. Darüber hinaus besteht im Rahmen der Mitgliedschaft von Prof. Deuse in der wissenschaftlichen Gesellschaft für Montage, Handhabung und Industrierobotik e.V. (MHI), in der Hochschulgruppe für Arbeits- und Betriebsorganisation (HAB), in der Gesellschaft für Arbeitswissenschaft e.V. (GfA) sowie in der European Academy on Industrial Management (AIM) regelmäßiger wissenschaftlicher Austausch sowie Zusammenarbeit mit anderen Mitgliedern und Einrichtungen.

Das Heinz Nixdorf Institut – Interdisziplinäres Forschungszentrum für Informatik und Technik

Das Heinz Nixdorf Institut ist ein Forschungszentrum der Universität Paderborn. Es entstand 1987 aus der Initiative und mit Förderung von Heinz Nixdorf. Damit wollte er Ingenieurwissenschaften und Informatik zusammenführen, um wesentliche Impulse für neue Produkte und Dienstleistungen zu erzeugen. Dies schließt auch die Wechselwirkungen mit dem gesellschaftlichen Umfeld ein.

Die Forschungsarbeit orientiert sich an dem Programm „Dynamik, Mobilität, Vernetzung: Eine neue Schule des Entwurfs der technischen Systeme von morgen". In der Lehre engagiert sich das Heinz Nixdorf Institut in Studiengängen der Informatik, der Ingenieurwissenschaften und der Wirtschaftswissenschaften.

Heute wirken am Heinz Nixdorf Institut neun Professoren mit insgesamt 150 Mitarbeiterinnen und Mitarbeitern. Pro Jahr promovieren hier etwa 20 Nachwuchswissenschaftlerinnen und Nachwuchswissenschaftler.

Heinz Nixdorf Institute – Interdisciplinary Research Centre for Computer Science and Technology

The Heinz Nixdorf Institute is a research centre within the University of Paderborn. It was founded in 1987 initiated and supported by Heinz Nixdorf. By doing so he wanted to create a symbiosis of computer science and engineering in order to provide critical impetus for new products and services. This includes interactions with the social environment.

Our research is aligned with the program "Dynamics, Mobility, Integration: Enroute to the technical systems of tomorrow." In training and education the Heinz Nixdorf Institute is involved in many programs of study at the University of Paderborn. The superior goal in education and training is to communicate competencies that are critical in tomorrows economy.

Today nine Professors and 150 researchers work at the Heinz Nixdorf Institute. Per year approximately 20 young researchers receive a doctorate.

Zuletzt erschienene Bände der Verlagsschriftenreihe des Heinz Nixdorf Instituts

Bd. 341 BAUER, F.: Planungswerkzeug zur wissensbasierten Produktionssystemkonzipierung. Dissertation, Fakultät für Maschinenbau, Universität Paderborn, Verlagsschriftenreihe des Heinz Nixdorf Instituts, Band 341, Paderborn, 2015 – ISBN 978-3-942647-60-1

Bd. 342 GAUSEMEIER, J.; GRAFE, M.; MEYER AUF DER HEIDE, F. (Hrsg.): 12. Paderborner Workshop Augmented & Virtual Reality in der Produktentstehung. Verlagsschriftenreihe des Heinz Nixdorf Instituts, Band 342, Paderborn, 2015 – ISBN 978-3-942647-61-8

Bd. 343 GAUSEMEIER, J.; DUMITRESCU, R.; RAMMIG, F.; SCHÄFER, W.; TRÄCHTLER, A. (Hrsg.): 10. Paderborner Workshop Entwurf mechatronischer Systeme. Verlagsschriftenreihe des Heinz Nixdorf Instituts, Band 343, Paderborn, 2015 – ISBN 978-3-942647-62-5

Bd. 344 BRÖKELMANN, J.: Systematik der virtuellen Inbetriebnahme von automatisierten Produktionssystemen. Dissertation, Fakultät für Maschinenbau, Universität Paderborn, Verlagsschriftenreihe des Heinz Nixdorf Instituts, Band 344, Paderborn, 2015 – ISBN 978-3-942647-63-2

Bd. 345 SHAREEF, Z.: Path Planning and Trajectory Optimization of Delta Parallel Robot. Dissertation, Fakultät für Maschinenbau, Universität Paderborn, Verlagsschriftenreihe des Heinz Nixdorf Instituts, Band 345, Paderborn, 2015 – ISBN 978-3-942647-64-9

Bd. 346 VASSHOLZ, M.: Systematik zur wirtschaftlichkeitsorientierten Konzipierung Intelligenter Technischer Systeme. Dissertation, Fakultät für Maschinenbau, Universität Paderborn, Verlagsschriftenreihe des Heinz Nixdorf Instituts, Band 346, Paderborn, 2015 – ISBN 978-3-942647-65-6

Bd. 347 GAUSEMEIER, J. (Hrsg.): Vorausschau und Technologieplanung. 11. Symposium für Vorausschau und Technologieplanung, Heinz Nixdorf Institut, 29. und 30. Oktober 2015, Berlin-Brandenburgische Akademie der Wissenschaften, Berlin, Verlagsschriftenreihe des Heinz Nixdorf Instituts, Band 347, Paderborn, 2015 – ISBN 978-3-942647-66-3

Bd. 348 HEINZEMANN, C.: Verification and Simulation of Self-Adaptive Mechatronic Systems. Dissertation, Fakultät für Elektrotechnik, Informatik und Mathematik, Universität Paderborn, Verlagsschriftenreihe des Heinz Nixdorf Instituts, Band 348, Paderborn, 2015 – ISBN 978-3-942647-67-0

Bd. 349 MARKWART, P.: Analytische Herleitung der Reihenfolgeregeln zur Entzerrung hochauslastender Auftragsmerkmale. Dissertation, Fakultät für Wirtschaftswissenschaften, Universität Paderborn, Verlagsschriftenreihe des Heinz Nixdorf Instituts, Band 349, Paderborn, 2015 – ISBN 978-3-942647-68-7

Bd. 350 RÜBBELKE, R.: Systematik zur innovationsorientierten Kompetenzplanung. Dissertation, Fakultät für Maschinenbau, Universität Paderborn, Verlagsschriftenreihe des Heinz Nixdorf Instituts, Band 350, Paderborn, 2016 – ISBN 978-3-942647-69-4

Bd. 351 BRENNER, C.: Szenariobasierte Synthese verteilter mechatronischer Systeme. Dissertation, Fakultät für Elektrotechnik, Informatik und Mathematik, Universität Paderborn, Verlagsschriftenreihe des Heinz Nixdorf Instituts, Band 351, Paderborn, 2016 – ISBN 978-3-942647-70-0

Bd. 352 WALL, M.: Systematik zur technologieinduzierten Produkt- und Technologieplanung. Dissertation, Fakultät für Maschinenbau, Universität Paderborn, Verlagsschriftenreihe des Heinz Nixdorf Instituts, Band 352, Paderborn, 2016 – ISBN 978-3-942647-71-7

Bd. 353 CORD-LANDWEHR, A.: Selfish Network Creation - On Variants of Network Creation Games. Dissertation, Fakultät für Elektrotechnik, Informatik und Mathematik, Universität Paderborn, Verlagsschriftenreihe des Heinz Nixdorf Instituts, Band 353, Paderborn, 2016 – ISBN 978-3-942647-72-4

Bd. 354 ANACKER, H.: Instrumentarium für einen lösungsmusterbasierten Entwurf fortgeschrittener mechatronischer Systeme. Dissertation, Fakultät für Maschinenbau, Universität Paderborn, Verlagsschriftenreihe des Heinz Nixdorf Instituts, Band 354, Paderborn, 2016 – ISBN 978-3-942647-73-1

Bezugsadresse:
Heinz Nixdorf Institut
Universität Paderborn
Fürstenallee 11
33102 Paderborn

Zuletzt erschienene Bände der Verlagsschriftenreihe des Heinz Nixdorf Instituts

Bd. 355 RUDTSCH, V.: Methodik zur Bewertung von Produktionssystemen in der frühen Entwicklungsphase. Dissertation, Fakultät für Maschinenbau, Universität Paderborn, Verlagsschriftenreihe des Heinz Nixdorf Instituts, Band 355, Paderborn, 2016 – ISBN 978-3-942647-74-8

Bd. 356 SÖLLNER, C.: Methode zur Planung eines zukunftsfähigen Produktportfolios. Dissertation, Fakultät für Maschinenbau, Universität Paderborn, Verlagsschriftenreihe des Heinz Nixdorf Instituts, Band 356, Paderborn, 2016 – ISBN 978-3-942647-75-5

Bd. 357 AMSHOFF, B.: Systematik zur musterbasierten Entwicklung technologieinduzierter Geschäftsmodelle. Dissertation, Fakultät für Maschinenbau, Universität Paderborn, Verlagsschriftenreihe des Heinz Nixdorf Instituts, Band 357, Paderborn, 2016 – ISBN 978-3-942647-76-2

Bd. 358 LÖFFLER, A.: Entwicklung einer modellbasierten In-the-Loop-Testumgebung für Waschautomaten. Dissertation, Fakultät für Maschinenbau, Universität Paderborn, Verlagsschriftenreihe des Heinz Nixdorf Instituts, Band 358, Paderborn, 2016 – ISBN 978-3-942647-77-9

Bd. 359 LEHNER, A.: Systematik zur lösungsmusterbasierten Entwicklung von Frugal Innovations. Dissertation, Fakultät für Maschinenbau, Universität Paderborn, Verlagsschriftenreihe des Heinz Nixdorf Instituts, Band 359, Paderborn, 2016 – ISBN 978-3-942647-78-6

Bd. 360 GAUSEMEIER, J. (Hrsg.): Vorausschau und Technologieplanung. 12. Symposium für Vorausschau und Technologieplanung, Heinz Nixdorf Institut, 8. und 9. Dezember 2016, Berlin-Brandenburgische Akademie der Wissenschaften, Berlin, Verlagsschriftenreihe des Heinz Nixdorf Instituts, Band 360, Paderborn, 2016 – ISBN 978-3-942647-79-3

Bd. 361 PETER, S.: Systematik zur Antizipation von Stakeholder-Reaktionen. Dissertation, Fakultät für Maschinenbau, Universität Paderborn, Verlagsschriftenreihe des Heinz Nixdorf Instituts, Band 361, Paderborn, 2016 – ISBN 978-3-942647-80-9

Bd. 362 ECHTERHOFF, O.: Systematik zur Erarbeitung modellbasierter Entwicklungsaufträge. Dissertation, Fakultät für Maschinenbau, Universität Paderborn, Verlagsschriftenreihe des Heinz Nixdorf Instituts, Band 362, Paderborn, 2016 – ISBN 978-3-942647-81-6

Bd. 363 TSCHIRNER, C.: Rahmenwerk zur Integration des modellbasierten Systems Engineering in die Produktentstehung mechatronischer Systeme. Dissertation, Fakultät für Maschinenbau, Universität Paderborn, Verlagsschriftenreihe des Heinz Nixdorf Instituts, Band 363, Paderborn, 2016 – ISBN 978-3-942647-82-3

Bd. 364 KNOOP, S.: Flachheitsbasierte Positionsregelungen für Parallelkinematiken am Beispiel eines hochdynamischen hydraulischen Hexapoden. Dissertation, Fakultät für Maschinenbau, Universität Paderborn, Verlagsschriftenreihe des Heinz Nixdorf Instituts, Band 364, Paderborn, 2016 – ISBN 978-3-942647-83-0

Bd. 365 KLIEWE, D.: Entwurfssystematik für den präventiven Schutz Intelligenter Technischer Systeme vor Produktpiraterie. Dissertation, Fakultät für Maschinenbau, Universität Paderborn, Verlagsschriftenreihe des Heinz Nixdorf Instituts, Band 365, Paderborn, 2017 – ISBN 978-3-942647-84-7

Bd. 366 IWANEK, P.: Systematik zur Steigerung der Intelligenz mechatronischer Systeme im Maschinen- und Anlagenbau. Dissertation, Fakultät für Maschinenbau, Universität Paderborn, Verlagsschriftenreihe des Heinz Nixdorf Instituts, Band 366, Paderborn, 2017 – ISBN 978-3-942647-85-4

Bd. 367 SCHWEERS, C.: Adaptive Sigma-Punkte-Filter-Auslegung zur Zustands- und Parameterschätzung an Black-Box-Modellen. Dissertation, Fakultät für Maschinenbau, Universität Paderborn, Verlagsschriftenreihe des Heinz Nixdorf Instituts, Band 367, Paderborn, 2017 – ISBN 978-3-942647-86-1

Bd. 368 SCHIERBAUM, T.: Systematik zur Kostenbewertung im Systementwurf mechatronischer Systeme in der Technologie Molded Interconnect Devices (MID). Dissertation, Fakultät für Maschinenbau, Universität Paderborn, Verlagsschriftenreihe des Heinz Nixdorf Instituts, Band 368, Paderborn, 2017 – ISBN 978-3-942647-87-8

Bezugsadresse:
Heinz Nixdorf Institut
Universität Paderborn
Fürstenallee 11
33102 Paderborn